大坝混凝土早期热、力学特征及开裂机理

陆采荣　吴胜兴　著

黄河水利出版社
·郑州·

内容提要

本书阐述了大坝混凝土的早期热学、力学、变形、抗裂等性能的测试技术与发展规律，原材料与配合比对早期热、力学特征及抗裂性的影响，综合抗裂性试验及评价指标，水工混凝土施工期的模板类型与养护方式及其防裂效果，早期温度场及温度徐变应力场的仿真分析，人工气候条件下典型水工混凝土结构的综合抗裂性，混凝土早龄期性能测试方法，以及关键技术成果在水利水电交通等领域的应用。

本书包括了早龄期大坝混凝土的相关基础理论、测试技术与大量翔实的试验资料，研究内容与工程实践紧密结合，可作为从事混凝土设计、科研、施工、管理等技术人员的参考书，也可供高等院校水工材料专业的师生参考。

图书在版编目(CIP)数据

大坝混凝土早期热、力学特征及开裂机理/陆采荣，吴胜兴著. —郑州：黄河水利出版社，2010.12

ISBN 978-7-80734-941-9

Ⅰ.①大… Ⅱ.①陆… ②吴… Ⅲ.①混凝土坝-热力学-研究②混凝土坝-开裂-研究 Ⅳ.①TV642

中国版本图书馆 CIP 数据核字(2010)第236004号

组稿编辑：岳德军　电话：13838122133　E-mail：983375628@QQ.com

出版社：黄河水利出版社

地址：河南省郑州市顺河路黄委会综合楼14层　　邮政编码：450003

发行单位：黄河水利出版社

发行部电话：0371-66026940、66020550、66028024、66022620(传真)

E-mail：hhslcbs@126.com

承印单位：河南省瑞光印务股份有限公司

开本：787mm×1 092mm　1/16

印张：22.5

字数：520千字　　印数：1—5 000

版次：2010年12月第1版　　印次：2010年12月第1次印刷

定价：69.00元

前 言

我国水能建设已跨入新的发展阶段，开发水电清洁能源具有战略意义，至2050年规划建设十三大水电基地，工程总投资2万亿元以上，建坝数量、建坝高度、建坝规模与技术难度均居世界首位。混凝土重力坝、碾压混凝土重力坝、碾压混凝土拱坝等快速筑坝技术不断取得突破，大坝作为水能开发中被广泛采用的挡水建筑物，其水工混凝土的安全性、耐久性举足轻重。由于水文、地质、气候等条件的差异，每座大坝的设计和建设均存在相应的技术难点，一些已建和在建的工程出现了不同程度、不同类型的裂缝。大坝混凝土自施工浇筑起，经历了一个由塑性、塑弹性、弹塑性、向弹性阶段转变的复杂过程，体现了新拌混凝土向硬化混凝土的性能转变，具有显著的时效特性，早期损伤和缺陷会直接影响后期性能，进而影响大坝运行期的安全。大坝混凝土早期抗压强度、早期抗拉强度、早期弹性模量、内部温升等性能随时间变化较快，其发展规律不仅与大坝混凝土龄期有关，还与水泥品种、矿物掺合料类型、骨料特征、温湿度等条件有关。为满足大坝常规设计的需要，一些规范已提供了相关试验方法来确定大坝混凝土关键性能参数与龄期之间的关系。近年来我国坝工建设的实践表明，由于大坝工程施工过程复杂，渗流—温度—应力耦合作用明显，徐变和干缩湿胀变形影响显著，常规试验难以完全反映早龄期大坝混凝土的性能特征与实际裂缝之间的关系，大坝混凝土的开裂机理尚未彻底掌握，甚至还有许多混凝土材料热学、力学特性参数还没有很好地揭示，设计、科研、施工等部门需要对上述问题有更清楚的认识。

因此，结合《国家中长期科学和技术发展规划纲要(2006—2020年)》确定的我国科技发展的战略重点之一，即"把发展能源、水资源和环境保护技术放在优先位置，下决心解决制约经济社会发展的重大瓶颈问题"，针对水能开发和水资源调配中水工混凝土存在的开裂现象，列入水利部公益性行业专项开展大坝混凝土早期热、力学特征及其开裂机理的应用基础研究，以进一步提高水利水电工程的安全和耐久性。本书总结了作者承担的水利部公益性行业科研专项经费项目"大坝混凝土早期热、力学特征及开裂机理研究"的主要成果，以及该项成果在水利、水电、交通等部分工程中拓展应用的经验。

本书在基础理论、室内试验与工程实践的基础上，论述了大坝混凝土早期热、力学特征及开裂机理。全书共分9章，第1章至第7章，分别介绍了大坝混凝土早期热、力学及变形特征，原材料与配合比对大坝混凝土早期性能及开裂的影响，大坝混凝土抗裂性综合试验及评价指标，施工期保温与养护措施及其水工混凝土防裂效果，水工混凝土早期温度场及温度徐变应力场的仿真分析，以及人工气候环境条件下典型水工混凝土结构的综合抗裂性等内容。第8章主要介绍混凝土早期性能的测试方法，书中所列的都是近年来国内外科研工作者以及作者提出的比较成熟的测试方法，包括混凝土绝热温升、热膨胀系数、导温系数、导热系数等早期热学性能测试方法，混凝土抗拉强度、抗压强度、抗拉弹性模量、抗压弹性模量、自收缩、拉徐变、压徐变、抗裂性等早期性能，以及流变参数等的测试方法。第9章为相应成果在大型水电站大坝主体工程、跨流域调水工程、抽水蓄能电站工程、跨海桥隧工程、以及港口工程中的应用情况介绍,包括大坝混凝土新型掺合料方案、骨料料源方案比选,高抗裂大坝混凝土配制,耐海蚀抗裂隧道衬砌混凝土技术等。本书由陆采荣、吴胜兴著,梅国兴、刘伟宝参加了第1章、第3章的编写工作,钱文勋参加了第2章、第9章的编写工作,丁建彤、陈波参加了第4章、第9章的编写工作,沈德建、赵海涛参加了第5章、第6章、第7章的编写工作,戈雪良、王珩参加了第8章、第9章的编写工作。

本书提出的早龄期混凝土性能测试方法与技术,实现了混凝土自浇筑起的热膨胀系数等热学参数,抗拉强度、抗压强度、弹性模量、徐变等早龄期性能的测试,为深入研究混凝土的抗裂性提供了新的技术途径。在水利、水电、交通等工程中的应用表明,大坝混凝土早期热、力学特征及开裂机理研究成果在优选混凝土原材料与配合比、合理选择掺合料与骨料方案、提高混凝土抗裂性、节约工程造价等方面发挥了重要作用。

本书得到了南京水利科学研究院出版基金的资助,书中还参考了国内外混凝土科研工作者的相关文献,在此一并表示感谢。由于作者水平有限,不妥之处恳请广大读者批评指正。

作 者

2010年10月

目 录

第1章　绪　论

1.1　概　述

我国的水利水电建设规模代表着世界水利水电建设水平,我们在建设过程中难免遇到一些新情况、新问题。解决这些问题,没有现成的经验和技术可以借鉴,只有投入力量进行基础理论的研究,将高新技术应用到重大工程中去,才能解决这些新情况、新问题。

由于绝大多数早期裂缝并不会马上对工程的安全造成很大的威胁,而这类裂缝的预防与控制又存在一定的难度。裂缝对大坝的耐久性有较大的影响,加之近些年来大坝工程规模越来越大,工程等级越来越高,工程环境越来越复杂,社会对大坝工程也越来越关注,大坝混凝土的裂缝问题再次成为人们关注的热点。

大坝混凝土的早期热、力学特征及裂缝控制仍未能很好地得到解决,主要原因之一在于大坝混凝土早期相关的性能技术参数较为复杂,测试上也存在一定的难度。实际工程中,一些裂缝在大坝混凝土的施工期即已出现,此时工程尚未投入运行,还没有承受荷载,裂缝主要是温度和收缩变形引起的。我国工程设计部门在计算大坝混凝土的温度和收缩变形时大部分采用的是混凝土硬化后的热、力学参数,与混凝土施工早期的热、力学参数有一定的区别,如果不考虑这些区别,得到的温度应力和变形的计算结果与实际情况难免出现偏差。另外,大坝混凝土早期热、力学特征研究的另一难点就在于性能参数的测试方法,大坝混凝土硬化后期的热、力学参数都是在标准试验状态下测得的,而大坝混凝土早期的部分关键热、力学性能参数测试还没有统一的方法。

开展大坝混凝土早期热、力学特征及开裂机理研究,以下六大方面是需解决的主要问题:①在实际温度场作用下,大坝混凝土早期热学、力学、变形性能的测试技术及其发展规律;②实际温度场和约束条件下,大坝混凝土抗裂性综合试验方法和综合抗裂性指标;③大坝混凝土组成材料及配合比对其早期热学、力学、变形性能和综合抗裂性的影响规律;④水工混凝土施工期保温及养护措施对其防裂效果的影响;⑤水工混凝土早期开裂机理及三维非线性有限元仿真分析;⑥人工气候环境条件下典型水工混凝土结构模型综合抗裂试验。

1.2　混凝土的热学性能

1.2.1　热膨胀系数

随着混凝土所处环境温度的升降,混凝土将发生胀缩现象,而产生胀缩变形的大小直接与混凝土热膨胀系数有关。混凝土的热膨胀系数通常取为 $10\times10^{-6}/℃$,骨料的热膨

胀系数通常为 $5\times10^{-6}\sim13\times10^{-6}/℃$，而水泥石的热膨胀系数则通常为 $10\times10^{-6}\sim20\times10^{-6}/℃$。因此，混凝土的热膨胀系数受水泥与骨料在混凝土中的含量比影响，已有研究结果见表 1-1。

表 1-1　混凝土的热膨胀系数

混凝土中水泥与骨料的含量比	混凝土的热膨胀系数（$\times10^{-6}/℃$）
1:0	18.5
1:1	13.5
1:3	11.2
1:6	10.1

水的热膨胀系数约为 $210\times10^{-6}/℃$，约为水泥石的热膨胀系数的 10 倍。因此，水泥石的热膨胀系数与其本身的水分含量有关。骨料的热膨胀系数还与其本身的岩性有关，一般石英岩或硅质岩骨料的热膨胀系数偏高（$11.0\times10^{-6}\sim12.5\times10^{-6}/℃$），石灰岩骨料的热膨胀系数偏低（$3.5\times10^{-6}\sim6.0\times10^{-6}/℃$），火山岩骨料居中（$5.5\times10^{-6}\sim8.0\times10^{-6}/℃$），各种岩石的平均热膨胀系数见表 1-2。

表 1-2　各种岩石的平均热膨胀系数

岩性	热膨胀系数（$\times10^{-6}/℃$）	岩性	热膨胀系数（$\times10^{-6}/℃$）
燧石	11.8	硅质石灰岩	8.3
石英	11.1	花岗岩	6.9
石英岩	10.3	辉绿岩	6.8
砂岩	9.3	玄武岩	6.4
大理岩	8.4	石灰岩	5.5

混凝土的热膨胀系数与骨料的性质有关，美国混凝土学会 ACI 207.2R 曾做如下建议：当缺乏试验资料时，灰岩粗骨料混凝土的热膨胀系数可取 $9\times10^{-6}/℃$，硅质岩粗骨料混凝土的热膨胀系数可取为 $10.8\times10^{-6}/℃$，石英岩粗骨料混凝土的热膨胀系数可取为 $12.6\times10^{-6}/℃$。

另外，混凝土的热膨胀系数与水泥石一样，同样受其本身的水分含量影响，通常气干状态下的热膨胀系数明显大于烘干状态或饱水状态时的热膨胀系数。美国混凝土学会 ACI 209R 曾根据混凝土构件的环境条件对混凝土的饱水度进行区分，进而在无试验资料时，提出了一个由混凝土饱水度、水泥石和骨料三个部分合成的混凝土热膨胀系数计算公式：

$$\alpha = e_{mc} + 3.1 + 0.72e_a \tag{1-1}$$

式中：e_{mc} 为关于热膨胀系数的混凝土饱水度分担值，$\times10^{-6}/℃$，水饱和状态时取 0、在水饱和状态与部分含水之间时取 $1.3\times10^{-6}/℃$、从部分含水逐渐转为干燥状态时取 $1.5\times10^{-6}\sim2.0\times10^{-6}/℃$；3.1 为关于热膨胀系数的水泥石分担值，$\times10^{-6}/℃$；$e_a$ 为骨料的热膨胀系数，$\times 10^{-6}/℃$，可按表 1-2 进行取值。

不同水泥品种对混凝土热膨胀系数的影响见表 1-3。

表 1-3　水泥品种对混凝土热膨胀系数的影响

水泥品种	热膨胀系数（$\times 10^{-6}/℃$）
矿渣水泥	12.6
普通硅酸盐水泥	12.4
高铝水泥	10.6
中热水泥	8.7～9.5

热膨胀系数是混凝土的主要热物理特性参数之一，也是其体积稳定性的重要表征参数；大坝等大体积混凝土胶凝材料水化热引起的温差变形是导致混凝土开裂的主要原因，除采取降低胶凝材料水化热外，控制大坝混凝土的热膨胀系数也是目前温控设计的重点。大坝混凝土热膨胀系数一般采用热膨胀系数表征，《水工混凝土试验规范》（SL 352—2006）要求被测试件至少养护 7 d 后再进行试验，同时允许采用测试完混凝土自生体积变形的试件进行试验，所以往往测得的是混凝土中后期的热膨胀系数，混凝土在硬化初期的热膨胀系数被忽视了。现有研究表明，混凝土热膨胀系数随龄期而变化，早期变化较大，尤其是在混凝土硬化初期，而后期相对较为稳定，图 1-1 为 Cusson 等实测结果。

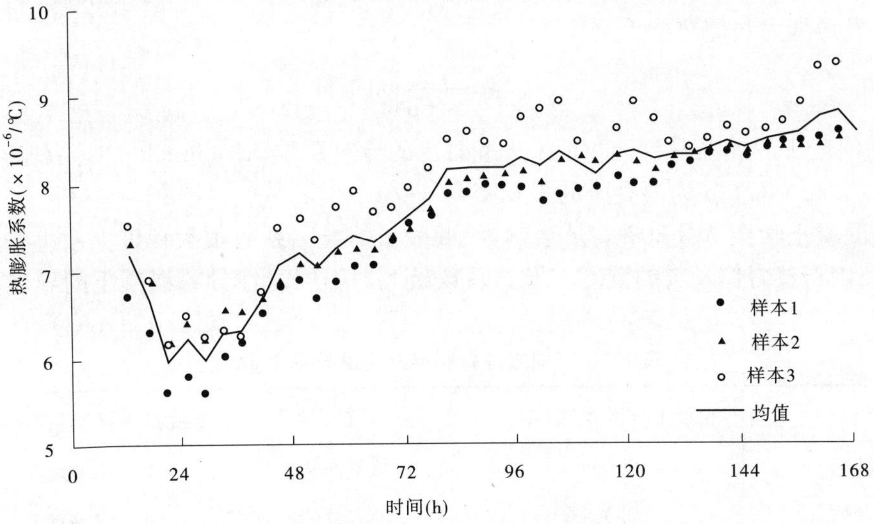

图 1-1　早期混凝土热膨胀系数变化

水泥基材料早期热膨胀性能测定方法目前尚无统一规定，出现多种测试方法，主要包括静水力学称重法（体积法）、接触式位移测长法和温度应力试验机法，这些方法各有利弊。常规测试混凝土热膨胀系数需对试件外加大幅温升，如《水工混凝土试验规范》（SL 352—2006）要求升温幅度为 40 ℃左右，显著影响混凝土早期水化，使得测试结果与水化龄期有偏差，一组试件往往只能测试某一龄期热膨胀系数，较难实现连续测试同组试件不同早龄期的热膨胀系数。考虑大坝混凝土一般采用较大的骨料尺寸，需要大尺寸的试件，使得静水力学称重法受到一定限制；同时由于早期大坝混凝土强度较低，采用常规接触式测长法难以保证结果的准确性；温度应力试验机目前应用于大坝混凝土早期热膨胀系数测定的研究较少。随着高精度激光位移传感器技术的发展，原位非接触测试位移成为可能，同时试验无须大幅温升即可采集到精确的位移变化。

1.2.2 导热系数、导温系数、比热

单位质量的混凝土温度升高（或降低）时，所吸收（或释放）的热量称为混凝土的比热（C），可用下式表示：

$$C = \frac{Q}{G(t_2 - t_1)} \tag{1-2}$$

式中：Q 为混凝土吸收或释放的热量，kJ；C 为混凝土的比热，kJ/(kg·℃)；G 为混凝土的质量，kg；$t_2 - t_1$ 为混凝土受热或冷却前后的温度差，℃。

由于水的比热为混凝土和骨料比热的 5～6 倍，因此混凝土的含水量对其比热有较大的影响，混凝土的含水量越大，其比热就越高。另外，混凝土中骨料的含量越大，混凝土的比热就相对越小。

混凝土的导温系数是用来衡量混凝土本身对热的扩散能力的一个参数，它表明混凝土在受热或冷却时，混凝土各部分的温度趋向一致的能力。混凝土的导温系数越大，在同样的受热或冷却条件下，混凝土内各处温度愈易达到均匀，混凝土的导温系数（a）在数值上等于其导热能力与储热能力之比：

$$a = \frac{\lambda}{C\rho} \tag{1-3}$$

式中：a 为混凝土的导温系数，m^2/h；λ 为混凝土的导热系数，kJ/(m·h·℃)；C 为混凝土的比热，kJ/(kg·℃)；ρ 为混凝土的表观密度，kg/m^3。

美国混凝土学会 ACI 207 委员会认为，混凝土的导温系数很大程度上取决于所用骨料的种类，以石英岩作骨料的混凝土导温系数最大。不同岩性骨料混凝土的导温系数见表 1-4。

表 1-4 不同岩性骨料混凝土的导温系数

骨料岩性	混凝土导温系数（m^2/h）	骨料岩性	混凝土导温系数（m^2/h）
石英岩	0.005 4	花岗岩	0.004 0
石灰岩	0.004 7	流纹岩	0.003 3
白云岩	0.004 6	玄武岩	0.003 0

由于混凝土的导热系数随混凝土的饱水程度而有较大的变化，因此混凝土的导温系数还受混凝土含水量的影响。另外，由于砂石的导温系数（0.002 5～0.005 0 m^2/h）大于水泥石的导温系数（0.001 0～0.001 5 m^2/h），因此混凝土的导温系数还随骨料用量的增加而增大。

混凝土的导热系数(λ)直接反映混凝土对热的传导能力，它表示厚度为1 m的混凝土、当温差为1 ℃时，每平方米面积上每小时能通过的热量(kJ)，其表达式为：

$$\lambda = \frac{Qd}{\Delta TAt} \tag{1-4}$$

式中：λ 为混凝土的导热系数，kJ/(m·h·℃)；Q 为通过厚度为 d 的热量，kJ；d 为混凝土的厚度，m；ΔT 为温差，℃；A 为面积，m^2；t 为时间，h。

影响混凝土导热系数的因素主要有骨料用量、骨料自身的热学性质、混凝土的温度及其含水状态。一般石英岩拌制的混凝土导热系数最大，其次依次为白云岩、石灰岩、花岗岩、流纹岩、玄武岩。混凝土的导热系数受含水量的影响较大，20 ℃时水的导热系数约为8.82 kJ/(m·h·℃)，比骨料的导热系数高3~7倍，因此干燥的混凝土的导热系数比含水状态的混凝土的导热系数小。图1-2反映了混凝土导热系数受含水量状态和温度的影响关系。

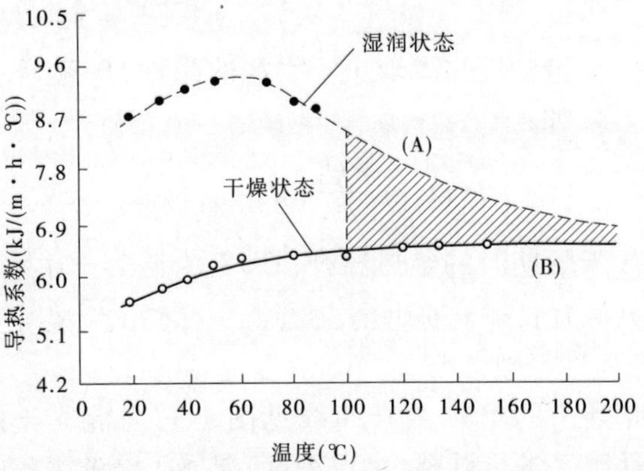

图1-2 混凝土导热系数受含水量状态和温度的影响关系

另外，混凝土的导热系数随着表观密度的减小而降低，混凝土孔隙中空气的导热系数很小，而干燥混凝土的导热系数是混凝土固体骨料的导热系数和混凝土孔隙中空气导热系数的平均值，因此混凝土中孔隙越多(表观密度越小)，其导热系数就越小。有试验表明，轻骨料混凝土的导热系数(λ)与混凝土表观密度 ρ 的经验关系式如下：

$$\lambda = 0.92 - 0.84\rho + 1.01\rho^2 \tag{1-5}$$

当式(1-5)中 $\rho = 1.85$ 时，混凝土的导热系数为2.82 kJ/(m·h·℃)，比普通混凝土的导热系数小，因此轻骨料混凝土和泡沫混凝土的导热系数可以显著减小，以利于建筑物的保温。

对于混凝土早期导热系数、导温系数的测定，最大的困难在于拟采用的方法必须既能适应材料在流体状态下的测定，又能适应在固体状态下的测定。通过研究和比较大多数国际上通用的测定材料导热系数、导温系数和比热的方法发现，线热源原理比较适用于测定混凝土在早期水化过程中不断发生变化的热物理性能。

1.2.3 绝热温升

水泥水化放热使混凝土温度升高，水泥的水化与水泥的矿物组分、细度、添加的混合材以及混凝土中水泥的用量等因素有关。表 1-5 列出了常用波特兰水泥的水化热情况。

表 1-5 常用波特兰水泥的水化热

水泥种类		水化热(kJ/kg)					
		3 d	7 d	28 d	90 d	1 a	6.5 a
Ⅰ	普通	255	334	401	435	456	489
Ⅱ	中热	196	255	334	368	397	410
Ⅲ	快硬	314	385	422	447	477	506
Ⅳ	低热	171	213	276	309	339	355
Ⅴ		184	230	309	347	380	393

混凝土的温升速率、温升幅度主要取决于水泥的品种、数量等,国内外关于混凝土绝热温升估算的经验式较多,如:

$$T(t) = \frac{WQ_{\infty}}{C\rho}(1 - e^{-at}) \tag{1-6}$$

式中:$T(t)$ 为混凝土在 t 天龄期时的绝热温升,℃;W 为混凝土中水泥用量,kg/m^3;Q_{∞} 为水泥最终水化热,kJ/kg;C 为混凝土的比热,kJ/(kg·℃);ρ 为混凝土的密度,kg/m^3;a 为与水泥品种有关的温升速率系数,1/d。

美国关于大体积混凝土的绝热温升曲线见图 1-3,当混凝土水泥含量不等于 223 kg/m^3时,温升按水泥量比率进行调整,水泥细度、混凝土浇筑温度不同时也需要进行适当调整。混凝土的发热量正比于水泥用量,但混合材的掺用也对混凝土绝热温升有很大影响,并随混合材的品种、特性、掺量等因素而变化。就最常用的粉煤灰而言,掺入粉煤灰后的水泥混凝土的温升,在前 28 d 龄期内,大致规律为:掺入粉煤灰的百分数就是温升和水化热降低的百分数,即掺加 30% 粉煤灰的水泥混凝土,其温升与水化热约为未掺粉煤灰水泥混凝土的 70%。

混凝土最终的绝热温升需要长达数年甚至几十年的连续观测,但在实验室内采用混凝土绝热温升仪等测试设备,可对混凝土的早期绝热温升进行测试,然后根据测试得到的实验室数据,可对混凝土的最终绝热温升进行推算,我国与日本均采用下列形式的推算公式:

$$T_r = T_0(1 - e^{-mt}) \tag{1-7}$$

式中:T_r 为混凝土在 t 天龄期时的绝热温升,℃;T_0 为混凝土的最终绝热温升,℃;t 为混凝土的龄期,d;m 为试验常数。

从式(1-7)可以发现,混凝土的绝热温升值随着龄期 t 的增长而增大,但最终将趋于稳定。

南京水利科学研究院针对不同掺合料对混凝土自浇筑成型开始至 28 d 的绝热温升进行了深入研究,研究结果见表 1-6 ~ 表 1-8。

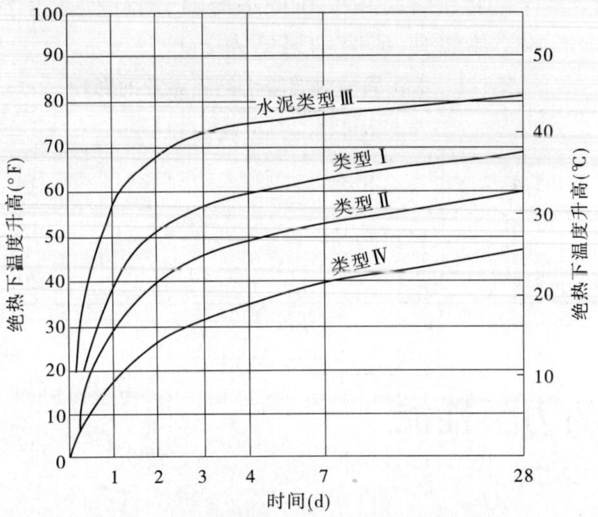

图 1-3　大体积混凝土的绝热温升曲线

（水泥用量 223 kg/m³，浇筑温度 23 ℃）

表 1-6　火山灰对混凝土绝热温升的影响

掺合料种类	掺量(%)	绝热温升(℃)					
		1 d	3 d	5 d	7 d	14 d	28 d
粉煤灰	55	2.7	7.6	10.2	11.9	14.3	15.8
火山灰	55	6.0	9.8	11.9	13.2	14.8	15.5
火山灰与粉煤灰等比例混合	55	4.8	9.0	11.2	12.7	14.6	15.7

表 1-7　磷渣粉对混凝土绝热温升的影响

掺合料种类	掺量(%)	绝热温升(℃)					
		1 d	3 d	5 d	7 d	14 d	28 d
粉煤灰	30	1.5	10.5	18.0	19.5	20.0	20.5
磷渣粉	30	3.5	12.0	20.5	24.5	25.0	25.5
磷渣粉与粉煤灰等比例混合	30	3.0	11.0	19.5	21.5	22.0	22.5

表 1-8　复合掺合料对混凝土绝热温升的影响

掺合料种类	掺量(%)	绝热温升(℃)					
		1 d	3 d	5 d	7 d	14 d	28 d
粉煤灰	50	4.6	10.2	13.4	15.6	20.0	21.3
磷渣粉与石粉	50	4.4	10.1	13.1	15.3	19.1	20.2
磷渣粉与粉煤灰等比例混合	50	4.6	10.3	13.4	15.4	19.7	21.3

中国水利水电科学研究院在研究高贝利特水泥时，对比研究了混凝土分别采用高贝利特水泥与中热水泥后的绝热温升，研究结果见表 1-9。

表 1-9　水泥品种对混凝土绝热温升的影响

水泥种类	绝热温升(℃)				
	1 d	3 d	7 d	14 d	28 d
高贝利特水泥	3.9	9.1	12.4	16.4	19.2
中热水泥	5.4	13.1	17.8	20.7	21.2

1.3　混凝土的力学性能

1.3.1　抗压强度

混凝土主要是用以受压的材料，抗压强度作为衡量混凝土材料在压缩荷载下的承载能力的参数，是混凝土极为重要的性质。虽然在许多情况下，混凝土抗渗性、热学性能也很重要，但是，混凝土的抗压强度通常可以反映出混凝土的总体质量水平。

1.3.1.1　水泥与混凝土的抗压强度

普通混凝土的受压破坏一般首先出现在骨料和水泥的分界面上，如图 1-4 所示。但是，当水泥石强度较低时，水泥石本身经常首先被破坏。在普通混凝土中，由于骨料强度通常大大超过水泥石强度和黏结面强度，所以骨料首先破坏的概率较小。因此，混凝土的抗压强度主要取决于水泥石的强度及其与骨料间的黏结力。

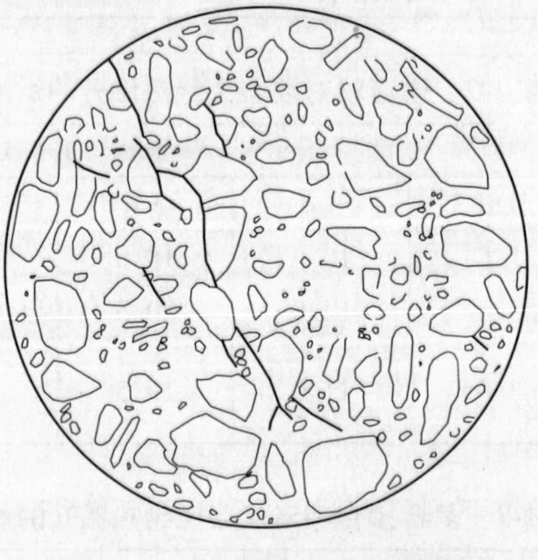

图 1-4　混凝土受压破坏示意图

水泥石的强度理论一直以来是人们所关注和研究的重要课题，至今还没有一个统一的说法。脆性材料断裂理论认为，水泥石抵抗断裂的能力可以用 Griffith 公式来表述，该式认为水泥石的断裂强度与其本身的弹性模量、表面能以及裂缝的大小有关。多孔材料强度理论认为，水泥石的强度发展主要取决于孔隙率，T. C. Powers 根据大量的试验建立了水泥石强度与胶空比的关系式，该关系式认为，在标准条件下，硅酸盐水泥硬化体的强度主要与水化程度及水灰比有关。但是,经过不断的研究发现,T. C. Powers 提出的关于水泥石强度的关系式具有适用的前提条件——假定水泥完全水化。另外,该关系式也没有考虑水化相的差别、水化环境对水泥石强度的影响以及孔径分布对强度的影响等,其具有局限性。

水泥石的强度还与组成水泥的熟料矿物的含量及不同水化相的强度有关。硅酸盐水泥熟料的主要矿物成分有 $3CaO \cdot SiO_2$(简写为 C_3S,一般含量范围为 37% ~60%)、$2CaO \cdot SiO_2$(简写为 C_2S,一般含量范围为 15% ~37%)、$3CaO \cdot Al_2O_3$(简写为 C_3A,一般含量范围为 7% ~15%)、$4CaO \cdot Al_2O_3 \cdot Fe_2O_3$(简写为 C_4AF,一般含量范围为 10% ~18%)。

C_3S 是决定水泥石强度的最主要矿物,R. W. Nurse 制得了纯 C_3S 和含 MgO 或含 MgO 与 Al_2O_3 的熟料矿物,并测定了各自的强度值,见表 1-10 所示。C_2S 是保证水泥石后期强度增长的主要矿物,其早期水化最慢,28 d 后仅水化 20% 左右,C_2S 随龄期而变化的抗压强度见表 1-11。

表 1-10　C_3S 的抗压强度　(单位:MPa)

C_3S 类型	抗压强度		
	1 d	3 d	28 d
三斜,纯 C_3S	11.86	18.39	23.42
三斜,$C_{154}M_2S_{52}$	9.24	19.22	22.81
单斜,$C_{151}M_5S_{52}$	16.00	24.73	28.32
单斜,$C_{54}MAS_{16}$	12.41	29.63	35.14

表 1-11　C_2S 的抗压强度　(单位:MPa)

龄期	1 d	3 d	7 d	28 d	90 d	180 d	1 a	2 a
抗压强度	0	0.39	0.98	6.28	35.62	52.21	70.85	99.12

C_3A 的早期强度增长很快,但强度不高,后期则几乎不增长,甚至降低。C_3A 在不同龄期的抗压强度如表 1-12 所示。

表 1-12　C_3A 的抗压强度　(单位:MPa)

龄期	1 d	3 d	7 d	28 d	90 d	180 d
抗压强度	4.2	7.7	8.3	7.2	9.6	6.6

C_4AF 的水化速率较快,仅次于 C_3A,水化中等,强度较低。还有试验资料表明,熟料矿物之间对强度的发展还有促进及制约的作用,如少量的 C_3A 对 C_3S 的强度发展起着有利的促进作用,但当 C_3A 超过某一定量时,则浆体的强度反而下降。不同 C_3A 与 C_3S 比值的浆体抗压强度如表 1-13 所示。

而当熟料矿物水化生成不同水化相时,不同的水化产物也有不同抗压强度,以托勃莫来石的抗压强度作为100%,则不同水化产物的相对抗压强度如表1-14所示。

表1-13 不同 C_3A 与 C_3S 比值的浆体抗压强度 (单位:MPa)

$\frac{C_3A}{C_3S}$	抗压强度				
	3 d	7 d	28 d	90 d	180 d
5/95	27.1	39.2	57.0	58.8	62.7
10/90	34.0	41.8	50.1	58.8	64.3
15/85	34.4	48.4	61.0	52.7	49.4
25/75	29.4	39.8	48.3	41.3	53.0

表1-14 不同水化产物的相对抗压强度

水化产物类型	相对抗压强度(%)
托勃莫来石	100
Ⅰ型C-S-H凝胶	56~62
70%~80% C_2ASH_8 +20%~30% Ⅰ型C-S-H凝胶	28~32
70%~80% $C_3AS_nH_{6-2n}$ +20%~30% Ⅰ型C-S-H凝胶	13~20
C_3AH_6 + $C_3AS_nH_{6-2n}$	3~4

1.3.1.2 水灰比与混凝土的抗压强度

在完全密实的情况下,混凝土的抗压强度主要取决于其内部起胶结作用的水泥石的强度,而水泥石的强度又主要取决于水灰比及水泥自身的品种。1918年Duff Abrams提出了如下的混凝土强度计算公式:

$$f_c = \frac{K_1}{K_2 \frac{W}{C}} \tag{1-8}$$

式中:f_c 为混凝土的抗压强度;W/C 为拌和物水胶比;K_1、K_2 为经验系数。

Feret于1896年提出如下普遍适用公式:

$$R = K\left(\frac{c}{c+e+a}\right)^2 \tag{1-9}$$

式中:R 为混凝土的抗压强度;K 为常数;c 为水泥的绝对体积;e 为水的绝对体积;a 为空气的绝对体积。

Feret公式除考虑了水灰比对抗压强度的影响外,还考虑了振捣密实程度对混凝土内部孔隙体积的影响。图1-5描述了混凝土抗压强度与水灰比之间的关系。

在混凝土被充分捣实的情况下,混凝土的抗压强度依据Duff Abrams公式随水灰比的降低而提高。在水泥用量不变、水灰比减小的条件下,混凝土拌和物工作性降低,当工作性降低到某种程度而无法捣实时,如果水灰比继续降低,反而会导致混凝土抗压强度的降低,即图1-5中的虚线部分。当用另一种捣实能力更强的方法时,混凝土的抗压强度随水灰比的降低而提高,但当水灰比降低至这种强振捣方法都无法捣实的程度时,混凝土的抗

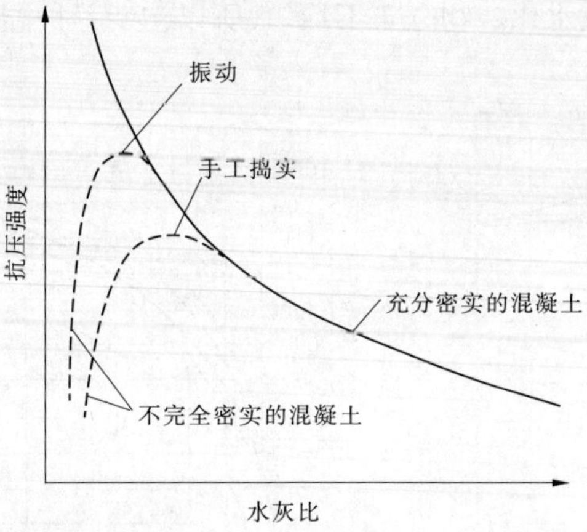

图 1-5 混凝土抗压强度与水灰比关系

压强度又随着水灰比的降低而再次降低。

1.3.1.3 骨料与混凝土的抗压强度

Walker 与 Bloem 指出混凝土的强度来源于三个部分，即砂浆的强度、砂浆与粗骨料的黏结强度、粗骨料颗粒本身的强度。粗骨料的颗粒形状及表面特征会影响其与水泥石或砂浆的黏结强度，一般而言，碎石与水泥石或砂浆的黏结力较大，在水灰比相同的条件下，比卵石混凝土的抗压强度高。

粗骨料的颗粒形状对混凝土的抗压强度也有影响，如针、片状颗粒会使混凝土骨料的空隙率增大，且受力后易破坏。因此，针、片状颗粒含量过多时，混凝土的抗压强度会下降。另外，粗骨料中的有害杂质，如黏土、淤泥、硫化物及硫酸盐、有机物质等，都会影响混凝土的抗压强度。

粗骨料的最大粒径增大时，骨料的空隙率及表面积减小，在水灰比及混凝土流动性相同的条件下，可使水泥用量减少，且有助于提高混凝土的密实性、减少混凝土发热量及混凝土的收缩。在水泥用量相同的条件下，混凝土的抗压强度与粗骨料最大粒径的关系如图 1-6 所示。

对于水泥用量较少的中、低强度等级混凝土而言，粗骨料最大粒径增大时，混凝土抗压强度增大。而对于水泥用量较多的高强度等级混凝土，粗骨料最大粒径由 20 mm 增加到 40 mm 时，混凝土的抗压强度最高，若此时继续增大粗骨料的最大粒径对混凝土的抗压强度并没有什么益处。

1.3.1.4 养护与混凝土的抗压强度

混凝土抗压强度受养护条件的影响较大。在干燥环境中，混凝土的抗压强度发展会随着水分的蒸发而减慢或中止，养护温度高时，水泥的硬化速度快；养护温度低时，水泥的硬化比较缓慢；当温度低于 0 ℃时，水泥会停止硬化。

图 1-7 所示为混凝土在不同温度的水中养护后，其抗压强度的发展规律，图中纵坐标为各个温度的水中养护的混凝土的抗压强度值占于 23 ℃水中养护混凝土的抗压强度值的百分率。从图 1-7 中可以看出，养护温度高，可以增大初期水化速度，混凝土的初期强度也高；但养护温度为 4 ~ 21 ℃的混凝土的后期强度都较养护温度为 29 ~ 46 ℃的高，这

说明初期的急速水化导致水化产物分布不均匀，所以初期养护温度越高，后期混凝土的抗压强度衰退越大。

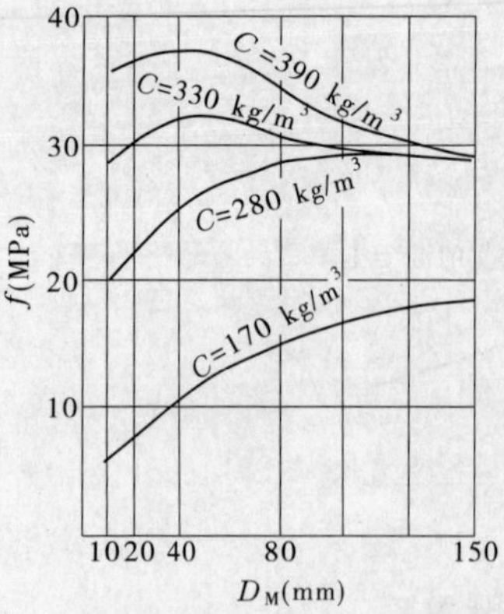

图1-6　混凝土抗压强度与粗骨料最大粒径的关系

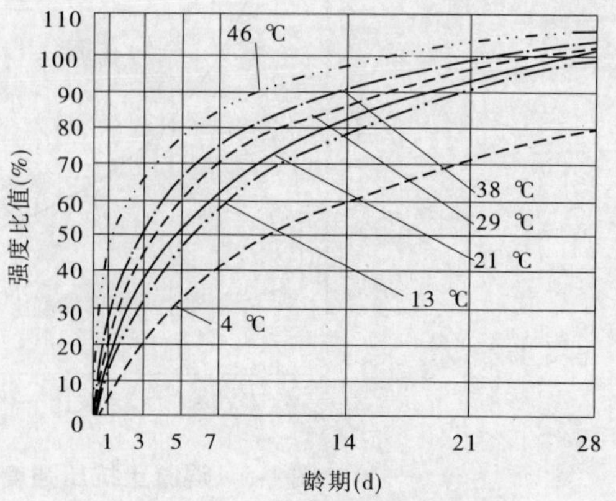

图1-7　混凝土抗压强度与养护温度的关系

在正常养护条件下，混凝土的抗压强度在最初几天发展较快，以后逐渐缓慢，28 d以后发展更慢。如果能长期保持适当的温度和湿度，混凝土抗压强度的增长可延续数十年之久。表1-15列出了不同类型水泥品种的混凝土在正常养护条件下各龄期抗压强度的发展情况，表1-16列出了不同类型水泥品种的混凝土在不同养护温度条件下各龄期抗压强度的发展情况，以供参考。

表1-15　正常养护条件下混凝土相对抗压强度值　(%)

水泥品种	龄期				
	7 d	28 d	60 d	90 d	180 d
普通硅酸盐水泥	55～65	100	110	115	120
矿渣硅酸盐水泥	45～55	100	120	130	140
火山灰质硅酸盐水泥	45～55	100	115	125	130

表1-16　不同养护温度条件下混凝土相对抗压强度值　(%)

水泥品种	龄期(d)	养护期间的平均温度(℃)							
		1	5	10	15	20	25	30	35
		抗压强度对正常养护条件下28 d强度的百分率(%)							
普通硅酸盐水泥	3	12.5	20.0	24.0	31.0	37.0	43.0	48.0	51.0
	5	33.0	28.0	36.0	43.0	50.0	58.5	62.5	64.5
	7	31.5	40.0	48.0	53.0	62.0	68.5	71.0	76.0
	10	41.0	50.0	58.0	69.0	77.0	79.0	81.0	84.0
	15	52.0	61.5	71.0	81.0	88.0	90.0	—	—
	28	68.0	78.0	86.5	92.0	100.0	—	—	—

续表 1-16

水泥品种	龄期(d)	养护期间的平均温度(℃)							
		1	5	10	15	20	25	30	35
		抗压强度对正常养护条件下 28 d 强度的百分率(%)							
矿渣硅酸盐水泥或火山灰质硅酸盐水泥	3	4.5	8.0	10.0	17.5	22.0	27.0	31.0	37.5
	5	11.5	17.0	23.0	30.0	32.5	39.0	45.0	51.0
	7	18.5	23.0	32.0	39.5	44.0	50.0	55.0	63.0
	10	23.0	32.0	43.0	51.5	58.0	62.5	68.5	75.0
	15	31.5	45.5	57.5	68.0	75.0	79.0	86.0	91.0
	28	46.5	63.0	81.5	92.0	100.0	—	—	—

1.3.2 抗拉强度

混凝土以及与此相类似的脆性材料的抗拉强度,比根据分子凝聚力确定的、按假设为安全均质而无缺陷的固定表面能计算的理论强度低很多。其原因就在于混凝土本身是一种非均质材料,内部存在着许多大小不等的缺陷,如先天既有的裂隙、气泡和杂质等,即使在理论上均匀分布的应力之下,这些缺陷部位也可能发生不同程度的应力和应变集中,致使缺陷在不同应力条件下发展成裂缝而直接导致混凝土受拉试件断裂。

Griffith 指出,混凝土的实际抗拉强度与理论强度之间的矛盾关系可用裂隙的存在来解释。Griffith 假说指出了裂隙局部位置上的微观破损,其假说认为包含了最弱裂隙的"体积单元"直接决定了混凝土抗拉试件的受拉强度,即任何开裂都将扩展到承受一定应力试件的全截面上。

虽然混凝土受拉试件局部的破损起始于一点且受该点状态的控制,但必须指出的是,如果仅由混凝土受拉试件中最大应力集中点上的应力来预测破坏似乎还不够全面,还必须充分掌握混凝土受拉试件中在该应力集中点周围的应力分布情况,因为混凝土材料内部的、特别是接近破坏时的变形反应还取决于临界点周围材料的特性与应力状态,同时破坏扩散的可能性也同样受这一状态的影响。由此可见,像混凝土这样的脆性材料的抗拉强度不能只用平均值来描述,还必须给出强度变异的指标,以及试件的尺寸、形状等参数。

由于混凝土材料的非均质性,其实际抗拉强度与理论抗拉强度存在着严重的偏差,而且混凝土的抗拉强度易受混凝土自身的先天缺陷影响,因此混凝土的直接拉伸试验一般不宜用做决定设计参数或检验混凝土质量的常规试验。而且混凝土抗拉强度的测定方法也较多,如混凝土抗弯曲、直接轴拉、抗劈裂等,且由这些方法测得的抗拉强度大小也不同。

但是通过系统化的开展抗拉强度和抗压强度的试验,可以评定两种强度之间的相互关系。试验者可根据实测的抗压强度推算出相应的抗拉强度,计算公式的基本形式如下:

$$f_t = k(f_c)^n \tag{1-10}$$

式中:f_t 为混凝土的抗拉强度,MPa;f_c 为混凝土的抗压强度,MPa;k 为经验系数,一般介于 0.5 ~ 0.75 之间;n 为经验系数。

当采用圆柱体试件时，混凝土的抗劈裂强度与抗压强度的关系式可表示为：

$$f_t = 0.3(f_c)^{0.67} \tag{1-11}$$

式中：f_t 为混凝土的抗劈裂强度，MPa；f_c 为混凝土的抗压强度，MPa。

当采用立方体试件时，混凝土的轴心抗拉强度与抗压强度的关系式可表示为：

$$f_t = 0.12(f_c)^{0.70} \tag{1-12}$$

式中：f_t 为混凝土的轴心抗拉强度，MPa；f_c 为混凝土的抗压强度，MPa。

《混凝土结构设计规范》（GBJ 10—89）规定的混凝土抗拉强度与抗压强度的换算关系可用如下公式表示：

$$f_t = 0.20(f_c)^{0.67} \tag{1-13}$$

式中：f_t 为混凝土的抗拉强度，MPa；f_c 为混凝土的立方体抗压强度，MPa。

美国波特兰水泥协会规定的混凝土抗拉强度与圆柱体抗压强度之间的换算关系可用如下公式表示：

$$f_t = 0.16(f_c)^{0.80} \tag{1-14}$$

式中：f_t 为混凝土的抗拉强度，MPa；f_c 为混凝土的圆柱体抗压强度，MPa。

欧洲混凝土协会关于混凝土抗拉强度与抗压强度之间的换算关系如下式所示：

$$f_t = 0.30(f_{c,k})^{0.67} \tag{1-15}$$

式中：f_t 为混凝土的平均抗拉强度，MPa；$f_{c,k}$ 为混凝土的圆柱体抗压强度的特征值，即有95%试件的抗压强度不低于此值，MPa。

1.4 混凝土的变形性能

1.4.1 混凝土的收缩

混凝土材料从浇筑成型起，即发生各种体积变化，这些体积变化发生的驱动力各不相同，笔者将混凝土的不同体积变化，根据其发生的特点及发生的不同龄期段分别进行论述。

1.4.1.1 化学减缩

化学减缩即水化收缩，亦称为合缩。产生水化收缩的直接原因是水化反应前后水化产物的平均密度发生了变化，因此几乎所有水硬性胶凝材料都会发生水化收缩。混凝土的化学收缩主要来自于水泥，且发生的时间最早，自水泥与拌和水接触产生水化反应，混凝土的化学收缩就开始了。水泥的化学收缩可以根据参加水化反应的物质的质量和密度计算求得。

由于水泥发生化学减缩是因为其主要水化物质发生水化反应，因此不同种类的水泥发生化学减缩的量也不同。图1-8比较了3种波特兰水泥、1种矾土水泥和1种硫铝酸盐水泥在20 ℃温度下，各自的化学减缩随水化龄期的发展过程。

表1-17列出了水泥的主要水化反应引起的体积变化，需要说明的是，表中有些反应的计量关系至今还没有精确的定论，但对于理解水泥的水化引起的体积变化而言，具有重要的参考价值。

而对于同一种水泥，其化学减缩值的大小又受水化反应温度的影响。图 1-9 比较了同一种波特兰水泥在 2 ℃、12 ℃、22 ℃、32 ℃四种温度条件下的化学减缩情况。

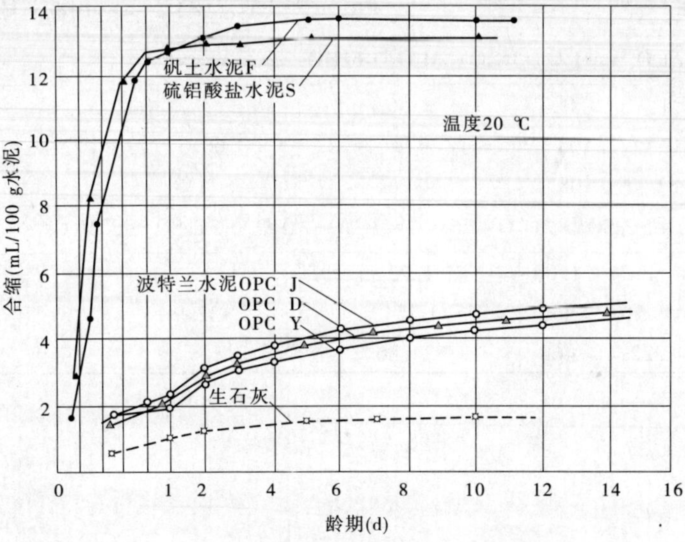

图 1-8　不同品种水泥的化学减缩

表 1-17　主要水化反应引起的体积变化

项目	水化物质		水化产物		固体体积增加(%)	每 100 g 水化物质水化后固液总体积的减少量(mL)
$CaO + H_2O \rightarrow Ca(OH)_2$						
密度	3.32	1.00	2.23			
质量	56.1	18	74.1		93	4.28
体积	16.81	18	32.45			
$CaSO_4 \cdot \frac{1}{2}H_2O + \frac{3}{2}H_2O \rightarrow CaSO_4 \cdot 2H_2O$						
密度	2.60	1.00	2.32			
质量	145	27	172		32.9	6.00
体积	55.77	27	74.14			
$2(3CaO \cdot SiO_2) + 6H_2O \rightarrow 3CaO \cdot 2SiO_2 \cdot 3H_2O + 3Ca(OH)_2$						
密度	3.15	1.00	2.63	2.23		
质量	456	108	342	222	58.39	5.12
体积	145	108	130	99.66		
$2(2CaO \cdot SiO_2) + 4H_2O \rightarrow 3CaO \cdot 2SiO_2 \cdot 3H_2O + Ca(OH)_2$						
密度	3.28	1.00	2.63	2.23		
质量	344	72	342	74	55.2	4.07
体积	105	72	130	33		

续表 1-17

项目	水化物质			水化产物	固体体积增加(%)	每 100 g 水化物质水化后固液总体积的减少量(mL)
$3CaO \cdot Al_2O_3 + 6H_2O \rightarrow 3CaO \cdot Al_2O_3 \cdot 6H_2O$						
密度	3.04	1.00		2.56		
质量	270	108		378	66.3	18.20
体积	88.81	108		147.66		
$3CaO \cdot Al_2O_3 + 3CaSO_4 \cdot 2H_2O + 26H_2O \rightarrow 3CaO \cdot Al_2O_3 \cdot 3CaSO_4 \cdot 32H_2O$						
密度	3.04	2.32	1.00	1.73		
质量	270	516	468	1 254	132.9	20.13
体积	88.81	222.41	468	724.86		

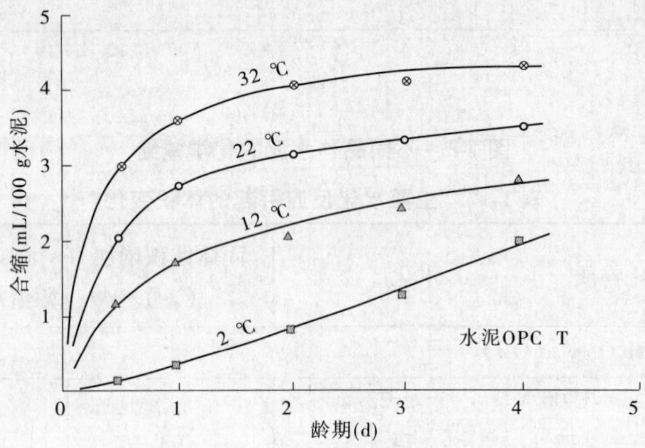

图 1-9 温度对水泥化学减缩的影响

1.4.1.2 自收缩

对于自收缩的认识与定义，国内外的学术界仍未完全统一，最早提出自收缩概念可以追溯到 20 世纪初，Le Chatelier 对硬化水泥浆的绝对体积变化和表观体积变化进行了区分，进而提出了自干燥概念。Lynam 对自收缩给出的定义是：不因热或水分蒸发而产生的收缩行为。

日本混凝土学会 JCI 给出的自收缩定义如下：在初凝以后水泥水化时产生的表观体积减少，这种体积减少不包括因自身物质的增减、温度变化、外部荷载或约束作用引发的体积变化。

在国际材料与结构研究实验联合会 RILEM TC 181 – EAS 技术委员会的报告中，自收缩则涵盖了更为广泛的内容，并对自收缩和自干燥收缩进行了明确的区分：自收缩是水泥基材料在密封条件、等温养护下表观体积的减小，而化学减缩则是引起自收缩的原因，化学减缩和自收缩在不同水化阶段存在不同的数量关系，在塑性阶段近似相等，当水泥基材料浆体初始结构形成以后，自收缩小于化学减缩；而自干燥收缩则是指在密封的条件下水泥浆体初始结构形成以后，由于水泥的继续水化，在体系内部形成空孔，引起内部相对湿度下降所引起的收缩，因此自干燥收缩仅是自收缩的一部分；与自干燥收缩对应的水泥基材料初始结构形成以前，由于化学减缩而导致的表观体积的减少则称为凝缩，因此凝缩也是自收缩的一部分。

从以上关于自收缩的定义可以看出，自收缩的发生总对应着水泥基材料水化的某个时间点，即浆体初始结构形成的时刻。而现有的关于水泥水化的机理普遍认为水泥浆体初始结构形成的时刻即对应水泥的初凝，因此笔者理解的混凝土材料的自收缩定义如下：混凝土在密封、保温养护等条件下，自初凝以后发生的表观体积的减小；且随着水泥的继续水化，由于没有外界水分的继续补充，水泥水化从毛细孔中汲取水分而导致自干燥收缩，自干燥收缩是自收缩的重要组成部分。

1.4.1.3　塑性收缩

混凝土的塑性收缩一般发生在浇筑成型后 3 ~ 12 h 以后，终凝前较为明显。发生塑性收缩的原因较多，如混凝土自身重力作用导致的沉降、化学反应、泌水条件变化等都能引起塑性收缩。由重力作用导致的塑性收缩主要体现在垂直方向的收缩，日本混凝土学会 JCI 直接将重力方向上的塑性收缩定义为沉降收缩；而由泌水条件变化引发的塑性收缩，如新拌的混凝土拌和物，若养护不足或直接暴露在大风、炎热等自然环境条件下，混凝土拌和物表面的失水速率超过内部水向表面迁移的速率时，引发毛细管负压，致使浆体在体积上整体产生收缩。当混凝土的初始浆体结构开始形成，进而产生一定的强度时，新拌混凝土就不再能够通过自身的塑性流动来适应塑性收缩，塑性收缩开裂就将发生。

1.4.1.4　干燥收缩

混凝土的干燥收缩与混凝土内部的水存在重要的关系，水泥浆体中的水可分为游离水或自由水、化学结合水和凝胶水三种。混凝土硬化以后，如果置于未饱和的空气中，就会由于水分散失引发体积减小，即干燥收缩。

但是混凝土发生干燥收缩时的体积变化量并不直接等同于散失的水的体积，这是由于游离水存在于孔隙较大的毛细孔中，最先散失的游离水是不会引起混凝土体积变化的；只有随着环境干燥条件的继续，逐渐使附属在水化产物中的凝胶水散失时，才会导致水化产物体积缩小，在凝胶水逸出阶段未受约束水泥浆的体积变化近似等于全部凝胶粒子表面失去相当于单分子水层厚度的水分，即 $4\ 000 \times 10^{-6} \sim 10\ 000 \times 10^{-6}$，而混凝土由于水泥用量的减少及骨料的限值作用，干缩要比水泥石小得多；而化学结合水在低湿度条件的散失情况则比较复杂，目前还没有定论，但是已有的研究结果也表明了水泥石的一部分收缩还可能与沸石型水的迁移有关，研究表明，水化硅酸钙在干燥过程中的晶面间距从 14Å 减小到了 9Å，水化铝酸钙和水化硫铝酸钙在干燥环境下也表现出了类似特性。

在混凝土试件中，混凝土的干燥收缩过程与混凝土的试件尺寸直接相关，图 1-10 所示为水灰比 0.5，灰集比 1∶2.5 的砂浆配比浇筑的不同截面尺寸的试件的干燥收缩过程。

骨料的颗粒尺寸对混凝土的干燥收缩具有一定的影响，大量粗骨料可以对混凝土的干燥收缩起到抑制作用，可降低收缩。此外，高压蒸汽养护也能降低混凝土的干燥收缩，研究表明，高压蒸养水泥浆的收缩仅为正常养护水泥浆收缩的 1/5 ~ 1/10。

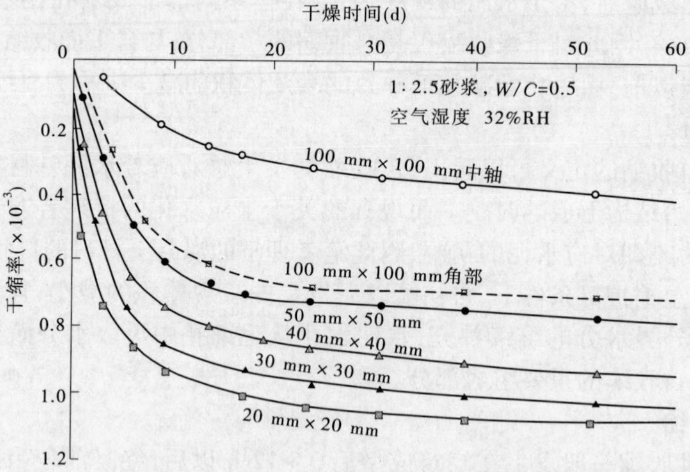

图 1-10　试件截面尺寸与试件干燥收缩的关系

1.4.2　混凝土的弹性模量

1.4.2.1　应力—应变关系

混凝土在荷载变化条件下的变形性能一般都是通过在单轴加载情况下测试其应力—应变关系来衡量的，应力与相应的应变的比即称为弹性模量。通过大量试验得到的典型的混凝土的应力—应变关系曲线如图 1-11 所示。

从图 1-11 可以看出，在曲线的初始阶段会出现一个向上弯曲的小段曲线，这是在荷载作用之前混凝土本身由于收缩产生了一定微裂纹，在荷载作用以后，微裂纹的愈合所致。混凝土的弹性模量可以分为最初切线模量、切线模量和割线模量。初始切线模量是应力—应变曲线原点上切线的斜率，一般比较难测准，因此在实用上的重要性较小；切线模量是应力—应变曲线上任意一点的切线的斜率，它仅在很小的荷载变化范围内适用；割线模量是应力—应变曲线上任一点与原点的连接线的斜率，它表示所选择点的实际变形情况，并且较易测准，因此常被工程上采用。

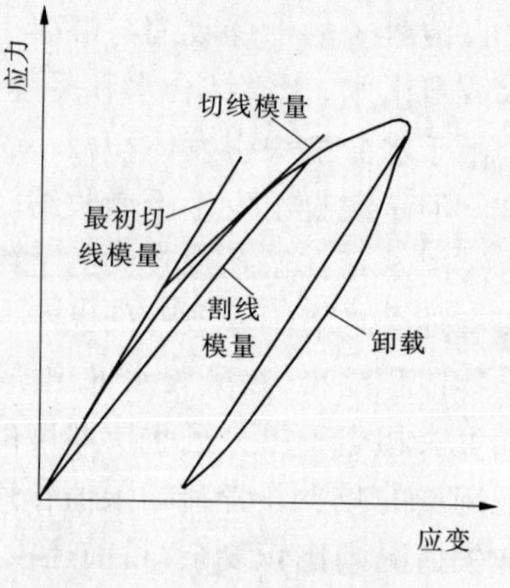

图 1-11　混凝土典型的应力—应变关系曲线

混凝土在受荷过程中应变的大小以及应力—应变曲线的曲率则与应力的施加速率有关，当应力施加很快时，测定的应变将大幅较小，应力—应变曲线的曲率也将变得很小。混凝土受荷时应变的增加还与混凝土徐变性能有关，这将在 1.4.3 部分论述。

由于混凝土是由水泥浆体和骨料组成的，因此混凝土在荷载作用下的应力—应变关系还受水泥浆体以及骨料的弹性性能影响。

图 1-12 所示为混凝土、骨料以及水泥浆体三种材料各自加荷时的应力—应变关系，

从图中可以看出，水泥浆体、骨料的应力—应变关系几乎为一直线，而用这两种材料拌和在一起形成混凝土后，混凝土材料的应力—应变关系则呈曲线特征，这是因为在水泥浆体和骨料之间形成了黏结缺陷界面，并有大量的黏结微裂纹存在于黏结界面内，当黏结缺陷界面受到荷载作用时，黏结微裂纹将在不同方向上产生应变。

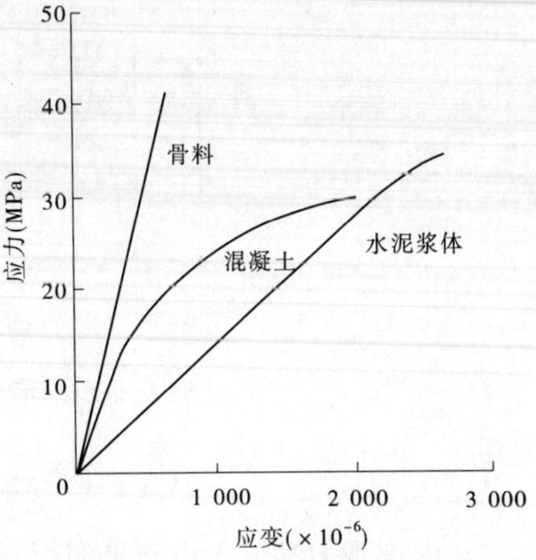

图 1-12　混凝土、骨料、水泥浆体的应力—应变曲线

1.4.2.2　弹性模量的细观力学

混凝土材料是一种典型的颗粒型多相复合材料，但是为了细观力学分析的需要，可以将混凝土简化为由粒子相和基体相组成的二相复合材料，基体相一般认为具有均质、各向同性的性质，而粒子相主要是分散在基体相中的骨料颗粒。

关于混凝土弹性模量的细观力学分析，最早由 B. Paul 应用线弹性力学的极值变分方法分析合金材料弹性模量的上、下限而来；后经由 T. C. Hansen 分析指出，应用线弹性力学的极值变分法分析得出的合金多相材料弹性模量的上、下限对于混凝土这样的分散体系同样适用，并进一步指出普通混凝土的弹性模量接近于下限、轻骨料混凝土的弹性模量则更接近于上限。

在进行弹性模量的细观力学分析前，首先做如下定义：二相复合材料的弹性模量为 E_c，粒子相的弹性模量为 E_p，基体相的弹性模量为 E_m；二相复合材料的总体积为 1，粒子相占的体积率为 V_p，基体相占的体积率为 V_m，并有 $V_p + V_m = 1$。

U. J. Counto 根据粒子相与基体相弹性模量的大小，将基体相弹性模量（E_m）大于粒子相弹性模量（E_p）的材料称为硬质复合材料，如合金材料等；而将基体相弹性模量（E_m）小于粒子相弹性模量（E_p）的材料称为软质复合材料，如混凝土材料等。对于硬质复合材料，U. J. Counto 提出图 1-13 所示的并联模型。

图 1-13 中模型表示的是一个边长为单位长度的立方体，在其中心有边长为 d 的粒子相 p，在垂直方向荷载的作用下，模型中虚线所示的并联部分将共同受力，经过推导，二相复合材料的弹性模量可由下式表示：

$$E_c = E_m\left(1 + \frac{V_p}{\dfrac{E_p}{E_p - E_m - V_p{}^{1/3}}}\right) \tag{1-16}$$

在粒子相为孔隙的情况下，$E_p = 0$，则得到下式：

$$E_c = E_m(1 - V_p^{1/3}) \tag{1-17}$$

对于 $E_m < E_p$ 这样的软质二相复合材料，如混凝土等，U. J. Counto 提出图 1-14 所示的串联模型。则同样在垂直方向荷载的作用下，模型中虚线所示的串联部分将共同受力，经过推导，软质二相复合材料的弹性模量可由下式表示：

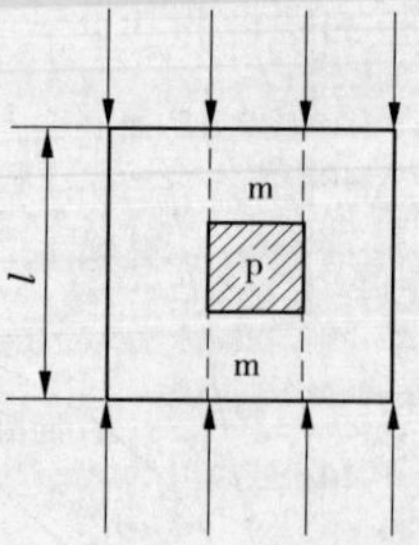

图 1-13　Counto 并联模型

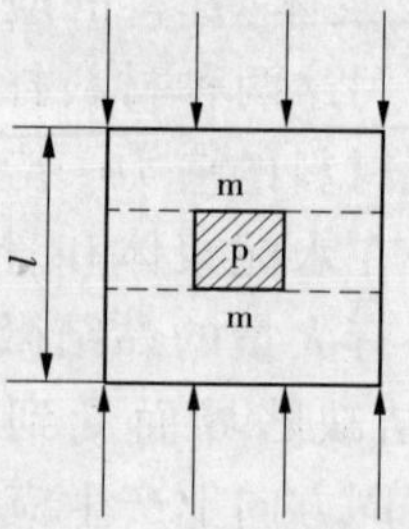

图 1-14　Counto 串联模型

$$E_c = E_m \frac{E_m + (E_p - E_m) V_p^{1/3}}{E_m + (E_p - E_m) V_p^{2/3} (1 - V_p^{1/3})} \tag{1-18}$$

经由细观力学分析得到水泥石、砂浆、混凝土等材料的弹性模量的模型公式如表 1-18 所示。

表 1-18　细观力学分析的水泥石、砂浆、混凝土弹性模量的模型公式

材料	基体相(m)	粒子相(p)	特殊条件	弹性模量模型公式
水泥石	水泥石	引进气泡孔	$E_p = 0$	$E_c = E_m \frac{V_m}{1 + 2V_p}$
砂浆	水泥石	砂	$E_p > E_m$	$\frac{1}{E_c} = 0.5\left(\frac{V_m}{E_m} + \frac{V_p}{E_p}\right) + 0.5\left(\frac{1}{V_m E_m + V_p E_p}\right)$
混凝土	混凝土	不密实形成的孔隙	$E_p = 0$	$E_c = V_m^4 E_m$
混凝土	砂浆	普通骨料	$E_p > E_m$	$E_c = \frac{1}{\frac{V_p}{E_p} + \frac{V_m}{E_m}}$
混凝土	砂浆	轻骨料	$E_p < E_m$	$E_c = \frac{V_m E_m + (1 + V_p) E_p}{(1 + V_p) E_m + V_m E_p}$

1.4.3　混凝土的徐变

1.4.3.1　作用力与徐变

混凝土徐变是在长期荷载作用下随着时间而增加的变形，在加荷早期增加比较快，然后逐渐减慢，在若干年后则增加的很少。在荷载卸荷后，混凝土的一部分变形会瞬时恢复，一般认为该瞬时恢复的变形量与混凝土在卸荷时的弹性变形相同，而在若干天内能逐渐恢复的变形，称为徐变恢复，最后残留下的不能恢复的变形，即为混凝土的徐变，上述的整个过程如图 1-15 所示。

混凝土的徐变是加载龄期 τ 和持续时间 t 的函数。当加载荷载 σ 与混凝土 28 d 立方体抗压强度 f_{cu} 满足关系式 $\sigma < (0.3 \sim 0.5) f_{cu}$ 时，在持荷时间内，混凝土的变形随时间的延长而增长，徐变变形一般可达瞬时变形的 2 ~ 3 倍，此时徐变量与作用力成正比关系。

$$\varepsilon(\tau, t) = C(\tau, t)\sigma \tag{1-19}$$

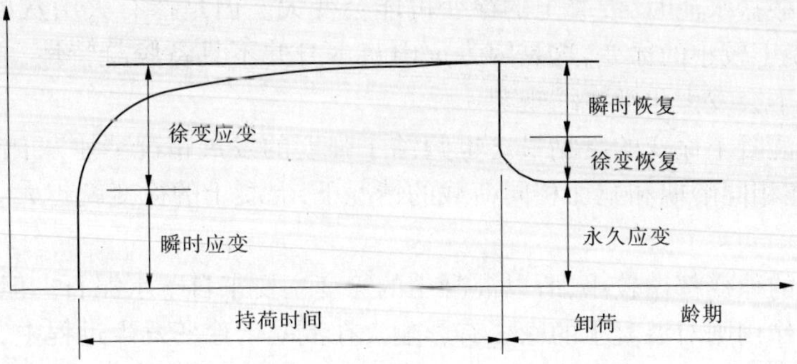

图 1-15　混凝土的徐变曲线

式中：$\varepsilon(\tau,t)$为混凝土的徐变量，$\times10^{-6}$；$C(\tau,t)$为混凝土的徐变度，$\times10^{-6}$/MPa；σ为作用力，MPa。

当加载荷载σ与混凝土28 d立方体抗压强度f_{cu}满足关系式$\sigma>(0.3\sim0.5)f_{cu}$时，混凝土徐变变形的增长比应力增长得快；当$\sigma\geqslant(0.7\sim0.8)f_{cu}$时，混凝土由于变形的不断增长而破坏，持续时间越长，破坏应力越低，如图1-16所示。当持荷时间趋近于无限大时，其破坏应力称为持久强度。

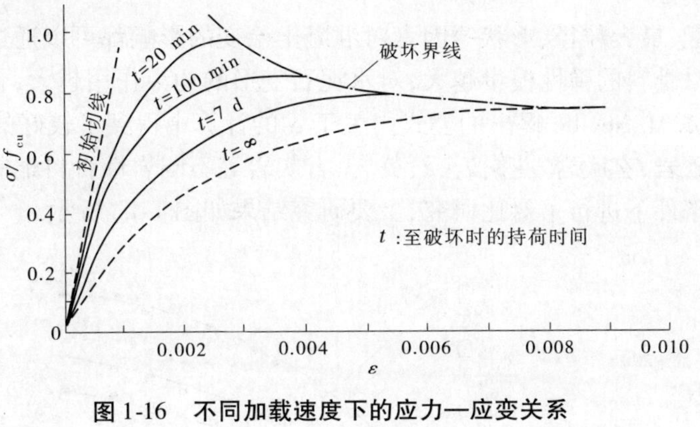

图 1-16　不同加载速度下的应力—应变关系

1.4.3.2　徐变的影响因素

一般认为混凝土的徐变主要来自水泥石的徐变，砂、石骨料以及水泥石中的未水化水泥颗粒的内核及结晶体认为是不会发生徐变的，但它们能阻碍水泥石的变形，减少混凝土的徐变。另外，环境的湿度条件、加载的时间、水泥的品种及掺合料等诸多因素都会影响混凝土的徐变。下面从混凝土材料本身的因素（如水泥、水灰比、骨料、试件尺寸等）以及试验外部的因素（如环境温度、相对湿度、加载龄期、应力状况等）两大方面展开论述。

1）水泥、水灰比

水泥品种对混凝土徐变的影响与它对混凝土强度发展规律的影响有着密切关系，由于水化程度的不同，形成的水泥石的密实程度各异，在相同龄期和施加相同荷载的情况下，强度发展快的水泥形成的水泥石徐变小，如各种快硬水泥。除了水泥的品种，水泥的细度对混凝土的徐变也有影响，一般而言，细度越大，则可能引起的徐变越小。

水泥中掺加的掺合料情况对徐变也有影响，当用掺有矿渣的普通硅酸盐水泥代替不掺掺合料的硅酸盐水泥时,混凝土的徐变可能会变大。但是掺有火山灰的水泥却可能不同,可引起混凝土较小的徐变,这是因为火山灰本身并不具备胶凝特性,它和碱性石灰在常温下反应时不会发生化学减缩现象。

水灰比对混凝土徐变的影响最终也归结于强度的发展情况。水灰比越大,混凝土的强度就越低,在相同龄期和施加相同荷载的情况下,混凝土的徐变就越大。

2)骨料

普通骨料的徐变都比较小,所以混凝土的徐变主要来自于水泥石。但是,骨料对水泥石变形的约束作用则对混凝土的徐变有影响。在混凝土徐变发生过程中,水泥石、骨料之间的相互关系,A. M. Neville 提出如下表达式:

$$C = C_p(1 - g - u)^{\alpha} \tag{1-20}$$

其中

$$\alpha = \frac{3(1-\mu)}{1+\mu+2(1-2\mu_a)\dfrac{E}{E_a}}$$

式中:C 为混凝土的徐变;C_p 为水泥石的徐变;g 为骨料的体积率;u 为未水化水泥的体积率;μ_a 为骨料的泊松比;μ 为骨料周围材料的泊松比;E_a 为骨料的弹性模量;E 为骨料周围材料的弹性模量。

骨料的级配、最大粒径、形状等因素对混凝土徐变的影响都可以通过混凝土中骨料的体积率来反映。骨料的弹性模量越大,对水泥石变形的约束作用越大,骨料对水泥石变形的这种关系在 A. M. Neville 提出的公式内关于 α 的计算中得到了较好的体现。

Troxell 对砂岩、玄武岩、花岗岩、石英岩、石灰岩等不同岩性骨料配制的混凝土在同一空气相对湿度条件下进行了对比研究,主要研究结果如图 1-17 所示。

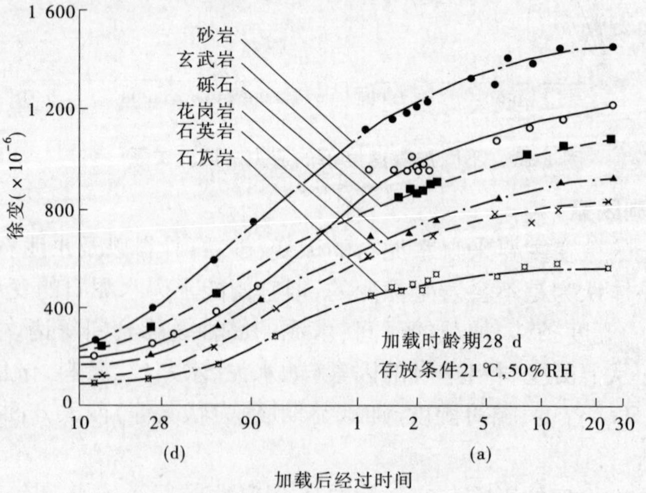

图 1-17　骨料岩性与混凝土徐变的关系

从图 1-17 中看,不同的混凝土在相同试验条件下,由于所用骨料岩性的差异,混凝土的徐变相差较大,砂岩骨料混凝土的徐变几乎比石灰岩骨料混凝土的徐变大 2 倍。

3）试件尺寸

水泥在密闭条件下的水化是不随混凝土尺寸变化而有所不同的。但在干燥环境下，一般而言，混凝土试件尺寸越大，徐变就越小。分析原因可能是因为大尺寸试件增加了内部水分迁移的阻力，从而减少了渗出水分；也可能是干缩的原因，混凝土的表面徐变比试件中心的大，当干燥深入到内部时，内部水泥的水化程度已增加，也具有了较高的强度，因此徐变较小。

4）加载龄期和应力状况

由于混凝土的徐变主要来自于水泥石的变形，而水泥石的变形又与其强度相关，对于相同水泥含量的混凝土而言，加载龄期越早，未水化的水泥含量就越多，混凝土此时的强度就偏低，因此此时的徐变也较大。图1-18所示为美国垦务局对Canyon Ferry坝混凝土徐变的实测数据，从图中的实测数据可以发现，随着加载龄期的推迟，混凝土的弹性应变和徐变都会逐渐减小，但弹性应变与徐变之间又不是严格的比例关系，混凝土徐变的递减速率要比弹性应变的递减速率更快。

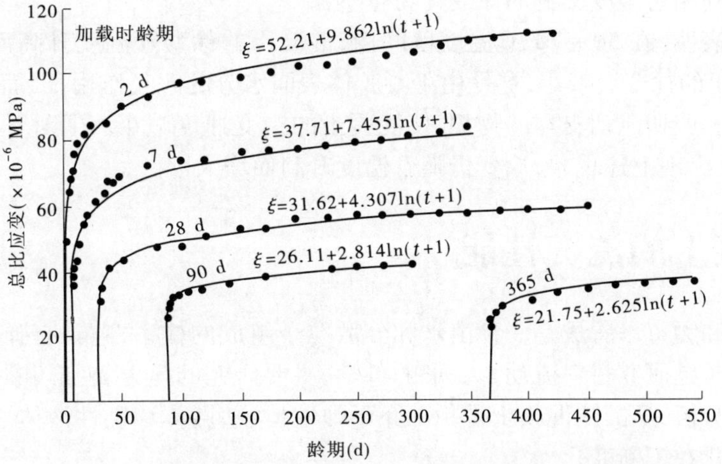

图1-18　加载龄期与Canyon Ferry坝混凝土徐变关系实测资料

从曲线形状来分析，拉应力作用下混凝土的徐变与时间关系曲线的形状与压应力作用时的曲线非常相似。大体积混凝土在单向拉应力下的徐变比在同样大小压应力作用产生的徐变大20%~30%。在环境相对湿度50%的情况下，张拉徐变较压缩徐变要高1倍左右。在单向压应力作用下，混凝土不仅产生压缩徐变，还会产生侧向徐变；而在三向压应力作用下的徐变则要小于单向压应力作用下的徐变。在交变荷载作用下混凝土的徐变又大于相同静荷载作用下在相同时间内的徐变。

5）湿度和温度

混凝土的徐变和干缩并不是相互独立的两个现象，图1-19所示为混凝土在不同相对湿度条件下的徐变性能情况。

从图1-19中可以发现，相对湿度越低，混凝土的徐变则越大。在荷载作用时，干燥可以增大混凝土徐变，这种由于干燥而增加的徐变称为干燥徐变。如果在进行加载前使混

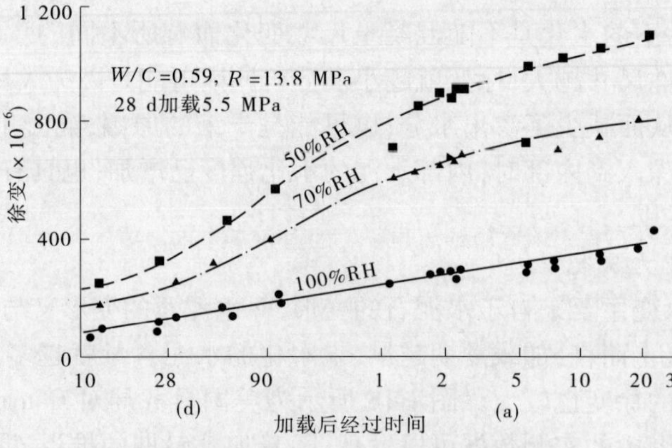

图 1-19 环境相对湿度与混凝土徐变的关系

凝土试件与周围试验环境建立湿度平衡关系，则试验环境的相对湿度对徐变的影响很小，而这种没有受到相对湿度影响的徐变称为基本徐变。

已有研究表明，在 50 ~ 70 ℃温度区间内，混凝土的徐变随温度升高而增大，但超过 70 ℃后，混凝土的徐变会减小，这是由于凝胶体表面水分的解吸作用，因而凝胶体逐渐变为受分子扩散和剪切流动支配的物相，使混凝土的徐变速度减小。但对于预先干燥过的混凝土，则不会出现上述现象，徐变仍随着温度升高而增大。

1.5 混凝土的流变性能

混凝土拌和物可以看成是一种由水和分散粒子组成的体系，它具有弹性、黏性、塑性等特性。流变学是研究材料流动与变形的科学，主要研究的是力、变形和时间的关系，从流变学的角度分析，早龄期混凝土是一种介于弹性体、塑性体和黏性液体之间的材料，其流变性随着硬化在不断变化。

1.5.1 流变基元

研究混凝土材料的早期流变特性，就必须研究其在某一瞬间的应力和应变的定量关系，这种关系在流变学上用流变方程来表示，而基本流变方程是建立材料流变方程的基础。通常情况下，一般的流变方程是基于以下三种理想材料的基本流变模型建立的：

(1)胡克固体模型(H－模型)。胡克固体模型表示具有完全弹性的理想材料，胡克固体具有弹性和强度，但没有黏性。

(2)圣维南固体模型(St. V－模型)。圣维南固体模型表示超过屈服点后只具有塑性变形的理想材料，圣维南固体具有弹性和塑性，但没有黏性。

(3)牛顿液体模型(N－模型)。牛顿液体模型表示只具有黏性的理想材料，牛顿液体只具有黏性，但没有弹性和强度。

以上三种基本模型的表示方式、流变方程和应力—应变—时间的关系如图 1-20 所示。

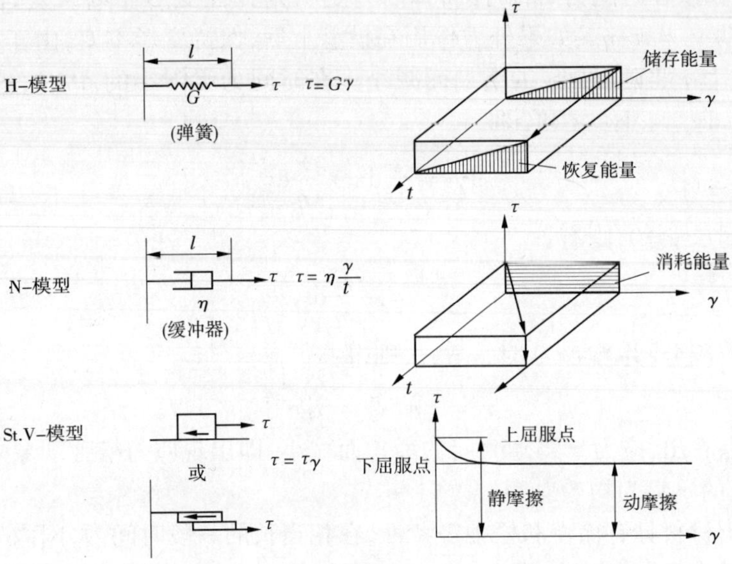

图 1-20　三种理想材料的基本流变模型

以上三种理想材料并不存在，大量的材料是介于弹、塑、黏性体之间，实际材料一般都具有弹性、塑性、黏性、强度等基本流变性质，只是在程度上存在差异。因此，各种材料的流变性质可以用具有不同的弹性模量 G、黏性系数 η、表示塑性的屈服应力 τ 的流变基元以不同的形式组合成的流变模型来研究。

1.5.2　流变学经典模型

用模型理论来研究材料的力学—变形行为，在流变学中一直占有重要的地位。现就国外提出的一些经典模型进行分析，目前，对混凝土材料流变学模型的研究工作，基本都是在这些模型的基础上开展的。

1.5.2.1　麦克斯韦模型

麦克斯韦模型是最简单的串联(以“—”表示串联)模型，由一个“弹簧”基元与一个“油壶”基元串联而成，如图 1-21 所示。模型式可表示为 M = N—H。该模型描述的是材料在恒定变形下的应力变化历程。在该模型中，各流变基元所受的应力相等，总的应变为各基元应变的和，即：

$$\tau = \tau_{\varepsilon} = \tau_{v} \tag{1-21}$$

$$\gamma = \gamma_{\varepsilon} + \gamma_{v} \tag{1-22}$$

$$\gamma = \tau/G + \tau t/\eta \tag{1-23}$$

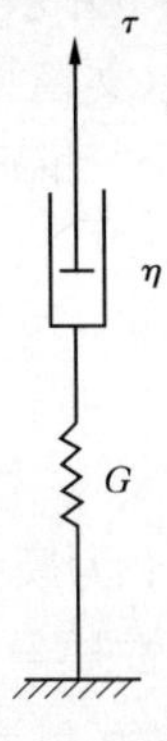

图 1-21　麦克斯韦模型

式中：τ、γ 为模型的总应力和总应变；τ_{ε}、γ_{ε}、G 为弹性基元的应力、变形、弹性模量；τ_{v}、γ_{v}、η 为黏性基元的应力、变形、黏性系数；t 为外力作用时间。

外力作用在模型的瞬间，首先产生弹性变形 γ_{ε}，随着外力作用时间 t 的延长，黏性流

动 γ_v 也增大。如果在时间为 t 的时刻将外力除去,则弹性变形立刻恢复,而残余的永久变形为黏性流动 $\gamma_v=\tau t/\eta$。如果外力作用在模型上后,保持变形不变,由于弹性变形转化为黏性流动,应力 τ 将随时间 t 的增加而减小。在时间为无限小的 dt 时,模型将发生 dγ 的变形,它等于 dγ_ε 与 dγ_v 之和,即:

$$d\gamma = \frac{1}{G}d\tau + \frac{\tau}{\eta}dt \tag{1-24}$$

当 γ 一定时,dγ =0,则有:

$$\frac{d\tau}{\tau} = -\frac{G}{\eta}dt \tag{1-25}$$

对上式进行积分,并当 $t=0$ 时,$\tau=\tau_0$,则得:

$$\tau = \tau_0 e^{-\frac{G}{\eta}t} = \tau_0 e^{-\frac{t}{T}} \tag{1-26}$$

由上式可以看出,应力 τ 将随时间的增长而减小,即出现应力松弛现象。当时间间隔 $t=T$ 时,模型上的 τ 只为初始应力 τ_0 的 1/e。

由于混凝土材料具有徐变和松弛等特性,在相当长的一段时间内,国内外的许多学者把混凝土材料看成是"麦克斯韦体"。但是如果令应力 τ = 常数,将上式积分后可得:

$$\gamma = \frac{\tau}{G} + \frac{\tau}{\eta}t \tag{1-27}$$

式(1-27)虽然可以说明混凝土材料的徐变—应力保持不变时变形缓慢地增长,但可以发现该式中变形与时间是线性函数关系,这与混凝土徐变的普遍试验结果不符。以 G. E. Troxcell 等的混凝土试验数据为例,假设 1 年的徐变量为 100%,则 2 年为 114%,5 年为 120%,10 年为 126%,20 年为 133%,30 年为 136%,即混凝土材料徐变变形的速率是逐渐减小的。此外,大量的试验结果及经验表明,混凝土材料的徐变在应力很小的情况下是不会发生的,只有当应力超过塑变值时才会有徐变现象。混凝土材料的这一徐变特性在麦克斯韦模型中也未能反映,在该模型中不论应力 τ 多么小,应变 τ 总随时间 t 增长。

1.5.2.2 开尔文模型

开尔文模型是最简单的并联(以"|"表示并联)模型,由一个弹性基元"弹簧"与一个黏性基元"油壶"并联而成,如图 1-22 所示。

$$\gamma = \gamma_\varepsilon = \gamma_v \tag{1-28}$$

$$\tau = \tau_\varepsilon + \tau_v \tag{1-29}$$

$$\tau = G\gamma + \eta\frac{d\gamma}{dt} \tag{1-30}$$

式中:τ、γ 为模型的总应力和总应变;τ_ε、γ_ε、G 为弹性基元的应力、变形、弹性模量;τ_v、γ_v、η 为黏性基元的应力、变形、黏性系数。

模型式可表示为 M = N|H,表示材料在恒定应力下的变形过程。在开尔文模型中各基元的变形相等,而总的应力则等于各基元应力之和。

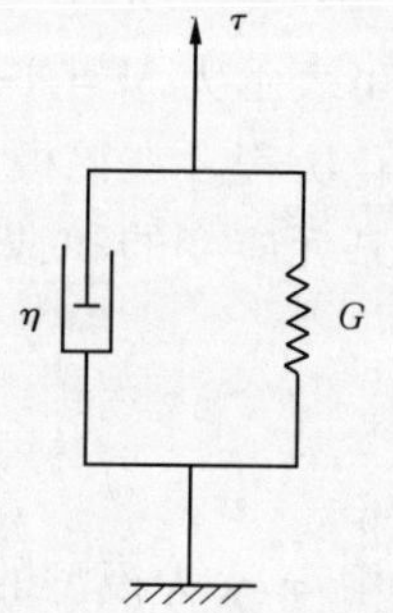

图 1-22 开尔文模型

对上述三个式子中的最后一式进行积分,并当 $t=0$ 时,$\gamma=0$,则有:

$$\gamma = \frac{\tau}{G}(1 - e^{-\frac{G}{\eta}t}) \tag{1-31}$$

由式(1-31)可以看出,模型在受外力作用的瞬间($t=0$),总应变$\gamma=0$。随着时间的延长,总应变γ逐渐增加,当$t=\infty$时,$\gamma=\frac{\tau}{G}$,亦即以弹性应变为其极限值。这说明弹性变形并不是立刻完成,而是随着时间按指数关系逐渐发展的,即徐变现象,也称为滞弹性。在外力除去以后,变形的恢复也是逐渐的。设除去作用力时的变形为γ_0,则变形恢复与时间的关系如下式所示:

$$\gamma = \gamma_0 e^{-\frac{G}{\eta}t} \tag{1-32}$$

由式(1-32)可见,只有当$t=\infty$时,变形才能完全消失,这种现象称为弹性后效。开尔文模型弥补了麦克斯韦模型关于变形与时间之间关系的缺陷。不过,与麦克斯韦模型一样,塑变值仍不能在开尔文模型中得到体现。另外,麦克斯韦模型中有瞬时变形,这与混凝土材料的实际情况是相符的,但瞬时变形在开尔文模型中却没有了。在开尔文模型中,若令变形γ等于一常量,模型的微分方程即变为代数方程,求得的应力τ也是一常量,这说明开尔文模型所描述的材料没有应力松弛现象,这显然与混凝土材料的特性是不符的。

1.5.3 混凝土的流变方程

固体材料在外力作用下要发生弹性变形和流动。应力小的时候作弹性变形,应力大于某一屈服值时发生流动。混凝土拌和物也基本上具有类似的变形特性,但由于屈服值很小,所以由流变方面的特征来支配。混凝土的流变特征可以用宾汉姆模型来表征。

宾汉姆模型由一个牛顿液体与一个圣维南体并联,然后整个并联部分再与一个胡克弹性体串联而成,模型结构式为 M = (N|StV)—H,如图 1-23 所示。

在宾汉姆模型中,当$\tau<\tau_y$时,并联部分不发生变形,因此:

$$\tau = G\gamma_\varepsilon \tag{1-33}$$

$$\gamma_\varepsilon = \frac{\tau}{G} \tag{1-34}$$

当$\tau>\tau_y$时,则在并联部分发生与应力($\tau-\tau_y$)成正比关系的黏性流动,因此有:

$$\tau - \tau_y = \eta\frac{d\gamma_v}{dt} \tag{1-35}$$

宾汉姆模型总的变形$\gamma=\gamma_\varepsilon+\gamma_v$,而$\gamma_\varepsilon$是一常数,因此式(1-35)可改写为:

$$\tau = \tau_y + \eta\frac{d\gamma}{dt} \tag{1-36}$$

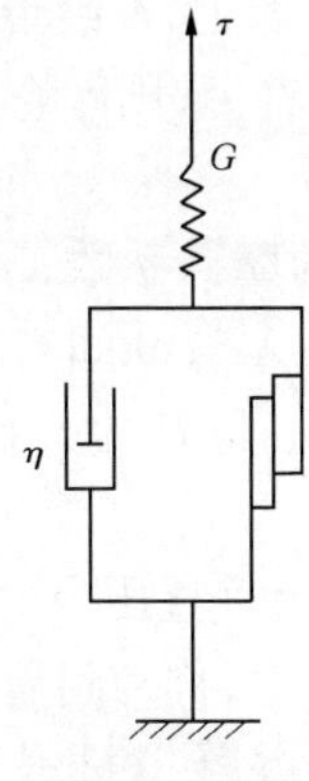

图 1-23　宾汉姆模型

式(1-36)即为宾汉姆方程。把符合宾汉姆方程的液体称为宾汉姆体。若式中$\tau_y=0$,则称为牛顿液体。牛顿液体和宾汉姆体的流变方程中黏度系数η为常数,变形速度D($\frac{d\gamma}{dt}$)和剪切应力τ的关系曲线成直线形状,如图 1-24 中的 a 和 c。

但若液体中有分散粒子存在,且胶体中凝聚结构比较强,则黏度系数η将是剪切应

力 τ 或变形速度 $D(\frac{d\gamma}{dt})$ 的函数,则流动曲线如图1-24 中的 b 和 d,分别称为非牛顿液体和一般宾汉姆体。研究已经表明,超流动性的混凝土接近于非牛顿液体,而一般的混凝土更接近于一般宾汉姆体。

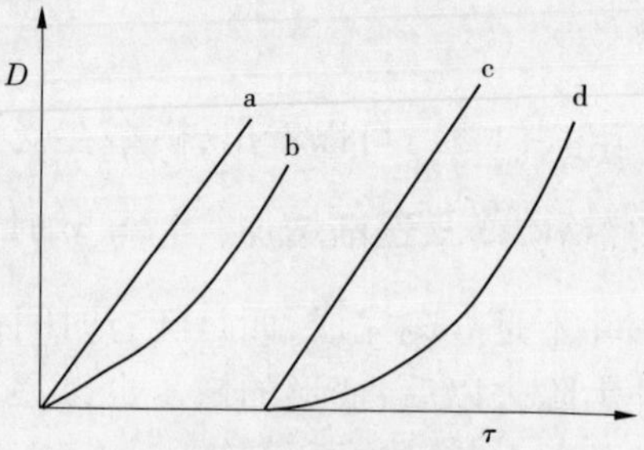

a—牛顿液体; b—非牛顿液体;
c—宾汉姆体; d—一般宾汉姆体

图 1-24　流动曲线的基本类型

从宾汉姆模型的方程式可以发现,τ_y 代表圣维南体的一个常量,圣维南体只有在 $\tau > \tau_y$ 的情况下发生变形,因此 τ_y 即代表了混凝土的塑变值。假设令方程中应变 γ 等于一常量,则应力 τ 与外力作用时间 t 为非线性关系,且应力 τ 随时间 t 的增大而减小,这说明宾汉姆模型包含了混凝土材料的应力松弛现象。假设令应力 τ 等于某一常量且 $\tau > \tau_y$,则可以发现宾汉姆方程中既包含了瞬时变形又包含了材料的塑变值。因此,宾汉姆模型可以较完整地描述混凝土的早期流变性能。

1.5.4　混凝土的流变参数

由宾汉姆模型的流变方程可知,屈服剪切应力 τ_y 与黏度系数 η 是决定混凝土流变特性的基本参数。屈服剪切应力 τ_y 是阻止塑性变形的最大应力,又称塑性强度。当在外力作用下产生的剪切应力小于屈服剪切应力时,混凝土拌和物不会发生流动,只有当剪切应力大于混凝土材料的屈服剪切应力时,混凝土才会发生流动,并可塑造成任意形状的制品。

材料屈服剪切应力是由材料各颗粒之间的附着力和摩擦力引起的。如图 1-25 所示。A 在 B 平面上,A 给予 B 垂直压力 P,当 A 开始滑动时,接触面上产生剪切应力 τ,如 A 与 B 间无附着力,则库仑定律成立:

$$\tau = \mu P = P\tan\varphi \tag{1-37}$$

式中:μ 为摩擦系数;φ 为摩擦角。

如果 A 与 B 间有附着力,则接触面上产生的剪切应力用 τ_y 表示,τ_y 与 P 的关系为:

$$\tau_y = \tau_0 + P\tan\varphi \tag{1-38}$$

式中:τ_0 为垂直压力 P 为零(即不考虑外力和重力)时所存在的剪切阻力,称为附着力,它是由 A 与 B 间的内聚力引起的。

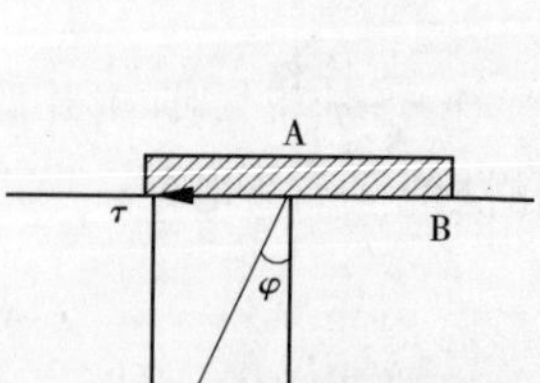

图 1-25　材料之间的附着力与摩擦力示意图

对于混凝土材料而言,其流变特性主要与骨料颗粒级配、颗粒间的嵌合阻力和胶材间的黏性力有关。混凝土颗粒级配的目的有两个:一是通过对混凝土原料粒度的合理配合,提高混凝土的密实度,为提高材料的整体性能奠定基础;二是追求良好的工作性能,即使新拌混凝土在流动性能和稳定性能之间取得最佳的平衡,满足施工的要求。

理想的颗粒非连续紧密堆积可以采用几何学加以推导。然而,当我们兼顾混凝土的流动性和稳定性时,则必须考虑体系内各个部分的相互作用情况。为了便于分析,国内学者等将整个体系分为粗骨料以及由砂、胶结材、外加剂和水组成的基质两部分。图1-26、图1-27是新拌混凝土的组织结构示意图。

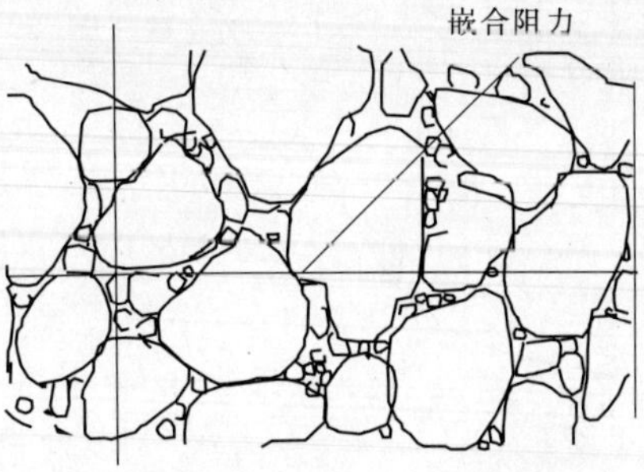

图1-26　骨料紧密堆积时的混凝土结构

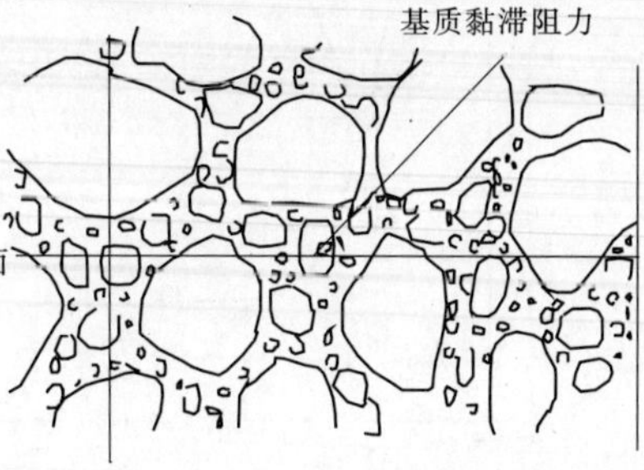

图1-27　提高砂、胶结材比例后的混凝土结构

从图1-26可见,当混凝土非连续紧密堆积时,混凝土中的粗骨料将处于直接接合状态,这使粗骨料颗粒的平移和转动强烈地受到周围粗骨料的限制,这种粗骨料间的嵌合力是影响混凝土流动特性的决定性因素,其次才是基质相黏性力的贡献,即:

$$\tau_y = f(\tau_p, \tau_n) \tag{1-39}$$

式中:τ_y 为混凝土流动屈服极限;τ_p 为颗粒间的嵌合力;τ_n 为基质的黏性力。

粗骨料的粒度越大,其镶嵌阻力也就越大,位移的能垒也就越高,移动后所释放的能量易引发其他颗粒的运动,容易导致整个体系的失稳。因此,在实际中,粗骨料需在一定的粒级范围内采用连续级配,从而使它们之间的嵌合力得到降低。

当胶结材的比例提高后,此时混凝土流动与稳定性能将取决于基质砂浆的流变特性和粗骨料所受重力共同作用的结果。根据混凝土砂浆的Bingham流变模型,其表达式为:

$$\tau_j = \tau_{jy} + \eta_j \frac{d\tau}{dt} \tag{1-40}$$

式中:τ_j 为混凝土中砂浆流动时的剪切应力;τ_{jy}为混凝土中砂浆的屈服应力;η_j 为混凝土中砂浆的黏性系数;$\frac{d\tau}{dt}$为应变速率。

显然,当基质相的屈服应力 τ_{jy}和黏性系数 η_j较大时,粗骨料将被基质连续相隔开,颗粒间嵌合力显著下降,混凝土稳定性提高。此时,只要克服基质相的流体屈服极限 τ_{jy},混凝土即可流动。骨料粒径越大,基质所需的屈服应力 τ_{jy}和黏性系数 η_j 就越大。否则,粗骨料将挤出在它们间的基质相,宏观表现为混凝土的黏聚性差,骨料离析。

黏性系数 η 是液体内部结构阻碍流动的一种性能。它是由于流动的液体中,在平行流动方向的各流层之间,产生与流动方向相反的阻力(黏滞阻力)的结果。因此,黏性是流动的相反特征。对于不同的液体,黏性的大小取决于液体的内部结构。如黏性很大的物体,其流动性能微乎其微,以致无法测量,实际上成为一弹性固体。黏性越小,则流动越大。

对于混凝土材料这样带有分散粒子、形成凝聚结构的液体,其黏性系数随剪切应力或速度梯度而变化,实际上是随其凝聚结构的破坏程度而变化。图1-28、图1-29中 α 表示结构破坏曲线,η 表示黏度变化曲线。

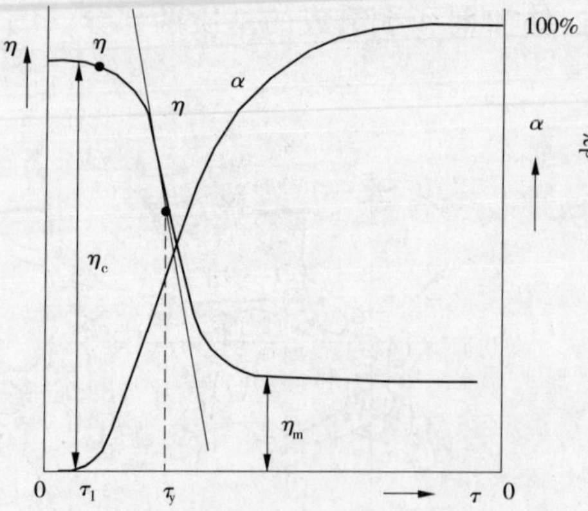

图 1-28　在稳定流动下,黏性系数 η、破坏程度 α 与剪切应力 τ 的关系曲线

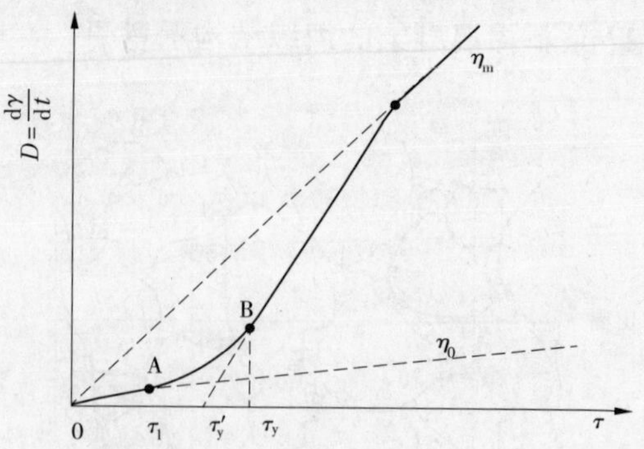

图 1-29　凝聚结构中,流动速度与剪切应力的关系曲线

由图 1-28、图 1-29 可知,当剪切应力小于 τ_1 时,凝聚结构实际上未破坏,此时黏性系数具有恒定的最大值 η_0,整个结构虽然也会发生缓慢的流动,但实际上察觉不到。当 τ 接近 τ_y 时,黏性系数大大降低,结构迅速发生破坏。当结构完全破坏时,黏性系数就会达到最低值 η_m,即此刻开始黏度不再随应力值的变化而变化。

1.6　混凝土的抗裂性能

避免混凝土早期热裂缝是当前混凝土技术的难点和热点之一,但混凝土抗裂能力的评价方法仍存在缺陷。目前,水工混凝土主要是采用极限拉伸值及绝热温升(或"允许温差")来评判混凝土抗裂性能的好坏。如在《混凝土重力坝设计规范》(SL 319—2005)中对混凝土坝的防裂问题制定的防裂标准指标就是极限拉伸值与允许温差。采用上述两个指标来评价混凝土的抗裂性,有其科学合理的一面,即极限拉伸值能够直观地反映混凝土在轴向拉伸时混凝土的抗拉强度及变形能力;绝热温升试验能够直接得出混凝土在绝热条件下水泥水化热引起的混凝土的温度升高值。但是,两种试验方法的缺陷也非常突出:极限拉伸试验试件对中比较困难,偏心对试验结果的影响较大,离散性大;绝热温升试验对设备的精度要求很高,且费时费力,一般试验要进行到 28 d 龄期。更重要的是,两种试验方法并不能用于客观评价混凝土的实际抗裂性表现,其原因是:对极限拉伸试验而言,一方面,混凝土试件是在标准养护条件下制作养护的,与实际大坝混凝土的温湿度历程有着极大的差别,在相同龄期时混凝土的成熟度是不同的;另一方面,试件的受力状态也是不一样的,实验室试验时,试件仅受到轴向拉力,而坝体的混凝土是多向约束的。对绝热温升试验而言,由于施工中普遍采取冷却降温措施,坝体的混凝土并非处于绝热状态之下;另外,产生温度应力的主要原因是温度场梯度,而不是绝对的温升值。因此,以极限拉伸值和绝热温升值来评价混凝土的抗裂性是存在问题的。

近年来,在西部大开发及西电东送战略的推动下,一大批大型和特大型工程相继开工建设,在建或拟建的 300 m 级高坝日趋增多,从结构的安全性、耐久性和经济性的角度出发,急需提高坝体混凝土的抗裂性,开发更合理的抗裂性评价方法。

1.6.1 现有抗裂性研究方法

目前用于混凝土抗裂性综合评价的试验方法有很多,用于评价混凝土的综合抗裂性的约束收缩试验可以分为三大类:平板试验法、圆环试验法、单轴约束试验法。这三类试验方法均已明确列入试验标准(或规程)中。

1.6.1.1 CCES 01—2004 中的推荐方法

《混凝土结构耐久性设计与施工指南》(CCES 01—2004)附录 A 混凝土抗裂性测试方法及评价主要推荐了圆环法和平板法。简述如下:

(1)水泥及水泥基胶凝材料抗裂性试验—圆环法。

借鉴 S. P. Shah 提出的圆环法,采用净浆或水泥胶砂制成的圆环约束试件,测定约束收缩过程中出现开裂的时间。主要用于优选抗裂性能相对更好的混凝土原材料(水泥品种、掺合料、外加剂等)和浆体的配比(掺量与水胶比)。试件尺寸:内径 41.3 mm,外径 66.7 mm,试件净厚 25.4 mm,高度 25.4 mm。试验时,在试件外侧面粘贴应变片,通过计算机采集应变数据,以开裂时间作为评价指标。

该试验方法的缺点是:试件尺寸小,只能进行净浆或胶砂试验;自生体积变形及温度变形对开裂的影响无法体现;约束度不可调;只有开裂时间作为评价指标,如果试件未开裂,则无法对比不同配比的抗裂性差异。

(2)混凝土抗裂性试验——平板试验(平板法)。

平板试验法最初是为了评价聚合物纤维混凝土的塑性收缩而发展起来的一种约束收缩试验方法。《混凝土结构耐久性设计与施工指南》(CCES 01—2004)借鉴笠井芳夫提出的平板试验法,在进行混凝土原材料和配合比筛选时,对不同混凝土的抗裂性进行对比。主要用于比较混凝土在早期塑性收缩下的抗裂性。

试件尺寸为 600 mm × 600 mm × 63 mm,模具用角钢制成,在每个侧面焊接 14 个 ϕ10 mm × 100 mm 螺栓,螺栓伸向试模内部,用于加强对混凝土的约束,试验示意如图 1-30 所示。在温度 30 ℃、湿度 60% 条件下,用电风扇(以 8 m/s 的风速)吹试件表面 24 h,观察裂缝的长度、宽度及数量。以平均开裂面积、单位面积开裂裂缝数目、单位面积上的总裂开面积等指标对混凝土抗裂性进行评价。

该试验方法的缺点是:骨料粒径小(最大粒径 20 ~ 25 mm),约束度不可调,干燥收缩、自生体积变形及温度变形无法体现,裂缝观察费时、费力。

1.6.1.2 ASTM 圆环法

圆环法标准参见美国材料与测试协会 ASTM C 1581—04 中的相关规定。试件尺寸示意见图 1-31,试验装置见图 1-32。

该试验方法涵盖了实验室条件下(测试环境(23.0 ± 2.0) ℃,湿度(50 ± 4)%)在约束收缩状态下砂浆或混凝土的开裂时间和拉应力的特征。圆形钢环厚度(13 ± 1)mm,试件尺寸:内径(330 ± 3)mm,外径(405 ± 3)mm,高(150 ± 6)mm。以开裂时间及拉应力发展速率作为约束收缩状态下材料抗裂性能的指标。

图 1-30　平板法抗裂性试验

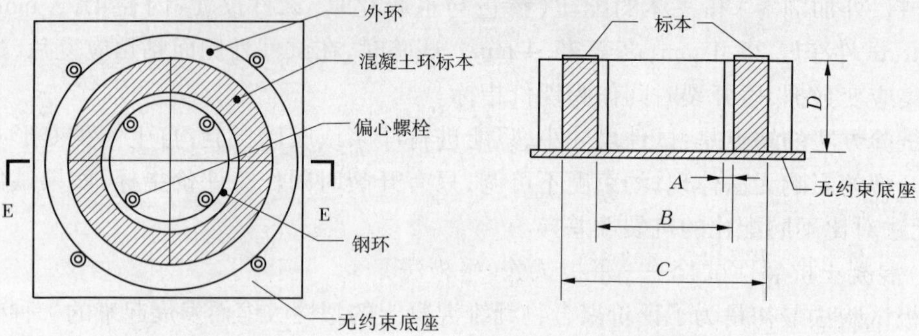

(a)平面图　　　　(b)断面E—E

A:(12.5 ±0.13)mm, B:(330 ±3)mm, C:(405 ±3)mm, D:(150 ±6)mm

图 1-31　ASTM C1581 圆环尺寸示意图

图 1-32　圆环试验装置

该试验能被用来确定砂浆或混凝土的配合比及材料性能的变化对由于干燥收缩而产生的开裂的影响；该方法对确定早龄期不同胶凝材料拌和物的相对开裂可能性、帮助选择在约束收缩状态下开裂可能性较小的水泥基材料是有用的；该方法能被用于确定材料变化对拉应力的相对影响，这些变化因素包括（但不限于）骨料品种、骨料级配、水泥类型、水泥用量、用水量、矿物掺合料、化学外加剂等；该方法对膨胀性材料不适用；试件净厚 75 mm 左右，只适用于名义最大骨料粒径为 13 mm 的拌和物；自生体积变形及水化热产生的变形的影响在该试验中体现不明显；试件的约束度不可调。

1.6.1.3 单轴约束试验方法

单轴约束试验方法始于 20 世纪 60 年代，典型的是 Springenschmid 等开发的开裂试验架，并由 RILEM—TC119 制定了开裂试验架的推荐性标准，是实验室里研究混凝土早期温度应力和比较不同混凝土抗裂性能的有效工具。

相比平板约束和环约束方法，单轴约束试验方法能够更好地评价混凝土的开裂敏感性，为混凝土配合比设计、施工和规范制定提供可靠的依据，并可用于评价不同品种水泥、掺合料，以及制定相应标准和应用规程提供参考。此外，试验数据能为理论模型提供必要的混凝土早期性能参数，从而能够对现有的一些理论模型进行检验并推动其进一步发展和完善。

RILME TC 119 TCE (Avoidance of thermal cracking in concrete at early ages. TCE3: Testing of the cracking tendency of concrete at early ages using the cracking frame test)是目前唯一一份关于轴约束试验方法的推荐性标准。

开裂试验架是用于评估早龄期混凝土温度应力，在实验室中比较不同混凝土配合比抗裂性能的试验设备。该试验被用于评价不同混凝土的开裂趋势。试验架结构尺寸及外形如图 1-33、图 1-34 所示。

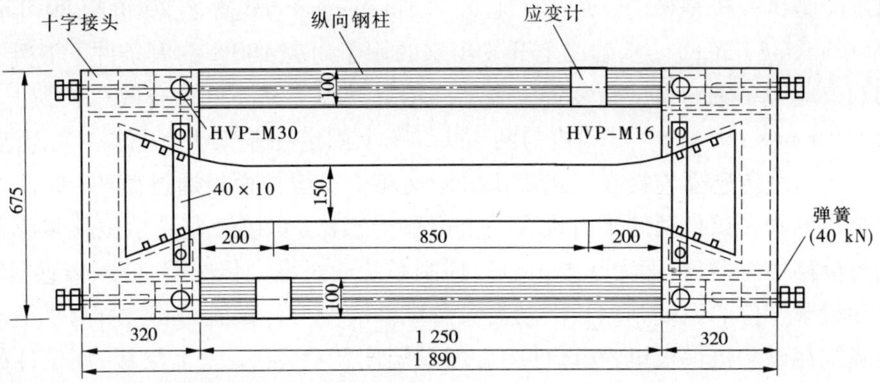

图 1-33 开裂试验架结构尺寸示意图 （单位：mm）

为了防止在约束状态下早龄期混凝土温度裂缝，不但要考虑温升，还要考虑应力的发展。温升、弹性模量以及应力松弛对应力的发展是重要影响因素，同时，抗拉强度是判断抗裂性能时必须要考虑的因素。在绝热或半绝热量热器中，只能测试水化热（水化温升）。为了测试温度应力，确定开裂趋势，试验必须在约束装置中进行。开裂试验架就是

图 1-34　开裂试验架

进行约束状态且处于半绝热状态的混凝土温度应力测试的有力工具。

开裂试验架的机架主要由两个楔形夹头及两根直径为 100 mm 的铟瓦钢棒组成,通过机架对试件提供约束,通过温控装置来控制模板的温度,使试件处于半绝热状态。试件尺寸 150 mm×150 mm×1 250 mm。通过贴在钢棒上的应变计测试钢棒的应变,从而计算混凝土的应力;通过埋置在试件中的温度传感器来测量混凝土温度。利用零应力温度、零应力时间、最高压应力、最高温升、抗拉强度、开裂温度、开裂时间等特征参数来表征混凝土性能。

1.6.2　温度应力试验机法

1.6.2.1　温度应力试验机用于抗裂性研究进展

温度应力试验机是德国慕尼黑工业大学 Springenschmid 等于 20 世纪 80 年代在开裂试验架(Cracking frame)的基础之上开发出来的用于研究 100% 约束条件下混凝土水化热引起的约束应力单轴约束试验装置。其结构示意见图 1-35。试件有效总长为 1 500 mm,截面为 150 mm×150 mm。试验机的两夹头，一个固定在基架上,另外一个为活动夹头。活动夹头与荷载传感器连接在步进电机的减速箱上。温控模板通过循环介质可以对试件进行加热或冷却。试件两侧平行设置两个位移传感器(非接触式光学位移传感器或者接触式电感位移传感器,精度为 0.1 μm)。控制系统通过温度传感器、荷载传感器和位移传感器自动记录试件的温度、应力、活动夹头及试件的变形。试验时将搅拌好的混凝土拌和物直接浇筑在试验机模板里,在试件中心埋设温度传感器,盖上上模板,使试件处于密封状态下。当活动夹头的位移(由试件膨胀或收缩引起的)超过设定值(比如 5 μm)时,控制系统就开始控制电机工作转动使得活动夹头回到原点,从而保证试件长度绝对不变,达到 100% 约束。通过埋设在试件中心的温度传感器反馈的数据来调整循环介质的温度,使试件处于近似绝热或预先设定的温度历程下。与开裂试验架相比,温度应力试验机最大的改进在于变被动约束为主动约束,使混凝土的约束度处在可调控的状态。

早期的温度应力试验机仅有一根约束试件,只能测量近似 100% 约束度状态下混凝土的各项性能，后来经过改进，增加了一根与约束试件处于相同温度控制条件下的自由试件，从而实现了在 0～100% 约束度可变情况下的早龄期混凝土的徐变和热膨胀系数的测量，其原理见图 1-36。

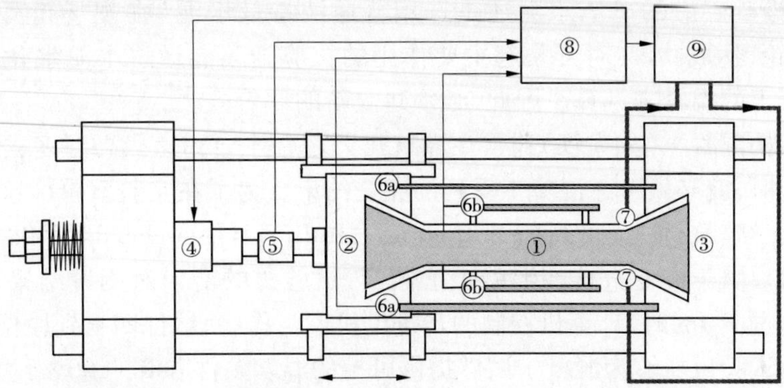

①—混凝土试件；②—活动夹头；③—固定夹头；④—步进电机；⑤—荷载传感器；
6a —夹头位移传感器；6b —试件变形测量传感器；⑦—温控模板；
⑧—计算机控制中心；⑨—加热/冷却循环系统

图 1-35　约束试件结构示意图

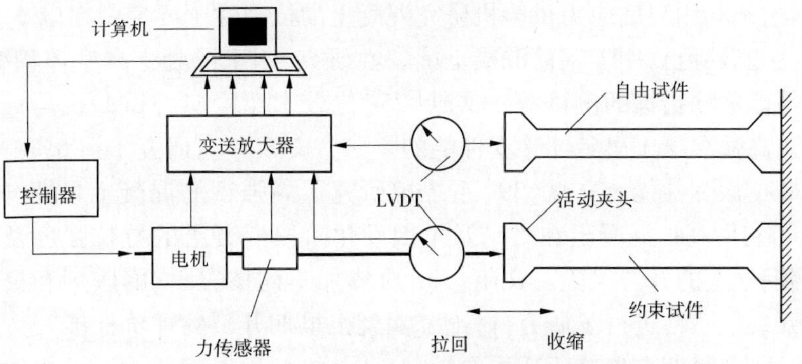

图 1-36　闭环计算机控制系统原理图

开发开裂试验架最初是为了测量早龄期混凝土在现场温度条件下的约束应力。某混凝土配合比的开裂趋势和水泥的开裂敏感性可以在开裂试验架试验中定量化。混凝土的变形在很大程度上被开裂架的刚度阻止了，所以该试验装置能够模拟早期的约束条件。弹性模量的发展可以从一开始水化阶段就进行估计。在恒定温度下的试验可以测量由于收缩和膨胀引起的约束应力。

现场实际问题推动了开裂架及温度应力试验机的发展。在硬化混凝土中温度上升或者变形受到约束时，应力可以按照 $\sigma = E\alpha_T\Delta T$ 来计算。然而，对早龄期混凝土而言，不能简单按照这个公式来计算。弹性模量在最初 24 h 内从零增长到 20～35 GPa。在硬化的第一天内，混凝土温度在应力产生之前就开始上升了。总体而言，有效的描述最初 24 h 弹性模量和徐变的数学公式仍未建立。

必须开发新的实验室试验方法，测量在温度与非温度变形受到约束时的早龄期混凝土应力响应。这使影响温度应力的因素在参数研究中成为可能。这是采取抗裂措施以及通过对比试验评价这些措施的有效性的必要先决条件。

在 1983 ~ 1985 年奥地利建设 Zillergrundl 坝(高 186 m)时,存在选用何种水泥的争论:是选用大掺量矿渣的矿渣水泥还是选用普通波特兰水泥(在现场再外掺 33% 粉煤灰)? 通过争论,达成共识:对开裂起主要作用的拉应力不能通过水泥水化热来计算,也不能通过混凝土的温升来计算。因此,必须建立新的评价方法。

大体积结构混凝土(如大坝)通常在浇筑几天之后才会到达最高温度,当混凝土直接浇筑在基岩上时,就必须考虑混凝土受到的完全约束。为了在实验室模拟这种工况,德国慕尼黑技术大学建筑材料研究所的 E. Gierlinger 和 R. Springenschmid 在 1984 年研发了温度应力试验机。由于应变直接在混凝土上测量,试验机的变形对测试结果不产生影响。当试件变形超过 1 μm 时,计算机控制的步进电机就工作,使试件回复到原位。

温度应力试验机能够为混凝土试件提供可控的温度条件和 0 ~ 100% 约束程度(轴向约束)的各种工况,即测量半绝热及模拟实际温度历程下混凝土力学及变形性能的发展规律、监测不同约束状态下的应力应变发展、测量混凝土的真实开裂温度以及混凝土早期拉徐变性能,并能根据上述参数对混凝土早期开裂敏感性进行综合分析评价,量化混凝土自浇筑开始的早期温度应力的发展规律和早期开裂风险,优化混凝土配合比设计。

目前,国内外利用温度应力试验机研究混凝土的抗裂性主要集中在以下几个方面,即用于高强高性能混凝土、用于钢筋混凝土抗裂性研究、用于混凝土自生体积变形研究、用于早期热学性能单项指标的测试等。文献[25]比较了温度应力试验机与标准实验方法测试的掺硅灰高强混凝土早龄期徐变性能的差异。文献[28]研究了掺 6% 硅灰的 C50 高强混凝土早期拉徐变性能。文献[29]系统地研究了高强钢筋混凝土早期开裂性能。文献[30]研究了利用高强混凝土在凝结及早期硬化阶段混凝土的抗拉强度及自生应力发展趋势,评判混凝土的开裂风险。文献[34]对掺加不同掺合料、膨胀剂和聚丙烯纤维的混凝土早期开裂敏感性进行了研究,讨论了混凝土早期开裂的评价标准。文献[35]研究了内养护对混凝土早期自生体积变形的影响。同样,利用温度应力试验机对轻骨料混凝土进行早期开裂风险评估在工程中也已经取得一系列应用成果。

2002 年,清华大学建筑材料研究所林志海等成功地研制出国内第一台温度应力试验机 TSTM—CI。TSTM—CI 基本上实现了 Springenschmid 所开发的温度应力试验机的功能。国内应用温度应力试验机开展混凝土的抗裂性研究尚处于起步阶段。除清华大学外,还有南京水利科学研究院、中交第二航务工程局等数家科研院所已配置了该设备。目前国内温度应力试验机数量已超过 10 台,这为推广基于温度应力试验机的混凝土抗裂性评价方法奠定了基础。

基于温度应力试验机的水工混凝土抗裂性研究 1983 ~ 1985 年就开始在奥地利的 Zillergrundl 坝得到应用。这种试验方法在 20 世纪 90 年代引进到国内,在高强高性能混凝土的研究方面已取得一系列有价值的成果,在水工混凝土抗裂性研究方面,目前还比较缺乏相关系统的试验数据。

1.6.2.2 基于温度应力试验机的综合抗裂性分析

相比较高强高性能混凝土以及轻骨料混凝土而言，利用温度应力试验机来评价水工混凝土抗裂性的研究目前仍处于初级阶段。出现这种情况的原因是水工混凝土胶凝材料较少，骨料粒径为5～120(150)mm，混凝土流动性较差，在试验机模板里振捣密实比较困难，而且混凝土本身的应力、应变的绝对值较高强高性能混凝土要低，因此对试验机的测控能力及机械加工的精度要求比高强高性能混凝土更高。随着测控技术的日新月异以及机械加工精度的提高，目前利用温度应力试验机研究水工混凝土的抗裂性的技术已相对成熟。

在水工混凝土抗裂性研究方面，温度应力试验机能够从混凝土浇筑时刻就开始测量各项性能参数，具有其他设备无可比拟的优势，体现在以下几个方面：

(1)再现不同温度历程：它能实现半绝热及模拟实际大坝内部混凝土的实际温度历程，通过对温控系统的改进，将可以实现绝热状态。

(2)实现不同的约束程度：可以实现0～100%可变的约束度，模拟结构物在实际约束状态下应力应变的发展。

(3)量测多项特征参数，如零应力温度、真实开裂温度、膨胀压应力、破坏拉应力、约束变形及自由变形等。

(4)计算与混凝土抗裂性能密切相关的性能指标：早期热膨胀系数、自生体积变形、弹性模量及拉徐变等。

重大工程均进行高抗裂的混凝土配合比设计及优化，但是这种配合比设计及优化往往根据设计规范要求的单项指标来进行。这些单项指标通常包括极限拉伸值、绝热温升值等。由标准试验条件下单项性能数据而得出的抗裂性评价结果并不能客观评价混凝土在实际工程中的抗裂性表现。例如，ACI规定大体积混凝土结构内外温差不大于19 ℃，在实际工程中，人们经常发现，有的工程内外温差大于25 ℃甚至超过30 ℃时也未发现温度裂缝，而有的工程内外温差小于19 ℃，却依然发现大量的裂缝。因此，重大水利工程的混凝土配合比设计优化及抗裂性评价需要在现有技术及评价方法上有所突破。

通过模拟大坝混凝土的不同工况，进行混凝土配合比设计及优化，将比在标准试验条件下进行的配合比筛选更有针对性，更能满足工程的需求。温度应力试验机恰恰为这种水工混凝土抗裂性研究的需求提供了一条新思路和新方法，该方法将能够为重大工程的混凝土配合比研究提供试验依据，客观地评价不同配合比混凝土的抗裂性能。

因此，温度应力试验机克服了目前混凝土抗裂性试验方法的缺陷，能够测量混凝土自浇筑时刻起的温度、应力变化过程；温度应力试验机能够实现半绝热及模拟实际温度历程、监测不同约束状态下的应力应变发展、测量混凝土的真实开裂温度以及混凝土早期拉徐变性能；基于温度应力试验机的水工混凝土抗裂性研究将为重大工程的混凝土配合比设计及优化提供试验依据，客观地评价不同配合比混凝土的抗裂性能。

本书的主要内容是在水利部公益性行业科研专项经费资助下取得的核心成果，主要围绕以下内容进行阐述：

(1)实际温度场作用下大坝混凝土早期热学、力学、变形性能的测试技术及其发展规律。根据典型的大坝混凝土内部温度实测结果，采用温度匹配养护的方式，开展模拟实际温度场作用下，大坝混凝土早期热学、力学、变形等性能发展规律的研究，开发与大坝混凝土早期热、力学性能相关的测试方法及装置。

（2）大坝混凝土抗裂性综合试验方法和综合性抗裂指标。借助温度—应力试验机，分析大坝常态混凝土在约束条件及近似绝热温升条件下的温度、应力、变形等发展规律，并对大坝混凝土的开裂温度、大坝混凝土断裂时的拉应力与该时刻轴拉强度的比值等进行研究，探讨了大坝混凝土综合性抗裂指标。

（3）大坝混凝土组成材料及配合比对其早期热学、力学、变形性能和综合抗裂性的影响规律。根据现代大坝混凝土的配合比及其材料特点，分析水泥细度、水泥用量、骨料品种、水胶比、粉煤灰掺量、外加剂品种等对大坝混凝土早期热学、力学及变形等性能的影响规律，探讨了材料对大坝混凝土早期性能的影响。

（4）水工混凝土施工期模板、保温及养护措施对其防裂效果的影响规律。对大坝混凝土进行了不同种类模板（木胶合、竹胶合和组合钢模板）、不同养护方式（自然养护、蓄热法养护和铺膜养护）、不同保温方式（草袋、湿砂和聚乙烯泡沫塑料板）等条件下的防裂效果研究，分析模板类型、保温和养护方式等影响水工混凝土防裂效果的规律。

（5）水工混凝土早期开裂机理的三维非线性有限元仿真分析方法。ANSYS 软件进行二次开发，采用 APDL 语言并结合有限元理论，运用 FORTRAN 语言编写 CTS - ANSYS 程序，实现非杆系混凝土结构施工期温度场和温度徐变应力的仿真计算。

（6）人工气候环境条件下典型水工混凝土结构的综合抗裂性。在人工气候模拟实验室内浇筑渡槽模型，在考虑温度、湿度、日照、风速、冰冻等条件作用下，分析水工混凝土结构模型内部温度、应力、湿度等的分布规律，对裂缝控制技术进行验证，进而建立考虑水工混凝土结构内部实际温度场和约束条件等因素的裂缝控制技术。

参考文献

[1] 富文权，韩素芳．混凝土工程裂缝预防与控制[M]．北京：中国铁道出版社，2007.

[2] Effect of Restraint, Volume Change, and Reinforcement on Cracking of Mass Concrete[S]. ACI 207. 2R-2007.

[3] 方坤河．碾压混凝土材料结构与性能[M]．武汉：武汉大学出版社，2004.

[4] 陆采荣，梅国兴，王珩，等．金沙江鲁地拉水电站混凝土掺合料选择及配合比试验研究报告[R]．南京水利科学研究院材料结构研究所，2009.

[5] 陆采荣，梅国兴，王珩，等．金沙江金安桥水电站掺合料优化、混凝土配合比及性能试验研究报告[R]．南京水利科学研究院材料结构研究所，2006.

[6] 刘数华，方坤河，刘六宴．水工碾压混凝土的抗裂性[M]．北京：中国水利水电出版社，2006.

[7] Prediction of Creep, Shrinkage, and Temperature Effects in Concrete Structures[S]. ACI 209R-1992.

[8] Control of Cracking in Concrete Structures[S]. ACI 224R-80.

[9] P K 梅泰．混凝土的结构、性能与材料[M]．祝永年，等，译．上海：同济大学出版社，1991.

[10] 李亚杰，方坤河．建筑材料[M]．北京：中国水利水电出版社，2009.

[11] 袁润章．胶凝材料学[M]．武汉：武汉工业大学出版社，1996.
[12] Neville A M． Properties of Concrete[M]． Longman, New York，1995.
[13] 郭成举．混凝土的物理和化学[M]．北京：中国铁道出版社，2004.
[14] Aitcin P C. Autogenous shrinkage measurement. Tazawa E ed. Autoshrink'98, Proceedings of the International Workshop on Autogenous Shrinkage of Concrete[C], Hirosima, Japan，1998.
[15] Bentur A. Terminology and definitions. Kovler K, Bentur A eds. International RILEM TC 181-EAS Conference on Early Age Cracking in Cementitious Systems-EAC'01[C], Haifa，2002.
[16] 中华人民共和国水利部．SL 352—2006 水工混凝土试验规程[S]．北京：中国水利水电出版社，2006.
[17] Cusson D, Hoogeveen T. Measuring early-age coefficient of thermal expansion in high-performance concrete[C]． RILEM Proceedings PRO 52，France：Bagneux, 2006.
[18] Mitsuo O，Hiroaki M. Estimation method for thermal expansion coefficient of concrete at early ages[C]． RILEM Proceedings PRO 52，France：Bagneux，2006.
[19] Backe K R, Lile O B, Lyomov S K. Characterizing Curing Cement Slurries by Electrical Conductivity [J]． SPE Drill Completion, 2001. 4：201-207.
[20] Princigallo A, Breugel K V，Levita G． Influence of the Aggregate on the Electrical Conductivity of Portland Cement Concrete[J]． Cement and Concrete Reasearch, 2003(11)：1755-1763.
[21] 张安哥，邹承康．关于混凝土流变模型的一点注记[J]．华东交通大学学报，1992(12)：240-243.
[22] 刑峰，吕剑峰，杨静．水泥砂浆流变学性能的评价方法[J]．材料研究学报，2000，14(3)：307-310.
[23] Kraii P P. Proposed Test to Determine the Cracking Potential Due to Drying Shrinkage of Concrete, Concrete Construction, 1985(30)：775-778.
[24] RILEM TC119 – TCE：Avoidance of thermal cracking in concrete at early ages[J]. Materials and structures ，1997(30)：451-464.
[25] Springenschmid R，Breitenbucher R ， Mangold M. Development of the cracking frame and the temperature – stress testing machine [C]. In：R. Springenschmid eds.
[26] Kovler K，Igarashi S, Bentur A. Tensile cree Pbehavior of high strength concretes at early ages [J]. Materials and Structures，1999(32)：383-387
[27] Thielen G, Hintzen W. Investigation of concrete behavior under restraint with a temperature stress testing machine [C]. In：R. Springenschmid eds. Thermal cracking in concrete at early ages. Suffolk：E&FN SPON, 1994：145-152.
[28] Schoppel K, Plannerer M，Springenschmid R. Determination of restraint stresses and of material properties during hydration of concrete with the temperature stress testing machine[C]. In：R. Springenschmid eds. Thermal cracking in concrete at early ages. Suffolk：E&FN SPON, 1994：153-160.
[29] Zhang Tao, Qin Weizu. Tensile creep due to restraining stresses in high – strength concrete at early ages [J]． Cement and concrete research, 2006(36)：584-591.
[30] Maya Shirish Sule. Effect of reinforcement on early – age cracking in high strength concrete[D]． Delft University，2003.
[31] Hammer T A，Fossa K T. Cracking tendency of HSC：Tensile strength and self generated stress in the period of setting and early hardening[J]． Materials and Structures，2007(40)：319-324.
[32] 张国志，屠柳青，夏卫华，等．混凝土早期开裂评价指标研究[J]．混凝土，2005(5)：13-17.
[33] Pietro Lura. Autogenous deformation and internal curing of concrete[D]． Delft University, 2003.

[34] EuroLightCon. Evaluation of the early age cracking of lightweight aggregate concrete[R]. Document BE96 - 3942/R19, 2000.

[35] 林志海. 混凝土早期开裂试验评价研究 [D]. 北京:清华大学土木系,2002.

[36] 张士海,覃维祖,张涛. 混凝土早期抗裂性能评价——单轴约束试验方法的进展[J]. 混凝土与水泥制品,2002(4):13-16.

[37] 中华人民共和国国家经济贸易委员会. DL 5108—1999 混凝土重力坝设计规范[S]. 北京:中国电力出版社,2000.

[38] 陈文耀,李文伟. 混凝土极限拉伸值问题思考[J]. 中国三峡建设,2002(3):7-9.

[39] 张涛. 混凝土早期开裂敏感性影响因素研究[D]. 北京:清华大学,2006.

[40] Mihashi H, Wittmann F H. Preface[C]. In: Mihashi H and Wittmann F H, eds. Control of cracking in early age concrete. Lisse: A. A. Balkema Pub., 2002. ix-x.

第 2 章　大坝混凝土早期热、力学及变形特征

2.1　概　述

近年来,大坝建设有了新的发展,一是200～300 m级的大型和巨型混凝土大坝不断涌现,二是为了提高水资源的利用率,降低碳的排放,实现低碳经济,在各种恶劣地质、水环境下建设混凝土大坝;三是近年来随着气候变化的加剧,各种极端恶劣天气发生的频率显著增加。作为建坝材料的混凝土已经成为大坝工程中最大宗和最主要的建筑材料,每年用于修建大坝的混凝土都在以阶梯速度迅速增加。在高坝不断涌现、大坝所处环境越来越复杂的大背景下,大坝混凝土正面临着高性能化和可持续发展两大问题。

由于受传统混凝土知识结构的限制,混凝土行业的科研及施工人员,一直认为混凝土浇筑后,只要按要求进行适当养护,混凝土设计龄期的力学性能、变形性能、热学性能、耐久性达到要求即可,早龄期混凝土性能的认识主要停留在凝结时间上,对早龄期混凝土其他性能的认识和研究较少。随着对工程质量要求越来越高,混凝土结构所处的环境越来越复杂,特别是混凝土行业对混凝土早龄期性能与后期性能存在着密切联系这一知识的逐渐认可,对混凝土早期性能的研究越来越受到业内科研、设计、施工人员的重视。图2-1为近年来我国科研人员在相关期刊上发表的有关早龄期混凝土性能的论文数量情况。

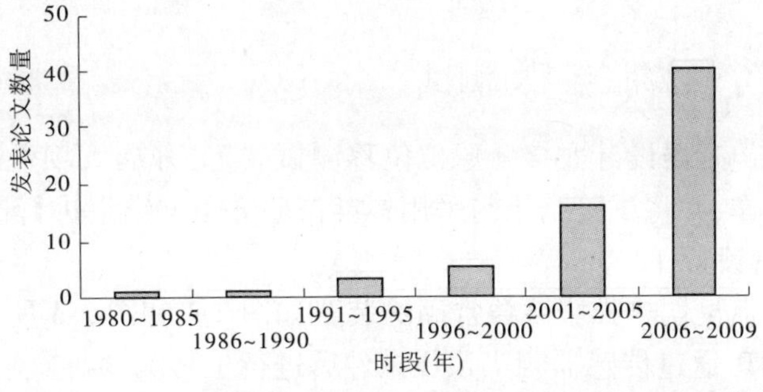

图2-1　1980～2009年我国公开刊物上发表早龄期混凝土性能论文统计

早龄期混凝土的性能一是影响混凝土拆模时间,进而影响工程的进度;二是混凝土早期的力学性能、弹性模量、极限拉伸值、自生体积变形性能、干缩变形性能、热学性能与混凝土早期的开裂存在着极大的相关性,控制混凝土早期的开裂,对提高混凝土后期耐久性具有重要意义,特别是对于有蓄水、防洪、发电功能的大坝工程,通过对早龄期大坝混凝土性能的研究,避免早期裂缝的产生,更是具有重要意义;三是早龄期混凝土性能直接影响后期的力学性能和耐久性,更深远的是直接关系到建筑物建成后运行的安全性,而对于水工建筑物,通过对早龄期大坝混凝土性能的研究,从而较好地控制大坝混凝土后期的力学

性能和耐久性，对水工建筑物的正常运行、下游人民群众生命财产的安全具有重要而深远的意义。

大坝混凝土由于矿物掺合料用量大、与水接触、大体积等自身及所处环境复杂的特殊性，其具有与其他建筑行业混凝土性能不同的特点。特别是近年来，为了改善大坝混凝土的浇筑质量，提高水工建筑物的安全运行系数，大量矿物掺合料（粉煤灰、矿粉等）及外加剂（减水剂、引气剂、缓凝剂等）的使用，对大坝混凝土早期性能的认识越来越模糊，因此使业内大坝混凝土早龄期性能的研究越显得迫切。

实际大坝混凝土的开裂往往发生在 28 d 以后，甚至几年以后。一直以来，在计算大坝混凝土的变形和应力时，采用的基本都是硬化后期的混凝土热学、力学、徐变参数，但混凝土施工早期的热学、力学、变形参数与硬化后期有明显的区别，如果不考虑这一重要区别和大坝混凝土材料组成的变化趋势，就会影响温度变形和应力的计算结果。

温度对胶凝材料的水化反应速率影响显著，尤其是粉煤灰的水化反应。因此，在实际温度历程下养护的大坝混凝土性能发展与标准养护方式下的结果就会有显著的差别，大坝内部混凝土的实际强度发展就可能远远超过预期设计。长期以来，温度历程对坝体内混凝土强度发展的这种显著影响被忽略了。如果针对大坝大体积混凝土考虑实际温度场进行配合比设计，就有可能较大幅度地更改胶凝材料的组分及配伍，进一步降低水化热，控制大坝混凝土内部温升，减小大坝混凝土的热裂风险。

本章针对大坝混凝土早期力学、热学和变形性能，开发测试大坝混凝土早期热膨胀系数、早期抗拉性能和早期徐变的测试技术及相应装置；在考虑大坝实际温度场作用下，探讨大坝混凝土力学性能、热学性能和变形性能的发展规律。

2.2 早期热、力学和变形性能的测试

2.2.1 早期热学（热膨胀系数）测试

采用激光位移传感器设计非接触原位位移测试装置，开展大坝混凝土硬化初期的热膨胀系数的测试工作，并将试验结果与采用标准试验方法的结果进行比较。

2.2.1.1 测试装置设计

目前测试混凝土早期热膨胀系数常用的装置如图 2-2 和图 2-3 所示。测试装置的特点均为接触式 LVDT，通过传感器测头顶住试件后进行位移测试。

本研究中采用 Omron 非接触式激光传感器 ZX 系列（见图 2-4 和图 2-5）和循环式恒温水浴组合成原位位移测试系统（见图 2-6），温度控制精度 0.2 ℃，位移传感器测试精度小于 1 μm。

传感器采用钢支架独立固定于地面，恒温水浴直接固定于混凝土基座；温度控制精度 0.2 ℃，位移传感器显示读数 1 μm。混凝土经搅拌后直接装入底部垫聚四氟乙烯板的 ϕ150 mm × 300 mm 圆柱体马口铁桶，混凝土顶部置入金属测试端头放入恒温水浴中养护。由于位移传感器较高的精度，即使小幅温升仍可采集到试件的位移变化，最大程度地减少了温升对试件正常水化的影响。

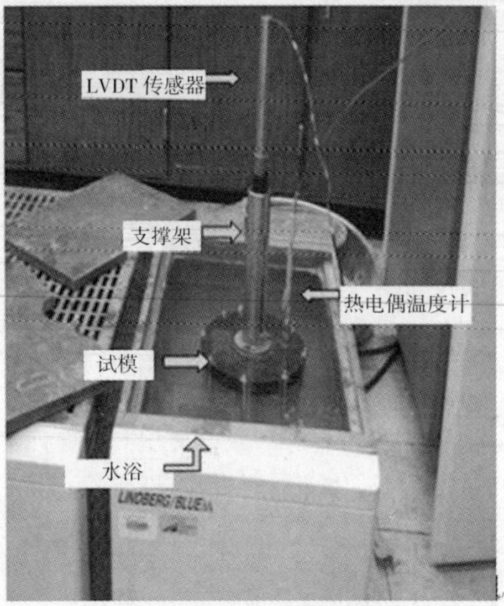

图 2-2　LVDT 测试混凝土热膨胀系数装置 A

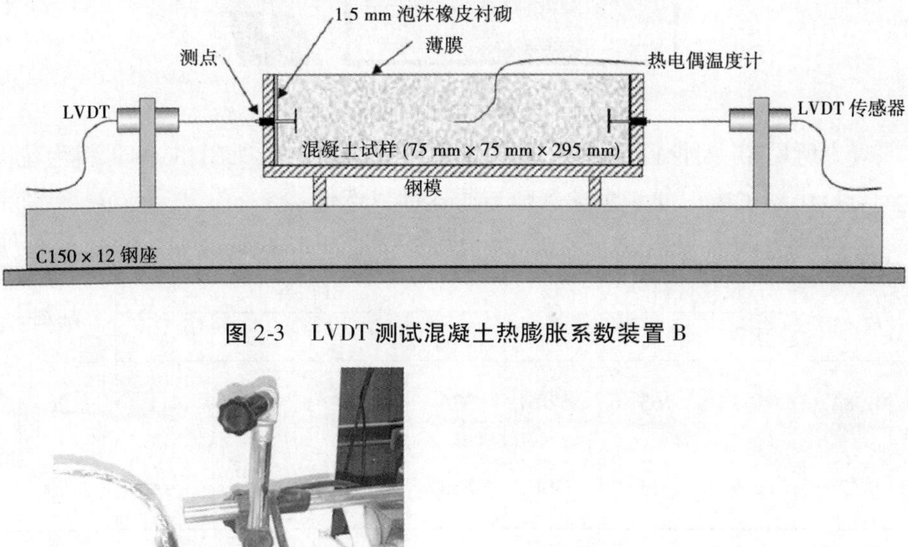

图 2-3　LVDT 测试混凝土热膨胀系数装置 B

图 2-4　非接触激光传感器测试系统

2.2.1.2　测试装置调试及数据处理

选择典型的拱坝全级配常态混凝土和面板堆石坝二级配常态混凝土两种配合比；拱

图 2-5　OmronZX 系列非接触位移传感器

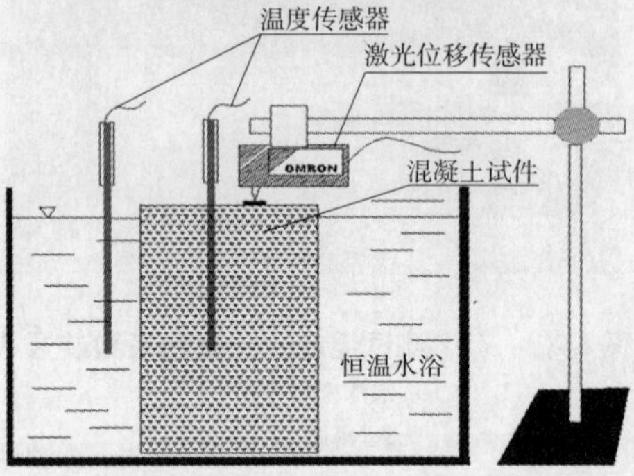

图 2-6　非接触原位位移测试系统

坝常态混凝土所用粗、细骨料为砂岩，面板堆石坝常态混凝土所用粗、细骨料为花岗岩，配合比见表 2-1；拱坝全级配混凝土经湿筛后装入马口铁桶。

表 2-1　大坝混凝土配合比　（单位：kg/m^3）

编号	水	胶凝材料		砂	粗骨料				外加剂	说明
		水泥	粉煤灰		小石	中石	大石	特大石		
GB	84	147	63	520	376	444	411	411	1.26	拱坝常态
MB	123	249	83	649	538	807	—	—	2.00	面板常态

试验同时测试大坝混凝土的终凝时间，并以此作为早期热膨胀系数的测试起点。测试过程为避免水汽在端头凝结，影响激光位移传感器的测试稳定性，马口铁桶中新拌混凝土顶端采用 PVC 薄膜覆盖，预埋平面光滑的金属测试端头（铁质），经试验调试，测试装置稳定性良好，恒温条件下位移波动不大于 1 μm。

测试过程采取小幅升温（温升仅为 5 ℃左右）、快速循环的温控制度，控制单次测试时间不超过 2 h（典型的升温制度见图 2-7）。试件在（20 ± 3）℃恒温水浴中养护，稳定一段时间后小幅升温，等混凝土内部温度与水温一致时即为测试终点，随即冷水降温直至起点温度，如此循环。

非接触式激光位移传感器所测位移变化 δ_{all} 值可简化为两部分位移：一部分为试件的

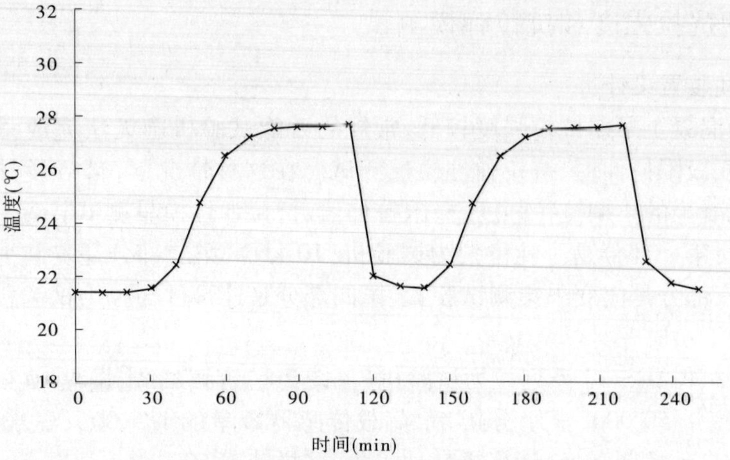

图 2-7　典型的升温制度

热膨胀位移 δ_s,另一部分为铁皮桶底部和顶部测试端头的热膨胀位移 δ_o;期终位移 δ 可根据材料的热膨胀系数 α、基准长度 L 和测得的温度变化值 ΔT 计算所得,公式如下。

$$\delta_{all} = \delta_s + \delta_o \quad \delta = L \cdot \alpha \cdot \Delta T \tag{2-1}$$

最终混凝土试件热膨胀系数 α_s 可由式(2-2)计算:

$$\alpha_s = (\delta_{all} - L_o \cdot \alpha_o \cdot \Delta T)/(L_s \cdot \Delta T) \tag{2-2}$$

式中: L_o 为马口铁桶、测试端头(铁质)总高度;L_s 为混凝土试件基准长度,300 mm;α_o 为铁的热膨胀系数。

2.2.1.3　试验结果及分析

表 2-2 为采用上述测试装置测得的面板坝常态混凝土和拱坝常态混凝土早期热膨胀系数随龄期变化,此处龄期为硬化后的混凝土龄期。其中面板坝常态混凝土在硬化初期热膨胀系数逐步增大,所测龄期内极差为 $1.9\times10^{-6}/$℃,72 ~ 156 h 逐渐稳定至 $8.1\times10^{-6}/$℃;拱坝常态混凝土在硬化初期变化更大,所测龄期内极差高达 $3.8\times10^{-6}/$℃,72 h 后逐步稳定至 $10.5\times10^{-6}/$℃。

表 2-2　大坝混凝土早期热膨胀系数变化

类别	不同龄期的热膨胀系数($\times10^{-6}/$℃)						
	0.5 d	1.5 d	2.5 d	3.5 d	4.5 d	5.5 d	6.5 d
面板坝常态混凝土	6.5	7.3	7.7	—	8.4	—	8.1
拱坝常态混凝土	7.4	10.8	11.3	10.8	—	10.5	—

按照规范《水工混凝土试验规程》(SL 352—2006)中"4.17　混凝土线膨胀系数测定"的方法,采用混凝土内部预埋电阻应变计的方法测得上述两种混凝土在 90 d 后的热膨胀系数分别为 $8.0\times10^{-6}/$℃和 $9.7\times10^{-6}/$℃,与本试验装置测试的 7 d 结果基本一致。

因此可见,与常规试验规范相比,采用非接触激光位移传感器可原位、连续测试混凝土早龄期的热膨胀系数,测试过程无需大幅度温升,试验结果说明本试验装置的测值与标准试验方法测得结果具有可替代性。

2.2.2 早期抗拉强度和抗拉弹模测试

2.2.2.1 测试装置设计

由于大坝混凝土早期抗拉强度较低,常规的万能试验机已无法完成早龄期大坝混凝土的抗拉强度、极限拉伸值、抗拉弹性模量测试。在这种情况下,自行设计了一套专门用于测量大坝混凝土的早期抗拉强度、极限拉伸值、抗拉弹性模量测试装置。这套装置主要包括四个部分:第一部分是小吨位拉力试验机(10 kN),第二部分是安装力学性能控制软件的电脑,第三部分是应变采集测试装置,第四部分是连接件与拉力试验机专用接头。具体设计装置如下:

(1)日本岛津 AGS－J 系列拉力试验机(见图 2-8),荷载额定量程 10 kN,最大荷载 12 kN;测量分辨率 1/50 000,显示分辨率,荷载传感器容量的 1/5 000(试验力值大于容量 1/10);手动和自动控制互换;计算机自动采集,采样速度 50 m/s。

(2)专用接头(见图 2-9),根据拉力机夹头加工自制连接件,加工图见图 2-10。

(3)常规应变采集仪及应变计。

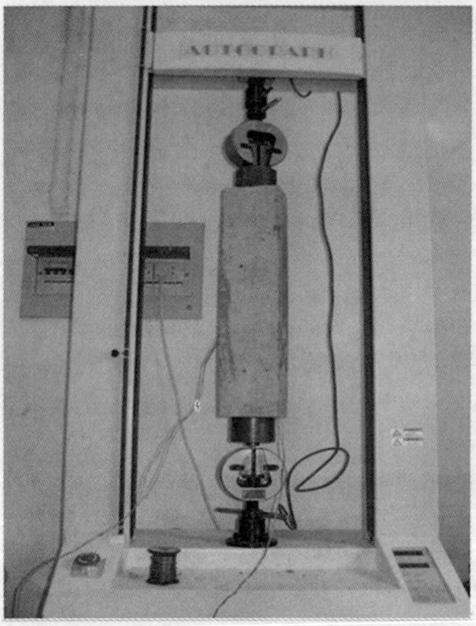

图 2-8 岛津 AGS－J 系列拉力试验机

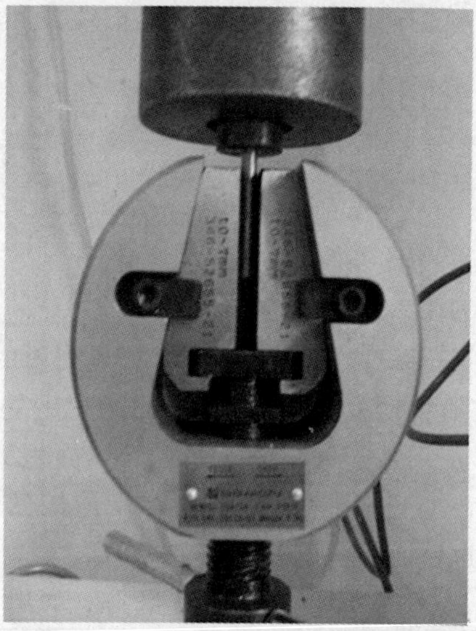

图 2-9 试件与力学性能专用连接装置

2.2.2.2 测试装置调试及试验结果

大坝混凝土早期抗拉强度、极限拉伸值、抗拉弹性模量测试试件均采用 100 mm × 100 mm × 515 mm 的长方体试模,利用自制抗拉强度测试仪测试了在标准养护和匹配养护条件下 3 d 试件的抗拉强度、极限拉伸值、抗拉弹性模量。经调试,标准养护 3 d 的一组混凝土试件的测试结果如表 2-3 所示。

表 2-3 中结果显示,该龄期的 4 个试件间破坏荷载比较一致,相对偏差较小,试件在拉伸断裂后断裂位置与钢筋埋件的端点距离较远,均符合规范要求,测试结果较可靠。因此,采用自制的混凝土抗拉强度测试仪可较好地测试早期低强度的混凝土试件,测试精度能满足试验要求,测试结果可靠。

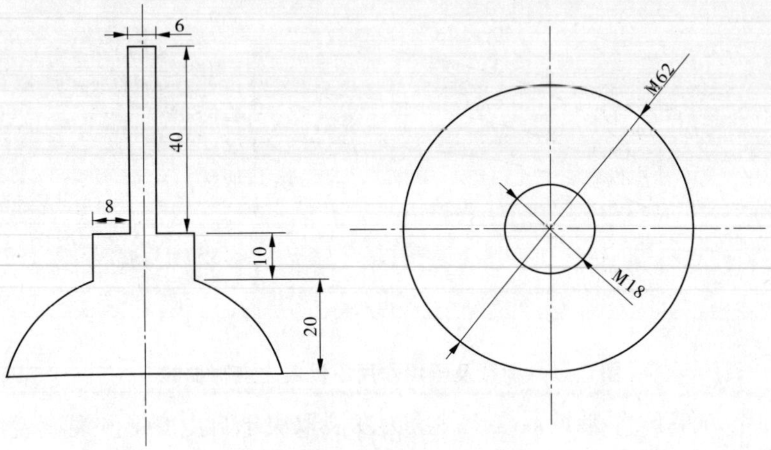

图 2-10　连接件加工图　（单位：mm）

表 2-3　大坝混凝土早期拉伸试验原始数据

试件编号	龄期及养护方式	破坏荷载			断裂位置	
		测值(kN)	均值(kN)	相对偏差(%)	与埋件端点距离(cm)	符合规范要求情况
GB－1	3 d 标准养护	8.835	9.181	3.8	5	符合
GB－2		9.410		2.4	7	符合
GB－3		9.085		1.1	4	符合
GB－4		9.394		2.3	6	符合

用本装置测试大坝混凝土 3 d 的抗拉强度、极限拉伸值和抗拉弹性模量结果见表 2-4。

表 2-4　大坝混凝土早期抗拉强度、极限拉伸值、抗拉弹性模量测试结果

试验编号	龄期及养护方式	抗拉强度(MPa)	极限拉伸值($\times 10^{-6}$)	抗拉弹性模量(GPa)
GB	3 d 标准养护	0.92	55	16.7

2.2.3　早期徐变测试

2.2.3.1　研究背景

通常徐变由两部分构成：基本徐变和干燥徐变。基本徐变是指混凝土与外界没有湿度交换时的受力徐变部分。干燥徐变是指当混凝土在干燥条件下受力徐变超过基本徐变的徐变部分（见图 2-11）。在本研究中，主要是针对初龄期混凝土在约束条件下自生应力引起的基本徐变行为及其对抗裂性能的影响。

很多混凝土的开裂发生在早龄期，结构还没有承受外部荷载，混凝土就发生了开裂，混凝土的变形受到约束产生的内应力超过混凝土抗拉强度是导致早龄期混凝土开裂的根

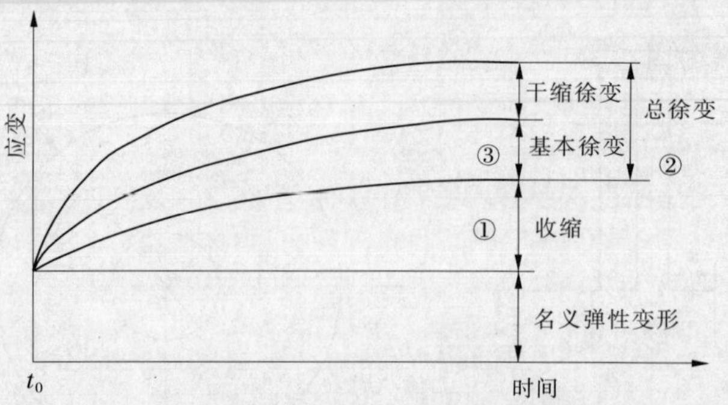

图 2-11　荷载及干燥作用下混凝土变形曲线

本原因。在约束条件下，早龄期混凝土的应力发展取决于自生变形和温度变形的发展、结构中的约束形式以及混凝土早期弹性模量、抗拉强度等力学性能的发展和导致应力松弛的黏弹性质——徐变的发展历程。通常外荷载作用下的混凝土徐变会引起变形增大或预应力损失，对混凝土结构产生不利影响。而非荷载条件下，对于构件中受约束的混凝土，尤其是对早龄期混凝土，徐变能够松弛其60%以上的拉应力，这对降低混凝土早期开裂危险性起到极其重要的作用。混凝土在硬化初期的徐变能力变化很大，受加载龄期、加载应力水平、温度、湿度等很多因素的影响，而且不同混凝土之间徐变能力也存在较大差异。约束条件下混凝土自生收缩与温度变形引起的约束应力下的徐变综合反映了温度变化、加载龄期（内应力产生时期）以及不同荷载水平（应力发展变化）下的徐变行为，能够真实地反映结构中混凝土的徐变性质。

温度—应力试验机（简称 TSTM）是一种单轴约束试验方法，通过约束混凝土条形试件的轴向变形，测定混凝土早期应力发展和力学性能参数等综合评价混凝土的抗裂性能。TSTM 提供了 0～100% 可调约束条件，可以控制混凝土试件绝热或者半绝热的试验条件，同时能够连续测量应力与变形的发展，能够很好地描述约束条件下混凝土的应力发展和与黏弹性相应的行为。

因此，本文采用 TSTM 测试大坝混凝土早期变形性能，主要针对压缩徐变和拉伸徐变。

2.2.3.2　测试方案设计

采用温度—应力试验机（TSTM）研究约束条件下混凝土的早期行为。TSTM 试验包括两个相同的试件：一个作副试件，即自由收缩试件；另一个作主试件，即约束试件，试件尺寸为 150 mm ×150 mm ×1 500 mm。为了避免试件与外界发生水分交换，试件成型后由塑料膜包裹密封。在试验中，采用了全约束以及半绝热的试验条件，室温控制在（20 ±1）℃。设计大坝混凝土配合比见表 2-5。

表 2-5　TSTM 试验大坝混凝土配合比　（单位：kg/m³）

编号	水	水泥	粉煤灰	砂	小石	中石	大石	特大石	减水剂	引气剂
SS11	84	155	66	472	335	452	469	419	1.99	0.176

2.2.3.3　测试结果处理及分析

全约束条件下 TSTM 试验的应变发展有以下规律：

$$\Delta\varepsilon_e + \Delta\varepsilon_{cr} + \Delta\varepsilon_{free} = 0 \tag{2-3}$$

式中：$\Delta\varepsilon_e$ 为弹性应变；$\Delta\varepsilon_{cr}$ 为松弛应变；$\Delta\varepsilon_{free}$ 为自由变形发展，包括温度应变和自生体积变形。

自由变形发展 $\Delta\varepsilon_{free}$ 可由自由试件直接测得，而弹性应变 $\Delta\varepsilon_e$ 由主试件经 TSTM 试验测得，再通过式(2-3)计算即得徐变发展 $\Delta\varepsilon_{cr}$。

根据实时采集数据，考虑 1 ~ 2 h 内有明显应力变化的区段，分析试件自由收缩变化值与约束试件的累计变形值，得到混凝土徐变值(见表 2-6)。由于混凝土试件一直处于受压状态，此时得到的为压缩徐变。

表 2-6　TSTM 试验结果

测试龄期(d)	2	3	4	4.5	5	6	7
自由收缩($\times10^{-6}$)	322	360	376	380	381	380	374
约束试件内应力(MPa)	0.49	0.58	0.64	0.44	0.50	0.28	0.06
徐变度($\times10^{-6}$/MPa)	95.9	94.0	88.1	74.7	53.6	38.4	24.8

2.3　早期热、力学和变形性能发展规律

2.3.1　概述

粉煤灰水化反应受温度因素影响显著，大坝混凝土由于结构的特殊性，内部温度场与温度历程不容忽视。

混凝土配合比设计中，一直以来采用的是 20 ℃左右的标准养护方式，而实际大坝混凝土中，胶凝材料水化热所产生的温度场可持续相当长的时间，混凝土在相当长的时间内处于非 20 ℃的环境中。例如，二滩坝体内部混凝土实测内部温度处于25 ℃以上的时间超过 70 d，最高温度约 33 ℃(参见图 2-12，根据文献提供的数据绘制)。目前，国内大型水电工程对大坝混凝土内部温度都开展了实时监测，资料显示，在早龄期，混凝土的内部温度均远远超过标准养护温度。

早在 20 世纪 60 年代，有学者提出水泥混凝土在高温养护下，强度出现所谓的“交叉现象”，即胶凝材料仅用水泥的混凝土在高温养护下，相比于标准养护试件，出现早期高强、后期低强的现象。文献中采用高于标准温度的恒温方式养护混凝土，仅掺水泥的混凝土在 7 d 前即出现交叉现象(见图 2-13，根据文献提供的数据绘制)，然而随着粉煤灰部分代替水泥掺入混凝土后，该现象中的交叉点逐步后移，甚至可能消失(见图 2-14)，这说明温度对掺粉煤灰混凝土的强度发展在相当长的龄期内是有利的。

目前，较多学者认识到温度对混凝土(尤其是掺有粉煤灰)各项宏观性能的影响，已采用非标准的养护方式对混凝土各项性能开展研究，但在养护方式上还是有一定的局限

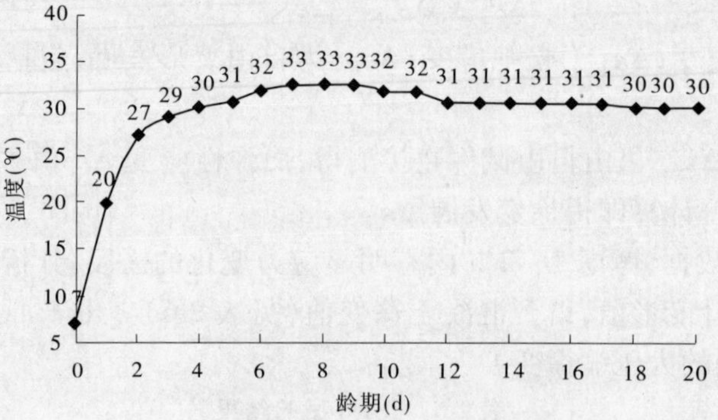

图 2-12　二滩大坝混凝土内部温度发展曲线

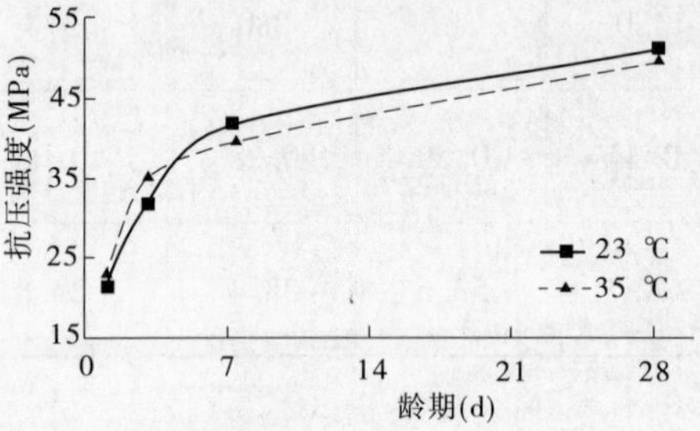

图 2-13　水泥混凝土强度发展中的“交叉现象”

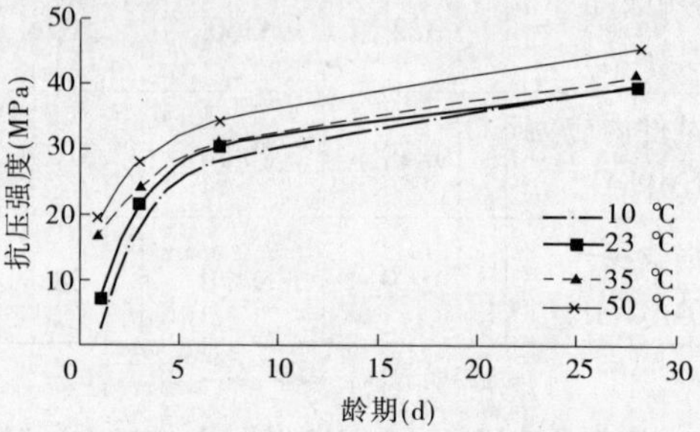

图 2-14　不同温度对粉煤灰混凝土抗压强度发展的影响

性,较多文献采用了恒温养护方式。通过考察混凝土内部实际的温度历程可以发现,实际温度并非恒定,往往随着龄期而改变,因而,为使混凝土的室内试验结果与实际情况更为相符,采用的养护方式应是变温曲线养护。

考虑现场混凝土强度发展与实验室标准养护间有差异,20 世纪 80 年代就有学者提出 TMC(Temperature Match Curing 或者 Temperature Match Conditions)的养护方式,在英国也有相关草案(BSI Draft DD92);同时提出的还有 TPS(Temperature Profile Simulation)的概念。

图 2-15 为掺粉煤灰、不同强度等级的混凝土结构内部的强度发展(根据文献提供的数据绘制),文献研究表明,在温度匹配养护下,结构内部混凝土的强度始终高于标准养护试件,混凝土强度等级越高,其差别越大。

由此可见,在不同温度条件下养护的混凝土力学性能发展与标准养护方式下的结果就会有显著的差别,而大坝内部混凝土的实际强度发展结果就可能远远超过预期配合比设计值。长期以来,温度历程对坝体内混凝土性能发展的这种显著影响被忽略了。

温度对胶凝材料的水化反应速度影响显著,按照 Arrhenius 定律,温度每增加 10 ℃,化学反应速度加快 2 ~ 10 倍。标准养护条件下混凝土的性能发展与坝体中混凝土在实际温度历程条件下的性能发展必然有明显区别。因此,考虑温度历程后,不仅导致大坝混凝土力学性能出现显著变化,其热学性能和变形性能相应的也随之改变。目前,考虑温度历

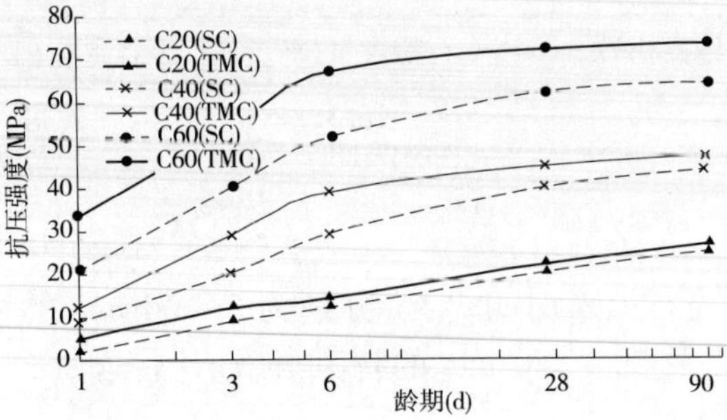

图 2-15　不同养护方式对混凝土强度的影响

TMC—温度匹配养护;SC—标准养护

程而开展的混凝土热学及变形性能研究较少。

本文参照现有的大坝混凝土内部温升规律,温度匹配养护混凝土试件,以此开展考虑实际温度场作用下大坝混凝土早期力学、热学和变形性能研究。

2.3.2　试验原材料

2.3.2.1　水泥

采用峨眉牌42.5中热水泥,水泥的化学成分分析结果见表2-7。对水泥的胶砂抗压强度、抗折强度进行了测试,结果见表2-8。水泥胶砂强度满足规范要求。

表 2-7　水泥化学成分　(%)

品种	SiO_2	CaO	MgO	Fe_2O_3	Al_2O_3	SO_3	K_2O	Na_2O	碱含量
P·MH 42.5	21.16	61.15	3.83	5.37	4.39	1.84	0.4	0.25	0.51

表 2-8　水泥胶砂强度　(单位:MPa)

品种	抗折强度		抗压强度	
	3 d	28 d	3 d	28 d
P·MH 42.5	7.8	12.4	16.8	42.8

2.3.2.2　粉煤灰

粉煤灰采用宣威Ⅰ级灰,化学成分见表2-9。

表 2-9　粉煤灰化学成分　(%)

品 种	SiO_2	CaO	MgO	Fe_2O_3	Al_2O_3	K_2O	Na_2O	SO_3	碱含量
宣威Ⅰ级	59.33	3.16	1.38	9.07	22.27	0.79	0.16	0.34	0.68

2.3.2.3　细骨料

细骨料为砂岩人工砂,具体指标见表2-10。

表 2-10 细骨料的主要性能指标

品种	细度模数	石粉含量(%)	表观密度(g/cm^3)	面干吸水率(%)
砂岩砂	2.96	16.3	2.74	1.8

2.3.2.4 粗骨料

粗骨料为人工砂岩碎石。采用四级配,分别为 5～20 mm 的小石、20～40 mm 的中石、40～80 mm 的大石以及 80～150 mm 的特大石,针片状含量 3.6%,压碎指标 6.3%。有关性能测试结果见表 2-11。

表 2-11 粗骨料的主要性能

粗骨料	表观密度(g/cm^3)	饱和面干吸水率(%)
小石	2.72	0.8
中石	2.74	0.5
大石	2.74	0.4
特大石	2.74	0.2

2.3.2.5 外加剂

外加剂为浙江龙游外加剂厂生产的 ZB－1A 型缓凝高效减水剂和麦斯特 Micro－Air 202 型引气剂。

2.3.3 配合比设计及新拌混凝土性能

配合比选用典型的四级配常态大坝混凝土,经过多次试拌及调整,最终确定试验用的混凝土配合比如表 2-12 所示,新拌混凝土拌和物性能如表 2-13 所示。

表 2-12 试验用混凝土配合比 (单位:kg/m^3)

编号	水	水泥	粉煤灰	砂	小石	中石	大石	特大石	减水剂	引气剂
SS12	84	136	59	500	335	452	469	419	1.75	0.136

表 2-13 新拌混凝土拌和物性能

坍落度(mm)	含气量(%)	泌水率(%)	凝结时间(h:min)	
			初凝	终凝
30	5.6	无泌水	18:33	33:48

2.3.4 养护方式

参考二滩拱坝混凝土内部的升温曲线和三峡工程左厂 14 坝段常态混凝土的温升曲线(见图 2-16 和图 2-17),确定了试验采用的大坝混凝土的温度历程(见图 2-18)。

图 2-18中为 20 d 龄期的变温养护曲线,20 d 后每 3 d 温度减 0. 5 ℃,直至 50 d 后恒定于 25 ℃。

试验采用可程式恒温恒湿养护箱,通过多段温度输入以及恒定湿度(RH≥95%)控制完成温度匹配养护,同配合比的对比试件置于标准养护室养护。温度匹配养护制度参见图 2-18。

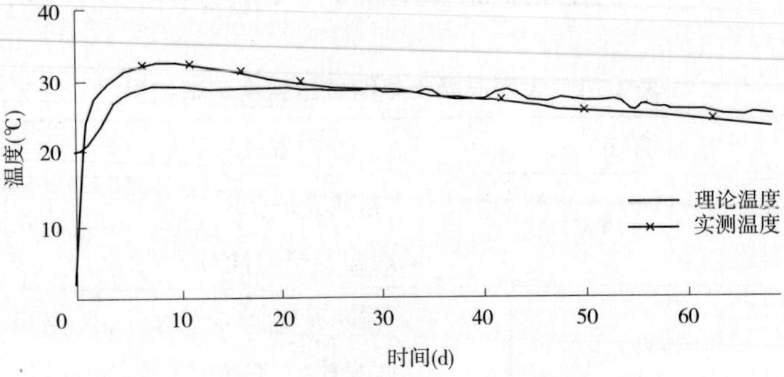

图 2-16　二滩拱坝混凝土温升曲线

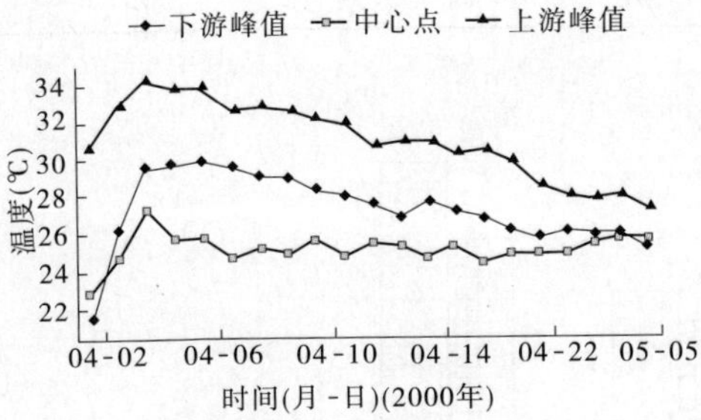

图 2-17　三峡工程左厂 14 坝段混凝土温升曲线

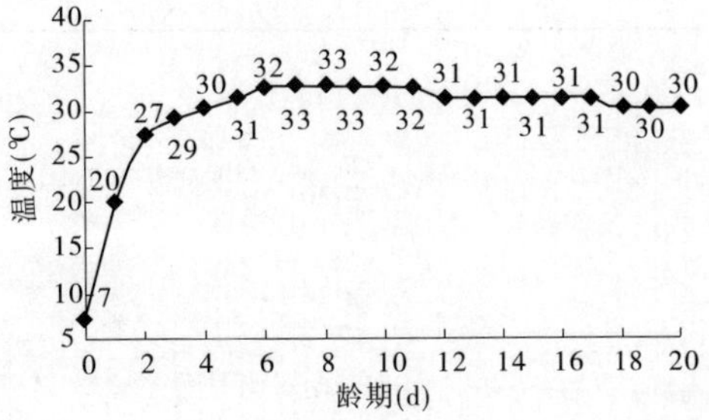

图 2-18　试验采用的大坝混凝土温度历程

2. 3. 5　大坝混凝土早期力学性能发展规律

2. 3. 5. 1　抗压强度

不掺粉煤灰的普通混凝土在采用高温养护(与标准养护相比)后往往会在养护中期出现"交叉效应",即混凝土试件早期强度值较标准养护条件下的试件强度值高,而试件后期强度则低于标准养护条件下的试件。掺粉煤灰混凝土情况与此类似,但"交叉效应"出现的龄期则往往不在中期,这与粉煤灰掺量、养护温度等多种因素相关,有待深入研究。

本文采用温度匹配养护方式后,混凝土早中期强度(7 d/28 d/90 d)发展较标准养护方式有显著提高。

因此,混凝土配合比设计时,如采用标准养护条件下中期强度(28 d 或者 90 d)值设计就与实际浇筑的混凝土(类同于匹配养护条件下的混凝土)强度有显著差异,设计的混凝土配合比就较为保守,每立方米混凝土中需要更多的胶凝材料,这对大坝混凝土的温控是不利的。如果混凝土配合比采用 180 d 龄期强度设计,则由于匹配养护条件和标准养护条件下两者混凝土最终强度差别小,所以从结果考虑可以忽略养护方式对强度的影响;

但对于有早期强度要求的混凝土设计来说，温度匹配养护下混凝土的强度发展过程就显得尤为重要。设计如果还是采用标准养护，则可能会出现由于掺粉煤灰后混凝土早期强度不够而提高 180 d 设计强度的情形，这时如果考虑混凝土实际养护温度历程，则可以避免这种情况。

大坝混凝土早期抗压强度测试试件采用 150 mm × 150 mm × 150 mm 立方体，利用万能试验机测试在标准养护和匹配养护条件下 3 d、7 d 立方体抗压强度，具体试验结果见表 2-14 和图 2-19。

表 2-14　大坝混凝土早期抗压强度测试结果

配比编号	龄期(d)	养护方式	抗压强度(MPa)
SS12	3	标准养护(SC)	12.2
		匹配养护(TMC)	13.6
	7	标准养护(SC)	16.8
		匹配养护(TMC)	19.8
	28	标准养护(SC)	25.4
		匹配养护(TMC)	33.2

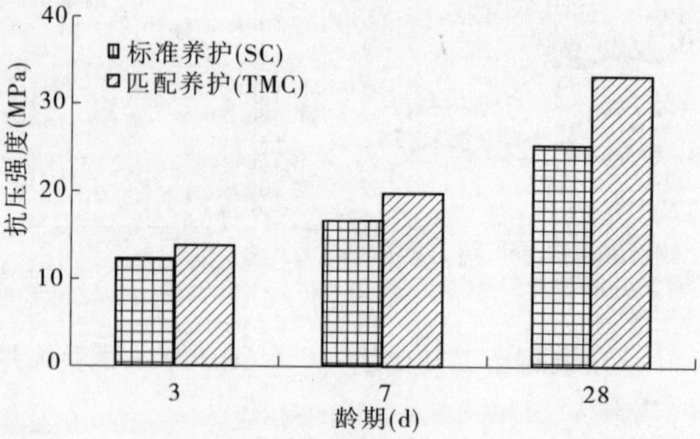

图 2-19　不同养护方式下大坝混凝土抗压强度发展

从表 2-14 中可以看出，养护龄期相同时，匹配养护混凝土抗压强度都高于标准养护条件下混凝土抗压强度，这主要是由于匹配养护温度高于标准养护温度，促进了胶凝材料的水化，提高了早期混凝土抗压强度。

2.3.5.2　轴心抗压强度和抗压弹性模量

大坝混凝土早期轴心抗压强度和轴心抗压弹性模量测试试件采用 150 mm × 150 mm × 300 mm 长方体，利用万能试验机和千分表测试了在标准养护和匹配养护条件下 3 d、7 d 试件的轴心抗压强度和抗压弹性模量，具体试验结果见表 2-15 和图 2-20、图 2-21。

从图 2-20、图 2-21 和表 2-15 中可以看出，养护龄期相同时，匹配养护混凝土轴心抗压强度和抗压弹性模量都高于标准养护条件下混凝土轴心抗压强度和抗压弹性模量。养护龄期为3 d时，匹配养护试件的轴心抗压强度和抗压弹性模量比标准养护轴心抗压强度和抗压弹性模量分别高 3% 和 12%；养护龄期为 7 d 时，匹配养护试件的轴心抗压强度和抗压弹性模量比标准养护轴心抗压强度和抗压弹性模量分别高 9% 和 12%。这说明随着养护龄期的增长，匹配养护条件下试件的轴心抗压强度和抗压弹性模量增加较快，这主要是由于随着养护龄期的增长，匹配养护温度逐渐升高，而标准养护温度一直恒定不变，匹配养护与标准养护温差增大，相对较高的温度促进了胶凝材料的水化，提高了早期混凝土轴心抗压强度和抗压弹性模量的发展。

表 2-15　大坝混凝土早期轴心抗压强度和抗压弹性模量测试结果

配比编号	龄期(d)	养护方式	轴心抗压强度(MPa)	抗压弹性模量(GPa)
SS12	3	标准养护(SC)	9.08	15.6
		匹配养护(TMC)	9.38	17.5
	7	标准养护(SC)	13.43	17.9
		匹配养护(TMC)	14.65	20.1
	28	标准养护(SC)	23.0	20.6
		匹配养护(TMC)	25.3	23.3

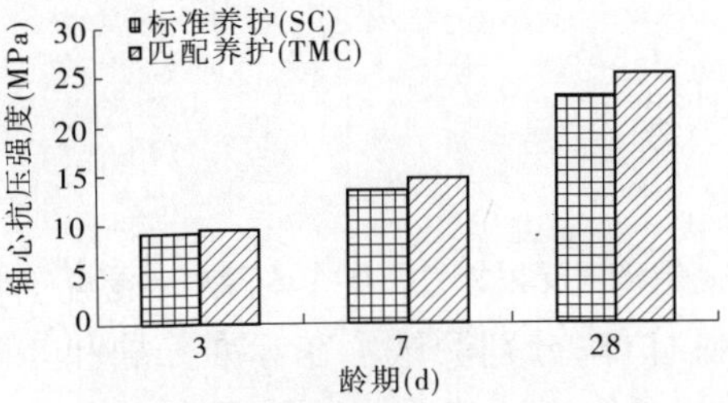

图 2-20　不同养护方式下大坝混凝土轴心抗压强度发展

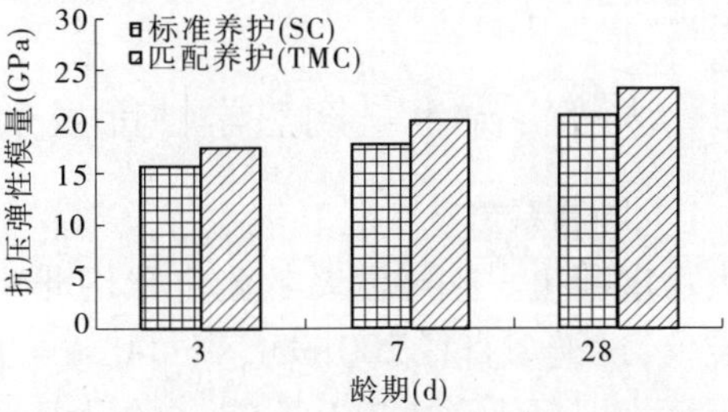

图 2-21　不同养护方式下大坝混凝土抗压弹性模量发展

2.3.5.3　抗拉强度、抗拉弹性模量

大坝混凝土早期抗拉强度、抗拉弹性模量测试试件采用 100 mm × 100 mm × 515 mm 长方体，利用自制抗拉强度测试仪测试了在标准养护和匹配养护条件下 3 d、7 d 及 28 d 试件的抗拉强度、抗拉弹性模量。具体试验结果见表 2-16、图 2-22 和图 2-23。

表 2-16　大坝混凝土早期抗拉强度、抗拉弹性模量测试结果

配比编号	龄期(d)	养护方式	抗拉强度(MPa)	抗拉弹性模量(GPa)
SS12	3	标准养护(SC)	0.92	16.7
		匹配养护(TMC)	1.16	18.4
	7	标准养护(SC)	1.36	19.1
		匹配养护(TMC)	1.97	19.2
	28	标准养护(SC)	2.16	27.2
		匹配养护(TMC)	2.50	30.9

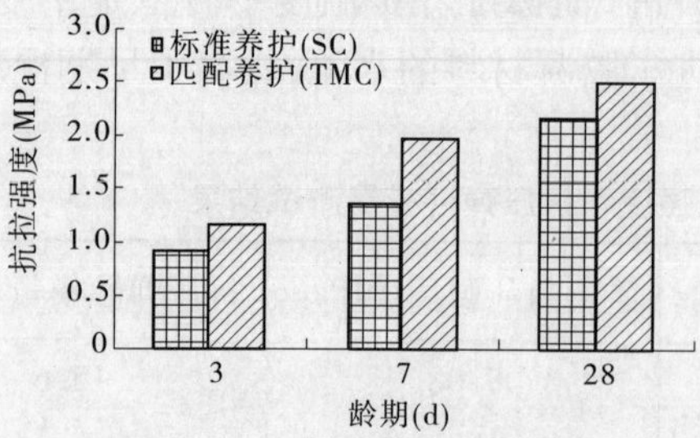

图 2-22　不同养护方式下大坝混凝土抗拉强度发展

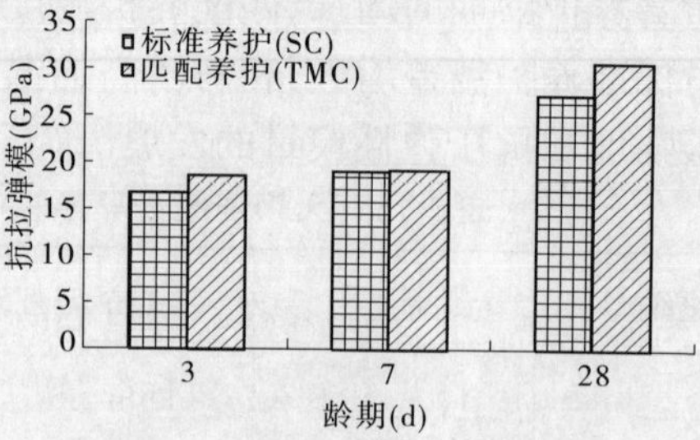

图 2-23　不同养护方式下大坝混凝土抗拉弹性模量发展

从图 2-22 和图 2-23 及表 2-16 中可以看出，养护龄期相同时，匹配养护条件下混凝土试件抗拉强度和抗拉弹性模量都高于标准养护条件下混凝土试件。养护龄期为 3 d 时，匹配养护试件的抗拉强度和抗拉弹性模量比标准养护试件值分别高 26% 和 10%；养护龄期为 7 d 时，匹配养护试件的抗拉强度比标准养护试件值高 45%，而抗拉弹性模量基本相同。

2.3.6　大坝混凝土早期热学性能发展规律

2.3.6.1　导温系数

大坝混凝土早期导温系数测定采用北京诚信海岸科技发展中心研制的混凝土物理参数测定仪，试模为直径 200 mm、高 400 mm 的圆柱体，分别测试了在标准养护和匹配养护条件下大坝混凝土 3 d、7 d 及 28 d 的导温系数，具体测试结果见表 2-17 和图 2-24。

表 2-17　大坝混凝土早期导温系数测试结果

配比编号	龄期(d)	养护方式	导温系数($\times 10^{-3}$ m^2/h)
SS12	3	标准养护(SC)	3.575 8
		匹配养护(TMC)	3.751 4
	7	标准养护(SC)	4.664 4
		匹配养护(TMC)	4.913 0
	28	标准养护(SC)	4.132 0
		匹配养护(TMC)	4.352 0

从表 2-17 中可以看出，在养护龄期相同的条件下，匹配养护试件的导温系数比标准养护试件的导温系数大。混凝土的导温系数取决于水泥浆体和骨料的量以及它们在混合物中所占的相对比例，浆体和骨料的热导率受到空隙率和湿气含量的强烈影响。在本次试验中，配合比完全相同，匹配养护试件的导温系数比标准养护试件的导温系数大，主要是由于匹配养护温度高于标准养护温度，促进了胶凝材料的水化，凝胶中大孔和连续孔减小，混凝土的整体性提高，因而导温系数增加。

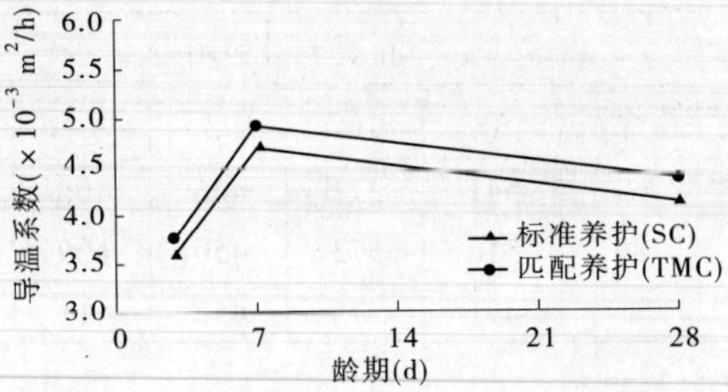

图 2-24　不同养护方式下大坝混凝土导温系数发展

2.3.6.2　导热系数

大坝混凝土早期导热系数采用天津生产的 HR－2A 型混凝土物理参数测定仪测试，试模为直径 200 mm、高 400 mm 的圆柱体，分别测试了在标准养护和匹配养护条件下 3 d 及 7 d 的导热系数，具体测试结果见表 2-18 和图 2-25。

表 2-18　大坝混凝土早期导热系数测试结果

配比编号	龄期(d)	养护方式	导热系数(kJ/(m·h·℃))
SS12	3	标准养护(SC)	9.352
		匹配养护(TMC)	9.442
	7	标准养护(SC)	9.556
		匹配养护(TMC)	9.675
	28	标准养护(SC)	9.441
		匹配养护(TMC)	9.481

从表 2-18 中可以看出，在养护龄期相同的条件下，匹配养护下混凝土试件的导热系数略高于标准养护下的试件；混凝土导热系数的早期发展规律与导温系数基本一致。

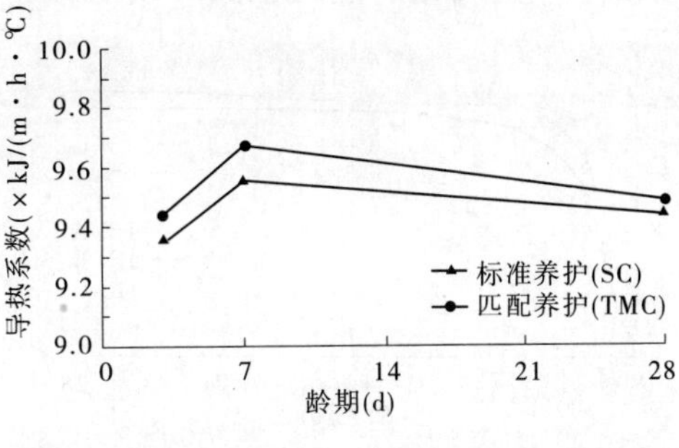

图 2-25　不同养护方式下大坝混凝土导热系数发展

2.3.6.3　绝热温升

绝热温升试验方法本身排除了混凝土内部温升对其的影响，因此本研究并未按常规思路考察大坝混凝土的绝热温升，试验设计考虑温度历程，以大坝混凝土 180 d 等强度设计配比，粉煤灰掺量从 30% 增加至 50%，根据等效龄期—强度预测模型，设计大坝混凝土配合比，开展绝热温升对比试验。试验配比见表 2-19。

以同强度设计，随着粉煤灰掺量的变化，水胶比从 0.40 变化至 0.37，总胶凝材料从 210 kg/m³ 增至 226 kg/m³。为保证工作性一致，砂率从 25% 降至 23%，引气剂随粉煤灰掺量变化相应增加，其结果见表 2-20。

表 2-19　考虑温度历程、等强度设计混凝土配合比　（单位：kg/m³）

编号	水胶比	混凝土材料用量									
		水	水泥	粉煤灰	砂	小石	中石	大石	特大石	减水剂	引气剂
JR－A	0.40	84	147	63	541	371	446	406	406	1.26	0.420 0
JR－B	0.39	84	129	86	516	373	450	409	409	1.29	0.430 8
JR－C	0.37	84	113	113	491	375	452	411	411	1.35	0.441 0

表 2-20　180 d 等强度设计混凝土配比绝热温升试验结果

项目	粉煤灰掺量（%）		
	30	40	50
胶凝材料（水泥＋粉煤灰，kg/m³）	147＋63	129＋86	113＋113
180 d 抗压强度（MPa）	46.0	43.4	43.3
28 d 绝热温升（℃）	17.0	15.9	14.6

绝热温升试验结果显示（见图 2-26），随着粉煤灰掺量的增加，28 d 绝热温升值逐步降低：粉煤灰掺量从 30% 增加至 40%，绝热温升降低 1 ℃；从 30% 增加至 50%，绝热温升降低 2.4 ℃。

因此，如果考虑温度历程，以 180 d 等强度设计大坝混凝土配合比，可进一步提高粉煤灰的掺量，显著降低大坝混凝土 28 d 的绝热温升。

2.3.6.4　热膨胀系数

采用自行开发的测试系统，测试典型的四级配常态大坝混凝土的早期热膨胀系数，测试试件为 ϕ150 mm×300 mm 的混凝土圆柱体，四级配混凝土经湿筛后成型。测试结果见图 2-27，横坐标为硬化后混凝土的龄期。

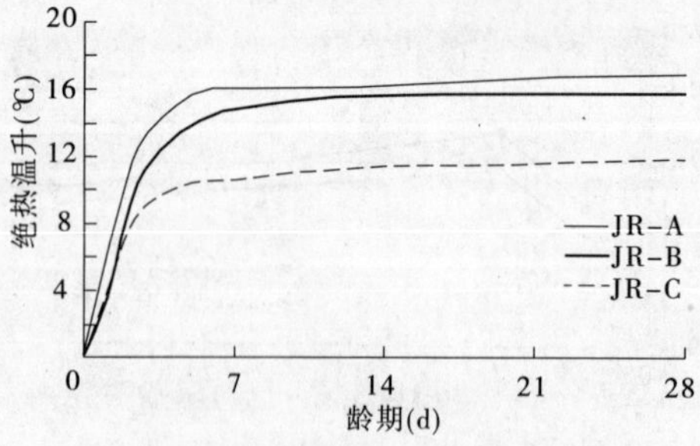

图 2-26　不同配合比的大坝混凝土的绝热温升

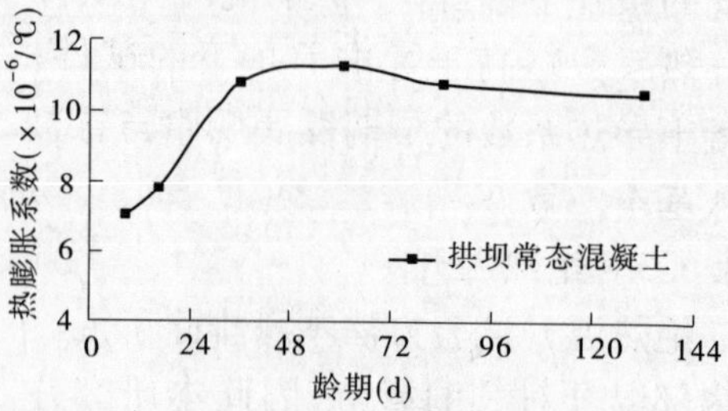

图 2-27　大坝混凝土的早期热膨胀系数

研究表明，混凝土热膨胀系数随龄期而变化，早期变化较大，从硬化初期 7.0×10^{-6}/℃逐渐增大，所测龄期内极差高达 3.8×10^{-6}/℃，72 h 后逐步稳定至 10.5×10^{-6}/℃。

由此可见，大坝混凝土早期热膨胀系数变化较大，尤其在硬化初期（硬化后 72 h 内），大坝混凝土的热膨胀系数应针对不同龄期区别对待，不可一概而论。

2.3.7 大坝混凝土早期变形性能发展规律

2.3.7.1 极限拉伸值

大坝混凝土早期极限拉伸试验采用 100 mm×100 mm×515 mm 的长方体试件，利用自制抗拉强度测试仪测试了在标准养护和匹配养护条件下 3 d、7 d 及 28 d 试件的极限拉伸值。具体试验结果见表 2-21 和图 2-28。

表 2-21 大坝混凝土早期极限拉伸值测试结果

配比编号	龄期(d)	养护方式	极限拉伸值($\times10^{-6}$)
SS12	3	标准养护(SC)	55
		匹配养护(TMC)	60
	7	标准养护(SC)	66
		匹配养护(TMC)	91
	28	标准养护(SC)	92
		匹配养护(TMC)	100

试验结果显示，考虑温度历程后，大坝混凝土早期极限拉伸值均大于标准养护方式下的值，尤其是 7 d 龄期，考虑温度历程后极限拉伸值较标准养护方式增幅达 37%。

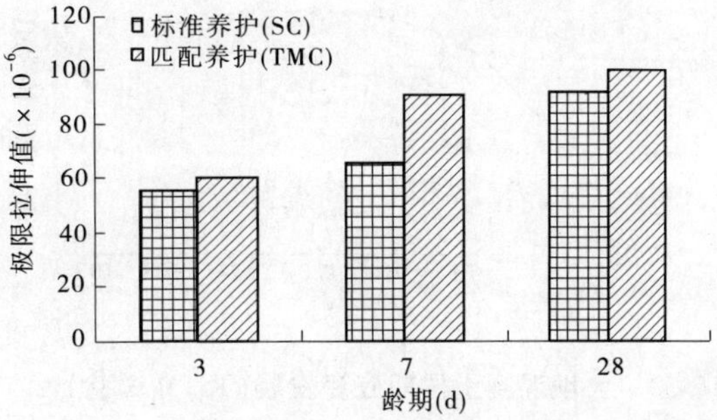

图 2-28 不同养护方式下大坝混凝土极限拉伸值

2.3.7.2 自生体积变形

依据 SL 352—2006 标准，混凝土自生体积变形试验是用于测定混凝土在恒温绝湿和无外荷载的条件下，仅由于胶凝材料的水化作用引起的体积变形。因此，试验依据标准方法进行，试验配合比见表 2-12，试验结果见表 2-22。

表 2-22 考虑温度及自生体积变形的混凝土变形

试验类型	不同龄期的变形($\times10^{-6}$)						
	1 d	3 d	7 d	14 d	21 d	28 d	60 d
自生体积变形	0	8	15	20	25	25	33
温度变形	42	140	200	165	155	146	107
总变形	42	148	215	185	180	171	140

由于混凝土自生体积变形修正了温度对变形的影响，本文结合大坝混凝土不同龄期大坝混凝土热膨胀系数，引入温度变形，得到大坝混凝土在无荷载条件下，考虑实际温度场的总变形，见表 2-22 及图 2-29。

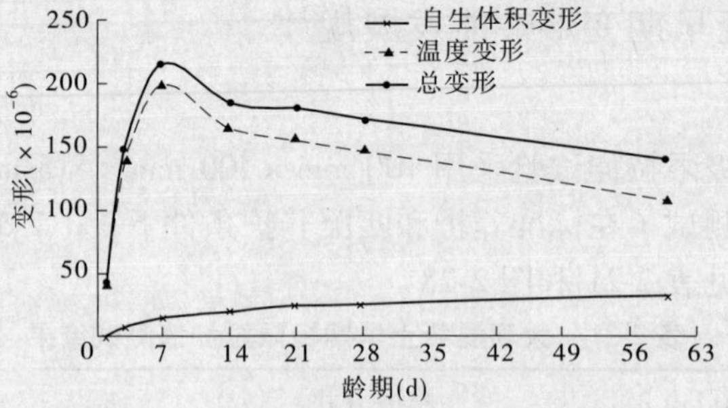

图 2-29 考虑温度历史的混凝土变形

从图 2-29 中可以看出,大坝混凝土各龄期的自生体积变形相对平稳,而温度变形占据主导地位,14 d 龄期前温度变形占总变形的 90% 以上。

2.3.7.3 徐变

采用温度应力试验机(TSTM)研究约束条件下混凝土的早期行为。TSTM 试验包括自由收缩试件和约束试件两个相同试件。

试验配合比见表 2-5,试验结果见图 2-30 和图 2-31。

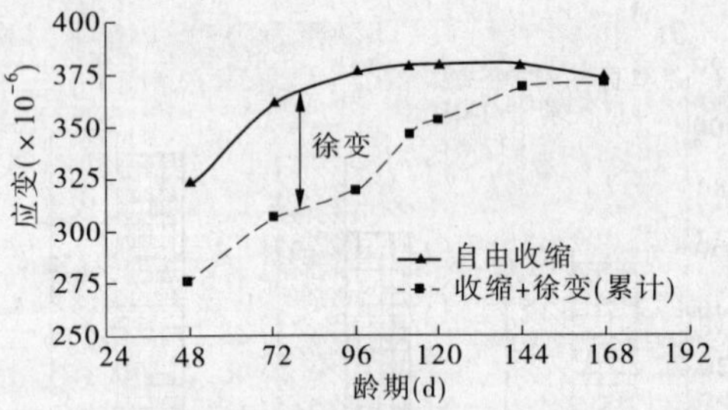

图 2-30 大坝混凝土早期应变发展(TSTM 试验)

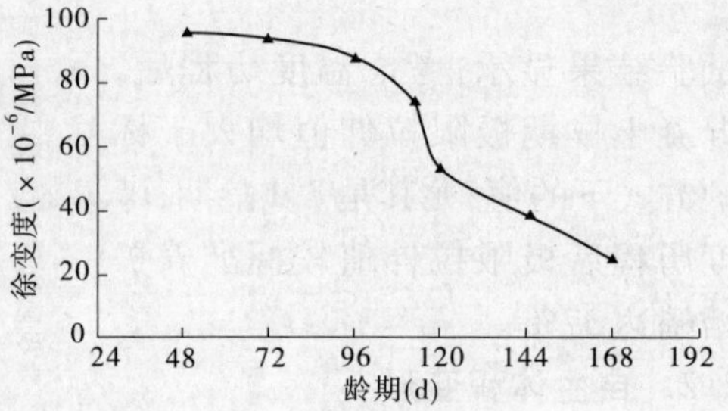

图 2-31 大坝混凝土早期徐变度的变化

由于测试周期内混凝土一直处于压应力状态,因此所得混凝土早期徐变为压缩徐变。显然,在混凝土早期压缩徐变较大,达 100×10^{-6}/MPa,随着龄期增加,硬化混凝土强度提高,徐变度越来越小,仅 20×10^{-6}/MPa 左右。

2.4 基于成熟度的混凝土早期性能模型

2.4.1 概述

一直以来,在计算大坝混凝土的变形和应力时,采用的基本都是硬化后期的混凝土热学、力学、徐变参数,但混凝土施工早期的热学、力学、变形参数与硬化后期有明显的区别,如果不考虑这一重要区别和大坝混凝土材料组成的变化趋势,就会影响温度变形和应力的计算结果。另外,目前的水工混凝土试验规程中,混凝土硬化后期的性能参数都是在标准温湿度状态下测得的,而实际大坝混凝土的现场温湿度条件变化大,需要开展温湿度对混凝土早期特性发展的非线性影响的研究。

最近几年对早龄期混凝土性能的研究越来越受到重视，研究的内容也越来越丰富，科研人员借助相关的仪器设备和数学原理，对早龄期混凝土进行了更系统化、更全面的研究和总结，为人们对混凝土早龄期性能的认识提供了更多的可用资料。随着混凝土测试相关设备和相关理论的进一步发展，对早龄期混凝土性能的研究必将更加深入、更加全面。

水工混凝土不同于其他建筑行业（如工民建、交通等）所用的混凝土，主要表现在水工混凝土配合比上，为了配合水工建筑物施工，降低施工成本，水工混凝土配合比中一般要加入减水剂、引气剂、缓凝剂等，同时还会加入大量矿物掺合料，粗骨料用量与最大粒径也较普通混凝土大。因此，对早龄期水工混凝土性能的研究就要以水工混凝土的特殊性能为基础，展开相应性能的研究。目前，有关早龄期水工混凝土性能研究存在的问题主要有以下几个方面：

（1）实验室混凝土成型及养护与施工现场混凝土成型及养护存在较大差别，致使实验室混凝土测试性能不能全面准确地反映现场配制混凝土的性能。

目前，实验室混凝土成型与养护是在标准条件下进行的，根据《水工混凝土试验规程》（SL 352—2006）规定："在拌和混凝土时，拌和间温度宜保持在（20 ±5）℃；养护室温度应控制在（20 ±3）℃，相对湿度95%以上。"而在施工现场，混凝土拌和温度完全受天气所控制，有时拌和温度比标准条件下的高，有时拌和温度比标准条件下的低，而施工现场养护温度更是波动幅度较大，当所浇筑混凝土为大体积时，由于水泥自身水化放热，混凝土相当于处在一个密闭的容器中，混凝土所处的环境温度要高于标准养护室温度，而当所浇筑建筑物为薄壁结构时，混凝土所处的温度就完全由大气温度所决定，温度波动幅度较大；由于施工现场环境复杂，混凝土养护期间的湿度波动幅度较大。温度和湿度是影响混凝土性能最重要的外部条件，相同配合比，养护温度和湿度不同时，混凝土的性能也相差较大，特别是在早龄期，水泥的水化速度较快，温度和湿度对早期性能的影响更为明显。在实验室混凝土成型及养护与施工现场混凝土成型及养护存在较大差别情况下，实验室标准条件下测试的混凝土性能不能如实、全面反映现场浇筑早龄期混凝土性能时，有必要开展模拟现场养护温度的早龄期水工混凝土性能的研究。

（2）在变温的条件下，粉煤灰对早龄期水工混凝土性能的影响还没有一个系统的研究成果。

为了降低水工混凝土由于温度引起的开裂，在水工混凝土中一般会加入大量的粉煤灰。大体积水工混凝土浇筑成型后，养护温度会随着胶材水化放热速率的增加与减慢而不断变化，因此在大体积混凝土中，掺粉煤灰的水工混凝土是在不断变化的温度中凝结硬化的，在变温养护中，粉煤灰对早龄期水工凝混凝土性能的影响规律一直没有一个系统的研究成果。因此，为了更全面地认识掺粉煤灰早龄期水工混凝土的性能，有必要开展粉煤灰对早龄期水工混凝土性能的影响的研究。

（3）在水胶比、矿物掺合料、养护温度不断变化的条件下，没有一个系统、完整、准确的数学模型预测早龄期水工混凝土的性能。

水工混凝土配合比由于其自身的特殊性，如多种外加剂复合使用、矿物掺合料用量较多、胶材用量相对较少、骨料用量相对较多等，通过实验室在标准养护条件下的混凝土性能测试结果，估测现场浇筑早龄期混凝土的性能，准确性较差。因此，有必要设计一套系统的试验方案，通过相应的数学方法，建立一个相对完整、准确的数学模型，预测早龄期水工混凝土的性能。

2.4.2 试验设计和技术路线

2.4.2.1 试验设计

针对目前早龄期水工混凝土研究中存在的主要问题，试验设计如下：

(1)不同水胶比、不同粉煤灰掺量大坝混凝土早期强度在不同养护温度下强度发展规律。通过不同恒温养护与温度匹配养护，测试早龄期混凝土抗压强度变化情况。分析不同养护温度对早龄期水工混凝土抗压强度影响规律；通过与标准养护对比，分析不同恒温养护与温度匹配测试结果的差别及变化规律。

(2)在水胶比、粉煤灰掺量、养护温度不断变化的条件下，建立一个用于测试水工混凝土早期抗压强度的数学模型。

2.4.2.2 技术路线

(1)掺粉煤灰大坝混凝土早期强度在不同养护制度下的强度发展规律研究，主要采取的研究方法与技术路线为：配制水胶比分别为0.35、0.40、0.45和0.50四个等级，每个水胶比粉煤灰掺量分别为30%、40%、50%和60%的16个水工混凝土配合比。在恒温养护温度为20 ℃、30 ℃、40 ℃条件下，在温度匹配养护条件下，分别测试水工混凝土3 d、7 d、14 d、28 d和60 d的抗压强度。

通过对所测得的不同水胶比、不同粉煤灰掺量、不同养护温度的水工混凝土早龄期抗压强度，分析不同水胶比、不同粉煤灰掺量、不同养护温度的水工混凝土早龄期抗压强度变化规律；通过对相同水胶比、不同养护温度下水工混凝土强度变化规律的对比，分析不同养护温度条件下与标准养护条件下抗压强度的差异；通过对变温养护条件下，不同粉煤灰掺量早龄期水工混凝土抗压强度测试，分析变温养护条件下，粉煤灰掺量对早龄期水工混凝土抗压强度的影响规律。

(2)针对用于测试水工混凝土早期抗压强度数学模型的研究，主要采取的研究方法与技术路线为：

在研究内容(1)试验测试结果的基础上，利用阿仑尼乌斯(Arrhenius)公式、混凝土成熟度原理、相应的数学统计方法、数学分析软件ORIGIN等辅助工具，建立掺粉煤灰水工混凝土的初始活化能数学模型、掺粉煤灰水工混凝土活化能随时间变化关系数学模型；在活化能模型的基础上建立掺粉煤灰水工混凝土成熟度数学模型；利用掺粉煤灰水工混凝土成熟度数学模型建立粉煤灰大坝混凝土早期抗压强度数学模型。

本文的试验方法主要采取标准试验方法与模拟大体积水工混凝土所处温度环境的温度匹配养护试验方法。

①配制水胶比分别为0.35、0.40、0.45、0.50四个等级，每个水胶比粉煤灰掺量分别为30%、40%、50%、60%的16个水工混凝土配合比，每组配合比成型一批150 mm×150 mm×150 mm混凝土试块，配合比如表2-23所示。

②成型的试块拆模后立即放入温度为20 ℃、30 ℃、40 ℃的恒温养护箱内，待养护龄期到3 d、7 d、14 d、28 d、60 d时，从养护箱中取出试块，用万能试验机测试其抗压强度。

③模拟掺粉煤灰大体积水工混凝土绝热温升温度变化过程，把温度匹配养护箱温度设置成与绝热温升温度变化过程相一致，试块拆模后立即放入温度匹配养护箱内，待养护龄期到 3 d、7 d、14 d、28 d、60 d 时，从养护箱中取出试块，用万能试验机测试其抗压强度。

表 2-23　模型研究用大坝混凝土配合比　（单位：kg/m^3）

水胶比	水	胶凝材料		砂	小石	中石	减水剂	引气剂
		水泥	粉煤灰					
0.35	108	216	93	626	690	703	2.16	0.030 9
	108	185	123	623	688	700	2.16	0.030 9
	107	153	153	603	697	710	2.14	0.036 7
	107	122	183	601	694	707	2.14	0.042 8
0.40	108	189	81	656	692	705	1.89	0.027 0
	108	162	108	654	690	703	1.89	0.0270
	106	132	132	636	701	714	1.86	0.031 8
	106	106	159	633	699	712	1.86	0.037 1
0.45	110	171	73	682	688	700	1.71	0.024 4
	110	147	98	680	686	698	1.71	0.024 4
	108	120	120	661	697	710	1.68	0.028 8
	106	99	141	661	697	710	1.65	0.033 0
0.50	111	155	67	708	683	696	1.55	0.022 2
	111	133	89	706	681	694	1.55	0.022 2
	109	109	109	688	693	706	1.53	0.026 2
	109	87	131	686	691	704	1.53	0.030 5

2.4.3　恒温养护条件下大坝混凝土早期强度发展

2.4.3.1　标准养护条件下大坝混凝土早期强度发展

1）标准养护条件下，粉煤灰掺量对大坝混凝土早期强度发展的影响规律

采用相同的混凝土配合比，但胶凝材料中粉煤灰掺量不同，粉煤灰的掺量分别占胶材总量的 30%、40%、50%、60%，测试在标准养护条件下，粉煤灰掺量对大坝混凝土早期强度发展影响规律（见图 2-32 ~ 图 2-35）。

从图 2-32 ~ 图 2-35 可以看出，在相同水胶比条件下，相同粉煤灰掺量的混凝土抗压强度随着养护龄期的增长，强度不断增加；从曲线的斜率看，在 0 d 到 14 d 内，掺粉煤灰水工混凝土强度发展迅速，在 14 d 到 60 d 这段时间内，掺粉煤灰组强度发展比较平稳，因此可以认为 14 d 是掺粉煤灰混凝土强度发展的一个拐点；从相同龄期、不同粉煤灰掺量来看，水工混凝土强度随着粉煤灰掺量的增加而不断下降。

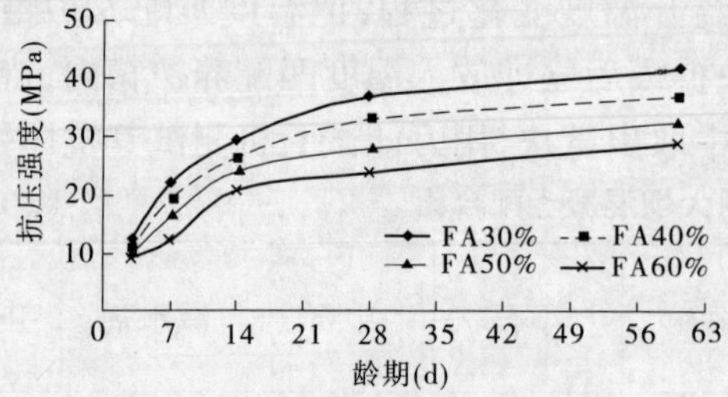

图 2-32　粉煤灰掺量对早期抗压强度的影响(标养,水胶比 0.35)

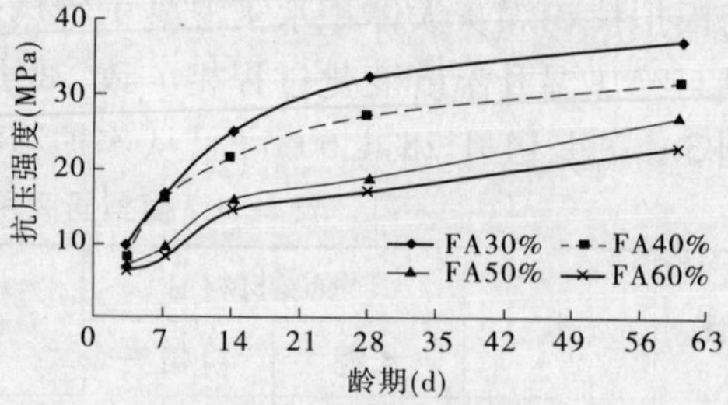

图 2-33　粉煤灰掺量对早期抗压强度的影响(标养,水胶比 0.40)

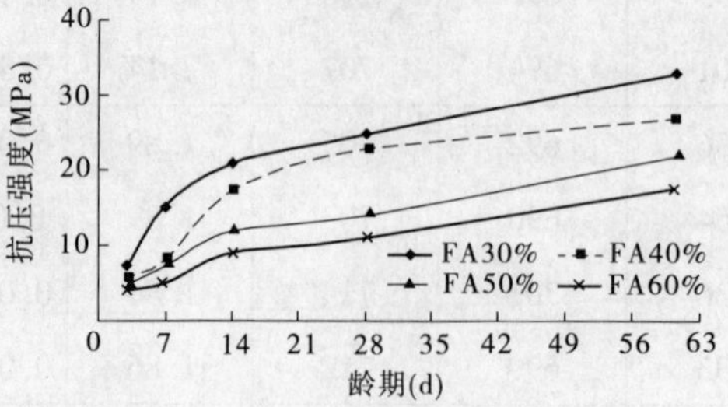

图 2-34　粉煤灰掺量对早期抗压强度的影响(标养,水胶比 0.45)

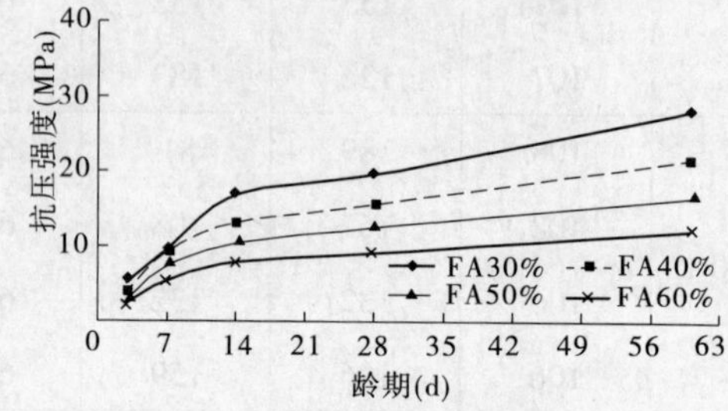

图 2-35　粉煤灰掺量对早期抗压强度的影响(标养,水胶比 0.50)

2)标准养护条件下,水胶比对大坝混凝土早期强度发展影响规律

在标准养护条件下,分析了 0.35、0.40、0.45、0.50 四个不同水胶比对大坝混凝土早期抗压强度的影响。其中大坝混凝土的粉煤灰掺量分为 30%、40%、50%、60% 四种工况。水胶比对大坝混凝土早期抗压强度的影响规律如图 2-36 ~ 图 2-39 所示。

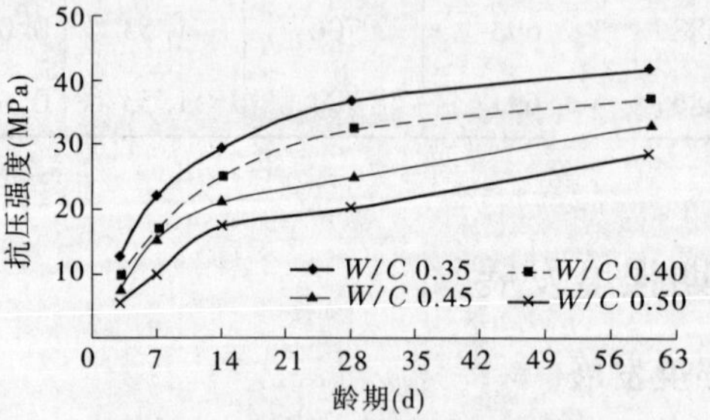

图 2-36　水胶比对早期抗压强度的影响(标养,粉煤灰掺量 30%)

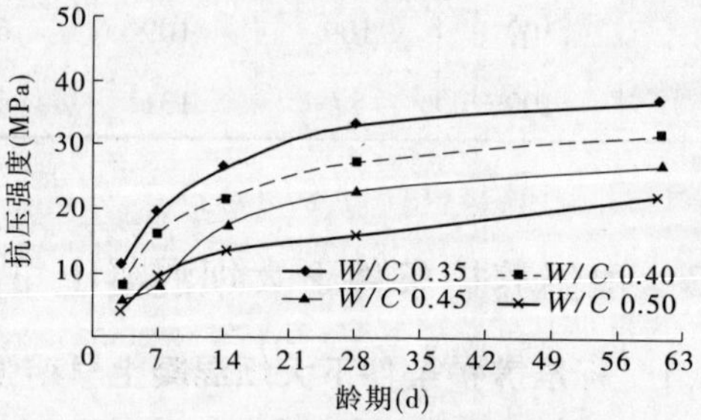

图 2-37　水胶比对早期抗压强度的影响(标养,粉煤灰掺量 40%)

图 2-36 ~ 图 2-39 是粉煤灰掺量相同,标准养护条件下,水胶比对大坝混凝土早期抗压强度的影响,结果显示:①在相同水胶比的情况下,抗压强度随着养护龄期的增长而增加;②相同养护龄期时,水胶比越小,抗压强度越大;③当粉煤灰的掺量超过胶材 40%,水胶比超过 0.40 时,在养护的前 14 d,水胶比为 0.45 和 0.50 的粉煤灰的抗压强度相差不大,这主要是由于水胶比提高到一定程度后,水泥水化提供的碱不能全部满足粉煤灰水化所需的碱环境,粉煤灰的活性在早期没有发挥出来,因此在 14 d 前,水胶比超过 0.40 后,

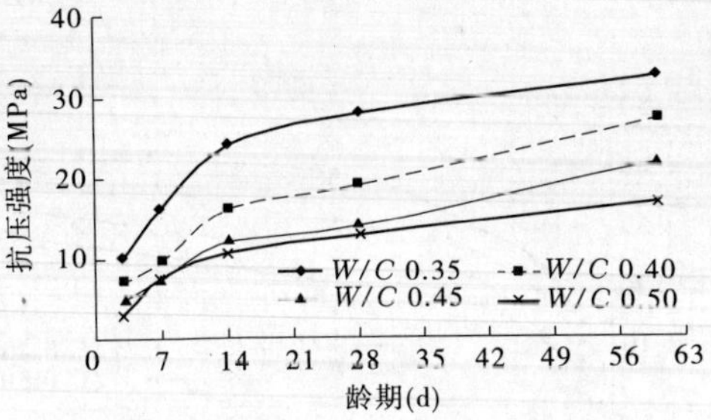

图 2-38　水胶比对早期抗压强度的影响(标养,粉煤灰掺量 50%)

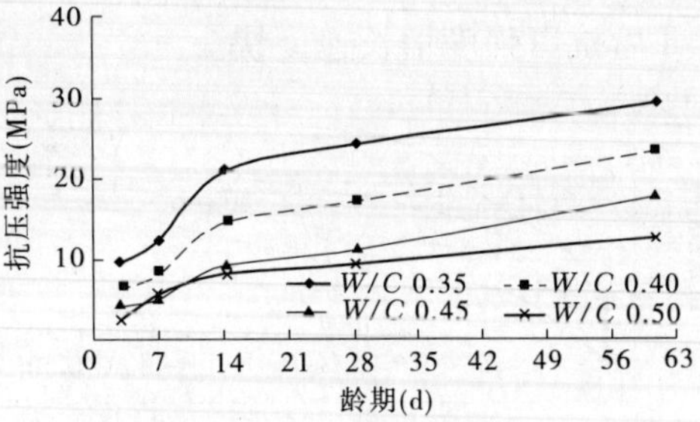

图 2-39　水胶比对早期抗压强度的影响(标养,粉煤灰掺量 60%)

通过降低水胶比,对早龄期抗压强度的影响不是很明显。

2.4.3.2　30 ℃恒温养护条件下大坝混凝土早期强度发展

1)30 ℃恒温养护条件下,粉煤灰掺量对大坝混凝土早期强度发展的影响规律

从图 2-40 ~ 图 2-43 可以看出,在相同水胶比条件下,相同粉煤灰掺量的混凝土抗压强度随着养护龄期的增长,强度不断增加;从曲线的斜率看,在 0 d 到 14 d 内,掺粉煤灰混凝土强度发展迅速,在 14 d 到 60 d 这段时间内,掺粉煤灰混凝土强度发展比较平稳;从相同龄期,不同粉煤灰掺量来看,水工混凝土强度随着粉煤灰掺量的增加而不断下降。

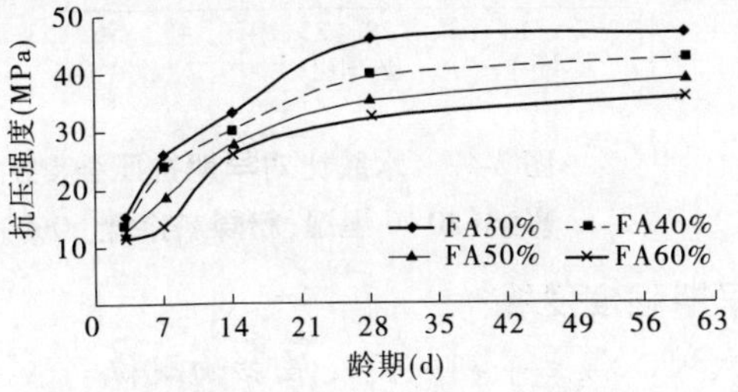

图 2-40　粉煤灰掺量对早期抗压强度的影响(30 ℃恒温,水胶比 0.35)

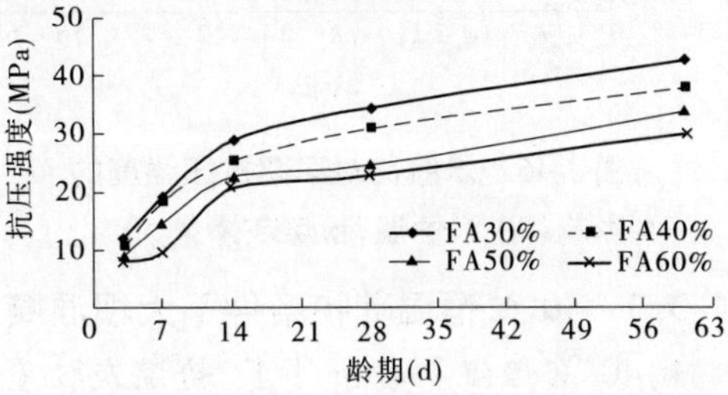

图 2-41　粉煤灰掺量对早期抗压强度的影响(30 ℃恒温,水胶比 0.40)

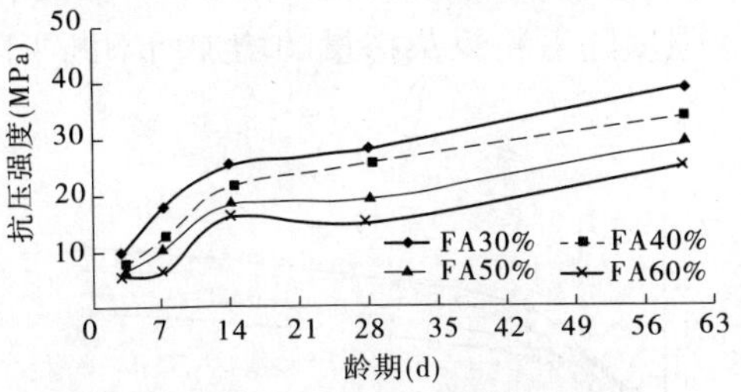

图 2-42　粉煤灰掺量对早期抗压强度的影响(30 ℃恒温,水胶比 0.45)

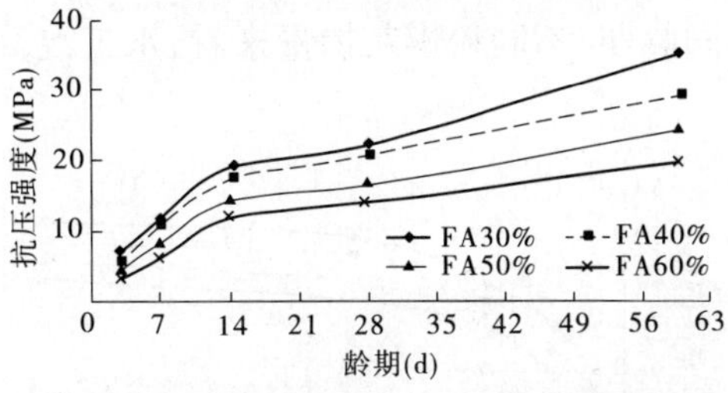

图 2-43　粉煤灰掺量对早期抗压强度的影响(30 ℃恒温,水胶比 0.50)

2)30 ℃恒温养护条件下,水胶比对大坝混凝土早期强度发展影响规律

图 2-44 ~ 图 2-47 是粉煤灰掺量相同,30 ℃恒温养护条件下,水胶比对早龄期水工混凝土抗压强度影响,从图中可以看出:①在相同水胶比的情况下,抗压强度随着养护龄期

的增长而增加;②相同养护龄期时,水胶比越小,抗压强度越大;③14 d 前抗压强度增长较 14 d 后抗压强度增长速度快。

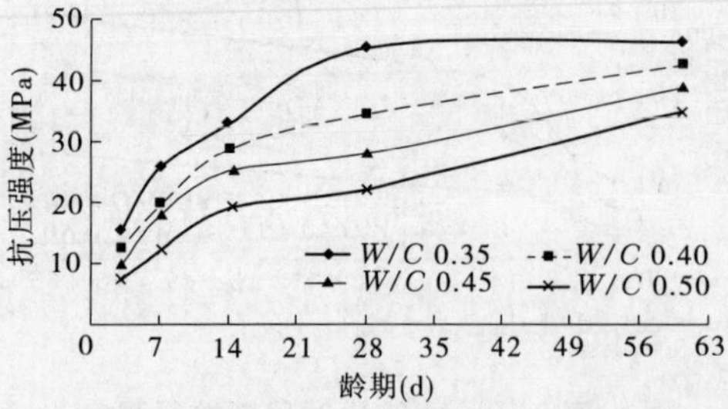

图 2-44 水胶比对早期抗压强度的影响(30 ℃恒温,粉煤灰掺量 30%)

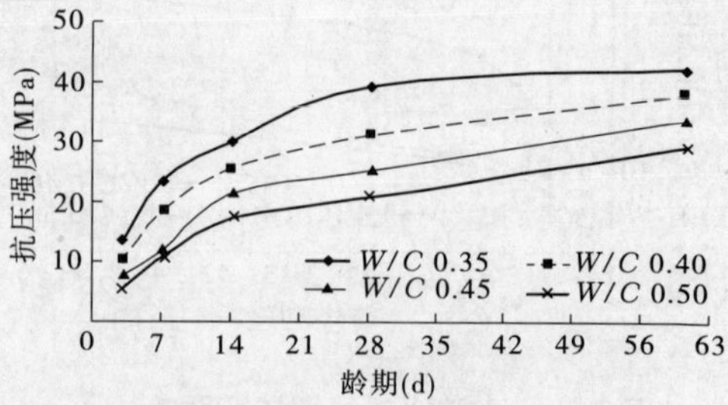

图 2-45 水胶比对早期抗压强度的影响(30 ℃恒温,粉煤灰掺量 40%)

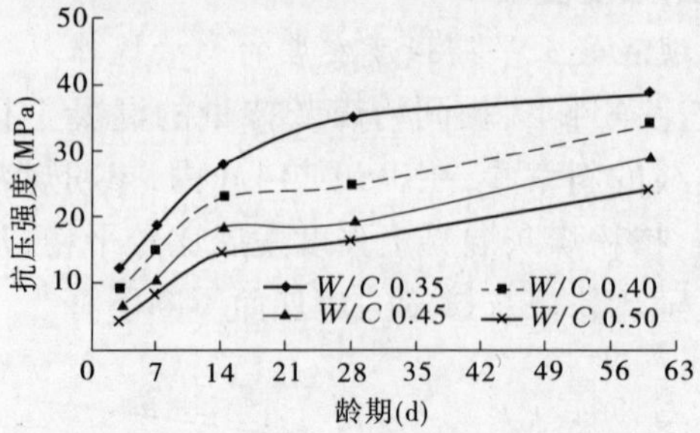

图 2-46 水胶比对早期抗压强度的影响(30 ℃恒温,粉煤灰掺量 50%)

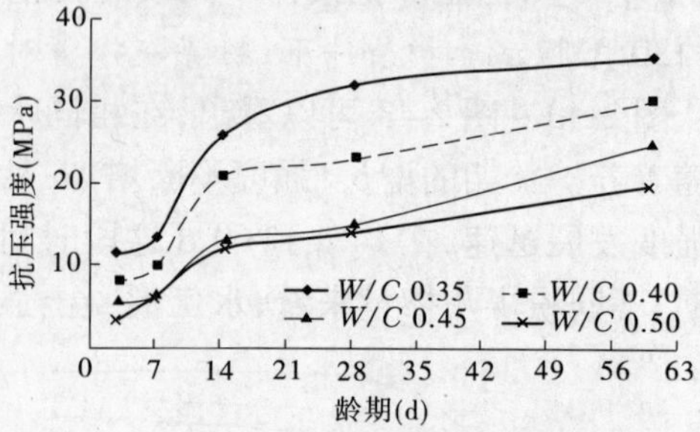

图 2-47 水胶比对早期抗压强度的影响(30 ℃恒温,粉煤灰掺量 60%)

2.4.3.3 40 ℃恒温养护条件下大坝混凝土早期强度发展

1)40 ℃恒温养护条件下,粉煤灰掺量对大坝混凝土早期强度发展影响规律

从图 2-48 ~ 图 2-51 可以看出,在相同水胶比条件下,相同粉煤灰掺量的混凝土抗压强度随着养护龄期的增长,强度不断增加;从曲线的斜率看,在 0 d 到 14 d 内,掺粉煤灰水工混凝土强度发展迅速,在 14 d 到 60 d 这段时间内,掺粉煤灰混凝土强度发展比较平稳;从相同龄期,不同粉煤灰掺量来看,水工混凝土强度随着粉煤灰掺量的增加而不断下降。

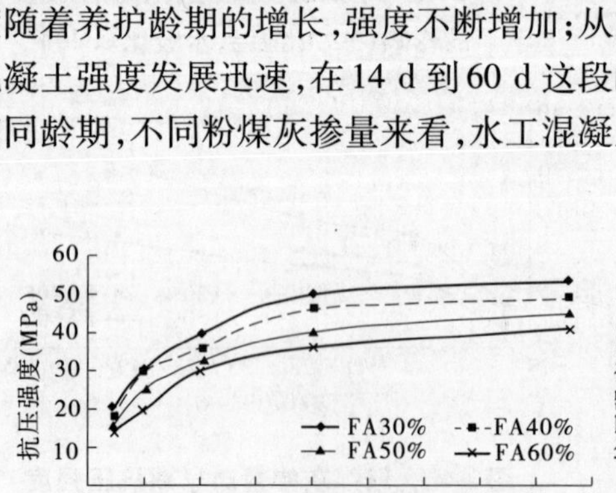

图 2-48 粉煤灰掺量对早期抗压强度的影响(40 ℃恒温,水胶比 0.35)

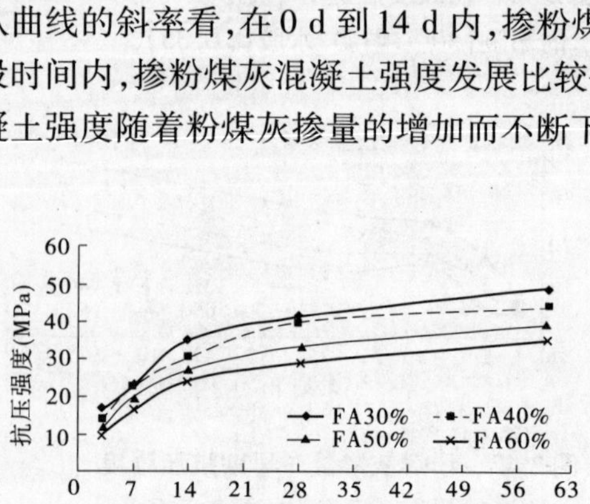

图 2-49 粉煤灰掺量对早期抗压强度的影响(40 ℃恒温,水胶比 0.40)

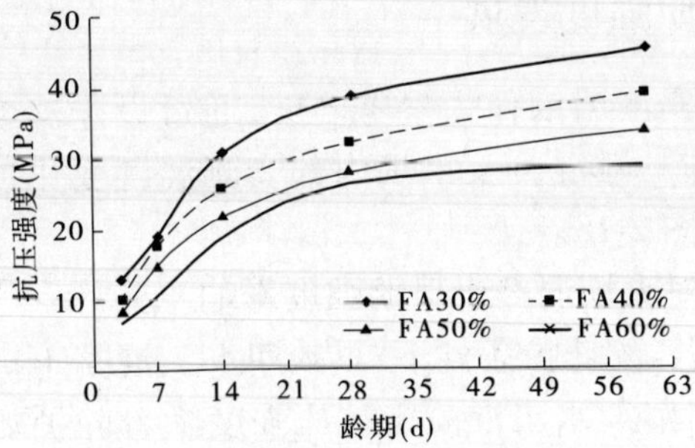

图 2-50　粉煤灰掺量对早期抗压强度的影响(40 ℃恒温,水胶比 0.45)

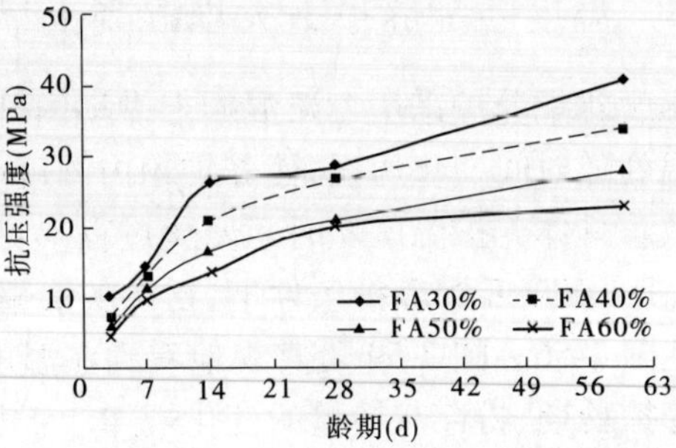

图 2-51　粉煤灰掺量对早期抗压强度的影响(40 ℃恒温,水胶比 0.50)

2)40 ℃恒温养护条件下,水胶比对大坝混凝土早期强度发展影响规律

图 2-52～图 2-55 是粉煤灰掺量相同,40 ℃恒温养护条件下,水胶比对早龄期水工混凝土抗压强度影响,从图中可以看出:①在相同水胶比的情况下,抗压强度随着养护龄期的增长而增加;②相同养护龄期时,水胶比越小,抗压强度越大;③14 d 前抗压强度增长较 14 d 后抗压强度增长速度快。

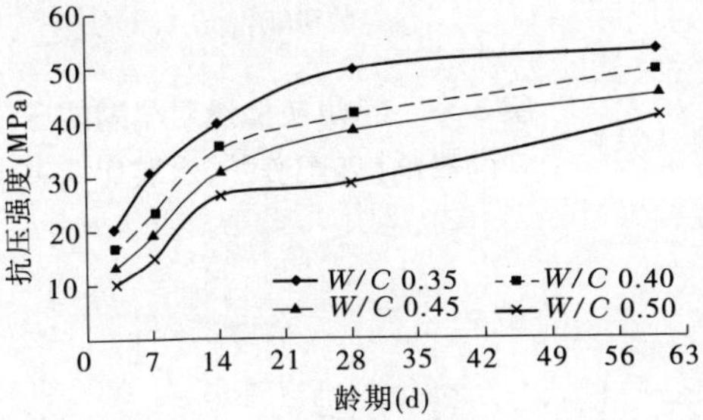

图 2-52　水胶比对早期抗压强度的影响(40 ℃恒温,粉煤灰掺量 30%)

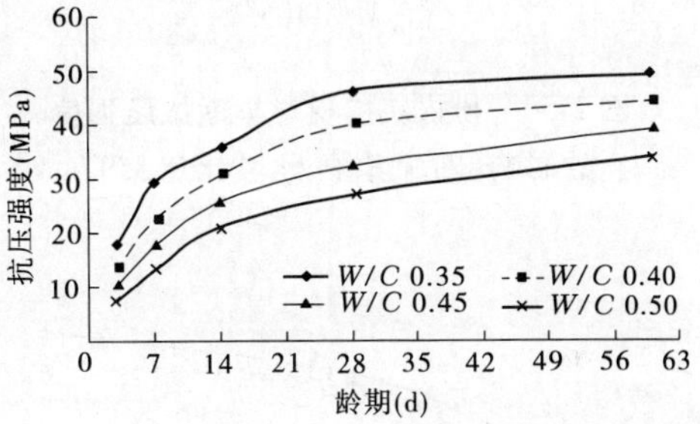

图 2-53　水胶比对早期抗压强度的影响(40 ℃恒温,粉煤灰掺量 40%)

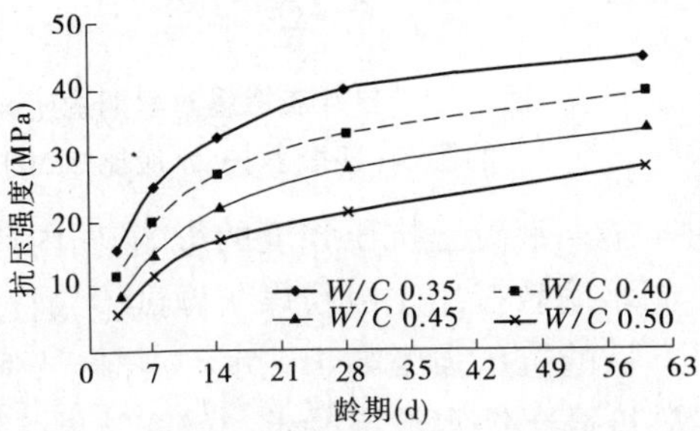

图 2-54　水胶比对早期抗压强度的影响(40 ℃恒温,粉煤灰掺量 50%)

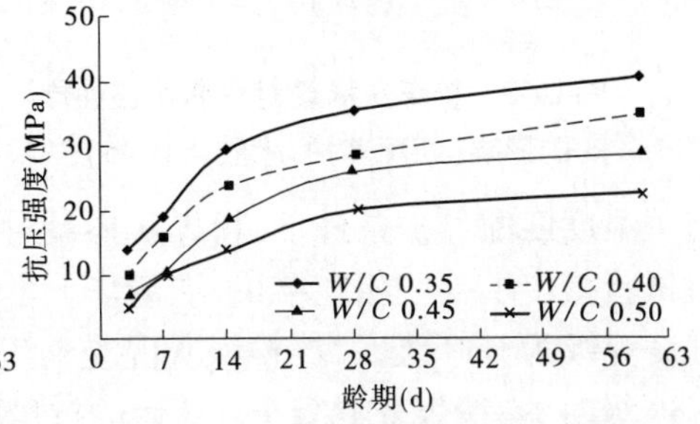

图 2-55　水胶比对早期抗压强度的影响(40 ℃恒温,粉煤灰掺量 60%)

2.4.4 温度匹配养护下大坝混凝土早期强度发展

温度匹配养护采用二滩混凝土拱坝内部实测温度作为参考温度，通过设定温度养护箱内温度随时间变化历程，使养护箱内温度与二滩混凝土拱坝内部实测温度变化过程基本一致。具体养护温度随时间变化过程参见图 2-18。

2.4.4.1 温度匹配养护条件下，粉煤灰掺量对大坝混凝土早期强度影响

从图 2-56 ~ 图 2-59 可直观地看到在温度匹配养护条件下，早龄期水工混凝土抗压强度随养护龄期、粉煤灰掺量的变化规律。①早龄期水工混凝土抗压强度随着养护龄期的增长而不断增加；②从曲线斜率变化情况来看，在匹配养护的前 28 d，曲线的斜率较大，说明这段时间强度增长较为迅速，28 d 到 60 d 这段时间内，曲线斜率较小，说明这段时间内强度增长较缓慢；③在相同水胶比情况下，粉煤灰掺量越少，混凝土的抗压强度越高。

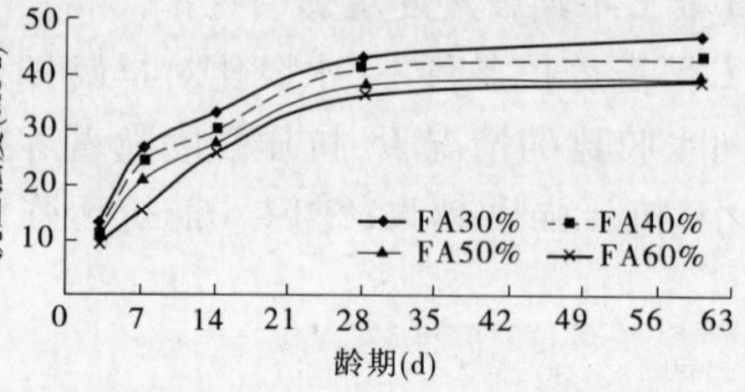

图 2-56 粉煤灰掺量对早期抗压强度的影响（匹配养护，水胶比 0.35）

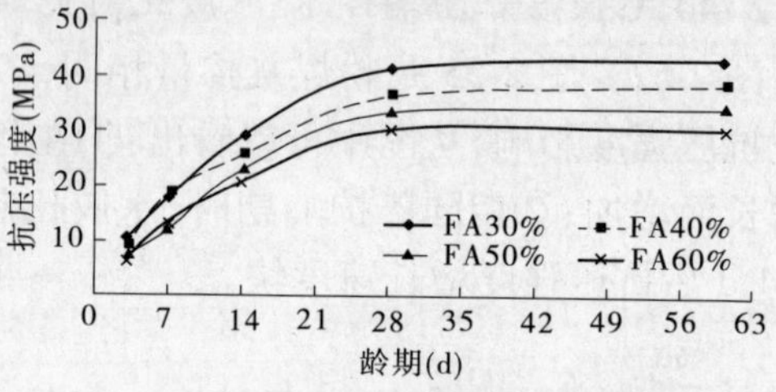

图 2-57 粉煤灰掺量对早期抗压强度的影响（匹配养护，水胶比 0.40）

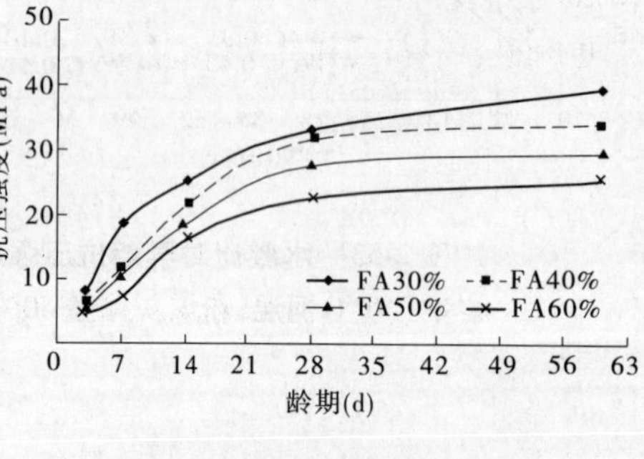

图 2-58 粉煤灰掺量对早期抗压强度的影响（匹配养护，水胶比 0.45）

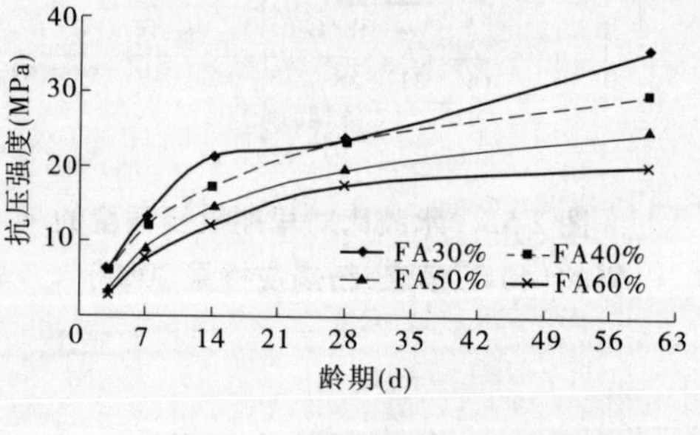

图 2-59 粉煤灰掺量对早期抗压强度的影响（匹配养护，水胶比 0.50）

有关温度匹配养护条件下，粉煤灰掺量对早龄期混凝土抗压强度的影响，国内科研人员通过试验得出了一些相应结论，如清华大学阎培渝教授用Ⅰ级粉煤灰做试验，通过试验发现强度等级为 C30 级时，掺粉煤灰混凝土 3 d 后的抗压强度高于纯水泥混凝土；强度等级为 C80 级时，掺粉煤灰混凝土 4 d 后的抗压强度高于纯水泥混凝土。研究结果认为，在变温养护条件下，用Ⅰ级粉煤灰替代部分水泥，粉煤灰对早龄期混凝土的强度有利。从国内科研人员的研究成果对比中可以看出，粉煤灰对早龄期混凝土力学性能的影响和粉煤灰级别有很大关系，但是有一点可以肯定，当选用同种粉煤灰时，早龄期抗压强度随粉煤灰掺量的增加而下降。

2.4.4.2 温度匹配养护条件下，水胶比对大坝混凝土早期强度影响

在匹配养护条件下，不同粉煤灰掺量时，水胶比对大坝混凝土早期抗压强度的影响研究结果如图 2-60 ~ 图 2-63 所示。

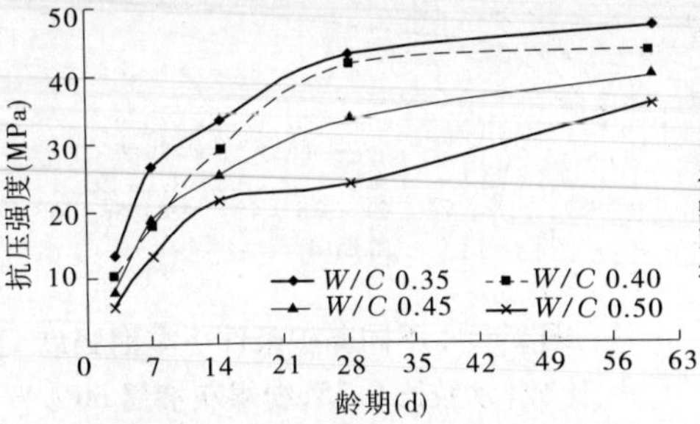

图 2-60 水胶比对早期抗压强度的影响（匹配养护，粉煤灰掺量 30%）

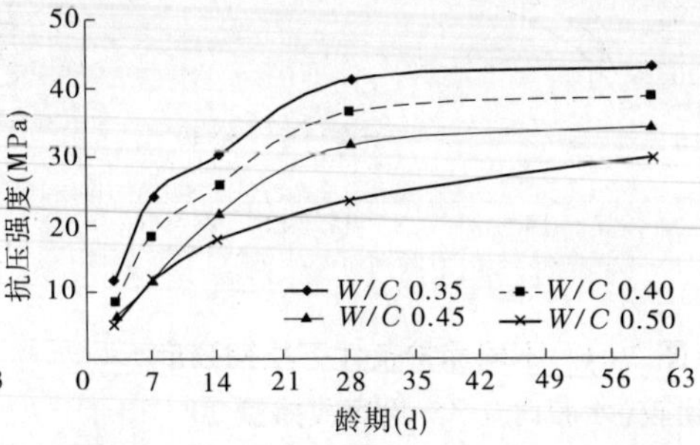

图 2-61 水胶比对早期抗压强度的影响（匹配养护，粉煤灰掺量 40%）

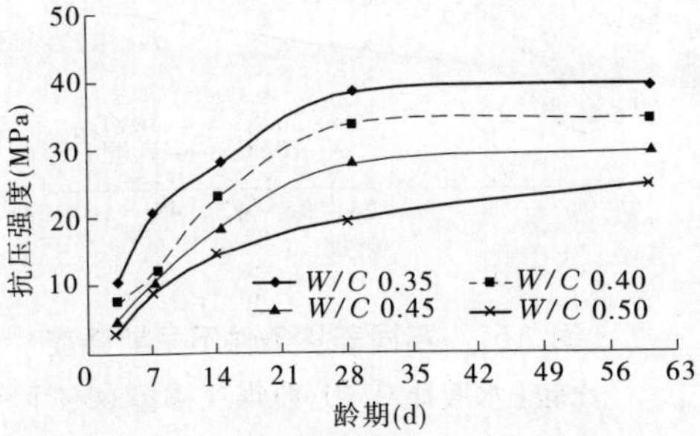

图 2-62 水胶比对早期抗压强度的影响（匹配养护，粉煤灰掺量 50%）

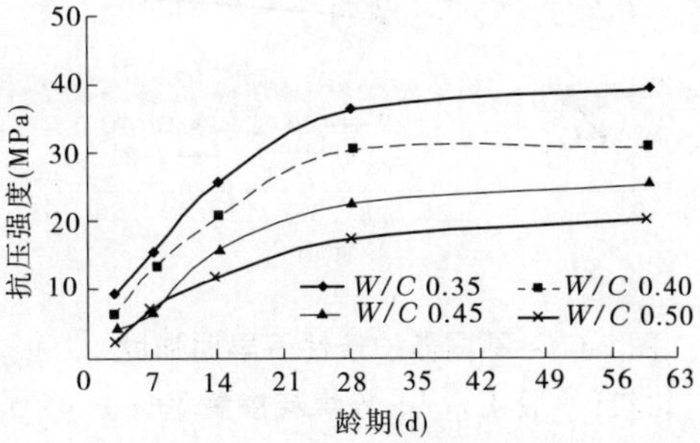

图 2-63 水胶比对早期抗压强度的影响（匹配养护，粉煤灰掺量 60%）

从图 2-60 ~ 图 2-63 可直观地看到，在温度匹配养护条件下，水胶比对早龄期水工混凝土抗压强度影响规律。①在相同养护龄期时，水胶比越小，抗压强度越大，利用这一结论，在配制相同强度等级混凝土时可选用低水胶比的粉煤灰混凝土替代纯水泥混凝土，何廷树的研究成果也认为，降低水胶比，用Ⅱ级灰超量取代水泥，可以达到相同的抗压强度等级；②当水胶比超过 0.45 时，在养护龄期 3 d 和 7 d 时，水胶比 0.45 和 0.50 的两个配合比抗压强度比较接近；③从图中过 28 d 龄期曲线的斜率看，随着水胶比增加，曲线的斜率减小，从而说明 28 d 后，随着水胶比的降低，有利于粉煤灰混凝土早期强度的提高，但其后期的强度发展却出现小幅度的放缓趋势。

2.4.4.3 温度匹配与恒温养护条件下，大坝混凝土早期强度发展比较

温度匹配养护与恒温养护条件下，大坝混凝土早期强度发展规律比较，所比较混凝土配合比相同，只是养护温度不同。在对比中，为了避免重复，每个水胶比选粉煤灰掺量分别为 30% 和 60% 的两个配比进行 20 ℃（标准养护）、30 ℃、40 ℃与温度匹配养护条件下抗压强度测试结果比较，结果见图 2-64 ~ 图 2-71。

图 2-64 ~ 图 2-71 是相同配合比不同养护温度条件下，掺粉煤灰大坝混凝土早期强度发展规律。在恒温养护条件下，相同配合比，养护温度越高，混凝土的抗压强度越高，有研

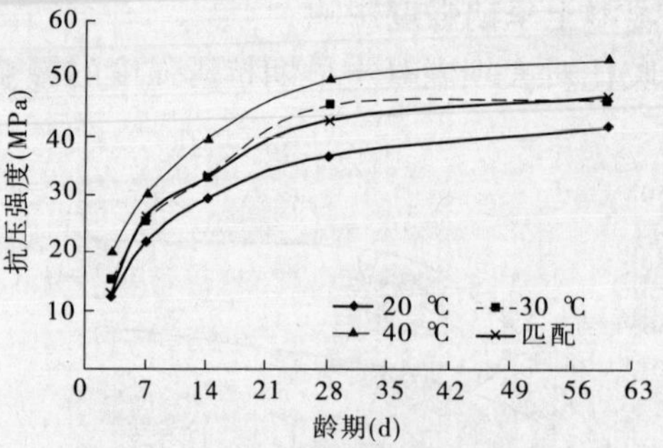

图 2-64　不同养护条件下早期强度比较(水胶比 0.35,粉煤灰掺量 30%)

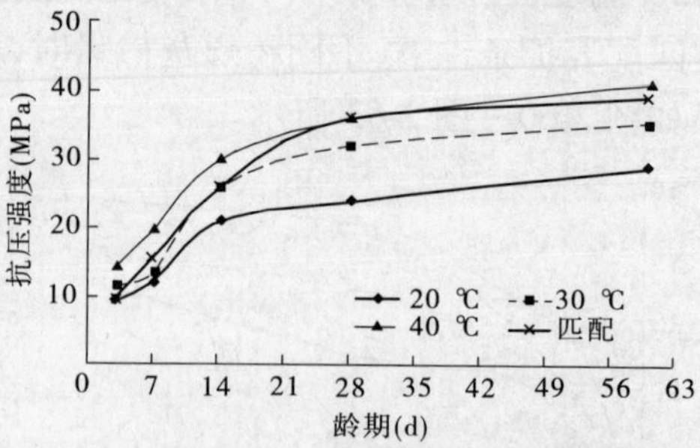

图 2-65　不同养护条件下早期强度比较(水胶比 0.35,粉煤灰掺量 60%)

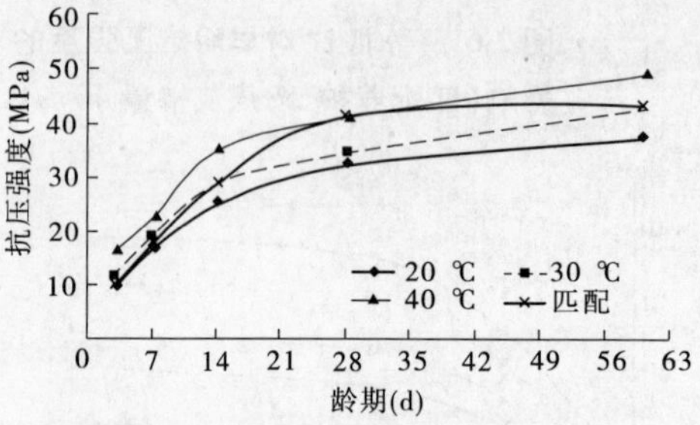

图 2-66　不同养护条件下早期强度比较(水胶比 0.40,粉煤灰掺量 30%)

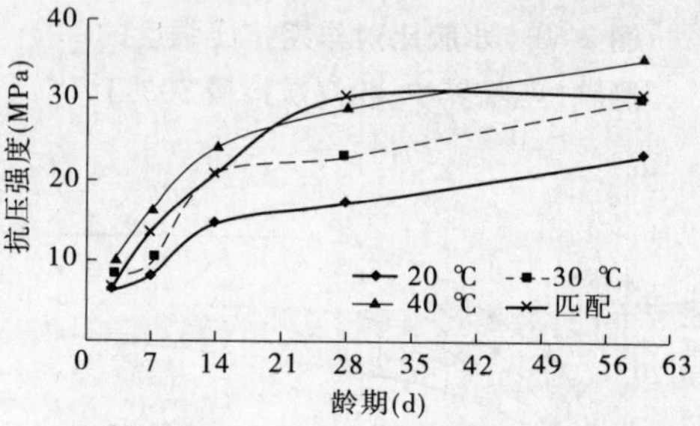

图 2-67　不同养护条件下早期强度比较(水胶比 0.40,粉煤灰掺量 60%)

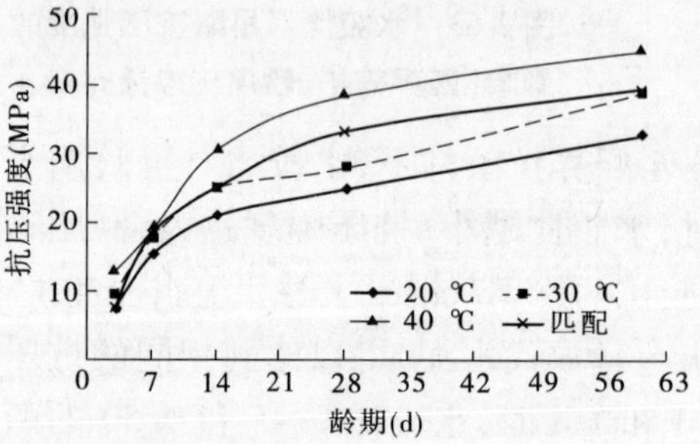

图 2-68　不同养护条件下早期强度比较(水胶比 0.45,粉煤灰掺量 30%)

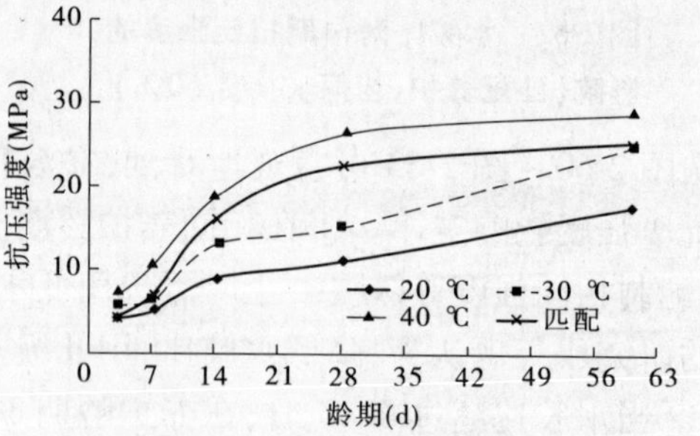

图 2-69　不同养护条件下早期强度比较(水胶比 0.45,粉煤灰掺量 60%)

究表明,较高的养护温度会促进粉煤灰的反应程度,养护温度越高,对强度的贡献越大。因此,提高养护温度是提高掺粉煤灰混凝土强度的一个有效措施。

利用微积分原理对温度匹配养护进行等效恒温计算,计算结果如表 2-24 所示。

从图 2-64 ~ 图 2-71 中可以看出,在匹配养护条件下,养护龄期为 3 d 时,抗压强度略高于标准条件下养护试件的抗压强度,但低于 30 ℃与 40 ℃恒温养护条件下试件的抗压强度,但当养护龄期大于等于 7 d 时,匹配养护试件的抗压强度高于 30 ℃恒温养护条件下试件的抗压强度。虽然根据微积分原理计算出的等效恒温一直低于 30 ℃,但抗压强度

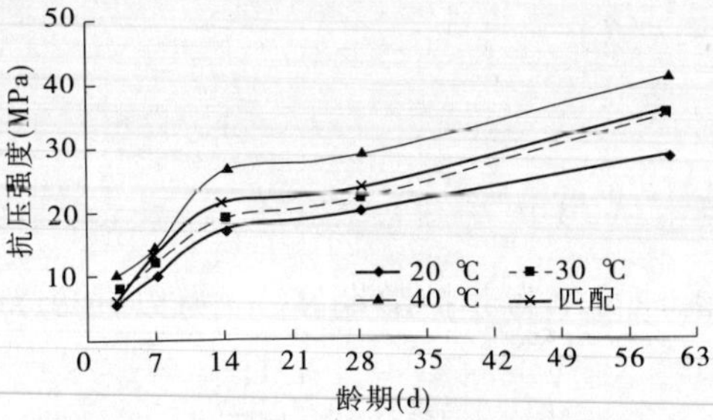

图 2-70　不同养护条件下早期强度比较(水胶比 0.50,粉煤灰掺量 30%)

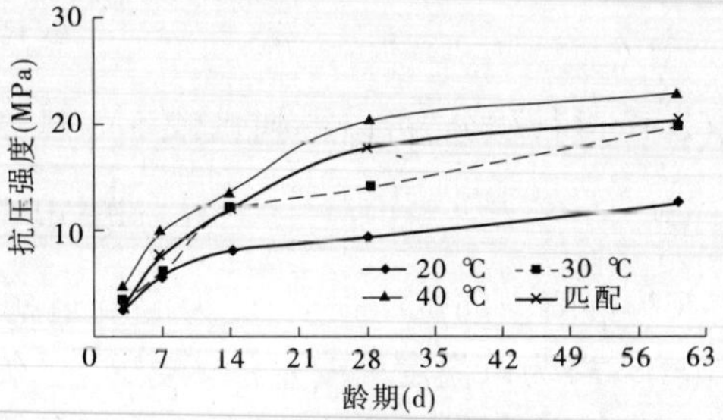

图 2-71　不同养护条件下早期强度比较(水胶比 0.50,粉煤灰掺量 60%)

却高于 30 ℃恒温养护试件的抗压强度。从这点可以看出,温度匹配养护试件较等效恒温养护试件的抗压强度要高,掺粉煤灰的大坝混凝土采用温度匹配养护方式在相当长的龄期内较标准养护更有利于混凝土的强度发展。

表 2-24　温度匹配养护等效恒温计算结果

龄期(d)	3	7	14	28	60
等效恒温(℃)	23.3	27.7	29.5	29.7	28.8

在低水胶比与高水胶比曲线形状对比中可以看出,水胶比越大,掺粉煤灰水工混凝土后期强度的增长越快,较多粉煤灰掺量和较大水胶比的混凝土对养护温度更加敏感。从这点可以看出,掺粉煤灰、高水胶比水工混凝土养护温度对抗压强度的影响更为明显。

在大坝混凝土配合比设计中,为了更准确地预测大坝内部混凝土的力学、热学、变形性能,在配合比设计时,应以大坝混凝土绝热温升变化过程为混凝土养护温度,这样测试出的混凝土的相关性能更符合实际情况。有研究认为,大体积混凝土内部温升对掺粉煤灰混凝土强度增长是有利的;采用标准条件下养护的试件评价混凝土的强度偏安全;大体积混凝土抗裂计算取得的各参数中,以匹配养护法测得的值最为接近。

2.4.5　早期强度模型研究

抗压强度是水工混凝土最基本的力学性能之一,数十年来,研究者们一直致力于对掺粉煤灰混凝土的抗压强度进行预测的试验和理论分析,提出了一些经验公式,为粉煤灰在混凝土中的应用提供了指导。随着对粉煤灰认识的深入及粉煤灰质量的改善,粉煤灰在混凝土中的掺量逐步提高,过去的一些强度公式已显示出局限性。本文主要从材料组分的宏观性能出发,通过分析水胶比、粉煤灰掺量、养护温度、养护龄期等因素对水工混凝土早龄期抗压强度的影响,利用成熟度理论、活化能理论、Arrhenius 公式及相应的数学分析原理,建立掺粉煤灰水工混凝土早龄期抗压强度预测数学模型。

2.4.5.1　抗压强度基本公式推导

1956 年,Bernhardt 发表文章阐述自己的研究成果,他认为混凝土的强度变化率是混凝土强度和温度的函数,用数学公式可表示为:

$$\frac{dS}{dt} = f(S)k(T) \tag{2-4}$$

对式(2-4)进行积分,可以得到式(2-5):

$$\int_0^S \frac{1}{f(S)} dS = \int_{t_0}^t k(T)\,dt \tag{2-5}$$

式中:S 为混凝土的抗压强度;t_0 为混凝土初凝时间;t 为养护龄期;$f(S)$ 为以强度为变量的函数;$k(T)$ 为以温度为变量的函数。

式(2-5)的右侧即是“度时积”,也就是通常所说的成熟度公式,关于 $k(T)$ 的表达式,Saul 提出了最初的表达式 $T^C - T_0^C$。1977 年,P. Friesleben Hansen 和 E. J. Pedersen 对 Saul 的公式进行了改进,他们把阿伦尼乌斯方程代入 $k(T)$ 公式,认为这样得出的结果更精确一些。

$$k = Ae^{\frac{-E}{RT}} \tag{2-6}$$

式中:A 为化学反应常数;R 为气体常数,通常取 8.314。

如果把 $k(T)$ 改成 T 与 t 的函数,考虑时间因素,式(2-4)可以改写成如下形式:

$$\frac{dS}{dt} = f(S)k(T,t) \tag{2-7}$$

Arrhenius 方程中的 A 和 R 是一个常数,T 是温度,因此在这个方程中,只有可能 E(表面活化能)是时间 t 的函数,G. Chanvillard 和 L. D′Aloia 认为:E(表面活化能)不可能是一个独立于时间的常数,除非在水泥刚开始水化时期;K. O. Kjellsen 和 R. J. Detwiler 也认为 E(表面活化能)是随着水化程度不断变化的。因此,可以利用 Arrhenius 方程把式(2-5)改写成如下形式:

$$\int_0^S \frac{1}{f(S)} dS = \int_{t_0}^t k(T,t)\,dt = \int_{t_0}^t Ae^{\frac{-E(t)}{RT}}\,dt \tag{2-8}$$

有关 E(表面活化能)随时间变化的公式,Sang－Hun Han,Jin－Keun Kim 等通过试验分析,建议采用如下公式:

$$E(t) = E_0 e^{-\alpha t} \qquad (t \geqslant t_0) \tag{2-9}$$

式中:E_0 为初始活化能;α 为常数。

把式(2-9)代入方程(2-8)中,对其进行积分:

$$\int_{t_0}^t k(T,t)\,dt = \int_{t_0}^t Ae^{\frac{-E_0 \times e^{-\alpha t}}{RT}}\,dt \cong \frac{1}{2}A\left(e^{\frac{-E_0 \times e^{-\alpha t}}{RT}} + e^{\frac{-E_0 \times e^{-\alpha t_0}}{RT}}\right)(t - t_0) \tag{2-10}$$

G. Cheng ju 建议用双曲线来表达 $f(S)$,他推导出的公式如下:

$$f(S) = S_U \times \left(1 - \frac{S}{S_U}\right)^r \tag{2-11}$$

式中:S_U 为混凝土极限抗压强度;r 为胶凝材料反应系数。

把式(2-11)代入式(2-8):

$$\int_0^S \frac{1}{S_U \times \left(1 - \frac{S}{S_U}\right)^r} dS = \int_{t_0}^t k(T,t)\,dt \tag{2-12}$$

积分后得出:

$$S = S_U\left\{1 - \frac{1}{\left[1 + (r-1)\int_{t_0}^{t} k(T,t)\mathrm{d}t\right]^{\frac{1}{r-1}}}\right\} \tag{2-13}$$

有关文献中建议胶材的反应系数 r 取 3，这样计算出来的结果比较精准，因此在式(2-13)中，混凝土的反应系数取 3，把式(2-10)代到式(2-13)中，并对其进行简化，得到混凝土的抗压强度初始理论公式：

$$\frac{S}{S_{28}} = R_U\left\{1 - \frac{1}{\left[1 + A\left(\mathrm{e}^{-\frac{E_0}{RT}\mathrm{e}^{-\alpha t}} + \mathrm{e}^{-\frac{E_0}{RT}\mathrm{e}^{-\alpha t_0}}\right)(t - t_0)\right]^{\frac{1}{2}}}\right\} \tag{2-14}$$

式中：$R_U = \frac{S_U}{S_{28}}$为相对极限强度；A 为化学反应常数，在混凝土反应中取 10^7。

2.4.5.2 参数值及相应公式确定

在公式(2-14)中有 6 个未知参数，混凝土抗压强度 S、28 d 抗压强度 S_{28}、相对极限强度 R_U、初始活化能 E_0、系数 α 及水工混凝土初始凝时间 t_0。

利用数学替代法，即利用实测混凝土抗压强度即可去除两个未知参数 S 及 S_{28}，从而使方程(2-14)转化成一个四元方程。

根据经验，四个未知参数都是大于零的数值，其中由于 $R_U = \frac{S_U}{S_{28}}$，可以确定 R_U 是一个介于 1 到 3 之间的数，水工混凝土的初凝时间 t_0 也是介于 0 到 3 之间的一个数值，而初始活化能的数值一般较大，根据不同的资料显示，其值大于 30 000。根据这些参数的基本参考范围，利用式(2-14)代入试验测试值进行试算，筛选符合要求的参数值，对 E_0 试算结果如表 2-25 所示。

表 2-25　利用替代筛选法 E_0 试算结果

水胶比(W/C)	粉煤灰掺量(%)	E_0(J/mol)
0.35	30	45 537.8
	40	45 954.5
	50	46 357.0
	60	46 919.0
0.40	30	45 878.9
	40	46 231.9
	50	46 980.9
	60	47 804.7
0.45	30	46 147.8
	40	47 374.8
	50	47 835.0
	60	48 623.4
0.50	30	47 405.3
	40	48 100.0
	50	48 456.1
	60	48 920.6

把水胶比(W/C)、粉煤灰掺量看做变量，初始活化能 E_0 看做函数值，建立初始活化能与水胶比、粉煤灰掺量的数学关系式。通过分析水胶比、粉煤灰掺量与初始活化能之间的关系，采用数学拟合方法，确定初始活化能与水胶比、粉煤灰掺量之间的数学关系式为：

$$E_0 = 19.51 \times \frac{W}{C} \times 100 \times (FA \times 100)^{\frac{1}{2}} + 41\,641 \tag{2-15}$$

有关系数 α 的取值，Jin－Keun Kim 等认为 α 是一个随养护温度不断变化的值，即 $\alpha = 0.000\,17T$。而 Sang－Hun Han 在另一篇文章中认为，对于掺粉煤灰混凝土，α 应取一个定值，他在众多值的基础上取了一个平均值，把 α 值定为0.000 615。本文中有关系数 α 的取值，借鉴 Sang－Hun Han 的方法，对计算出的值取平均值，最后把 α 值定为 0.000 625。

水工混凝土的初凝时间根据计算出的值及相关工程经验，将其设置成水胶比的函数，根据计算值及经验整理出的初凝时间如表 2-26 所示。

表 2-26　根据计算值及经验整理出的初凝时间

编号	水胶比(W/C)	初凝时间 t_0(d)
1	0.35	0.3
2	0.40	0.4
3	0.45	0.5
4	0.50	0.6

根据表 2-26，拟合出初凝时间与水胶比的数学关系式：

$$t_0 = 2 \times \frac{W}{C} - 0.4 \tag{2-16}$$

通过计算，相对极限抗压强度 R_U 的值如表 2-27 所示，在本章中，每个水胶比只计算了粉煤灰掺量为 40% 的配合比的相对极限抗压强度。

2.4.5.3　混凝土成熟度数学模型、极限抗压强度数学模型

1951 年，英国学者绍耳(A. Saul)把温度和时间的乘积称为成熟度(度时积)。绍耳认为，一定配合比的混凝土，不管温度与时间如何组成，只要成熟度相等，其强度大致相同，其表达式为：

$$M = \sum_0^t (T^C - T_0^C)\Delta t \tag{2-17}$$

式中：M 为成熟度；T^C 为平均养护温度；T_0^C 为基准温度，即水泥停止水化的温度，取 −10.5 ℃；Δt 为养护时间。

因此，根据 Saul 的理论，对于一种已知的混凝土而言，可以根据它的养护历程，即养护温度与硬化时间来估算混凝土已达到的强度。经过几十年的研究，科研人员在 Saul 的基础上对成熟度理论进行了不断的完善与修订，提出许多有关成熟度的公式，但被公认为比较准确的是 P. Freiesleben Hansen 和 E. J. Pedersen 在 1977 年提出的等效时间公式，他们的理论认为在非标准养护温度下，混凝土试块达到一定强度，如采用标准养护达到相同强度所用的时间可以用下式计算出：

表 2-27 相对极限抗压强度值

水胶比	粉煤灰(%)	养护方式	相对极限抗压强度 R_U
0.35	40	标准养护	1.68
		30 ℃恒温	1.64
		40 ℃恒温	1.53
		匹配养护	1.49
0.40		标准养护	1.68
		30 ℃恒温	1.60
		40 ℃恒温	1.39
		匹配养护	1.26
0.45		标准养护	2.14
		30 ℃恒温	1.82
		40 ℃恒温	1.44
		匹配养护	1.36
0.50		标准养护	1.74
		30 ℃恒温	1.70
		40 ℃恒温	1.64
		匹配养护	1.45

$$t_e = \sum_0^t e^{-\frac{E}{R}\left(\frac{1}{273+T}-\frac{1}{273+T_r}\right)} \times \Delta t \tag{2-18}$$

式中:T 为混凝土实际养护温度;T_r 为标准养护温度,一般取 20 ℃。

在 Saul 成熟度、Arrhenius 方程、P. Freiesleben Hansen 和 E. J. Pedersen 等效时间公式的基础上,得出成熟度的新公式,如式(2-19)所示:

$$M(T,t) = \sum_0^t e^{-\frac{E(t)}{R}\left(\frac{1}{273+T_0^C}-\frac{1}{273+T}\right)} \times t \tag{2-19}$$

掺粉煤灰水工混凝土抗压强度主要和水胶比、粉煤灰掺量、养护温度、养护龄期四个因素相关,根据前面推导出的公式、计算得出的参数、试验结果,通过公式拟合,得出掺粉煤灰水工混凝土极限抗压强度随水胶比、粉煤灰掺量、养护温度、养护龄期的数学模型。

$$S_U = (-0.000\,3T^2 + 0.022\,9T - 0.464\,7)M(T,365) + 0.412\,4T^2 - 29.017T + 692.78 \tag{2-20}$$

把式(2-20)、$R_U = \dfrac{S_U}{S_{28}}$代入式(2-14),得到抗压强度的式(2-21):

$$S = S_U\left\{1 - \frac{1}{\left[1 + 10^7 \times \left(e^{-\frac{E_0}{8.314\times(T+273)}e^{-0.000\,625t}} + e^{-\frac{E_0}{8.314\times(T_1+273)}e^{-0.000\,625t_0}}\right)(t-t_0)\right]^{\frac{1}{2}}}\right\} \tag{2-21}$$

其中:考虑到粉煤灰早期活性较低,本文认为粉煤灰活性在养护 14 d 后正常发挥,因此当 $t \leqslant 14$ 时,$T_1 = 44 \times FA + 290.2$;当 $t > 14$ 时,$T_1 = T + 273$。

2.4.6 模型验证

数学模型验证是在试验的基础上进行的，通过确定粉煤灰掺量、水胶比、养护温度后成型掺粉煤灰大坝混凝土，养护到 3 d、7 d、14 d、28 d、60 d 后，测试混凝土的抗压强度，称为混凝土的实测抗压强度 $S_{测}$；把混凝土配合比的相应参数代入式(2-21)计算得出混凝土的计算抗压强度，称其为 $S_{计}$，通过图形分析 $S_{测}$ 与 $S_{计}$ 的误差。

将 320 组数据对试验实际测试抗压强度 $S_{测}$ 增加 15% 与降低 15%，作图与 $S_{计}$ 进行对比，结果如图 2-72 所示。

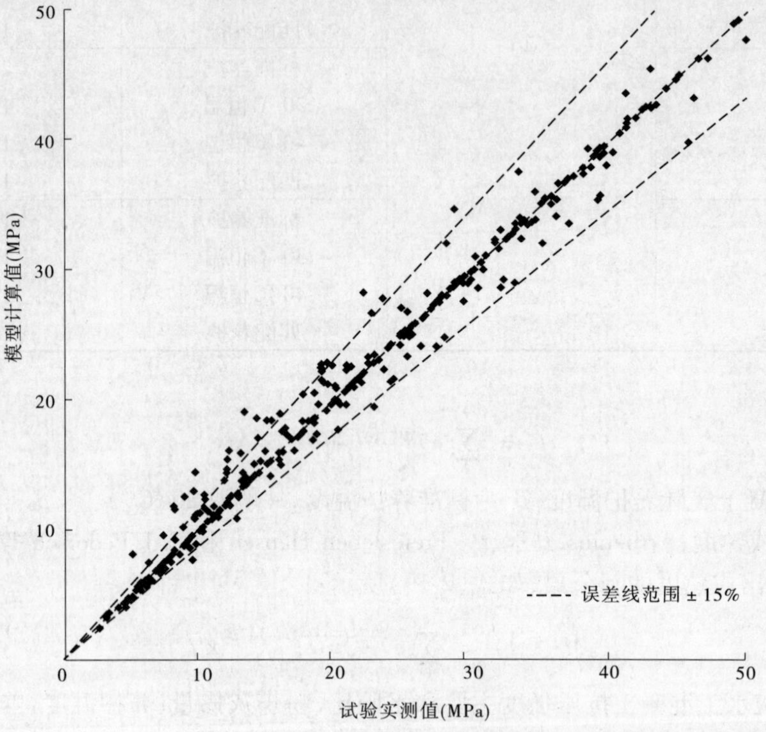

图 2-72　早期强度模型验证

从模型验证图中可以看到，90% 以上的模型计算值与实测值的相对误差不大于 15%，说明该模型用于计算大坝混凝土早期强度是适用的。

2.5 小　结

针对大坝混凝土早期力学、热学和变形性能，开发了测试大坝混凝土早期热膨胀系数、早期抗拉性能和早期徐变的测试技术及相应装置。采用非接触激光位移传感器，原位、连续测试混凝土早期热膨胀系数，经对比，本文自行研制的试验装置的测值与标准试验方法测得结果具有可替代性。自行设计了一套专门用于测量大坝混凝土的早期抗拉强度、极限拉伸值、抗拉弹性模量测试装置，经调试，该装置可较好地测试早期低强度的混凝土试件，测试精度能满足试验要求，结果可靠。采用温度应力试验机来研究约束条件下混凝土的早期行为，同时测试约束主试件和自由收缩副试件的累计变形值，分析获得混凝土早期徐变值。

在考虑大坝实际温度场作用下，探讨大坝混凝土力学性能、热学性能和变形性能的发展规律，具体结果如下：

(1)考虑温度历程后，大坝混凝土早期力学性能均有所提高。养护龄期相同时，匹配养护混凝土抗压强度、轴心抗压强度、抗压弹性模量、抗拉强度和抗拉弹性模量都高于标准养护条件下混凝土。随着养护龄期的增长，匹配养护条件下试件的轴心抗压强度和抗压弹性模量增加较快；养护龄期为 7 d 时，匹配养护试件的抗拉强度比标准养护试件值分别高 45%，而抗拉弹性模量基本相同。

(2)在养护龄期相同的条件下，匹配养护下混凝土试件的导热系数略高于标准养护下的试件；混凝土导热系数的早期发展规律与导温系数基本一致。如果考虑温度历程，以 180 d 等强度设计大坝混凝土配合比，可进一步提高粉煤灰的掺量，显著降低大坝混凝土 28 d 的绝热温升。绝热温升试验结果显示，等强度设计的大坝混凝土配比中，随着粉煤灰掺量的增加，28 d 绝热温升值逐步降低；粉煤灰掺量从 30% 增加至 40%，绝热温升降低 1 ℃，从 30% 增加至 50%，绝热温升降低 2.4 ℃。

(3)混凝土热膨胀系数早期随龄期变化较大，从硬化初期逐渐增大，所测 7 d 左右龄期内极差近 4×10^{-6}/℃，后期相对稳定。由此，大坝混凝土在硬化初期，热膨胀系数应针对不同龄期区别对待，不可一概而论。

(4)考虑温度历程后，大坝混凝土早期变形性能发展有如下规律：大坝混凝土极限拉伸值均大于标准养护方式下的值，尤其是 7 d 龄期，增幅达 37%；各龄期大坝混凝土的自生体积变形相对较为平稳，温度变形占主导地位，14 d 龄期前温度变形占总变形的 90% 以上；大坝混凝土早期徐变较大，徐变度达 100×10^{-6}/MPa，随着龄期的增长，硬化混凝土强度的提高，徐变度逐渐减至 20×10^{-6}/MPa 左右。

(5)本文从材料组分的宏观性能出发，通过分析水胶比、粉煤灰掺量、养护温度、养护龄期等因素对水工混凝土早龄期抗压强度的影响，利用成熟度理论、活化能理论、Arrehnius 公式及相应的数学分析原理，建立掺粉煤灰水工混凝土早龄期抗压强度预测数学模型。经验证，90% 以上的模型计算值与实测值的相对误差不大于 15%，这说明该模型用于计算大坝混凝土早期强度是适用的。

参 考 文 献

[1] 中华人民共和国水利部. SL 352—2006 水工混凝土试验规程[S]. 北京：中国水利水电出版社，2006.

[2] Cusson D, Hoogeveen T. Measuring early - age coefficient of thermal expansion in high - performance concrete[C]. RILEM Proceedings PRO 52, France: Bagneux, 2006:321-330.

[3] Mitsuo O, Hiroaki M. Estimation method for thermal expansion coefficient of concrete at early ages[C]. RILEM Proceedings PRO 52, France: Bagneux, 2006:331-339.

[4] Turcrya P, Loukilia A, Barcelo L, et al. Can the maturity concept be used to separate the autogenous shrinkage and thermal deformation of a cement paste at early age[J]. Cement and concrete research,

2002, 32(9): 1443-1450.
[5] 李清海,姚燕,孙蓓. 水泥基材料热膨胀性能测试方法发展现状[J]. 新型建筑材料, 2007(6):10-12.
[6] Loukilia A, Chopina D, Khelidj A, et al. A new approach to determine autogenous shrinkage of mortar at an early age considering temperature history [J]. Cement and concrete rescarch, 2000, 30(6):915-922.
[7] 马新伟, 钮长仁. 混凝土硬化早期热膨胀的量化方法研究[J]. 低温建筑技术, 2005(2): 8-9.
[8] 危鼎, 吴胜兴,李雪淋. 混凝土早龄期热膨胀系数试验研究[J]. 江西科学, 2007,25(6):258-263.
[9] Siddharth N. A new mineralogical approach to predict the coefficient of thermal expansion of aggregate and concrete [D]. Texas: Texas A&M University, 2004:18-22.
[10] 钱春香, 朱晨峰. 骨料粒径对混凝土热膨胀性能的影响[J]. 硅酸盐学报, 2009,37(1):18-22.
[11] 张涛, 覃维祖. 混凝土早期变形与开裂敏感性评价[J]. 建筑技术,2005,36(4):296-300.
[12] 王成祥. 二滩拱坝混凝土温度控制[J]. 水电站设计, 1997(4):107-110.
[13] 蔡德所,戴会超,蔡顺德,等. 分布式光纤传感监测三峡大坝混凝土温度场试验研究[J]. 水利学报, 2003(5):88-91.
[14] 陈强. 官地碾压混凝土重力坝温控防裂研究[J]. 水电站设计, 2006, 22(2):42-45.
[15] 吴刚, 庞国伟. 三峡三期工程主坝大体积混凝土内部温度控制[J]. 西北水电, 2006, (3):51-56.
[16] 李东旭, 陈益民, 沈锦林. 温度和碱对低钙粉煤灰的活化和结构的影响[J]. 硅酸盐学报, 2000, 28(6):523-528.
[17] Maltais Y, Marchand J. Influence of Curing Temperature on Cement Hydration and Mechanical Strength Development of Fly ash Mortars [J]. Cem. Concr. Res,1997(27):1009-1020.
[18] Hanehara S, Tomosawa F, Kobayakawa M, et al. Effects of water/powder ratio, mixing ratio of fly ash, and curing temperature on pozzolanic reaction of fly ash in cement paste [J]. Cem. Concr. Res,2001 (31):31-39.
[19] Kim J K, Han S H, Song Y C. Effect of temperature and aging on the mechanical properties of concrete, Part I. Experimental results [J]. Cem. Concr. Res,2002(32):1087-1094.
[20] Dhir R K, Jones M R. PFA Concrete: Influence of Simulated in Situ Curing on Elasto – plastic Load Response [J]. Magazine of Concrete Research, 1993, 45(163):139-146.
[21] 江京平. 掺粉煤灰大体积混凝土内部温升对其强度影响的探讨[J]. 粉煤灰, 2000(5):24-25.
[22] Wen H X, Bagheri A R, Plum D R. The strength development of silica fume concrete and its prediction under varying temperature conditions [J]. Magazine of Concrete Research,1989(41):199-204.
[23] Sternberg R. Hydropower's future, the environment, and global electricity systems [J]. Renewable and Sustainable Energy Reviews,2010, 14(2): 713-723.
[24] Hailun H, Zheng Y, Present situation and future prospect of hydropower in China [J]. Renewableand Sustainable Energy Reviews,2009, 13(6-7): 1652-1656.
[25] 吴中伟. 绿色高性能混凝土——混凝土的发展方向[J]. 混凝土及水泥制品, 1998(1): 3-6.
[26] 唐明述. 中国水泥混凝土工业发展现状与展望[J]. 东南大学学报,2006,36(S2): 1-6.
[27] 张建仁,王海臣,杨伟军. 混凝土早期抗压强度和弹性模量的试验研究[J]. 中外公路,2003(3): 89-92.
[28] 金贤玉,李宗津,等. 混凝土早龄期受力对后期性能的影响[J]. 混凝土,2003(7):35-37.
[29] 阎培渝,王强. 变温条件下粉煤灰对混凝土抗压强度的影响[J]. 混凝土,2008(3):1-3.
[30] Bernhardt C J. Hardening of Concrete at Different Temperatures, RILEM Symposium on Winter Concreting, Copenhagen[J]. Danish Institutefor Building esearch (1956) Session B – II:73-76.

[31] Saul A G A. Principles underlying the steam curing of concrete at atmospheric pressure[J]. Mag. Concr. Res. 1951,2(6):127-140.

[32] Freiesleben Hansen F, Pedersen E J. Maturity computer for controlledcuring and hardening of concrete [J]. Nord. Betong 1977(1): 21-25.

[33] Chanvillard G, D'Aloia L. Concrete strength estimation at early ages: Modification of the method of equivalent age[J]. ACI Mater. J. 1997,94 (6): 520- 530.

[34] Kjellsen K O, Detwiler R J. Later ages strength prediction by a modified maturity method[J]. ACI Mater. J. 1993,90(3):220-227.

[35] Chengju G. Maturity of concrete: Method for predicting early – stage strength[J]. ACI Mater. J. 1989, 86(4):341-353.

[36] Moon Y H . Prediction of concrete strength with different curing temperature and time[D]. Korea Advanced Institute of Science and Technology, 1999.

[37] Kim J K, Han S H. Estimation of compressive strength by a new apparent activation energy function[J]. Cem. Concr. Res. 2001,31(2):217-255.

[38] Sang-Hun Han, Prediction of compressive strength of fly ash concrete by new apparent activation energy function[J]. Cem. Concr. Res. 2003(33):965-971.

[39] Paya J, Monz J, Borrachero M V. Mechanical treatment of flyashes: Part IV. Strength development of ground fly ash – cement mortarscured at different temperatures [J]. Cement and Concrete Research , 2000, 30(4) : 543-551.

[40] 钱文勋,张燕驰,等. 考虑内部温度历史的大坝混凝土强度发展[J]. 水利水运工程学报,2008(4):50-55.

第3章 原材料与配合比对大坝混凝土早期性能的影响

3.1 对早期热学性能的影响

通过大坝混凝土早期性能的试验,主要研究骨料种类、不同材料的组成、混凝土配合比、养护制度等对混凝土早期导温、导热系数的影响;对比了水泥净浆、水泥砂浆的早期热膨胀系数,并研究了粗骨料对热膨胀系数的影响。

3.1.1 混凝土早期导热、导温系数的影响

3.1.1.1 骨料种类对早期导热、导温系数的影响

研究天然河砂和机制砂两种细骨料对大坝混凝土导热、导温系数的影响。研究不同种类细骨料混凝土的导热、导温系数之间的差别。另外,文中所采用的河砂和机制砂的细度模数相同,试验中仍采用自行研制的导热、导温系数试验装置。具体试验结果如图3-1、图3-2所示。

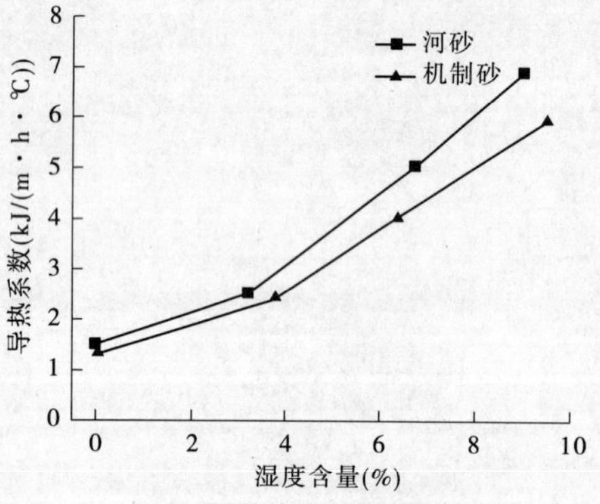

图3-1 骨料对大坝混凝土导热系数的影响

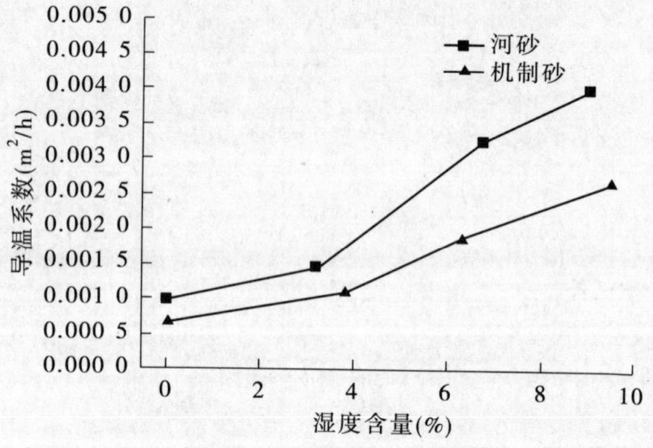

图3-2 骨料对大坝混凝土导温系数的影响

通过对河砂和机制砂配制的大坝混凝土的导热、导温系数的测量,可以得到如下结论:①从以上图中可以看出,河砂的导热、导温系数都要比机制砂的大,这主要是因为河砂中石英含量相对较高,而石英的导热、导温系数很大;②河砂和机制砂的导热、导温系数都随着湿度含量的增加而增大,并且几乎呈线性变化。

3.1.1.2 材料组成对早期导热、导温系数的影响

为了对比不同组成成分对混凝土早期导热、导温系数的影响,分别对水泥净浆、砂浆1、砂浆2和混凝土四种试件进行了早期导热、导温系数的测量。四种试件的材料用量如表3-1所示。

表 3-1　不同材料组成的试件配比

试件编号	试件类别	各材料用量（kg/m^3）					水灰比	石子最大粒径（mm）
		水	水泥	河砂	碎石	减水剂（%）		
P－RE	水泥净浆	558	1 394	—	—	—	0.40	20
M－S	砂浆 1	285	713	994	—	—	0.40	
M－G	砂浆 2	239	894	1 304	—	—	0.267	
C－RE	混凝土	195	488	601	1 116	0.5	0.40	

各试件的导热、导温系数随龄期变化的试验结果如图 3-3 和图 3-4 所示。

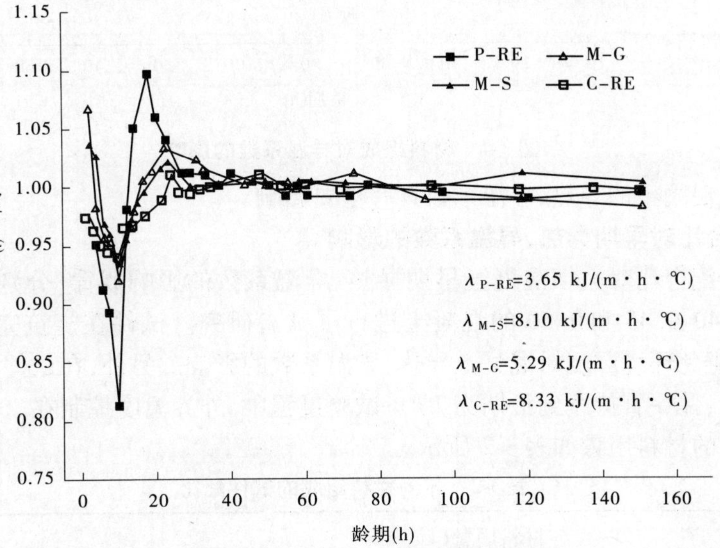

图 3-3　材料组成对导热系数的影响

从图 3-3 和图 3-4 可以得到如下结论：

（1）四种不同组成成分试件的导热、导温系数随龄期发展的变化规律基本一致。即在龄期 8 ~ 10 h 前，导热和导温系数有一个不断减小的过程，但从减小幅度上看，导温系数相对较小。随后导热、导温系数开始出现不断增长的趋势，直至龄期 20 ~ 30 h 时开始进入稳定阶段。

（2）各试件的导热和导温系数在水化阶段的变化幅度并不一致。从图 3-3 和图 3-4 中可以看出，水泥净浆导热、导温系数的变化幅度最大，其次为砂浆，而混凝土的变化幅度则最小。

（3）水泥净浆、砂浆 1、砂浆 2 和混凝土导热系数的平均值分别比其在水化过程中的最小值大 18.6%、11%、16.2% 和 9%。从导温系数不断增长的阶段来看，水泥净浆的增长幅度最大，约为 20%，而砂浆 1、砂浆 2 和混凝土的增长幅度分别为 10.9%、9% 和 11.6%。

（4）从试验结果可知，混凝土的导热、导温系数最大，而净浆的导热、导温系数最小，

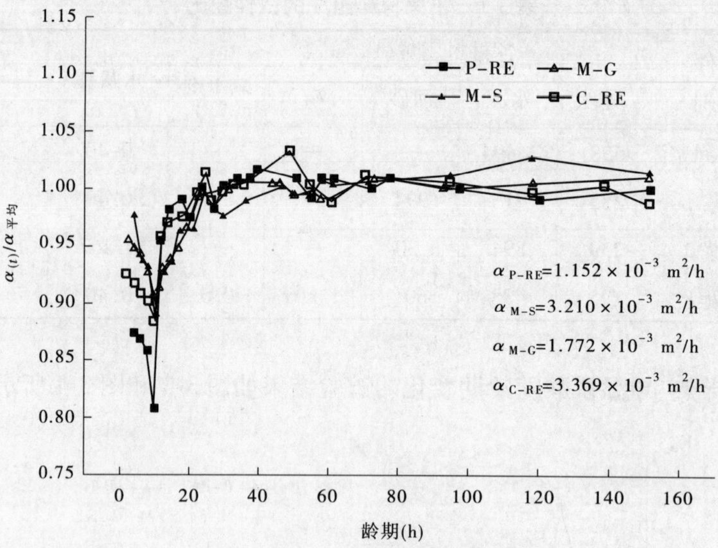

图 3-4　材料组成对导温系数的影响

这说明骨料对混凝土的导热、导温系数具有重要影响。

3.1.1.3　配合比对早期导热、导温系数的影响

为了分析配合比对大坝混凝土早期导热、导温系数的影响规律，分别采用水灰比为 0.30、0.35、0.40、0.45 和 0.50 的混凝土进行了试验研究。试件在浇筑完毕后都用铝箔进行密封，以避免环境湿度对混凝土导热、导温系数的影响。另外，在试件浇筑完毕 1.5 h 后即开始进行，并一直持续到龄期为 7 d。试验过程中，外界温度控制在 20 ℃左右。五种配合比混凝土的材料用量如表 3-2 所示。

表 3-2　不同材料组成的试件配比

试件编号	各材料用量(kg/m^3)					水灰比	石子最大粒径(mm)
	水	水泥	河砂	碎石	减水剂(%)		
WC1	170	567	601	1 116	1.2	0.30	20
WC2	183	524	601	1 116	0.8	0.35	
WC3	195	488	601	1 116	0.5	0.40	
WC4	205	456	601	1 116	—	0.45	
WC5	214	428	601	1 116	—	0.50	

五种不同水灰比混凝土试件导热、导温系数的试验结果如图 3-5 和图 3-6 所示。

从图 3-5 和图 3-6 可以得到如下结论：

(1)各个不同水灰比混凝土试件的导热、导温系数随龄期增长的变化规律基本一致。即在龄期 8 ~ 14 h 前，导热、导温系数有一个不断减小的过程，但从减小幅度上看，导温系数相对较小。随后导热、导温系数开始出现不断增长的趋势，直至龄期 20 ~ 40 h 时开始进入稳定阶段。

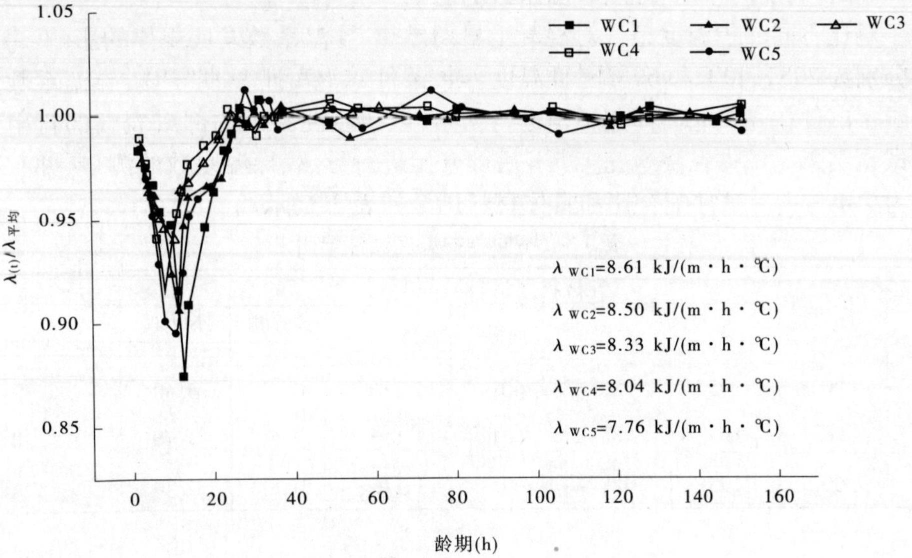

图 3-5　配合比对混凝土导热系数的影响

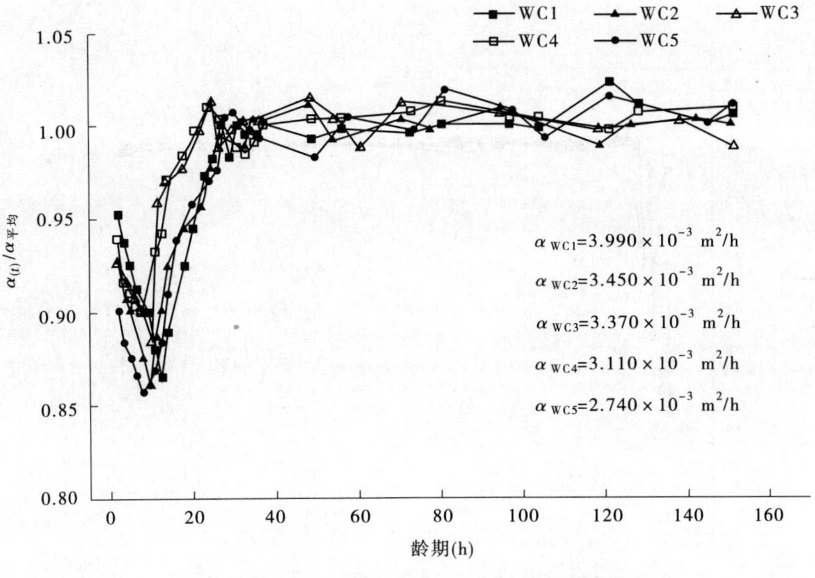

图 3-6　配合比对混凝土导温系数的影响

(2)五种水灰比混凝土试件导热、导温系数在水化过程中,减小阶段和增长阶段的幅度相差不大,这说明水灰比对混凝土早期导热、导温系数发展规律的影响并不显著。WC1、WC2、WC3、WC4 以及 WC5 试件导热系数稳定后的平均值分别比其在水化过程中的最小值大 12.7%、9.4%、9%、8.7% 和 10.6%,而导温系数稳定后的平均值分别比其在水化过程中的最小值大 13.5%、13.9%、11.6%、10% 和 14.2%。

(3)从五种水灰比混凝土的试验结果可知,随着水灰比的增大,混凝土导热、导温系数均减小。

3.1.1.4 养护制度对早期导热、导温系数的影响

为了对比不同养护温度条件对混凝土早期导热、导温系数发展规律的影响，考虑了环境温度分别为20℃、40℃和60℃三种温度养护条件对混凝土早期导热、导温系数发展规律的影响。试件在浇筑完后即用铝箔进行密封，以防止混凝土内部或表面的自由水散失而影响试验结果。试件在浇筑完1.5 h后即开始进行导热、导温系数的测量，并一直持续到龄期为7 d为止。试件配合比和具体材料用量如表3-3所示。

表3-3 不同养护温度试件配比

试件编号	养护温度(℃)	各材料用量(kg/m³)					水灰比	石子最大粒径(mm)
		水	水泥	河砂	碎石	减水剂(%)		
T20	20	195	488	601	1 116	0.5	0.40	20
T40	40	195	488	601	1 116	0.5	0.40	
T60	60	195	488	601	1 116	0.5	0.40	

不同养护温度条件下混凝土的导热、导温系数随龄期的变化分别如图3-7和图3-8所示。

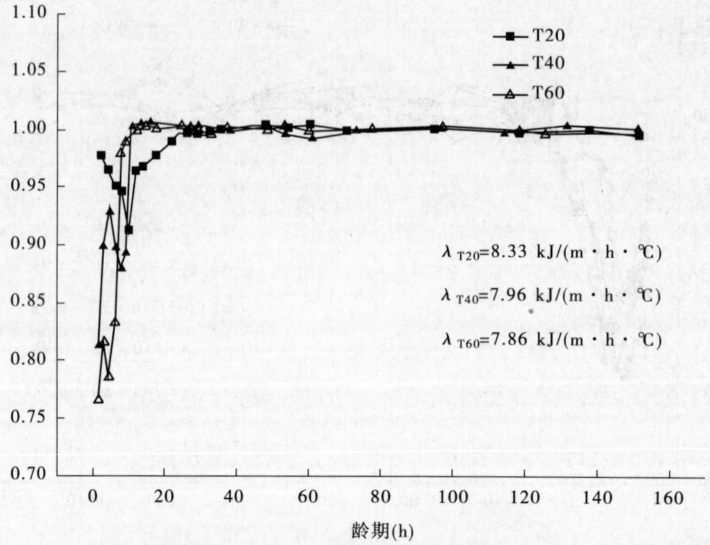

图3-7 养护温度对混凝土导热系数的影响

从图3-7、图3-8可以得到如下结论：

(1)不同养护温度对混凝土早期导热、导温系数的发展具有较大的影响。具体表现为，在20 ℃的养护条件下，混凝土在龄期8~10 h前，导热、导温系数有一个不断减小的过程，但从减小幅度上看，导温系数相对较小。随后导热、导温系数开始出现不断增长的趋势，直至龄期20~30 h时开始进入稳定阶段。在40 ℃的养护条件下，混凝土的导热系数具有一个很小的初始值，并随着龄期的增长而快速增加，直至龄期约12 h时进入稳定阶段；而混凝土的导温系数则具有一个较大的初始值，在龄期约10 h前呈现出不断减小

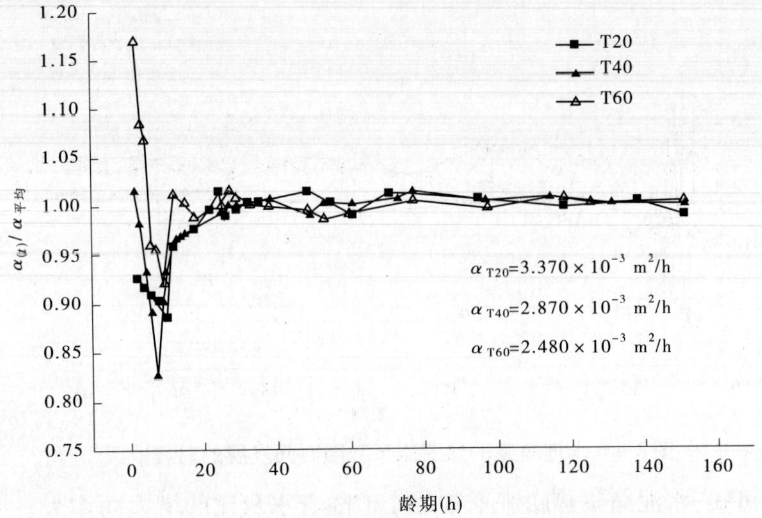

图 3-8　养护温度对混凝土导温系数的影响

的趋势,随后导温系数开始缓慢增加直至龄期 20 ~ 30 h 时开始进入稳定阶段。在 60 ℃的养护条件下,混凝土的导热、导温系数随龄期发展的规律与 40 ℃养护条件下的变化规律很相似。但是,其导热系数的初始值更小,而导温系数的初始值更大。并且,导热、导温系数在龄期为 15 ~ 20 h 时就已进入稳定阶段,这说明环境养护温度越高,混凝土导热、导温系数在水化阶段达到稳定值的龄期就越早。

(2)三种养护温度条件下,混凝土稳定后导热系数的平均值分别比其在水化阶段的最小值大 9%、18.9% 和 23.5%,而稳定后的导温系数的平均值或初始值分别比其在水化阶段的最小值大 11.6%、18.8% 和 21.4%,这说明环境养护温度越高,混凝土导热、导温系数在水化过程中的变化更剧烈。

(3)根据三种不同养护温度条件下的试验结果分析,环境养护温度越高,混凝土导热、导温系数的最终稳定值则越小。

3.1.2　混凝土早期热膨胀系数的影响

3.1.2.1　水泥净浆的早期热膨胀系数

水泥净浆的水灰比设计为 0.33、0.43 和 0.53 三个等级,基本可涵盖现代大坝混凝土的水灰比范围,所用水泥为海螺水泥 P·O42.5。水泥净浆 Paste - A、B、C 的热膨胀系数随时间发展的时程曲线如图 3-9 所示。

由图 3-9 可知,随着龄期的发展,水泥净浆早龄期的热膨胀系数均从图中最大值迅速降低至最小值。在从图中最大值降至最小值的过程中,在 Paste - A、B 的曲线中,均可看到在最大值与最小值的中间位置处下降的速率有明显放缓,这是因为图中时刻正是水泥净浆的初凝时刻,试件中正处于膨胀状态的大量自由水突然受到水泥浆体从流态急变为塑态后产生的约束,膨胀速率也减小。从初凝到终凝,水泥浆体的约束迅速加强,刚度迅速增大,自由水产生的膨胀受到更大的约束,从而出现了热膨胀系数的最小值。

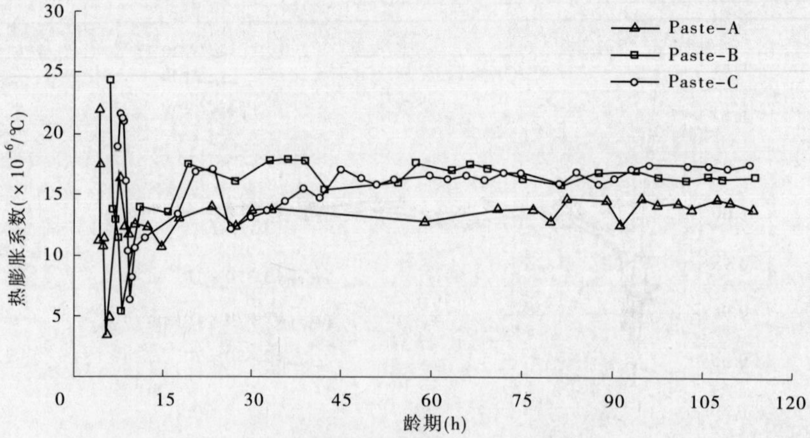

图 3-9　水泥净浆的热膨胀系数随时间发展的时程曲线

从图 3-9 可知,水泥净浆热膨胀系数最小值随着水灰比的增大而增大,一方面是因为水灰比越小的水泥净浆中约束越大,另一方面是因为水灰比越小的水泥净浆中水的膨胀越小。此后,水泥浆体的热膨胀系数逐渐回升,并上下波动,这是因为终凝以后水泥水化进入快速时期,内部孔结构不断变化,自由水随着水化的进行逐渐成为结合水,是凝胶胶体的一部分,自由水的影响减小,净浆骨架形成后,水泥浆体内部孔中自由水的变化随着试验变温设备的温度循环,出现循环性变化,具有一定的规律性,此时的热膨胀系数变化趋缓。待水泥浆体的热膨胀系数在 72 h 后稳定后,热膨胀系数也随着水灰比的增大而增大。这是因为在水灰比大的水泥浆体中,自由水所占比例较大,对整体浆体的影响也大。但由于在水灰比为 0.53 的试件成型过程中,泌水现象较为严重,实际水灰比不足 0.53,所以其热膨胀系数与水灰比为 0.43 的水泥净浆的热膨胀系数的差距不大,而水灰比为 0.43 和 0.33 的水泥净浆的热膨胀系数相比,则相差较大。

3.1.2.2　水泥砂浆的早期热膨胀系数

试验采用的不同水泥砂浆配合比情况如表 3-4 所示。

表 3-4　不同水泥砂浆的配合比

砂浆编号	配合比(质量比) (水:水泥:砂)	养护条件
Mortar - A	0.33:1.0:0.5	20.0 ℃,RH80%
Mortar - B	0.33:1.0:1.0	19.8 ℃,RH80%
Mortar - C	0.33:1.0:1.5	21.8 ℃,RH80%
Mortar - D	0.33:1.0:2.0	20.5 ℃,RH80%

图 3-10 中显示的是水泥砂浆早龄期热膨胀试验中的一组 Mortar - A 的试验曲线。在试验开始阶段,不论自收缩试件还是热膨胀试件,均显示出一个急速的膨胀过程,主要是因为试件内部的水化热和烘箱升温的共同作用。紧接其后的热膨胀试件的小锯齿状变形是因为试件内部的水化热和试验用设备降温的正反作用。在变形随试验时间发展的同

时，可以看出热膨胀试件的变形峰值或谷值是不断向下渐行的，在排除测量仪表长时间使用的零飘误差与试验承台热胀冷缩的影响之后，认为这是水泥水化反应产生的化学收缩以及由此引起的自收缩共同作用的结果。水泥砂浆 Mortar－A、B、C、D 的热膨胀系数随时间发展的时程曲线如图 3-11 所示。

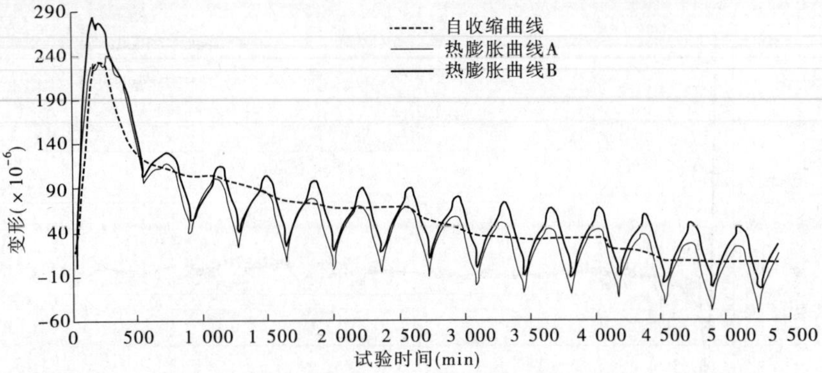

图 3-10　Mortar－A 水泥砂浆的早期变形曲线

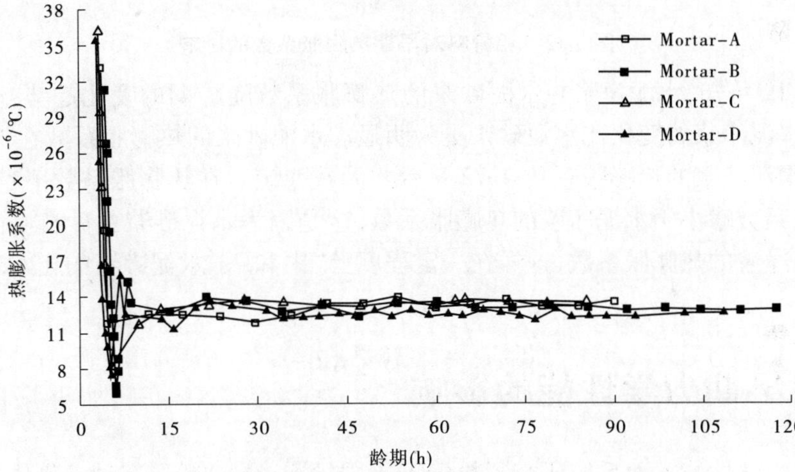

图 3-11　水泥砂浆的热膨胀系数随时间发展的时程曲线

从图 3-11 可知，水泥砂浆早龄期热膨胀系数时程曲线的基本形态类似于水泥净浆的早龄期热膨胀系数的时程曲线，水泥砂浆热膨胀系数所能测到的最大值一般要大于水泥净浆，这是因为水泥砂浆的可测时间比水泥净浆的更为提前，大约在浇筑后 2 h 即可进行测量，而水泥净浆则在浇筑 4 h 后方可进行。水泥砂浆的热膨胀系数在凝结时间前后下降最为迅速，此后又逐渐上升，在短期衰减振荡后，趋于稳定。这里需要说明的是，图中在龄期 15 h 后的热膨胀系数的计算采用的是循环温度中温度下降段的曲线，在龄期 15 h 前采用的是温度上升段的曲线，之所以这样选取，是因为在实际工程中，水泥基材料内部的温度大致都是经历一个温度急速上升—温度缓慢降低的过程。但是，在计算 15 h 后温度上升段的热膨胀系数时，发现其总比温度下降段的热膨胀系数小，且相对误差近 20%，至于其机理，正在进一步探索中。同时，从图 3-11 中也可以看出，当水灰比相同时，随着砂胶比的增大，水泥砂浆的早龄期热膨胀系数略微减小，但不明显。

3.1.2.3　粗骨料对热膨胀系数的影响

将上面两个系列试验中的 Paste - A 与 Mortar - C 的试验结果进行比较，分析粗骨料对混凝土早期热膨胀系数的影响规律，如图 3-12 所示。

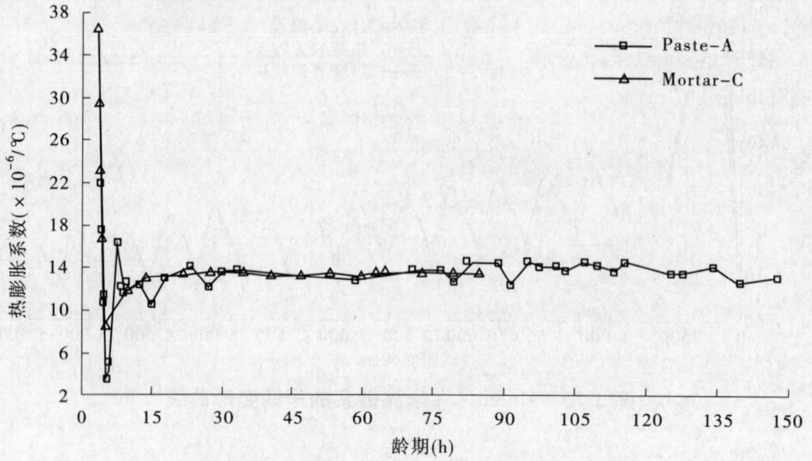

图 3-12　粗骨料对早期热膨胀系数的影响

从图 3-12 可知，水泥净浆与水泥砂浆的热膨胀系数随龄期的变化趋势基本相同，所不同的是，水泥净浆的变化比水泥砂浆更为明显。水泥砂浆的热膨胀系数在 15 h 后就基本稳定，而水泥净浆的热膨胀系数在 72 h 后才大致稳定。在热膨胀系数平稳后，水泥砂浆的热膨胀系数略小于水泥净浆的热膨胀系数，这是因为水泥砂浆中砂自身的热膨胀系数小于水泥净浆的热膨胀系数，这样在一定程度上"中和"了水泥净浆的相对较高的热膨胀系数。

3.2　对早期力学性能的影响

文中在力学性能方面系统研究了粉煤灰、磨细磷渣粉、硅粉等三种矿物掺合料对砂浆早期力学性能、脆性系数等的影响；研究了两种Ⅰ级粉煤灰、萘系高效减水剂、聚羧酸高效减水剂对混凝土早期抗压强度、轴心抗拉强度、轴心抗拉弹性模量、极限拉伸值等的影响；对比了 C30 普通混凝土、C30 粉煤灰混凝土、C30 聚丙烯纤维混凝土、C50 普通混凝土、三级配 C30 湿筛混凝土的早期抗拉强度性能。

3.2.1　原材料对早期抗压强度的影响

3.2.1.1　粉煤灰对早期抗压强度的影响

采用山东肥城电厂的Ⅰ级粉煤灰（FA1）和托克托电厂（简称托电）的Ⅰ级粉煤灰（FA2），并按照相关标准对其进行了品质检验，如表 3-5 所示。

从图 3-13 的试验结果可知，粉煤灰的细度对混凝土早期的抗压强度影响较大，同样是符合相关标准分类要求的Ⅰ级粉煤灰，由于托电Ⅰ级粉煤灰的细度更小，所以在 7 d 龄期时，掺用该粉煤灰的混凝土的强度比另一组混凝土的抗压强度大近 2 MPa。除细度外，粉煤灰的强度活性指数也是影响混凝土早期抗压强度的重要因素，强度活性指数越大，则混凝土的早期抗压强度越高。

表 3-5　粉煤灰品质检验

项目	密度 (g/cm^3)	细度 (%)	需水量比 (%)	烧失量 (%)	含水量 (%)	SO_3 (%)	强度活性指数 (%)
托电Ⅰ级灰	2.22	4.2	91.8	2.30	0.2	0.80	82.6
肥城Ⅰ级灰	2.22	11.3	93.0	1.43	0.1	1.06	77.8
DL/T 5055—2007 F类Ⅰ级灰	—	≤12.0	≤95	≤5.0	≤1.0	≤3.0	≥70.0

研究过程中采用的试验配合比如表 3-6 所示，相关试验结果如表 3-7 所示。

表 3-6　试验配合比

编号	混凝土材料用量(kg/m^3)							掺量(%)	
	水泥	肥城灰	托电灰	砂子	小石	中石	水	减水剂	引气剂
FA1	245	105	—	731	439	658	140	2.000	0.005
FA2	245	—	105	731	439	658	140	1.350	0.010

表 3-7　粉煤灰对混凝土早期抗压强度的影响

编号	抗压强度(MPa)				
	1 d	2 d	3 d	5 d	7 d
FA1	3.2	10.8	17.0	21.5	23.5
FA2	2.4	10.2	17.4	23.7	25.4

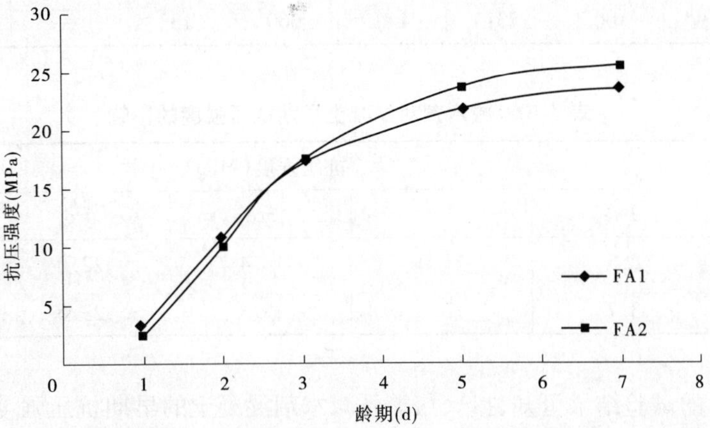

图 3-13　粉煤灰对混凝土早期抗压强度的影响

3.2.1.2 减水剂对早期抗压强度的影响

文中采用了目前大坝混凝土中使用较多的萘系减水剂（NSF）和聚羧酸系减水剂（PCE）各一种进行试验，两种减水剂的品质检验结果如表3-8所示。

表3-8 减水剂的品质检验结果

检测项目		GB 8076—2008 混凝土外加剂	试验结果	
		标准型	萘系减水剂	聚羧酸系减水剂
试验掺量（%）		建议掺量	1.5	1.6
减水率（%）		≥14	21.0	33.5
泌水率比（%）		≤90	56.0	33.0
含气量（%）		≤3.0	2.4	2.3
凝结时间差（min）	初凝	-90 ~ +120	+45	+80
	终凝		+15	+70
抗压强度比（%）	3 d	≥130	138	147
	7 d	≥125	127	162
	28 d	≥120	127	149
收缩率比（%）	28 d	≤135	116	95

进行萘系减水剂和聚羧酸系减水剂对混凝土早期抗压强度影响评价时采用的试验配合比如表3-9所示，相关试验结果如表3-10所示。

表3-9 试验配合比

编号	混凝土材料用量（kg/m^3）						掺量（%）		
	水泥	粉煤灰	砂	小石	中石	水	萘系	聚羧酸系	引气剂
NSF	245	105	731	439	658	140	0.650	—	0.005
PCE	233	100	731	440	660	133	—	0.455	0.010

表3-10 减水剂对混凝土早期抗压强度的影响

编号	抗压强度（MPa）				
	1 d	2 d	3 d	5 d	7 d
NSF	2.5	11.0	16.4	22.0	24.1
PCE	3.7	12.5	18.3	23.6	25.5

从图3-14的试验结果可知，掺聚羧酸系减水剂混凝土的早期抗压强度略高于掺萘系减水剂的混凝土。说明高效减水剂的减水率对混凝土早期抗压强度存在着一定影响，在混凝土获得相同和易性且保持水泥用量不变的情况下，聚羧酸系减水剂的减水效果更明

显，可以更多地节约用水量，进而降低了混凝土的实际水胶比，因此其早期的抗压强度较高。另外，高效减水剂的抗压强度比对混凝土的早期抗压强度也有一定影响，高效减水剂的用量基本相同的情况下，早期抗压强度比越大，则混凝土的早期抗压强度就越高。

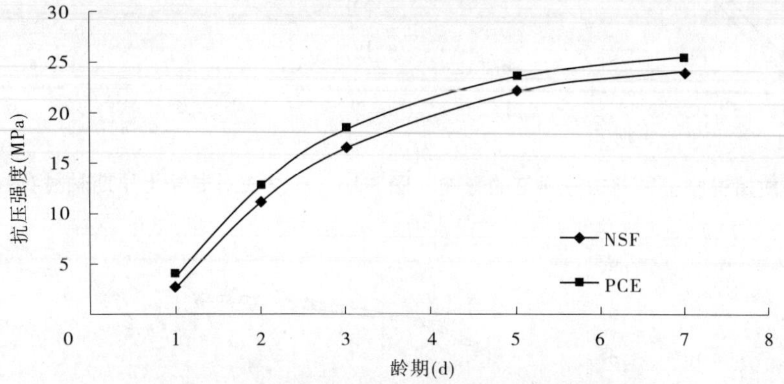

图 3-14　减水剂对混凝土早期抗压强度的影响

3.2.2　原材料对早期轴拉性能的影响

3.2.2.1　粉煤灰对早期轴拉性能的影响

同样采用肥城Ⅰ级灰(FA1)和托电Ⅰ级灰(FA2)，进行了粉煤灰对混凝土早期轴拉性能影响的研究，包括早期轴拉强度、早期轴拉弹性模量和早期极限拉伸值等。试验采用的配合比与进行粉煤灰对混凝土早期抗压强度影响的配合比相同。试验结果如表 3-11 所示。

表 3-11　粉煤灰对混凝土早期轴拉性能的影响

编号	轴拉强度(MPa)					轴拉弹性模量(GPa)					极限拉伸值($\times10^{-6}$)				
	1 d	2 d	3 d	5 d	7 d	1 d	2 d	3 d	5 d	7 d	1 d	2 d	3 d	5 d	7 d
FA1	0.6	1.5	2.7	2.9	3.2	12.4	22.8	31.6	37.3	40.5	35	49	58	64	67
FA2	0.3	1.2	2.1	2.4	2.5	16.6	26.5	32.6	39.1	41.7	36	51	60	67	69

图 3-15 ~ 图 3-17 是粉煤灰对混凝土早期轴拉性能影响的试验结果，由图看出，对于同为符合相关标准要求的两种Ⅰ级粉煤灰，其品质指标中的细度和强度活性等技术参数对混凝土早期轴拉性能存在一定的影响；由于粉煤灰颗粒细度较细，掺有该粉煤灰的混凝土早期轴拉强度、轴拉弹性模量较大；掺有强度活性指数高的粉煤灰的混凝土，其早期轴拉强度和轴拉弹性模量均较大；所选用的Ⅰ级粉煤灰的细度与强度活性指数等技术参数对混凝土早期极限拉伸值的影响较小。

3.2.2.2　减水剂对早期轴拉性能的影响

选用大坝混凝土采用的萘系高效减水剂(NsF)和聚羧酸系高效减水剂(PCE)各一种，进行减水剂对混凝土早期轴拉性能影响的研究工作，研究采用的试验配合比与早期抗压强度研究时采用的配合比相同。相关试验结果如表 3-12 所示。

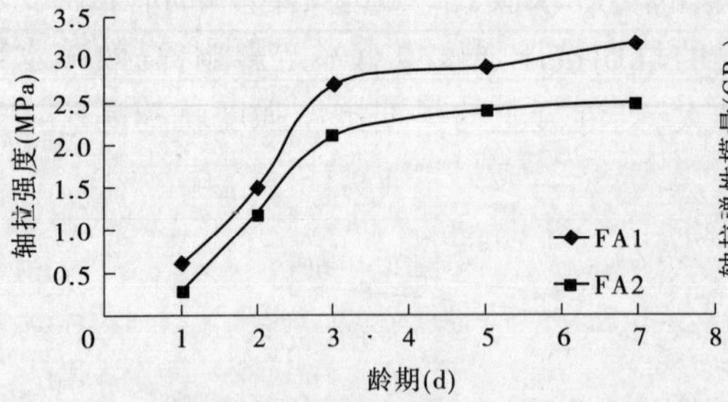

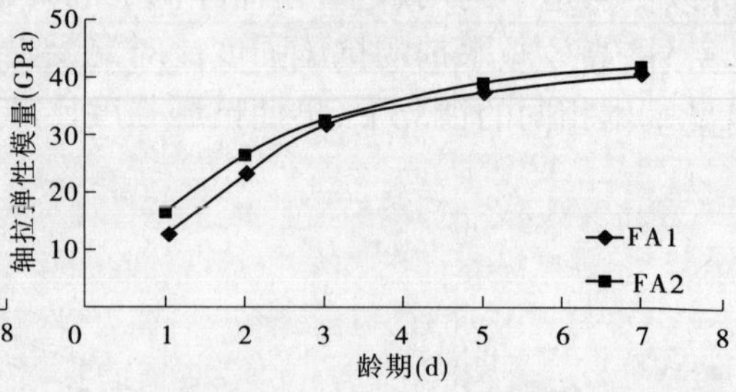

图 3-15　粉煤灰对混凝土早期轴拉强度的影响　图 3-16　粉煤灰对混凝土早期轴拉弹性模量的影响

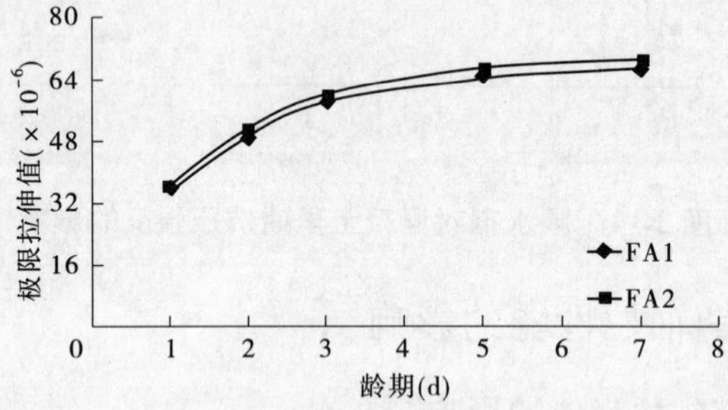

图 3-17　粉煤灰对混凝土早期极限拉伸值的影响

表 3-12　减水剂对混凝土早期轴拉性能的影响

编号	轴拉强度(MPa)					轴拉弹性模量(GPa)					极限拉伸值($\times 10^{-6}$)				
	1 d	2 d	3 d	5 d	7 d	1 d	2 d	3 d	5 d	7 d	1 d	2 d	3 d	5 d	7 d
NSF	0.4	1.5	2.1	2.3	2.5	13.6	20.2	30.4	35.1	40.8	33	46	54	61	61
PCE	0.6	1.8	2.4	2.8	2.9	15.4	24.4	33.6	38.2	43.7	34	47	56	62	64

图 3-18 ~ 图 3-20 是试验结果,由图中分析可知,减水剂的减水率和抗压强度比对混凝土早期的轴拉性能有一定影响,由于聚羧酸系减水剂的减水率和抗压强度比两个技术参数优于萘系高效减水剂,因此掺用聚羧酸系减水剂组混凝土的早期轴拉强度和早期极限拉伸值较大。减水剂的泌水率比也是影响混凝土早期轴拉性能的因素,泌水留下的泌水通道会影响混凝土的密实性,并在骨料下方留下水隙,影响骨料与浆体的黏结性能,从而降低混凝土的抗拉性。由于采用的聚羧酸系减水剂的泌水率比远小于萘系高效减水剂的泌水率比,因而掺用聚羧酸系减水剂混凝土的轴拉性能较好。

3.2.3　配合比对早期轴拉强度的影响

对不同配合比类型的混凝土进行试验,研究配合比对混凝土早期轴拉强度的影响,相关的试验内容及试验结果见表 3-13、表 3-14。

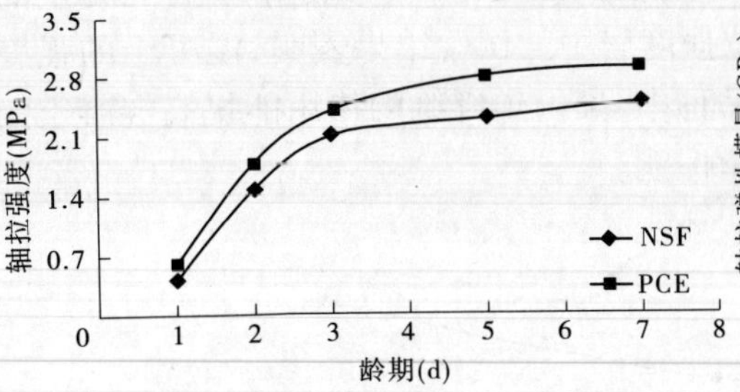

图 3-18 减水剂对混凝土早期轴拉强度的影响

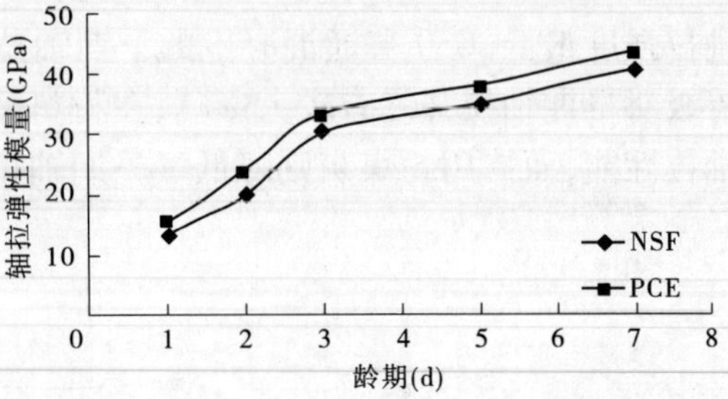

图 3-19 减水剂对混凝土早期轴拉弹性模量的影响

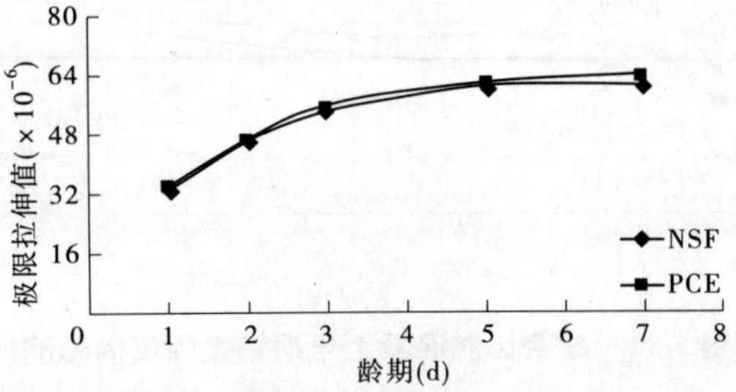

图 3-20 减水剂对混凝土早期极限拉伸值的影响

表 3-13 不同配合比混凝土的种类、尺寸与数量

混凝土类型	试件尺寸(mm)	试件数量(个)
C30 普通混凝土	100×100×550	18
C50 普通混凝土	100×100×550	18
C30 粉煤灰混凝土	100×100×550	18
C30 聚丙烯纤维混凝土	100×100×550	18

表 3-14 不同配合比混凝土的早期轴拉强度

混凝土类型	轴拉强度(MPa)					
	1 d	3 d	5 d	7 d	14 d	28 d
C30 普通混凝土	0.99	1.44	1.52	1.63	1.61	2.03
C50 普通混凝土	1.75	2.46	2.73	2.95	2.93	3.65
C30 粉煤灰混凝土	0.52	1.13	1.35	1.39	1.44	1.85
C30 聚丙烯纤维混凝土	1.29	1.80	1.91	2.05	2.01	2.25
C30 湿筛混凝土	0.98	1.11	1.63	2.02	2.29	2.34

图 3-21 为相应的试验结果，由图中可知，对于不同配合比的混凝土，C50 混凝土的早期轴拉强度普遍高于各类 C30 混凝土的轴拉强度；当强度等级同为 C30 时，湿筛混凝土由于剔除了粒径较大的粗骨料，因此其早期轴拉强度比其余 C30 混凝土的高；在未湿筛

的C30混凝土中,掺聚丙烯纤维的混凝土的早期轴拉强度最高,掺粉煤灰的混凝土的早期轴拉强度最低,C30普通混凝土的早期轴拉强度居中。试验结果表明,混凝土的强度设计等级对早期轴拉强度有较大影响;在材料品种中,聚丙烯纤维的掺用能提高混凝土的早期轴拉性能,而掺用粉煤灰则降低了早期轴拉性能。

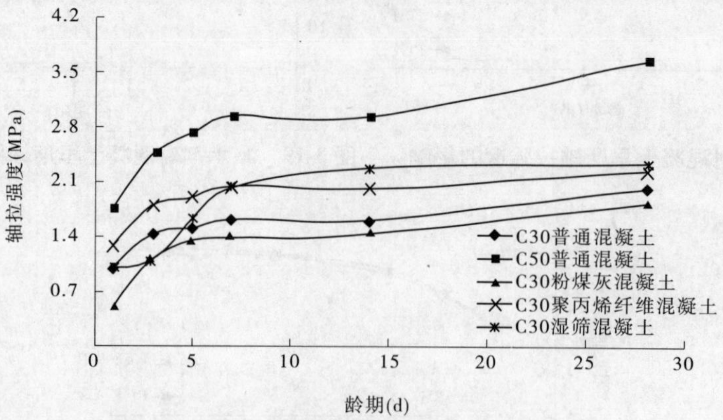

图3-21 配合比对混凝土早期轴拉强度的影响

3.3 对早期变形性能的影响

新型高效减水剂和矿物掺合料在水工混凝土中的运用范围及频率显著增大,低水胶比的大坝混凝土也不断涌现,混凝土的收缩变形性能已成为影响各类掺有大量矿物掺合料的低水胶比大坝混凝土开裂的重要因素之一。采用自行研制的水泥基材料自收缩测试装置,分析了各类矿物掺合料对水泥砂浆的早期自收缩性能的影响,意义重大。另外,还系统对比了粉煤灰、磨细磷渣粉、硅粉等三种矿物掺合料单掺以及各自复掺对混凝土早期干燥收缩的影响。

3.3.1 混凝土早期自收缩的影响

3.3.1.1 粉煤灰对早期自收缩的影响

采用托电Ⅰ级粉煤灰,开展了不同粉煤灰掺量的水泥砂浆早期自收缩的研究工作,研究过程中采用的试验配合比及试验结果如表3-15所示。

表3-15 粉煤灰对早期自收缩的影响

水胶比	粉煤灰掺量(%)	胶材总量(g)	灰集比	自收缩($\times10^{-3}$)							
				1 h	4 h	14 h	1 d	3 d	7 d	14 d	28 d
0.35	0	450	1:3	1.10	2.33	9.66	13.12	12.84	14.61	18.76	21.68
0.35	15	450	1:3	0.41	0.78	2.85	3.38	3.68	3.78	4.13	4.77
0.35	30	450	1:3	0.44	0.78	1.84	2.78	3.26	3.19	3.72	4.25
0.35	45	450	1:3	0.44	1.01	1.93	2.63	3.87	3.99	4.33	4.86
0.35	60	450	1:3	0.99	1.93	1.22	2.46	3.24	3.29	4.05	4.28

图 3-22 的试验结果表明，粉煤灰对水泥砂浆的自收缩有较大的影响，掺入粉煤灰能降低砂浆的早期自收缩。这是由粉煤灰的水化特性造成的，因为水泥基材料的自收缩是在与外界没有质量、热量等交换的情况下由于自生的化学反应等因素而产生的体积变化，粉煤灰掺入砂浆后使整个水化体系中能直接参与水化反应的物质含量减少，以致水化反应前后的水化体系的质量变化减少。因此，在砂浆水化体系中，粉煤灰的掺入能有效减小砂浆的自收缩。

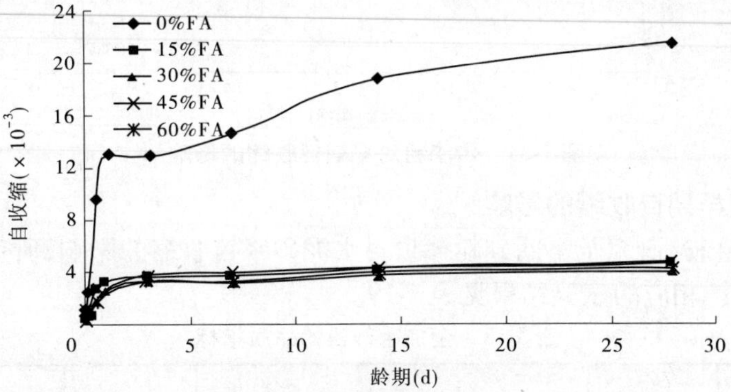

图 3-22　粉煤灰对早期自收缩的影响

3.3.1.2　磷渣粉对早期自收缩的影响

采用磷渣粉内掺的方式，研究了其对水泥砂浆早期自收缩性能的影响。试验采用的磨细磷渣粉的品质检测结果如表 3-16 所示。

表 3-16　磷渣粉的品质指标

项目	45 μm 筛筛余（%）	比表面积（m^2/kg）	密度（g/cm^3）	需水量比（%）	流动度比（%）	含水量（%）	烧失量（%）	SO_3（%）	活性指数（%）
磷渣粉	18.8	419	2.90	98	101	0.06	4.49	0.64	86

不同掺量的磷渣粉对砂浆早期自收缩影响的试验研究结果见表 3-17。

表 3-17　磷渣粉对水泥砂浆早期自收缩的影响

水胶比	磷渣粉掺量（%）	胶材总量（g）	灰集比	自收缩（$\times10^{-3}$）							
				1 h	4 h	14 h	1 d	3 d	7 d	14 d	28 d
0.35	0	450	1:3	1.01	2.51	6.90	8.03	8.76	9.65	15.15	16.82
0.35	15	450	1:3	1.08	2.67	9.07	10.96	11.83	13.95	16.65	20.00
0.35	30	450	1:3	1.13	2.77	9.61	11.42	12.94	16.19	18.13	21.40
0.35	45	450	1:3	1.16	2.99	10.08	12.37	13.76	18.25	18.54	22.91
0.35	60	450	1:3	1.19	3.01	10.68	12.99	14.12	19.87	20.02	24.10

从图 3-23 的试验结果可知，磷矿渣的掺用增大了水泥砂浆的早期自收缩，且随着磨细磷渣粉掺量的增大，水泥砂浆的自收缩也逐渐增加。

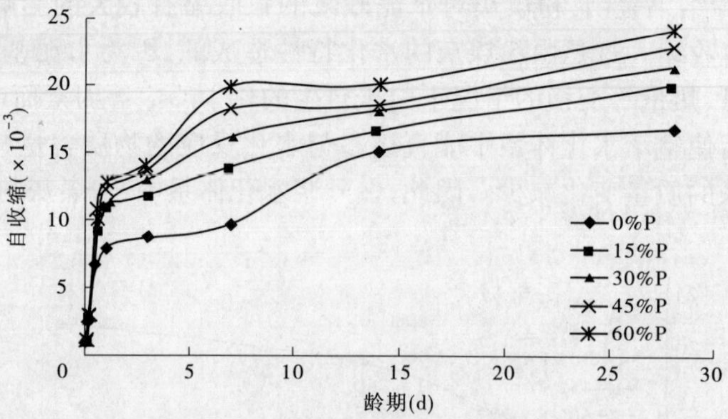

图 3-23　磷渣粉对早期自收缩的影响

3.3.1.3　硅粉对早期自收缩的影响

采用全加密硅粉，研究了不同硅粉掺量对水泥砂浆自收缩的影响，所用硅粉的品质指标如表 3-18 所示。相应的试验结果见表 3-19。

表 3-18　全加密硅粉的品质指标

项目	SiO_2 (%)	烧失量 (%)	含水率 (%)	火山灰活性 (%)	密度 (g/cm^3)	堆积密度 (g/cm^3)	45 μm 筛筛余 (%)
全加密硅粉	90.6	3.59	1.8	90.2	2.35	0.61	0.8
GB/T 18736—2002	≥85	≤6	≤3	≥90	—	—	<10

表 3-19　硅粉对水泥砂浆早期自收缩的影响

水胶比	硅粉掺量(%)	胶材总量(g)	灰集比	自收缩($\times10^{-3}$)							
				1 h	4 h	14 h	1 d	3 d	7 d	14 d	28 d
0.35	0	450	1∶3	1.12	2.48	8.77	11.82	14.96	16.43	18.97	21.47
0.35	5	450	1∶3	1.03	2.74	10.21	13.54	16.45	18.16	20.76	25.60
0.35	10	450	1∶3	1.07	2.86	11.76	15.87	18.97	20.71	23.98	27.83
0.35	15	450	1∶3	1.13	2.99	13.59	17.63	20.64	22.42	26.08	31.81
0.35	20	450	1∶3	1.33	3.36	17.21	19.87	23.65	28.11	35.23	42.65

根据图 3-24 的试验结果分析，硅粉对水泥砂浆早期自收缩的影响很大，硅粉的掺用可以增大水泥砂浆的早期自收缩。这同样与硅粉的活性有关，众所周知，硅粉具有很细的细度和很高的活性，这两个特征使掺有硅粉的水化体系水化加速。对于试验所采用的水泥砂浆体系，硅粉的高活性和高细度使掺有该硅粉的水化体系的水化反应增强，水化前后体系的质量变化增大，进而增加了水泥砂浆的自收缩，且随着硅粉掺量的增大，水泥砂浆的早期自收缩也逐渐增加。

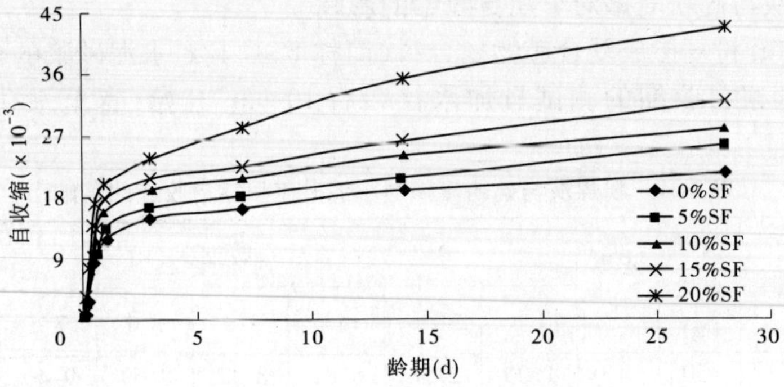

图 3-24 硅粉对早期自收缩的影响

3.3.1.4 粉煤灰与磷渣粉复掺对早期自收缩的影响

将粉煤灰与磷渣粉等比例混合成复合矿物掺合料(简称 FP),其对水泥砂浆的自收缩的影响见表 3-20。水泥砂浆自收缩的测试自加水拌和后 10 min 开始,直至水化 28 d 结束,如图 3-25 所示。

表 3-20 粉煤灰与磷渣粉复掺对水泥砂浆早期自收缩的影响

水胶比	FP总掺量(%)	胶材总量(g)	灰集比	自收缩($\times 10^{-3}$)							
				1 h	4 h	14 h	1 d	3 d	7 d	14 d	28 d
0.35	0	450	1:3	1.05	2.47	6.71	8.00	8.59	9.17	15.33	16.12
0.35	15	450	1:3	1.02	2.54	8.07	8.21	9.35	10.86	17.01	18.28
0.35	30	450	1:3	1.10	2.61	9.11	9.38	11.09	12.16	17.28	19.37
0.35	45	450	1:3	1.11	2.69	10.01	11.35	12.27	13.62	17.93	20.08
0.35	60	450	1:3	1.14	2.77	10.45	12.02	12.98	14.11	18.76	21.88

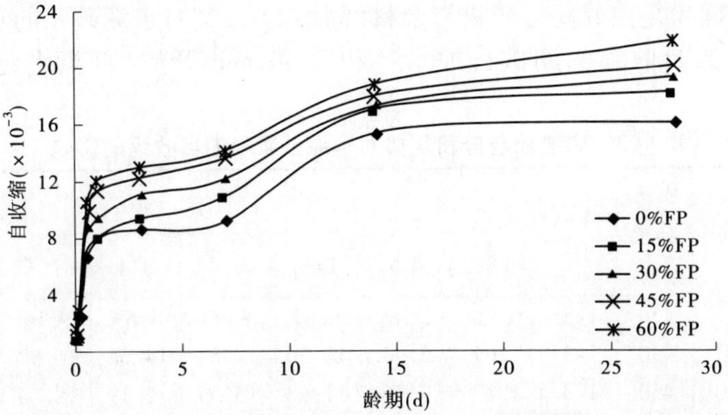

图 3-25 粉煤灰、磷渣粉复合掺合料(FP)对早期自收缩的影响

3.3.1.5　粉煤灰与硅粉复掺对早期自收缩的影响

将粉煤灰与硅粉复掺成复合矿物掺合料(简称 FS),其对水泥砂浆的自收缩的影响见表3-21。水泥砂浆自收缩的测试自加水拌和后 10 min 开始,直至水化 28 d 结束,如图 3-26 所示。

表 3-21　粉煤灰与硅粉复掺对水泥砂浆早期自收缩的影响

水胶比	粉煤灰+硅粉掺量(%)	胶材总量(g)	灰集比	自收缩($\times10^{-3}$)							
				1 h	4 h	14 h	1 d	3 d	7 d	14 d	28 d
0.35	0	450	1:3	1.00	2.58	6.81	8.12	8.59	9.40	15.94	16.51
0.35	7.5+2.5	450	1:3	1.04	2.60	8.88	10.12	11.41	13.03	16.19	19.43
0.35	15.0+5.0	450	1:3	1.17	2.77	9.43	11.04	12.43	15.91	17.34	20.42
0.35	22.5+7.5	450	1:3	1.29	3.42	10.64	12.69	13.72	18.95	20.91	23.79
0.35	30.0+10.0	450	1:3	1.55	4.01	12.25	15.76	17.87	21.66	23.25	25.12

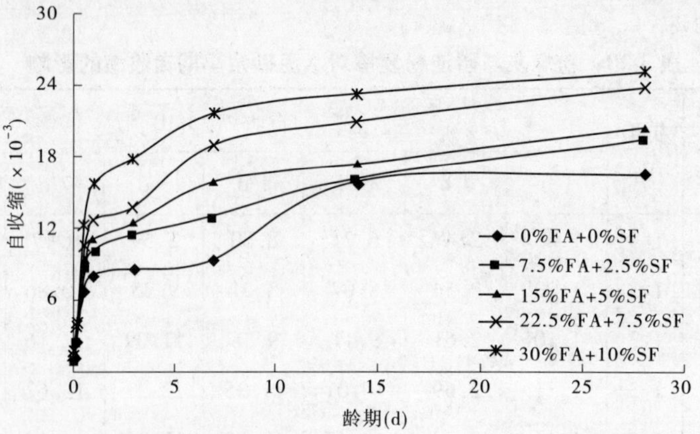

图 3-26　粉煤灰、硅粉复合掺合料(FS)对早期自收缩的影响

3.3.1.6　磷渣粉与硅粉复掺对早期自收缩的影响

将磷渣粉与硅粉复掺成复合矿物掺合料(简称 PS),其对水泥砂浆的自收缩的影响见表3-22。水泥砂浆自收缩的测试自加水拌和后 10 min 开始,直至水化 28 d 结束,如图 3-27 所示。

表 3-22　磷渣粉与硅粉复掺对水泥砂浆早期自收缩的影响

水胶比	磷渣粉+硅粉掺量(%)	胶材总量(g)	灰集比	自收缩($\times10^{-3}$)							
				1 h	4 h	14 h	1 d	3 d	7 d	14 d	28 d
0.35	0	450	1:3	0.98	2.46	6.83	8.03	8.53	9.14	14.97	16.36
0.35	7.5+2.5	450	1:3	1.09	2.93	10.26	12.84	14.38	16.97	19.59	21.67
0.35	15.0+5.0	450	1:3	1.17	3.46	11.68	13.59	16.19	18.64	21.34	23.64
0.35	22.5+7.5	450	1:3	1.21	3.54	13.29	14.61	18.19	20.45	23.58	25.48
0.35	30.0+10.0	450	1:3	1.46	4.12	13.98	15.32	19.77	21.45	25.01	26.22

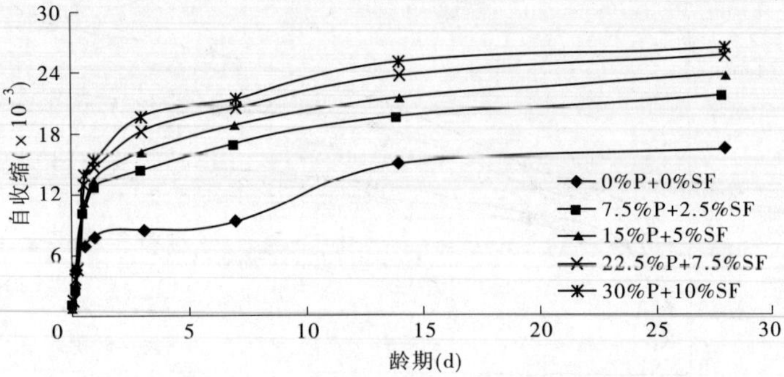

图 3-27　磷渣粉、硅粉复合掺合料(PS)对早期自收缩的影响

从图 3-25 ~ 图 3-27 中采用复掺方式的三组复合掺合料对水泥砂浆自收缩的影响情况来看,在复掺的掺合料体系中,掺合料本身还是保持了自个对水泥砂浆早期自收缩原有的影响规律,例如,粉煤灰和磷渣粉复掺后,水泥砂浆早期自收缩的值介于单掺粉煤灰水泥砂浆的自收缩值和单掺磷渣粉水泥砂浆的自收缩值之间,掺合料复合起到了效应叠加的作用。但是,矿物掺合料对水泥砂浆早期自收缩的效应叠加作用也不是简单的线性相加,如磷渣粉和硅粉复掺后,水泥砂浆的早期自收缩值并不是单掺磷渣粉水泥砂浆自收缩值与单掺硅粉水泥砂浆自收缩值的和。

3.3.2　混凝土早期干燥收缩的影响

3.3.2.1　粉煤灰对早期干燥收缩的影响

采用托电Ⅰ级粉煤灰对水泥砂浆的早期干燥收缩进行了分析,试验配合比和相应的试验结果如表 3-23 和图 3-28 所示。

表 3-23　粉煤灰对水泥砂浆早期干燥收缩的影响

水胶比	粉煤灰掺量(%)	胶材总量(g)	灰集比	干缩率($\times10^{-6}$)					
				1 d	3 d	7 d	14 d	21 d	28 d
0.5	0	450	1∶3	281	570	696	927	1 082	1 178
0.5	15	450	1∶3	218	531	631	836	897	956
0.5	30	450	1∶3	155	446	540	645	703	734
0.5	45	450	1∶3	109	413	504	598	607	619

从图 3-28 的试验结果分析可知,所用的Ⅰ级粉煤灰掺入后对水泥砂浆的早期干燥收缩影响较大。随着Ⅰ级粉煤灰掺量的增大,水泥砂浆的早期干燥收缩逐渐减小。试验结果表明,粉煤灰技术参数中的需水量比是影响掺粉煤灰水泥砂浆早期干燥收缩的原因之一,粉煤灰的需水量比小于 100% 说明粉煤灰具有一定的减水作用,胶凝体系中可一定程度地减少水分消耗,因此水泥砂浆的早期干燥收缩就比较小。而粉煤灰能不能减水或者减水程度如何则又归结于粉煤灰本身的颗粒形态、结构等微观因素,若粉煤灰中的微珠球状颗粒较多,则掺有该类粉煤灰的水泥砂浆的早期干燥收缩能得到一定程度的降低。

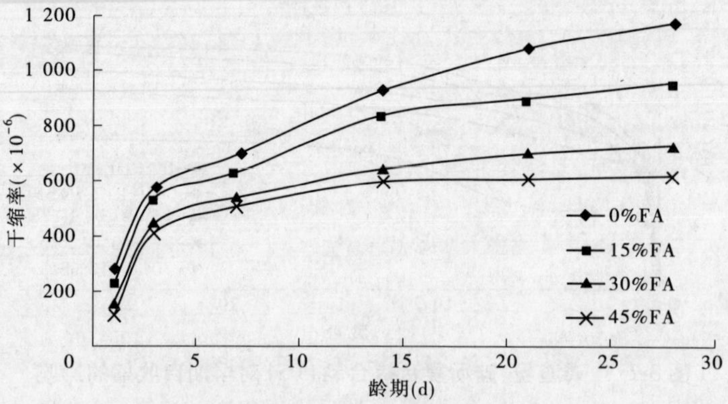

图 3-28　粉煤灰对早期干燥收缩的影响

3.3.2.2　磷渣粉对早期干燥收缩的影响

采用磷渣粉进行磷渣粉掺量对水泥砂浆早期干燥收缩影响的研究工作，试验配合比和试验结果如表 3-24 和图 3-29 所示。

表 3-24　磷渣粉对水泥砂浆早期干燥收缩的影响

水胶比	磷渣粉掺量(%)	胶材总量(g)	灰集比	干缩率($\times10^{-6}$)					
				1 d	3 d	7 d	14 d	21 d	28 d
0.5	0	450	1:3	277	565	688	932	1 077	1 189
0.5	15	450	1:3	239	560	674	875	941	1 006
0.5	30	450	1:3	185	479	585	692	746	888
0.5	45	450	1:3	141	443	556	648	684	722

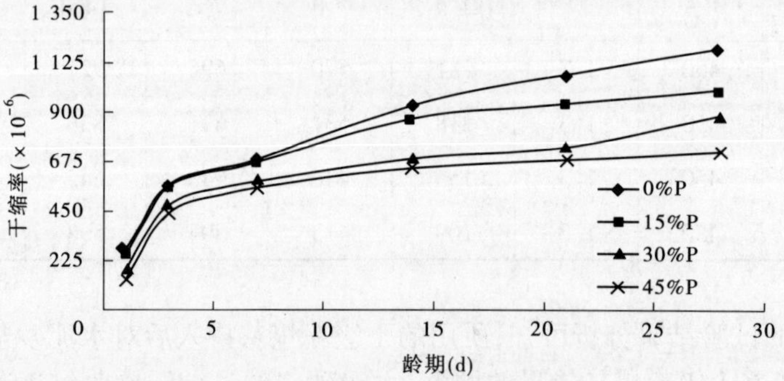

图 3-29　磷渣粉对早期干燥收缩的影响

3.3.2.3　硅粉对早期干燥收缩的影响

采用埃肯 920D 全加密硅粉进行了硅粉掺量对水泥砂浆早期干燥收缩影响的研究工作，研究所用的配合比和相关研究结果如表 3-25 和图 3-30 所示。

表 3-25　硅粉对水泥砂浆早期干燥收缩的影响

水胶比	硅粉掺量(%)	胶材总量(g)	灰集比	干缩率($\times10^{-6}$)					
				1 d	3 d	7 d	14 d	21 d	28 d
0.5	0	450	1:3	277	571	705	938	1 067	1 149
0.5	5	450	1:3	305	618	764	1 007	1 198	1 397
0.5	10	450	1:3	322	653	805	1 094	1 259	1 489
0.5	15	450	1:3	356	694	906	1 204	1 389	1 642

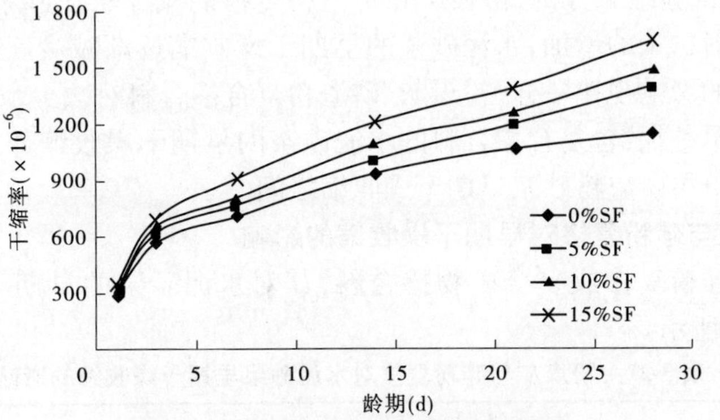

图 3-30　硅粉对早期干燥收缩的影响

根据图 3-30 的试验结果分析，硅粉的掺用会增大水泥砂浆的早期干燥收缩，这主要与硅粉自身的细度有关，通常情况下硅粉的比表面积为 15 000 ~ 25 000 m^2/kg，如此巨大的比表面积使硅粉的需水量比很大，水泥砂浆中掺入硅粉后，整个体系需要的用水量增加，因此掺硅粉水泥砂浆的早期干燥收缩较大，且随着硅粉掺量的增加而增大。

3.3.2.4　粉煤灰与磷渣粉复掺对早期干燥收缩的影响

采用与研究矿物掺合料复掺对早期自收缩的影响时一样的试验方案，将粉煤灰、磷渣粉等比例复掺，以进行复合掺合料对水泥砂浆早期干燥收缩的影响。粉煤灰和磷渣粉等比例混合后的复合掺合料简称为 FP 掺合料，试验配合比及试验结果如表 3-26 和图 3-31 所示。

表 3-26　粉煤灰与磷渣粉复掺对水泥砂浆早期干燥收缩的影响

水胶比	FP 掺量(%)	胶材总量(g)	灰集比	干缩率($\times10^{-6}$)					
				1 d	3 d	7 d	14 d	21 d	28 d
0.5	0	450	1:3	284	567	673	967	1 073	1 194
0.5	15	450	1:3	234	549	661	858	927	991
0.5	30	450	1:3	168	453	556	649	728	824
0.5	45	450	1:3	122	405	524	618	632	706

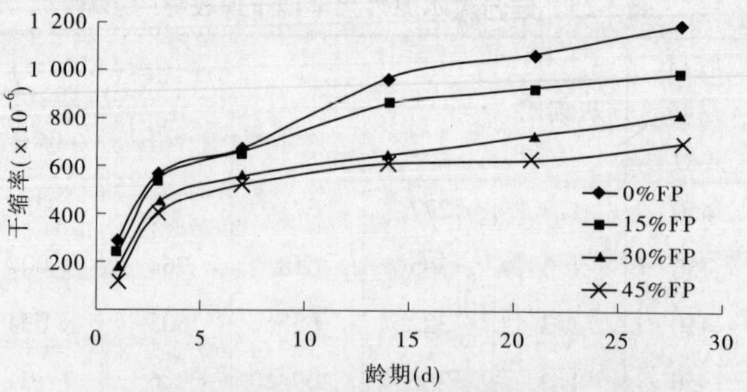

图 3-31　粉煤灰、磷渣粉复掺对早期干燥收缩的影响

从图 3-31 的试验结果分析，粉煤灰和磷渣粉复掺能减少水泥砂浆早期的干燥收缩，且随着复合掺合料掺量的增加，水泥砂浆的早期干燥收缩逐渐减少。与复合掺合料对混凝土早期自收缩的影响规律一样，粉煤灰、磷渣粉复合掺合料对减少水泥砂浆早期干燥收缩的作用并非简单叠加，含复合掺合料的水泥砂浆的早期干燥收缩介于单掺粉煤灰砂浆早期干燥收缩与单掺磷渣粉砂浆早期干燥收缩之间。

3.3.2.5　粉煤灰与硅粉复掺对早期干燥收缩的影响

将粉煤灰与硅粉复掺成复合矿物掺合料，其对水泥砂浆的早期干缩收缩的影响如表 3-27和图 3-32 所示。

表 3-27　粉煤灰与硅粉复掺对水泥砂浆早期干燥收缩的影响

水胶比	粉煤灰 + 硅粉掺量 (%)	胶材总量 (g)	灰集比	干缩率($\times10^{-6}$)					
				1 d	3 d	7 d	14 d	21 d	28 d
0.5	0	450	1:3	221	559	697	914	1 053	1 163
0.5	7.5 + 2.5	450	1:3	264	601	793	1 011	1 182	1 231
0.5	15.0 + 5.0	450	1:3	303	634	871	1 165	1 235	1 304
0.5	22.5 + 7.5	450	1:3	326	695	938	1 236	1 324	1 472

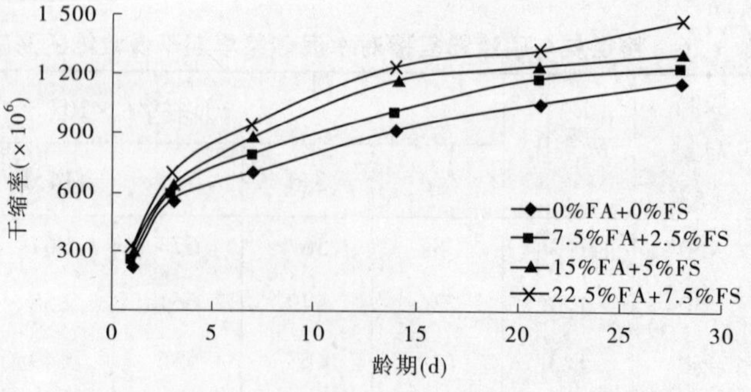

图 3-32　粉煤灰与硅粉复掺对早期干燥收缩的影响

根据图 3-32 的试验结果分析，粉煤灰、硅粉复掺后对水泥砂浆早期干燥收缩起到了增大作用。从复掺后水泥砂浆的早期干燥收缩值分析可知，硅粉对水泥砂浆早期干燥收缩的影响程度大于粉煤灰，粉煤灰对水泥砂浆早期干燥收缩的抑制作用只能部分抵消硅粉对水泥砂浆早期干燥收缩的促进作用，因此粉煤灰和硅粉等比例复掺后，复合掺合料的水泥砂浆的早期干燥收缩增大，且随着掺量的增加而增大。

3.3.2.6 磷渣粉与硅粉复掺对早期干燥收缩的影响

将磷渣粉与硅粉复掺成复合矿物掺合料，其对水泥砂浆的早期干燥收缩的影响见表 3-28和图 3-33。

表 3-28　磷渣粉与硅粉复掺对水泥砂浆早期干燥收缩的影响

水胶比	磷渣粉+硅粉掺量(%)	胶材总量(g)	灰集比	干缩率($\times10^{-6}$)					
				1 d	3 d	7 d	14 d	21 d	28 d
0.5	0	450	1:3	247	553	686	901	1 044	1 119
0.5	7.5+2.5	450	1:3	286	604	748	985	1 143	1 367
0.5	15.0+5.0	450	1:3	301	622	765	1 007	1 199	1 416
0.5	22.5+7.5	450	1:3	328	603	876	1 148	1 275	1 548

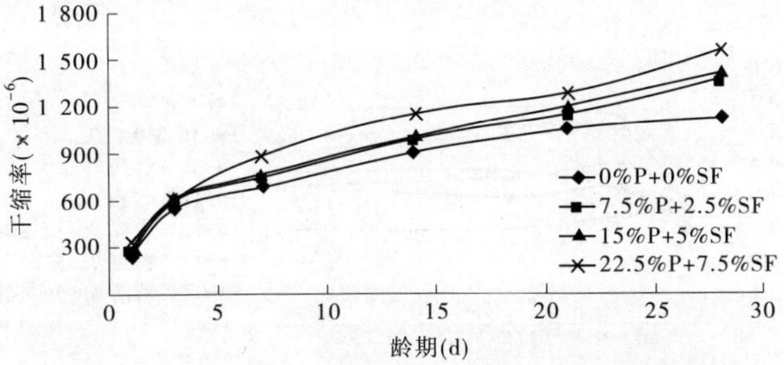

图 3-33　磷渣粉与硅粉复掺对早期干燥收缩的影响

从图 3-33 的试验结果可知，磷渣粉与硅粉复掺对水泥砂浆早期干燥收缩的影响规律基本和粉煤灰与硅粉复掺相同，磷渣粉对水泥砂浆早期干燥收缩的抑制作用也只能部分抵消硅粉对水泥砂浆早期干燥收缩的促进作用，磷渣粉与硅粉复掺会使水泥砂浆早期干燥收缩增大，且随着掺量的增大而增加。

3.4　对早期抗裂性的影响

对比粉煤灰、磷渣粉、硅粉对水泥砂浆脆性系数的影响规律，进而分析上述三种矿物掺合料对水泥砂浆早期抗裂性的影响情况；采用圆环法研究了粉煤灰、磷渣粉、硅粉等矿物掺合料对水泥砂浆首裂时间的影响情况；采用改进平板法研究了粉煤灰、磷渣粉、硅粉等矿物掺合料对混凝土首裂时间、开裂面积等参数的影响。

3.4.1 材料组成对脆性系数的影响

脆性系数指的是抗压强度和抗拉强度之比，改善混凝土抗裂性的重要措施之一就是降低其脆性系数，一般来说，脆性系数越小，混凝土的韧性就越大，抗裂性就越好。粉煤灰、磷渣粉、硅粉等矿物掺合料对水泥砂浆脆性系数影响的研究结果如表 3-29 和图 3-34 所示。

表 3-29 材料组成对水泥砂浆脆性系数的影响

掺合料类型	水胶比	胶材总量(g)	掺合料掺量(%)	灰集比	脆性系数			
					3 d	7 d	14 d	28 d
基准组	0.5	450	0	1:3	3.8	5.0	5.1	4.9
粉煤灰	0.5	450	30	1:3	3.4	4.1	4.0	4.2
磷渣粉	0.5	450	30	1:3	3.9	4.5	4.3	4.2
硅粉	0.5	450	10	1:3	4.2	5.2	5.4	5.4
粉煤灰 + 磷渣粉	0.5	450	15 + 15	1:3	3.6	4.1	4.9	4.7
粉煤灰 + 硅粉	0.5	450	15 + 5	1:3	3.8	3.7	3.5	3.5
磷渣粉 + 硅粉	0.5	450	15 + 5	1:3	3.9	4.1	4.4	4.4

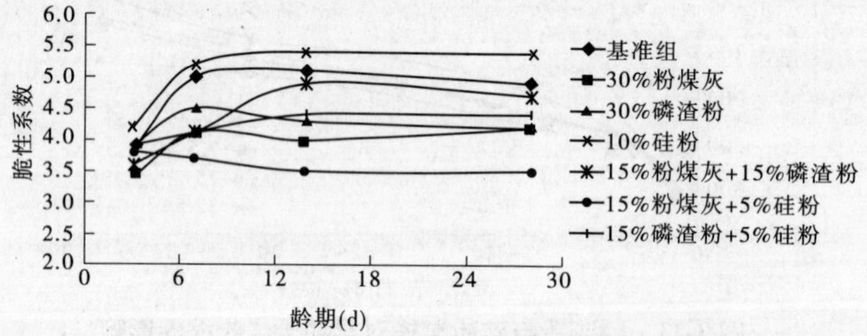

图 3-34 材料组成对水泥砂浆脆性系数的影响

从图 3-34 的试验结果分析，上述三种矿物掺合料单掺时，与未掺掺合料的基准组相比，掺硅粉组的 3 d 脆性系数最大，开裂风险最大，掺磷渣粉组的 3 d 脆性系数次之，掺粉煤灰组的 3d 脆性系数最小。因此，粉煤灰能降低水泥砂浆的 3 d 脆性系数和开裂风险，而磷渣粉和硅粉则会增大水泥砂浆的 3 d 脆性系数和开裂风险。上述三种矿物掺合料两两复掺时，磷渣粉与硅粉复掺组的 3 d 脆性系数最大，粉煤灰与硅粉复掺组的 3 d 脆性系数居中，粉煤灰与磷渣粉复掺组的 3 d 脆性系数最小。

3.4.2 材料组成对砂浆首裂时间的影响

按照《混凝土结构耐久性设计与施工指南》(CCES 01—2004)中推荐的圆环法，对掺有粉煤灰、磷渣粉、粉煤灰与磷渣粉混合的复合掺合料等矿物掺合料的水泥砂浆的首裂时间进行了分析。试验配合比及相应的试验结果如表 3-30 所示。

表 3-30　材料组成对砂浆首裂时间的影响

掺合料类型	水胶比	胶材总量（g）	掺合料掺量（%）	灰集比	首条裂缝出现时间（d）
基准组	0.5	450	0	1:3	11
粉煤灰	0.5	450	30	1:3	15
磷渣粉	0.5	450	30	1:3	8
粉煤灰＋磷渣粉	0.5	450	15＋15	1:3	13

从表 3-30 的试验结果可知，掺用磷渣粉的水泥砂浆比基准组提前 3 d 出现首条裂缝，单掺粉煤灰的水泥砂浆的首条裂缝的出现时间则比基准组晚 4 d，说明掺粉煤灰对水泥砂浆的早期抗裂性有利，而掺磷渣粉则不利于水泥砂浆的早期抗裂。这与水泥砂浆早期脆性系数的研究结果是吻合的，掺磷渣粉水泥砂浆的早期脆性系数较大、开裂风险较高，所以出现首条裂缝的时间也最早。

3.4.3　材料组成对混凝土开裂参数的影响

采用改进的平板法，参照《混凝土结构耐久性设计与施工指南》（CCES 01—2004）中关于平板法的试验步骤和开裂参数评价指标，对掺有粉煤灰、磷渣粉、粉煤灰与磷渣粉混合的复合掺合料等矿物掺合料的混凝土的开裂参数进行了研究。试验配合比见表 3-31，相应的试验结果如表 3-32 所示。

表 3-31　试验配合比

掺合料类型	水胶比	灰集比	掺合料掺量（%）	砂率（%）	胶材总量（kg）
基准组	0.5	1:5	0	34	10
粉煤灰	0.5	1:5	30	34	10
磷渣粉	0.5	1:5	30	34	10
粉煤灰＋磷渣粉	0.5	1:5	15＋15	34	10

表 3-32　材料组成对混凝土开裂参数的影响

掺合料类型	a（mm^2）	b（根/m^2）	c（mm^2/m^2）	d（%）	T（h）
基准组	48.6	5.6	272.1	—	3.5
粉煤灰	37.8	2.8	105.8	61	4.0
磷渣粉	111.0	5.6	621.6	－128	2.6
粉煤灰＋磷渣粉	70.0	8.3	581.0	－114	3.2

注：表中 a 代表平均开裂面积；b 代表单位面积开裂裂缝数目；c 代表单位面积的总开裂面积；d 代表裂缝降低率；T 代表首条裂缝出现时间。

从试验结果分析，掺磷渣粉混凝土的首条裂缝出现时间最早、平均开裂面积最大、单位面积的总开裂面积最大、单位面积开裂裂缝数目最多。而掺粉煤灰混凝土的抗裂性能优于基准混凝土。粉煤灰与磷渣粉复掺组混凝土的抗裂性比基准混凝土差，介于单掺粉煤灰组和单掺磷渣粉组之间。

3.5 小　结

开展了骨料的类型、骨料湿度情况、混凝土配合比、养护条件等对混凝土早期热学性能影响的研究工作，对比粉煤灰、萘系减水剂、聚羧酸系减水剂对混凝土早期力学性能的影响，并就粉煤灰、磷渣粉、硅粉等矿物掺合料对混凝土早期自收缩、早期干燥收缩、早期抗裂性等进行了系统研究，得到以下主要结论：

(1)骨料对混凝土的导热系数、导温系数具有重要影响；用河砂配制的混凝土的导热系数、导温系数都要比用机制砂配制的混凝土大。

(2)水灰比对混凝土早期导热系数、导温系数发展规律的影响不显著；而养护温度对混凝土早期导热系数、导温系数的发展具有较大的影响，环境养护温度越高，混凝土导热系数、导温系数在水化阶段达到稳定值的龄期就越早，而混凝土导热系数、导温系数的最终稳定值则越小。

(3)在水泥品种等其他因素均相同的情况下，水泥净浆的热膨胀系数最大，混凝土的热膨胀系数最小，水泥砂浆的热膨胀系数居中；粗骨料对混凝土的热膨胀系数影响很大，粗骨料的热膨胀系数高，则用该粗骨料配制的混凝土的热膨胀系数就较大；骨料相同的情况下，水泥用量多的混凝土的热膨胀系数一般较大。

(4)粉煤灰的细度和强度活性指数对混凝土早期的力学性能影响较大，细度越细，强度活性指数越大，混凝土的早期力学性能就越好；在保持混凝土流动性和水泥用量的情况下，减水剂的减水率对混凝土早期力学性能影响显著，减水率越大，早期力学性能越好；减水剂的早期抗压强度比越大，混凝土的早期抗压强度就越高。

(5)在粉煤灰、磷渣粉、硅粉等三种矿物掺合料中，单掺粉煤灰和磷渣粉能减小砂浆早期的自收缩和干燥收缩；单掺硅粉将增大砂浆的早期自收缩和干燥收缩。与未掺掺合料的基准组相比，上述掺合料复掺都将增大早期自收缩；对于砂浆的早期干燥收缩而言，除粉煤灰与磷渣粉复掺组合外，其余掺合料复掺都会增大早期干燥收缩。

(6)单掺粉煤灰、磷渣粉会降低砂浆的早期力学性能，但也降低了脆性系数，对早期抗裂有利；硅粉虽能提高砂浆的早期力学性能，但对脆性系数的改善效果不大；掺磷渣粉水泥砂浆的早期脆性系数较大，开裂风险较高，出现首条裂缝的时间也最早；掺磷渣粉混凝土的首条裂缝出现时间最早，平均开裂面积最大，单位面积的总开裂面积最大，单位面积开裂裂缝数目最多；掺粉煤灰混凝土的抗裂性能优于基准混凝土；粉煤灰与磷渣粉复掺组混凝土的抗裂性比基准混凝土差，介于单掺粉煤灰组和单掺磷渣粉组之间。

参 考 文 献

[1] Le Chatelier H. Sur les changements de volume qui accompagnent le durcissement des ciments[A]. Bulletin de laSociete d'Encouragement pour l'Industrie Nationale,1990:54-57.

[2] Lynam C G. Growth and Movement in Portland Cement Concrete [M]. London:Oxford Univ. Press,1934.

[3] Tazawa,et al. Autogenous shrinkage of concrete[M]. London:Taylor&Francis Books Ltd,1999.

[4] Bentur A. Terminologys and definitions[A]. International RILEM Conference on Early Age Cracking in Cementitious system - EAC'01. Haifa:RILEM TC,2001:13-5.

[5] Tazawa E , Miyazawa S , Kasai T. Chemical shrinkage and autogenous shrinkage of cement paste[J]. C C R,1995,25(2):288-292.

[6] Aytcin P C. Demystifying antogenous shrinkage[J]. Concrete international,1999(11):54-56.

[7] 马丽媛,姚燕,田培,等. 国内外混凝土的收缩性能及抗裂性试验研究方法评述[J]. 中国建筑科技,2001(1):28.

[8] 杨华全,肖开涛,董芸,等. 混凝土化学收缩的试验方法及影响因素探讨[J]. 人民长江,2008(2):4-8.

[9] 严吴南. 超高强混凝土的化学收缩及干缩的研究[J]. 施工技术, 1999(5):17-18.

[10] 王铁梦. 工程结构裂缝控制[M]. 北京:中国建筑工业出版社,1997.

[11] 穆大鹏,阎培渝. 高钙粉煤灰混凝土的强度和干缩性能[J]. 混凝土,2004,11:31-34.

[12] 杨全兵. 高性能混凝土的自收缩机理研究[J]. 硅酸盐学报,2000(51):72-75.

[13] 严捍东. 粉煤灰掺量对大坝混凝土力学性能的影响[J]. 华侨大学学报,2000,21(3):291-295.

[14] 金贤玉,沈毅,李宗津. 混凝土早期受力对后期性能的影响[J]. 混凝土,2003(7):35-37.

[15] 管品武,陈萌,刘立新,等. 商品混凝土的早期轴向拉伸试验研究[J]. 混凝土,2005(2):66-67.

[16] 张勇强,林皋,阎东明. 混凝土早期强度的试验研究[J]. 沈阳建筑工程学院学报,2003,19(2):85-89.

[17] 陈秀铜,刘德富,李璐. 掺磷矿渣混凝土性能试验研究[J]. 水力发电学报,2007,26(6):57-60.

[18] 陈建国,周立新,蒋巧玲. 粉煤灰掺量对混凝土单轴受拉受压应力—应变曲线的影响[J]. 商品混凝土,2009(7):26-28.

[19] 李悦,吴科如,王胜先,等. 掺加混合材的水泥石自收缩特性研究[J]. 建筑材料学报,2001,4(1):7-11.

[20] 王伟. C40 ,C50 粉煤灰混凝土自生收缩的试验研究[J]. 粉煤灰综合利用,2008(2):35-36.

[21] 高英力,周士琼,马保国. U FA 水泥基材料早期自收缩与干燥收缩研究[J]. 深圳大学学报:理工版,2008(1):97-102.

[22] 安明喆,朱金铨,覃维祖,等. 粉煤灰对高性能混凝土早期收缩的抑制及其机理研究[J]. 中国铁道科学,2006(7):27-31.

[23] 朱建强,张士萍,邓敏. 抑制水泥浆体早期自收缩的方法[J]. 硅酸盐通报,2008(1):2-6.

[24] 马冬花,尚建丽,李占印. 高性能混凝土的自收缩[J]. 西安建筑科技大学学报:自然科学版,2003:3:82-84.

[25] Lepage S, Balbaki M, Dallaire E, et al. Early Shrinkage Developmentina High Performance Concrete [J]. Cement, Concrete, and Aggreagtes, 1999,21(2):996-999.

[26] Radocea A. Autogenous Volume Change of Concrete at Very Early Age[J]. Magazine of Concrete Re-

search, 1998,50(2):107-109.

[27] 巴恒静,高小建,杨英姿.高性能混凝土早期自收缩测试方法研究[J].工业建筑,2003(8):1-4.

[28] 刘数华,方坤河,刘六宴.水工碾压混凝土的抗裂性能[M].北京:中国水利水电出版社,2006.

[29] Ringot E, Bascoul A. About the Analysis of Microcracking in Concrete[J]. Cement and Concrete Composites,. 2001(23):261-266.

[30] 张涛.混凝土早期开裂敏感性的影响研究[D].北京:清华大学土木系,2006.

[31] Kraai P. A proposed test to determine t he cracking potential due to drying shrinkage of concrete[J]. Concrete Const ruction ,1985,30(9):775.

[32] Parviz Soroushian, Siavosh Ravanbakhah. Control of plastic shrinkage cracking with specialty cellulose fiber [J]. ACI Marerials Journal, 1998, 95(4):429-435.

[33] 马丽媛,姚燕,田培,等.国内外混凝土的收缩性能及抗裂性试验研究方法评述[J].中国建材科技,2001(1):27-31.

[34] Carlson R W, Reading T J. Model study of shrinkage cracking in concrete building walls [J]. ACI Structural Journal, 1988, 85(4): 395-404.

第 4 章　大坝混凝土抗裂性综合试验及评价指标

目前我国水利水电工程建设正处在一个高峰期。世界最高拱坝、世界上最高碾压混凝土坝、世界最高面板堆石坝等重大工程均建在我国。其他重大工程，如南水北调、西气东输工程也在建设当中。水工混凝土量大面广，对水利工程的建设质量有着至关重要的影响。基于对结构整体安全性和耐久性的考虑，重大水利水电工程对混凝土的抗裂性提出了越来越高的要求。

水工混凝土抗裂性能的影响因素较多，如：温湿度历程、收缩、约束状态、外部荷载、原材料性能等。如何综合评价各种因素对混凝土抗裂性的影响、如何客观评价混凝土的抗裂性、如何优选抗裂性好的配合比是工程建设中关心的一个问题。这就涉及如何进行混凝土抗裂性评价的问题。

南京水利科学研究院结合水文水资源与水利工程科学国家重点实验室、水利部水科学与水工程重点实验室、水利部水工新材料工程技术研究中心等科研平台的建设，购置了温度应力试验机（见图 4-1），用于水工混凝土抗裂性研究。

图 4-1　温度应力试验机

本章阐述了温度应力试验机在大坝混凝土抗裂性评价中的应用，包括骨料对混凝土抗裂性的影响、温度历程对混凝土抗裂性的影响、水泥细度对混凝土抗裂性的影响等研究，并结合温度应力试验机的工况，提出了混凝土抗裂性评价指标。

4.1　骨料品种与混凝土抗裂性

对大型水利水电工程而言，骨料的品质对混凝土的技术性能及经济效益均产生重要影响。以锦屏一级水电站为例，拱坝高 305 m，为世界第一高拱坝，整个枢纽工程混凝土总量为761万 m^3，需骨料约1 828万t，其中大坝混凝土约528万 m^3，需要骨料约1 275万t。骨料的岩性、热膨胀系数、弹性模量等品质直接影响到水工大体积混凝土的性能，从而影响混凝土的抗裂性。因此，选择适当的骨料是工程建设的首要任务之一。

大体积混凝土中，砂石骨料的体积占80%左右，砂石骨料的性能对混凝土的抗裂性有着重大影响，目前，水电工程中优质的天然骨料贫乏，因而很多水电工程的混凝土采用人工骨料。人工骨料由于自身的性能上存在着许多差异，因而人工骨料性能对混凝土抗裂能力的影响也就不同。骨料的热膨胀系数、弹性模量及不同骨料的搭配组合均对混凝土的抗裂性有着明显的影响。溪洛渡水电站就是采用玄武岩粗骨料配合灰岩人工砂作为混凝土的人工骨料，既可以利用玄武岩强度高、耐磨性能好的骨架作用，又可以利用灰岩人工砂变形性能及热学性能较佳的优势，提高混凝土的抗裂能力。

选用骨料品种时，长期以来常用的混凝土抗裂性评价方法主要是采用热膨胀系数、极限拉伸值以及弹性模量等单项性能试验，结合抗裂参数来评判；而在约束状态及实际温湿度历程下而产生的应力、弹性模量的增长及应力松弛的相互作用，才是早龄期混凝土开裂的内在原因。针对传统评价抗裂性试验方法的不足，采用温度应力试验机，研究了雅砻江流域水电开发所采用的正长岩、大理岩、玄武岩和砂岩四种骨料对早龄期大坝混凝土的抗裂性的综合影响。

4.1.1 试验原材料

水泥：峨眉P·MH 42.5；粉煤灰：宣威Ⅰ级。

粗骨料：正长岩、大理岩、玄武岩、砂岩。细骨料：砂岩、大理岩。骨料性能见表4-1～表4-3。

减水剂：ZB－1A高效缓凝型；引气剂：MicroAir 202。

表4-1 粗骨料性能

骨料种类	粒级(mm)	表观密度(kg/m^3)	空隙率(%)		堆积密度(kg/m^3)		饱和面干吸水率(%)
			松散	密实	松散	密实	
正长岩	5～20	2 670	52	41	1 290	1 570	1.27
	20～40	2 600	48	38	1 350	1 500	1.76
大理岩	5～20	2 710	48	38	1 400	1 680	0.28
	20～40	2 700	42	35	1 470	1 760	0.68
玄武岩	5～20	2 950	48	40	1 520	1 760	0.22
	20～40	2 790	45	36	1 530	1 790	0.62
砂岩	5～20	2 700	50	38	1 360	1 680	0.62
	20～40	2 670	45	35	1 470	1 730	0.91
	40～80	2 740	43	35	1 520	1 730	0.40
	80～150	2 740	42	34	1 560	1 750	0.16

表 4-2　骨料针片状含量和压碎指标

岩性	针片状含量(%)	压碎指标(%)
正长岩	7.3	13.3
大理岩	3.3	11.4
砂岩	3.6	6.3
玄武岩	8.1	2.5

表 4-3　细骨料的主要性能

品种	细度模数	石粉含量(%)	表观密度(kg/m^3)	饱和面干吸水率(%)
砂岩砂	2.96	16.3	2 740	1.80
大理岩砂	2.05	25.0	2 720	1.50

4.1.2　试验配合比

温度应力试验采用不同岩性的细骨料与 5 ~ 40 mm 的粗骨料进行组合。具体如下：正长岩粗骨料 + 大理岩细骨料(ZD)，大理岩粗骨料 + 大理岩细骨料(DD)，玄武岩粗集料 + 大理岩细骨料(XD)，砂岩粗骨料 + 砂岩细骨料(SS)。所有大石、特大石均用砂岩骨料，搅拌后湿筛。二级配混凝土试验所采用的粗、细骨料为同一品种。配合比见表 4-4、表 4-5。全级配与二级配混凝土的粉煤灰掺量均为 30%，前者的水胶比为 0.38，后者的水胶比为 0.39，全级配混凝土湿筛后的力学性能与二级配混凝土基本可以类比。

表 4-4　温度应力试验混凝土配合比

编号	配合比(kg/m^3)								减水剂(%)	引气剂(%)
	水	水泥	粉煤灰	砂	小石	中石	大石	特大石		
DD/ZD/XD	84	155	66	386	421	452	469	419	0.5	0.06
SS	84	155	66	472	335	452	469	419	0.9	0.08

表 4-5　二级配混凝土配合比

骨料品种	配合比(kg/m^3)								坍落度(mm)
	水	水泥	粉煤灰	砂	小石	中石	减水剂(%)	引气剂(%)	
正长岩	118	212	91	706	578	678	0.5	0.01	60
大理岩	118	212	91	717	586	689	0.5	0.01	105
玄武岩	118	212	91	744	608	713	0.6	0.01	70
砂岩	118	212	91	710	580	680	0.6	0.01	75

4.1.3 试验方法

4.1.3.1 温度应力试验

混凝土搅拌湿筛后，立即浇筑到温度应力试验机的模板内，振捣密实。按照近似绝热试验模式进行温度应力试验，模板内循环介质与试件的跟踪温度精度在±0.3 ℃以内。试件累积变形达5 μm时，电机立即开始工作，使试件回复到原点。试件温度到达温峰以后，恒温72 h，然后强制降温，降温速率控制在0.5 ℃/h，降温到一定程度时，约束应力大于抗拉强度，试件被拉断，试验即结束。同时浇筑一自由试件，该试件不受约束，自由变形，控制其温度历程与约束试件的相同。

4.1.3.2 二级配混凝土试验

二级配混凝土的性能试验按照《水工混凝土试验规程》(SL 352—2006)进行。

4.1.4 试验结果分析

通过温度应力试验，得出了混凝土自浇筑开始，在约束状态下的温升、应力及变形发展过程，以及在与约束试件同样温度历程下的辅试件的自由变形。

通过辅试件的自由变形、温度曲线，得出变形与温度的关系，拟合求得混凝土在升温阶段及降温阶段的热膨胀系数。

最高温升、最大压应力、开裂温度、开裂应力，辅试件的变形最大值、升温及降温阶段的热膨胀系数等关键参数见表4-6。由于试验机制冷能力有限，只能使试件温度降到-10 ℃左右，配合比ZD、DD的试件未断裂。

表4-6 温度应力试验关键参数

编号	最高温升(℃)	最大压应力(MPa)	辅试件变形最大值($\times10^{-6}$)	开裂应力(MPa)	开裂温度(℃)	热膨胀系数($\times10^{-6}$)	
						升温阶段	降温阶段
ZD	50.3	0.54	310	< -1.11	< -12.6	10.4	7.0
DD	51.4	0.58	299	< -0.82	< -11.3	8.0	5.6
XD	56.2	1.01	296	-2.28	9.7	8.5	7.6
SS	51.1	0.71	382	-1.21	13.9	12.3	10.0

为了综合分析骨料对混凝土力学及变形性能的影响，列出了二级配混凝土的轴拉性能，结果见表4-7。

表4-7 骨料品种对二级配混凝土轴拉性能的影响

骨料种类	抗拉弹性模量(GPa)		极限拉伸值($\times10^{-6}$)		轴拉强度(MPa)	
	7 d	28 d	7 d	28 d	7 d	28 d
正长岩	17.6	21.8	82	108	1.37	2.11
大理岩	22.1	28.8	67	88	1.46	2.12
玄武岩	32.4	37.5	63	70	1.98	2.54
砂岩	22.0	23.4	81	107	1.59	2.00

4.1.4.1　混凝土温升

温度应力试验的混凝土温度历程如图 4-2 所示。与绝热温升试验的放热规律相比，温度应力试验到达温峰的时间较短，一般在 3 d 就达到了峰值，且温升较高。这主要是因为温度应力试验采用的是湿筛混凝土，绝热温升试验采用的是全级配混凝土，前者的实际单方混凝土胶凝材料含量高于后者的。

从图 4-2 看出，不同骨料组合混凝土到达温峰的时间稍有差异，ZD、DD、XD 到达温峰的时间基本一致；SS 的减水剂掺量较高，减水剂中的缓凝组分使得放热峰延迟。但总体来说，骨料品种对混凝土的温升值影响不大。文献[10]、[11]对采用同样的砂岩粗骨料与大理岩细骨料组合以及全砂岩骨料的混凝土进行的绝热温升试验也表明了相似的规律。

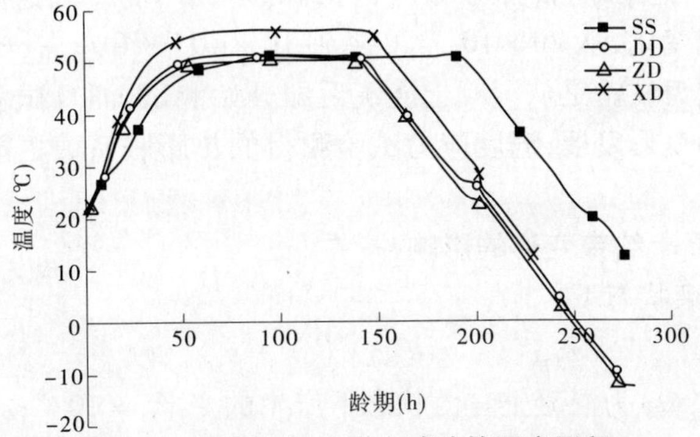

图 4-2　混凝土温度应力试验的温度历程

4.1.4.2　混凝土热膨胀系数

以 ZD 为例，以温度（见图 4-2）作为横坐标，辅试件的自由变形（见图 4-3）作为纵坐标，拟合得出热膨胀系数，见图 4-4。

从图 4-4 看出，混凝土过了最高温度点以后，变形—温度曲线的斜率明显改变，因此可以清楚地区分升温阶段与降温阶段的热膨胀系数。

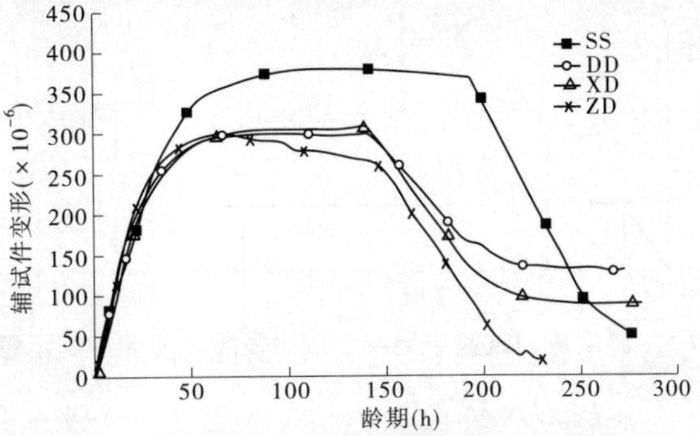

图 4-3　辅试件的自由变形

其余各组混凝土的热膨胀系数见表 4-6。除在升温阶段 ZD 的热膨胀系数大于 XD 外，符合 DD < ZD < XD < SS 的规律。混凝土中骨料的体积 70% ~ 80%，混凝土的热膨胀系数很大程度上受骨料的影响。骨料本身热膨胀系数的不同是混凝土产生温度变形差异

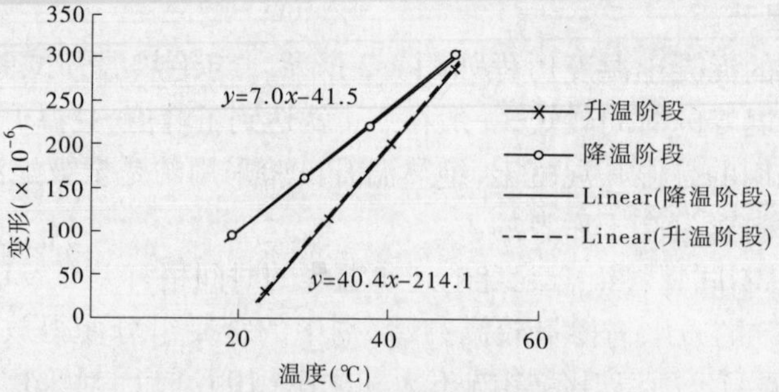

图 4-4　混凝土热膨胀系数的拟合

的主要原因。温度应力试验清楚地反映了骨料品种对混凝土热膨胀系数的影响。

采用标准试验方法测试热膨胀系数时，得到的是成熟混凝土的性能系数。而混凝土早期热膨胀系数急剧变化，从 $20\times10^{-6}/℃$ 降到 $10\times10^{-6}/℃$ 左右，标准试验未能反映这个变化过程。温度应力试验是从混凝土浇筑后即开始测试，而且试验涵盖了在实际的温湿度历程下混凝土的变形发展，温度应力试验测得的热膨胀系数更能反映实际的大坝内部混凝土变形情况。

4.1.4.3　骨料对混凝土约束变形的影响

在 100% 完全约束状态下：

$$\varepsilon_{\text{free}}(t) = \varepsilon_{\text{restraint}}(t) + \varepsilon_{\text{creep}}(t) \tag{4-1}$$

式中：t 为龄期，h；$\varepsilon_{\text{free}}(t)$ 为混凝土自由状态下产生的变形，$\times10^{-6}$；$\varepsilon_{\text{restraint}}(t)$ 为被约束住的变形，$\times10^{-6}$；$\varepsilon_{\text{creep}}(t)$ 为混凝土徐变，$\times10^{-6}$。

温度应力试验的应力发展及应变控制过程如图 4-5 所示。假设在两次电机动作间隔内，混凝土符合线弹性本构关系。

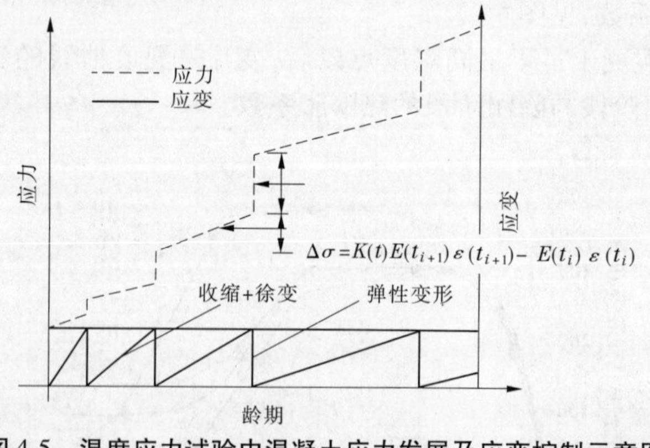

图 4-5　温度应力试验中混凝土应力发展及应变控制示意图

在温度应力试验的约束度为 κ 状态下：

$$\varepsilon_{\text{free}}(t) = \varepsilon_{\text{restraint}}(t) + \varepsilon_{\text{cumulative}}(t) \tag{4-2}$$

$$\kappa\varepsilon_{\text{free}}(t) = \varepsilon_{\text{restraint}}(t) + \varepsilon_{\text{creep}}(t) \tag{4-3}$$

由式(4-2)、式(4-3)得：

$$\varepsilon_{\text{cumulative}}(t) = \varepsilon_{\text{creep}}(t) + \varepsilon_{\text{free}}(t)(1-\kappa) \tag{4-4}$$

式中：$\varepsilon_{cumulative}(t)$ 为约束状态下的累积变形，$\times10^{-6}$；κ 为约束度。

混凝土在约束状态下的累积变形（见图 4-6），反映了自由变形与徐变的综合影响，式(4-4)表达了累积变形与徐变、自由变形以及约束度的关系。

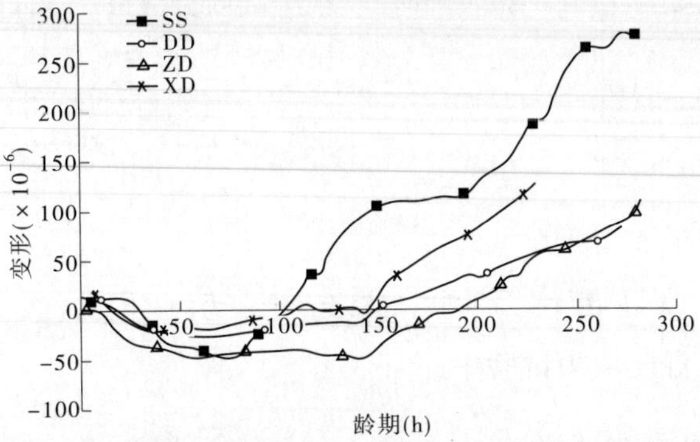

图 4-6　骨料对混凝土约束状态下的累积变形的影响

由图 4-6 可知，除 SS 外，其他三种混凝土自由变形 $\varepsilon_{free}(t)$ 相接近，在约束度 κ 相近的情况下，$\varepsilon_{free}(t)(1-\kappa)$ 相差不大；而 SS 由于自由变形较大，因此 $\varepsilon_{free}(t)(1-\kappa)$ 也大。

由式(4-4)可知，累积变形除与约束度、自由变形有关外，还与混凝土的徐变有关。徐变大小也受到骨料弹性模量的影响。由表 4-7 可知，混凝土弹性模量依次为：玄武岩 > 大理岩 > 砂岩 > 正长岩，图 4-6 在升温阶段表现的累积变形的大小与此规律相对应；在降温阶段，ZD 与 XD 热膨胀系数相当，而 ZD 弹性模量小，徐变大，因此累积变形大；DD 由于其热膨胀系数最小，故累积变形最小；SS 弹性模量小，且热膨胀系数最大，所以其在降温阶段的累积变形最大。

混凝土弹性模量及徐变的发展，以及混凝土在自由状态下的变形的大小是影响混凝土在约束状态下变形发展规律的主要因素。而骨料本身的弹性模量及热膨胀系数的差异是其内在的原因。

4.1.4.4　骨料对混凝土开裂应力的影响

骨料对混凝土约束应力的影响见图 4-7。由于 DD/ZD 未开裂，因此对其开裂应力进行了估算。研究表明，当开裂风险系数 η，即开裂应力与轴拉强度之比大于 0.70 时，混凝土可能开裂。温度应力试验结束后，在试件上钻芯取样，进行劈裂抗拉试验后，按"轴拉强度 = 0.9 × 劈裂抗拉强度"进行换算。偏保守地估计，设 ZD、DD 的开裂风险系数为 0.70 时，混凝土开裂，估算出 ZD 与 DD 开裂应力应为 1.99 MPa 与 1.66 MPa。结果见表 4-8。

表 4-8　ZD 与 DD 开裂应力与开裂温度的估算

编号	轴拉强度（MPa）	估算开裂应力（MPa）	温度应力变化值 $\Delta\sigma_T$（MPa）	温差 ΔT（℃）	估算开裂温度（℃）
ZD	2.84	1.99	0.88	−5.8	−18.4
DD	2.37	1.66	0.84	−5.2	−16.5

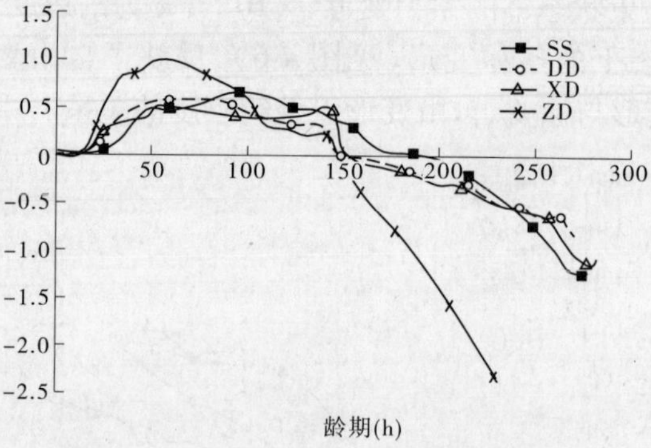

图 4-7　骨料对混凝土约束应力的影响

由图 4-5 可得,在温度应力试验中:

$$\sigma(t) = K(t)E(t)\varepsilon_{\text{cumulative}}(t) + \sum_{i=1}^{n} E(t_i)\Delta\varepsilon(t_i) \tag{4-5}$$

式中:$\sigma(t)$为混凝土受到的约束应力,MPa;$K(t)$为考虑应力松弛作用的折减系数;$E(t)$为混凝土弹性模量,GPa;$\Delta\varepsilon(t_i)$为 t_i 时刻电机动作产生的瞬时弹性变形,$\times 10^{-6}$;其余符号的意义同前。

当 $\Delta\varepsilon(t_i)$统一预设为定值,如 5 μm 时,$\sigma(t)$主要与混凝土弹性模量、应力松弛、约束累积变形有关。电机动作 $\Delta\varepsilon(t_i)$时,产生的是瞬时弹性变形,应力大小与混凝土的弹性模量大小直接相关。而试件在 $t_{i+1} - t_i$ 期间累积变形达到设定的阈值的过程中,一部分应力被松弛掉了,因此应力 $\Delta\sigma < \sigma_i$(见图 4-5)。

在图 4-7 中,XD 的弹性模量最大,因此 XD 的约束拉应力发展最快,从而过早开裂。而 SS 虽然弹性模量与 DD/ZD 相当,但其约束变形发展快,因此试件累积变形达到$\Delta\varepsilon(t_i)$的时间就短,应力累积发展较快,应力松弛小;同时电机动作的次数就增多,混凝土累积损伤变大,所以 SS 开裂较 ZD/DD 要早。

骨料本身的弹性模量及热膨胀系数决定了混凝土的弹性模量及约束累积变形的大小,从而最终影响了混凝土的开裂应力大小。

4.1.4.5　骨料对混凝土抗裂性的综合影响

开裂温度是单轴约束试验的抗裂性评价指标,可以用来评价骨料对早龄期混凝土的综合抗裂性。

由于试验系统压缩机制冷功率的限制,ZD/DD 两组试件未开裂,根据开裂风险系数估算的试件开裂应力来推算其开裂温度。

由 $\Delta\sigma_T = E\alpha\Delta T$,得:

$$\Delta T = \frac{\Delta\sigma_T}{E\alpha} \tag{4-6}$$

式中:$\Delta\sigma_T$ 为温度应力变化值,MPa;ΔT 为温差,℃;α 为热膨胀系数,$\times 10^{-6}$/℃,取表 4-6 中降温阶段的系数;E 为弹性模量,GPa,按照成熟度相同的原则,参照选取表 4-7 中的 28 d的弹性模量的值。

估算出 ZD、DD 的开裂温度为 −18.4 ℃、−16.5 ℃(见表 4-8),考虑到混凝土的应力松弛，且实际的开裂风险系数一般略大于0.7，因此ZD、DD的实际开裂温度应比计算值更低。

以温度应力试验得出开裂温度作为评价参数，不同骨料混凝土的抗裂性排序依次为ZD > DD > XD > SS。就二级配混凝土而言，正长岩、砂岩、大理岩、玄武岩四组混凝土的弹性模量依次增大，极限拉伸值依次减小，从定性的角度分析，四组混凝土的抗裂性依次降低，这与根据开裂温度得到的排序基本相同。由于标准养护试件未能体现混凝土温度历程、骨料热膨胀系数及约束状态对应力应变发展的影响，因而对热膨胀系数较大的砂岩混凝土SS在标准养护条件下与温度应力试验条件下得出的抗裂性评价结果有差异。

4.1.5 骨料对抗裂性的影响分析

骨料对混凝土的约束变形、约束应力的影响主要与骨料的弹性模量、热膨胀系数有关；骨料对混凝土温升值影响不明显。

温度应力试验综合考虑了在实际的温湿度历程下混凝土的变形发展规律，温度应力试验测得的不同阶段的热膨胀系数更能反映实际的大坝内部混凝土变形情况。

利用温度应力试验实现了综合评价骨料品种对混凝土早龄期抗裂性的影响。以开裂温度作为评价指标，抗裂性排序依次为ZD（正长岩粗骨料+大理岩细骨料）> DD（大理岩粗骨料+大理岩细骨料）> XD（玄武岩粗骨料+大理岩细骨料）> SS（砂岩粗骨料+砂岩细骨料）。这与二级配混凝土的抗裂性排序基本一致。

4.2 温度历程与混凝土抗裂性

进行大坝混凝土抗裂性及温度应力仿真分析时，一般采用标准养护试件的力学、变形及热学性能参数。而施工中为了最大限度地减少大坝混凝土结构的温度裂缝，大多采取内部冷却降温的措施，因此大坝混凝土结构内部的温度场既不是绝热状态，也不是标准养护20 ℃恒温状态。如何通过实验室小试件的试验结果相对客观地反映实际结构物中混凝土的抗裂性，这个问题一直是研究的热点。

温度历程和约束程度对混凝土的抗裂性能有着重要影响。温度是水泥水化反应速度的核心影响因素之一，直接影响到混凝土强度的发展。工程实践也表明，相同龄期的标准养护试件与在实际结构钻取的芯样的力学性能有着很大的差别。因此，在考察温度历程对混凝土物理力学性能的影响时，通过引入成熟度的概念，将不同的温度历程等效为标准养护状态。另外，人们为了更好地掌握现场混凝土强度的发展规律，引入了同条件养护方法。然而，同条件养护的试件的强度发展与结构混凝土有良好的相关性。对于抗裂性分析来说，标准养护与同条件养护均无法考察由于温度历程带来的温度应力差异和约束状态对应力发展的影响。工程上真正关注的混凝土在实际温度历程及受约束状态下的抗裂性能，在以往的研究中则极少涉及。只有在模拟实际结构混凝土温升发展曲线及约束状态时得到的混凝土性能参数对混凝土的抗裂性研究，才更为客观、合理。

本章结合雅砻江流域锦屏一级水电站（305 m世界第一高拱坝）混凝土配合比研究应用，选取了两组配合比，采用绝热、恒温以及模拟实际结构内部温度（温度匹配）的三种养护模式,利用温度应力试验机模拟混凝土的约束状态,进行综合抗裂性分析,考察在不同温度历程下早龄期混凝土抗裂性。

4.2.1 试验原材料及混凝土配合比

试验用原材料为锦屏一级水电站的现场施工材料,主要有:峨眉 P·MH 42.5 中热水泥,曲靖Ⅰ级粉煤灰,外加剂为 ZB-1A 型高效减水剂及 Micro-Air 202 型引气剂。细骨料为砂岩砂和大理岩砂,细度模数分别为 2.96 和 2.05。粗骨料为人工砂岩碎石,针片状含量 3.6%,压碎指标 6.3%。

混凝土配合比见表 4-9,为使两组混凝土坍落度控制在 3~5 cm,微调了砂率及外加剂的掺量。

表 4-9 混凝土配合比

编号	配合比(kg/m^3)										骨料种类	
	水	水泥	粉煤灰	砂	小石	中石	大石	特大石	减水剂	引气剂	粗	细
SD	84	155	66	386	421	452	469	419	1.1	0.133	砂岩	大理岩
SS	84	155	66	472	335	452	469	419	1.99	0.176	砂岩	砂岩

两组配合比的区别在于粗细骨料组合不一样,主要考察不同的粗细骨料组合对混凝土在不同温度历程下抗裂性的影响。

4.2.2 试验方法及温度历程设计

4.2.2.1 试验方法

采用温度应力试验机进行混凝土在不同温度历程下的综合抗裂性试验。可用于模拟施工过程,测试混凝土单轴约束试件在不同温度历程和近似100%约束程度下,从浇筑开始的水化温升、强度、自生变形、热膨胀系数等单项性能随时间的发展,并通过测试试件的约束应力和受降温作用而断裂时的温度等参数,评价混凝土的抗裂性能。试验方法及试验设备详细介绍参见文献[8]、[9]。

4.2.2.2 温度历程设计

温度应力试验采用以下三种温度历程:

绝热模式:按照近似绝热的条件进行混凝土温度应力试验。模板内循环介质的温度与混凝土中心的温度之差控制在 ±0.3 ℃以内,达到近似绝热状态。混凝土温度达到最高温度后,在该温度点保持 72 h,然后以 0.5 ℃/h 的速度降温,直至试件断裂。

恒温模式:控制模板内的循环介质温度为 20 ℃,混凝土中心温度在 20 ℃附近波动,波动的幅度为 ±1.5 ℃。

温度匹配模式(TMC):以某大坝内部实测的温度曲线作为控制目标,来控制循环介质的温度,从而控制混凝土的温度发展。

以绝热模式试验的混凝土成熟度为基准,控制恒温模式与温度匹配模式试验的开始降温的时间和降温速率(0.5~1 ℃/h)。由于受设备制冷功率的限制,试件降温到 -10 ℃左右,温度不再下降,此时人工强制拉断试件。

4.2.3 试验结果与分析

四级配混凝土经湿筛后直接浇筑到温度应力试验机试模中,试模尺寸为 150 mm × 150 mm × 2 200 mm。室温控制在(20 ± 2)℃。

4.2.3.1 温度历程

图 4-8、图 4-9 分别为 SD 和 SS 在三种模式下的温度发展曲线。在绝热模式下,混凝土升温速度很快,4 d 左右就达到峰值,最高温升在 60 ℃左右。在温度匹配养护模式下,混凝土中心温度基本按照设定的温度曲线发展,SS 与 SD 的 TMC 曲线与预设的温升曲线基本重合。在恒温养护阶段,试件达到了预设(20 ± 1.5)℃的要求。

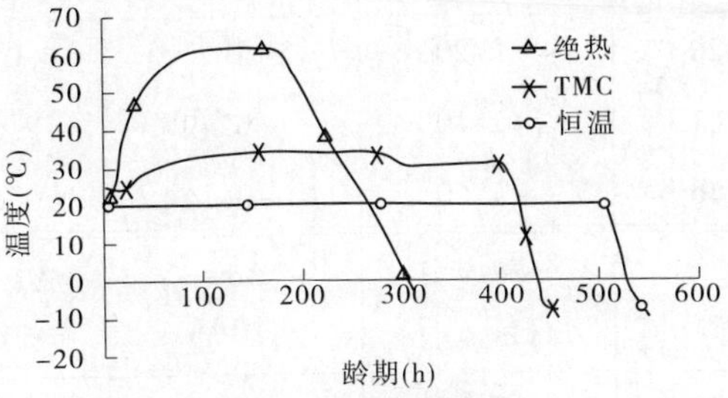

图 4-8 SD 温度历程

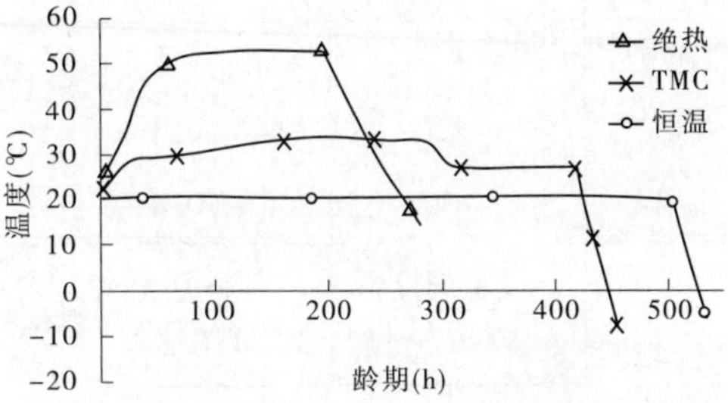

图 4-9 SS 温度历程

4.2.3.2 应力历程

混凝土在不同温度历程下应力发展过程差异明显(见图 4-10 和图 4-11)。在绝热模式下,混凝土温度上升很快,伴随产生了较大的膨胀压应力,由于受到应力松弛作用,在到达温峰前应力已开始减小。

在设定的温度匹配养护模式下,由于最高温度不高(33 ℃),混凝土预压应力很小,未超过 0.5 MPa。

在恒温养护模式下,未产生明显的压应力。在恒温阶段,应力基本保持在零左右,由于混凝土自生收缩的作用,混凝土在降温前产生了少量的拉应力。

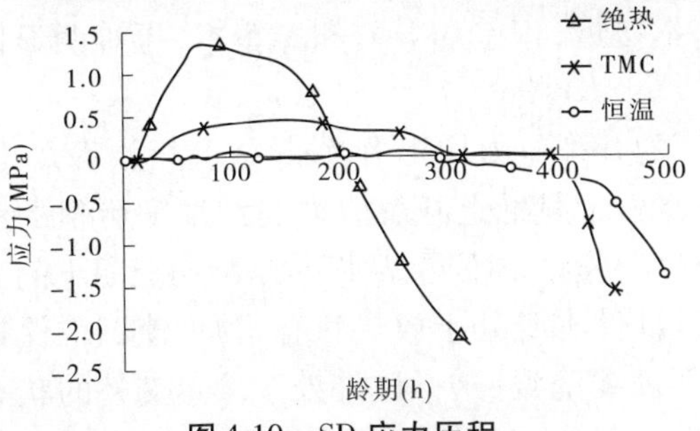

图 4-10 SD 应力历程

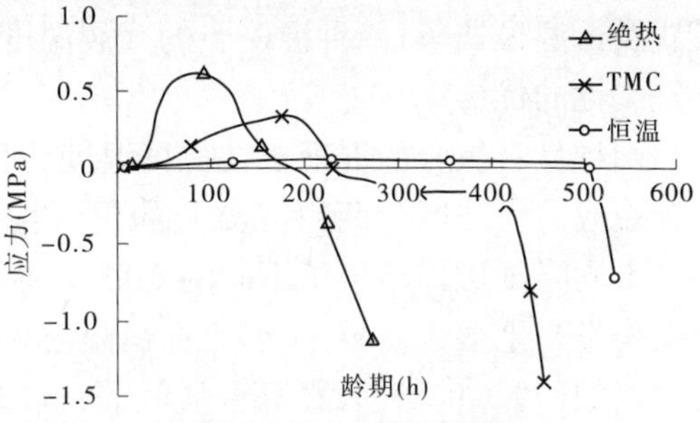

图 4-11 SS 应力历程

4.2.3.3 开裂温度与开裂应力

由于试验机制冷功率有限,降温到一定程度时达到极限,部分试件没有在降温过程中断裂。停止降温后,将试件强制拉断,得到试件的开裂应力。

作近似计算,不考虑应力松弛时:

$$\Delta T = \frac{\Delta \sigma_T}{E\alpha} \tag{4-7}$$

式中：$\Delta\sigma_T$ 为温度应力变化值，MPa；ΔT 为温差，℃；α 为热膨胀系数，取 SD、SS 在降温阶段的热膨胀系数分别为 8.5×10^{-6}/℃、9.9×10^{-6}/℃；E 为弹性模量，按照成熟度近似相等的原则，取 SD、SS 标准试件的轴拉弹性模量值 25.7 GPa、29.7 GPa。

通过 $\Delta\sigma_T$ 计算 ΔT，从而得到开裂温度（见表 4-10）。

表 4-10　SD、SS 在不同温度历程下的开裂温度与开裂应力

SD	试验温度（℃）	开裂温度（℃）	试验应力（MPa）	开裂应力（MPa）	$\Delta\sigma_T$（MPa）	ΔT（℃）
绝热	-4.7	-4.7	-2.20	-2.20	0	0.0
TMC	-8.0	-10.3	-1.61	-2.10	-0.49	-2.2
恒温	-10.2	-10.8	-1.46	-1.60	-0.14	-0.6
SS	试验温度（℃）	开裂温度（℃）	试验应力（MPa）	开裂应力（MPa）	$\Delta\sigma_T$（MPa）	ΔT（℃）
绝热	13.9	13.9	-1.21	-1.21	0	0.0
TMC	-8.2	-10.4	-1.42	-2.08	-0.66	-2.2
恒温	-6.4	-9.7	-0.74	-1.72	-0.98	-3.3

基于温度应力试验机的混凝土抗裂性试验主要以开裂温度作为混凝土抗裂性能的评价指标。三种养护模式下的混凝土开裂温度表明：对比某一种混凝土在不同温度历程下的抗裂性能时，在绝热模式下，混凝土开裂温度最高，混凝土抗裂性差；在温度匹配养护模式及恒温模式下，混凝土的抗裂性基本相当；当比较 SD/SS 两种混凝土的抗裂性时，在绝热模式时，开裂温度相差 18.6 ℃，很容易对比两种混凝土抗裂性的差异；在温度匹配养护模式及恒温模式下，两种混凝土的开裂温度基本接近，相差 0.1 ℃和 1.5 ℃，很难明显区分抗裂性的优劣。

两种骨料组合的混凝土在三种温度历程下的开裂应力均相当，轴拉强度相差不大，因此开裂应力无法区分两组混凝土的抗裂性的差异。混凝土开裂应力受到温度历程的影响。不同温度历程产生了不同的变形量，使电机动作频率不同，从而对早龄期混凝土的累积损伤量产生很大差异。比如，在恒温模式时，试件本身处于放热状态，为了使试件保持在设定的（20 ± 1.5）℃，循环介质间隔一段时间就要降温，这样试件处于冷热交替的状态中，将会热胀冷缩，因而伴随温度变形。温度变形近似在 $\pm15\times10^{-6}$范围内波动，因此变形值经常会超过设定 5 μm 的电机动作的阈值，导致电机反复拉伸试件，此时仍采用控制变形量来保证约束度不变方法就加剧了试件损伤，使试件受到的累积损伤远比在绝热模式与温度匹配养护模式下的要大得多。这可能是恒温模式下试件抗拉强度偏小的原因之一。因此，试件在恒温模式下的真实开裂温度低于试验的开裂温度，真实强度高于实测的开裂应力。

4.2.3.4 温度历程对混凝土抗裂性的影响

根据下式：

$$\Delta\sigma_T = E\alpha\Delta T \tag{4-8}$$

弹性模量 E、热膨胀系数 α 均为常数。假设在起始降温点，不同养护模式下混凝土的成熟度相等，也即混凝土抗拉强度基本相当。假设混凝土为理想弹性体时，σ_{crack} 应相等，即

$$\Delta T = T_0 - T_{crack}, \Delta\sigma_T = \sigma_0 - \sigma_{crack} \tag{4-9}$$

式中：T_0 为起始降温点；T_{crack} 为开裂温度；σ_0 为降温时刻的压应力；σ_{crack} 为开裂应力。

$$T_{crack} = T_0 - \frac{\sigma_0}{E\alpha} + \frac{\sigma_{crack}}{E\alpha} \tag{4-10}$$

由于在前期升温阶段，E 是逐渐增长的，只有很小一部分温度变形产生了预压应力 σ_0，因此第二项与第一项相比，为一小量。第三项为常数项。因此，T_{crack} 的大小主要由 T_0 决定，混凝土开裂温度按照绝热、温度匹配、恒温的顺序依次降低。

当不考虑应力松弛的影响时，混凝土抗裂性能受两个方面的影响。一方面，由于温度历程不同，混凝土在升温阶段产生了不同程度的预压应力，预压应力大小按绝热、温度匹配养护、恒温三种模式依次减小。提高预压应力有利于提高混凝土的抗裂性。另一方面，混凝土起始降温点按绝热、温度匹配养护、恒温顺序依次降低，开裂温度减小，混凝土抗裂性提高。降低起始降温点有利于提高混凝土的抗裂性。

当比较不同温度历程下 SD/SS 的抗裂性时，在 TMC 模式下，两者抗裂温度与开裂应力基本相当，而在绝热模式和恒温模式下，得到的抗裂性评价却完全不同。相对于实际结构物而言，由于存在冷却施工措施，如果以绝热模式进行混凝土抗裂性试验，则高估了混凝土最高温升和起始降温点，开裂温度过高，低估了实际混凝土的抗裂性。如果以恒温模式进行抗裂性评价，此时混凝土没有温升，因而低估了起始降温点，高估了混凝土的抗裂性。

温控施工更关心实际温度历程下混凝土开裂温度与环境温度的差值，差值越大，施工越容易控制。一方面，虽然预压应力有利于提高抗裂性，但这大大提高了起始降温点，反而增加了温控的难度，得不偿失。因此，大坝混凝土温控中都严格控制最高温度，溪洛渡和锦屏一级工程均控制混凝土最高温度在 26～27 ℃。另一方面，虽然恒温工况下混凝土抗裂性最高，但这在实际大坝施工中是不存在的。因此，采用模拟大坝内部温升的温度匹配养护模式来进行混凝土抗裂性评价是客观、合理的。

上述分析是基于假设混凝土为弹性体的基础之上，实际上，混凝土试件是处在强约束之下的弹塑性体，其本构关系应为：

$$\sigma(t)_{meas} = \int (\alpha_T \cdot dT/dt + d\varepsilon_{S,SW}/dt) \cdot E(t)[1 - \psi(t)]dt \tag{4-11}$$

式中：α_T 为热膨胀系数；$E(t)$ 为 t 时刻弹性模量；dT/dt 为温度随时间的改变；$\sigma(t)_{meas}$ 为实测应力；$\psi(t)$ 为 t 时刻的松弛度；$d\varepsilon_{S,SW}/dt$ 为由于化学反应产生的收缩或膨胀变形。

化学变形及徐变与温度历程的关系比较复杂，它们与温度并不呈线性关系。应力与弹性模量、变形、温度均有密切关系，所以试验得到的混凝土的开裂应力并不像假设的那样，不同模式下开裂应力是不等的。这是上述分析与试验表现出来的规律不完全一致的主要原因。

4.2.4 温度历程影响抗裂性的分析

在不同温度历程下,混凝土表现出来的抗裂性能是不同的。绝热模式高估了实际混凝土结构物的降温起始点,低估了混凝土的抗裂能力,夸大了不同混凝土之间抗裂性的差异;恒温养护模式下,预压应力对抗裂性的影响得不到体现,抗裂性的差异源自混凝土本身的抗力差异,混凝土的轴拉性能起主导作用。

基于温度应力试验机与 TMC 的混凝土抗裂性评价方法用于评价大坝混凝土抗裂性时,综合反映了实际温度历程对大坝混凝土的温度应力及本身抗力发展的影响,能够客观地比较不同配合比在实际工程中的抗裂性优劣。

4.3 水泥细度与碾压混凝土抗裂性

大型水利水电工程大体积混凝土的施工,为避免温度裂缝的产生,除在结构设计和施工工艺方面进行改进外,还希望水泥的水化热尽量低。龙滩、锦屏、官地等工程均采用限制比表面积的中热水泥。国标 GB 200—2003 规定,中热硅酸盐水泥熟料要求硅酸三钙($3CaO \cdot SiO_2$)的含量应不超过 55%,铝酸三钙($3CaO \cdot Al_2O_3$)的含量应不超过 6%,游离氧化钙的含量应不超过 1.0%。除规定抗压强度及抗折强度要求外,还要求 3 d 水化热≤251 kJ/kg,7 d 水化热≤293 kJ/kg。受水泥原材料成分及生产工艺的限制,一般水泥厂均需经过专门的工艺研究和试验,才能生产合格的中热水泥,水化热相对较低的中热水泥的应用受到了制约。因此,有必要找到一种水化热低、生产工艺简单的水泥。

西北地区某水利枢纽碾压混凝土坝由于地处高寒、高温差地区,昼夜温差和年温差较大,施工期间会带来 25 ~60 ℃的坝体内外温差。在现有的温控防裂措施基础上,如何再进一步提高混凝土的抗裂性是一个迫切需要解决的问题。采用水泥熟料直接生产细度较大、比表面积小的粗磨水泥来配制低热混凝土是一个具有良好技术经济性的方案。在兼顾力学性能要求的同时,直接通过细度来控制水泥的水化热,不必像中热水泥那样,考虑水泥熟料的矿物成分及其比例。粗磨水泥不仅能降低早龄期混凝土的开裂风险,而且有利于提高混凝土的耐久性。不仅扩大了水泥原材料的来源,简化了生产的工艺,还节约了能耗。

本文针对工程需要,对比了普通硅酸盐 水泥及采用水泥熟料磨制的粗磨水泥对碾压混凝土的工作性、力学性能、耐久性及绝热温升等性能的影响,论证采用粗磨水泥配制碾压混凝土的技术可行性。

4.3.1 原材料及试验方法

水泥:某水泥厂专门试生产的两种细度的粗磨水泥(水泥熟料磨细后加 5% 的石膏),比表面积分别为 304 m^2/kg、336 m^2/kg;某工程采用的比表面积为 398 m^2/kg(典型细度)的 P·O 42.5 水泥。水泥的化学成分及基本性能见表 4-11、表 4-12。

表 4-11　水泥的化学成分　（%）

水泥编号	CaO	SiO_2	Al_2O_3	Fe_2O_3	SO_3	f - CaO	MgO	K_2O	Na_2O	R_2O
C304	59.64	22.88	5.32	3.96	2.06	0.90	2.04	0.76	0.64	1.14
C336	58.40	22.56	5.62	3.66	2.74	0.97	2.00	0.77	0.65	1.16
PO398	59.53	22.84	5.03	3.95	2.27	0.90	2.76	0.67	0.59	1.02

表 4-12　水泥的基本性能

水泥编号	比表面积（m^2/kg）	80 μm 筛余（%）	密度（g/cm^3）	标准稠度需水量（%）	凝结时间（min）		安定性
					初凝	终凝	
C304	304	10.1	3.12	25	159	206	合格
C336	336	7.5	3.12	26	157	210	合格
PO398	398	0.7	3.08	28	210	270	合格

粉煤灰：细度 45 μm 筛筛余 6.0%，需水量比 99%，烧失量 5.70%，密度 2.26 g/cm^3。

水洗天然砂：饱和面干吸水率 1.14%，表观密度 2 610 kg/m^3，细度模数 2.44。

粗骨料：5～20 mm、20～40 mm、40～80 mm 三级配片麻花岗岩，饱和面干吸水率分别为 1.40%、1.10%、0.84%，表观密度分别为 2 640 kg/m^3、2 660 kg/m^3、2 660 kg/m^3。

石粉：石灰石粉，0.080 mm 筛筛余量为 6%～9%。

外加剂：聚羧酸系缓凝型高效减水剂及引气剂。

按照《水工混凝土试验规程》（SL 352—2006）进行碾压混凝土配合比设计及相关性能试验。按照《水泥水化热测定方法（溶解热法）》（GB/T 12959—2008）进行水化热测试。温度应力试验采用温度应力试验机进行。

4.3.2　水泥的水化热及物理力学性能

4.3.2.1　水泥水化热

水化热测试采用无锡建仪生产的 SHR－650 Ⅱ型水泥水化热测定仪进行。三种水泥的水化热见表 4-13。

表 4-13　水泥的水化热

水泥编号	比表面积（m^2/kg）	水化热（J/g）				与 28 d 水化热的比值			
		3 d	7 d	14 d	28 d	3 d	7 d	14 d	28 d
C304	304	230	273	310	340	0.68	0.80	0.91	1.00
C336	336	234	290	329	360	0.65	0.81	0.91	1.00
PO398	398	263	293	368*	396*	0.66	0.74	0.93	1.00

注：* 为估算值，按照水化热与龄期的双曲函数关系推算而得（双曲函数形式为 $Q(t)=Q_\infty * t/(a+t)$；Q_∞ 为最终水化热，t 为龄期，a 为水化热达到一半时的龄期）。

从表 4-13 可以看出，C304、C336 水泥的水化热明显降低。与较细的 PO398 普通硅酸盐水泥相比,C304 各龄期的水化热分别降低 12%、7%、16%、14%,C336 的水化热分别降低 11%、1%、10%、9%。应注意到,普通硅酸盐水泥已掺加了 9% 的混合材,但它的水化热依然较熟料磨制的粗磨水泥高出 10% 左右。在熟料矿物成分大致相同的情况下,减小水泥的比表面积,是降低水化热的有效措施。

同时注意到,以 28 d 的放热量为基准时,粗磨水泥的放热速率与普通硅酸盐水泥基本相当,因此不会出现早期放热量低、后期放热量高的现象。

4.3.2.2 水泥的物理力学性能

比较三种水泥的 3 ~ 90 d 的力学性能,如表 4-14 所示。C304、C336 的 28 d 胶砂抗压强度分别为 37.4 MPa、39.8 MPa,均小于 42.5 MPa。两种粗磨水泥各龄期的胶砂抗压强度虽小于 PO398 水泥,但粗磨水泥的后期强度仍有较大增长空间。两种粗磨水泥 3 d、7 d 胶砂抗折强度明显小于 PO398 水泥,但 28 d、90 d 已接近于 PO398 水泥。水泥细度对 28 d 之内的强度有较大影响,但对抗折强度的影响小于对抗压强度的影响。

表 4-14 水泥的力学性能 （单位:MPa)

水泥编号	抗折强度				抗压强度			
	3 d	7 d	28 d	90 d	3 d	7 d	28 d	90 d
C304	4.5	5.7	7.8	8.3	20.2	27.3	37.4	42.9
C336	5.1	6.0	8.1	9.1	23.3	30.3	39.8	49.5
PO398	6.2	7.4	8.4	9.2	28.4	35.7	45.3	59.3

人们对粗磨水泥应用的担心主要来自于其较低的早期强度。对于内部碾压混凝土而言,在实际温度场下,混凝土的温度长期处在高于标准养护的 20 ℃ 的状态,在这种情况下,混凝土强度的发展要较标准养护的试件的强度发展快。这有助于消除对早期强度不足的担忧。

4.3.3 粗磨水泥碾压混凝土性能试验

4.3.3.1 混凝土配合比

某水泥枢纽内部碾压混凝土设计要求为:强度等级为 $R_{180}15$,强度保证率为 80%,极限拉伸值大于 0.70×10^{-4},*VC* 值 5 ~ 8 s。

试验所用碾压混凝土配合比见表 4-15。考虑到普通硅酸盐水泥中掺有 9% 的混合材,以保证水泥熟料和胶凝材料的质量相同为原则,设计混凝土配合比。通过试拌发现,当 P304 采用的减水剂和引气剂与 PO、P336 相同时,混凝土已有坍落度,因此适当降低该配比的外加剂掺量。

表 4-15　混凝土配合比

混凝土编号	所用水泥	材料用量(kg/m³)							
		水	水泥	粉煤灰	石粉	砂	粗骨料	减水剂	引气剂
PO	PO398	90	61	100	64	579	1 503	1.446	0.096
P304	C304	90	55	106	64	579	1 503	1.286	0.08
P336	C336	90	55	106	64	579	1 503	1.446	0.096

注:粗骨料的比例为小石:中石:大石 = 30:40:30。

4.3.3.2　试验结果及分析

1)混凝土力学、变形及耐久性能

混凝土工作性、抗压强度、轴拉性能、抗冻及抗渗性能试验结果见表 4-16。

表 4-16　细度对混凝土性能的影响

混凝土编号	工作性参数				抗压强度(MPa)				轴心抗拉强度(MPa)		极限拉伸值($\times 10^{-4}$)		抗拉弹性模量(GPa)	
	VC(s)		含气量(%)											
	出机	15 min	出机	15 min	7 d	28 d	90 d	180 d	90 d	180 d	90 d	180 d	90 d	180 d
PO	0.7	1.6	5.3	4.1	7.4	14.9	24.5	31.8	1.82	1.89	0.73	0.73	28.5	31.1
P304	0.3	0.5	8.0	5.4	4.8	10.2	16.6	24.5	1.50	1.89	0.66	0.73	24.9	33.7
P336	0.4	0.9	4.3	3.4	5.5	9.9	18.0	27.8	1.68	1.77	0.73	0.74	25.4	28.3

注:混凝土的抗冻性(90 d)均满足 F50,抗渗性均满足≥W4 的要求。

P304 在减水剂用量比 PO 低 0.1% 的情况下,*VC* 值仍明显降低、含气量增大,主要是因为粗磨水泥比表面积小,需水量低。在骨料级配相同的情况下,粗磨水泥会明显改善碾压混凝土的工作性,加速液化泛浆,降低 *VC* 值,提高施工性能。

粗磨水泥尽管会降低抗压强度,但仍然能够配制满足要求的碾压混凝土。P304、P336 的 180 d 强度分别为 24.5 MPa、27.8 MPa,明显大于 180 d 配制强度要求(17.9 MPa)。强度富余程度高达 37% 和 55%。这从另外一个方面消除了人们对粗磨水泥在 28 d强度低于 42.5 MPa 的担忧。

在 180 d 时,P304 的轴心抗拉强度比 P336 的略高,且与 PO 基本相当;P304、P336 的极限拉伸值均与 PO 的基本相当,且均满足 180 d 极限拉伸值设计要求(0.70×10^{-4});P304 的抗拉弹性模量比 P336 的略高,与 PO 的差异不大。可见,虽然粗磨水泥配制的混凝土 90 d 的轴拉性能稍逊于 PO,但在 180 d 时已基本相当。

三组混凝土在 90 d 时,抗冻及抗渗性能均已满足设计要求的 F50 和 W4,耐久性满足设计要求。

综合考虑混凝土各项设计指标值,当水泥比表面积降至 304 m²/kg 时,所配制的混凝土充分满足设计要求,有文献表明,当水泥比表面积降至 260 m²/kg 左右时,依然能满足混凝土的设计要求,因此要根据不同水泥的矿物成分来确定合适的细度。

2)混凝土绝热温升

应用粗磨水泥的最终目的是降低混凝土的绝热温升,提高混凝土的抗裂性。为考察粗磨水泥对混凝土绝热温升的降低的效果,采用 HR－2 型混凝土热物理参数测定仪测定了三组混凝土的绝热温升(见图 4-12)。

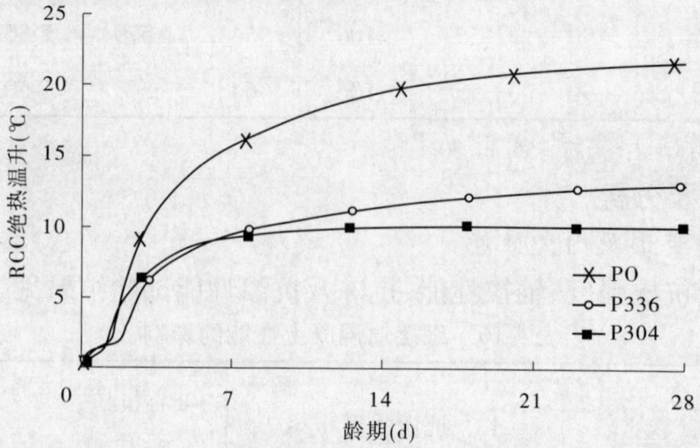

图 4-12　水泥细度对碾压混凝土绝热温升的降低效果

由图 4-12 知,在潜伏期内,三组混凝土温升基本接近;快速升温阶段,混凝土 PO 的温升速度明显快于 P304、P336。以 3 d、7 d、14 d、28 d 等 4 个龄期为例,与 PO 相比,P304 分别降低了 2.8 ℃、6.3 ℃、9.5 ℃、11.8 ℃,P336 分别降低了 3.2 ℃、5.8 ℃、7.8 ℃、8.6 ℃。由表 4-17 的拟合结果可知,与 PO 相比,P304 的最终温升值降低了 12.3 ℃,P336 的最终温升值降低了 8.3 ℃。采用粗磨水泥降低绝热温升的效果非常显著。

表 4-17　绝热温升实测值及最终温升预测值

混凝土编号	浇筑温度(℃)	绝热温升(℃)					T_∞(℃)	a	b
		1 d	3 d	7 d	14 d	28 d			
PO	21.0	1.4	9.3	15.5	19.5	21.9	22.4	0.257	0.778
P336	17.6	1.7	6.1	9.7	11.7	13.3	14.1	0.308	0.671
P304	19.2	1.1	6.5	9.2	10.0	10.1	10.1	0.372	0.988

注:拟合公式 $T = T_\infty(1 - e^{-a\tau^b})$。公式中 t 为龄期(d);T_∞ 为最终温升值(℃);T 为某龄期的绝热温升值(℃);a、b 为拟合参数。

3)粗磨水泥碾压混凝土温度应力试验

利用温度应力试验机,在近似绝热条件下,进行粗磨水泥碾压混凝土的温度应力试验。以编号为 PO 的混凝土为例,利用温度应力试验机试验得出的温度曲线、应力曲线、温度与应力对应关系曲线、混凝土综合变形系数曲线,见图 4-13 ~ 图 4-16。粗磨水泥碾压混凝土温度应力试验关键参数见表 4-18。

根据温度应力试验的结果,PO、P336、P304 的最高温升分别为 18.7 ℃、12.1 ℃、8.1 ℃,这与绝热温升的差值比较显著,分析其原因是:试验在近似绝热模式下进行,无法达到绝热状态;另外,由于碾压混凝土水泥用量较小,发热量较低,温度应力试验机温度跟踪精度低于混凝土绝热温升专用测试设备,未能有效补偿通过模板散失的热量,从而导致所测的温度值偏低。

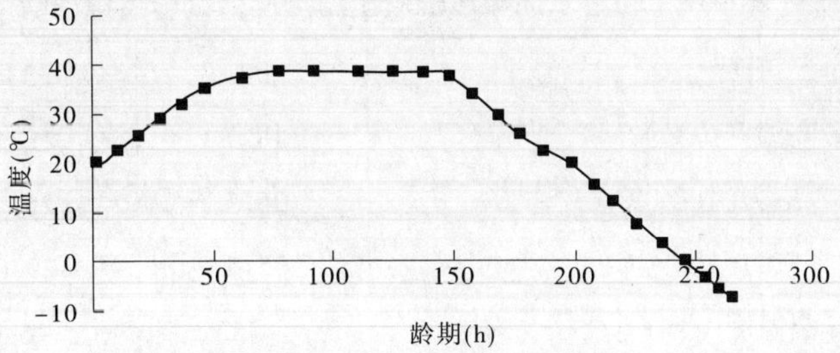

图 4-13　PO 温度曲线

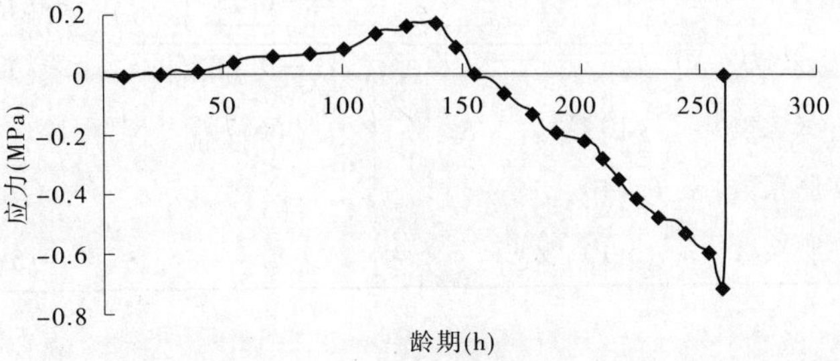

图 4-14　PO 应力曲线

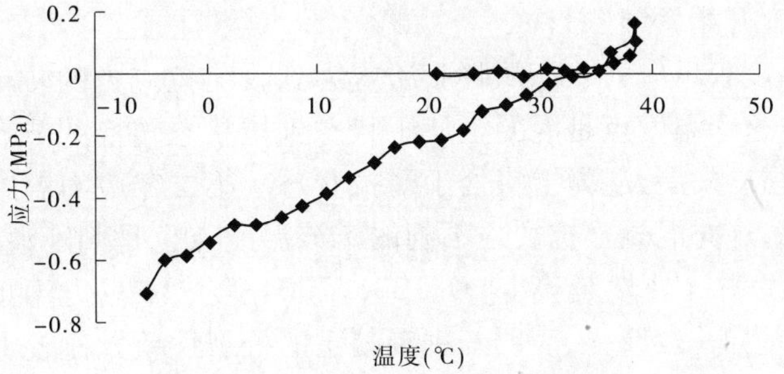

图 4-15　PO 温度—应力关系曲线

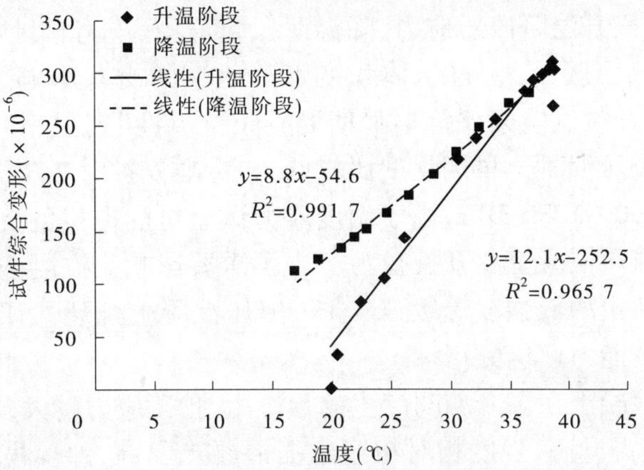

图 4-16　PO 在升温及降温阶段综合变形系数的差异

表 4-18 粗磨水泥碾压混凝土温度应力试验关键参数

项目	PO	P336	P304
最高温升（℃）	18.7	12.1	8.1
第一零应力温度（℃）	25.5	25.4	24.5
第二零应力温度（℃）	35.4	29.0	26.8
开裂温度（℃）	-7.2	-6.6	-4.0
最大压应力（MPa）	0.17	0.13	0.12
室温 20 ℃时应力（MPa）	-0.26	-0.04	-0.11
开裂应力（MPa）	-0.71	-0.63	-0.56
自由试件最大变形（$\times 10^{-6}$）	266.7	123.4	127.6
升温阶段的膨胀系数 - α_e（$\times 10^{-6}$/℃）	12.1	11.5	11.9
降温阶段的膨胀系数 - α_c（$\times 10^{-6}$/℃）	8.8	9.5	9.1

第一零应力温度表示应力第一次从零点发展到压应力的温度点，从表 4-18 看出，三个配比的混凝土第一零应力温度基本相当，表明三种水泥在水化程度相似的时候，混凝土开始终凝，从而强度开始发展。

第二零应力温度表示应力状态从膨胀压应力到收缩拉应力的转化时，应力第二次经过零点时的温度。这个温度点是混凝土从压状态到拉状态转换的节点，这表明预压应力已经消耗殆尽，再往后发展，混凝土将处于受拉状态。第二零应力温度越高，表明混凝土越早处于受拉状态，这对混凝土抗裂是不利的。该温度点也是判断混凝土抗裂性的一个指标。温度越低，说明抗裂性越高。PO、P336、P304 第二零应力温度分别为 35.4 ℃、29.0 ℃、26.8 ℃，差异比较明显，表明三种混凝土的抗裂性差异比较突出，粗磨水泥抗裂性较高。

通常来说，开裂温度是评判混凝土抗裂能力的最直接的指标。开裂温度综合反映了混凝土的水化热温升、升温阶段压应力、降温阶段拉应力、应力松弛、弹性模量、抗拉应变容许值、抗拉强度、热膨胀系数、自生体积变形等因素的交互影响。RILEM 推荐性标准 TC119 - TCE3“使用开裂试验架评价早龄期混凝土抗裂性”就采用“开裂温度”作为抗裂性评价指标。因为碾压混凝土早期强度比较低，如标准养护时 7 d 抗压强度仅 4.8 ~ 5.5 MPa，抗拉强度仅 1.50 ~ 1.82 MPa，由于温度应力试验机的电机的反复动作，所产生的累积损伤对低强度的碾压混凝土的开裂行为产生了重要影响。混凝土强度越低，产生的影响越明显。在本次特定的低强度等级（$C_{180}15$）碾压混凝土抗裂性评价试验中，开裂温度不宜作为混凝土抗裂能力评价的指标。

最大压应力是混凝土在温升期间产生的预应力，预压应力越大，对混凝土抗裂性的提高越有利。由于 PO 温升高，强度相对粗磨水泥混凝土要高，弹性模量发展也较快，因此预压应力比两种粗磨水泥混凝土稍高。预压应力主要体现温度应力的影响，与温升和弹性模量密切有关。

室温20 ℃时应力是指混凝土降温至室温20 ℃时的应力大小。开裂应力是指混凝土开裂时受到的最大拉应力。比较室温20 ℃时应力与开裂应力，可以看出混凝土在室温时的应力储备，PO、P336、P304 的应力储备分别为63%、94%、80%，粗磨水泥的应力储备显著高于普通硅酸盐水泥混凝土。

自由试件的变形包括温度变形和自生体积变形。由于碾压混凝土的自生体积变形比较小，一般为$(20 \sim 30) \times 10^{-6}$，因此自由变形以温度变形为主。根据温度与变形的关系，分别拟合出在升温及降温阶段混凝土的综合膨胀系数。普通硅酸盐水泥与粗磨水泥碾压混凝土的综合膨胀系数基本相当，混凝土骨料及粉煤灰材料相同，配合比相似，水泥水化程度的差异而导致的混凝土中水分含量的差异造成综合膨胀系数略有不同。PO 水化程度高，消耗的水分多，因此在降温阶段综合膨胀系数显得略小。PO 混凝土由于温升高，因此温度变形就大。

综合以上分析，当采用温度应力试验机来研究碾压混凝土的综合抗裂性时，由于碾压混凝土在早期强度极低，试验过程中的步进电机的反复拉压动作对混凝土造成的累积损伤比较大，不宜再用开裂温度这个常用的单轴约束试验的抗裂性评价指标评价混凝土的抗裂性。用第二零应力温度与常规单项性能评价结果类比性较好。从温度应力试验结果可以看出，粗磨水泥碾压混凝土的抗裂性优于普通硅酸盐水泥碾压混凝土。

4.3.4 水泥细度影响抗裂性的分析

目前，在工程实践中，为了降低混凝土的抗裂性，往往采取预冷骨料、冰水拌和、预埋冷却水管、外部保温等技术措施。这些措施有效可行，但其经济成本高昂，增加施工工序。采用粗磨水泥有效地降低了水泥的水化热和混凝土绝热温升，能够配制满足力学、变形及耐久性要求的碾压混凝土。粗磨水泥节约了水泥磨制的能耗，不用增加任何施工工序，改善了混凝土的施工性能，提高了混凝土的抗裂性。在碾压混凝土中应用粗磨水泥是可行的技术措施。温度应力试验能够有效评价碾压混凝土的抗裂性能，区别出来不同水泥细度对混凝土抗裂性的影响。

4.4 混凝土抗裂性综合评价指标

钢筋锈蚀、冻融破坏、碱－骨料反应和硫酸盐侵蚀是混凝土最常见的劣化原因。大体积混凝土的开裂与以上四种劣化形式又有所不同，混凝土内部温度变化和外界气温的骤降是导致混凝土开裂更为普遍甚至是唯一的原因。本文所指的抗裂性指标是针对大体积混凝土的开裂问题提出的。

理想情况下的抗裂性能好的混凝土应具有较高的抗拉强度、较大的极限拉伸值、较低的弹性模量、较小的干缩率、较低的绝热温升以及较小的温度变形系数和自生体积收缩变形、较大的徐变度等，但现实工程中的混凝土不可能同时达到这些条件。这就提出了如何利用各项性能指标综合评价混凝土抗裂性能的问题。

目前，用于评价混凝土抗裂性能的指标大多数是根据混凝土不同的用途提出来的，考虑的侧重点各有不同。但总的来说大都是通过测试单项性能指标，然后根据这些单项性能对抗裂性不同的影响方向和影响程度，将其组成一个函数表达式，以此作为评价混凝土抗裂性的综合评价指标。

由于原材料及配比差异导致大坝混凝土与普通混凝土的性能相差较大，开裂的表现和影响开裂的因素有所不同，因此现有的抗裂性指标经常出现这样一个问题：评价普通混凝土的抗裂性指标不适于评价大坝混凝土的抗裂性，甚至对于普通混凝土，不同配制体系的混凝土可能对同一评价指标的敏感性不同，得到的结果也不同。

4.4.1 关于利用单项指标评价混凝土的抗裂性

单项指标由于不能全面综合地反映混凝土的抗裂性，因此现在一般不单独用来评判混凝土的抗裂性能，而是用来验证其他标准或者作为验证混凝土的某一单项性能指标。常见的单项指标有极限拉伸值 ε_p、抗拉强度 R_1、绝热温升等。

以极限拉伸值为例，在其他条件相同时，混凝土极限拉伸值越大，抗裂性越强。《混凝土重力坝设计规范》(DL 5108—1999)针对混凝土的抗裂性能有明确规定："常态混凝土 28 d 龄期极限拉伸值不低于 0.85×10^{-4}，碾压混凝土 28 d 龄期极限拉伸值不低于 0.70×10^{-4}。"但用极限拉伸值来评价混凝土的抗裂性能有一定的片面性：在通常情况下，混凝土的抗拉强度越高、水胶比越低、胶凝材料用量越大，其极限拉伸值越大。而混凝土的抗裂性并不能以此判别，因为水泥用量的增加同时带来了水化温升增加、徐变度变小、收缩增大等问题，反而对混凝土抗裂性不利。

4.4.2 关于利用综合指标评价混凝土的抗裂性

在混凝土抗裂性研究的早期，众多研究者提出了相应的评价指标，数量多达十几个，简要概述如下：根据混凝土的差异，将影响混凝土开裂的主要因素归纳起来，用一定的函数关系将其组合起来便得到了现有的大部分抗裂性综合指标。常用的综合指标主要有以下几种。

4.4.2.1 热强比 H/R

热强比是某龄期单位体积混凝土发热量与对应龄期抗拉强度之比($kJ/(m^3\cdot MPa)$)。热强比越小，混凝土的抗裂性越强。用热强比 H/R 对混凝土抗裂性的评定仅考虑温度应力的影响，并且局限于某一龄期混凝土的发热量与抗拉强度之比，未通盘考虑影响混凝土抗裂性的诸多因素，存在局限性。

另外还有抗裂度 K、抗裂性系数 C_R、抗裂系数 K_1 等，其缺点相似，仅考虑了影响开裂的某一个因素，存在局限性，不再赘述。

4.4.2.2 抗裂安全系数指标 K_f

抗裂安全系数是混凝土的抗拉强度与各因素引起的混凝土拉应力的比值，即：

$$K_f = \frac{R_1}{\sigma_1 \pm \sigma_2 \pm \sigma_3} \tag{4-12}$$

式中：R_1 为混凝土的抗拉强度；σ_1 为 n 天龄期时均匀温差产生的徐变应力；σ_2 为 n 天龄期时不均匀温差产生的徐变应力；σ_3 为 n 天龄期时混凝土的有效自生体积变形产生的应力。

K_f 越大,混凝土的抗裂性能越好。抗裂安全系数 K_f 基本上包括了混凝土抗裂性的各种因素在内,比较全面。抗裂安全系数是具体边界条件下粉煤灰混凝土抗裂性指标,该系数将混凝土的开裂视为某龄期某结构物混凝土的抗拉强度(或 ε_p)与各种外界因素作用下混凝土内部产生的拉应力(或拉伸变形)相互作用的结果,其不足之处是计算复杂。

4.4.2.3 **抗裂变形指数指标 B**

混凝土的抗裂变形指数 B 是混凝土在外荷载作用下的荷载变形与自由体积变形之比。

$$B = \varepsilon_r / \varepsilon_0 \tag{4-13}$$

当混凝土试件承受外部荷载时,可能产生的变形有弹性变形和徐变变形,因此混凝土所产生的荷载变形 ε_r 为:

$$\varepsilon_r = R_1 \times (1/E + C) \tag{4-14}$$

式中:R_1 为混凝土的抗拉强度;E 为混凝土的弹性模量;C 为混凝土的徐变变形。

混凝土自由体积变形表示为:

$$\varepsilon_0 = T_r \times a - G \tag{4-15}$$

式中:T_r 为混凝土水化温升;α 为混凝土热膨胀系数;G 为混凝土由于物理化学作用产生的自身体积变形。

荷载变形对混凝土抗裂性起着正面的作用,而自由体积变形对混凝土抗裂性产生负面的作用,因此抗裂变形指数越大,混凝土的抗裂能力越强。

4.4.2.4 **抗裂参数 Φ**

$$\Phi = \frac{\varepsilon_p R_1}{\alpha \Delta T E_1} \tag{4-16}$$

式中:ε_p 为混凝土的极限拉伸值;R_1 为混凝土的抗拉强度;$\alpha\Delta T$ 为混凝土的温度变形;E_1 为弹性模量。

抗裂参数主要考虑了温度变形对开裂性的影响。

4.4.2.5 **抗裂能力指数指标 I**

抗裂能力指数 I 是混凝土的止裂力与起裂力之比,即:

$$I = \frac{R_1}{(\alpha \Delta T \pm \varepsilon_d) E_1 K(n,t)} \tag{4-17}$$

式中:ε_d 为 n 天龄期时混凝土的干缩率(膨胀时取负值);$K(n,t)$ 为 n 天龄期时混凝土的松弛系数;其他符号意义同前。

抗裂能力指数 I 越大,则混凝土的抗裂能力越强。抗裂能力指数基本上包括了混凝土抗裂性的各种因素在内,考虑比较全面。抗裂能力指数将混凝土开裂原因视为起裂力与止裂力相互作用的结果,而对大坝混凝土,认为所有能引起混凝土收缩的潜在作用力就是其自身发热量所引起的温度收缩应力与水分蒸发所引起的干缩应力。这两种力叠加后乘以松弛系数为起裂力,而阻止开裂的力就是抗拉强度。

4.4.2.6 **抗裂性指标 K_t**

抗裂性指标 K_t 是混凝土自身抗拉强度与由于混凝土绝热温升和自生体积变形而产生的应力之比(考虑了徐变的影响),即:

$$K_t = \frac{R_{1t}C_3(t-3)}{E_t[T_r\alpha + G_r(t)]} \tag{4-18}$$

式中：$C_3(t-3)$为加荷龄期 3 d，持荷时间为$(t-3)$ d 混凝土徐变；R_{1t}为抗拉强度；T_r 为不同龄期混凝土的绝热温升；G_r 为不同龄期混凝土的自身体积变形。

K_t 越大，混凝土的抗裂性能越好。K_t 很好地考虑了混凝土的徐变对混凝土变形性能的缓解，同时也将强度考虑进去，然而测试复杂，一般在大坝混凝土中使用较多。

目前，在工程界所采用的大坝混凝土抗裂性评价指标主要分单项指标（如抗拉强度、弹性模量、极限拉伸值、绝热温升等）和综合性指标（如热强比、抗裂参数、抗裂变形指数等）两类。

由于不同配合比的单项指标各有优劣，难以通过单项性能来确定综合抗裂性较佳的配合比，人们已经意识到在混凝土配合比设计中只是对单项性能指标提出要求是不科学的。从而，逐渐采用综合性的评价指标，但现有综合性抗裂性评价指标数量繁多，考虑因素也各不相同，都只能在特定的试验条件下适用。另外，这些指标中所采用的参数均是在标准试验条件下测试得出的，忽略了实际结构中温度场对混凝土性能发展的影响；混凝土在早龄期时各项性能（如弹性模量、热膨胀系数等）发展均比较快，这对混凝土的温度应力的发展有着重要影响，这些因素在以往的评价指标中未予以考虑。因此，已有的综合性抗裂评价指标存在两个主要问题：缺乏明确的物理意义和严格的推导过程；应用不同的综合评价指标得出的混凝土的抗裂性优劣不同，有时甚至截然相反。

4.4.3 不同指标评价结果的差异

在混凝土抗裂性研究的早期，众多研究者提出了相应的评价指标，数量多达十几个，文献[32]对此做了简要概述。目前在工程中获得广泛应用的主要指标有文献[33]提出的混凝土的综合抗裂能力指标 K_1、抗裂性系数 K_2，文献[3]提出的抗裂参数 K_3，以及文献[34]提出的混凝土抗裂指数 K_4（为了表述方便，各指标采用相同的符号）。

$$K_1 = f_1(1/E + C)/(\alpha\Delta T - \varepsilon_a) \tag{4-19}$$

$$K_2 = f_1/(E\alpha\Delta T) \tag{4-20}$$

$$K_3 = \varepsilon_p f_1/(E\alpha\Delta T) \tag{4-21}$$

$$K_4 = (\varepsilon_p + f_1 C + \varepsilon_a)/(\alpha\Delta T + \varepsilon_s) \tag{4-22}$$

式中：f_1 为混凝土的抗拉强度，MPa；E 为弹性模量，MPa；C 为徐变变形，$\times 10^{-6}$/MPa；α 为热膨胀系数，$\times 10^{-6}$/℃；ΔT 为绝热温升，℃；ε_a 为自生体积变形（膨胀为正、收缩为负），$\times 10^{-6}$；ε_p 为极限拉伸值，$\times 10^{-6}$；ε_s 为干燥收缩值，$\times 10^{-6}$。

如何选择适当的评价指标，满足工程的需要，是工程技术人员必须面对的问题。因此，不同指标的相关性就有必要加以研究。本文选取了上述 4 个评价指标，利用文献[3]、[4]、[35]的试验数据来比较不同评价指标所带来的评价结果的差异。表 4-19 列出了文献中相关试验数据和评价结果，表 4-19 以综合抗裂能力指标 K_1 的评价结果为基准，按从小到大的顺序给混凝土配合比编号。将不同指标的评价结果从小到大排序，图 4-17 给出了不同评价结果差异。

表 4-19 混凝土基本性能及相关抗裂指标评价结果

编号	抗拉强度(MPa)	弹性模量(GPa)	徐变变形(×10^-6/MPa)	绝热温升(℃)	自生体积变形(×10^-6)	热膨胀系数(×10^-6/℃)	K_1	K_2	K_3	K_4	备注
1	2.9	39.2	33.6	24.0	-12.4	8.2	0.47	0.38	0.28	0.81	溪洛渡四级配
2	2.8	38.3	27.6	24.6	0.4	6.5	0.48	0.46	0.33	0.94	溪洛渡四级配
3	2.6	39.6	24.3	24.5	7.4	5.4	0.51	0.50	0.33	1.03	溪洛渡四级配
4	2.7	52.7	54.1	26.2	17.0	9.66	0.62	0.20	0.10	0.85	二滩
5	2.5	49.6	60.4	25.8	16.0	9.66	0.63	0.20	0.10	0.86	二滩
6	2.1	46.8	73.5	24.8	18.2	9.66	0.70	0.19	0.08	0.91	二滩
7	3.2	38.2	39.8	27.1	-23.4	5.6	0.72	0.54	0.45	1.22	东风
8	3.0	37.8	47.4	25.7	-28.1	5.6	0.83	0.56	0.44	1.35	东风
9	2.4	39.9	83.8	29.3	8.2	7.96	0.88	0.25	0.15	1.14	二滩
10	2.4	31.0	88.3	31.6	36.0	7.96	0.97	0.30	0.23	1.27	二滩
11	2.1	29.2	101.7	30.1	32.0	7.96	1.03	0.30	0.22	1.33	二滩
12	1.9	36.4	114.0	26.5	8.2	7.96	1.06	0.24	0.13	1.30	二滩
13	1.9	27.5	119.9	28.9	30.0	7.96	1.11	0.29	0.20	1.39	二滩
14	2.6	34.7	98.8	24.8	17.8	8.4	1.35	0.36	0.27	1.68	官地
15	1.5	16.0	123.2	17.3	24.0	9.3	1.35	0.58	0.55	1.88	沙牌碾压混凝土
16	2.5	33.3	83.6	23.0	17.0	7.2	1.41	0.45	0.34	1.82	官地
17	2.7	29.1	84.0	24.0	17.4	7.4	1.42	0.52	0.48	1.90	官地
18	3.1	37.9	96.5	27.5	8.2	7.96	1.43	0.38	0.31	1.79	二滩
19	2.5	40.1	52.0	22.9	29.0	5.22	1.44	0.52	0.33	1.85	普定碾压混凝土
20	2.3	32.8	117.7	23.7	13.4	8.4	1.46	0.35	0.25	1.78	官地
21	1.7	32.9	65.0	19.8	38.0	5.37	1.62	0.49	0.25	1.88	普定碾压混凝土
22	1.2	18.1	145.6	16.8	35.8	8.4	1.66	0.47	0.31	1.96	大朝山碾压混凝土
23	2.4	31.3	103.2	22.2	13.1	7.2	1.69	0.48	0.37	2.11	官地
24	1.6	14.7	130.7	17.5	40.0	9.1	1.75	0.68	0.74	2.25	沙牌碾压混凝土
25	2.9	30.2	43.8	17.7	20.0	4.93	1.89	1.10	1.06	2.79	龙滩碾压混凝土
26	2.3	28.1	50.4	16.2	18.0	4.42	2.16	1.14	0.94	3.01	龙滩碾压混凝土

注: 由于本文选取的均为大坝混凝土配合比,针对大坝内部混凝土,干燥收缩的影响可以忽略不计,故在 K_4 中未计算干燥收缩。

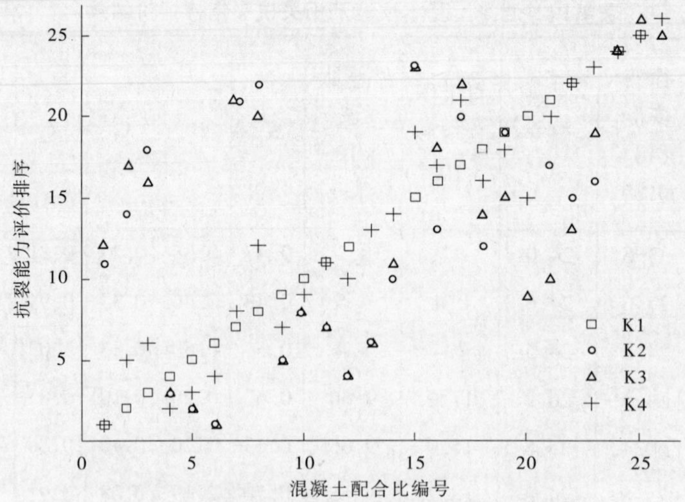

图 4-17　不同抗裂指标对混凝土评价结果的比较

从图 4-17 明显看出，不同评价指标得出的评价结论存在巨大的差异，数据点分布范围很广。在 K_1 中抗裂性最低的 1 号配合比，在 K_2、K_3 的评价结果中其抗裂性分别排在了第 11 位和第 12 位；在 K_1 中排在第 20 的配合比，在 K_2、K_3 中只排到了第 9 位。同时还可以看出，K_1、K_4 两个指标得出的评价结果相似，排序相同的有 9 个，两者排序相差最多不超过五位；K_2、K_3 的结果差别也不大，排序相同的有 12 个，这一点可以从它们的表达式的构成方式来理解。

不同评价指标带来了评价结果的显著差异，这是工程技术人员在实际应用中应如何选择适当的评价指标时面临的一大困惑。因此，需要提出一个科学合理的综合性评价指标。

4.4.4　综合抗裂性评价指标

混凝土抗裂性影响因素可分为两大类：一类是对抗裂有利的因素，如混凝土极限拉伸、抗拉强度、自生膨胀、徐变变形等；另一类是对混凝土抗裂不利的因素，如温度收缩、干缩、自生收缩等。因此，抗裂指标应全面综合考虑各方面的影响因素，其表现形式应为有利因素与不利因素的比值，此为一无量纲的量。K_2 仅考虑了抗拉强度及由于绝热温升产生的温度应力，忽略了其他重要影响因素；K_3 与 K_2 在形式上的区别在于 K_3 在分子中多了一项极限拉伸，因此分子就变成了极限变形能，而分母为温度应力，这样 K_3 就是一个有量纲的量，其物理意义不明确；K_1、K_4 综合考虑了抗拉强度、弹性模量、极限拉伸、徐变变形、自生体积变形及温度变形，其物理意义相对明确，但仅仅是将这些单一性能进行算术加减，而实际的关系并非是线性的。K_1、K_4 在形式上的主要区别在于自生体积变形在公式中位置的不同，同时 K_4 还考虑了干燥收缩变形。

上述指标的建立均是基于自由试件在特定龄期单项性能参数以及绝热温升试验之上的，忽略了实际结构混凝土所受到的约束程度及温度历程的差异。大量的研究及工程经验表明，约束程度及温度历程在很大程度上影响混凝土的开裂敏感性。

混凝土在约束状态下其应力主要包括两部分:一部分是温度变化引起的温度收缩受到了约束,从而产生温度应力;另一部分是收缩受到约束产生的拉应力。大体积混凝土裂缝主要是由温度应力引起的,混凝土收缩产生的裂缝主要是由基岩、相邻结构及内部混凝土等的约束而引起的。

温度历程同样对混凝土应力发展产生很大影响。混凝土早期模量较小,温升引起的压应力并不很大;拉应力主要是取决于降温的过程,降温的幅度以及降温速率对温度应力的发展起到主导性的作用。温度历程对徐变性质本身也有很大影响,通常混凝土所处的环境温度越高,徐变就越大,但同时混凝土强度和弹性模量的增长又会削弱徐变能力。因此,在评价混凝土抗裂能力时,除考虑前述的有利及不利因素外,还必须考虑约束程度和温度历程的影响。

在欧洲的"先进混凝土结构的改进生产(IPACS)"项目中,采用开裂风险系数 η 来评价混凝土的抗裂性,如式(4-23)所示。$\sigma_t(t)$、$f_t(t)$ 分别为混凝土所受拉应力和混凝土本身的抗拉强度随时间的发展变化,两个函数全面地反映了各因素对混凝土抗裂性能的综合影响。开裂风险系数越小,混凝土抗裂性能越强。在国内大坝温控计算中,η 也被结构设计人员用于评价开裂风险,但在混凝土材料技术人员进行混凝土配合比优选时却尚未被采用。

$$\eta = \frac{\sigma_t(t)}{f_t(t)} \tag{4-23}$$

式中:η 为开裂风险系数;t 为时间;$\sigma_t(t)$ 为混凝土受到的拉应力;$f_t(t)$ 为混凝土抗拉强度。

采用量化的混凝土抗裂性评价指标,对于什么样的混凝土抗裂性好、什么样的混凝土抗裂性不好,可以作出明确的判断。根据开裂风险系数本身的物理意义及众多的试验经验,其作为混凝土抗裂性的评判标准如下:

$\eta > 1$,混凝土已经开裂;

$\eta = 1$,临界状态;

$0.7 \leqslant \eta < 1$,开裂可能性较大;

$\eta < 0.7$,不大可能开裂。

文献[36]研究了7组混凝土配合比,在100%约束状态下,临界开裂应力与抗拉强度之比为0.76~0.91,平均值为0.80;张涛等研究了8组混凝土配合比,其比值为0.67~0.82,平均值为0.75,其中有7个值均在0.7以上。因此,采用 $\eta = 0.7$ 作为临界开裂判据是偏安全的。

4.4.5 基于单轴约束试验的混凝土抗裂性研究

单轴约束试验在数据采集及计算开裂风险系数时较传统试验方法有明显的优越性。

采用传统试验方法计算开裂风险系数时:①选取特定龄期的弹性模量、热膨胀系数、绝热温升值、干燥收缩值、自生体积变形及徐变等参数来计算混凝土的拉应力;②选取相同龄期试件的劈裂抗拉强度或轴拉强度来计算抗拉强度。

这种方法的缺点在于:①试验的数据点有限,工作量繁重;②这些数据是基于自由试件获得的,没有考虑混凝土的约束状态及实际的温、湿度历程产生的影响。

采用开裂试验架(RCF)、温度应力试验机(TSTM)等单轴约束试验方法计算开裂风险系数时,采取以下方法:①利用高精度荷载传感器直接测量混凝土试件在不同约束度(0~100%可调)下及不同温度环境(绝热、半绝热、等温、模拟实际结构混凝土的温度历程)下的应力发展历程;②试件的温度发展历程全程监测;③在温度历程已知的情况下,利用成熟度理论计算混凝土的抗拉强度。

这种方法的优点在于:①考虑了约束度及温度历程的影响,试验更接近实际工程;②所有数据均是从混凝土浇筑开始实时测得的连续数据,数据量大,可靠性高,且均同步采集;③混凝土试验工作量大大减小。

4.4.6 基于温度应力试验机的抗裂评价指标的建立

4.4.6.1 综合抗裂评价指标——开裂温度

1)温度应力试验获得的参数及其含义

第一零应力温度 $T_{Z,1}$:在约束状态下,混凝土在水化过程中由于弹性模量的增长,压应力从零开始逐渐增大。这标志着混凝土从塑性状态向黏-弹性状态的转变。

最大压应力 σ_{max}:在温度升高的过程中,处于约束状态下混凝土试件的最大压应力。由于应力松弛,压应力通常在最高温度出现之前达到最大值。

最高温度 T_{max}:混凝土在凝结硬化过程中达到的最高温度。

第二零应力温度 $T_{Z,2}$:在降温阶段,压应力已经完全降低到零,拉应力开始发展。由于早期混凝土的高松弛能力和低弹性模量,累积压应力相对较小,在降温时松弛能力降低、弹性模量快速发展,$T_{Z,2}$ 通常要高于 $T_{Z,1}$,仅比 T_{max} 略低几摄氏度。

开裂温度 T_c:混凝土试件在断裂时的温度,即拉应力已经超过了混凝土的抗拉强度。

开裂应力 σ_c:混凝土试件开裂时受到的拉应力。

室温应力 σ_r:试件降温至室温时的应力。

应力储备:在室温时,还能容许的应力发展能力,表征混凝土在常温下的抗裂能力。应力储备=(开裂应力-室温应力)/开裂应力。

最大膨胀变形值与最大收缩变形值分别表示约束状态下的混凝土试件在升温和降温过程中产生的最大变形。

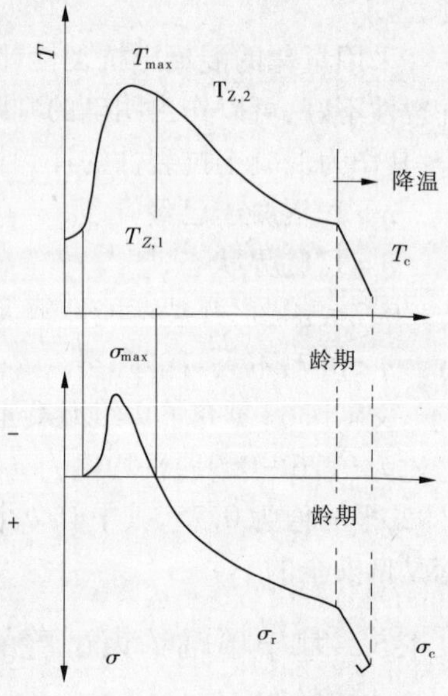

图 4-18 温度应力试验参数示意图

温度应力试验参数见表 4-20,示意图见图 4-18。

表 4-20　温度应力试验特征参数

温度应力试验特征参数	新拌混凝土温度(℃)	第二零应力温度(℃)
	第一零应力温度(℃)	第二零应力时间(h)
	第一零应力时间(h)	室温应力(MPa)
	最大压应力(MPa)	室温应力时间(h)
	最大压应力时的温度(℃)	最大收缩变形值($\times10^{-6}$)
	最大压应力时间(h)	开裂应力(MPa)
	最大膨胀变形值($\times10^{-6}$)	开裂时间(h)
	最高温升(℃)	应力储备(%)
	最高温升时间(h)	芯样劈裂抗拉强度(MPa)
综合评价指标	开裂温度(℃)	

2)温度应力试验各参数作为抗裂性评价指标的优缺点

混凝土的开裂风险不仅取决于水化温升，而且还受到混凝土的弹性模量、徐变性能、容许拉伸应变、热膨胀系数、自生体积变形的影响。早龄期混凝土开裂风险主要影响因素如图 4-19 所示。约束状态下混凝土的变形(自生体积变形与温度变形)导致的应力与混凝土自身力学性能的发展，是决定混凝土开裂风险的主要因素。因此，在温度应力试验中，影响混凝土抗裂性能的主要参数是：试件温度(最高温度、开裂温度)、试件变形(约束试件变形、自由试件变形)、试件应力(膨胀阶段的压应力、降温阶段的拉应力)。

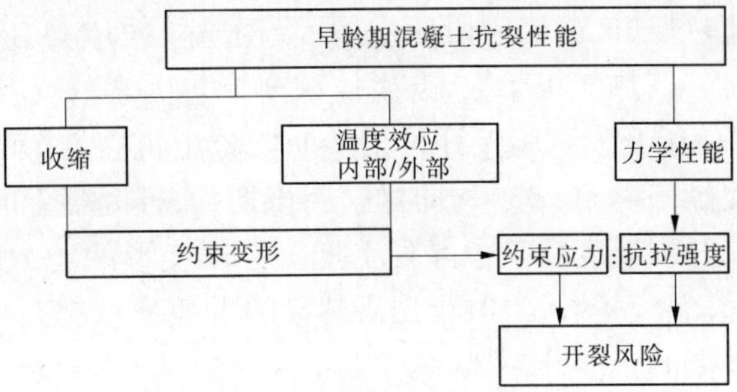

图 4-19　早龄期混凝土开裂风险因素

混凝土最高温升值的大小不宜用于评价混凝土的开裂行为。文献[38]利用 TSTM 试验研究了 7 种不同水泥对混凝土抗裂性的影响。结果发现，混凝土的最高温升并不能表征混凝土的抗裂能力(见图 4-20)。以 B 水泥配制的混凝土为例，按照最高温升来排序，该混凝土最高温升 44 ℃，仅比最高的 A 组低 1 ℃，排在第 2 位；按照开裂温度来排序，该混凝土开裂温度 3.5 ℃，是最低的。

混凝土最大预压应力也不宜作为抗裂性评价的指标。混凝土在达到温峰之前，压应力就开始松弛，不同混凝土在恒温阶段的松弛程度差别较大。应力松弛程度不仅决定于应力发展速率，而且受到试件的约束程度的影响，高的压应力松弛对抗裂是不利的。文献[38]研究 7 个配合比混凝土的预压应力的松弛程度为 0.11～0.50，文献[7]研究 4 个配

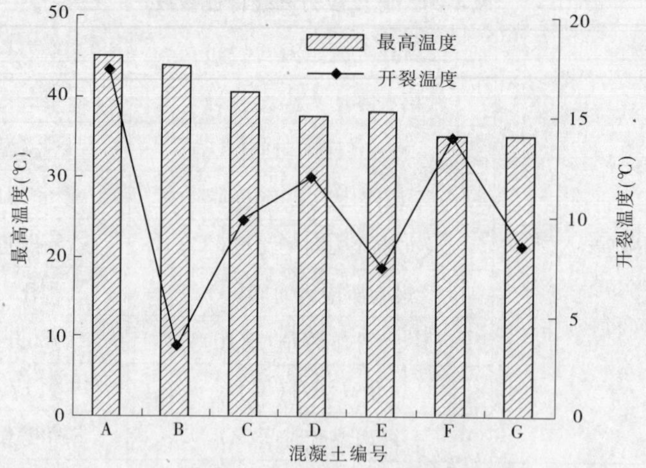

图 4-20　混凝土最高温度与开裂温度的比较

合比混凝土的预压应力的松弛程度为 0.20～0.40。最大压应力还与混凝土弹性模量发展以及温升幅度有关。如果弹性模量发展较快，虽然在早期有利于压应力的累积，但是，混凝土一旦降温，拉应力快速发展，很快就抵消了在升温阶段累积的压应力。

当用开裂应力来判断混凝土的抗裂能力时，也有其不合理性。不同混凝土在开裂时的抗拉强度是不同的，如 C30 混凝土开裂应力势必就低于 C40 混凝土的。相对而言，利用开裂应力与抗拉强度的比值要更合理。但是，必须提供与 TSTM 试件同样温度历程下的混凝土的抗拉强度测试结果。

就 TSTM 试验本身而言，采用开裂温度来评价混凝土抗裂性是合理的。开裂温度综合反映了混凝土的水化热温升、升温阶段压应力、降温阶段拉应力、应力松弛、弹性模量、抗拉应变容许值、抗拉强度、热膨胀系数、自生体积变形等因素的交互影响。RILEM 推荐性标准 TC119—TCE3"使用开裂试验架评价早龄期混凝土抗裂性"就采用"开裂温度"作为抗裂性评价指标。文献[14]和[38]均同样采用该指标，且混凝土的工程实际表现与试验结论的一致性很好。开裂温度反映了混凝土抵抗温度变形的能力的大小，表征被测试混凝土的开裂趋势，开裂温度越高，混凝土出现热裂缝的概率就越高。开裂温度可以用来评价在特定浇筑温度下混凝土的开裂风险。

4.4.6.2　合理性验证

文献[38]利用 TSTM 试验研究了 7 种不同水泥对混凝土抗裂性的影响，结果发现，在配合比相同，仅改变水泥品种的情况下，混凝土温度应力试验得出的开裂温度分别为 17.5 ℃、3.5 ℃、10 ℃、12 ℃、7.5 ℃、14 ℃、8.5 ℃，实际工程中混凝土开裂表现与开裂温度相关性良好，开裂温度越低，抗裂性越好。

有文献通过 350 组混凝土开裂试验架试验证明，混凝土的不同技术参数(如新拌混凝土温度、水泥品种、不同胶凝材料掺量、骨料品种、膨胀剂类型)对早龄期混凝土约束应力和热裂缝的影响可以通过比较混凝土的开裂温度而进行量化比较。

文献[7]比较了 4 种水泥的在相同配合比下混凝土的抗裂性，4 种水泥 A、B、C、D 的开裂温度分别为 25.5 ℃、27.5 ℃、25 ℃、26 ℃，尽管 A 与 B 水泥对应的混凝土的预压应力为1.30 MPa、1.75 MPa，明显大于C与D水泥对应的混凝土的预压应力0.85 MPa、1.0 MPa，但A与B开裂温度是仍略高于C与D。当以开裂温度来评价4种混凝土的抗裂性时，它们的抗裂性能基本相当。

R. Springenschmid在考察混凝土组分、配合比及温度对混凝土开裂敏感性的影响时，将改善措施的效果换算成开裂温度，以开裂温度来评价材料、结构形式、环境对混凝土抗裂性能的影响。

对于大体积混凝土，水化热产生的混凝土内部温升是进行混凝土配制及选择合理的施工工艺时首要考虑的问题。混凝土内外温差导致混凝土内部产生温度应力。混凝土温度应力的大小受多种因素的影响，其理论计算公式如下：

$$\sigma_T = \frac{REK_p}{1-\mu}(\alpha\Delta T + \varepsilon_g) \tag{4-24}$$

式中：σ_T为混凝土的温度应力；ΔT为混凝土的温差（升温阶段$\Delta T = T - T_{Z,1}$，降温阶段$\Delta T = T_{Z,2} - T$，其中$T_{Z,1}$为第一零应力温度，$T_{Z,2}$为第二零应力温度，T为混凝土在某一时刻的温度；α为混凝土的热膨胀系数；E为混凝土的弹性模量；R为基岩或老混凝土对新浇混凝土的约束系数，或内部混凝土对外部混凝土的约束系数；μ为混凝土的泊松比；K_p为混凝土的徐变松弛系数；ε_g为混凝土自生体积变形。

如图4-18所示，混凝土应力发展分两个阶段：

在升温阶段，混凝土产生压应力。从第一零应力温度开始到第二零应力温度，混凝土压应力从零开始产生，到达最大压应力之后，又逐渐降到零点。

在降温阶段，混凝土产生拉应力。从第二零应力温度到开裂温度，混凝土拉应力从零开始发展，直到混凝土开裂。混凝土温度变化$\Delta T = T_{Z,2} - T_c$。

从式(4-24)看出，在温度应力试验情况下，浇筑温度均控制为$T_p = 20$ ℃；不同混凝土的泊松比μ基本在0.2左右，可认为是常数；在100%约束度情况下，$R=1$；在降温阶段，混凝土热膨胀系数α基本已经稳定；在温度应力试验中，经过升温和恒温阶段后，混凝土自生体积变形ε_g变化幅度已经很小；在快速降温阶段，弹性模量E和混凝土的徐变松弛系数K_p基本保持不变。因此，对混凝土开裂起主要决定作用的因素是开裂温度T_c，开裂温度越低，混凝土所能经受的温差就越大，混凝土容许的拉应力就越大，抗裂能力越强。对大体积混凝土温控设计和施工来说，开裂温度越低，经济成本越低。

在前文研究骨料对混凝土抗裂性的影响、温度历程对混凝土抗裂性的影响时，对比了不同混凝土的开裂温度（见表4-21、表4-22）。研究表明，以开裂温度来评价混凝土的抗裂性能与采用标准试验测试的单项性能综合评价混凝土的抗裂性能时，得出的抗裂性排序是一致的。引进温度应力试验机这种先进测试设备，大大简化了混凝土抗裂性评价的流程，缩短了试验周期；同时可以更紧密地结合实际工程混凝土结构的工况，有的放矢地进行抗裂性研究，高效地服务重大工程的建设。

表4-21　不同骨料品种混凝土的开裂温度

编号	ZD	DD	XD	SS
开裂温度(℃)	−18.4	−16.5	9.7	13.9

表 4-22　不同历程下混凝土的开裂温度

编号	开裂温度(℃)		
	绝热模式	温度匹配模式	恒温模式
SS	13.9	-10.4	-9.7
SD	-4.7	-10.3	-10.8

因此,在温度应力试验中,采用开裂温度作为混凝土抗裂性综合评价指标,是客观合理的。

4.5 小　结

基于温度应力试验机的水工混凝土抗裂性研究可以为重大工程的混凝土配合比设计及优化提供试验依据,客观地评价不同配合比混凝土的抗裂性能。

利用温度应力试验实现了综合评价骨料品种对混凝土早龄期抗裂性的影响。以开裂温度作为评价指标,抗裂性排序依次为 ZD > DD > XD > SS。

在不同温度历程下,混凝土表现出来的抗裂性能是不同的。绝热模式低估了混凝土的抗裂能力;恒温养护模式下,夸大了混凝土的抗裂能力。采用温度匹配养护模式评价大坝混凝土抗裂性,综合反映了实际温度历程对大坝混凝土的温度应力及本身抗裂能力发展的影响,能够客观地比较不同配合比在实际工程中的抗裂性优劣。

粗磨水泥改善了混凝土的施工性能,提高了混凝土的抗裂性。温度应力试验能够有效评价碾压混凝土的抗裂性能,区别出不同水泥细度对混凝土抗裂性的影响。在温度应力试验中,采用开裂温度作为混凝土抗裂性综合评价指标是客观合理的。

参 考 文 献

[1] 李光伟,杨忠义,覃祥建,等. 拱坝大体积混凝土热物理参数的试验研究[J]. 水电站设计,2008,24(3):15-18.

[2] 李光伟,杨代六. 拱坝大体积混凝土力学特性的试验研究[J]. 水电站设计,2006,22(2):88-92.

[3] 李光伟. 混凝土抗裂性指标及人工骨料混凝土抗裂能力评价[J]. 四川水力发电,2000,V19(2):67-69.

[4] 李光伟,吴政. 溪洛渡水电站混凝土人工骨料的选择[J]. 长江科学院院报,2000,17(2):25-28.

[5] 刘数华,方坤河,曾力,等. 混凝土抗裂评价指标综述[J]. 混凝土,2004(5):32-33.

[6] Springenschmid R. Prevention of Thermal Cracking in Concrete at Early Ages[R]. London : E&FN SPON, 1998.

[7] Shoppel K, Breitenbucher R, Springenschmid R. Investigation of mass concrete in the temperature - stress testing machine[J]. Concrete precasting plant and technology, 1990(2):48-55.

[8] 陈波,丁建彤,石南南,等. 基于温度 - 应力试验机的水工混凝土抗裂性研究[J]. 混凝土,2009(8):6-8.

[9] Chen Bo, Cai Yuebo, Ding Jiantong, et al. Comprehensive Evaluation of Crack Resistance for Dam Concrete Based on Temperature Stress Testing Machine[C]//Proceeding of International Conference on Crack Path, Vicenza ,Italy,2009.

[10] 李光伟.人工骨料的特性与高拱坝混凝土人工骨料的选择[J].水电站设计,2008,24(3):1-7.

[11] 丁建彤,欧阳幼玲,陈波,等.雅砻江锦屏一级水电站大坝混凝土性能特殊专题试验研究报告[R].南京:南京水利科学研究院,2008.

[12] Erik J. Sellevold. Autogenous and Thermal Deformations [R]. IPACS, REPORT BE96 - 3843/2001: 20-6.

[13] Ola Kjellman, Jan Olofsson. 3D structural analysis of crack risk in hardening concrete[R]. IPACS, Report BE96 - 3843,2001.

[14] Breitenbucher R. Investigation of thermal cracking with the cracking - frame [J]. Materials and Structures, 1990(23):172-177.

[15] 强晟,朱岳明,陈樊建.锦屏一级拱坝约束坝块高温季节施工温控仿真[J].三峡大学学报:自然科学版,2007,29(2):97-100.

[16] Anton K. Schindler. Effect of Temperature on Hydration of Cementitious Materials[J]. ACI Materials Journal, 2004, 101(1):72-81.

[17] Kim K, Moon Y H, Eo S H. Compressive strength development of concrete with different curing time and temperature[J]. Cement and Concrete Research,28(12): 1761-1773.

[18] 吕常新,吕建福,巴恒静.大体积混凝土温度实测与芯部的力学性能发展规律[J].建筑技术,2006,37(6):439-440.

[19] Waller V, d'Aloïa L,Cussighc F,el. al. Using the maturity method in concrete cracking control at early [J]. Cement and Concrete Composites,2004,26(5):589-599.

[20] Kanstad T, Hammer T A, et al. Mechanical properties of young concrete: Part I: Experimental results related to test methods and temperature effects[J]. Materials and Structures, 2003(36): 218-225.

[21] 何世玲, 刘立新.同条件养护试块检验结构实体混凝土强度研究[J]. 武汉理工大学学报, 2006, 28(9): 76-79.

[22] 蔡跃波,丁建彤,陈波,等.基于温度应力试验机的大坝混凝土抗裂性综合评价[J].东南大学学报:自然科学版,2010,40(1):171-175.

[23] 陆海,刘品洪,向开伟,等.龙滩工程中热水泥的研制与生产[EB/OL].2009-01-19. http://www.gxsti.net.cn.

[24] 中国电力工程招标中心.四川省雅砻江官地水电站中热硅酸盐水泥采购招标公告[EB/OL].[2008-07-14], http://www.cnbidding.com/

[25] 龚英.水泥细度对碾压混凝土抗裂性的影响[D].南京:南京水利科学研究院,2008.

[26] Dale P. Bentz, Gaurav Sant, Jason Weiss. Early - age Properties of Cement - Based Materials. I: Influence of Cement Fineness[J]. J. Mat. in Civ. Engrg, 2008,20(7): 502-508.

[27] Dale P. Bentz, Edward J. Garboczi, Claus J. Haecher, et al. Effects of Cement Particle Size Distribution on Performance Properties of Portland Cement - Based Materials[J]. Cement and Concrete Research, 1999(29):1663-1671.

[28] Harold W. Brewer, Richard W. Burrowst. Coarse - ground cement makes more durable concrete[J]. Journal of the American Concrete Instituete,1951(1):353-360.

[29] 石泉,龚英,蔡跃波,等.水泥比表面积对碾压混凝土力学性能的影响[J].水利水运工程学报,2008(4):44-49.

[30] 朱伯芳.大体积混凝土温度应力与温度控制[M].北京:中国电力出版社,1999.
[31] 杨华全,李文伟.水工混凝土研究与应用[M].北京:中国水利水电出版社,2005.
[32] 曾力,方坤河,吴定燕,等.碾压混凝土抗裂指标的研究[J].水利水电技术,2000,31(21):3-5.
[33] 黄国兴.对“碾压混凝土抗裂性能的研究”一文的商榷[J].水力发电,2005,31(2):72-74.
[34] 李光伟.玄武岩人工骨料混凝土抗裂性能试验研究[J].水电站设计,2001,17(1):77-80.
[35] Salah A. Altoubat, David A. Lange. Creep, Shrinkage, and cracking of restrained concrete at early age [J]. ACI Materials Journal,2001,98(4): 323-331.
[36] Charron J P, Marchand J, Bissonnette B, et al. Empirical models describing the behavior of concrete at early age[C]. lnternational proceeding of Early age cracking in cementitious systems. Cachan,2002: 179-192.
[37] Persson B, Bentz D, L-O. Nilsson. Self-desiccation and its importance in concrete technology[R]. Proceedings of the Fourth International Research Seminar, Report TVBM-3126. Sweden:Lund Institute of Technology,2005:67-77.
[38] Springenchmid R, Gierlinger E,Kiernozycki W. Thermal stress in mass concrete: a new testing method and the influence of different cement. [C]. 15th Congress on large dams, Lausanne 1985:57-72.
[39] 王铁梦.工程结构裂缝控制[M].北京:中国建筑工业出版社,1997.

第5章　水工混凝土施工期保温与养护措施及其防裂效果

随着我国对建筑、水利、交通等基础设施投入的增加,混凝土的应用也越来越广泛,但是混凝土自身固有的一些力学特性,使得它又是一种脆性且容易开裂的材料。裂缝现象普遍存在于众多实际工程中,尤其是近年来,在混凝土技术不断取得进步的同时,混凝土的组成成分越来越复杂,现代混凝土的早期体积稳定性越来越差,由此造成的混凝土早期裂缝问题成为当前工程界亟待解决的问题。

温度应力是导致混凝土早期开裂的最主要原因之一,合理的施工措施对控制早期温度裂缝的有效性意义重大。通常情况下,我们所采用的混凝土的一些参数都是在标准试验状态下测得的,但混凝土的现场条件与标准状态是有本质区别的,在施工过程中混凝土的结构条件、几何条件、自然条件(包括气温、日照、风速等)、边界条件也不停地发生变化,如果计算中所选的相关参数未曾考虑上述因素的影响,那么计算的结果可能将大大地偏离实际情况。因此,必须考虑施工现场条件对混凝土热学参数的影响及其对混凝土温度开裂的影响。与施工现场相关的条件主要有模板类型、表面保温材料、养护措施和外部环境条件等。

以往有研究者开展了施工措施对混凝土的影响研究,不过定性的研究居多,关于施工措施对混凝土温度场影响的研究较少,但是混凝土的表面热交换系数又是热传导方程计算中所必需的一个关键参数,影响表面热交换系数的因素很多,是受多变量影响的复杂函数,对其进行精确的数学描述是十分困难的,因此通过试验来确定不同环境条件下混凝土的表面热交换系数,是一种相对简单而又可靠的手段。因此,有必要对施工现场各种施工措施进行试验研究与定量分析,以获取不同施工条件下混凝土的边界散热特性,得到混凝土温度场仿真计算所需的实用参数和计算模型,并能根据各种施工措施对混凝土温度场的影响规律,提出科学合理的施工措施,促进混凝土结构的裂缝控制,防止混凝土早期温度裂缝的出现。

5.1　模板类型与防裂

通过不同种类模板混凝土试件内部温度场试验研究和仿真分析,对不同模板混凝土试件内部的温度场发展规律进行了比较分析,并对模板导热系数和模板厚度对混凝土温度场的影响进行了定量分析。

5.1.1　试验概况

试件尺寸和模板类型如表5-1所示,试验采用普通混凝土,配合比如表5-2所示,试验所采用的模板情况如图5-1所示。

表 5-1　试件尺寸与模板类型

序号	模板种类(厚度)	试件尺寸(mm)	数量
1	木胶合板模板(18 mm)	300×300×300	1
2	竹胶合板模板(15 mm)	300×300×300	1
3	组合钢模板(2 mm)	300×300×300	1

表 5-2　混凝土配合比　　(单位:kg/m^3)

材料	水	水泥	粉煤灰	矿粉	砂	石	JM-3	JM-8
用量	160	425	60	60	597	1 053	35	8.7

(a)木胶合板模板　　(b)竹胶合板模板　　(c)组合钢模板

图 5-1　混凝土模板

采用 DS18B10 温度传感器测试混凝土温度。试验时,先制作模板并拼装好。然后在里面布置定位钢筋,将温度传感器绑扎在定位钢筋上。温度传感器布置如图 5-2 所示。

混凝土浇筑完毕后在表面铺上麻袋,洒水养护。浇筑完后即开始测试混凝土内部的温度。

5.1.2　模板类型对混凝土温度场影响试验研究

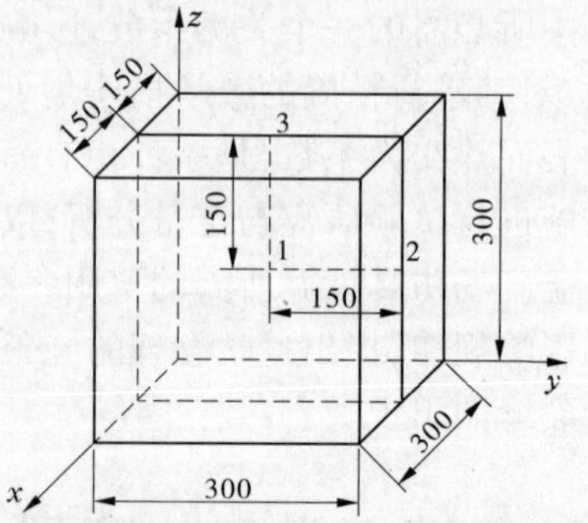

图 5-2　温度传感器布置　(单位:mm)

5.1.2.1　模板类型对混凝土内部温度的影响

不同种类模板混凝土试件内部和表面温度以及环境温度发展如图 5-3 所示。

由图 5-3 可知,混凝土的温度发展历程可以明显分为 3 个阶段:

(1)刚浇筑完,三种类型的模板浇筑的试件内部温度都上升较快,在 12~14 h 期间达到最高值,温度峰值最高达 28.5 ℃。

(2)温度峰值后,混凝土内部温度很快降低,到龄期 2 d 时基本接近环境温度。混凝土的温度变化主要受水泥水化热和混凝土表面散热的影响,水化放热使得混凝土温度升高,而表面散热使得混凝土温度降低。

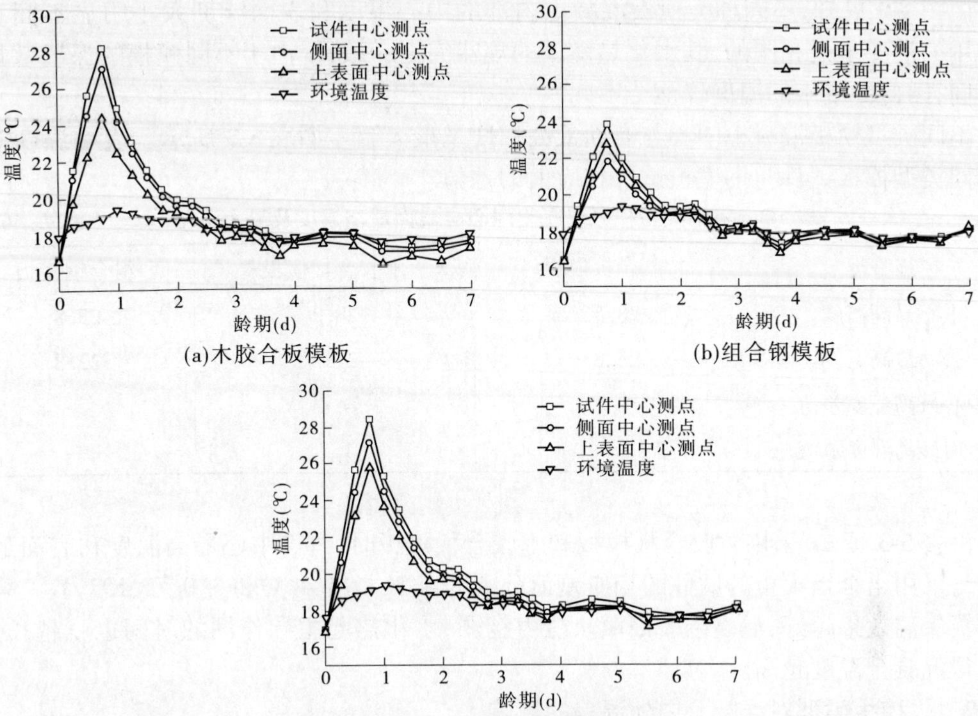

(a)木胶合板模板　　(b)组合钢模板

(c)竹胶合板模板

图 5-3　不同种类模板混凝土温度

(3)2 d之后混凝土的温度基本稳定,随环境温度变化而变化,尤其是表面温度随环境温度变化的规律更加明显。

采用竹模板的混凝土内部温度峰值最高,木模板次之,钢模板最低,不同类型模板对温峰值出现时间并未产生明显影响。

5.1.2.2　模板类型对混凝土中心温度及表面温度的影响

不同种类模板混凝土中心温度和表面温度对比分别如图5-4所示。

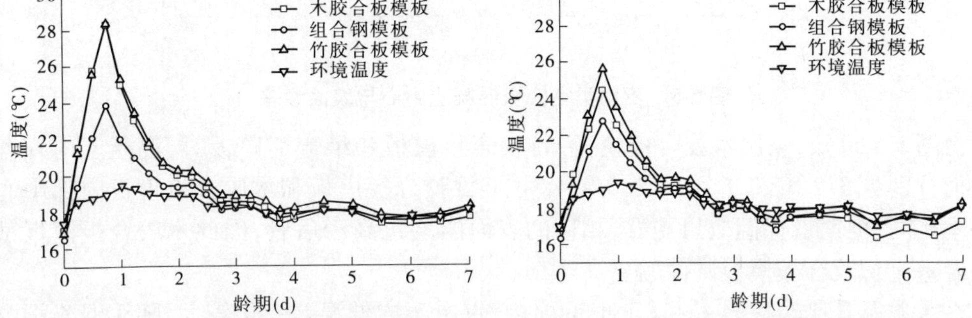

(a)混凝土中心温度　　(b)混凝土表面温度

图 5-4　不同种类模板混凝土中心温度及表面温度

由图 5-4 可知，不同种类模板混凝土内部的中心温度和表面温度大小明显不同。由于采用的混凝土是相同的，其水化热发展的规律完全一致，但由于不同模板的保温散热特性不同，因此混凝土的温度峰值会不同。

不同类型模板混凝土中心与表面最高温度及最大温差如表 5-3 所示。表中温度差值为不同类型模板试件与钢模板试件相应值的差值。

表 5-3　不同类型模板混凝土中心与表面最高温度及最大温差　（单位：℃）

模板种类	竹胶合板模板	木胶合板模板	组合钢模板
中心最高温度	28.5	28.2	23.8
表面最高温度	25.8	24.5	22.8
中心最高温度差值	4.7	4.4	—
表面最高温度差值	3.0	1.7	—

由表 5-3 可知，采用竹胶合板模板和木胶合板模板时，试件中心最高温度和表面最高温度与采用组合钢模板的试件的相应差值分别为 4.7 ℃、4.4 ℃和 3.0 ℃、1.7 ℃。采用的模板保温效果越好，混凝土表面散热能力越弱，水化热起主导作用的时间也就越长，从而使得混凝土温度越高。

5.1.2.3　**模板类型对混凝土内外温差的影响**

不同类型模板混凝土试件内外温差如图 5-5 所示。

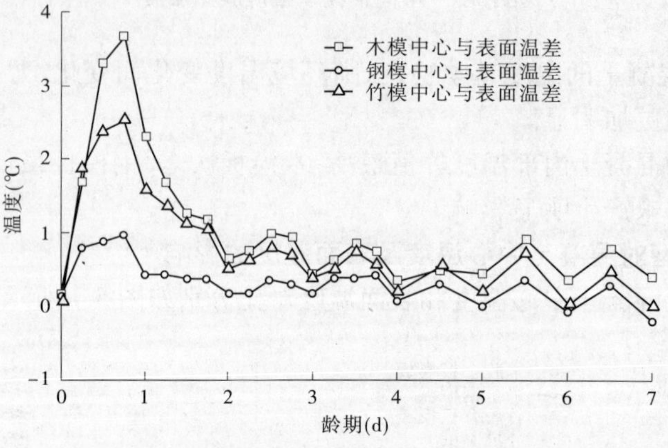

图 5-5　不同类型模板混凝土中心与表面温差

由图 5-5 可知，采用木胶合板模板、竹胶合板模板和组合钢模板时，混凝土内外温差最大值分别为 3.7 ℃、2.5 ℃和 1.0 ℃。由于竹胶合板模板和木胶合板模板内部中心温度基本相同，但前者保温效果更好，相应的表面温度也高于后者，因此木胶合板模板试件内外温差比竹胶合板模板试件的要高。

在水化温升比较快的 4～18 h 时间之内，混凝土内外温差变化较大，随后混凝土中心温度与表面温度同时开始下降，由于混凝土中心温度下降的速度要大于表面温度下降的速度，因此内外温差减小，直到混凝土的温度与环境温度相近，2 d 后基本稳定。当混凝土温度稳定后，混凝土内外温差也同温度一样随环境条件呈周期性变化。

5.1.3 模板类型对混凝土温度场影响仿真分析

5.1.3.1 计算模型概况

采用有限元软件 ANSYS 进行瞬态热分析，混凝土采用具有热分析功能的 SOLID70 软件模拟，每个试件共分为 512 个单元。计算模型如图 5-6 所示。

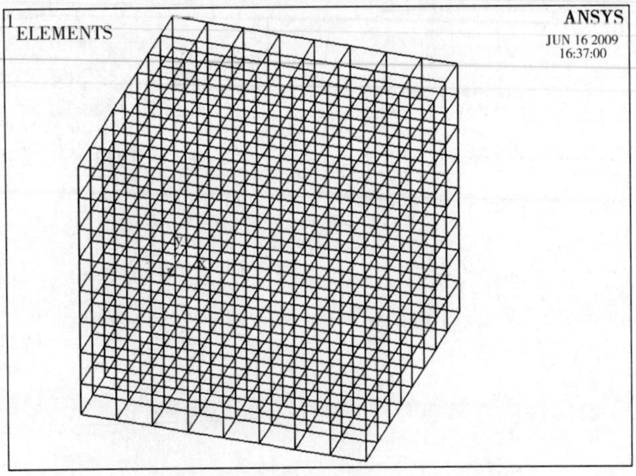

图 5-6 ANSYS 建模情况单元分布图

本文采用文献[1]中的公式模拟水泥水化热和混凝土绝热温升，式中的具体意义如文献[1]，具体公式如下：

$$Q(\tau) = Q_0(1 - e^{-a\tau^b}) \tag{5-1}$$

$$\theta(\tau) = \frac{Q(\tau)(W + kF)}{c\rho} \tag{5-2}$$

根据混凝土配合比，相关参数确定如下。水泥水化热 $Q(\tau) = 330$ kJ/kg、水泥用量 $W = 425$ kg、混凝土密度 2 450 kg/m^3、混合材用量 $F = 120$ kg、折减系数 $k = 0.25$，可以计算出混凝土绝热温升 51.9 ℃，参数 $a = 0.65$，$b = -1.25$。

采用式(5-3)计算不同种类模板时混凝土表面的热交换系数。

$$\beta_s = \frac{1}{1/\beta + \sum(h_i/\lambda_i)} \tag{5-3}$$

式中：β_s 为表面热交换系数，kJ/(m^2 · h · ℃)；β 为保温材料在空气中的放热系数，kJ/(m^2 · h · ℃)；h_i 为模板厚度，m；λ_i 为模板导热系数，kJ/(m · h · ℃)。

木胶合板模板、组合钢模板和竹胶合板模板的导热系数分别为 0.84 kJ/(m · h · ℃)、163.3 kJ/(m · h · ℃)和 0.712 kJ/(m · h · ℃)。由式(5-3)确定的当采用木胶合板模板、组合钢模板和竹胶合板模板时混凝土的表面热交换系数 β_s 分别为 33.75 kJ/(m^2 · h · ℃)、82.64 kJ/(m^2 · h · ℃)和 33.81kJ/(m^2 · h · ℃)。不同类型模板试件中心测点温度计算值与实测值的比较如图 5-7 所示。

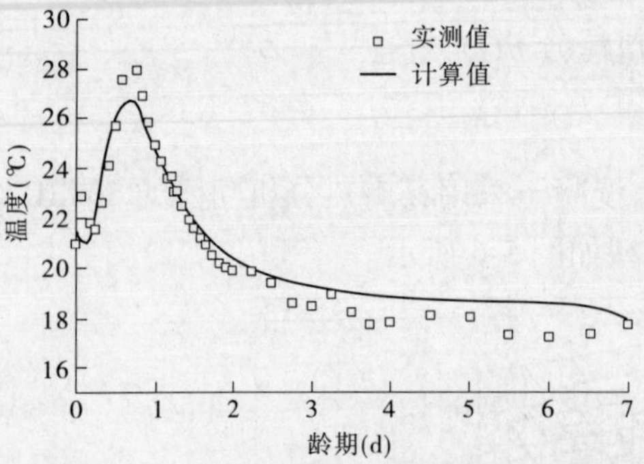

(a)木胶合板模板混凝土

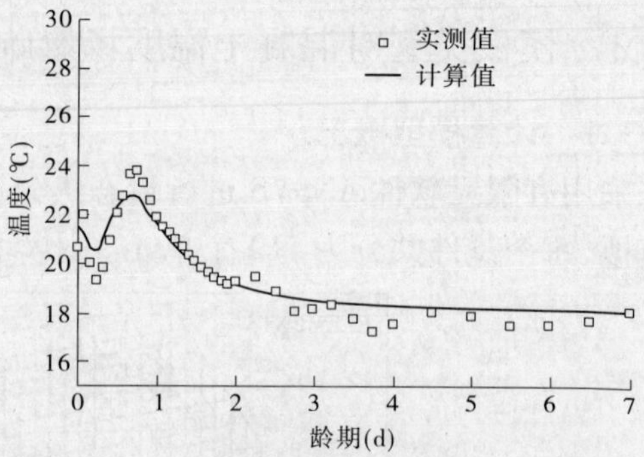

(b)组合钢模板混凝土

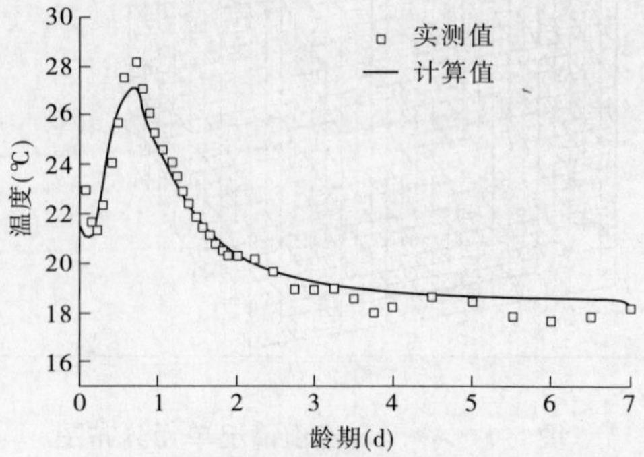

(c)竹胶合板模板混凝土

图 5-7　试件中心温度试验结果与仿真分析结果比较

由图 5-7 可知,当采用木胶合板模板、组合钢模板和竹胶合板模板时,本文的试验结果与仿真分析结果的偏差在 10% 以内,因此本文试验结果和仿真分析结果是正确的。

5.1.3.2　模板导热系数对混凝土温度场影响定量分析

假定模板的厚度为 18 mm,研究混凝土的导热系数在 0 ~ 10 kJ/(m · h · ℃)范围内的混凝土试件中心温度和内外温差与模板导热系数之间的关系,分析结果如图 5-8 所示。

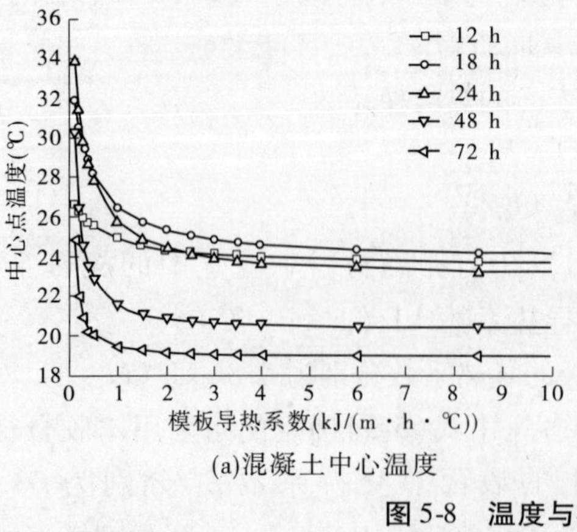

(a)混凝土中心温度

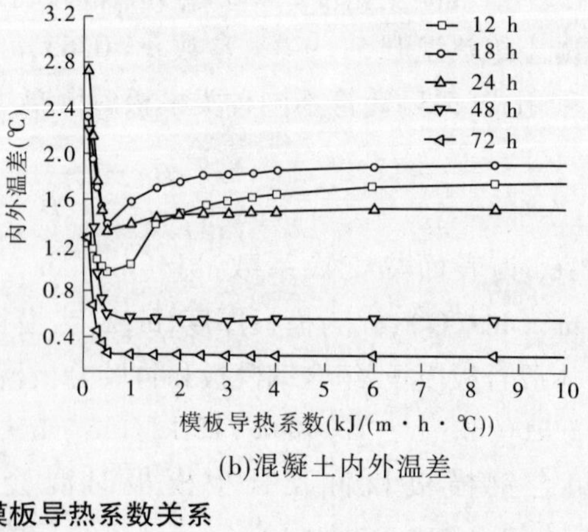

(b)混凝土内外温差

图 5-8　温度与模板导热系数关系

由图 5-8(a)可知,当模板导热系数小于 1 kJ/(m · h · ℃)时,随着导热系数的增加,混凝土中心温度迅速下降。当模板导热系数大于 1 kJ/(m · h · ℃)时,随着导热系数的增加,混凝土中心温度缓慢下降,并趋近于一定值。

比较不同龄期中心温度随模板导热系数的发展曲线可以看出,当导热系数超过 3 kJ/(m·h·℃)之后,温度值从大到小依次是龄期为 18 h、12 h、24 h、48 h、72 h 的温度,这与试验曲线的规律相符合,观察各条曲线在模板导热系数 0 ~ 1 kJ/(m·h·℃)范围内温度值的变化值,如表 5-4 所示。

表 5-4　不同龄期导热系数对混凝土中心温度变化的影响

龄期(h)	12	18	24	48	72
温变值(℃)	-1.71	-5.38	-8.17	-8.81	-5.41

由表 5-4 可知,浇筑后 24 ~ 48 h,混凝土中心温度受模板导热系数影响较大。因此,要想控制混凝土入模后的最高温度不超过规范要求,应尽量选择导热系数在 1 kJ/(m·h·℃)以上的模板,可以较好地散发混凝土水化热。

由图 5-8(b)可知,在浇筑 24 h 内,随着木胶合模板厚度的增加,混凝土内外温差呈现出先减小再增加的现象;24 h 后,内外温差增加。在浇筑 24 h 内,随着竹胶合板模板厚度的增加,混凝土内外温差减小;24 h 后,竹胶合板模板厚度对温差基本无影响。主要原因是浇筑后 24 h 内,混凝土水化热在内部温度场的分布中占主导作用,随后随着龄期的增加而减弱。采用导热系数大于 0.5 kJ/(m·h·℃)的模板,比较容易控制混凝土内外温差。

因此,在施工中要选择导热系数合适的模板,合理控制混凝土中心温度和内外温差。

5.1.3.3　模板厚度对混凝土温度场影响定量分析

由文献[3]可知,工程中常用的木胶合模板厚度为 12 ~ 50 mm,组合钢模板厚度为 1 ~ 5 mm,竹胶合模板为 1 ~ 20 mm,模板厚度不同时对混凝土中心温度和内外温差影响分别如图 5-9 ~ 图 5-11 所示。

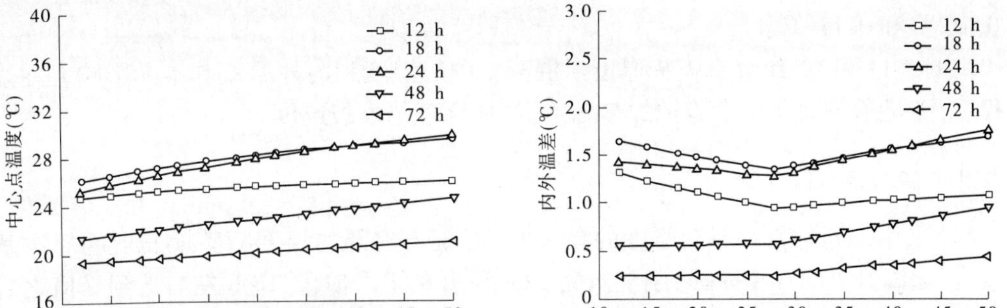

(a)混凝土中心温度　　(b)混凝土内外温差

图 5-9　混凝土温度与木胶合模板厚度关系

由图 5-9 和图 5-10 可知,混凝土试件中心温度随着竹胶合模板和木胶合模板厚度的增加而增加。在浇筑 24 h 内,随着木胶合模板厚度的增加,混凝土内外温差呈现出先减小再增加的现象;24 h 后,内外温差增加。在浇筑 24 h 内,随着竹胶合模板厚度的增加,

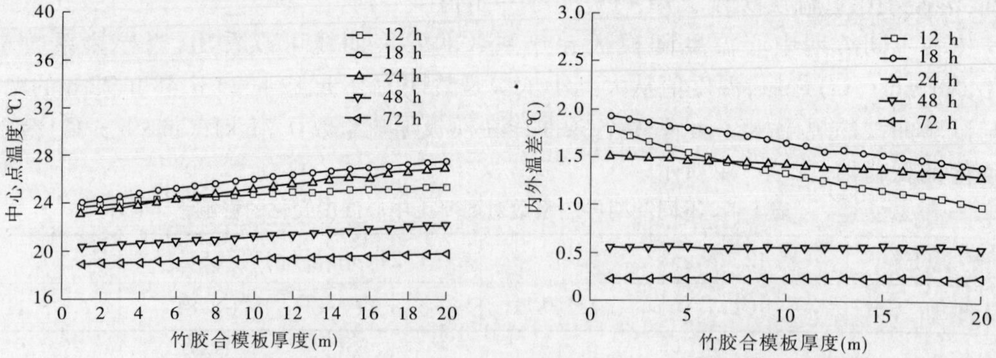

(a)混凝土中心温度　　(b)混凝土内外温差

图 5-10　混凝土温度与竹胶合板模板厚度关系

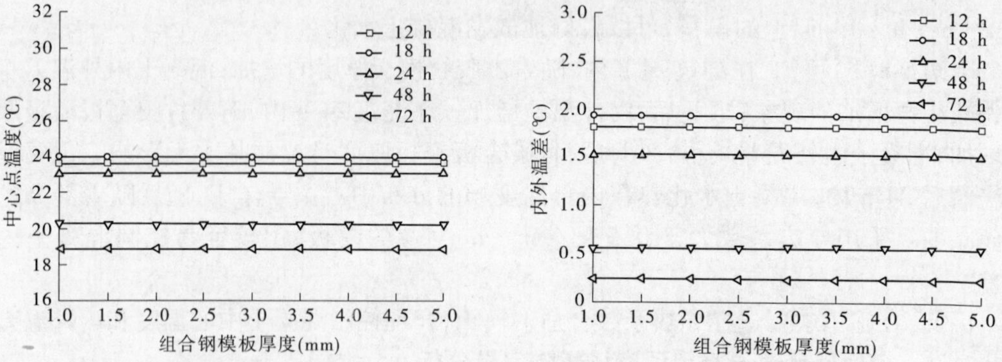

(a)混凝土中心温度　　(b)混凝土内外温差

图 5-11　混凝土温度与组合钢模板厚度关系

混凝土内外温差减小;24 h 后,竹胶合模板厚度对温差基本无影响。在浇筑后 24 h,木胶合模板和竹胶合模板厚度增加 10 mm,中心温度分别增加 1.2 ℃和 2 ℃;内外温差分别减小 0.10 ℃和 0.11 ℃。

由图 5-11 可知,组合钢模板厚度对混凝土中心温度和内外温差基本无影响。在浇筑过程中,满足承载力及正常养护的基础上,选择合理的模板厚度。

5.1.4　试验结果分析

(1)采用不同种类和不同厚度的模板时,混凝土内部的温度随龄期发展的规律基本一致,水化温升分为 3 个阶段:刚浇筑完 12 ~ 14 h 的上升阶段、18 h 左右达到峰值之后的温降阶段和 48 h 后最终的温度稳定阶段。

(2)采用竹胶合模板、木胶合模板和组合钢模板时,试件内部的最高温度分别为 28.5 ℃、28.2 ℃和 23.8 ℃,内外温差最大值分别为 3.7 ℃、2.5 ℃和 1 ℃。竹胶合模板和木胶合模板混凝土的中心和表面最高温度比组合钢模板混凝土相应值分别高4.7 ℃、4.4 ℃和 3.0 ℃、1.7 ℃。

(3)当模板导热系数小于 1 kJ/(m · h · ℃)时,随着导热系数的增加,混凝土中心温度迅速下降。当模板导热系数大于 1 kJ/(m · h · ℃)时,随着导热系数的增加,混凝土中心温度缓慢下降，并趋近于一定值。浇筑 24 h 内，混凝土内外温差随着导热系数的增加而先迅速减小再增加；浇筑 24 h 后，混凝土内外温差随着导热系数的增加而减小，并趋于一稳定值。

(4) 竹胶合板和木胶合板厚度对混凝土早期温差影响较大。混凝土试件中心温度随着竹胶合板和木胶合板厚度的增加而增加。在浇筑 24 h 内，随着木胶合板厚度的增加，混凝土内外温差呈现出先减小后增加的现象；24 h 后，内外温差增加。在浇筑 24 h 内，随着竹胶合模板厚度的增加，混凝土内外温差减小；24 h 后，竹胶合模板厚度对温差基本无影响。组合钢模板的厚度对试件中心温度和内外温差基本无影响。

(5) 在进行温控防裂时，根据要求选择合适的导热系数和厚度的模板，合理地控制温差，防止出现较大的温度应力。对于较薄截面，应采用保温性能较差的材料，让其内外同时散热，不至于出现较大的温度应力；而对于较厚截面，应采用保温性能较好的材料，使其内外温度同升同降，尽量减小温度应力。

5.2 养护方式与防裂

对在洒水养护、自然养护、蓄热养护和铺膜养护四种养护方式下混凝土内部温度场进行试验研究和分析，并定量分析了养护方式对温度场的影响。

5.2.1 试验概况

试验采用了洒水养护、自然养护、蓄热养护和铺膜养护四种养护方式。试件侧面均采用木胶合板模板，试件尺寸及养护情况如表 5-5 所示，混凝土配合比如表 5-2 所示。

表 5-5 试验工况

序号	顶面养护方式	试件尺寸(mm)	数量
1	洒水养护	300×300×300	1
2	自然养护	300×300×300	1
3	蓄热养护	300×300×300	1
4	铺膜养护	300×300×300	1

采用 3 只 DS18B20 温度传感器测试混凝土温度，传感器的位置如图 5-2 所示。

传感器布置及试模准备情况如图 5-2 和图 5-12 所示。试件浇筑后 6 h，采取相应的养护措施，具体如下：

(1) 洒水养护。采取喷壶洒水湿润进行养护。白天每隔 2 h 洒水一次，夜间洒水 3 次，保持湿润状态。

图 5-12 试模准备

(2) 自然养护。将试件置于室内，并采用湿麻袋覆盖,白天每隔2 h洒水一次,夜间洒水3次,保持潮湿状态。

(3)蓄热养护。浇筑后先用聚乙烯塑料薄膜覆盖试件表面,再用草袋包裹,然后外面再包一层薄膜和一层草袋。

(4)铺膜养护。在试件表面覆盖两层聚乙烯薄膜进行养护。

5.2.2 养护方式对混凝土温度场影响试验研究

5.2.2.1 养护方式对混凝土内部温度的影响

采用洒水养护、自然养护、蓄热养护和铺膜养护时,混凝土内部温度发展规律如图5-13所示。

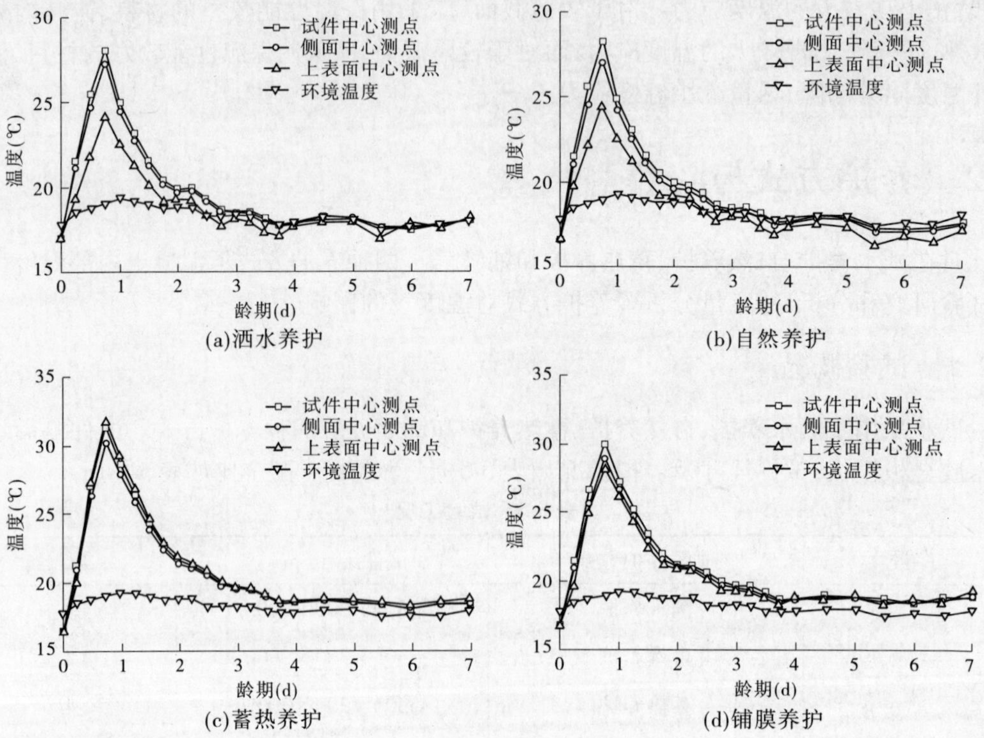

图5-13 不同养护条件下混凝土温度

由图5-13可知,混凝土的温度发展可以明显分为3个阶段:

(1)浇筑完后,不同养护方式的试件内部温度上升特别快,在12~14 h期间达到最高值,温峰值最高达31.5 ℃,最低为28.5 ℃,这与水泥水化的加速期是相对应的。

(2)随着水化反应的进行,混凝土内部温度很快降低,采用自然养护和洒水养护的试件48 h龄期时基本接近环境温度,采取蓄热和铺膜养护的试件内部温度在60 h龄期时才与环境温度相近。

(3)浇筑后60 h,混凝土的温度基本稳定,随环境温度变化而变化,表面温度随环境温度变化更加明显。

5.2.2.2 养护方式对混凝土中心温度及表面温度的影响

不同养护方式混凝土试件中心温度及表面温度变化如图 5-14 所示。

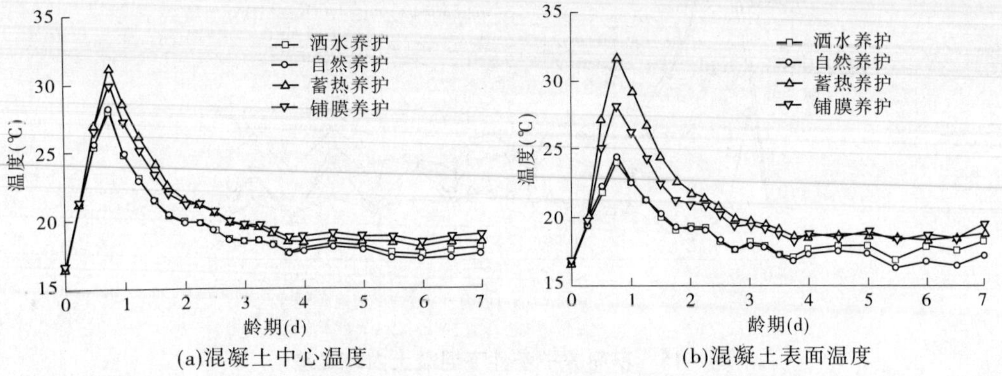

图 5-14 不同养护条件下试件中心及表面温度时程曲线

由于混凝土侧模板和底模板相同,试件所处的环境也相同,因此混凝土内部温度不同主要是由于试件表面采取的养护方式不同。由图 5-14 可知,养护方式对试件中心温度影响较小,对表面温度影响较大;对混凝土温度峰值出现时间几乎没有影响,大致都出现在龄期 18 h。

不同养护条件下混凝土中心和表面温度及温差如表 5-6 所示。表中温差为不同养护方式下混凝土温度与洒水养护相应值的差值。

表 5-6 不同养护条件下混凝土温度 （单位：℃）

养护方式	中心最高温度	表面最高温度	中心最大温差	表面最大温差
自然养护	28.3	24.6	0.3	0.4
蓄热养护	31.3	31.9	3.3	7.7
铺膜养护	30.2	28.4	2.2	4.2
洒水养护	28.0	24.2	0	0

自然养护、蓄热养护、铺膜养护和洒水养护的混凝土试件中心最高温度分别为 28.3 ℃、31.3 ℃、30.2 ℃和 28.0 ℃。蓄热养护混凝土内部温度最高,洒水养护混凝土内部温度最低。试件采用不同的养护方式,其表面散热特性不同。蓄热养护和铺膜养护能够防止混凝土表面热量过快散失引起表面干燥,并且具有一定的保温能力。洒水养护和自然养护只是使混凝土表面保持潮湿,不具备保温能力。因此,在具备保温能力的蓄热养护和铺膜养护条件下混凝土内部温度普遍高于洒水养护和自然养护条件下的温度。

5.2.2.3 养护方式对混凝土内外温差的影响

不同养护方式下混凝土内外温差如图 5-15 所示。

由图 5-15 可知,采用洒水养护和自然养护的混凝土试件温差基本相同,在 4 种养护

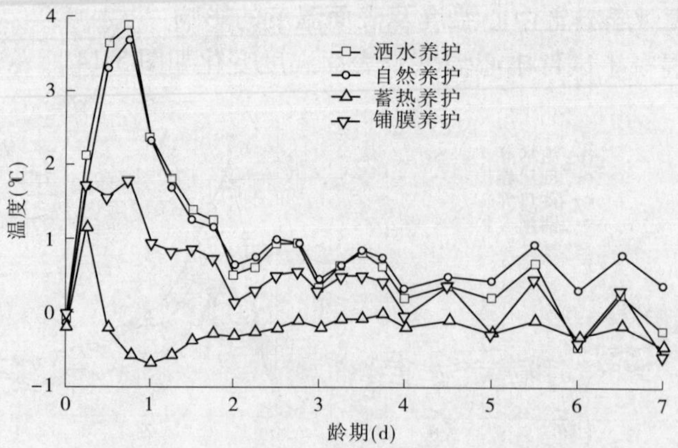

图 5-15　不同养护条件下混凝土内外温差

方式中浇筑后 48 h 内温差最大。铺膜养护温差其次，蓄热养护温差最小，甚至出现了表面温度比混凝土中心温度高的情况。洒水养护、自然养护、铺膜养护和蓄热养护时，混凝土内外最高温差分别为 3.88 ℃、3.7 ℃、1.8 ℃和 0.6 ℃。混凝土内外温差最大值大约在浇筑后 18 h 出现，混凝土内外温差最大值与温度峰值出现时间基本一致。混凝土浇筑 18 h 后，中心温度与表面温度同时开始下降，由于其内部温度下降的速度比表面温度下降的速度快，因此内外温差逐渐减小，直至内外温度接近，温差受环境温度影响较大。4 种不同的养护方式混凝土内外温差相差较大是因为蓄热养护和铺膜养护具有蓄热保温作用，洒水养护和自然养护只是使混凝土表面保持潮湿，而没有保温作用。

5.2.3　养护方式对混凝土温度场影响仿真分析

5.2.3.1　计算原理

采用有限元软件 ANSYS 进行瞬态热分析，混凝土采用具有热分析功能的 SOLID70 软件模拟，每个试件共分为 512 个单元。计算模型如图 5-6 所示。

5.2.3.2　主要分析结果

本文采用文献[1]中的公式模拟水泥水化热和混凝土绝热温升，式中的具体意义如文献[1]，具体公式见式(5-1)和式(5-2)。

计算采用的试件表面热交换系数如表 5-7 所示。不同类型养护方式中心测点温度计算值与试验值的比较如图 5-16 所示。

表 5-7　混凝土表面热交换系数　(单位：kJ/(m^2·h·℃))

顶面养护方式	顶面散热系数	侧面散热系数
自然养护	46	33.8
洒水养护	57.1	30.5
蓄热养护	8.3	20.6
铺膜养护	17.6	23.9

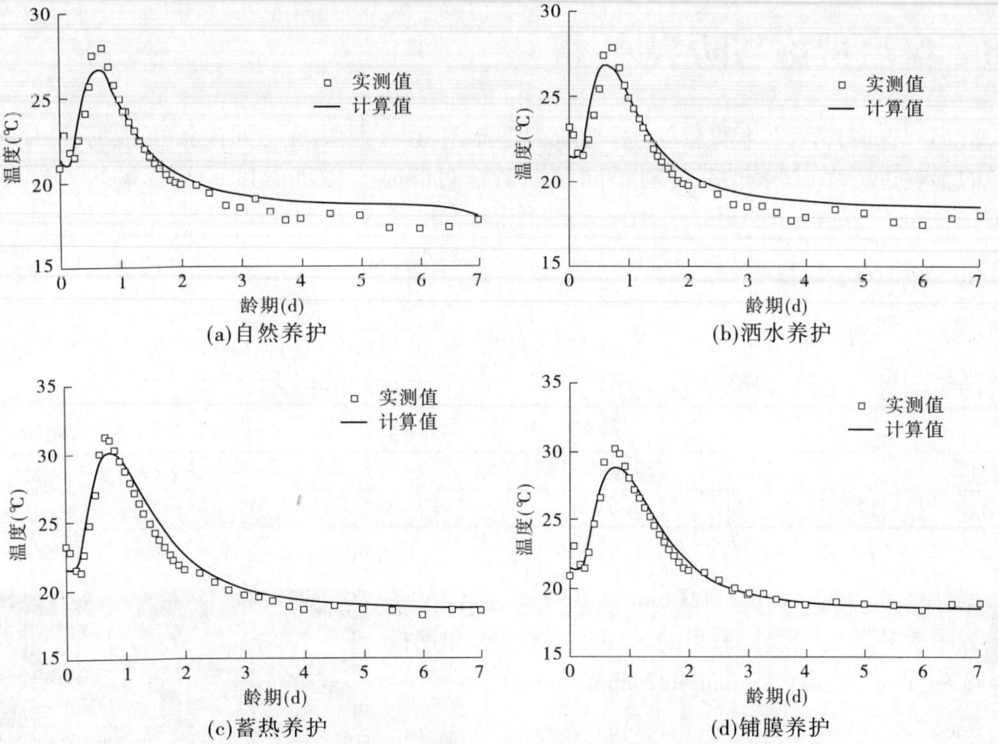

图 5-16　试件中心温度试验结果与仿真分析结果比较

由图 5-16 可知，计算的温度值和实测值非常接近，自然养护、洒水养护、蓄热养护和铺膜养护时的计算值与实测值之间的最大误差分别为 7.9%、8.6%、4.6%和 3.8%。铺膜养护和蓄热养护方式由于具有保温性能，故其表面热交换系数较小，而自然养护和洒水养护方式，由于表面洒水带走部分热量，所以表面热交换系数较前两者大。

5.2.4　试验结果分析

(1)采取不同养护措施时，混凝土内部的温度随龄期发展的规律基本一致，水化温升分为典型的三个阶段：温升、温降和稳定阶段。不同养护方式下混凝土出现温度峰值的时间基本相同。

(2)洒水养护、自然养护、蓄热养护、铺膜养护的混凝土试件中心最高温度分别为 28.0 ℃、28.3 ℃、31.3 ℃和 30.2 ℃。自然养护、铺膜养护和蓄热养护时混凝土中心最高温度和表面最高温度与洒水养护时的温差分别为 0.3 ℃、2.2 ℃，3.3 ℃、0.4 ℃和 4.2 ℃、7.7 ℃。具有保温性能的蓄热养护和铺膜养护混凝土中心温度比洒水养护和自然养护时高 2～3 ℃。

(3)洒水养护、自然养护、铺膜养护和蓄热养护时，混凝土内外最高温差分别为 3.88 ℃、3.7 ℃、1.8 ℃和 0.6 ℃。

(4)采用自然养护和洒水养护的试件 48 h 龄期时基本接近环境温度，采取蓄热养护和铺膜养护的试件内部温度 60 h 龄期时接近环境温度。

5.3 保温措施与防裂

对不同保温措施下木胶合模板、竹胶合模板和组合钢模板三种模板下混凝土内部温度场的影响进行了试验研究，并对不同保温措施对混凝土内部温度场的影响进行了仿真分析。

5.3.1 试验概况

本文对工程中通常采用的聚乙烯塑料泡沫、草袋和湿砂等保温措施对混凝土内部温度场的影响进行了试验研究，浇筑用的混凝土配合比见表5-8。

表5-8 混凝土配合比 (单位：kg/m^3)

材料	水	水泥	粉煤灰	矿粉	砂	石	JM-3	JM-8
用量	170	425	60	60	597	1 053	35	8.7

试件尺寸为300 mm×300 mm×300 mm，模板准备情况如图5-17所示，试验采用的木模板、竹模板和钢模板厚度分别为18 mm、15 mm和2 mm。

混凝土浇筑完后即开始测试温度场。

图5-17 混凝土模板

5.3.2 保温措施对混凝土温度场影响试验研究

5.3.2.1 表面保温对温度场的影响

研究表面保温对混凝土温度场影响时，试件侧模均采用木模板，表面覆盖材料分别为5 cm聚乙烯塑料泡沫、2层草袋和5 cm湿砂。

不同种类表面保温措施时混凝土中心、表面温度以及环境温度的发展过程如图5-18所示。

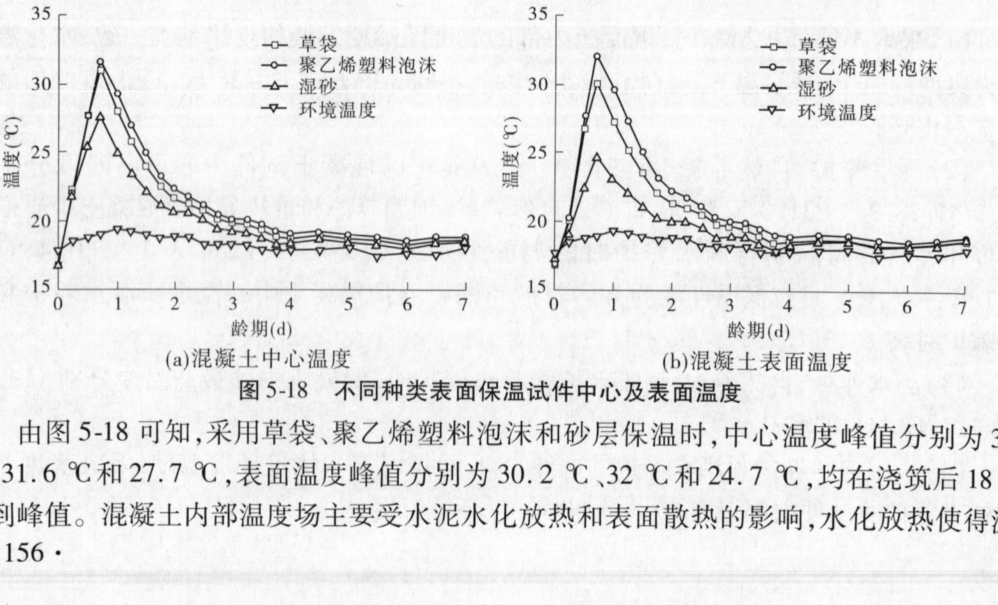

(a)混凝土中心温度 (b)混凝土表面温度

图5-18 不同种类表面保温试件中心及表面温度

由图5-18可知，采用草袋、聚乙烯塑料泡沫和砂层保温时，中心温度峰值分别为31 ℃、31.6 ℃和27.7 ℃，表面温度峰值分别为30.2 ℃、32 ℃和24.7 ℃，均在浇筑后18 h达到峰值。混凝土内部温度场主要受水泥水化放热和表面散热的影响，水化放热使得温度升高，表面散热使得温度降低。保温效果越好，表面散热能力越差，水化热起主导作用的时间也就越长，从而混凝土温度也越高。采用聚乙烯塑料泡沫和草袋保温时混凝土中心温度和表面温度比采用湿砂时的相应值分别高3.9 ℃、3.3 ℃和7.3 ℃、5.5 ℃。因此，聚乙烯塑料泡沫保温能力最强，草袋次之，湿砂最差。

不同表面保温情况下试件内外温差如图5-19所示。由图5-19可知，采用草袋和聚乙烯塑料泡沫保温，试件达到峰值时内外温差峰值分别为2.06 ℃和-0.5 ℃，浇筑后6 h即出现，而湿砂的内外温差最大可达3 ℃，浇筑18 h后达到；草袋次之，聚乙烯塑料泡沫的内外温差在零上下波动，幅度不超过0.5 ℃，由于其表面温度要比中心温度高，从而形成了图中所示内外温差为负的结果，主要是泡沫板良好的保温效果使水化热量散发的很少，而表面混凝土也有水化热量，这样两部分热量在表面叠加，因此表面温度比内部中心位置的温度略高一些。相对的，草袋和湿砂的保温效果不够好，有很大部分的热量从表面散失，因此内外温差较大。

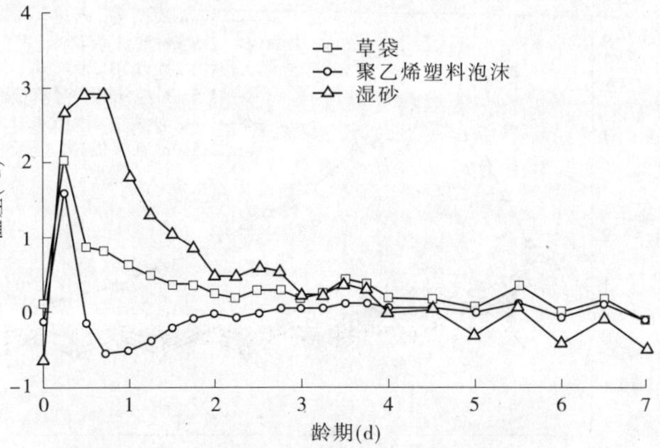

图5-19 不同表面保温情况下混凝土内外温差

5.3.2.2 模板外保温对温度场的影响

研究模板外保温措施对混凝土温度场影响时，侧面分别采用木模板、钢模板和竹模板，模板外面和顶面分别采用2.5 cm和5 cm厚的聚乙烯塑料泡沫。共有六种试验工况，主要结果如图5-20所示。

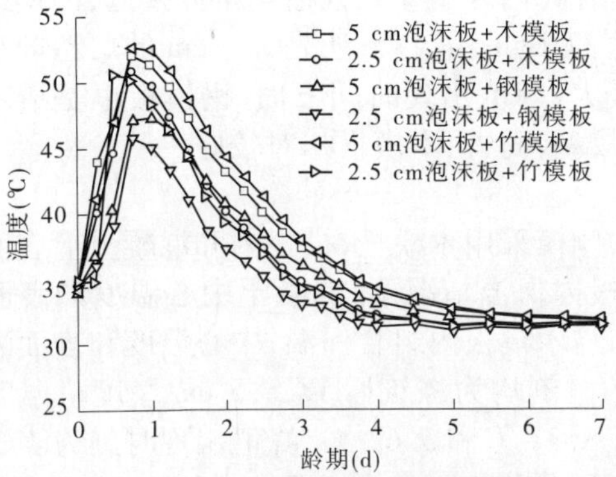

(a)混凝土中心温度

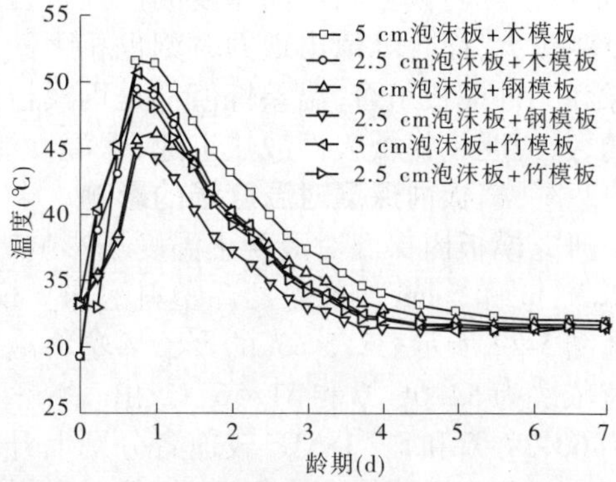

(b)混凝土表面温度

图5-20 不同种类模板外保温试件中心及表面温度

由图 5-20 可知，采用木模板和聚乙烯塑料泡沫组合外保温时，5 cm 和 2.5 cm 不同厚度情况下中心温度最大值分别为 52.06 ℃和 50.87 ℃，峰值出现时间均为浇筑后 18 h，表面最高温度为 51.6 ℃和 49.37 ℃，峰值出现时刻也是浇筑后 18 h；钢模板的中心峰值为 47.37 ℃和 45.87 ℃，出现时刻为浇筑后 24 h 和 18 h，表面峰值 46.25 ℃和 44.81 ℃，时刻和中心峰值相同；竹模板时中心峰值 52.68 ℃和 50.6 ℃，出现时刻为浇筑后 18 h 和 12 h，表面峰值50.87 ℃和 48.7 ℃，出现时刻和中心峰值相同。

由此看出，采用同一种模板，外保温材料越厚，中心温度和表面温度峰值也越高，对于钢模板和竹模板，较厚的保温材料推迟了峰值出现的时间约 6 h。

采用 5 cm 聚乙烯塑料泡沫和三种不同模板组合，中心和表面温度，显然竹模板最高，木模板其次，钢模板最低；厚度 2.5 cm 时略有不同，钢模板仍然最差，而木模板最高，竹模板居中，所以本试验中木模板和竹模板保温性能相当，钢模板最差。

不同种类模板外保温情况下试件内外温差如图 5-21 所示。

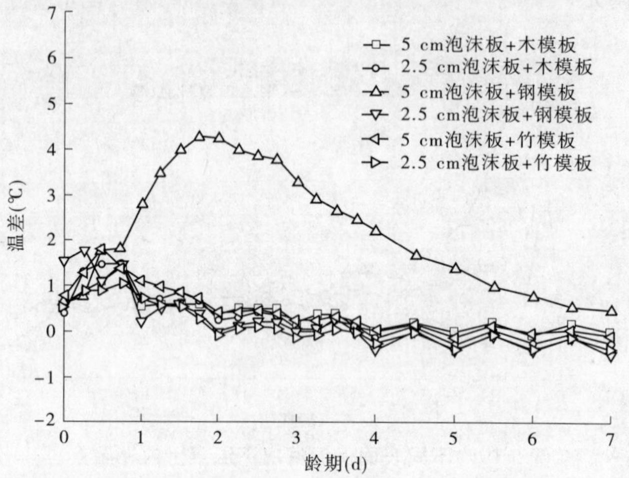

图 5-21　不同种类模板外保温混凝土内外温差

如图 5-21 所示，5 cm 厚聚乙烯塑料泡沫分别与木、钢、竹模板组合的内外温差最大值分别为 1.5 ℃、4.31 ℃和 1.8 ℃，峰值出现时刻依次为浇筑后 18 h、42 h 和 12 h；2.5 cm 厚度时峰值为 1.5 ℃、1.8 ℃和 1.6 ℃，出现时刻依次为浇筑后 18 h、6 h 和 18 h。可以看出，木模板和竹模板与不同厚度的保温材料组合时内外温差最大值均十分接近，而钢模板则差距较大，而且峰值出现的时刻也相距甚远，无论采用 5 cm 还是 2.5 cm 的聚乙烯塑料泡沫和三种模板组合，温差峰值都是钢模板最大，峰值出现时间方面，钢模板也是最不稳定的，这说明钢模板表面散热迅速，保温性能较差，而竹、木模板相对较好。

5.3.2.3　模板内保温对温度场的影响

研究模板内保温对混凝土温度场影响时，侧模采用木模板，模板内和混凝土上表面采用 2.5 cm 和 5 cm 厚的聚乙烯塑料泡沫。模板内保温情况下，混凝土中心温度和表面温度如图 5-22 所示。2.5 cm 的聚乙烯塑料泡沫与木模板内组合保温，中心温度和表面温度峰值依次为 52.06 ℃和 51.56 ℃，出现峰值的时刻均为浇筑后 18 h；5 cm 厚度时温度峰值为 60.37 ℃和 57.18 ℃，较前者分别上升了 8.31 ℃和 5.62 ℃，峰值出现时刻为浇筑后 18 h 和 24 h。说明采用内保温时，保温材料不仅有助于温峰值的提升，还延迟了峰值的到来。模板内保温情况下试件内外温差如图 5-23 所示。

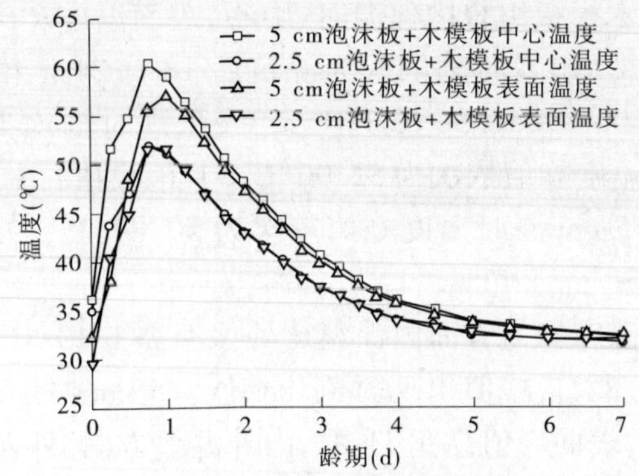

图 5-22　不同种类模板内保温试件中心及表面温度

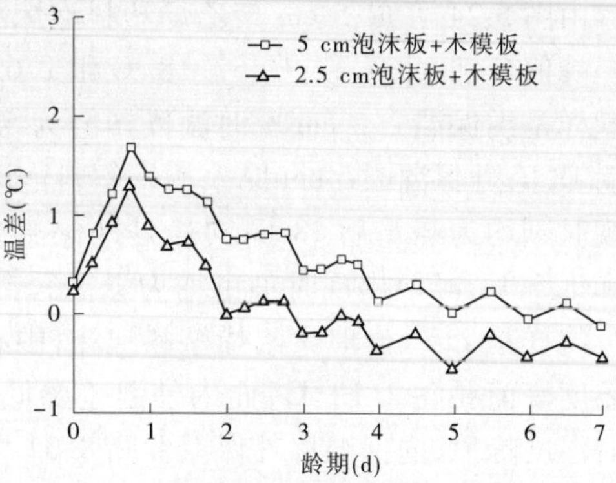

图 5-23　不同模板内保温混凝土内外温差

5 cm 厚聚乙烯塑料泡沫和木模板内保温时,内外温差峰值 1.69 ℃,峰值出现在浇筑后 18 h;2.5 cm 厚时内外温差峰值 1.3 ℃,同样在浇筑后 18 h 达到峰值。

一般情况下采取较好的保温措施可以缩小内外温差,而此处却是越厚的保温材料温差越大,这可能是试验中聚乙烯塑料泡沫间未能完全紧密搭接留有缝隙导致的,造成边界部分混凝土散热较快,而中心温度基本不受影响。又由于越厚的保温材料会产生越高的中心温度峰值,所以与不断降低表面温度相减就出现了图中的曲线,只有当中心温峰值过后即约 18 h 之后中心温度也下降时,温差才有可能下降,并不断趋于 0 ℃。

模板内外保温情况下,混凝土中心温度、表面温度和内外温差对比如图 5-24 所示。

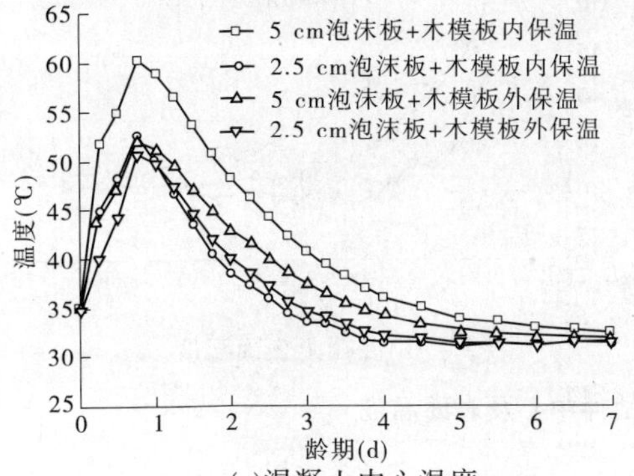

(a)混凝土中心温度

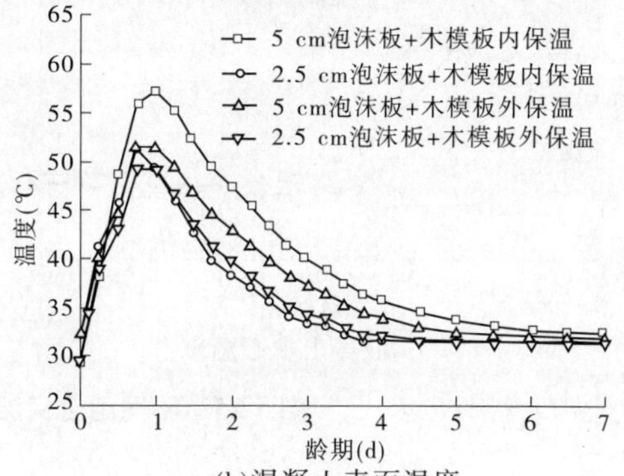

(b)混凝土表面温度

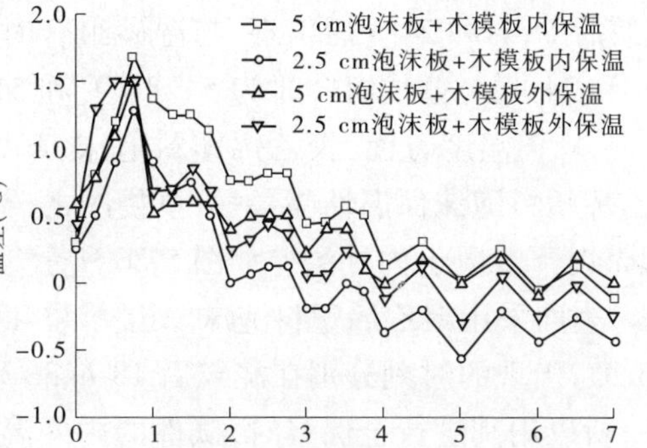

(c)内外温差

图 5-24　模板内外保温对比分析

由图 5-24 可知,5 cm 聚乙烯塑料泡沫和木模板组合内保温时,中心、表面温度和内外温差峰值分别为 60.37 ℃、57.18 ℃和 1.69 ℃,出现时刻依次为浇筑后 18 h、24 h 和 24 h;同样是内保温 2.5 cm 厚时温度峰值为 52.06 ℃、51.56 ℃和 1.3 ℃,出现时刻均为浇筑后 18 h;外保温时 5 cm 厚聚乙烯塑料泡沫温度峰值依次为 52.06 ℃、51.6 ℃和 1.3 ℃,出现时刻均为浇筑后 18 h;同样是外保温 2.5 cm 厚时温度峰值依次为 50.87 ℃、49.37 ℃和 1.5 ℃,峰值出现时刻也均为浇筑后 18 h。

同样是 2.5 cm 厚聚乙烯塑料泡沫,中心温度峰值方面内保温比外保温高 1.19 ℃,表面温度峰值要高 2.19 ℃,而内外温差要低 0.2 ℃,峰值出现时刻均相同。5 cm 厚度时,中心温度峰值,内保温比外保温要高 8.31 ℃,表面峰值高 5.31 ℃,内外温差方面,外保温时由于试验中密封性不是很好,造成温度下降过快加大了内外温差,理论上应比 2.5 cm 厚度木模板组合内保温的峰值 1.3 ℃要低,则更低于相同情况下外保温的 1.5 ℃,并且推迟了峰值出现时间 6 h,所以内保温的保温效果明显要好于外保温。

5.3.2.4 组合保温对温度场的影响

研究组合保温对混凝土温度场的影响时,采用木模板内贴 5 cm 厚聚乙烯塑料泡沫,表面分别采用 2 层草袋、5 cm 聚乙烯塑料泡沫和 5 cm 砂层。

不同组合保温情况下混凝土中心、表面温度发展过程如图 5-25 所示。

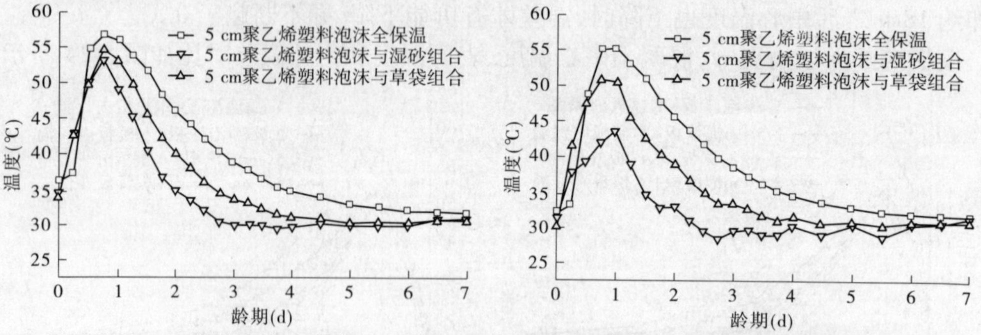

(a)混凝土中心温度　　(b)混凝土表面温度

图 5-25　不同组合保温试件中心及表面温度

由图 5-25 可知,5 cm 聚乙烯塑料泡沫全保温时中心和表面温度峰值为 56.8 ℃和 55.4 ℃,分别在浇筑后 18 h 和 24 h 后出现,与湿砂组合时为 53.23 ℃和 43.68 ℃,出现时刻为浇筑后 18 h 和 24 h,与草袋组合时为 54.81 ℃和 51.12 ℃,出现时刻均为浇筑后 18 h。比较可以发现,峰值温度方面,聚乙烯塑料泡沫、草袋、湿砂依次减小,所以保温性能也依此顺序,聚乙烯塑料泡沫保温性能最强,草袋次之,湿砂最差。

不同组合保温情况下混凝土内外温差如图 5-26 所示。

由图 5-26 可知,表面采用聚乙烯塑料泡沫、2 层草袋和湿砂时的最大温差分别为 1.5 ℃、1.81 ℃和 4.25 ℃,出现的时刻分别在浇筑后 18 h、30 h 和 30 h。由于聚乙烯塑料泡沫的保温性能最好,所以用其进行全保温时,试件的内外温差最小,最大温差出现的时间与温度峰值时间一致,与水泥水化的进度相对应,而草袋和湿砂保温性能较差,温差也较大。三种工况峰值过后,内部和表面的温度同时下降,内外温差随之减小,趋近于零。

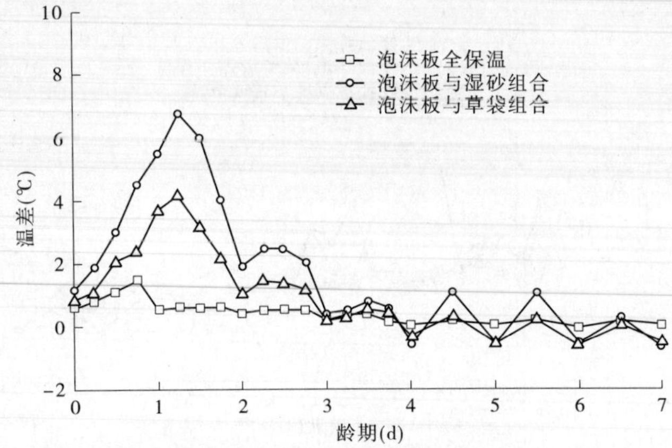

图 5-26　不同组合保温混凝土内外温差

5.3.2.5　保温时间对温度场的影响

研究保温时间对混凝土温度场影响时，采用木模板，5 cm 聚乙烯塑料泡沫全保温。停止保温的时间分别为达到峰值温度降温 8 ℃后、降温 16 ℃后和接近环境温度时。不同保温时间时试件中心及表面温度发展如图 5-27 所示。

由图 5-27 可知，达峰值后降温 8 ℃停止保温、降温 16 ℃停止保温和接近环境温度后停止保温三种工况的中心温度峰值依次为 54.3 ℃、54.7 ℃和 54.68 ℃，出现的时刻均为浇筑后 18 h，表面峰值为 52.4 ℃、53.4 ℃和 54.06 ℃，出现时刻均为浇筑后 24 h。

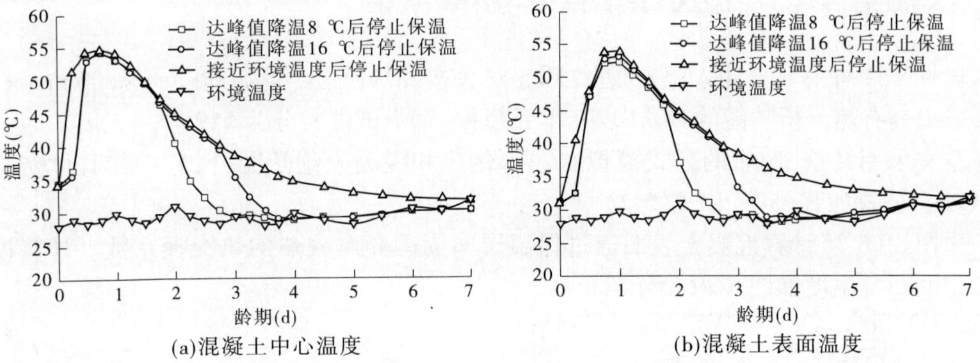

图 5-27　不同组合保温试件中心及表面温度

在达峰值降温 8 ℃，即中心温度 46.3 ℃浇筑约 42 h 后停止保温，试件中心温度 12 h 内下降达 12 ℃，而表面温度下降得更为剧烈，为 13.2 ℃；在达峰值降温 16 ℃，即中心温度 39.5 ℃浇筑约 66 h 后停止保温，12 h 内下降幅度分别为 7.2 ℃和 8.0 ℃；当试件内部温度同环境温度接近时停止保温，此时中心和表面的温度都没有急剧下降，而是随环境温度缓慢变化。

不同保温时间时试件内外温差的发展如图 5-28 所示。

由图 5-28 可知，两曲线在达峰值后降温 8 ℃和 16 ℃，即浇筑后 42 h 和 66 h 左右时，温差突然增大到 3.3 ℃和 2 ℃，温差突变同拆除表面的聚乙烯塑料泡沫相对应，而没有拆除聚乙烯塑料泡沫的试件内外温差在温峰值过后缓慢减小，温差基本都在 0.5 ℃以内。

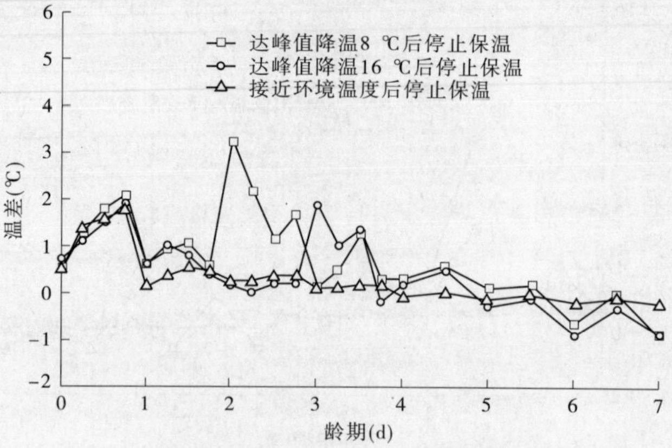

图 5-28　不同保温持续时间试件内外温差

混凝土在浇筑后 42 h 停止保温时,试件内部温度较高,停止后表面温度急剧下降,内外温差增大;在浇筑后 66 h 拆除聚乙烯塑料泡沫,此时试件内部温度已经下降了很多,相比环境温度差距不是很大,即使拆除聚乙烯塑料泡沫,表面温度是有所下降但是幅度不大,致使内外温差较小,只有 2 ℃。

因此,混凝土内部温度越高,保温材料的作用越明显。拆除保温板时,混凝土内部温度越高,温度变化受保温材料的影响越大,内外温差也越大。

5.3.3　保温措施对混凝土温度场影响仿真分析

试件采用有限元软件 ANSYS 进行瞬态热分析,混凝土尺寸为 600 mm × 600 mm × 600 mm,采用具有热分析功能的 SOLID 70 单元模拟,每个试件共分为 512 个单元。

本文采用文献[1]中的公式模拟水泥水化热和混凝土绝热温升,式中的具体意义见文献[1],公式如式(5-1)和式(5-2)所示。

采用式(5-3)计算混凝土表面通过保温层向周围介质放热的热交换系数。计算模型及假定的环境温度如图 5-29 所示。

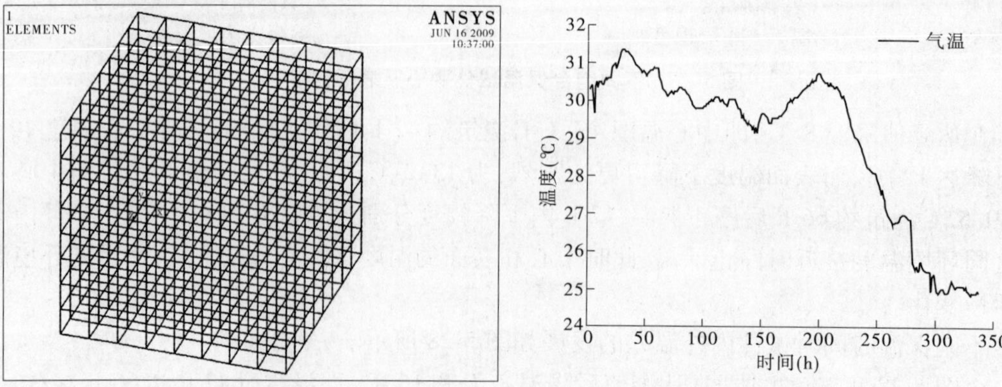

图 5-29　ANSYS 建模情况单元分布及假定环境温度图

5.3.3.1 保温材料种类和厚度对混凝土温度场影响

研究三种不同保温材料，即草袋、聚乙烯塑料泡沫和湿砂的厚度在 0.5 ~ 30 mm 变化过程中对试件温度场的影响。除上表面以外的五个面均采用 18 mm 木模板，散热条件也均相同，即表面等效放热系数一致，根据文献[1]，木模板导热系数为 0.84 kJ/(m · h · ℃)，木板在空气中的放热系数为 82.20 kJ/(m^2 · h · ℃)，由式(5-3)可得该面在空气中放热系数为 29.70 kJ/(m^2 · h · ℃)。混凝土温峰值、内外温差与表面材料导热系数的关系如图 5-30所示。

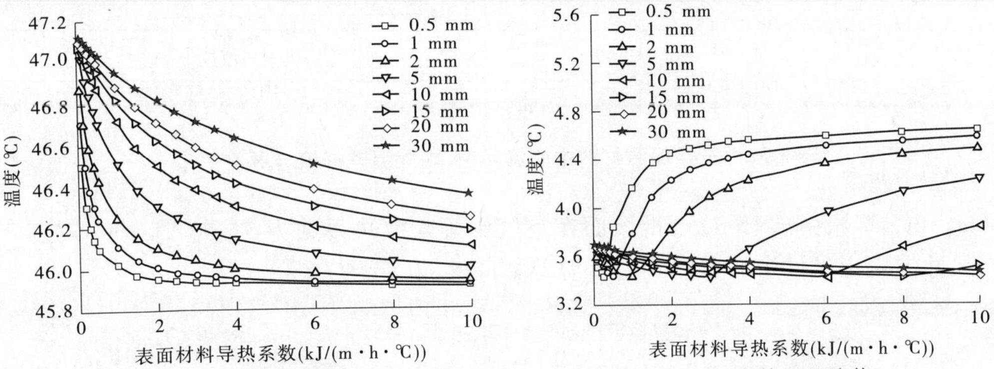

(a)中心温峰值　(b)内外温差峰值

图 5-30　中心温峰值和内外温差峰值与表面材料导热系数关系

如图 5-30(a)所示，相同厚度时表面材料的导热系数越大，散热性能越好，温峰值也越低，根据文献[1]，草袋、聚乙烯塑料泡沫和湿砂的导热系数分别为0.10 kJ/(m · h · ℃)、0.5 kJ/(m · h · ℃)和 4.06 kJ/(m · h · ℃)，其保温性能依次下降。如图 5-30(b)所示，厚度小于 15 mm 时，随表面材料导热系数增加，内外温差峰值呈现先减小后增大的趋势，并出现极值点。事实上试件六个面散热系数一致时散热最为均匀，内外温差也最小，某一个面的等效散热系数提高之后该面中心点温度势必下降，而试件中心点温度亦有所下降，但下降速率相比显然前者更快，所以相减之后便出现了图中的先下降后上升的曲线；厚度大于 15 mm 时，内外温差峰值基本呈线性下降，厚度每增大 1 mm 下降约0.02 ℃。

图 5-31 给出了三类保温材料温峰值和厚度的关系，可以发现，随厚度增长，温峰值都经历了一个上升过程。厚度变化初期即 0 ~ 5 mm 时，材料保温性能越好，温峰值增长速率也越快，后期则逐渐减慢，草袋和聚乙烯塑料泡沫温峰值最后趋于定值，分别为 47.2 ℃和 47.1 ℃；而保温性能较差的湿砂，温峰值与厚度近似呈线性增长，厚度每增加 1 mm，温峰值增加 0.7 ℃。图 5-31(b)给出了三类保温材料内外温差峰值和厚度的关系。厚度小于 5 mm 时，材料保温性能越差，内外温差越大，随着厚度增大，聚乙烯塑料泡沫和湿砂均先下降后上升并保持稳定。

5.3.3.2 保温材料对不同尺寸混凝土温度场影响

研究不同保温材料对边长分别为 200 mm、400 mm、600 mm、800 mm 和 1 000 mm 的试件温度场的影响。上表面保温材料为 20 mm 湿砂，其余五个面保温情况同前面所述。根据文献[1]，湿砂导热系数为 4.06 kJ/(m · h · ℃)，其在空气中的放热系数为 82.20

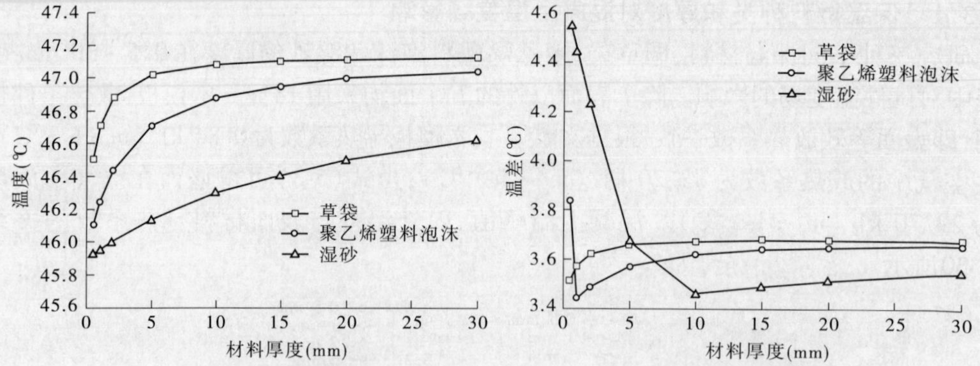

(a)中心温峰值　　(b)内外温差峰值

图 5-31　三类保温材料中心温峰值、内外温差峰值与厚度关系

kJ/(m^2·h·℃),由式(5-3)可得该面在空气中等效放热系数为 58.50 kJ/(m^2·h·℃)。不同尺寸混凝土试件中心温度和内外温差如图 5-32 所示。

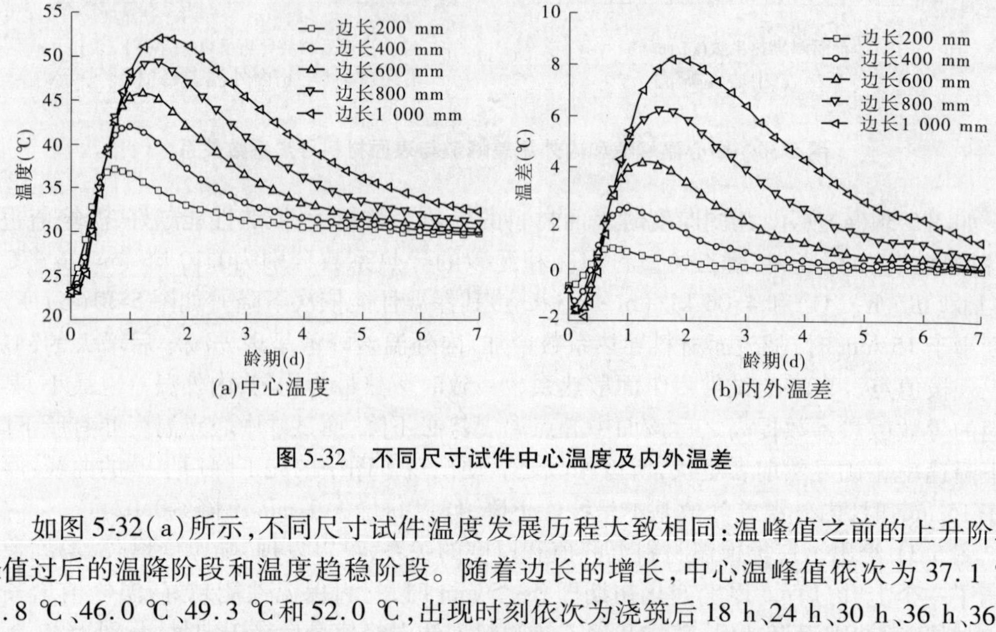

(a)中心温度　　(b)内外温差

图 5-32　不同尺寸试件中心温度及内外温差

如图 5-32(a)所示,不同尺寸试件温度发展历程大致相同:温峰值之前的上升阶段、峰值过后的温降阶段和温度趋稳阶段。随着边长的增长,中心温峰值依次为 37.1 ℃、41.8 ℃、46.0 ℃、49.3 ℃和 52.0 ℃,出现时刻依次为浇筑后 18 h、24 h、30 h、36 h、36 h。如图 5-32(b)所示,由于环境温度较高,而初始的入模温度较低,所以试件一开始出现"内冷外热",即内外温差为负,随着水化反应的进行,内部温度逐渐升高,内外温差逐渐增大并转负为正。随着边长的增长,内外温差峰值依次为 0.8 ℃、2.4 ℃、4.2 ℃、6.2 ℃和 8.2 ℃,出现时刻依次为浇筑后 18 h、24 h、30 h、36 h 和 42 h,与温峰值出现时刻大致相同。

图 5-33 给出了不同边长尺寸时试件中心温峰值变化曲线,随着边长增大,峰值基本呈线性增长,边长每增加 100 mm 中心温峰值即增加 1.9 ℃。事实上,试件体积越大,水泥水化热释放得越多,内部温度上升得就越高,达到峰值的时间也越长。内外温差峰值随边长增长也大致呈线性增长,边长每增加 100 mm,内外温差峰值增加 0.9 ℃。

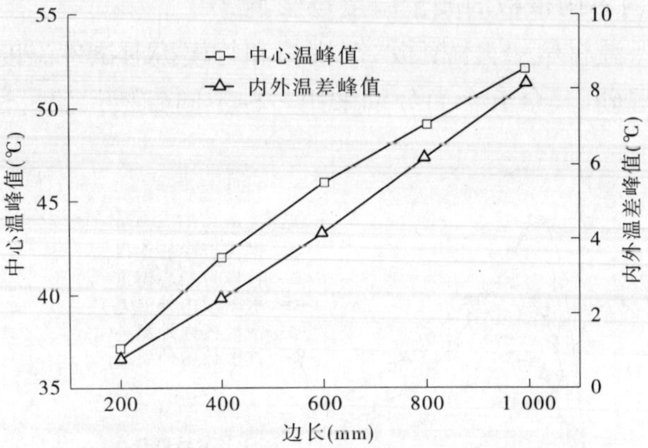

图 5-33 中心温峰值、内外温差峰值与边长关系

5.3.3.3 保温材料对不同强度混凝土温度场影响

由文献[1]可知,采用同种水泥,水泥水化热相同时,混凝土绝热温升只与水泥用量有关,而混凝土强度又与水泥数量有着直接关系,所以混凝土绝热温升和水泥数量之间有着紧密的联系。研究绝热温升分别为42 ℃、47 ℃、52 ℃、57 ℃和62 ℃对试件温度场的影响。仿真分析时,上表面保温材料为20 mm 的湿砂,其余五个面保温情况同前。试件在不同绝热温升时中心温度和内外温差如图5-34 所示。

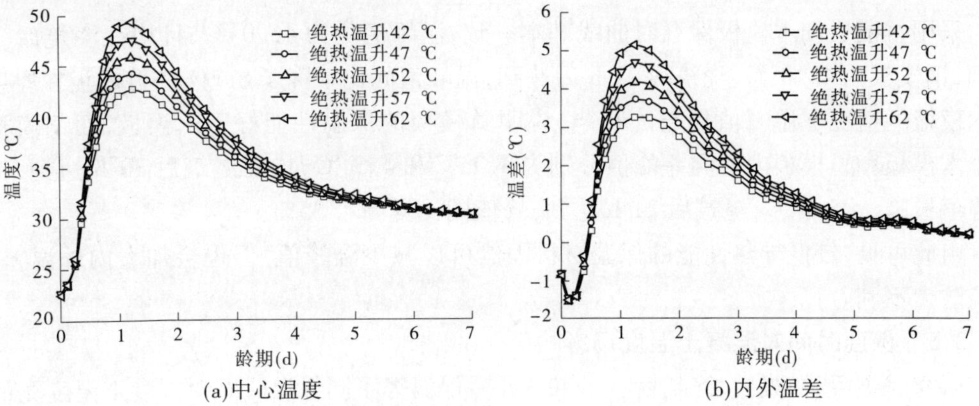

图 5-34 不同绝热温升试件中心温度及内外温差

随着绝热温升增大,中心温峰值依次为42.7 ℃、44.3 ℃、46.0 ℃、47.6 ℃和49.3 ℃,出现时刻均为浇筑后30 h,内外温差峰值依次为3.3 ℃、3.7 ℃、4.2 ℃、4.7 ℃和5.2 ℃,出现时刻也均为浇筑后30 h。图5-35 给出了不同绝热温升时中心温峰值和内外温差峰值的变化曲线,两者均与绝热温升线性相关,绝热温升值每增加1 ℃,中心温峰值和内外温差峰值分别增加0.3 ℃和0.1 ℃。

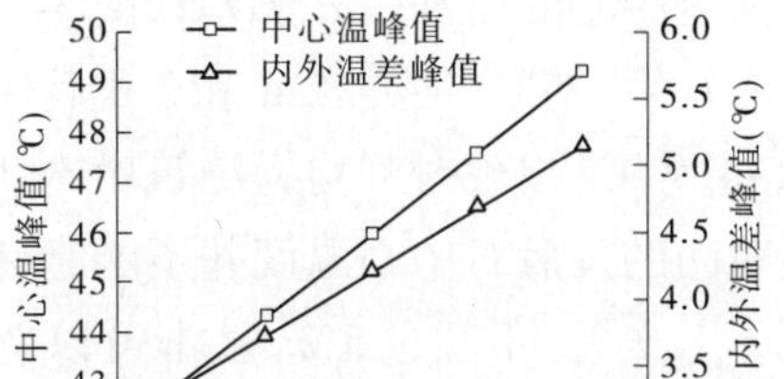

图 5-35 中心温峰值、内外温差峰值与绝热温升关系

5.3.3.4　保温材料对不同模板混凝土温度场影响

研究三种不同保温材料，即木模板、钢模板和竹模板对试件温度场的影响，上表面保温材料为 20 mm 的湿砂，其余五个面分别采用三种不同模板保温。试件中心温度和内外温差如图 5-36 所示。

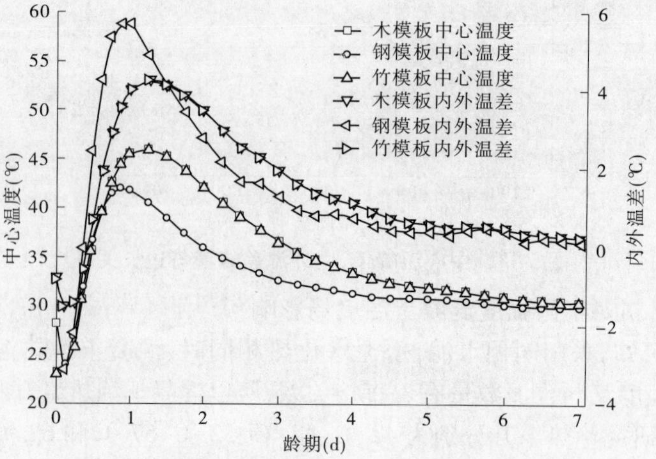

图 5-36　不同模板试件中心温度和内外温差

采用竹模板和木模板保温时曲线基本一致，温峰值均为 46.0 ℃，且均在浇筑后 30 h 达到，钢模板为 42.0 ℃，浇筑后 21 h 后达到，温峰值同比下降了 8.7%。竹模板在厚度小于木模板的情况下温峰值仍与之相当，说明竹模板的保温性能好于木模板，而钢模板最差。木模板和竹模板内外温差峰值分别为 4.2 ℃和 4.3 ℃，均在浇筑后 30 h 达到，钢模板峰值最高，达5.7 ℃，浇筑后 21 h 达到，峰值同比提高了 35%。

由此可见，较低导热性能的保温材料固然可以减少温峰值，但也会加大内外温差，对温控防裂不利。

5.3.3.5　保温时间对混凝土温度场影响

研究浇筑后、初凝后、终凝后、1 d 和 3 d 后保温等不同保温时间对混凝土温度场的影响。上表面保温材料为 20 mm 的湿砂，其余五个面均采用 18 mm 木模板。试件在不同保温时间时中心温度和内外温差如图 5-37 所示。

浇筑后、初凝、终凝、1 d 和 3 d 后保温，温峰值依次为 46.0 ℃、46.1 ℃、46.0 ℃、45.2 ℃和 44.9 ℃，出现时刻均为浇筑后 30 h。显然，由于只是对上表面的保温时间进行研究，保温时间的延后对中心温度并不能起到明显的削峰作用，如图 5-37(a)所示，各峰值最多只相差 1.9 ℃，不超过 5%，基本可以忽略。浇筑后、初凝和终凝后保温试件的内外温差峰值很接近，依次为 4.2 ℃、4.3 ℃和 4.3 ℃，1 d 和 3 d 后保温则明显要高，分别为 7.3 ℃和 8.0 ℃，出现峰值的时刻只有 1 d 后为 21 h，其余皆为 30 h。

由此可见，终凝后水泥水化热开始大量释放，若不能形成有效保温，将在浇筑后 30 h 达到峰值。因此，选择合理的保温时间有助于控制内外温差。

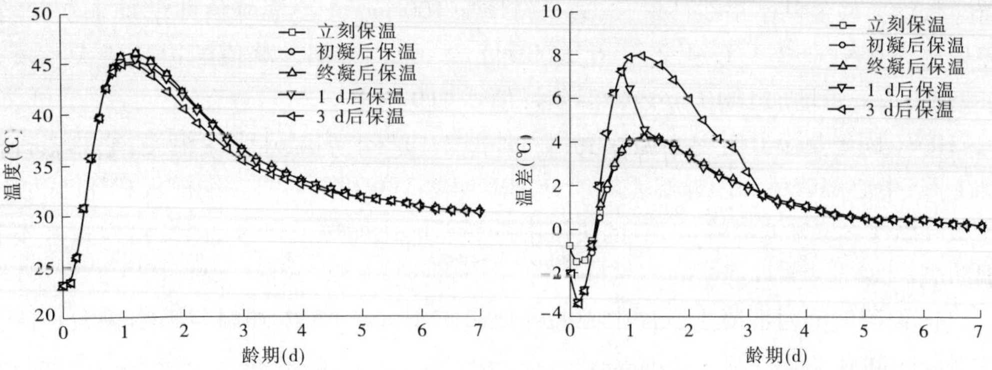

(a)中心温度　　(b)内外温差

图 5-37　不同保温时间试件中心温度及内外温差

5.3.4　试验结果分析

(1)表面保温时,保温材料的保温性能越好,混凝土中心和表面温度峰值越高,内外温差越小,试验中 5 cm 聚乙烯塑料泡沫保温时中心温度峰值高出草袋和湿砂 0.6 ℃和 3.9 ℃,内外温差则要低 2.56 ℃和 3.5 ℃。

(2)外保温时,同一种模板情况下,保温材料越厚,保温效果越好,5 cm 厚聚乙烯塑料泡沫中心和表面温度普遍高出同类 2.5 cm 厚聚乙烯塑料泡沫 5 ~8 ℃。相同厚度保温材料,木模板和竹模板保温性能相当,钢模板最差。

(3)内保温时,保温材料越厚,保温效果越好,5 cm 厚聚乙烯塑料泡沫中心和表面温度普遍高出同类 2.5 cm 泡沫板 3 ~5 ℃。

(4)内外保温相比较,相同厚度的保温材料和同一种模板内保温组合的保温效果要好于外保温。2.5 cm 聚乙烯泡沫塑料与木模内保温中心温度高于外保温 1.19 ℃,内外温差则要低 0.2 ℃。

(5)组合保温时,聚乙烯塑料泡沫全保温试件的最高温度为 56.8 ℃,顶面草袋的为 54.8 ℃,顶面湿砂的为 53.3 ℃,内外温差相应的最大值依次为 6.8 ℃、4.25 ℃和 1.5 ℃。聚乙烯塑料泡沫全保温的效果最好。

(6)保温时间方面,混凝土内部温度越高,保温材料的作用越明显。拆除保温板时,混凝土内部温度越高,温度变化受保温材料的影响越大,内外温差也越大。

(7)同种保温材料,对于保温性能较好的草袋和聚乙烯塑料泡沫,中心温峰值随厚度的增长,增速先快后慢,最后趋于定值 47.2 ℃和 47.1 ℃;湿砂则大致呈线性增加,厚度每增加 1 mm 温峰值增加 0.7 ℃。材料厚度小于 5 mm 时,保温性能越差,内外温差越大;大于 5 mm,温差较为接近,最大不超过 0.2 ℃。

(8)不同种保温材料,中心温峰值随厚度增长而增长。厚度小于 15 mm 时,内外温差先下降后上升;大于 15 mm 时内外温差峰值随厚度增长线性下降,厚度每增加 1 mm 峰值下降约 0.02 ℃。

(9)中心温峰值随试件边长增大而线性增长,试件边长为 200 mm、400 mm、600 mm、800 mm 和 1 000 mm 时中心温峰值依次为 37.1 ℃、41.8 ℃、46.0 ℃、49.3 ℃和 52.0 ℃,

随着边长增大峰值基本呈线性增长,边长每增加 100 mm 中心温峰值即增加 1.9 ℃;内外温差依次为 0.8 ℃、2.4 ℃、4.2 ℃、6.2 ℃和 8.2 ℃,内外温差峰值随边长增大也大致呈线性增长,边长每增加 100 mm 内外温差峰值增加 0.9 ℃。

(10)不同绝热温升时中心温峰值和内外温差均与绝热温升线性相关,绝热温升值每增加 1 ℃,中心温峰值和内外温差峰值分别增加 0.3 ℃和 0.1 ℃。钢模板相比于竹模板、木模板降低了 8.7% 的温峰值,但也使得内外温差同比增加了 35%,因此钢模板并不利于保温防裂。

(11)保温时间对混凝土试件中心温峰值影响不大,但对内外温差影响较大。选择合理的保温时间有助于控制内外温差。

5.4 环境条件与防裂

对太阳辐射、风速等不同环境条件下混凝土内部温度场进行了对比研究。

5.4.1 试验概况

本节分别对不同风速和太阳辐射情况对混凝土内部温度场的影响进行了对比研究,试验工况见表 5-9,试件尺寸为 300 mm × 300 mm × 300 mm,试验中风速由经过标定的风扇提供,模板均采用 18 mm 木模板。混凝土配合比如表 5-8 所示。

表 5-9 试验工况

工况	详细情况		个数
风速	3.6 m/s	拆除模板	1
		不拆模板	1
	1.8 m/s	不拆模板	1
太阳辐射（夏季和秋季分别试验）	洒水养护		2
	自然养护		2
	蓄热养护		2
	铺膜养护		2

混凝土浇筑完后即开始测试温度场。内部温度传感器布置如图 5-2 所示。模板准备情况如图 5-38所示。

进行太阳辐射工况试验时,试件浇筑后 6 h,采取相应的养护措施,如洒水养护、自然养护、蓄热养护、铺膜养护。

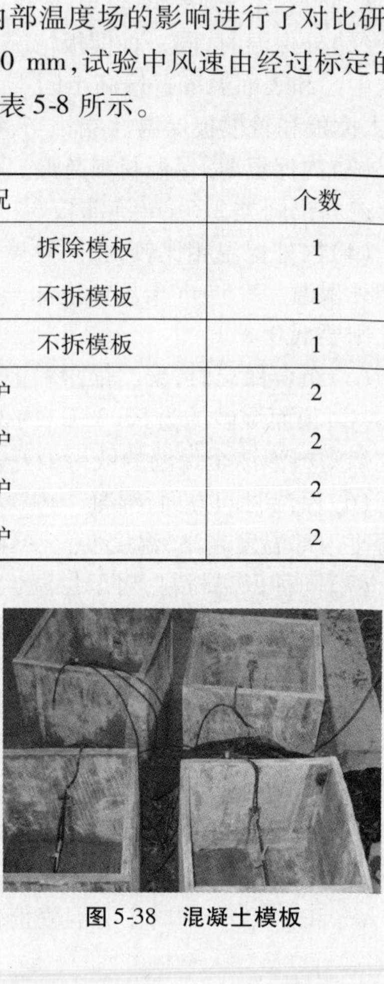

图 5-38 混凝土模板

5.4.2　环境条件对混凝土温度场影响试验研究

5.4.2.1　风速和拆模对混凝土温度场影响

不同风速不拆模情况下，混凝土内部和表面温度以及环境温度的发展过程如图 5-39 所示。

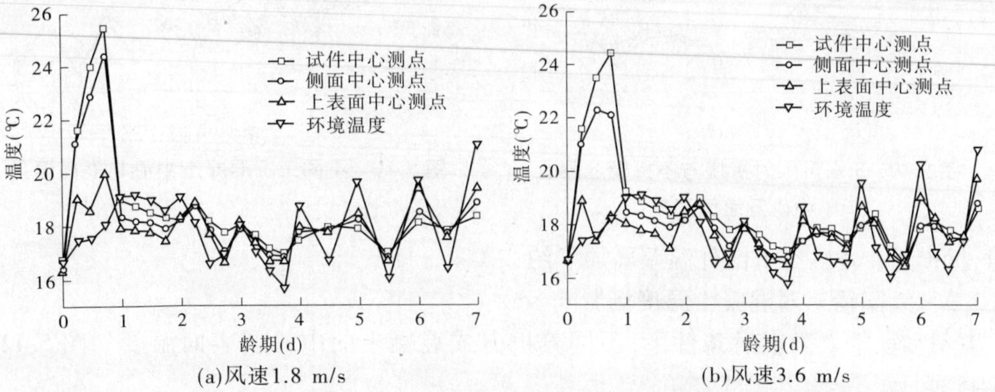

图 5-39　不同风速条件下混凝土中心及表面温度

不论风速大小，混凝土的温度发展都可以分为三个典型阶段：温峰值之前的上升阶段、峰值过后的温降阶段和温度稳定后随环境温度的变化阶段。两种风速条件下的试件都在浇筑后大约 18 h 达到峰值，风速 1.8 m/s 时，中心和上表面峰值分别为 25.5 ℃和 20.1 ℃，风速 3.6 m/s 时，分别为 24.8 ℃和 18.8 ℃。显然，表面尤其是上表面测点的温度低于中心测点。3.6 m/s 比 1.8m/s 风速时中心和表面温峰值分别下降 0.7 ℃和 1.4 ℃。

图 5-39 中上表面中心测点温度变化曲线与另外两测点曲线略有不同，浇筑 6 h 后温度不是随水化热的增加而升高，而是先下降后上升，这是因为试件表面受风速影响，温降的幅度大于水化温升幅度。由此说明风速对混凝土表面温度的影响较大。

风速 3.6 m/s 时拆模与不拆模条件下混凝土内部和表面温度发展过程如图 5-40 所示。

风速 3.6 m/s 时拆模和不拆模条件下，混凝土中心测点温峰值分别为 25.5 ℃和 24.8 ℃，均在浇筑后 18 h 出现；表面温峰值分别为 24.4 ℃和 24.0 ℃，也是 18 h 后出现。拆模试件的中心和表面温度在温峰值出现后都经历了一个突降，6 h 内降温约 3 ℃，这是因为此时试件被拆模失去了保温作用。但是当混凝土的温度稳定以后，这种作用不再显著。

不同风速和拆模情况下试件内部温差如图 5-41 所示。

如图 5-41 所示，不同风速条件下内外温差峰值均在浇筑后 18 h 达到最大，风速 1.8 m/s 和 3.6 m/s 时峰值分别为 5.5 ℃和 6.3 ℃，最大值出现的时刻同水化热最大的时刻基本对应，都在浇筑后约 18 h，随后温差逐渐减小。

试验中，由于拆除模板是在温峰值过后进行的，因此龄期 1 d 时，拆模和不拆模试件内外温差有明显不同，这是突然失去保温作用试件表面温度急剧降低所致，相对比于不拆

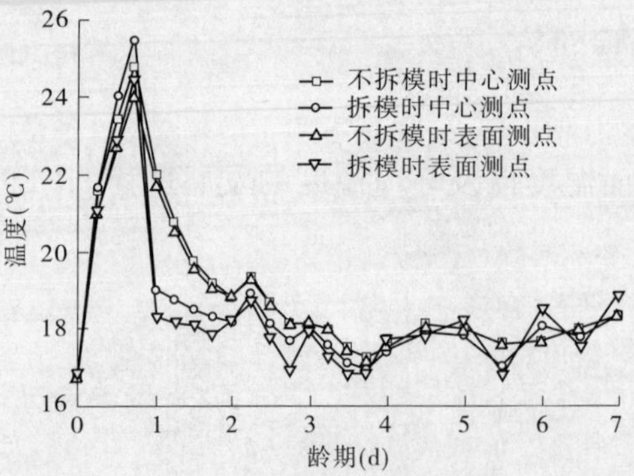

图 5-40　3.6 m/s 时拆模与不拆模混凝土中心及表面温度

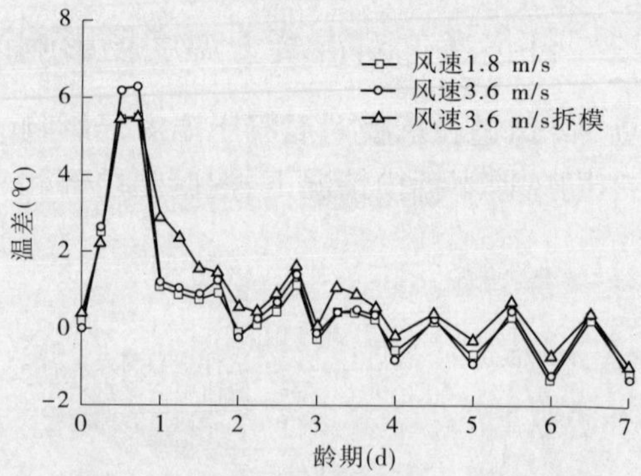

图 5-41　不同工况混凝土中心与表面温差

模时，拆模后 1 d 混凝土内外温差增加了约 2 ℃。

5.4.2.2　太阳辐射对混凝土温度场影响

夏季和秋季太阳辐射条件下，不同养护方式混凝土的中心及表面温度如图 5-42 ~ 图 5-45 所示。

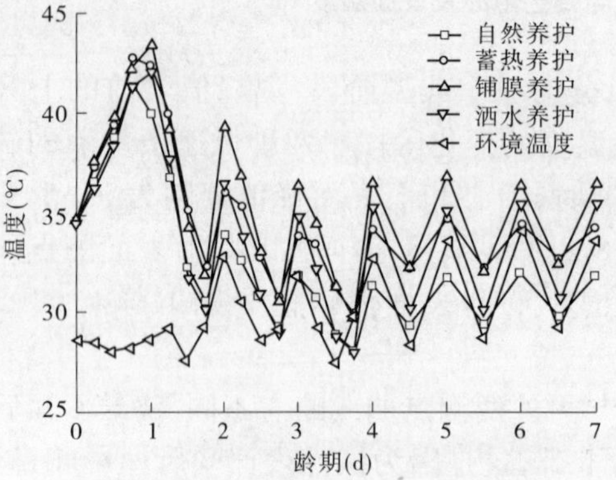

图 5-42　夏季四种养护时中心温度

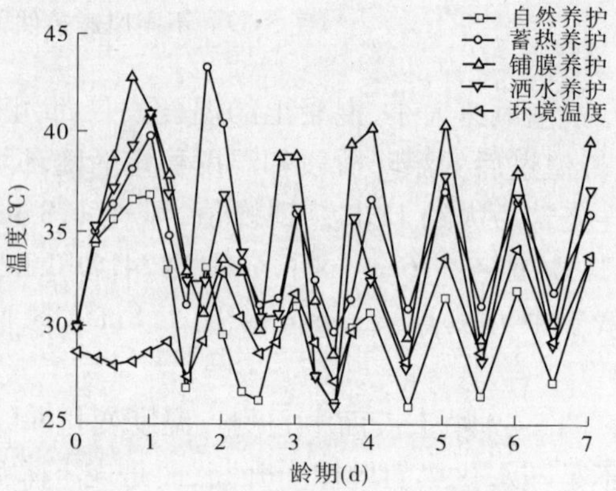

图 5-43　夏季四种养护时上表面温度

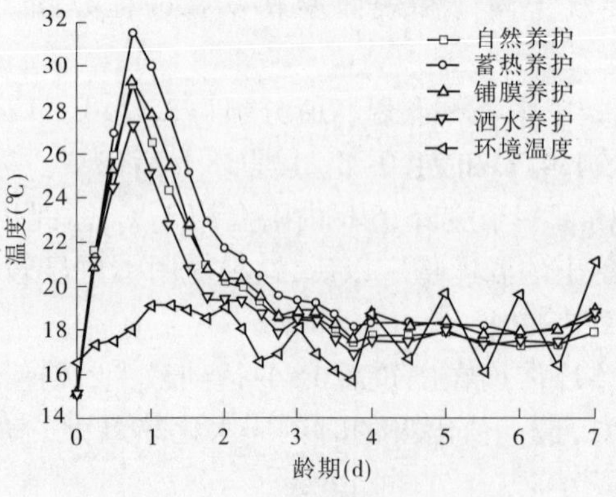

图 5-44　秋季四种养护时中心温度

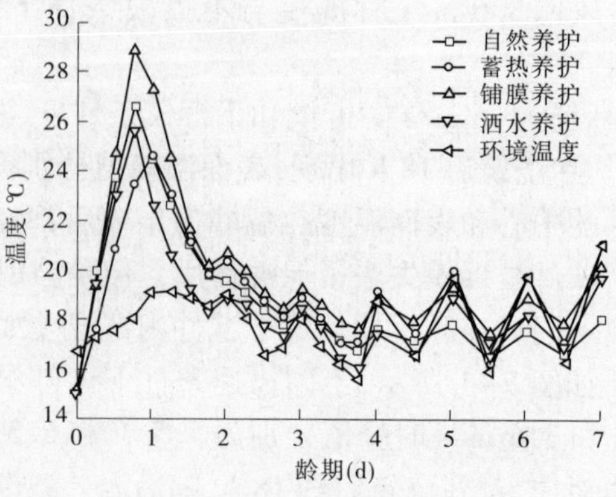

图 5-45　秋季四种养护时上表面温度

夏季自然养护时，中心和上表面测点峰值温度为 41.4 ℃和 36.7 ℃，分别在浇筑后

18 h 和 24 h 后达到；蓄热养护时，峰值温度分别为 42.8 ℃和 39.8 ℃，在浇筑后 18 h 和 24 h 达到；铺膜养护时，峰值温度分别为 43.5 ℃和 42.9 ℃，在浇筑后 24 h 和 18 h 后到达；洒水养护时，峰值温度分别为 42.4 ℃和 41.2 ℃，均在浇筑后 24 h 达到。中心温度和表面温度达到峰值后逐渐下降，并最终随气温周期性变化。四种养护条件下，中心温度峰值均较高，差异并不明显，而表面温峰值，自然养护状态由于缺少表面保温措施所以最低。

秋季自然养护时，中心和上表面测点峰值温度分别为 29.1 ℃和 26.6 ℃，均在浇筑后 18 h 达到；蓄热养护时，两峰值温度分别为 31.5 ℃和 24.6 ℃，在浇筑后 18 h 和 24 h 达到；铺膜养护时，峰值温度分别为 29.3 ℃和 28.0 ℃，均在浇筑后 18 h 到达；洒水养护时，峰值温度分别为 27.5 ℃和 25.6 ℃，均在浇筑后 18 h 达到。中心温度和表面温度达到峰值后逐渐下降，并最终随气温周期性变化。

由图 5-42 和图 5-44 可以发现，蓄热养护和铺膜养护时中心温峰值明显要高于洒水养护和自然养护。试件采用不同的养护方式，其散热特性也不同。蓄热养护和铺膜养护能够防止混凝土表面热量过快散失引起表面干燥，并且具有一定的保温能力；洒水养护和自然养护只是使混凝土表面保持潮湿，不具备保温能力。因此，蓄热养护和铺膜养护条件下混凝土内部温度普遍高于洒水养护和自然养护条件下的温度。

不同季节太阳辐射对试件温度的影响有显著不同，夏季浇筑试件内部温度远高于秋季，因为夏季环境温度就高达 30 ℃，而秋季环境温度则为 15 ~ 20 ℃，环境温度越高，混凝土内部的温度越高，受环境温度的影响也就越明显，因此夏季内部温度场受环境温度影响而波动得更为明显。

夏季和秋季太阳辐射条件下，不同养护方式混凝土内外温差分别如图 5-46、图 5-47 所示。

由图 5-46 和图 5-47 可知，夏季自然养护、蓄热养护、铺膜养护和洒水养护时内外温差峰值分别为 5.9 ℃、-11.1 ℃、5.9 ℃和 4.6 ℃，秋季时分别为 2.6 ℃、8.1 ℃、1.8 ℃和 2.5 ℃。夏季内外温差的波动幅度明显高于秋季，而表面测点较内部测点受气温影响更为显著，夏季环境温度在浇筑 1.5 d 以后开始明显波动，与此同时，四种养护方式下的试件内外温差也开始较大幅度地波动；秋季环境温度在 5 d 后才出现较大幅度的波动，内外温差曲线也相应作类似变化。

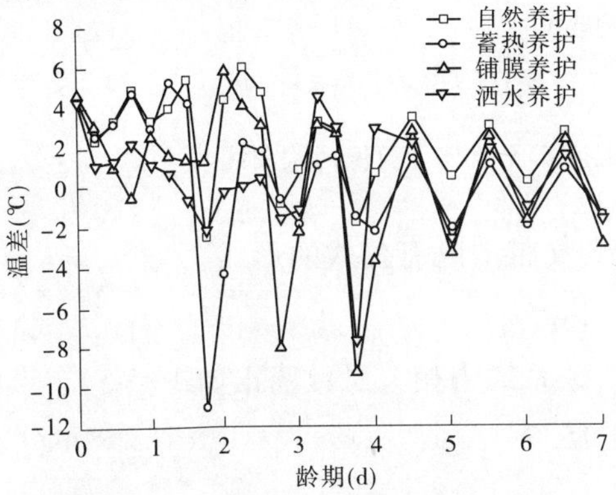

图 5-46 夏季太阳辐射条件下内外温差

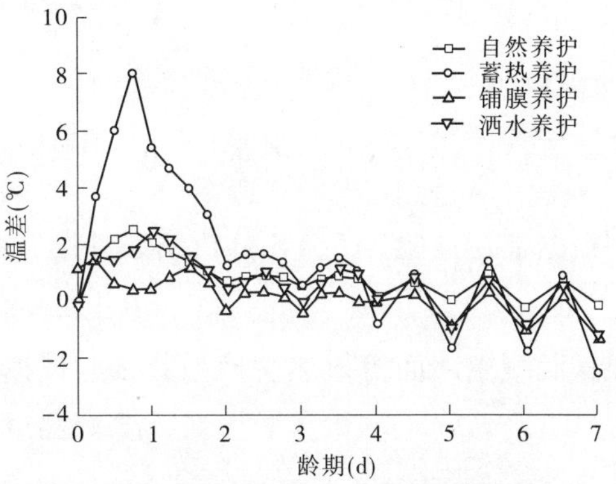

图 5-47 秋季太阳辐射条件下内外温差

5.4.3 环境条件对混凝土温度场影响仿真分析

计算中所采用的参数如下：水泥水化热 $Q(\tau)=330$ kJ/kg、水泥用量 $W=425$ kg、混凝土密度 2 450 kg/m^3、混合材用量 $F=120$ kg、折减系数 $k=0.25$、混凝土绝热温升 51.9 ℃。利用 ANSYS 分析时，取整数 52 ℃，由相关文献得参数取值：$a=0.65$，$b=-1.25$，顶面风速为 1.8 m/s 和 3.6 m/s，自然养护情况下混凝土的表面热交换系数 β 分别为 50.2 kJ/(m^2·h·℃)和 78.5 kJ/(m^2·h·℃)，利用以上数据即可进行 ANSYS 热分析，可得各测点温度值与实测值的比较如图 5-48 和图 5-49 所示。

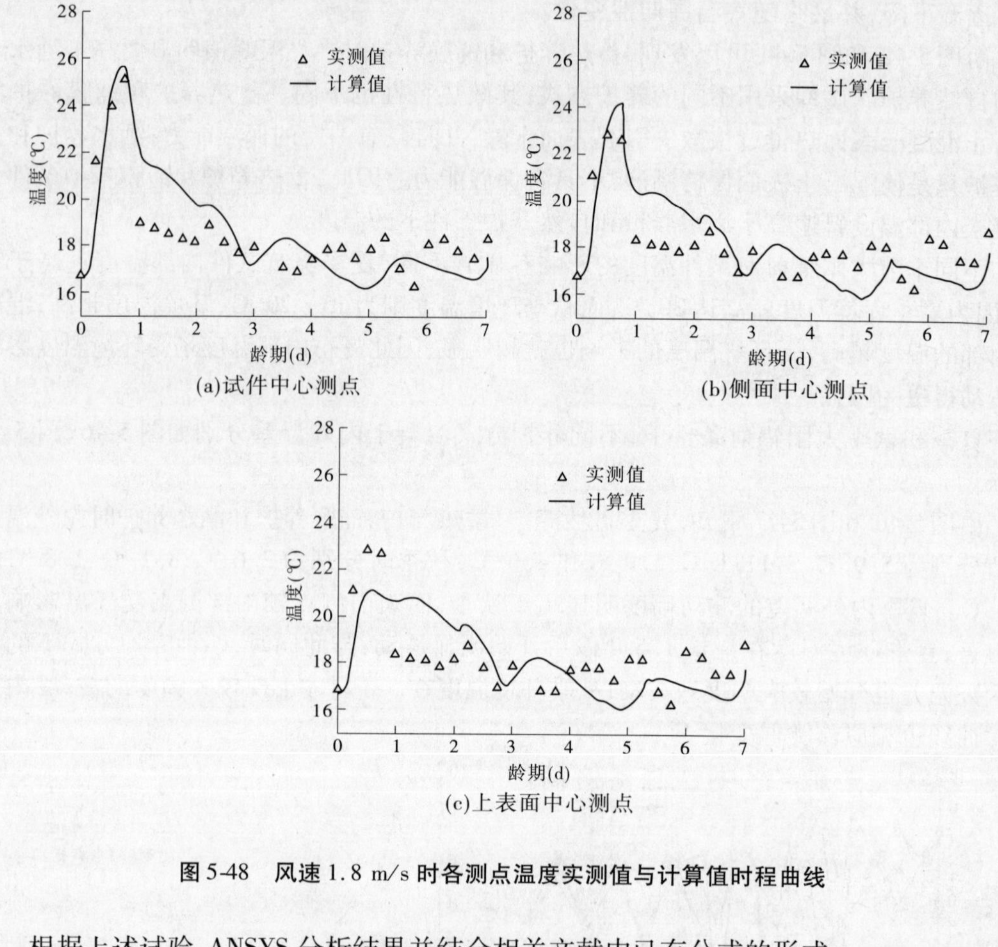

图 5-48　风速 1.8 m/s 时各测点温度实测值与计算值时程曲线

根据上述试验、ANSYS 分析结果并结合相关文献中已有公式的形式

$$\beta = 23.9 + 14.5v_a \tag{5-4}$$

对裸露混凝土表面等效热交换系数 β 与风速 v_a 关系式中相关系数修正如式(5-5)：

$$\beta = 22.1 + 15.7v_a \tag{5-5}$$

式中：β 为裸露混凝土表面等效热交换系数，kJ/(m^2·h·℃)；v_a 为风速，m/s。

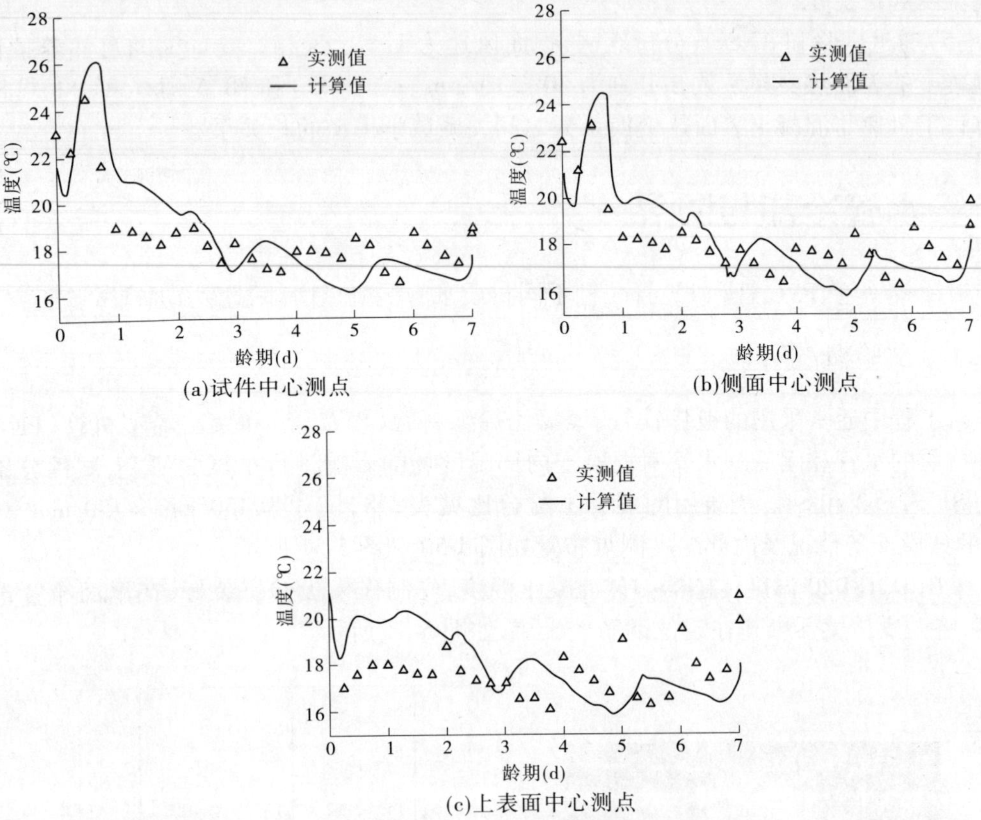

图 5-49　风速 3.6 m/s 时实测值与计算值时程曲线

5.4.4　试验结果分析

(1)不同风速条件下试件内部温度发展规律基本一致,水化温升分为典型的三个阶段:温升、温降和稳定阶段。不同风速条件下混凝土出现温度峰值的时间基本相同。较大的风速条件可以降低中心温度和表面温度,风速 3.6 m/s 较 1.8 m/s 中心温度和表面温度分别下降了 0.7 ℃和 1.4 ℃,而内外温差却增大约 0.8 ℃。

(2)风速 3.6m/s 时,中心测点达峰值后拆模,中心温度和表面温度将会明显下降,6 h 内下降 3 ℃,而内外温差上升 2 ℃。

(3)夏季时,自然养护、蓄热养护、铺膜养护和洒水养护的试件中心最高温度分别为 41.4 ℃、42.8 ℃、43.5 ℃和 42.4 ℃;秋季四种养护状态下,中心温峰值分别为 29.1 ℃、31.5 ℃、29.3 ℃和 27.4 ℃。太阳辐射越大,试件内部温度场受环境温度影响产生的波动越明显。具有保温性能的蓄热养护和铺膜养护混凝土中心温度比洒水养护和自然养护时高 1 ~4 ℃。

(4)夏季自然养护、蓄热养护、铺膜养护和洒水养护时内外温差峰值分别为 5.9 ℃、-11.1 ℃、5.9 ℃和 4.6 ℃,秋季时分别为 2.6 ℃、8.1 ℃、1.8 ℃和 2.5 ℃。内外温差随环境温度起伏变化。

(5)通过试验和 ANSYS 分析表明,顶面风速为 1.8 m/s 和 3.6 m/s 的自然养护情况下混凝土的表面热交换系数 β 分别为 50.2 kJ/(m^2 · h · ℃)和 78.5 kJ/(m^2 · h · ℃),并修正了风速与混凝土表面热交换系数之间关系数学模型的相关系数。

5.5 水管冷却与防裂

对镀锌铁管、PVC 管和 PE 管三种不同材质水管混凝土内部温度场进行试验研究。

5.5.1 试验概况

对工程中通常采用的镀锌铁管、聚氯乙烯塑料管(PVC 管)和聚乙烯塑料管(PE 管)三种材质的水管和无冷却水管对混凝土内部温度场的影响进行了试验研究,试件分别命名为 S1、S2、S3 和 S4。浇筑用的混凝土配合比见表 5-8,尺寸为 450 mm × 450 mm × 650 mm 的试模准备情况及内部温度测点布置如图 5-50 和图 5-51 所示。

采用 DS18B20 温度传感器测试混凝土温度,先制作模板并拼装好,在里面布置定位钢筋,将温度传感器绑扎在定位钢筋上,位置如图 5-51 所示。

图 5-50 混凝土模板

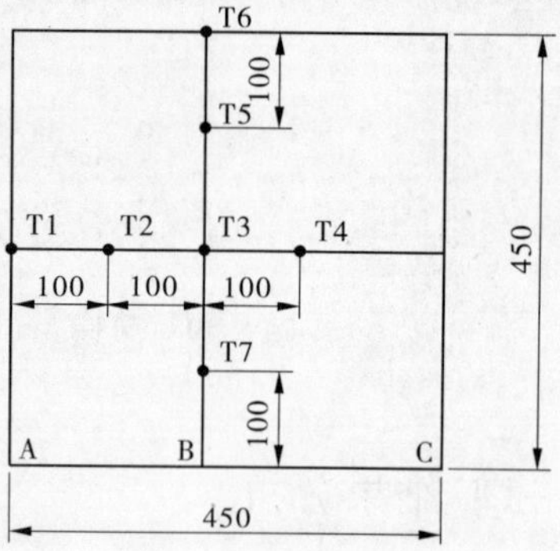

图 5-51 温度传感器布置 (单位:mm)

混凝土浇筑完后即开始测试温度场,浇筑 10 h 以后开始通水冷却,水管内径 25 mm,外径 30 mm,冷却水流速 1.33 m/s 保持恒定。

5.5.2 水管冷却对混凝土温度场影响试验研究

5.5.2.1 水管冷却对混凝土内部温度的影响

无冷却水管和三种不同材质水管冷却时,混凝土内部温度发展规律如图 5-52 和图 5-53所示。

由图 5-52 可知,温度发展历程可分为三个阶段:温峰值之前的上升阶段,镀锌铁管、PVC 管和 PE 管除部分测点在开始通水时出现小幅下降外,其余均受混凝土水化放热影响温度迅速升高,18 h 时中心测点温峰值分别为 34 ℃、27.3 ℃、29.0 ℃和 28.3 ℃;温度峰值过后,混凝土内部温度很快降低,3 d 之后温度基本稳定,随环境温度变化而变化。

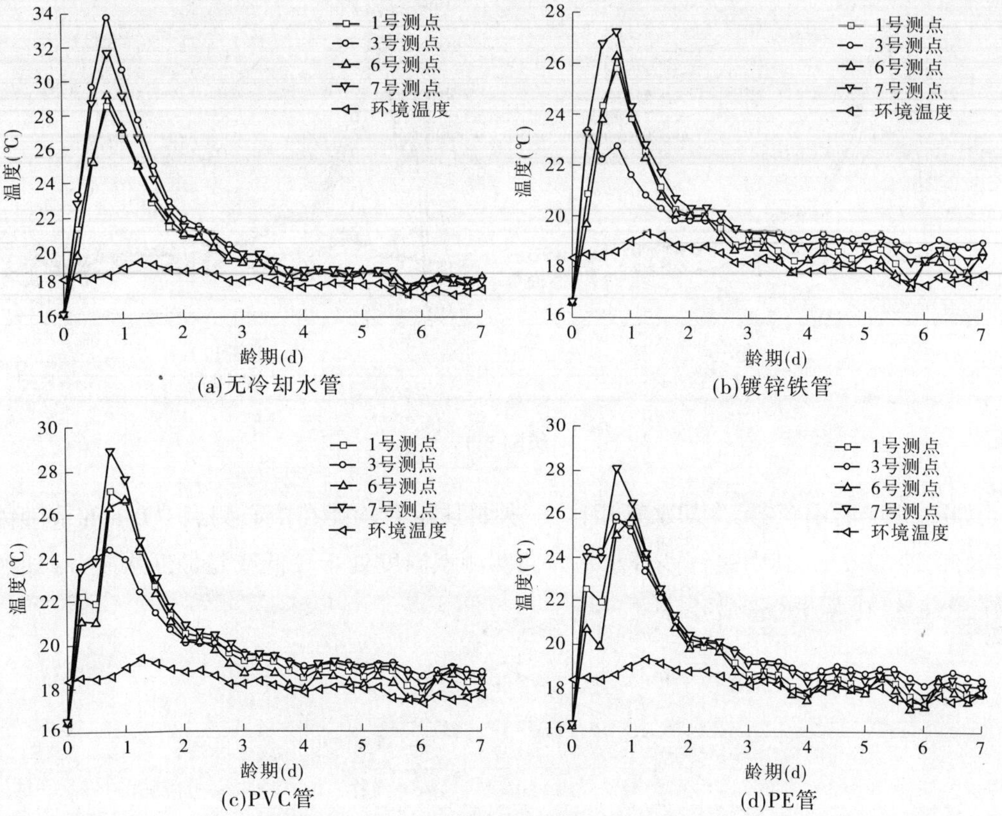

图 5-52　不同水管材质下混凝土温度

如图 5-53 所示,集中比较水管附近的 2、3、4、5 号和 7 号测点温度。浇筑后 10 h 开始通水,不同材质水管冷却的各温度测点在通水后 6 h 内均有不同程度下降,镀锌铁管 3 号测点降温 1.1 ℃,PVC 管 5 号测点降温 0.6 ℃,PE 管 2、3、4、5 号和 7 号测点分别降温 0.5 ℃、0.3 ℃、0.6 ℃、1.1 ℃和 0.2 ℃,之后水化热超过冷却水管又重新占据主导位置,各测点温度迅速上升直到 18 h 时达到峰值。

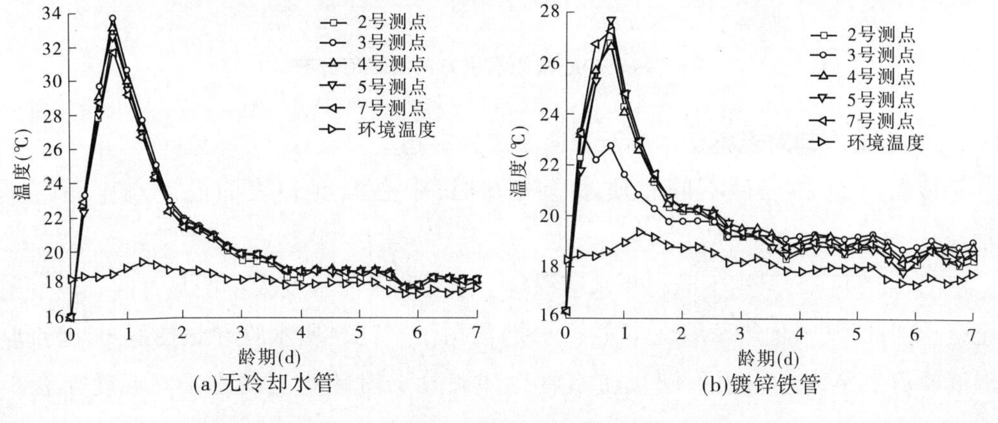

图 5-53　不同水管材质下混凝土温度

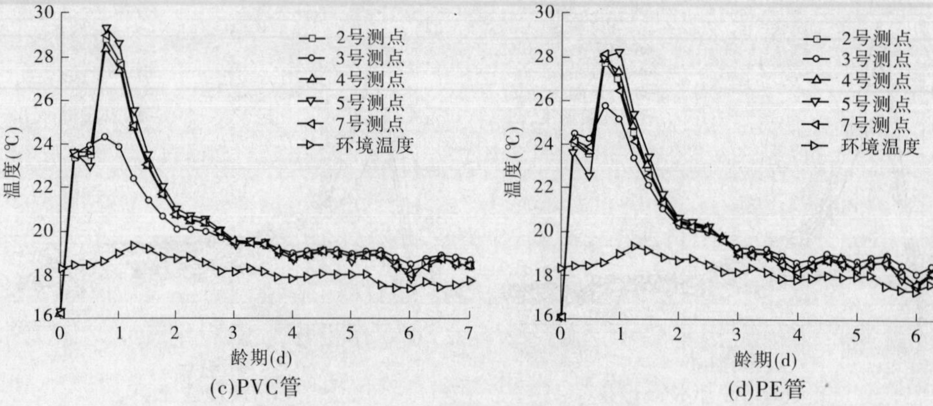

续图 5-53

如图 5-54 所示,与无冷却水管相比,三种材质水管均能在中心测点 100 mm 范围内取得较好的冷却效果,其中镀锌铁管水平方向四测点温度处于较低或是最低水平,冷却效果最好,PVC 管其次,PE 管最差。

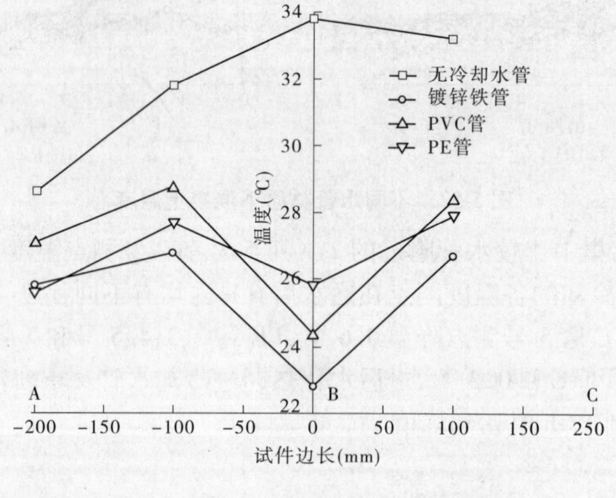

图 5-54　中心截面水平方向温峰值分布

5.5.2.2　水管冷却对混凝土中心及表面温度的影响

无冷却水管和三种不同材质水管冷却时,中心温度和表面温度对比如图 5-55 所示。

由图 5-55 可知,采用不同材质水管混凝土中心和表面温度大小明显不同。浇筑用混凝土是相同的,其水化热发展规律完全一致,但由于不同材质水管导热性不同,因而混凝土温度峰值也不同。采用不同材质水管冷却混凝土内部典型测点最高温度如表 5-10 所示。

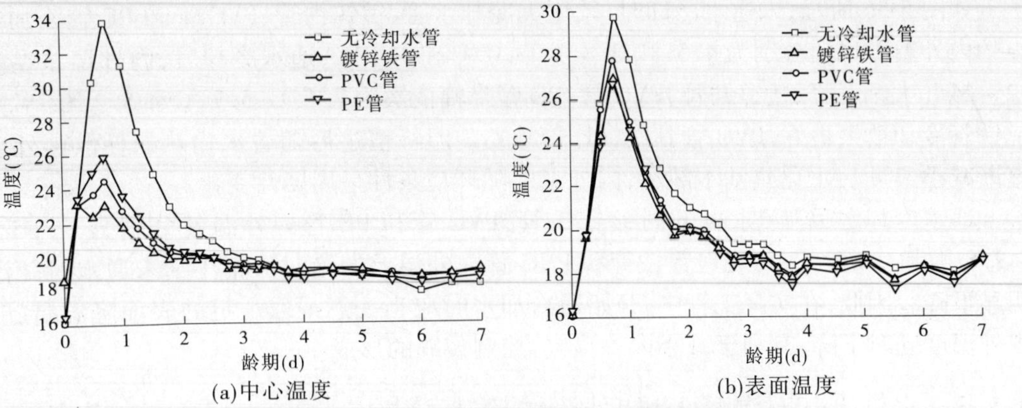

图 5-55　不同材质水管冷却时中心及表面温度

表 5-10　不同材质水管冷却混凝土典型测点温峰值　　（单位:℃）

水管材质	1 号测点	3 号测点	6 号测点	7 号测点
无冷却水管	28.8	33.8	29.8	31.7
镀锌铁管	26.3	23.1	27.0	27.3
PVC 管	27.6	24.5	27.9	29.0
PE 管	26.4	25.9	26.8	28.2

无冷却水管内部测点温度显然最高。距离中心较近的 3 号和 7 号测点温峰值,镀锌铁管、PVC 管和 PE 管比无冷却水管情况分别低 10.7 ℃、9.3 ℃和 7.9 ℃,4.4 ℃、2.7 ℃和 3.5 ℃,表面的 1 号和 6 号测点分别低 2.5 ℃、1.2 ℃和 2.4 ℃,2.8 ℃、1.9 ℃和 3 ℃。可以看出,水管对中心区域的冷却效果要明显好于表面区域。从图 5-52(a)中同样可知,对中心范围混凝土镀锌铁管冷却效果最好,PVC 管其次,PE 管最差。

5.5.2.3　水管冷却对混凝土内外温差的影响

不同水管材质混凝土试件内外温差如图 5-56 所示。

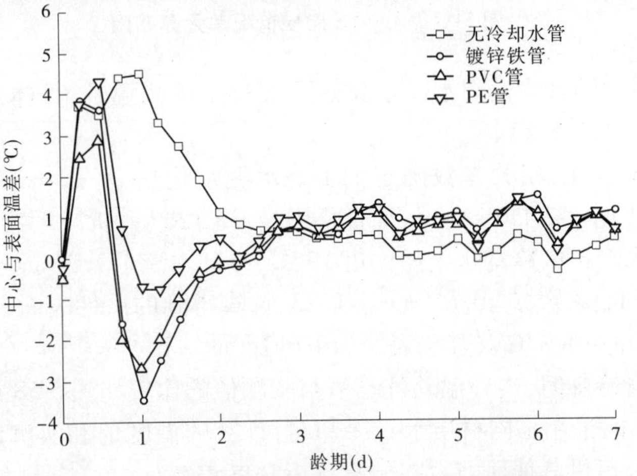

图 5-56　不同水管材质混凝土中心与表面温差

如图5-56所示，未通水冷却时，采用无冷却水管、镀锌铁管、PVC管和PE管冷却混凝土的内外温差峰值分别为4.5 ℃、3.8 ℃、3.0 ℃和4.4 ℃，通水冷却后，内外温差在龄期12~24 h大幅下降，镀锌铁管、PVC管、PE管降幅依次为7.1 ℃、5.7 ℃和5.2 ℃，显然镀锌铁管冷却效果最好，PVC管其次，PE管最差。温峰值过后随着水化热的耗散内外温差逐渐减小，3 d后水化热基本散尽，内外温差随环境条件呈周期性变化。

通水冷却之后，龄期24 h时镀锌铁管、PVC管和PE管内外温差分别为 -3.5 ℃、-2.8 ℃和 -0.8 ℃，可见镀锌铁管和PVC管内外温差的绝对值相比于未通水时并没有明显下降。因此，在实际工程中，开始通冷却水时应当注意采取一定的表面降温措施，使内外温度同时下降，有利于减小内外温差，控制裂缝的形成。

5.5.3 水管冷却对混凝土温度场影响仿真分析

采用有限元软件ANSYS进行瞬态热分析，混凝土采用SOLID70模拟，三维热-流管单元FLUID116模拟冷却水管，三维表面效应单元SURF152建立混凝土与冷却水管之间的关系，环境温度通过数组读入并加载。计算模型如图5-57所示。

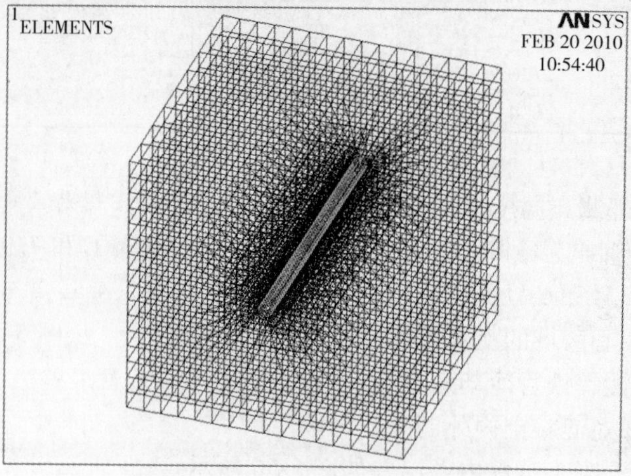

图5-57 ANSYS建模情况单元分布图

采用文献[1]中的公式模拟水泥水化热和混凝土绝热温升，具体意义如文献[1]，具体公式见式(5-1)和式(5-2)。

根据混凝土配合比，相关参数确定如下。水泥水化热 $Q(\tau)=330$ kJ/kg，水泥用量 $W=425$ kg，混凝土密度2 450 kg/m^3，混合材用量 $F=120$ kg，折减系数 $k=0.25$，镀锌铁管外径25 mm、内径20 mm，冷却水初始温度19 ℃，冷却水流量1.33 m^3/s，可以计算出混凝土绝热温升51.9 ℃，参数 $a=0.65$，$b=-1.25$，计算得到的试件表面等效散热系数，试件上表面为25 kJ/(m^2·h·℃)，其余表面为10 kJ/(m^2·h·℃)。

三种材质水管冷却时，内外温差计算值与实测值的比较如图5-58所示。

由图5-58可知，采用不同材质水管冷却时，计算的温度值和实测值十分接近。仿真分析时采用的参数可供其他研究者在仿真分析时参考。

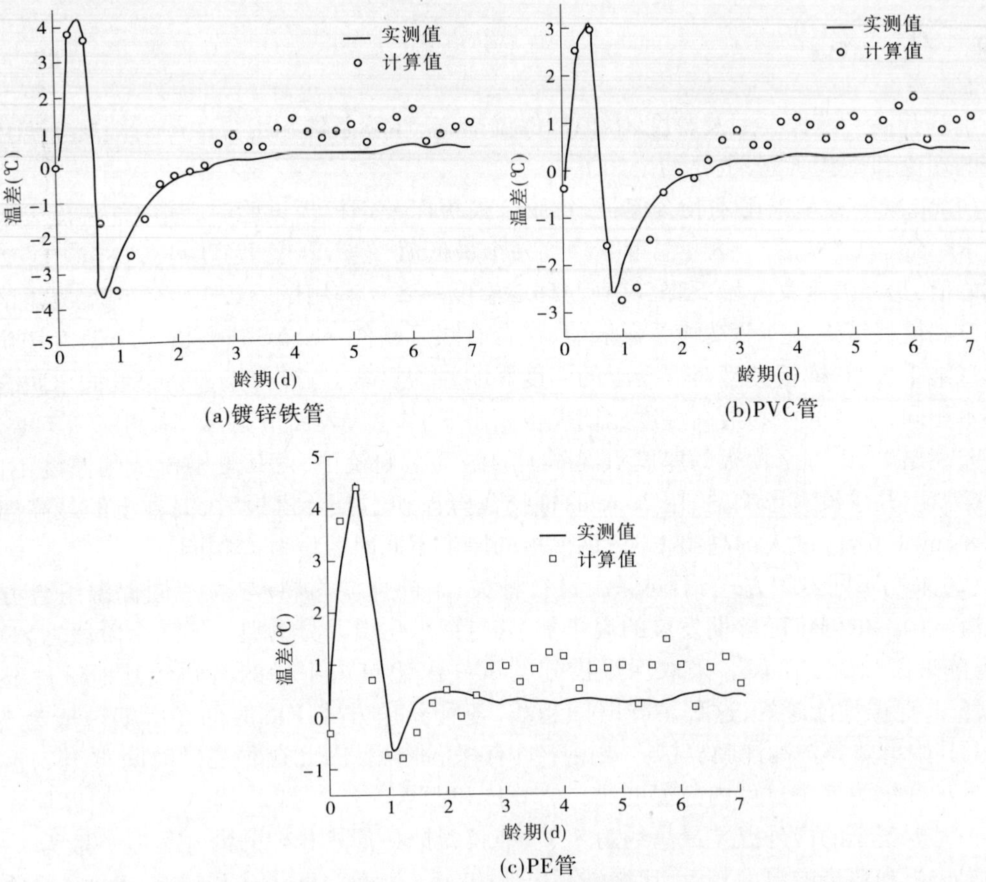

图5-58　三种材质水管冷却时内外温差计算值与实测值对比

5.5.4　试验结果分析

(1)试件内部温度发展规律基本一致,水化温升分为三个阶段:刚浇筑完的上升阶段、18 h左右达到峰值之后的温降阶段和3 d后随气温波动阶段。无冷却水管、镀锌铁管、PVC管和PE管的中心测点温峰值分别为34 ℃、27.3 ℃、29.0 ℃和28.3 ℃。三种材质水管在距离中心测点100 mm范围内均取得了较好的冷却效果。

(2)镀锌铁管、PVC管和PE管中心测点温峰值分别比无冷却水管情况下低10.7 ℃、9.3 ℃和7.9 ℃,中心范围内镀锌铁管冷却效果最好,PVC管其次,PE管最差。水管对中心区域的冷却效果明显要好于表面区域。

(3)内外温差方面,通水后12 h内镀锌铁管、PVC管和PE管温度分别下降7.1 ℃、5.7 ℃和5.2 ℃,最低温度依次为-3.5 ℃、-2.8 ℃和-0.8 ℃。镀锌铁管和PVC管内外温差的绝对值相比于未通水时并没有明显下降,开始通冷却水时应当注意采取一定的表面降温措施,使内外温度同时下降,防止温度裂缝开展。

5.6 小 结

本章开展了模板类型及厚度、养护和保温措施、环境条件和水管冷却对混凝土温度场影响的理论和试验研究，主要结论如下：

(1)混凝土分别采用木胶合模板、竹胶合模板以及钢模板试验时，其内部温度发展规律基本一致，即浇筑后6~8 h温度下降到一个最低值，然后温度迅速增长，直至18~20 h达到峰值，最后温度又开始下降，直到与环境温度一致。利用试验数据反算出混凝土的绝热温升和模板等效表面热交换系数取值，结合有限元软件ANSYS进行混凝土温度场仿真计算。结果表明，模板类型对混凝土的温度影响较为显著，竹胶合模板的温度同木胶合模板基本相同，两者的中心最高温度比钢模板高出3~4 ℃，表面最高温度高出2~3 ℃，内外温差高出1~2 ℃。模板的厚度对混凝土的温度影响较小，尤其是钢模板的厚度不同，对内部温度几乎没有影响，采用2 cm的竹胶合模板和木胶合模板时，混凝土的最高温度比1.8 cm、1.5 cm的大约高出1 ℃；钢模板的厚度不同时温度基本相同。

(2)采用不同养护方式、不同保温材料种类、不同保温材料厚度、不同保温组合方式时混凝土内部的温度随龄期发展的规律基本一致，水化温升分为典型的三个阶段：温升阶段、温降阶段和稳定阶段。采取保温措施的试件水化热占主导的时间较其他试件要长1~1.5 d，保温性能越好，这种主导时间越长，各种养护方式下的时间在龄期一般为2~2.5 d，其中蓄热养护和铺膜养护方式由于具有保温作用，因此这种主导时间直至2.5 d。蓄热养护和铺膜养护试件内部温度比自然养护和洒水养护高出2~3 ℃。自然养护和洒水养护时混凝土的内外温差最高约为4 ℃，铺膜养护和蓄热养护的内外温差一般为1~2 ℃。泡沫板和草袋的温度相近，比湿砂高出3~4 ℃，表面温度最多高出5~8 ℃，湿砂的内外温差最大约为3 ℃，草袋为2 ℃，泡沫板呈现2 ℃左右的负温差。保温材料越厚，保温能力越强，试件的温度越高，5 cm的泡沫板比2.5 cm的泡沫板温度高2~4 ℃。内保温的试件比外保温的要高5~8 ℃。温度越高时拆除保温板，混凝土的温度下降得越剧烈，在混凝土内部温度大约为45 ℃时拆除泡沫板，中心温度急剧下降6 ℃，表面温度急剧下降9 ℃；在混凝土内部温度大约为40 ℃拆除泡沫板时，中心温度急剧下降4~5 ℃，表面温度下降6 ℃。

(3)不同环境条件下的混凝土，其内部温度随龄期发展的规律基本一致，水化温升分为四个阶段：浇筑后刚开始的6~8 h内温度略有下降的下降阶段，之后温度开始上升，直至12~16 h达到温峰值的温降阶段和最终温度趋于稳定的阶段。风速越大，混凝土表面散热越快，风速为1.8 m/s和3.6 m/s时，混凝土的表面热交换系数β分别为48.4 kJ/(m^2·h·℃)、76.3 kJ/(m^2·h·℃)，并以此建立了风速与混凝土表面热交换系数关系的数学模型。在工程混凝土温控防裂中，减小风速可有效降低混凝土表面热交换能力，改善混凝土的应力状态，是一种简单有效的温控防裂措施。表面热交换系数与环境温度有重要关系，处于太阳辐射条件下的试件，太阳辐射越强温度越高，混凝土的温度受环境温度的影响越显著，表面热交换系数越大。夏季时，置于太阳辐射下的混凝土试件仅采取洒水养护是远远不够的，混凝土表面在浇筑后的第三天即出现裂缝，最大裂缝宽度为0.6 mm；

秋季时，置于太阳辐射下的混凝土受其影响较小，采用一般的养护方式即可满足控制开裂的要求。

（4）采用不同材质水管进行冷却的混凝土，其内部温度随龄期发展的规律基本一致，混凝土浇筑完开始水化温升，长方体试件在浇筑完 18 h 左右混凝土温度达到峰值，立方体试件在浇筑完 30 h 达到峰值，此后温度开始下降直至温度稳定。镀锌铁管的温峰值下降达 10 ℃以上，PVC 管温峰值下降 9 ~ 11 ℃，PE 管温峰值下降 7 ~ 9 ℃，表面温度峰值下降较小，为 2 ~ 3 ℃。镀锌铁管和 PVC 管的冷却半径大约为 100 mm，PE 管的冷却半径一般为 50 ~ 70 mm。在计算过程中，将镀锌铁管边界条件视为第一类边界条件是合理的。在工程混凝土温控防裂中，采用冷却水管可有效降低混凝土内部温度，减小内外温差，是一种简单有效的温控防裂措施。

（5）通过试验和有限元计算获得施工期各种施工措施对混凝土温度场的定量影响，以及相应工况的混凝土表面热交换系数，以便于指导实际工程的施工，可以大大减少混凝土在施工期由于温度而产生开裂的问题。在选择模板类型时，对于较薄的截面，最合适的模板材料是不保温材料，即钢模板，如果截面较厚或是气温较低的季节，比如冬季，可以选用保温性能较好的木胶合板模板或者竹胶合板模板，必要时可选用较厚的模板；混凝土浇筑后，在炎热的夏季或者风速较大的情况下，宜采用具有保温性能的蓄热养护或者铺膜养护方式，洒水养护和自然养护适用于气温适中的秋季和春季，而气温较低的冬季一般需采取一定的保温防护措施。若蓄热养护和铺膜养护不能满足要求，应在混凝土表面覆盖保温效果更好的保温材料，比如聚乙烯泡沫板和草袋，根据内外温差的大小可选用保温能力适中的保温方式，即根据表面热交换系数的大小来选择保温方式。对于大体积混凝土来说，仅表面保温是不够的，还需采用水管对内部温度进行冷却降温。内外温差较大时，宜采用冷却效果较好的镀锌铁管；内外温差略小时，采用塑料管，比如 PVC 管和 PE 管亦可。

参考文献

[1] 朱伯芳. 大体积混凝土温度应力与温度控制[M]. 北京：中国电力出版社，1999.

[2] 张莉. 施工措施对混凝土温度场影响的试验研究与定量分析[D]. 南京：河海大学，2009.

[3] 丁克胜. 建筑施工工程常用数据速查手册[M]. 北京：机械工业出版社，2005.

[4] 马跃峰. 基于水化度的混凝土温度与应力研究[D]. 南京，河海大学，2006.

[5] 靡嘉平. 20 年来我国模板工程的重大技术进步[J]. 建筑技术，2004，21(1)：23-26.

[6] 靡嘉平. 国外建筑模板与支承系统技术的新发展[J]. 建筑技术，2001(22)：25-28.

[7] 靡嘉平. 国外的几种模板产品及启示[J]. 建筑技术，2001，32(8)：547.

[8] 王绍民，袁必勤，崔朝栋. 我国现浇混凝土模板的现状与发展趋势[J]. 建筑机械化，1994(3)：10-13.

[9] 马振河. 组合钢模板在圆形和锥形结构中的应用[J]. 建筑技术，2001，32(8)：537-538.

[10] 刘汀. 高效竹胶板模板和钢竹模板的推广与使用[J]. 木材加工机械，1995(2)：29-30.

[11] 谭贵华，王姝燕. 竹胶合板模板在高层建筑施工中的应用[J]. 施工技术，2002(12)：28-29.

[12] 李文君，陈化军，谷有坤. 低温季节混凝土拆模与质量控制[J]. 黑龙江水利科技，2006，34(4)：110.

[13] 张军强. 现浇楼板的开裂与拆模的关系[J]. 广西电力工程，2000(4)：81-83.

[14] 赵雅文,译. 模板的压力和拆模时间[J]. 吉林建筑工程学院:国外建筑版,1998(3):4-6.
[15] 张福亮. 混凝土结构早拆模体系与拆模时间的研究[D]. 上海:同济大学,2007.
[16] Bamforth P B. Early – age thermal crack control in concrete[M]. Britain:CIRIA Publishing Department, 2007.
[17] 富恩久,吴村,黄荣辉,等. 混凝土养护方法的选择[J]. 混凝土,2005(4):10-11.
[18] 陈健. 混凝土养护原理与技术要点[J]. 建筑与工程,2006(8):62.
[19] 王海臣,黄俊波. 混凝土养护技术探讨[J]. 黑龙江水专学报,2002,29(2):133-135.
[20] 李本章. 混凝土浇筑和养护技术探索[J]. 中国西部科技,2003(5):50-51.
[21] 赵景先,薛广瑞. 混凝土养护方法[J]. 水利天地,1997(1):24-25.
[22] Segneur V, Bonnaeau O, Aitcin P C. Influence of the curing regime and of a shrinkage reducing admixture on shrinkage in: Shrinkage of Concrete 2000[M]. Paris:RILEM Publicatons S. ARL,2000.
[23] Saul A G A. Principle underlying the steam curing of concrete at atmospheric pressure[J]. Magazine of Concrete Research. ,1951,2(6):127-140.
[24] McIntosh J D. Electric curing of concrete[J]. Magazine of Concrete Res, 1949,1(1): 21-28.
[25] Nurse R W. Steam curing of concrete[J]. Magazine of Concrete Research,1949,1(2): 79-88.
[26] Pietro Lura,Klaas van Breugel,Ippei Maruyama. Effect of curing temperature and type of cement on early-age shrinkage of high – performance concrete[J]. Cement and Concrete Research,2001,31:1587-1591.
[27] 朱伯芳. 大体积混凝土温度应力与温度控制[M]. 北京:中国电力出版社,1998.
[28] 王战娥,田国新. 保温材料的研究与应用[J]. 建筑应用,2008(3):65-67.
[29] 郭莉. 保温材料的概况及选择[J]. 四川电力技术,2005(1):52-55.
[30] 林钊. 几种常用保温材料应用比较[J]. 制冷,2004(4):86-87.
[31] 曾珍,张雄. 建筑保温材料的发展[J]. 上海建材,2005(4):28-30.
[32] 宋浩,黄建国. 施工措施对路面混凝土裂缝的影响和预防[J]. 中国建设信息,2007(10):57-58.
[33] 马跃峰,朱岳明. 表面保温对施工期闸墩混凝土温度和应力的影响[J]. 河海大学学报,2006,34(3):276-279.
[34] 许朴,朱岳明,贲能慧. 聚苯乙烯泡沫塑料板保温能力的试验与反演分析[J]. 三峡大学学报,2008,30(1):56-59.
[35] 刘有志. 水工混凝土温控和湿控防裂方法研究[D]. 南京,河海大学,2006.
[36] 张建荣,徐向东,刘文燕. 混凝土表面太阳辐射吸收系数测试研究[J]. 建筑科学,2006,22(1):42-45.
[37] Ba Hengjing,Su Anshuang. Study on early – age cracking of high strength concrete under circumferentially restrained condition[J]. Journal of Southeast University,2006,36(2):116-121.
[38] Michanel Bartlett, Macgregor James G. Effect of moisture on concrete core strength [J]. ACI Material Journal,1993,91(3):227-236.
[39] Shiina T, Nishida N, Ushioda K, et. al. Influence of environmental paraments on thermal stresses in: Control of cracking in early age concrete[M]. Netherland:A. A Balkema Pulishers,2000.
[40] Ueda K, Sato Y, Kiyohara C, et. al. Hasegawa. Drying shrinkage cracking of concrete kept under dry air conditions form early age in:Control of cracking in early age concrete[M]. Netherland:A. A Balkema Publishers,2000.
[41] ACI 207.4R – 93. Cooling and Insulating Systems for Concrete[S]. UAS:ACI,1993.
[42] 朱伯芳. 混凝土坝一期冷却效果的近似计算[J]. 水利水电技术,1986(5):1-3.

[43] 朱岳明,徐之青,贺金仁,等.水管冷却温度场的计算方法[J].长江科学院院报,2003,20(2):19-22.

[44] 何磊,朱岳明.水管冷却技术在高性能混凝土渡槽工程中的应用[J].水电能源科学,2007,25(4):97-100.

[45] 刘有志,朱岳明,吴新立,等.水管冷却在墩墙混凝土结构中的应用[J].河海大学学报,2005,33(6):654-657.

[46] 陈樊建.周公宅拱坝混凝土温控防裂方法研究[D].南京:河海大学,2007.

[47] 刘勇军.水工混凝上温度与防裂技术研究[D].南京:河海大学,2002.

[48] 美国垦务局.混凝土坝的冷却[M].侯建功,译.北京:水利电力出版社,1958.

[49] 朱伯芳.混凝土坝的温度计算[J].中国水利,1956(11):8-20.

[50] 朱伯芳.高温季节进行坝体二期水管冷却时的表面保温[J].水利水电技术,1997(4):10-13.

[51] Mizobuchi T, Tanabe T. Control of thermal cracking by pipe cooling system in concrete structures in: Control of cracking in early age concrete[M]. Netherland:A. A Balkema Publishers,2000.

[52] J. K. Kim,S. -E. Jeon,T. -K. Oh,K. -M,Lee. Experimental study on heat transfer coefficient in convectin flow young concrete at pie cooling in:Control of cracking in early age concrete[M]. Netherland:A. A Balkema Publishers,2000.

[53] 张子明,Garge V K.寒潮时大体积混凝土结构的温度应力[J].河海大学学报,1994, 22(6):94-97.

[54] 黄爱国.寒潮影响下的混凝土坝块的表面温度与表面保护[J].武汉水利电力大学学报,1995,28(2):118-122.

[55] ACI318M-05. Building code requirements for structural concrete and commentary[S]. American:ACI publication,2005.

[56] 国家技术监督局,中华人民共和国建设部. GB 50164—92 混凝土质量控制标准[S].北京:中国建筑工业出版社,1992.

[57] 中国土木工程学会标准. CCES 01—2004 混凝土结构耐久性设计与施工指南[S].北京:中国建筑工业出版社,2004.

第6章　水工混凝土早期温度与应力仿真软件开发

ANSYS 软件功能强大，是商业有限元软件中的佼佼者，虽然其具有专门的热分析模块和徐变本构模型，但要直接应用到混凝土早期温度场及徐变温度应力场分析，如水泥水化热荷载施加、考虑浇筑温度和温度荷载对温度场的影响、冷却水管模拟、混凝土徐变对早期应力的影响等，且其徐变本构模型本身比较适用于金属徐变，与现有混凝土徐变理论不能直接对接，弹性模量也不能定义为时间的函数，因此对于考虑龄期变化的混凝土结构早期问题该软件不能直接求解，还需要开展一定的研究，对相关功能进行整合并进行必要的二次开发。

本章以 ANSYS 为平台，利用其提供的 APDL 语言、UPFs 等开发工具，并结合有限元理论，运用 FORTRAN 语言对其二次开发，研制了 CTS - ANSYS 程序，通过引入水化度概念，实现了考虑混凝土浇筑温度及温度历程对温度场的影响，引入超单元二次加密技术较好解决了水管冷却仿真，引入混凝土徐变指数函数模型和弹性徐变方程隐式解法增加了 ANSYS 混凝土早期应力场计算功能，并嵌入本文提出的混凝土早期导热系数、热膨胀系数随龄期变化公式，功能齐全，方法先进，结果可信，全面系统地实现了非杆系混凝土结构施工期温度场和温度徐变应力的仿真计算。

6.1　基本模块及单元

6.1.1　热分析模块及单元

ANSYS 热分析基于能量守恒原理和热平衡方程，通过施加温度、热流率、热流密度、对流、辐射、绝热和生热等边界条件和初始条件，求解即可得到节点的温度、温度梯度、热流率等结果。

ANSYS 热分析过程可以分为三个步骤，即前处理（建模）、加载求解（施加荷载并计算）和后处理（查看结果）。在建模阶段，主要工作为定义单元类型并设置关键选项，定义单元实常数，定义材料热性能，建立几何模型，对几何模型划分网格。在加载求解阶段，主要工作为定义分析类型，获得瞬态热分析的初始条件，设定荷载步选项和存盘求解。在后处理阶段，主要工作为查看计算结果，ANSYS 提供了通用后处理（POST1）和时间后处理（POST26）两种。在 POST1 模块中，可以对整个模型在某一荷载步的结果进行后处理，对结果进行彩色云图显示、矢量图显示、打印列表等，如果设定的时间点不在任何一个子步的时间点上，ANSYS 会进行线性插值。在 POST26 模块中，可以绘制计算结果随时间变化的曲线。

ANSYS 热分析中涉及的单元有 40 多种，可分为线性单元（LINK）、二维实体单元

(PLANE)、三维实体单元(SOLID)、壳体单元(SHELL)、点单元(MASS)等,本项目中主要用到的热分析单元为 SOLID70、SURF152 和 FLUID116。

SOLID70 单元具有三维热传导能力,该单元有 8 个节点,每个节点有一个温度自由度,适用于三维稳态和瞬态热分析,实际工程建模分析时可以根据需要退化为 6 节点棱柱形、4 节点锥形,以便模拟较复杂结构。施加温度荷载时,对流换热或热流密度以及热辐射作为单元边界上的面载荷输入,生热率作为单元节点上的体载荷输入,同时具有生死功能,可以用来模拟水工混凝土施工期分层浇筑过程。SOLID70 单元几何形状、节点位置和坐标系见图 6-1。

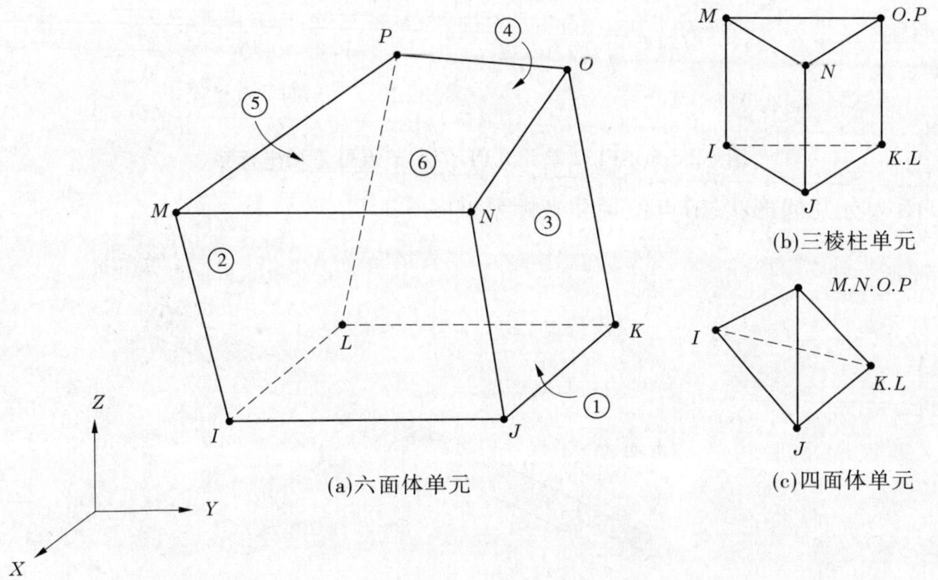

图 6-1　SOLID70 单元几何形状、节点位置和坐标系

SURF152 单元为三维表面热效应单元,类似一层皮肤覆盖在实体单元的表面,利用实体表面的节点形成单元,该单元不增加节点数量,只增加单元数量。该单元具有以下功能:①当某个表面必须同时施加热流密度和热对流两个边界条件时,可以将其中一个施加于实体表面,而另一个施加于表面效应单元上,一般将热对流边界施加于表面效应单元;②可将热对流边界中的流体温度施加于孤立节点上,将对流系数施加于表面单元,可更灵活地控制对流荷载;③当对流系数随温度变化时,表面效应单元可提供设置计算对流系数的选项;④可以模拟点与面的辐射传热。SURF152 单元几何形状、节点位置和坐标系见图 6-2。

FLUID116 单元为三维热 - 流管单元,具有两主节点间的热传导和流体传输能力,包含两种不同类型的自由度:温度和/或压力,流体内的热传导及流体的质量传输作用引起热流,可以通过附加节点考虑与 SURF152 单元的对流效应,适用于稳态或瞬态热分析。在进行热 - 结构耦合分析时,直接转化为等效的结构单元或消失。因此,与 SURF152 单元联合应用可以用来模拟水工混凝土结构施工期水管冷却(铁质或塑料水管)温控措施。

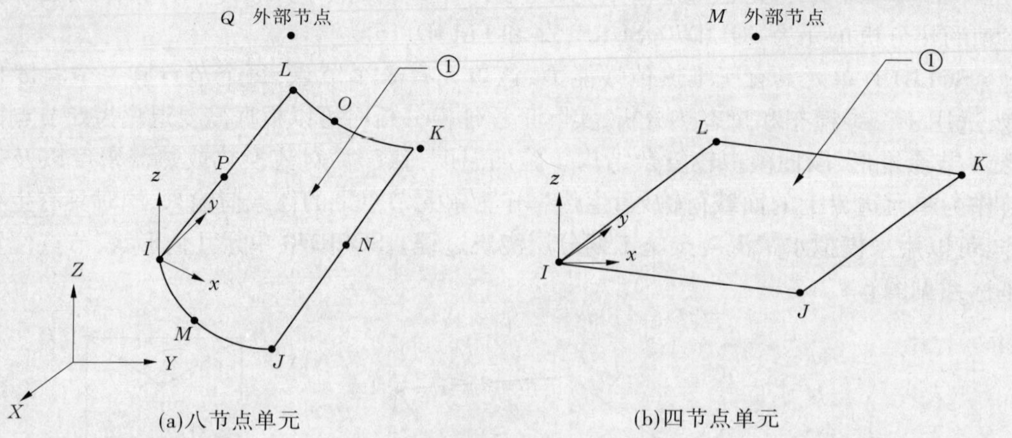

图 6-2 SURF152 单元几何形状、节点位置和坐标系

FLUID116 单元几何形状、节点位置和坐标系见图 6-3。

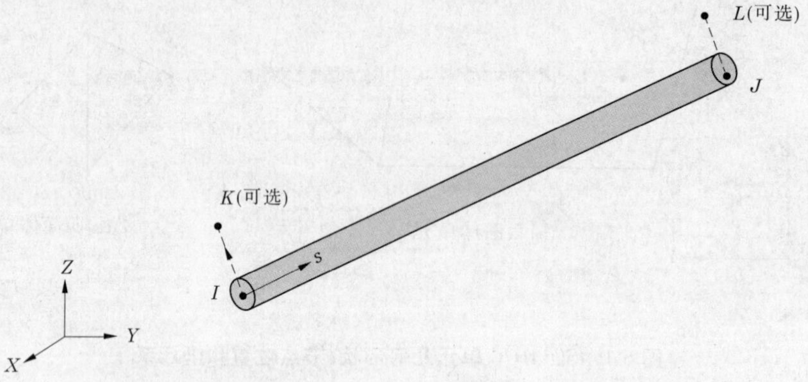

图 6-3 FLUID116 单元几何形状、节点位置和坐标系

6.1.2 温度应力分析模块及单元

水工混凝土施工期温度场及徐变温度应力场仿真计算是结构静力分析，属于静荷载作用下的结构响应。ANSYS 结构静力分析中涉及的单元可分为线性单元（LINK）、梁单元（BEAM）、管单元（PIPE）、二维实体单元（PLANE）、三维实体单元（SOLID）、壳体单元（SHELL）、接触单元（CONTACT）等，本文中主要用到的结构应力分析单元为 SOLID45 和 SOLID185。

SOLID45 单元用于建立三维实体结构模型，具有 8 个节点，每个节点有节点坐标系的三个方向的平动自由度，实际工程建模分析时可以根据需要退化为 6 节点棱柱形、4 节点锥形，以便模拟较复杂结构。SOLID185 单元性质基本同 SOLID45，其不同之处在于 ANSYS 软件支持对其进行二次开发，比如添加本构关系等。SOLID45 单元几何形状、节点位置和坐标系可参见图 6-1。

6.1.3　二次开发基本工具

6.1.3.1　APDL 语言与宏命令

ANSYS 软件提供了两种工作模式，即人机交互方式（GUI 方式）和命令流输入方式（BATCH 方式），前者对于初级用户只要用鼠标在图形界面上进行操作即可，容易掌握。对于后者，ANSYS 提供了参数化设计语言 ANSYS Parametric Design Language（简称 APDL），是一门可以自动完成有限元常规分析操作或通过参数化变量方式建立分析模型的脚本语言，用建立智能化分析的手段为用户提供自动完成有限元分析过程，提供一种逐行解释性的编程语言工具，可以很好地用于实现参数化的有限元分析、批处理、专用分析系统的二次开发以及设计优化等。APDL 是 ANSYS 的高级分析技术之一，也是 ANSYS 高级应用的基础，是 ANSYS 不可缺少的重要技术，有如下优点：

（1）可以减少大量的重复工作，特别适用于经少许修改后需要多次重复计算的场合；

（2）便于保存和携带，一个 APDL 的 ASCII 文件一般只有数十千字节；

（3）不受 ANSYS 软件的系统操作平台的限制，即用户使用 APDL 文件既可以在 Windows 平台上进行交流，也可以在 UNIX 或其他操作平台上运行；

（4）不受 ANSYS 软件版本的限制。

APDL 的基本要素包括支持 APDL 的菜单操作、变量、数组与表参数及其用法、数据文件的读写、数据库信息的访问、数学表达式、使用函数编辑器和加载器、矢量与矩阵运算、内部函数、流程控制、宏与宏库以及定制用户图形界面。这些技术要素是 APDL 的编程语言的组成部分，可以将 ANSYS 的命令按照一定顺序组织起来，并利用参数实现数据的交换和传递，实现有限元分析过程的参数化和批处理。APDL 的应用除包括参数化的建模、加载、求解、后处理等基本技术外，还包括专用分析系统的开发、界面系统开发以及必须基于 APDL 的优化设计技术。

用户可以将一些常用的 APDL 写的命令流记录在一个宏文件中，通过宏文件可以更加有效地制定用户自己的 ANSYS 命令。所谓宏，就是一系列命令的结合，这些集合被 ANSYS 执行，以完成某个独立的操作。把想使用的 ANSYS 命令编辑到宏文件中，当运行该宏文件时相当于运行了自己创建的命令。事实上，宏类似于 FORTRAN 或者 C 语言中的函数或者过程，它可以传递变量。宏文件可以使用记事本、写字板等软件创建。宏文件的创建有以下几点规定：

（1）宏名不能超过 32 个字符；

（2）宏名不能用数字开头；

（3）文件的扩展名应为“. mac”；

（4）文件名不能包含系统所禁止的任何字符。

本项目研究中，水工混凝土结构建模、分析流程控制等均基于 APDL 编制，重要分析流程控制编制为宏文件，例如基于水化度的热分析等。

6.1.3.2　用户可编程特性 UPFs

UPFs（User Programmable Features，用户可编程特性）是 ANSYS 软件提供的具有强大功能的二次开发工具，允许用户根据需要定制 ANSYS 程序，如用户自定义材料性质、自定义单元类型、自定义失效准则等,还允许用户将自己编写的 FORTRAN 程序嵌入到 ANSYS 中,生成一个用户版本的 ANSYS 程序。

由于 UPFs 是一种非标准的使用方法,基于其开发的用户子程序并没有通过 ANSYS 公司质量保证测试,因此用户必须确保开发的用户子程序结果正确,并且不影响其他标准功能的运行。典型的 UPFs 开发包括下列步骤:

(1)在 FORTRAN 中编写用户自定义程序;

(2)编译并将用户程序连接到 ANSYS 程序中;

(3)通过测试几个 ANSYS VERIFICATION MANUAL 中的例题来验证用户做的改动是否影响其他 ANSYS 标准功能的使用;

(4)检验用户子程序的可靠性。

UPFs 编写可以采用两种计算机语言:FORTRAN 语言或 C 语言。早期的 ANSYS 程序是采用 FORTRAN77 语言编写的,后来又加入了 C 语言程序。因此,编写子程序的计算机语言版本应当高于 FORTRAN77 或者采用 C 语言。用户程序完成后形成程序代码文件(*.F 或*.C),首先要转换成目标文件(*.OBJ),这项工作是由编译器(COMPILER)完成的。

要实现用户程序与 ANSYS 程序的链接,需要用到一个非常重要的编译命令 NMAKE 及其描述文件 MAKE FILE。对于一个包括几百个源文件的应用程序,使用 NMAKE 和 MAKE FILE 文件就可以简洁明快地理顺各个源文件之间纷繁复杂的相互关系。NMAKE 命令可自动完成编译工作,并且可以只对程序员在上次编译后修改过的部分进行编译。

根据 ANSYS 版本的不同用户应选择相应版本的 FORTRAN 程序或 C 语言程序进行编译。ANSYS5.7 对应可以使用 FORTRAN77 编译器,而对于高版本 ANSYS,则需要 COMPAQ FORTRAN6.6 以上版本。编译链接的主要步骤如下。

(1)建立工作目录。

(2)将 ANSYSEX.DEF、MAKEFILE、ANSCUST.BAT 和用户编写的子程序文件拷入到工作目录,其中,文件 ANSYSEX.DEF 是提供给编译器用来对输出的可执行文件进行定义的文本,此文件是唯一的,由 ANSYS 公司提供,负责描述源程序之间的相互关系。

(3)执行具体的编译器即可完成编译链接工作,在当前工作目录下便会生成可执行文件 ANSYS.EXE,至此编译链接工作完成。

不同目的的二次开发对应不同的用户子程序,同时在使用这些子程序的时候需运行 ANSYS 的某些命令将其自动激活,如使用用户开发单元时,使用 uec101.F 和 uel101.F 子程序,定义单元为 USER101,在命令流中激活用户单元,使用 Et 命令(或采用 GUI 菜单操作:Main Menu > Preprocessor > Element Type > Add/Edit/Delete),并将单元类型属性设置好,然后用该单元进行实体划分(AMESH、VMESH 等)或直接生成单元 E 等命令。

对于其他一些 UPFs 子程序,用户需要做一些特殊的命令来激活它们,USRCAL 命令(或采用 GUI 菜单操作:Main Menu > Preprocessor > Loads > - Load Step Opts - Other > UserRoutines或 Main Menu > Solution > - Load Step Opts - Other > User Routines)是常用来激活 UPFs 子程序的命令之一,例如施加对流载荷,用户必须使用 USRCAL 命令(或相应路径)激活正确的用户子程序才能使用用户自定义计算过程,否则将执行缺省的 ANSYS

标准功能。另一个常用的命令是/UCMD,用户可以使用该命令来定义自己命名的命令,如定义/UCMD,PARAB,1,将 PARAB 定义为合法的 ANSYS 命令,一旦 ANSYS 命令启动,用户就可以在所有 ANSYS 命令过程中使用该自定义的命令。

本项目水工混凝土结构早期温度徐变应力分析正是基于 UPFs 编制温度徐变应力场子程序,实现基于 ANSYS 混凝土早期徐变应力计算模块。

6.2 基于水化度的混凝土温度场仿真模块

温度作用是混凝土结构早期所承受的主要非荷载作用之一,现浇混凝土结构置于施工环境中,混凝土温度变化除受到水化反应影响外,还要受到环境温度的影响。环境温度是随时间变化的,主要受气温、云量和太阳辐射等因素影响。混凝土结构与环境之间通过对流、传导和辐射等热传导方式进行热交换,如图 6-4 所示。

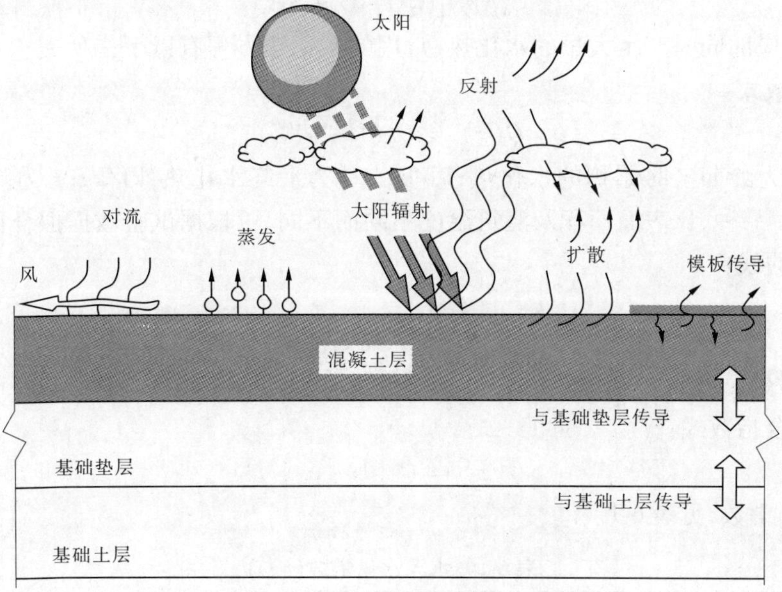

图 6-4　混凝土与环境热交换

6.2.1 水化热

水泥硬化是由于水泥熟料和水的水化反应而引起的。Tikalsky 和 Carrasquillo 简要描述了波特兰水泥和粉煤灰的水化过程。其水化过程可分为以下三个系列:第一系列反应,当水加入波特兰水泥中时形成浆体,发生化学反应如式(6-1)、式(6-2)所示,生成水化硅酸钙(C-S-H),C-S-H 能与水继续反应生成硅酸三钙或硅酸二钙。C-S-H 占浆体体积的 50% ~60%,同时产生的氢氧化钙($Ca(OH)_2$),其量相对较少,占体积的 20% ~25%。$Ca(OH)_2$ 与水、粉煤灰反应形成更多的 C-S-H,如式(6-3)所示,该反应使更多的 $Ca(OH)_2$ 转换成 C-S-H,有利于提高混凝土的密实度,改善抗渗性。然而,式(6-3)反应发展较为缓慢,只有提供充足的水分,才能保证其继续水化。第二系列的反应包括铝酸三钙

(C_3A)与波特兰水泥中控制凝结的石膏($C\bar{S}H_2$),以及水的反应,反应式如式(6-4)所示,该反应直到 $C\bar{S}H_2$ 消耗完才结束。供给硫酸盐不足时,钙矾石转换成单硫型水化硫铝酸钙($C_4A\bar{S}H_{12}$),如式(6-5)所示。同时 C_3A 还会与水直接反应,生成水化铝酸钙(C-A-H),如式(6-6)所示。第三个系列的反应是铁铝酸钙(C_4AF)的水化,类似于 C_3A 的反应,如式(6-7)所示。

$$C_3S + H_2O \rightarrow C-S-H + Ca(OH)_2 \tag{6-1}$$

$$C_2S + H_2O \rightarrow C-S-H + Ca(OH)_2 \tag{6-2}$$

$$\text{Fly Ash} + Ca(OH)_2 + H_2O \rightarrow \text{C-S-H} \tag{6-3}$$

$$C_3A + C\bar{S}H_2 + H_2O \rightarrow C_6A\bar{S}H_{12} \tag{6-4}$$

$$C_3A + C_6A\bar{S}H_{12} + H_2O \rightarrow C_4A\bar{S}H_{12} \tag{6-5}$$

$$C_3A + H_2O \rightarrow \text{C-A-H} \tag{6-6}$$

$$C_4AF + H_2O \rightarrow C_4A\bar{S}H_{12} \tag{6-7}$$

水化反应的同时产生大量的水化热,常用的水化热方程有以下三种表达式。

(1)指数式:

$$Q(\tau) = Q_0(1 - e^{-m\tau}) \tag{6-8}$$

式中:$Q(\tau)$ 为龄期 τ 时累积的水化热,kJ/kg;Q_0 为最终水化热,kJ/kg;τ 为龄期,d;m 为常数,随水泥品种、比表面面积及浇筑温度不同而不同,可根据试验数据拟合得到。

(2)双曲线:

$$Q(\tau) = Q_0 \frac{\tau}{n + \tau} \tag{6-9}$$

式中:n 为常数。

(3)复合指数式:

$$Q(\tau) = Q_0(1 - e^{-a\tau^b}) \tag{6-10}$$

式中:a、b 为常数,见表 6-1。

表 6-1　水泥水化常数(a、b)

水泥品种	参数		
	Q_0(kJ/kg)	a	b
普通硅酸盐水泥 42.5	330	0.69	0.56
普通硅酸盐水泥 32.5	350	0.36	0.74
中热水泥 42.5	270	0.79	0.70
矿渣硅酸盐水泥 32.5	285	0.29	0.76

有很多因素会影响到水化过程,如温度、水泥类型、水灰比、矿物组分、外加剂等。有些因素之间相互影响,情况相当复杂。尤其是温度与水化反应之间,温度高,则水化反应加剧;水化反应加剧,则混凝土热量释放加快,温度上升更快。

水工混凝土的绝热温升是混凝土温控的一个重要因素,它影响到混凝土的最高温度、基础温差和内外温差，但目前常用的绝热温升表达式，由于只考虑了混凝土龄期的影响，而没有考虑混凝土温度历程和水化反应完成程度的影响，因而计算的温度场不能完全反映实际情况。例如，混凝土内部的温度较高、水泥水化反应较快，混凝土绝热温升上升较快，而表面温度较低，混凝土绝热温升上升较慢，现有的计算方法忽略了这个因素，使得算出的内外温差偏小。朱伯芳院士建议采用复合指数式来考虑温度对混凝土水泥水化反应放热速率的影响，张子明教授提出了有效时间的概念来反映温度对水泥水化反应速率的影响。目前，国外一般都采用基于等效龄期的水化度概念来考虑温度对混凝土反应速率的影响。

6.2.2 等效龄期

水化度的发展经历了一个长期的过程。1951 年，Saul 建议成熟度函数可表示为温度与龄期的乘积，且认为对于同种配比的混凝土而言，无论其养护温度和龄期如何，只要成熟度相同，则混凝土的强度也相同，这就是水化度的核心思想。

1889 年瑞典化学家 S. A. Arrhenius 研究蔗糖水解速率与温度的关系时提出了著名的 Arrhenius 方程式：

$$k(T) = A\mathrm{e}^{-\frac{E_a}{RT}} \tag{6-11}$$

式中：$k(T)$ 为反应速率；A 为常数；E_a 为试验活化能，J/mol；R 为气体常数，等于 8.314 4 J/(mol · K)；T 为绝对温度，K。

套用式(6-11)来表达混凝土早期水化反应速率与温度的关系，则温度对水化反应速率的影响服从 Arrhenius 方程：

$$\frac{\mathrm{d}(\ln k(T))}{\mathrm{d}T} = \frac{E_a}{RT^2} \tag{6-12}$$

由式(6-12)可以看出，在温度分别为 T_1 和 T_2 时，水化反应速率之比 k_1/k_2 可以表示为：

$$\frac{k_2}{k_1} = \exp\left[\frac{E_a}{R}\left(\frac{1}{T_1} - \frac{1}{T_2}\right)\right] \tag{6-13}$$

当温度高于 10 ℃时，普通水泥的活化能 E_a 可以近似地取为 63.552 kJ/mol。从式(6-13)可以得出，当混凝土水化温度分别为 40 ℃、30 ℃、20 ℃、10 ℃时，水泥水化反应速率比分别为 28.31、13.30、5.94、2.51，可以看出温度对水泥水化反应速率影响很大，混凝土早期温度在很大程度上依赖于混凝土的温度历程。

Byfors、Niak 和 Carino 证实基于 Arrhenius 方程的等效龄期能很好地反映不同温度下混凝土强度的差别，随着该方程渐渐被研究者采用，基于该函数的等效龄期也被广泛采用来反映混凝土的水化反应等热学特性。1977 年，Freiesleben Hansen 和 Pedersen 提出基于 Arrhenius 函数的等效龄期函数，如式(6-14)所示：

$$t_e = \sum_0^t \exp\left[\frac{E_a}{R}\left(\frac{1}{273 + T_r} - \frac{1}{273 + T}\right)\right]\Delta t \tag{6-14}$$

式中：t_e 为相对于参考温度的混凝土等效龄期，d；T_r 为混凝土参考温度，一般取 20 ℃；T 为时段 Δt 内的混凝土平均温度，℃。

运用等效龄期概念可以将不同温度条件下的水泥水化过程转化为恒定的参考温度下的水泥水化过程,从而可以比较不同养护温度和温度历程的混凝土水化反应和热学、力学特性。

6.2.3　水化度

混凝土水化度即水化反应程度,就是某一时刻胶凝材料和水反应量与完全水化量的比值,如式(6-15)所示:

$$a(\tau) = \frac{W_c(\tau)}{W_{ctol}} \tag{6-15}$$

式中:$a(\tau)$为龄期τ时的水化度;$W_c(\tau)$为龄期τ时累积参加水化反应的胶凝材料量,kg;W_{ctol}为最终反应的胶凝材料总量,kg。

由于单位质量胶凝材料所产生的水化放热量不变,因此可以采用水化放热量来定义水化度,如式(6-16)所示:

$$a(\tau) = \frac{Q(\tau)}{Q_u} \tag{6-16}$$

式中:$Q(\tau)$为龄期τ时的累积水化反应放热量,J;Q_u为最终水化放热量,J。

混凝土的水化放热特性可通过绝热温升来体现,根据其热学特性,有:

$$Q(\tau) = c\theta(\tau), \quad Q_u = c\theta_u \tag{6-17}$$

式中:c为混凝土比热,kJ/(kg·℃);$\theta(\tau)$为龄期τ时的混凝土绝热温升,℃;θ_u为混凝土最终绝热温升,℃。

从而建立基于混凝土绝热温升的水化度表达式:

$$\alpha(\tau) = \frac{\theta(\tau)}{\theta_u} \tag{6-18}$$

由式(6-18)可知,和混凝土绝热温升一样,水化度受混凝土材料组成、自身温度的影响。对于同种混凝土而言,不同的龄期和温度历程,水化度也不同,因此混凝土的绝热温升可以用水化度来描述。

由上述混凝土等效龄期和水化度的概念可知,两者之间存在一定的函数关系,国外研究者在试验基础上提出了一些水化度与等效龄期的关系式,常用的主要包括以下四种:

(1)复合指数式一:

$$a(t_e) = \exp\left(-\left[\frac{m}{t_e}\right]^n\right) \tag{6-19}$$

式中:t_e为相对于参考温度的混凝土等效龄期,见式(6-14);$a(t_e)$为基于等效龄期t_e的水化度;m为水化时间参数,常数;n为水化度曲线坡度参数,常数。

(2)复合指数式二:

$$a(t_e) = \exp\{-\lambda_1[\ln(1 + t_e/m)]^{-n}\} \tag{6-20}$$

式中:λ_1为水化度曲线形状参数,常数;n为水化度曲线坡度参数,常数;m为水化时间参数,常数。

(3)双曲线式:

$$a(t_e) = \frac{t_e}{t_e + 1/C} \tag{6-21}$$

式中：C 为水化度曲线形状参数，常数。

（4）指数式：

$$a(t_e) = 1 - \exp(-at_e^b) \tag{6-22}$$

式中：a、b 为水化度曲线形状参数，常数。

从以上模型可以看到，等效龄期和水化度之间存在对应关系，对于同种混凝土而言，等效龄期相同，则水化度也相同，混凝土的热学、力学特性必然也相同。因此，水化度概念建立了混凝土等效龄期与热学、力学特性的桥梁，能更直观地表述混凝土温度、龄期以及水化反应对其热学、力学特性的影响。

由式(6-18)可知，$\theta(\tau) = \theta_u \cdot \alpha(\tau)$，同理，有：

$$\theta[a(t_e)] = \theta_u \cdot a(t_e) \tag{6-23}$$

式中：$\theta[a(t_e)]$ 为基于水化度的混凝土绝热温升，℃。

由式(6-19)～式(6-22)可得四种基于水化度的混凝土绝热温升模型：

（1）复合指数式一：

$$\theta[\alpha(t_e)] = \theta_u \cdot \alpha(t_e) = \theta_u \exp\left[-\left(\frac{m}{t_e}\right]^n\right) \tag{6-24}$$

（2）复合指数式二：

$$\theta[\alpha(t_e)] = \theta_u \alpha(t_e) = \theta_u \exp\{-\lambda_1[\ln(1 + t_e/m)]^{-n}\} \tag{6-25}$$

（3）双曲线式：

$$\theta[\alpha(t_e)] = \theta_u \alpha(t_e) = \theta_u \frac{t_e}{t_e + 1/C} \tag{6-26}$$

（4）指数式：

$$\theta[\alpha(t_e)] = \theta_u \alpha(t_e) = \theta_u[1 - \exp(-at_e^b)] \tag{6-27}$$

6.2.4 基于水化度的混凝土热学参数

混凝土的各种热性能，例如导温、导热、比热、水化反应等都与水化度有关，且可用水化度来表示。

6.2.4.1 比热

温度和含水量对早期混凝土的比热有较大的影响，基于试验，比热与水化度成线性反比，De Shutter 和 Taerwe 试验表明，在硬化过程中比热降低了 13%。K. Van Breugel 提出了考虑温度、配合比和水化度变化的比热公式，如式(6-28)所示：

$$c = \frac{1}{\rho}(W_c a c_{cef} + W_c(1 - a)c_c + W_a c_a + W_w c_w) \tag{6-28}$$

$$c_{cef} = 8.4T_c + 339 \tag{6-29}$$

式中：c 为当前混凝土的比热，J/(kg·℃)；ρ 为混凝土密度，kg/m^3；W_c、W_a、W_w 分别为每立方米水泥、集料和水的质量，kg；c_c、c_a、c_w 分别为水泥、集料和水的比热，J/(kg·℃)；

c_{cef}为水化水泥的假定比热，J/(kg·℃)；a 为水化度；T_c 为当前温度，℃。

6.2.4.2 导热系数

影响混凝土导热系数的因素很多，主要包括集料类型与含量、水泥含量、水灰比、密度、温度、湿度、水化度等。混凝土导热能力随水化反应的进行不断变化，其主要原因在于混凝土温度以及各组分含量、各相比例的变化，尤其是混凝土内部孔隙率的变化。由于气体和液体的导热能力远小于固体，随着水化反应的进行，混凝土内部孔隙率逐渐增大，导热能力随之降低。如 Anton Karel Schindler 建立的导热系数和水化度的关系，如式(6-30)所示：

$$k(a) = k_u \cdot (1.33 - 0.33a) \tag{6-30}$$

式中：$k(a)$为当水化度为 a 时的导热系数，kJ/(m·h·℃)；k_u 为最终导热系数，kJ/(m·h·℃)。

6.2.5 混凝土施工期温度场仿真模块关键技术

混凝土的水化反应与自身温度、温度历程及龄期有关，其导热特性也随水化反应的进行而不断改变，因此混凝土的水化放热和热传导问题是一个较为复杂的非线性问题。根据文献，可建立如下基于水化度的热传导方程：

$$\rho c(t_e)\frac{\partial T}{\partial \tau} = \nabla\{k[a(t_e)]\nabla T\} + \rho(t_e)\frac{\partial \theta[a(t_e)]}{\partial \tau} \tag{6-31}$$

式中：ρ 为混凝土密度，kg/m^3；$c(t_e)$为比热，kJ/(kg·℃)；T 为温度，℃；$k[a(t_e)]$为基于水化度和等效龄期的导热系数，kJ/(m·h·℃)；τ 为龄期，d；$a(t_e)$为基于等效龄期的水化度；t_e 为等效龄期，见下式：

$$t_e = \sum_0^t \exp\left[\frac{E_a}{R}\left(\frac{1}{273 + T_r} - \frac{1}{273 + T}\right)\right]\Delta t = \sum_0^t f(T)\Delta t \tag{6-32}$$

$$f(T) = \exp\frac{E_a}{R}\left(\frac{1}{273 + T_r} - \frac{1}{273 + T}\right) \tag{6-33}$$

由于混凝土比热、导热系数等热学参数随水化度的发展而改变，在式(6-31)热传导方程和边界条件中，同样需要考虑这种变化。

式(6-31)热传导方程呈高度非线性，数学上的解析求解十分困难，需采用有限元数值计算的方法迭代求解，具体步骤如下：

(1)确定第 $i+1$ 步各节点的初始迭代温度 $T_{i+1}^{(0)}$。已知第 i 步每个节点的温度 T_i，需迭代求解第 $i+1$ 步的初始迭代温度 $T_{i+1}^{(0)}$，为加快迭代收敛速度，假定混凝土温度随时间线性变化，因此有：

$$T_{i+1}^{(0)} = T_i + \frac{T_i - T_{i-1}}{\tau_i - \tau_{i-1}}\Delta\tau_{i+1} \tag{6-34}$$

式中：$\Delta\tau_{i+1}$为第 $i+1$ 步的时间步长，$\tau_{i+1} = \tau_i + \Delta\tau_{i+1}$，d；$T_{i-1}$为第 $i-1$ 步各节点的温度，℃。

(2)确定第 $i+1$ 步各节点的等效龄期 $t_{e,i+1}$。假定在时间步长 $\Delta\tau_{i+1}$内$f(T)$是温度的线性函数，根据式(6-32)，等效时间增量可表示为：

$$\Delta t_{e,i+1} = \frac{1}{2}[f(T_i) + f(T_{i+1})]\Delta\tau_{i+1} \tag{6-35}$$

$$t_{e,i+1} = t_{e,i} + \Delta t_{e,i+1} \tag{6-36}$$

(3)计算单元的$\left\{\frac{\partial\theta[a(t_e)]}{\partial t_e}\right\}_{i+1}$。在形成控制方程过程中假定单元内的$\left(\frac{\partial\theta}{\partial t_e}\right)$是均匀的,求得各节点等效龄期增量的基础上再取平均值的方法得到单元的等效龄期增量,进而求得单元的等效龄期,且近似地以$\frac{\Delta\theta_{i+1}}{\Delta\tau_{i+1}}$代替$\left\{\frac{\partial\theta[a(t_e)]}{\partial t_e}\right\}_{i+1}$。

(4)根据混凝土温度场有限元控制方程计算得到 $T_{i+1}^{(1)}$,判断相对误差,如果 $\left|\frac{T_{i+1}^{(1)} - T_{i+1}^{(0)}}{T_{i+1}^{(1)}}\right| < \varepsilon$($\varepsilon$ 为误差控制范围),则迭代结束,否则用 $T_{i+1}^{(1)}$代替 $T_{i+1}^{(0)}$,回到第(2)步,重新开始迭代,直至收敛。

(5)进行下一步混凝土温度的计算,重复①~④步,直至计算结束。

在 ANSYS 热分析中,混凝土早期热分析施加荷载常用命令见表 6-2。材料参数如比热、导热系数等可以设定为随温度变化的函数,但放热量只能设定为随时间变化的函数,式(6-31)热传导方程呈高度非线性,放热量是时间和反应温度的函数。因此,要实现上述算法必须进行二次开发,利用 APDL 语言控制每个时间步温度场的计算过程,进行迭代求解。

表 6-2　热分析施加荷载常用命令

命令	作用	说明
IC	指定节点初始条件	施加节点初始温度
BFE	施加体力于单元	施加生热量
BF	施加体力于节点	施加生热量
SF	施加表面荷载于节点	施加对流、热流
SFA	施加表面荷载于表面	施加对流、热流
D	施加约束于节点	施加指定温度于节点

首先,将上一时间步下计算得到的温度场作为初始条件赋予有限元模型;其次,假设本时间步初始迭代温度值,根据该值计算等效时间、水化度、材料参数和放热量,对有限元模型施加荷载并计算,最后根据计算结果和假设的温度值之间的误差决定是否进行迭代,具体计算流程如图 6-5 所示。

6.2.6　基于 ANSYS 混凝土水管冷却仿真及水管网格剖分关键技术

水工混凝土结构体积一般较大,其天然冷却是很缓慢的,由此可能引起混凝土较大的基础温差和内外温差,这些温差是产生混凝土结构贯穿性裂缝和表面裂缝的主要因素之一。在混凝土内埋设冷却水管,可加快混凝土的散热速度,减小混凝土内外温差和基础温

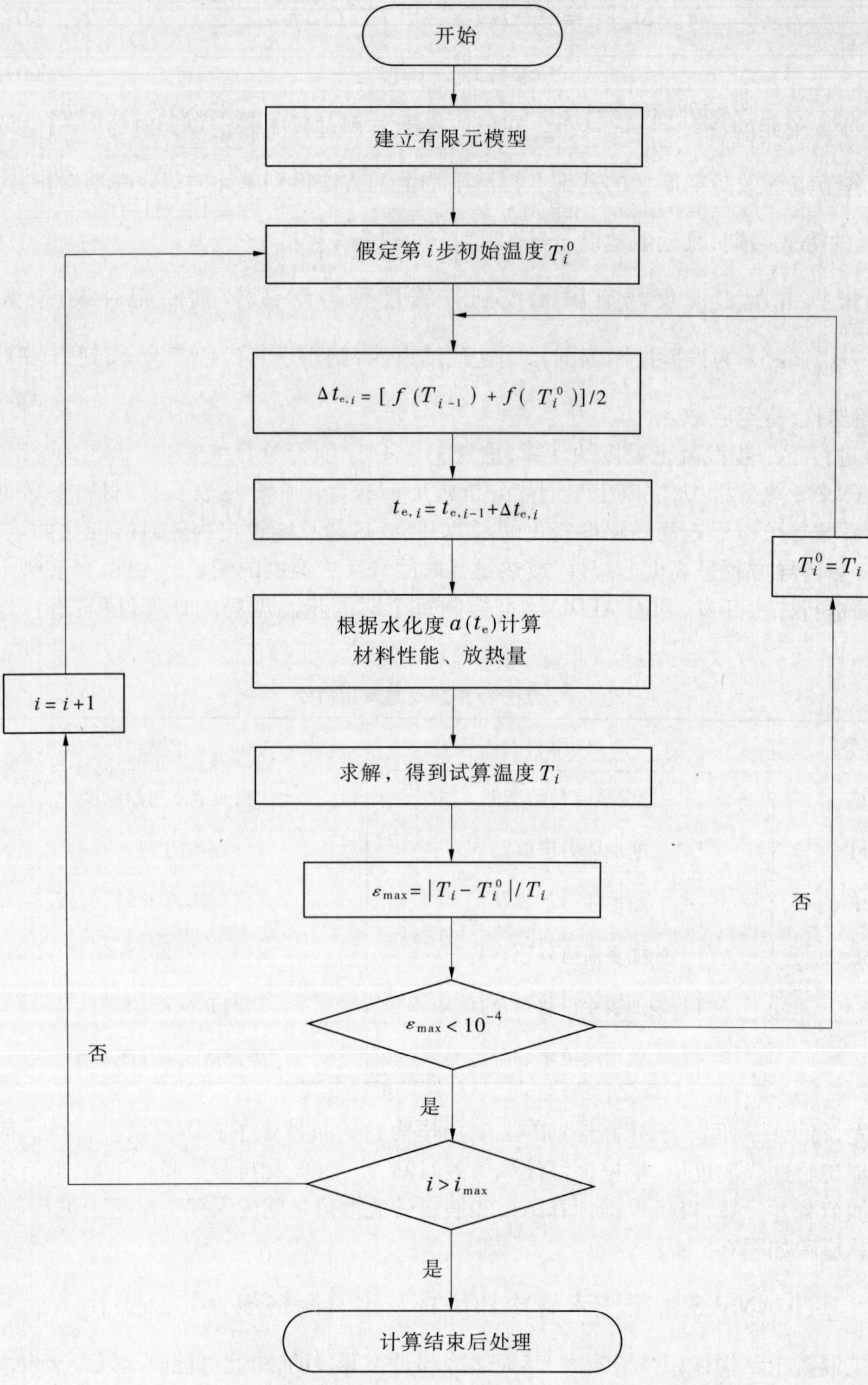

图 6-5　基于水化度水工混凝土早期温度场二次开发程序流程

差，收到良好的防裂效果。目前，水管冷却方法在大体积混凝土施工中已得到广泛应用，已成为水工混凝土温控防裂最常用、最有效的措施之一。

20 世纪 30 年代，美国垦务局在设计当时世界最高的混凝土坝——胡佛重力坝时采用了水管冷却的方法，取得了良好的效果，之后在全世界得到广泛应用，成为混凝土坝施工中的一项重要的冷却措施。大坝混凝土中的冷却水管大多采用钢管，外径 25 mm，壁厚 1.5～1.8 mm，在混凝土浇筑过程中埋入坝内。为便于施工，通常在浇筑混凝土之前把水管铺设在水平层面上，由直段、接头、弯段组成蛇形管圈，水管铅直间距一般等于浇筑层厚度，水平间距通常为 1.5～3.0 m。在铅直断面上，如果把水管布置成梅花形，水平间距为 S_1，铅直间距为 S_2，由于对称性，计算模型可取为一空心圆柱体，外表面为绝热面，影响半径公式如下：

$$b = \sqrt{S_1 S_2 / \pi} \tag{6-37}$$

式中：S_1 为水管水平间距；S_2 为水管铅直间距。

如果为矩形排列，冷却效果略有降低，为考虑这一因素，把冷却面积加大 7%，按式(6-38)计算冷却柱体的半径。

$$b = \sqrt{1.07 S_1 S_2 / \pi} \tag{6-38}$$

金属管冷却效果很好，但由于价格昂贵，因此现在很多工程埋设塑料水管进行通水降温。与金属管相比，塑料水管导热系数较小，计算时不可忽略本身的热阻。

在水管中水是流动的，新的水体不断替换老的水体，使得水管冷却温度场问题的求解变得十分复杂，在冷却水管和浇筑层面散热的共同作用下，问题变得更为复杂。混凝土中埋设冷却水管数值仿真技术国内外学者进行了大量研究，朱岳明教授在朱伯芳院士等研究的基础上，基于水管与混凝土之间热量交换的平衡原理，提出了理论上严密的混凝土水管冷却温度场求解方法。

在 ANSYS 热分析单元库中，有如下两个用于管流热分析的三维单元：FLUID116（热管流单元）和 SURF152（3－D 热表面效应单元），它们的基本性质如 6.1.1 节所述。其中，FLUID116 求解一维带泵送效应的伯努利方程和一维带质量传递的热传递，可与 SURF152 单元连接模拟对流效应，其流率、温度可以以表格化参数方式输入，主要的单元属性有流体导热系数、流体密度、流体比热、流体流率等。

ANSYS 提供的宏命令用于自动生成 SURF152 单元，而 SURF152 单元的额外节点在 FLUID116 单元上，这样用管流单元 FLUID116 上的节点温度作为对流中的流体温度，将对流系数赋予表面效应单元上，模拟流体与管壁（或管壁外其他介质）的耦合传热。而混凝土施工期有冷却水管的降温计算，其实质就是水管内冷却水的对流换热与混凝土结构的固体热传导的耦合温度场计算，正好可以用 ANSYS 中的 FLUID116 单元来进行模拟。

可以由热对流所对应的牛顿冷却方程式来描述冷却水管中流体的对流换热，假设冷却水管中的管道流体为一维定常流，管道流体的温度为 $T = T(s,t)$，则冷却水管内部的一维流体与混凝土之间的热量交换可表示为：

$$\frac{\partial m}{\partial t} c \frac{\partial T}{\partial s} + \Gamma h_f (T_f - T_s) = 0 \tag{6-39}$$

$$T(0,t) = T_{in} \tag{6-40}$$

式中：$\frac{\partial m}{\partial t}$为管道内流体质量的流速，m/s；$c$ 为流体的密度，kg/m^3；Γ 为相应于 T 的广义扩散系数；h_f 为流体的对流换热系数，kJ/(m·h·℃)；T_f 为流体的温度，℃；T_s 为与水管边界接触的混凝土的温度，℃；T_{in} 为管道进口处流体温度，℃；s 为流体流线坐标方向。

ANSYS 软件前处理模块功能强大，但对于埋设冷却水管的混凝土浇筑过程进行有限元剖分，由于水管尺寸与混凝土结构尺寸相比很小，如果在建模过程中直接模拟水管（特别是弯管），则建模过程会非常复杂且单元尺寸可能会很不协调。网格二次剖分是指在原有网格基础上，对网格进行包括加密、增加特殊单元等各种处理的剖分方法，以满足各种计算模型的需要。网格二次剖分沿用超单元的思想，把需要二次处理的单元当做超单元，在其内部进行网格剖分，而并不影响其他的单元。

基于 ANSYS 软件，采用上述剖分思路，采用 FORTRAN 语言编制二次剖分程序，含冷却水管网格模型生成的一般步骤：

(1)基于 ANSYS 软件 APDL 语言，对整个结构进行剖分，输出节点、单元信息作为超单元信息。

(2)给出水管进口单元、出口单元，设定水管直径 D，搜索整个超单元，找出最小单元断面周长 L，由公式 $a = \pi D/L$ 计算水管等效母单元边长 a，进而确定整个超单元局部节点坐标，形成局部单元信息，然后通过坐标变换得到超单元网格的整体坐标。

(3)用新增单元替换原有超单元，得到整个结构的冷却水管网格模型，并自动生成水管节点、单元信息以及 SURF152 单元节点信息组集。

具体计算时，把不含水管的有限元网格作为超单元。首先，把 FLUID116 单元 KEYOPT(2)设为 1，用 SOLID70 划分上述二次剖分程序给出的实体单元，使用 NDSURF 命令及二次剖分程序给出的 SURF152 单元节点信息组集在水流与实体接触面处创建表面效应 SURF152，程序自动将对流系数赋予单元上，模拟水体与管壁的耦合传热。其次，定义水流的初始温度、水流量、热交换系数、计算荷载步长等参数。最后，求解、进入后处理操作，与其他温度分析类似。

6.3 混凝土施工期徐变温度应力仿真分析

6.3.1 混凝土徐变温度应力场有限单元法

混凝土、塑料、木材、黏土以及在高温下工作的金属，都具有明显的徐变特性。其中，混凝土的徐变不仅与应力水平、荷载作用时间的长短有关，还与混凝土的龄期有密切的关系，这些因素大大增加了求解混凝土徐变问题的复杂性。现代混凝土工程具有体积大、结构复杂、施工周期短等特点，易产生早期裂缝，工程人员较为关心现浇混凝土早期阶段的应力变化，而此时的徐变对混凝土的应力有很大影响，不可以忽略。

在计算混凝土早期应力的时候，由于混凝土的弹性模量一直发生着变化，利用有限单元法分析徐变问题时，通常把时间划分为一系列时间段，用增量法进行计算，同时考虑到混凝土的徐变不仅与当时的应力水平有关，而且与整个应力历史有关，计算过程中必须记录应力历史。朱伯芳院士对采用指数函数表示的徐变度，提出了变步长的隐式徐变应力计算方法，利用指数函数的特点，可不必记录应力历史，这不仅大大节约了计算机的存储容量，也减少了计算工作量，其思路如下。

混凝土的徐变柔量表示如下：

$$J(t,\tau) = \frac{1}{E(\tau)} + C(t,\tau) \tag{6-41}$$

式中：$J(t,\tau)$为徐变柔量，MPa^{-1}；$E(\tau)$为τ时刻的弹性模量，MPa；$C(t,\tau)$为在单位应力作用下产生的徐变，称为徐变度，MPa^{-1}；t为时间，d；τ为龄期，d。

混凝土的瞬时弹性模量$E(\tau)$用下式表示：

$$E(\tau) = E_0(1 - e^{-a\tau^b}) \tag{6-42}$$

或

$$E(\tau) = \frac{E_0\tau}{q + \tau} \tag{6-43}$$

式中：E_0、a、b、q为由试验确定的常数。

混凝土徐变度采用如下表达式：

$$C(t,\tau) = \sum_{s=1}^{m} \psi_s(\tau)[1 - e^{-r_s(t-\tau)}] \tag{6-44}$$

式中：ψ_s、r_s为由试验确定的常数；t为时间，d；τ为龄期，d。

则徐变应变增量为：

$$\begin{aligned}\{\Delta\varepsilon_n^c\} &= \{\varepsilon^c(t_n) - \varepsilon^c(t_{n-1})\} \\ &= \sum_{s=1}^{m}(1 - e^{-r_s\Delta\tau_n})\{\omega_{sn}\} + C(t,\bar{\tau}_n)[Q]\{\Delta\sigma_n\} \\ &= \{\eta_n\} + C(t,\bar{\tau}_n)[Q]\{\Delta\sigma_n\}\end{aligned} \tag{6-45}$$

$$\{\omega_{sn}\} = \{\omega_{s,n-1}\}e^{-r_s\Delta\tau_{n-1}} + [Q]\{\Delta\sigma_{n-1}\}\psi_s(\bar{\tau}_{n-1})e^{-0.5r_s\Delta\tau_{n-1}} \tag{6-46}$$

$$\{\omega_{s1}\} = [Q]\{\Delta\sigma_0\}\psi_s(\tau_0) \tag{6-47}$$

以上是一组徐变应变的递推计算公式，在用数值方法分析混凝土结构时，不必记录应力历史，只需存储$\{w_{sn}\}$，从而可以大大节省存储量。

考虑了由应力引起的弹性应变和徐变，自生体积变形、温度变形和干缩变形等作用后，在时段$\Delta\tau_n$内产生的应力增量为：

$$\{\Delta\sigma_n\} = [\bar{D}_n](\{\Delta\varepsilon_n\} - \{\eta_n\} - \{\Delta\varepsilon_n^T\} - \{\Delta\varepsilon_n^0\} - \{\Delta\varepsilon_n^s\}) \tag{6-48}$$

其中

$$[\bar{D}_n] = \bar{E}_n[Q]^{-1} \tag{6-49}$$

$$\bar{E}_n = \frac{E(\bar{\tau}_n)}{1 + E(\bar{\tau}_n)C(t_n,\bar{\tau}_n)} \tag{6-50}$$

式中：$\{\Delta\varepsilon_n\}$为混凝土应变增量；$\{\Delta\varepsilon_n^T\}$为温度应变增量；$\{\Delta\varepsilon_n^0\}$为自生体积应变增量；$\{\Delta\varepsilon_n^s\}$为干缩应变增量；$E(\bar{\tau}_n)$为中点龄期，$\bar{\tau}_n = \tau_{n-1} + 0.5\Delta\tau_n$的弹性模量。

单元刚度矩阵为：

$$[k]^e = \iiint [B]^T [\overline{D}_n][B] \mathrm{d}x\mathrm{d}y\mathrm{d}z \tag{6-51}$$

非应力变形引起的单元荷载增量为：

$$\{\Delta P_n\}_e^c = \iiint [B]^T [\overline{D}_n]\{\boldsymbol{\eta}_n\} \mathrm{d}x\mathrm{d}y\mathrm{d}z \tag{6-52}$$

$$\{\Delta P_n\}_e^T = \iiint [B]^T [\overline{D}_n]\{\Delta \varepsilon_n^T\} \mathrm{d}x\mathrm{d}y\mathrm{d}z \tag{6-53}$$

$$\{\Delta P_n\}_e^0 = \iiint [B]^T [\overline{D}_n]\{\Delta \varepsilon_n^0\} \mathrm{d}x\mathrm{d}y\mathrm{d}z \tag{6-54}$$

$$\{\Delta P_n\}_e^s = \iiint [B]^T [\overline{D}_n]\{\Delta \varepsilon_n^s\} \mathrm{d}x\mathrm{d}y\mathrm{d}z \tag{6-55}$$

式中：$\{\Delta P_n\}_e^c$、$\{\Delta P_n\}_e^T$、$\{\Delta P_n\}_e^0$ 和 $\{\Delta P_n\}_e^s$ 分别为徐变、温度、自生体积变形和干缩引起的单元节点荷载增量。

把节点力和节点荷载加以集合，得到整体平衡方程：

$$[K]\{\Delta\delta_n\} = \{\Delta P_n\}^L + \{\Delta P_n\}^C + \{\Delta P_n\}^T + \{\Delta P_n\}^0 + \{\Delta P_n\}^s \tag{6-56}$$

式中：$[K]$ 为整体刚度矩阵；$\{\Delta P_n\}^L$、$\{\Delta P_n\}^C$、$\{\Delta P_n\}^T$、$\{\Delta P_n\}^0$ 和 $\{\Delta P_n\}^s$ 分别为外荷载、徐变、温度、自生体积变形和干缩引起的节点荷载增量。

由整体平衡方程(6-56)解出各节点位移增量 $\{\Delta\delta_n\}$ 后，利用式(6-57)求出 $\{\Delta\varepsilon_n\}$。

$$\{\Delta\varepsilon_n\} = [B]\{\Delta\delta_n\} \tag{6-57}$$

再利用式(6-48)求得各单元应力增量 $\{\Delta\sigma_i\}$，按式(6-58)将各增量步累加后，即得到各节点应力。

$$\{\sigma_n\} = \sum_{i=1}^{n} \{\Delta\sigma_i\} \tag{6-58}$$

6.3.2 材料本构模型子程序

ANSYS 提供了 APDL 和 UPFs 两个基本开发工具，为用户提供了一个开放的环境，允许用户根据自己的实际情况对软件进行扩充，本项目基于 UPFs 开发混凝土早期徐变应力计算模块开发总体思路是：利用 ANSYS 软件基本功能，比如求解器、应力计算模块等，根据用户具体问题需要，结合软件预留的接口程序，加入用户需求（比如混凝土徐变本构模型），对 ANSYS 基本功能进行重新整合来实现用户具体需求，避免了很大一部分不必要的编程过程，可以把更多精力放在用户关心的核心问题上，且问题正确性解决有保证。

ANSYS 中提供的有关材料本构模型的子程序包括 USERMAT. F（自定义材料模型）、USERPL. F（自定义塑性模型）、USERCR. F、USERCREEP. F（自定义徐变模型）、USERSW. F（自定义膨胀模型）、USERVP. F（更新非线性应变历史）等，如表 6-3 所示。这些本构模型的子程序源程序安装在\ANSYS INC\V90\ANSYS\CUSTOM\USER\INTEL 文件中。其中，USERMAT. F 分别调用 USERMAT3D. F（对应三维、平面应变和轴对称应力状态）、USERMATPS. F（对应平面应力状态）、USERMATBM. F（对应三维梁应力状态）和 USERMAT1D. F 子程序（对应一维梁应力状态）。

ANSYS6. 0 以后的版本中，几乎所有的用户新材料都可以利用 USERMAT. F 进行编写，但它只适用于 ANSYS 的 18x 单元家族的用户材料模型，包括 LINK180、SHELL181、PLANE182、PLANE183、SOLID185、SOLID186、SOLID187、BEAM188 和 BEAM189。

针对水工混凝土结构施工期徐变应力场二次开发，通过对子程序基本功能、子程序与 ANSYS 标准主程序数据交换等各种情况的综合考虑，本项目的开发基于 USERMAT3D. F 子程序结合 SOLID185 单元进行。

USERMAT3D. F 子程序不仅可以定义弹性模量随时间的变化，而且在每一步计算中，提供了前一荷载步结束时的单元应力、应变和状态变量以及当前增量步弹性应变增量等信息，用户可以给出当前增量步的单元应力应变关系矩阵，并更新增量步结束时的单元应力和状态变量。其中，单元状态变量是记录单元信息的一种全局变量，用于计算单元的各类参数，如等效塑性应变、塑性应变向量和 Von - Mises 应力等。该子程序主要输入输出的参数名如表 6-4 所示。

表 6-3　ANSYS 材料本构子程序

程序名	作用	说明
USERMAT. F	自定义材料模型	分别调用 USERMAT3D. F、USERMATPS. F、USERMATBM. F 和 USERMAT1D. F 子程序
USERPL. F	自定义塑性模型	
USERCR. F	自定义徐变模型	显式徐变，定义 C6 = 100 激活
USERCREEP. F	自定义徐变模型	隐式徐变，定义 TBOPT = 100 激活
USERSW. F	自定义膨胀模型	
USERVP. F	更新非线性应变历史	适用于黏性单元
USERVISLAW	定义黏性模型	
USRFC6. F	定义失效准则	
USERMU. F	定义摩擦系数	适用于 CONTAC48 和 CONTAC49 单元

表 6-4　USERMAT3D. F 输入输出参数

参数名	说明	参数名	说明
elemId	单元号	matID	材料号
kDomIntPt	第 *K* 个主积分点	ldstep	荷载步号
isubst	子步号	nDirect	自由度主方向
nShear	自由度副方向	ncomp	自由度方向数
nstatev	状态变量数	nProp	材料参数个数
dTemp	温度增量	Time	开始时间
dTime	时间增量	Strain	应变
dStrain	应变增量	Prop	材料参数数组
Coords	当前坐标	dsdePl	材料雅可比矩阵

6.3.3 混凝土徐变本构实现关键技术

在 ANSYS 中要实现水工混凝土结构早期应力仿真，需要解决两个问题：其一是定义弹性模量随龄期或等效龄期变化的函数，其二是徐变相关参数的计算，即$\{\omega_{sn}\}$和$\{\eta_{sn}\}$，具体计算公式参见文献[36]，本项目二次开发除引入文献[36]徐变本构外，还嵌入本项目课题组提出的混凝土徐变本构方程。

在 USERMAT3D. F 子程序中加入弹性模量随龄期变化的函数，计算徐变度参数$\{\omega_{sn}\}$、$\{\eta_{sn}\}$并记录于状态变量中，ANSYS 中还提供了命令子程序，用户可以利用命令子程序开发自定义的运算功能，如使用动态数组保存信息、读写模型信息和荷载信息等。本项目利用 USER01. F 命令子程序接收 USERMAT3D. F 子程序中记录的单元状态变量$\{\eta_{sn}\}$，并计算徐变引起的单元节点荷载增量$\{\Delta P_n\}_e^c$。

程序流程如图 6-6 所示，前处理、求解、后处理文件使用 APDL 语言编写，其中求解部分编制宏文件，主要实现以下功能：

(1)用户自定义材料参数的输入，使用 TB 命令，包含混凝土弹性模量随龄期变化参数、徐变度公式参数、工程开始浇筑时间及各层块混凝土开始浇筑时间等材料信息；

(2)对结构施加温度、自生体积变形和干缩引起的单元节点荷载增量，使用 F 命令；

(3)程序循环流程的控制，使用 * DO 命令。

将修改好的 USERMAT3D. F 和 USER01. F，以及 ANSYS 软件安装目录下的 ANSCUST. BAT和 MAKEFILE 等文件拷贝到工作目录下，运行 ANSCUST. BAT，自动编译所修改的两个 FORTRAN 程序文件，编译成功后，生成包含用户自定义子程序的用户版本 ANSYS. EXE文件，运行 ANSYS. EXE 文件，读入命令流控制文件，即执行运算。

6.3.4 混凝土施工过程模拟关键技术

在实际施工中，常常由于结构体量较大，混凝土并不能一次浇筑完成，需要分层分块浇筑，是一个动态过程，在有限元分析中常用生死单元技术来模拟分段施工。

激活“杀死单元”的效果，ANSYS 程序并不是将“杀死”的单元从模型中删除，而是将其刚度(或传导，或其他分析特性)矩阵乘以一个很小的因子，该因子缺省值默认为 1.0E-6，用户可以通过[ESTIF]命令为其赋数值。“死单元”的单元载荷自动赋 0，从而不对载荷向量生效(但仍然在单元载荷的列表中出现)。与上面的过程相似，如果单元“出生”，并不是将其加到模型中，而是重新激活它们。用户必须在前处理器/PREP7 中生成所有单元，包括后面要被激活的单元。在求解器中不能生成新的单元。要“加入”一个单元，先“杀死”它，然后在合适的载荷步中重新激活它。当一个单元被重新激活时，其刚度、质量、单元载荷等将恢复其原始的数值。

在模拟混凝土温度场时，按 ANSYS 提供的标准过程，对单元进行相应的“杀死”或“激活”操作，在加载时添加相应的“杀死”和“激活”命令，典型的操作步骤和命令如表 6-5 所示。

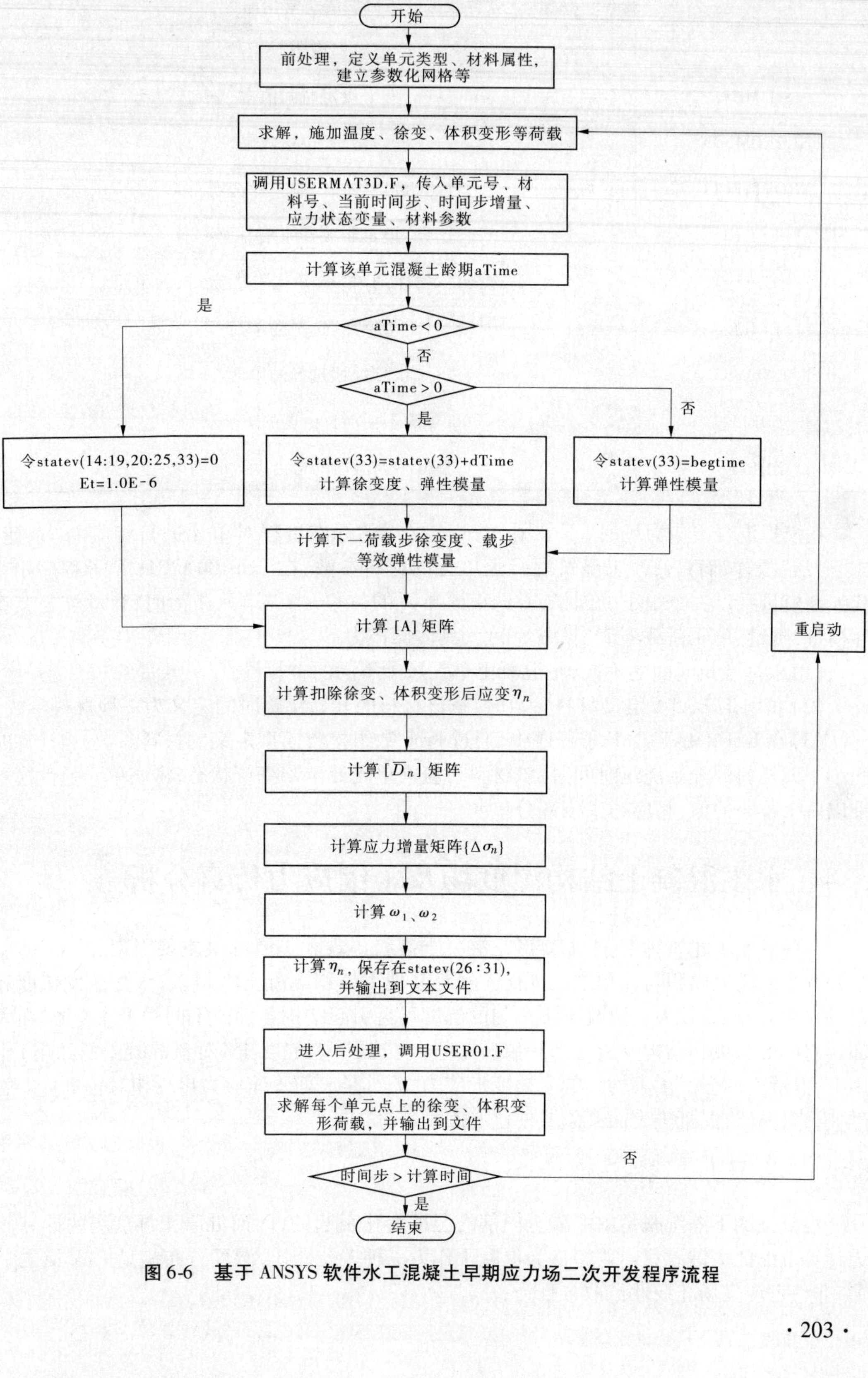

图 6-6　基于 ANSYS 软件水工混凝土早期应力场二次开发程序流程

表 6-5　ANSYS 软件模拟分层分块浇筑常用命令

命令	说明
TIME	设定时间值
NLGEOM,ON	打开大位移效果
NROPT,FULL	设定牛顿—拉夫森选项
ESTIF	设定非缺省缩减因子
ESEL	选择在本载荷步中将“杀死”或“激活”的单元
EKILL	“杀死”选择的单元
EALIVE	“激活”选择的单元
FDELE	删除不活动自由度的节点载荷
DDELE	删除重新激活的自由度上的约束

在模拟混凝土应力场时，不采用 ANSYS 提供的标准过程对单元进行相应的“杀死”或“激活”操作，而是修改未浇筑混凝土单元的材料参数，在 USERMAT3D. F 子程序中令其弹性模量乘以一个很小的因子，并约束该单元的位移，当该单元激活时，自动恢复其弹性模量、质量、单元荷载等值(见图 6-6)。具体操作为：

(1)根据浇筑时间的不同，将混凝土单元赋予不同的材料号；

(2)在用 TBDATA 定义材料参数时，将该材料的开始浇筑时间定义为一种材料参数；

(3)在 USERMAT3D. F 子程序中，通过 Prop 数组接收模型定义的材料参数，当计算时间小于该材料的开始浇筑时间时，该材料对应的单元处于未浇筑状态，将该单元弹性模量乘以一个很小的值，相应约束该部分单元。

6.4　水工混凝土结构湿度场及干缩应力仿真分析

在薄壁水工建筑物中，干缩变形是混凝土裂缝出现和扩展的最主要因素之一。薄壁结构混凝土的表面积与体积之比要比大坝等其他大体积混凝土大得多，水分散发速度和散发量相对较快、较大。混凝土不均匀的湿度场会引起结构各部位不同的干缩变形，在内部相对变形约束和结构变形外部约束(或不同浇筑层“老混凝土”对新混凝土的约束)作用下，混凝土内会产生不均匀的干缩变形应力，尤其是表面干缩应力出现相对较早且发展迅速，容易导致混凝土表面开裂或使已有表面裂缝扩展。

6.4.1　混凝土非线性湿度场

混凝土的干缩湿胀是由混凝土内部的湿度变化引起的，因而混凝土湿度场的计算成为计算干缩的关键。目前普遍认为混凝土作为一种多孔介质，湿度分布满足 Fick 第二定律，非稳定湿度场非线性扩散方程为：

$$\frac{\partial C}{\partial t} = \frac{\partial}{\partial x}\left[k_c(C)\frac{\partial C}{\partial x}\right] + \frac{\partial}{\partial y}\left[k_c(C)\frac{\partial C}{\partial y}\right] + \frac{\partial}{\partial z}\left[k_c(C)\frac{\partial C}{\partial z}\right] - \frac{\partial Q}{\partial t} \tag{6-59}$$

式中:C 为湿度含量,即混凝土的含水量与混凝土可蒸发水总量之间的比值,用百分比表示,如完全干燥时 $C=0\%$,含水量等于可蒸发水时 $C=100\%$;k_c 为湿度扩散系数,与材料性质、湿度大小有关,如式(6-63)所示;$\partial Q/\partial t$ 是水泥水化湿度消耗速率。

初始条件可写为:

$$C(x,y,z,t) = C_0(x,y,z,t_0) \tag{6-60}$$

式中:C_0 为湿度含量的初始湿度分布。

边界条件主要有三类,分别为:

$$C(x,y,z,t) = C_1(x,y,z,t) \tag{6-61}$$

$$\frac{\partial C}{\partial n} = 0 \tag{6-62}$$

$$k_c(C)\frac{\partial C}{\partial n} = f(C_e - C_s) \tag{6-63}$$

式中:$\partial C/\partial n$ 为法线方向 n 在干燥表面的湿度梯度;C_s 为环境湿度系数,物理意义不同于混凝土中的湿度含量,可取为空气湿度;C_e 为平衡湿度含量,即在此湿度条件下表面和外界不发生水分转移,不同的环境湿度对应于不同的平衡湿度含量;f 为表面湿度转移系数。

6.4.2 湿度场的计算参数取值

研究证明,混凝土湿度变化明显受到环境湿度、环境温度及风速影响,混凝土湿度扩散系数强烈依赖混凝土本身的湿度状态并随湿度的下降急剧降低,表面湿度转移系数也非一个稳定值,二者受不同内外条件影响,具有较强的非线性及随机性。为了使仿真计算结果尽可能与现场实际情况一致,首先必须对仿真计算所涉及的参数作出准确判断,主要有以下几个参数。

6.4.2.1 湿度扩散系数

湿度扩散系数是描述混凝土湿度和湿度特性的一个最主要的参数,受材料特性影响大,一般有以下几种表达形式:指数式、双曲线式和三角函数式。在欧洲的模式规范CEB—FIP(90)推荐模型中,在等温条件下湿度扩散系数可表达为相对湿度 C 的函数:

$$k_c(C) = D_1\left\{\alpha + \frac{1-\alpha}{1+[(1-C)/(1-C_e)]^n}\right\} \tag{6-64}$$

式中:D_1 为 $C=100\%$ 时 $k_c(C)$ 的最大值;$\alpha = D_0/D_1$,D_0 为 $C=0$ 时 $k_c(C)$ 的最小值;n 为曲线拟合指数;C_e 为湿度扩散系数最大值一半时所对应的相对湿度。文献建议 $\alpha=0.05$,$C_e=0.80$ 和 $n=15$,以及 $D_1=\dfrac{D_{1,0}}{f_{ck}/f_{ck0}}$,$D_{1,0}=3.6\times10^{-6}\ \mathrm{m^2/s}$,$f_{ck0}=10.0\ \mathrm{MPa}$,混凝土抗压强度 f_{ck} 可由等效抗压强度 f_{cm} 估算,可取 $f_{ck}=f_{cm}-8.0\ \mathrm{MPa}$。

6.4.2.2 表面湿度转移系数

混凝土表面湿度转移系数 f 与混凝土水灰比、内表湿度差、温度、风速等有关,f 受各种因素特别是环境因素影响比较大,一般需要根据试验数据来确定。文献建议采用 $f=$

$3.5\times10^{-3}\ m^2/d$,而文献[37]认为可以由改进的 Menzel 方程来表达:

$$f(C,C_e)=A(0.253+0.06v)(C-C_e) \tag{6-65}$$

式中:A 为经验系数,取决于混凝土水灰比等因素;v 为环境平均风速,m/s。不同试验条件得到的表面湿度转移系数差异较大,但数量级基本一致。

6.4.3 湿度场的非线性有限元方法

由式(6-59)可得湿度计算方程为:

$$KC+L\dot{C}=F \tag{6-66}$$

式中:K 为湿度扩散矩阵;L 为湿度速度矩阵;F 为外界湿度流量向量;C 为节点湿度含量;$\dot{C}$ 为湿度含量变化速率。

采用后差分对时间进行离散,可得下式:

$$(L+\Delta tK)C^{t+\Delta t}=LC^t+\Delta tF \tag{6-67}$$

利用上式求解 $t+\Delta t$ 时刻的 C,采用时刻 t 的 K、L、C 和 F 时,由于扩散系数 k_c 和湿度 C 有关,在求解过程中是不断变化的,因此 K 每步计算都需重新估算。同时,每个时步都必须经过迭代,因为一次计算后式(6-67)是不满足的,即:

$$\psi=(L+\Delta tK)C^{t+\Delta t}-LC^t-\Delta tF\neq0 \tag{6-68}$$

迭代计算直至 ψ 小于规定的值为止。

6.4.4 湿度—干缩应力本构关系

干缩变形与湿度之间的关系是影响干缩应力求解精度的关键问题,文献认为可以假定体积无限小的单元的收缩应变增量与局部相对湿度增量成正比,而在多数情况下混凝土相对湿度变化与其引起的变形并不呈线性关系。混凝土干缩变形与湿度的关系有以下两种形式。

6.4.4.1 线性关系

$$(\varepsilon_{sh})_M=\alpha_{sh}\times\Delta c \tag{6-69}$$

式中:ε_{sh}为干缩应变;M 为从 0 开始的湿度损失百分比;α_{sh} 为混凝土干缩系数,Wittmann 建议取 1.50×10^{-3}。

6.4.4.2 非线性关系

混凝土的干缩变形和湿度并不是线形变化的,其关系可表示为:

$$(\varepsilon_{sh})_M=\frac{M^{2.5}}{195+M^{2.5}}(\varepsilon_{sh})_{ult} \tag{6-70}$$

式中:$(\varepsilon_{sh})_{ult}$为湿度最终自由变形,约 200 ~ 1 500 微应变,平均约 500 微应变,据资料取 450 微应变,在没有试验资料的情况下一般按规范取 400 微应变;其他符号含义同前。

6.4.5 水工混凝土结构湿度场及干缩应力仿真分析实现

对比混凝土湿度场和温度场微分控制条件、边界条件可知,对 6.2 节 APDL 程序稍加改造即可实现湿度场非线性分析，在此不再赘述。针对仿真分析具体实现几个问题讨论如下。

6.4.5.1 网格剖分与湿度场插值

由于混凝土湿度扩散系数及湿度转移系数很小，在混凝土表面几厘米范围内湿度梯度很大，因此进行湿度场分析时混凝土表面范围内网格尺寸应控制在 1.0 cm 范围以内甚至更小，向混凝土内部网格可以逐渐放大。尽管如此，对于大型水工建筑物来讲，有限元网格数量仍相当可观。如此多网格对于只有一个自由度的湿度场计算来讲还可接受，但对于有三个自由度的应力场计算来讲则计算量十分庞大。

为了减小计算规模，同时与温度应力计算数据兼容，可以采用 ANSYS 软件中 BFINT 命令把湿度场计算结果插值到温度场及温度应力计算网格中。具体命令如下：

BFINT, Fname1, Ext1, - -, Fname2, Ext2

其中：Fname1 为温度场计算网格节点、单元数据，由 NWRITE 命令在温度场计算数据库文件中读出；Fname2 为插值结果文件。

6.4.5.2 干缩应变计算

采用 FORTRAN 语言自编程序，对插值结果文件 Fname2 进行处理，按照式(6-69)或式(6-70)计算混凝土干缩应变。

6.4.5.3 当量温度计算

为了计算方便，将混凝土干缩变形换算成当量温度，在 ANSYS 实现干缩应力计算时作为温度体荷载施加，即混凝土湿度变形产生的收缩变形相当于产生同样变形的温度，可按照下式计算：

$$\Delta T = -\frac{\Delta \varepsilon}{\alpha} \tag{6-71}$$

式中：ΔT 为混凝土干缩当量温度，负号表示温降；α 为混凝土热膨胀系数。

二次开发程序同时在 USERMAT3D. F 嵌入了干缩应力计算模块，用户也通过控制选项即可以直接读入干缩变形数据文件进行计算。

6.5 基于遗传算法的混凝土温度参数反分析

在混凝土温度仿真计算中，混凝土热学参数的确定对计算结果的可靠性和准确度有十分重要的影响，这些参数可以通过经验公式得到，但往往和实际有较大出入。常用的热学参数有混凝土密度、比热、导温系数、导热系数、表面放热系数、最终绝热温升值及其温升规律参数等。其中表面放热系数和绝热温升规律参数是计算中重要而试验中不易确定的参数，其受影响的因素比较多，不确定性较强。

反分析与遗传算法基本原理参见有关文献，在此不再赘述。本项目基于 ANSYS 软件平台，利用 FORTRAN 编制遗传算法语句，通过 FORTRAN 调用 ANSYS 实现渡槽温度模型试验混凝土温度参数反演分析，有助于混凝土温控防裂的研究和指导实际工程的施工。反分析流程如图 6-7 所示。

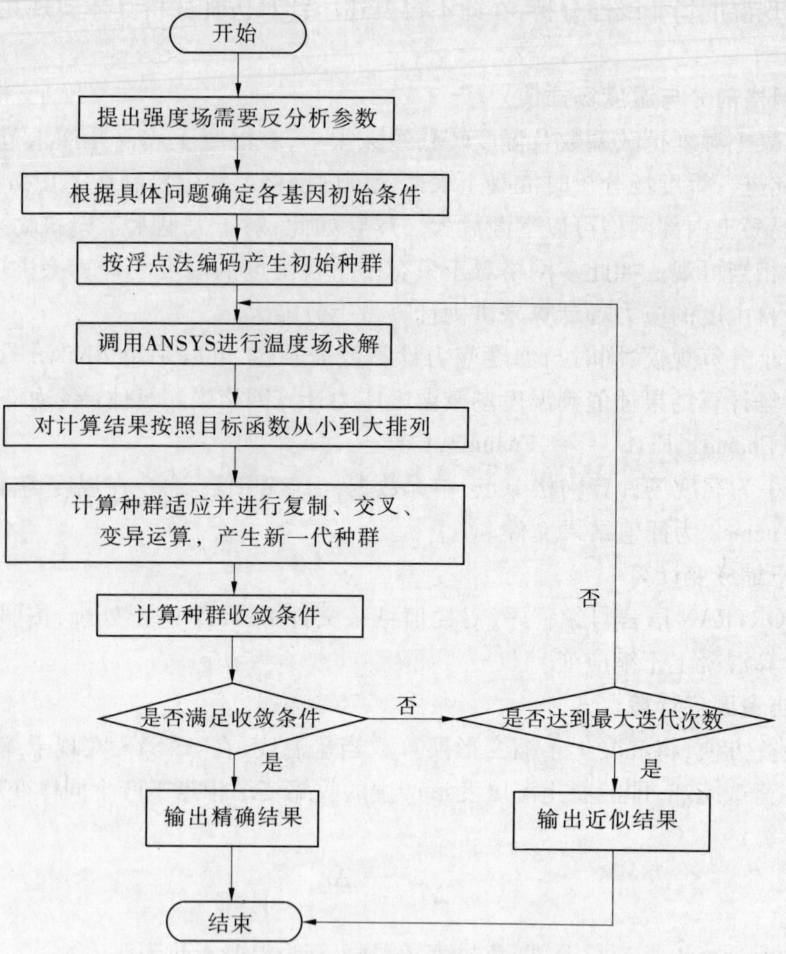

图 6-7　基于 ANSYS 软件温度场热学参数反分析流程

6.6　开发的 CTS - ANSYS 程序验证

采用自研制的 CTS - ANSYS 程序，对混凝土温度场及徐变温度应力场进行了计算，现给出几个经典算例。

6.6.1　混凝土温度场算例

算例 1：一边长为 1.0 m 的立方体混凝土块体，其六个面与周围绝热，混凝土密度为 $\rho = 2\ 690\ \mathrm{kg/m^3}$，比热为 $c = 1.0\ \mathrm{kJ/(kg \cdot ℃)}$，导热系数为 $\lambda = 10.0\ \mathrm{kJ/(m \cdot h \cdot ℃)}$，绝热温升函数为 $\theta(\tau) = 30.0 \times (1 - e^{-0.34\tau})$，混凝土初温 10.0 ℃。将混凝土块体划分为边长为 0.1 m 的单元，共划分单元 1 000 个，节点 1 331 个，如图 6-8 所示。

计算过程每 1 h 计算一次，采用温度场二次开发模块求解，具体计算时设置有关选项不考虑水化度影响，求解结果和理论解比较如图 6-9 所示。从计算结果来看，ANSYS 计算结果和理论值基本相同，这说明温度场仿真二次开发模块的正确性。

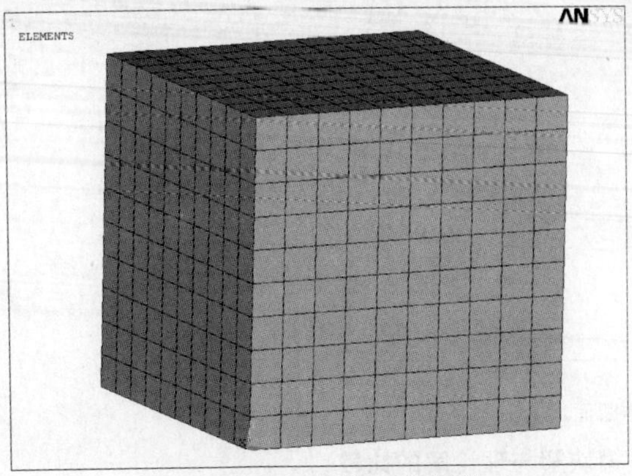

图 6-8　混凝土块网格划分

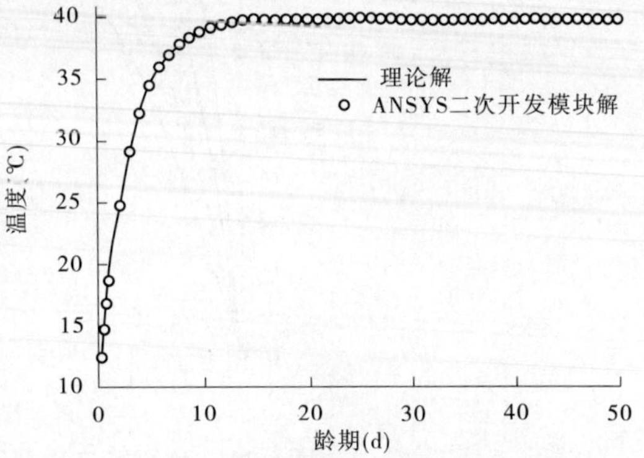

图 6-9　混凝土块温度历程曲线

算例 2：取无限长混凝土棱体，断面尺寸 10.0 m × 4.0 m，初始温度 20.0 ℃，*AB*、*CD* 两面为绝热边界，*AD*、*BC* 两面给定边界温度为 10.0 ℃，混凝土密度为 $\rho = 2\ 400\ \text{kg/m}^3$，比热为 $c = 1.0\ \text{kJ/(kg}\cdot℃)$，导热系数为 $\lambda = 10.08\ \text{kJ/(m}\cdot\text{h}\cdot℃)$，导温系数为 $a = 0.004\ 2\ \text{m}^2/\text{h}$，求混凝土温度分布。

该问题属于初温均匀分布、外温为 T_a、第一类边界条件下平板冷却问题。解析解公式为：

$$T(x,\tau) = \frac{4T_0}{\pi}\sum_{n=1}^{\infty}\frac{1}{2n-1}\sin\frac{(2n-1)\pi x}{L}e^{-(2n-1)^2\pi^2 F_0} + T_a \tag{6-72}$$

式中：T_0 为初温，℃；L 为板厚，m；F_0 为傅里叶准数，为 $a\tau/L^2$。

单元剖分 200 个，节点 462 个，如图 6-10 所示。采用温度场仿真二次开发模块求解，求解结果和理论解比较见图 6-11，可见有限元解基本落在理论解曲线上，理论解和有限元解误差不大，结果吻合较好，这说明温度场二次开发模块的正确性。

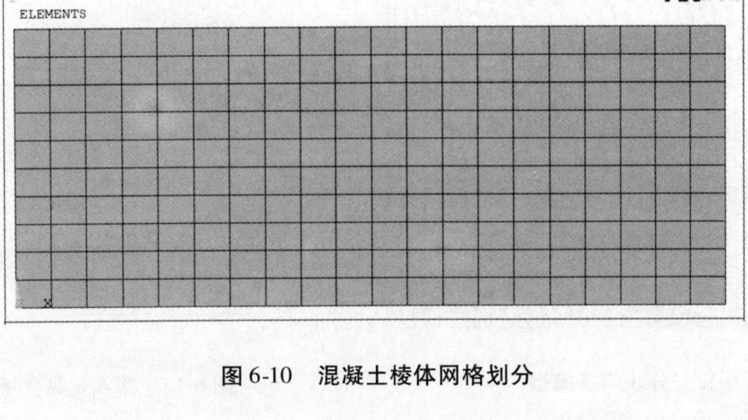

图 6-10　混凝土棱体网格划分

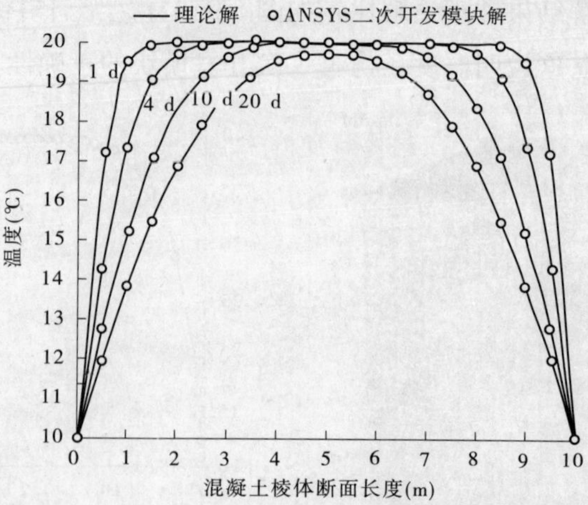

图 6-11 ANSYS 二次开发模块解与理论解的比较

算例 3:在岩基上浇筑混凝土块,混凝土浇筑块长度 8 m,厚 1.5 m,采用斜面分层浇筑法,斜面角度 35°,从中心向两旁浇筑,混凝土浇筑厚度 0.2 m,每块之间间隔 2 h,混凝土浇筑温度为 0 ℃,基岩及环境温度均为 0 ℃。混凝土材料参数如下:密度 $\rho = 2\ 500$ kg/m^3,导热系数 $\lambda = 10.0$ kJ/(m·h·℃),比热 $c = 1$ kJ/(kg·℃),表面放热系数 $\beta = 21.06$ kJ/(m^2·h·℃),混凝土绝热温升为:

$$\theta(\tau) = 25.0\tau/(4.5 + \tau) \tag{6-73}$$

式中:τ 以天计。

根据对称性,建立有限元模型如图 6-12 所示,混凝土分批浇筑,不同时刻温度场的分布如图 6-13 ~ 图 6-17 所示,最高温度出现在第 98 h,最高温度为 7.7 ℃,此时温度场分布如图 6-18 所示。如不采用斜面分层浇筑,混凝土最高温度为 9.2 ℃,如图 6-19 所示。

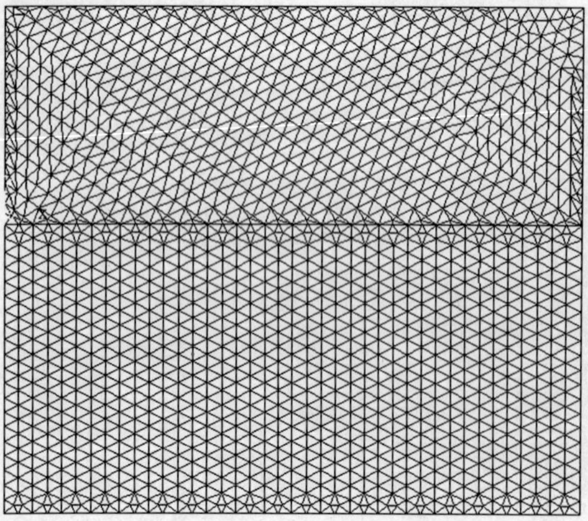

图 6-12 分块浇筑模型

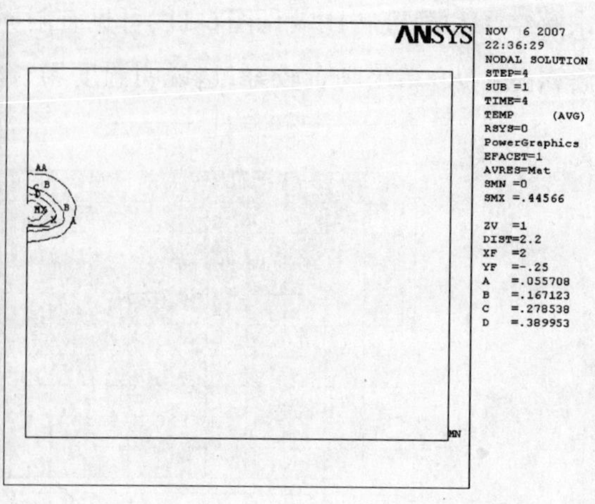

图 6-13 第 4 h 温度场

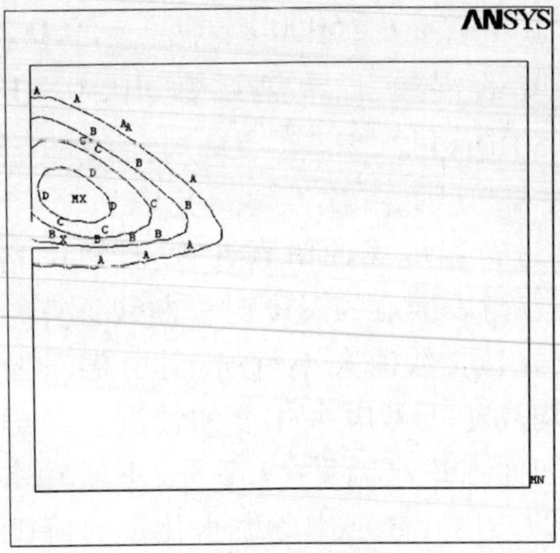

图 6-14　第 16 h 温度场

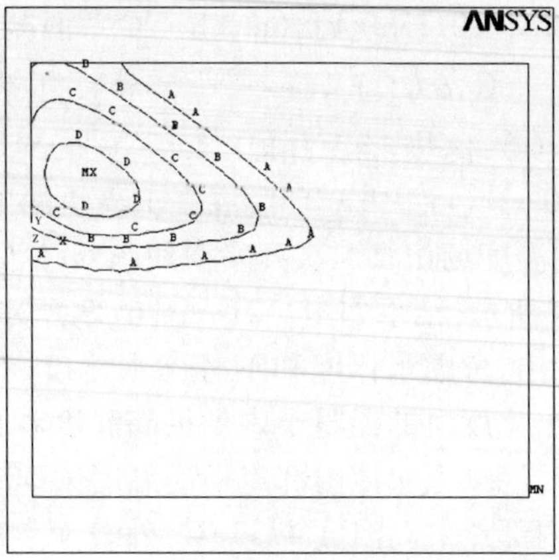

图 6-15　第 24 h 温度场

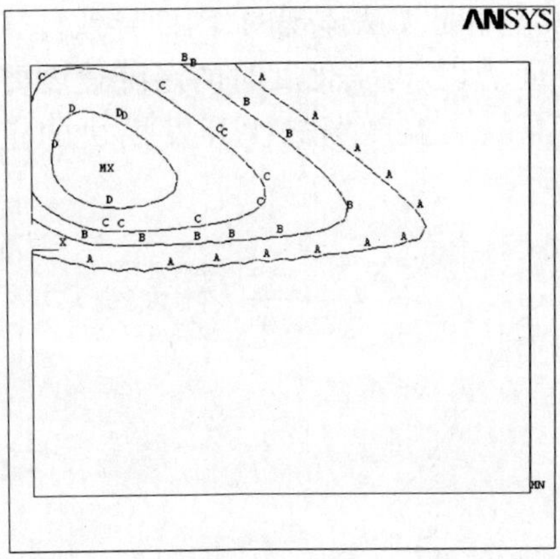

图 6-16　第 34 h 温度场

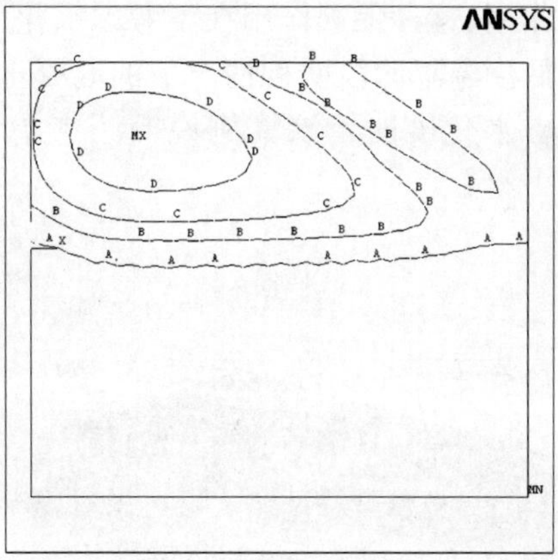

图 6-17　浇筑完成温度场分布

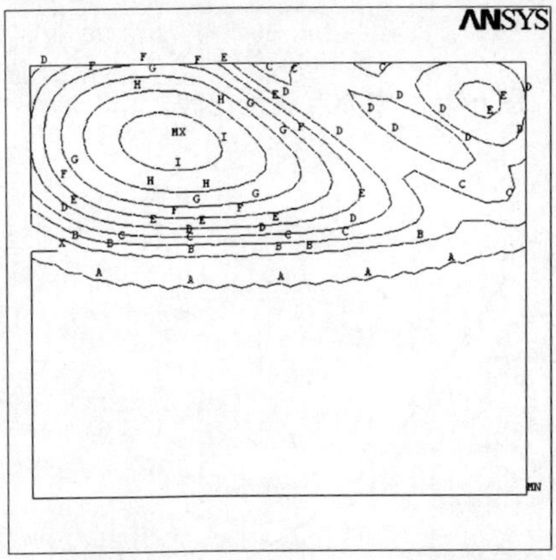

图 6-18　温度最高时刻温度场分布

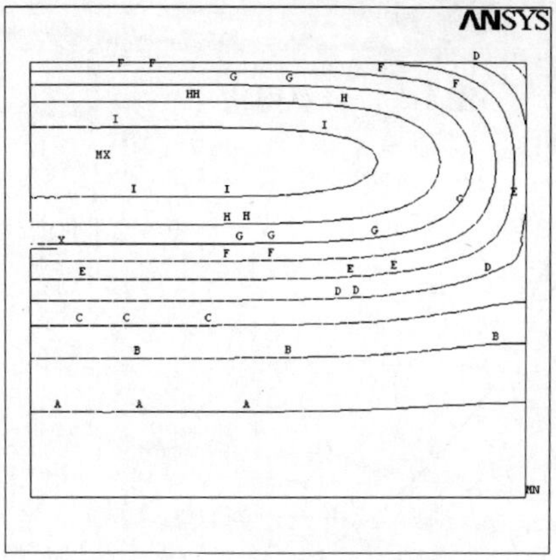

图 6-19　不分层最高温度分布

算例 4：设一尺寸为 10.0 m×6.0 m×3.0 m 的混凝土浇筑块，块体底面绝热，其他边界散热。密度 $\rho = 2\ 258\ \mathrm{kg/m^3}$，比热 $c = 1.0\ \mathrm{kJ/(kg \cdot ℃)}$，考虑水化度导热系数 $k(\alpha) =$

$10.0\times(1.33-0.33\alpha)$ kJ/(m·h·℃)，混凝土的绝热温升值为 $\theta=50.0\times\alpha(t_e)=50.0\times e^{-4.465t_e^{-0.9701}}$ ℃，$\alpha(t_e)=e^{-4.465t_e^{-0.9701}}$，不考虑水化度的混凝土导热系数 10.0 kJ/(m·h·℃)，比热 $c=1.0$ kJ/(kg·℃)，绝热温升 $\theta=50.0\times e^{-4.465\tau^{-0.9701}}$ ℃。表面热交换系数 30.0 kJ/(m^2·h·℃)，混凝土浇筑温度 20 ℃，气温 20 ℃，一次性浇筑完毕。

采用温度场仿真二次开发模块求对该混凝土块体进行温度场的仿真计算，计算网格如图6-20 所示，结果如图6-21～图6-23 所示。从中心点与表面点的温度时程曲线计算结果可以看出，考虑水化度和不考虑水化度，其趋势基本相同，数值大小有所不同，温升阶段，考虑水化度时的混凝土内外最高温度和最大温差均高于不考虑水化度的情况。考虑水化度时，混凝土块体内部点最高温度为 50.1 ℃，外表面点最高温度 29.3 ℃；不考虑水化度时，内部点最高温度 47.3 ℃，外表面点最高温度 27.9 ℃，分别比考虑水化度时降低 2.8 ℃和 1.4 ℃，混凝土内外温差也比考虑水化度时降低约 2.0 ℃，降低幅度比较明显。分析其原因，早期混凝土水化反应剧烈，使得温度迅速升高，而温度的升高又对水化反应起到促进作用，这种促进作用在不考虑水化度的计算模型中是无法体现的，因而导致计算的温度偏低。温降阶段两种情况下的混凝土温度很接近，但考虑水化度时的温降速度要快于不考虑水化度时。该算例说明了考虑水化度的混凝土温度场二次开发模块的正确性。

图6-20　计算网格

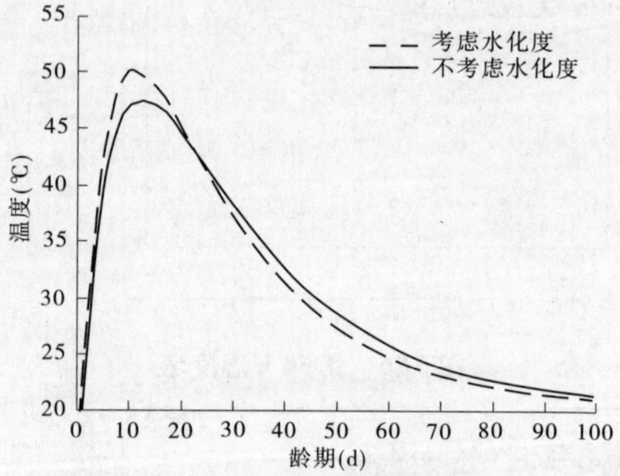

图6-21　中心点温度比较

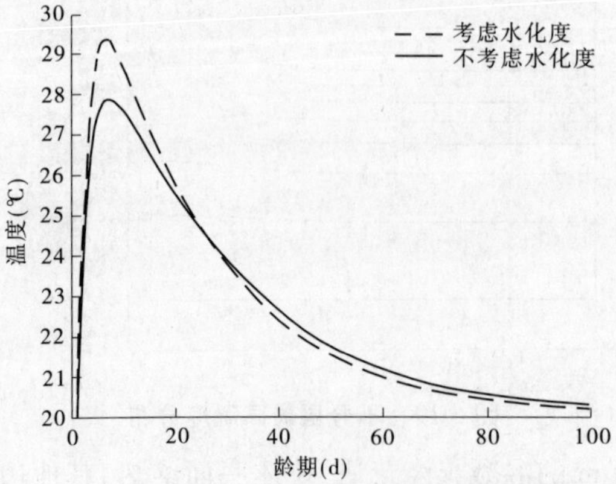

图6-22　表面点温度比较

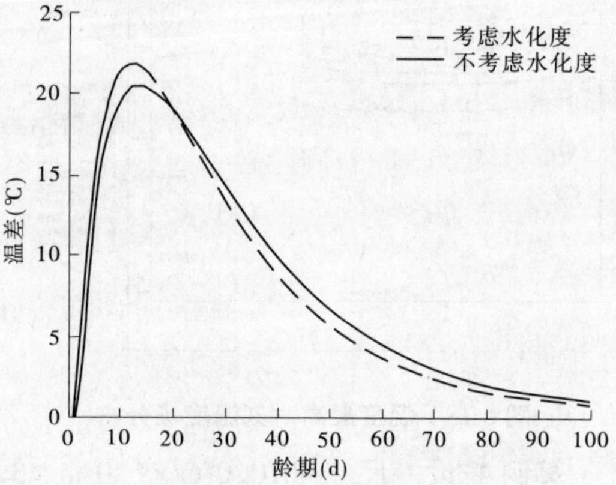

图6-23　内外温差比较

算例 5:厚度为 2 m 的混凝土墙,混凝土配合比及各组分热学性能如表 6-6 所示,混凝土最终放热量为 720 kJ/kg,水化度 $a(t_e)=1-\exp(-0.2t_e)$,等效时间计算公式如式(6-14)所示,计算等效时间取 $E/R=2\ 700$ K,浇筑温度 T_P 等于外界温度 T_a。当 T_P 分别为 0 ℃、10 ℃、20 ℃、30 ℃、40 ℃时,按以下四种工况分别计算混凝土墙体温度变化过程。

工况 1:假定混凝土导热系数为 $k=10$ kJ/(m·h·℃),比热取硬化混凝土最终值 $c=0.875$ kJ/(kg·℃),导热系数和比热在水化过程中都不发生变化;

工况 2:假定混凝土导热系数为 $k(a)=10\times(1.33-0.33a)$ kJ/(m·h·℃),比热取硬化混凝土最终值 $c=0.875$ kJ/(kg·℃),比热在水化过程中都不发生变化;

工况 3:假定混凝土导热系数为 $k=10$ kJ/(m·h·℃),比热由式(6-28)和式(6-29)确定,各组分参数参见表 6-6,导热系数在水化过程中不发生变化;

工况 4:假定混凝土导热系数为 $k(a)=10\times(1.33-0.33a)$ kJ/(m·h·℃),比热由式(6-28)和式(6-29)确定,各组分参数参见表 6-6。

表 6-6 混凝土配合比及材料热学性能

组分	水泥	集料	水
质量(kg)	303	1 962	185
比热(kJ/(kg·℃))	1.140	0.678	4.187
导热系数(kJ/(m·h·℃))	4.593	9.686	2.16

工况 1 下,墙体中心温升变化过程如图 6-24 所示,其他工况下与其类似,温升图形不再罗列。由于考虑了温度对混凝土水化速率的影响,因此随着反应温度的升高,墙体中心的温度也上升较快,内外温差也较大。各种工况下,最大温升和温差计算结果如表 6-7 所示。比较工况 1 和工况 2 表明,由于工况 1 取用的硬化后的导热系数较硬化中的导热系数小,因而计算得内外温差较大;比较工况 1 和工况 3 表明,由于工况 1 取用的硬化后的混凝土比热比硬化中的比热小,因而最大温升值比较高。以上规律符合一般规律,因此计算结果较为可信。

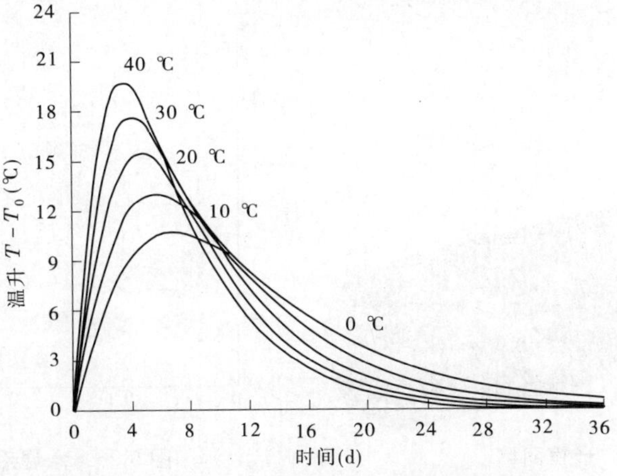

图 6-24 工况 1 下墙体中心温升变化曲线

表 6-7　不同初始温度条件下计算结果比较　　（单位：℃）

项目		初始温度				
		0	10	20	30	40
工况 1	最大温升	11.6	14.4	17.1	19.7	22.0
	最大温差	9.7	12.0	14.3	16.4	18.3
工况 2	最大温升	10.5	13.2	16.0	18.6	21.1
	最大温差	8.5	10.8	13.1	15.3	17.3
工况 3	最大温升	11.0	13.5	15.9	18.2	20.2
	最大温差	9.2	11.3	13.3	15.1	16.8
工况 4	最大温升	9.9	12.4	14.9	17.3	19.4
	最大温差	8.1	10.2	12.2	14.2	15.9

算例 6：某铜管热交换器，管直径 15.875 mm，壁厚 2.108 2 mm，管长 0.304 8 m，管内对流系数 10 000 W/(m^2·℃)，管外对流系数 15 000 W/(m^2·℃)，水入口温度 20.0 ℃，入口速度 3 m/s，环境温度 100.0 ℃，铜管和液体热学性能参数如表 6-8 所示，求最终液体出口温度。

表 6-8　材料热学性能

材料	密度 (kg/m^3)	导热系数 (kJ/(m·h·℃))	比热 (J/(kg·℃))
铜管	8 889	100	390
水	1 000	0.6	4 187

单元网格如图 6-25 所示。采用温度场仿真二次开发模块求解，计算结果如图 6-26 所示，最终出水口水温为 24.1 ℃，出水口温度理论值为 24.5 ℃，相对误差 1.78%，这说明考虑水管冷却温度场仿真二次开发模块的正确性。

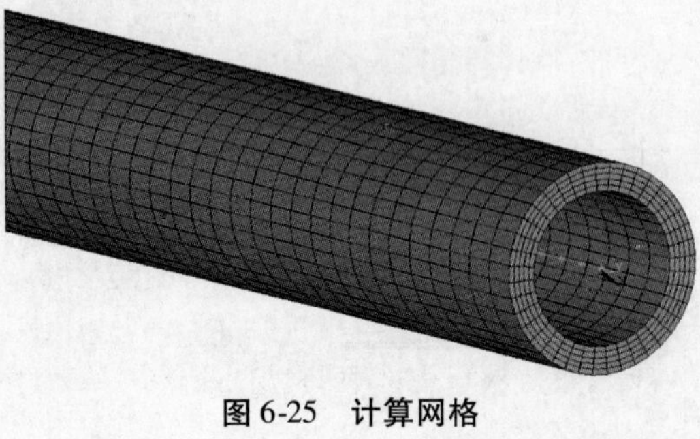

图 6-25　计算网格

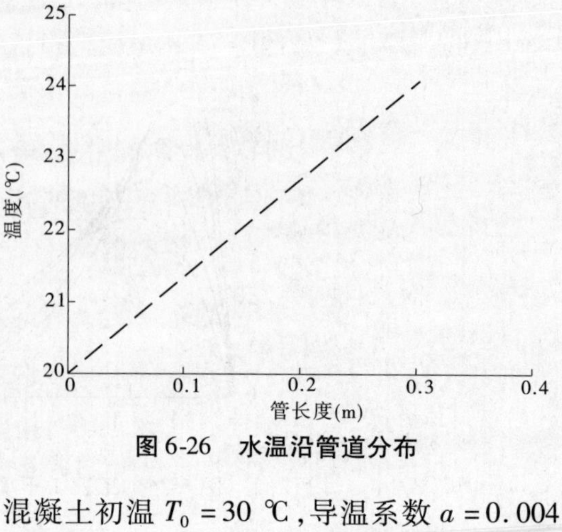

图 6-26　水温沿管道分布

算例 7：某混凝土块采用水管冷却降温。混凝土初温 $T_0 = 30$ ℃，导温系数 $a = 0.004$

m^2/h；导热系数$\lambda = 8.37$ kJ/(m·h·℃)；钢管外半径$c = 12.5$ mm，水管矩形排列，水平间距S_1和铅直间距S_2均为1.50 m，冷却水初温$T_w = 10$ ℃，水比热$c_w = 4.187$ kJ/(kg·℃)，水密度$\rho_w = 1\ 000$ kg/m³，冷却水流量$q_w = 0.9$ m³/h，水管长$L = 200$ m，混凝土与水接触时放热系数$\beta = 16\ 000$ kJ/(m²·h·℃)，求冷却后20 d出水口温度T_{LW}及出水口混凝土断面平均温度。

根据式(6-38)计算得到水管冷却的影响半径为0.875 4 m，根据轴对称性，采用FLUID116、SURF152和SOLID70单元建立模型进行计算，得到出水口温度随时间变化曲线见图6-27。20 d后出水口温度为12.61 ℃，出水口平均温度20.78 ℃，文献[42]采用美国垦务局建议的近似计算公式得到的出水口温度为13.74 ℃，出水口平均温度19.2 ℃，两者相差8.2%，计算结果满足工程精度要求。

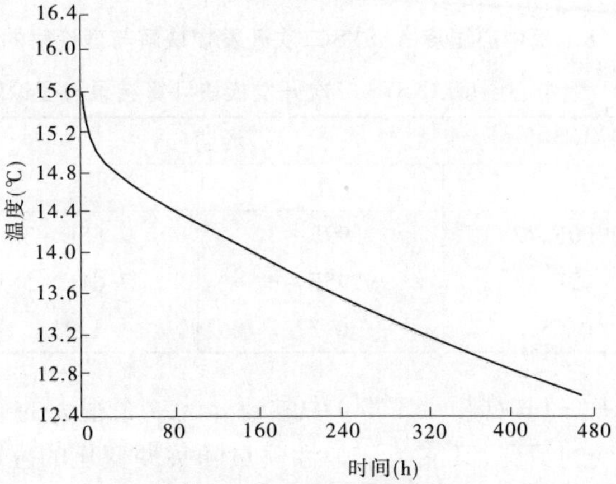

图6-27　出水口温度变化

算例8：混凝土板厚2.0 m，$U_0 - U_B = 1\%$，U_0板内初始湿度均匀分布，U_B为平衡湿度，湿度扩散系数$k = 5 \times 10^{-6}$ m²/h，表面湿度交换系数为$\beta_1 = 2 \times 10^{-4}$ m/h，求板中心湿度变化。该问题与初温均匀分布、第三类边界条件下混凝土板的天然冷却问题相似，其解析解为：

$$U(z,\tau) = U_B + (U_0 - U_B)\sum_{n=1}^{\infty} A_n \cos\frac{\mu_n z}{l} e^{-\mu_n^2 k\tau/l^2} \tag{6-74}$$

式中：A_n、μ_n由文献[1]查表可得。

采用湿度场仿真二次开发模块求解的结果和理论解的比较见图6-28和表6-9，可见有限元解基本落在理论解曲线上，理论解和有限元解误差龄期1年时为0.37%，结果吻合较好，这说明基于ANSYS温度场分析模块计算混凝土湿度场的可行性与二次开发模块的正确性。

6.6.2　混凝土应力场算例

算例9：有一混凝土浇筑块，周围均为固定边界，混凝土的弹性模量为$E = 30.0$ GPa，线膨胀系数为$\alpha = 1.0 \times 10^{-5}$/℃，泊松比为$\mu = 0.17$，求混凝土均匀降温10 ℃产生的应力。

采用基于UPFs开发的混凝土早期应力计算模块进行计算。首先建立四周固定约束的实体模型，采用SOLID185单元划分网格，并赋予上述材料参数。具体求解中，设弹性

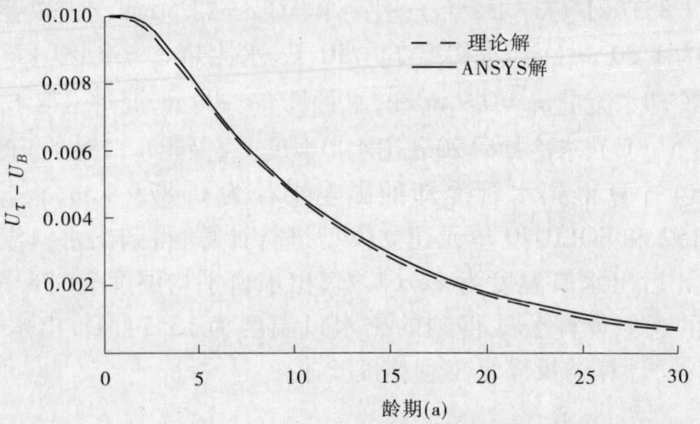

图 6-28　板中心湿度 ANSYS 二次开发模块解与理论解的比较

表 6-9　板中心湿度 ANSYS 二次开发模块计算结果与理论值比较

项目	龄期(a)			
	0.5	1	5	10
理论解	1.00E-2	9.99E-3	7.55E-3	4.53E-3
有限元解	9.99E-3	9.95E-3	7.64E-3	4.67E-3
相对误差(%)	0.05	0.37	1.21	3.18

模量随龄期变化公式 $E(\tau)=E_0(1-e^{-a\tau^b})$ 中参数 a 为一个很大的数,参数 b 为 0.0,既能模拟弹性模量保持不变的情况,又能验证弹性模量随龄期变化的程序模块的正确性;徐变度相关参数设为很小值或 0.0,既模拟不考虑混凝土徐变情况,同时能验证有关徐变模块。

混凝土内各点的应力理论解为:

$$\sigma = \frac{E\sigma\Delta T}{1-2\mu} = \frac{30\times10^3\times1.0\times10^{-5}\times10}{1-2\times0.17} = 4.545(\text{MPa}) \tag{6-75}$$

有限元网格和混凝土早期温度应力二次开发模块计算结果如图 6-29 和图 6-30 所示,由图可见,计算结果与理论解完全一致。

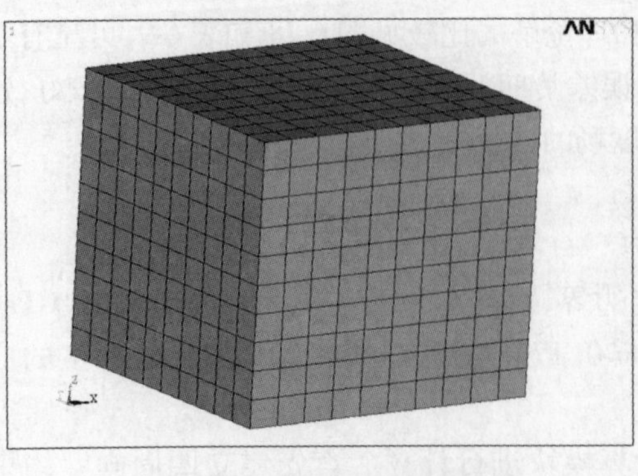

图 6-29　混凝土块有限元模型

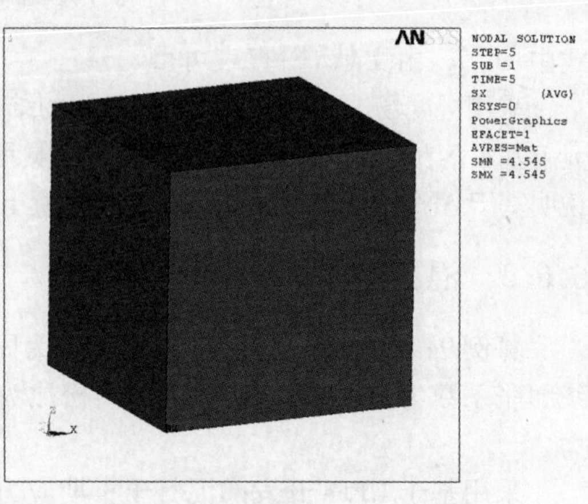

图 6-30　混凝土块应力云图

算例 10:对一两端固定的梁加载初始应力,求其在徐变作用下应力的松弛变化。材料弹性模量 $E = 39\ 200$ MPa,徐变度公式为 $C(t,\tau) = \sum_{i=1}^{2} c_i[1 - e^{-r_i(t-\tau)}]$,式中 $c_1 = 2.04 \times 10^{-6}$ MPa,$c_2 = 2.55 \times 10^{-6}$ MPa,$r_1 = 3.0\ \mathrm{d}^{-1}$,$r_2 = 0.3\ \mathrm{d}^{-1}$,泊松比为 $\mu = 0.0$,热膨胀系数 $\alpha = 1.0 \times 10^{-5}$/℃。

设应变 $\varepsilon(t) = \varepsilon_0$,通过求解继效方程

$$\varepsilon(t) = \frac{\sigma(t)}{E} + \int_{\tau_1}^{t} \sigma(\tau) \sum_{i=1}^{2} c_i \gamma_i e^{-\gamma_i(t-\tau)} \mathrm{d}\tau \tag{6-76}$$

得

$$\sigma(t) = E\varepsilon_0(0.847\ 5 + 0.075\ 5e^{-3.24t} + 0.077\ 0e^{-0.328t}) \tag{6-77}$$

采用基于 UPFs 开发的混凝土早期应力计算模块进行计算。首先建立一两端固定约束的实体模型,采用 SOLID185 单元划分网格,并赋予材料参数,施加均匀温升 10 ℃,使其产生初始应力,具体求解中设弹性模量随龄期变化公式 $E(\tau) = E_0 \times (1 - e^{-a\tau^b})$ 中参数 a 为一个很大的数,参数 b 为 0.0,这样既可以模拟弹性模量保持不变的情况,又能验证弹性模量随龄期变化的程序模块的正确性。

有限元网格如图 6-31 所示,混凝土早期温度应力二次开发模块计算结果与理论值的比较如图 6-32 和表 6-10 所示,可以看出两者的计算结果误差不超过 0.01%。

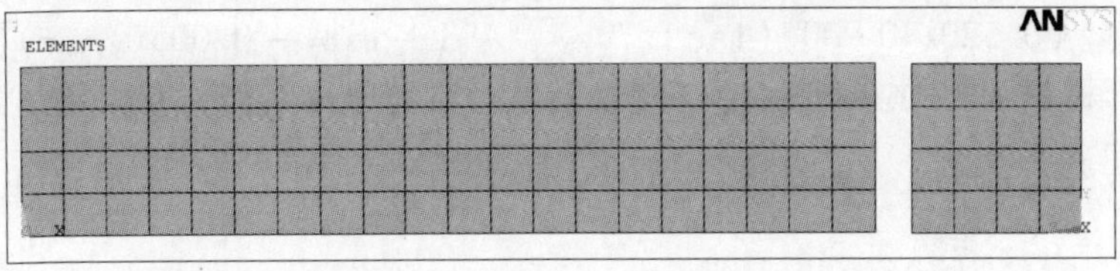

图 6-31 混凝土梁网格剖分

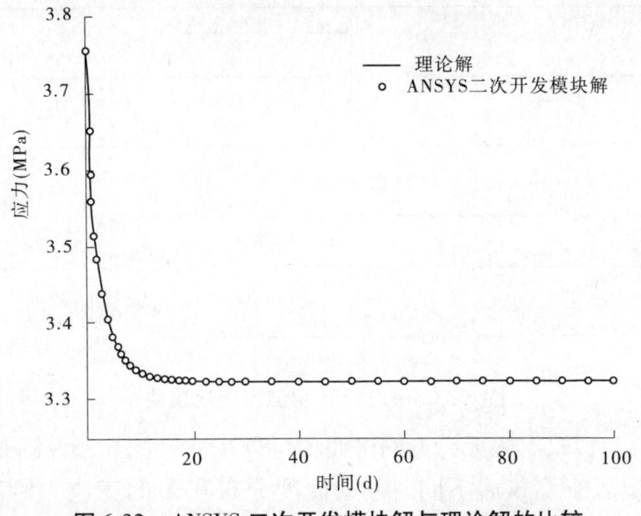

图 6-32 ANSYS 二次开发模块解与理论解的比较

表 6-10　理论解与 ANSYS 二次开发模块解的比较

时间(d)	0	1	5	10	20	50	100
理论解	1	90.59	86.24	85.04	84.76	84.75	84.75
有限元解	1	90.60	86.25	85.04	84.76	84.75	84.75
相对误差(%)	0.00	0.01	0.01	0.00	0.00	0.00	0.00

算例 11:采用文献[42]中在岩基上混凝土浇筑块由于水化热的作用及天然冷却而产生的温度徐变应力的算例验证混凝土早期温度场应力场二次开发模块的正确性。混凝土浇筑块每层厚度均为 1.5 m(如图 6-33 所示),层面间歇 7 d,浇筑后停歇 200 d,混凝土浇筑温度为 0 ℃,基岩及环境温度均为 0 ℃。混凝土材料参数如下:导热系数 $\lambda = 10.0$ kJ/(m · h · ℃),导温系数 $a = 0.004\ 0\ \mathrm{m^2/h}$,表面放热系数 $\beta = 60$ kJ/($\mathrm{m^2}$ · h · ℃),热胀系数 $\alpha = 1 \times 10^{-5}$/℃,泊松比为 $\mu = 0.167$,混凝土绝热温升为:

$$\theta(\tau) = 25.0\tau/(4.5 + \tau) \tag{6-78}$$

式中 τ 以天计。

混凝土弹性模量为:

$$E(\tau) = 30\ 000[1 - \exp(-0.4\tau^{0.34})] \tag{6-79}$$

混凝土徐变度为:

$$C(t,\tau) = (0.230/30\ 000)(1 + 9.20\tau^{-0.45})\{1 - \exp[-0.3(t - \tau)]\} + (0.520/30\ 000)(1 + 1.70\tau^{-0.45})\{1 - \exp[-0.005(t - \tau)]\} \tag{6-80}$$

基岩弹性模量 $E = 30.0$ GPa,泊松比 $\mu = 0.2$,基岩导热系数、比热、密度和热膨胀系数与混凝土相同。

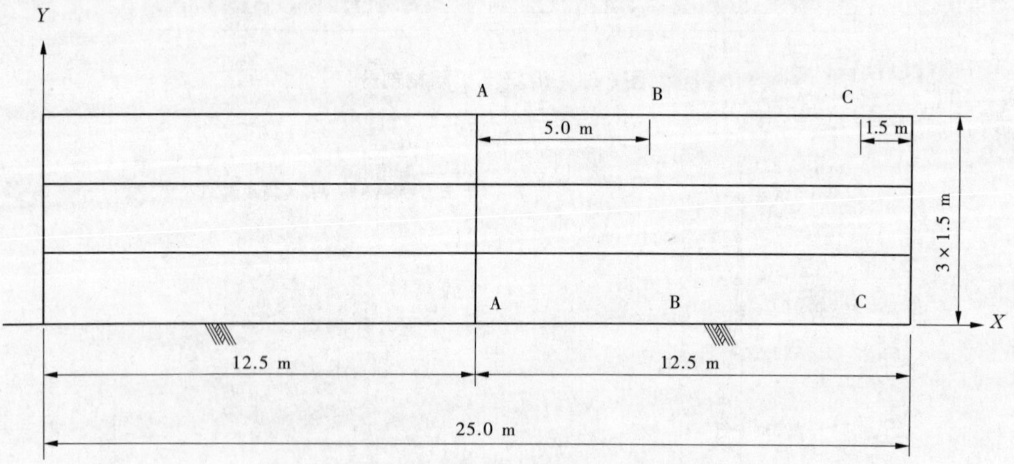

图 6-33　基岩上 3 层混凝土浇筑块

取对称结构进行计算,有限元计算网格如图 6-34 所示。图 6-35 ~ 图 6-38 为混凝土 A—A、B—B 断面上在混凝土浇筑后不同时间的温度分布和 X 向正应力沿高程方向的分布,图 6-39、图 6-40 为浇筑块第一、三层面 X 向正应力沿长度方向的分布。

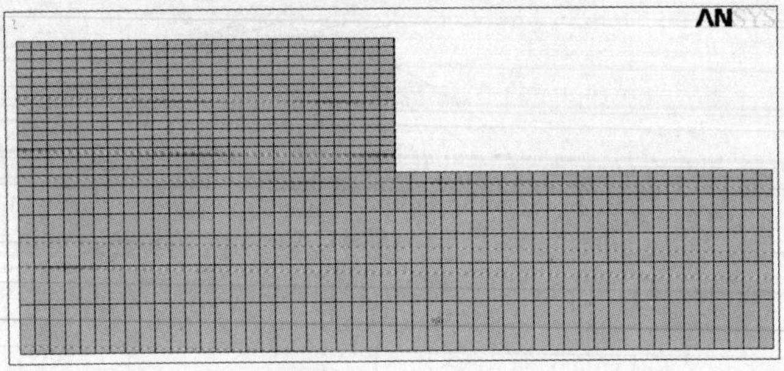

图 6-34　有限元网格

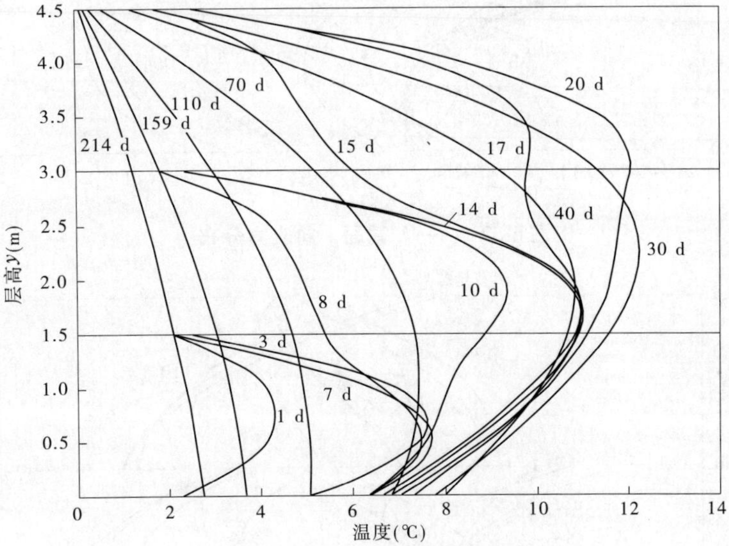

图 6-35　A—A 断面温度分布

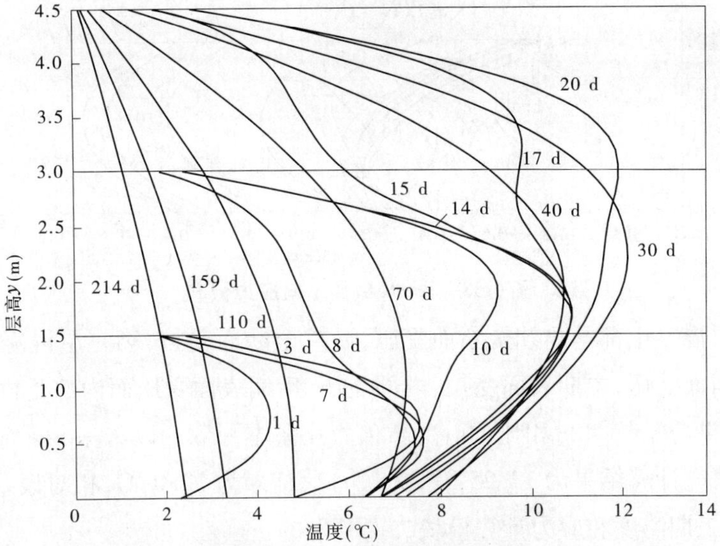

图 6-36　B—B 断面温度分布

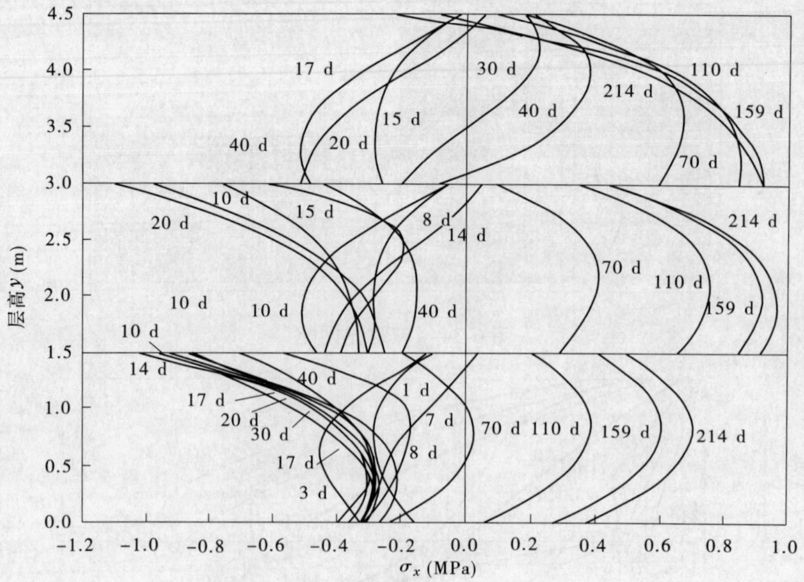

图 6-37　A—A 截面 y 向应力分布

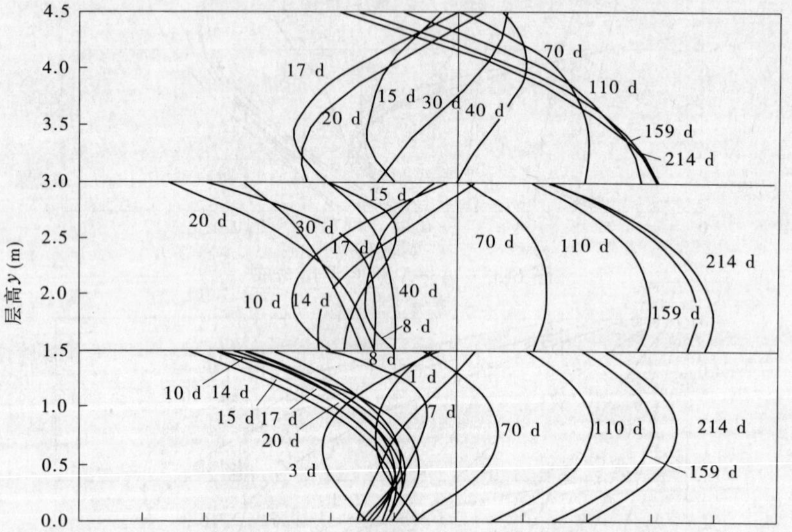

图 6-38　B—B 截面 y 向应力分布

第一、二层混凝土都是早期全断面受压，后期全断面受拉，第三层混凝土因顶面长期暴露，早期全断面受压，中期表面受拉、内部受压，后期表面受压而内部受拉。本算例温度和应力计算结果与文献[42]相比，规律、数值大小基本一致。以 A—A 断面计算结果最高温度为例，本研究计算结果为 12.25 ℃，文献[42]结果为 12.0 ℃，相对误差为 2.08%，这说明混凝土施工期温度和应力计算模块二次开发的正确性。

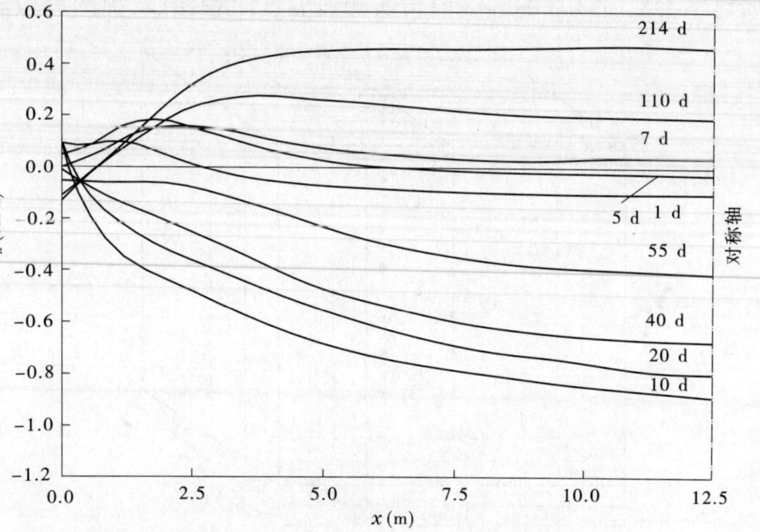

图 6-39　第一层面水平应力分布

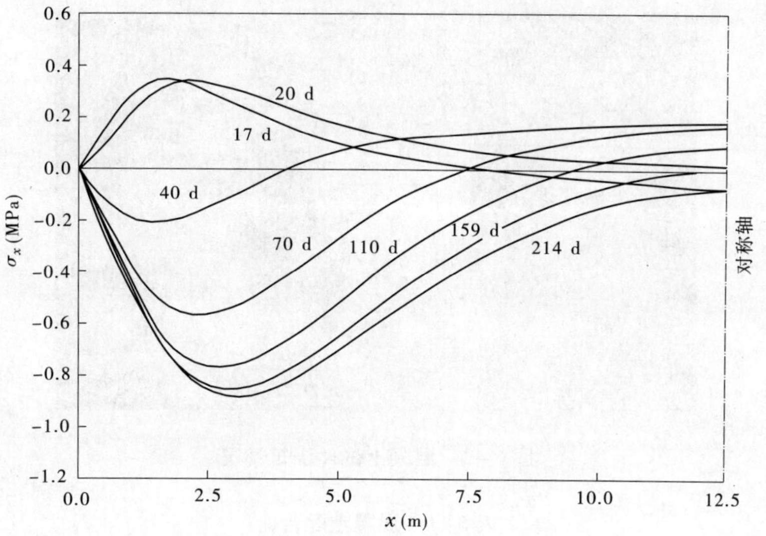

图 6-40　第三层面水平应力分布

6.6.3　混凝土热学参数反分析

尺寸为 1 000 mm × 1 000 mm × 1 000 mm 的混凝土立方体块，浇筑后置于试验大厅，试件顶面用麻袋覆盖并定期洒水养护，除顶面外四周采用木胶合板模板，底面架空，混凝土块内布置若干个温度测点，进行浇筑后测点温度观测，测点布置如图 6-41 所示，浇筑情况如图 6-42 所示，混凝土配合比如表 6-11 所示。

反演辨识的混凝土绝热温升公式为 $\theta(\tau) = 52.0 \times (1 - e^{-2.0\tau^{1.4}})$，木模板表面散热系数为 15.04 kJ/(m^2 · h · ℃)，湿麻袋覆盖表面散热系数 51.34 kJ/(m^2 · h · ℃)。图 6-43

为各测点反演热学参数所计算的温度值与实测值温度时程曲线,由图可以看出:

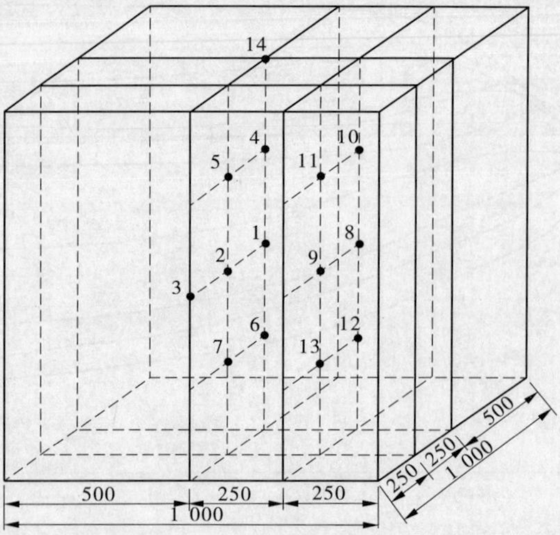

图 6-41　测点布置　(单位:mm)

图 6-42　混凝土试件浇筑情况

表 6-11　混凝土配合比　(单位:kg/m³)

材料	水	水泥	粉煤灰	矿粉	砂	石	JM-3	JM-8
配合比	160	425	60	60	597	1 053	35	8.7

(1)各测点实测值和所埋设的位置相吻合,测点 1 位于试件中心,温升值最高,为 59.2 ℃,测点 3 靠近侧面木模板,温度次之,为 46.0 ℃,而测点 14 位于试件上表面,同时受洒水养护影响,温度最低,为 41.7 ℃,表明特征点温度变化规律合理,不同位置、不同散热条件温度变化曲线体现了测点温度之间的差别。

(2)综观所有测点温度时程曲线,计算值和实测值温度曲线吻合较好,温差在 1.5 ℃范围内,这说明反演算法具有较高的计算精度及施工期混凝土温度场二次开发的正确性。

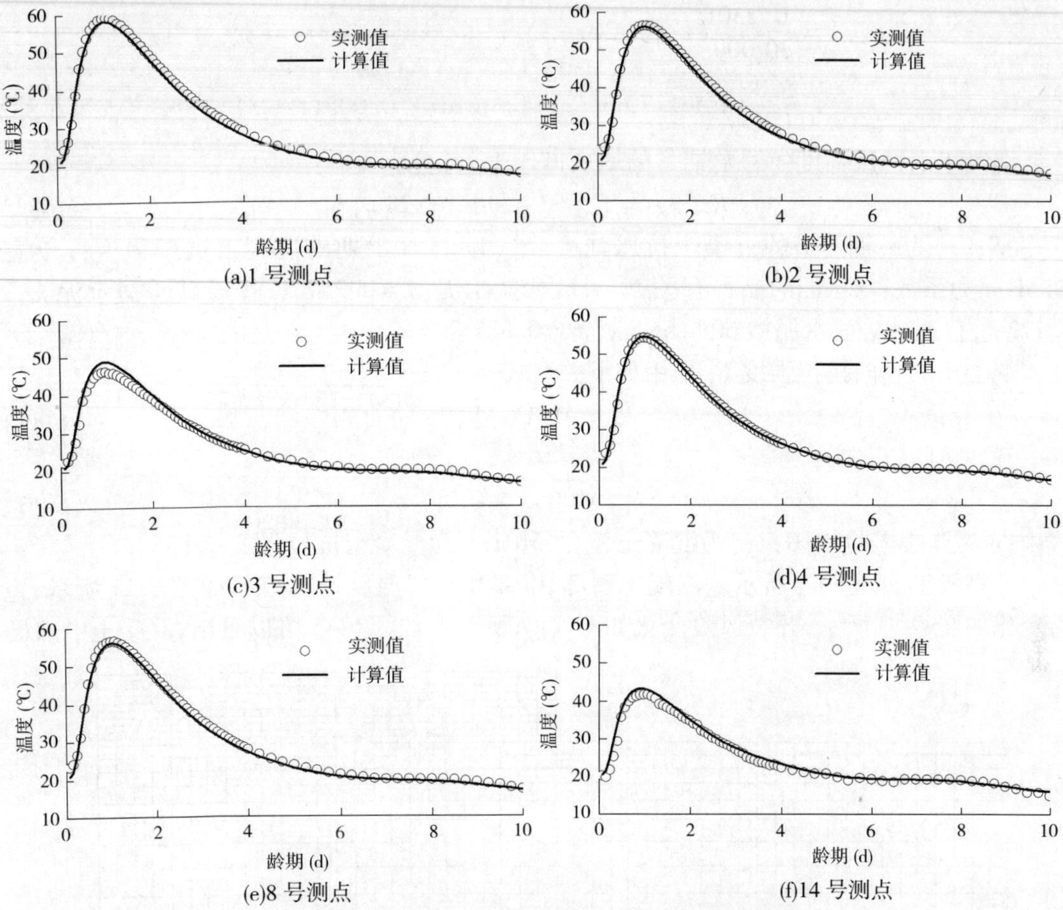

图 6-43　二次开发温度模块计算温度值与实测值比较

6.7　混凝土热、力学及环境参数敏感性分析

算例 1：假定混凝土浇筑块长度为 25.0 m，厚 2.0 m，混凝土浇筑温度为 0 ℃，基岩及环境温度均为 0 ℃。混凝土材料参数如下：导热系数 $\lambda = 10.0$ kJ/(m · h · ℃)，导温系数 $a = 0.004\,0$ m^2/h，表面放热系数 $\beta = 60$ kJ/(m^2 · h · ℃)，热胀系数 $\alpha = 1 \times 10^{-5}$/℃，每立方米混凝土中胶凝材料含量为 349 kg，每千克胶凝材料放热公式如下：

$$Q = Q_0(1 - \mathrm{e}^{-mt}) \tag{6-81}$$

式中：Q_0 取为 300 kJ/kg；m 取为 0.445。

混凝土弹性模量如下式所示：

$$E(\tau) = 30\,000[1 - \exp(-a\tau^b)] \tag{6-82}$$

式中：a 取为 0.4；b 取为 0.34。

混凝土徐变度为：

$$C(t,\tau) = \frac{0.230}{30\ 000}(1 + 9.20\tau^{-0.45})\{1 - \exp[-0.3(t - \tau)]\} +$$
$$\frac{0.520}{30\ 000}(1 + 1.70\tau^{-0.45})\{1 - \exp[-0.005(t - \tau)]\} \tag{6-83}$$

混凝土的抗压强度随着龄期 τ 的增长而增强，可表示如下：

$$R_c(\tau) = R_{c28}[1 + m\ln(\tau/28)] \tag{6-84}$$

式中：$R_c(\tau)$为龄期为 τ 的混凝土抗压强度；R_{c28} 为 28 d 龄期的混凝土抗压强度；τ 为龄期，d；m 为系数，与水泥的品种有关，矿渣硅酸盐水泥 $m = 0.247\ 1$，普通硅酸盐水泥 $m = 0.172\ 7$，普通硅酸盐水泥掺 60% 粉煤灰 $m = 0.381\ 7$。

混凝土的轴向抗拉强度 R_t 采用如下关系式：

$$R_t = 0.332R_c^{0.60} \tag{6-85}$$

开裂风险定义为：

$$\eta = 100\% \times \sigma/f_t \tag{6-86}$$

式中：η 为开裂风险（>0）；σ 为混凝土应力，MPa；f_t 为混凝土抗拉强度，MPa。

计算模型如图 6-44 所示。混凝土顶部、中部和底部温度计算结果如图 6-45 所示，应力变化如图 6-46 所示，开裂风险变化如图 6-47 所示。从图 6-45 可以看出，混凝土中部最

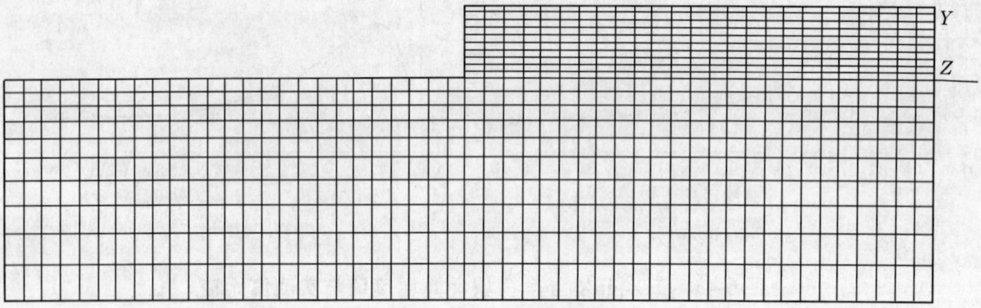

图 6-44　有限元计算网格

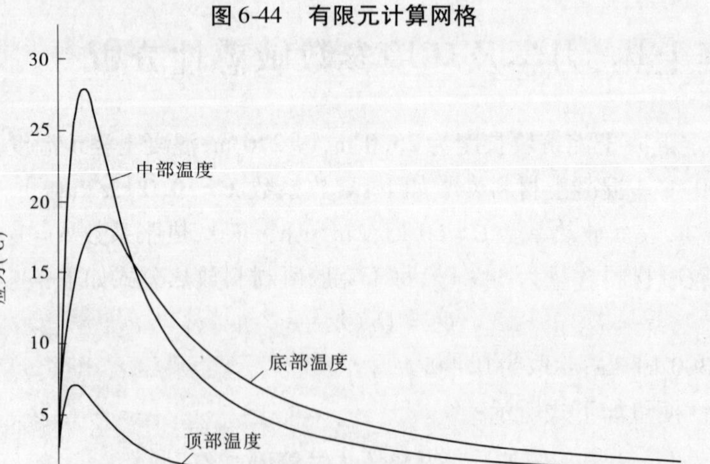

图 6-45　温度变化过程

高温度可达到 28 ℃,在随后的降温过程中,中部混凝土的降温速率高于底部混凝土,并于 279 h 时中部混凝土温度开始低于底部混凝土温度。从图 6-46 可以看出,中部混凝土应力变化最为剧烈,一开始为压应力,最大值达到 1.65 MPa,后逐渐变为拉应力,最大值达到 2.14 MPa。从图 6-47 可以看出,中部混凝土开裂风险最大,达到 96%。

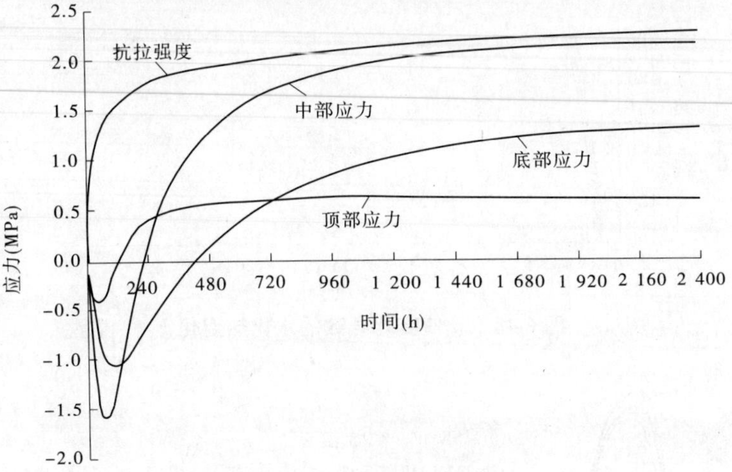

图 6-46　应力变化过程

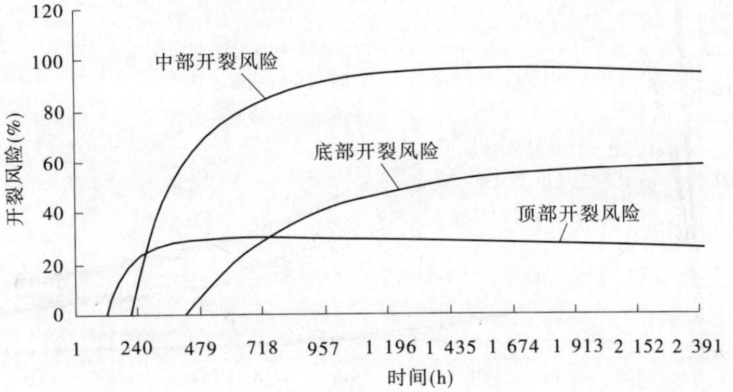

图 6-47　开裂风险变化过程

水化热公式(6-81)中 m 值分别增大和减小 10%,导致水化热、混凝土温度、应力和开裂风险变化如图 6-48 ~ 图 6-51 所示。从图 6-48 可以看出,m 值增大,早期放热速率加快,但最终水化热量不变。从图 6-49 可以看出,m 值增大,混凝土温度上升速率加快,温度最高值有所增加,达到温度最高值后降温速率也相应加快,最终温度与 m 值不变或减小 10% 时相接近。从图 6-50 可以看出,m 值增大,混凝土应力变化速率加快,最大压应力和拉应力都有所增大。从图 6-51 可以看出,m 值增大,开裂风险增加,m 值增大 10%,混凝土中部开裂风险增大 3.2%。

混凝土比热分别增加和减小 10%,混凝土温度、应力和开裂风险变化如图 6-52 ~ 图 6-54 所示。从图 6-52 可以看出,混凝土比热减小 10%,混凝土中部最高温度增加 7.8%,底部最高温度增加 9.3%,顶部最高温度增加 6.3%。从图 6-53 可以看出,比热减小 10%,混凝土中部最大压应力和拉应力分别增大 7.6% 和 6.91%。从图 6-54 可以看

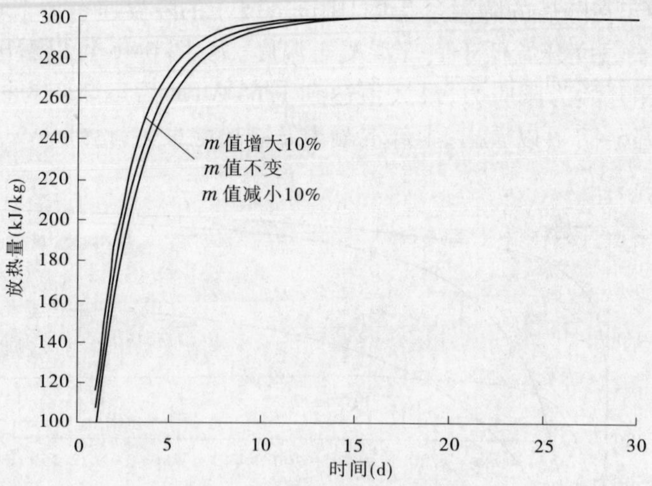

图 6-48　m 值变化导致的水化热变化

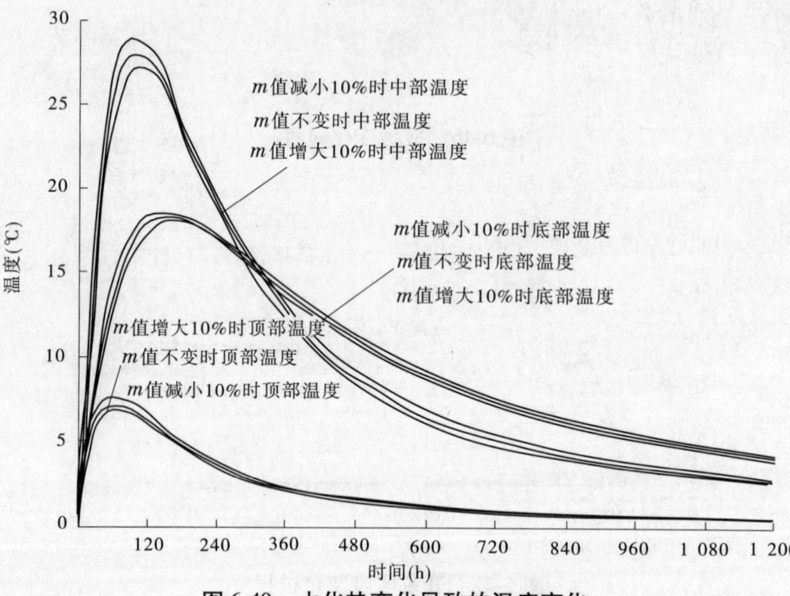

图 6-49　水化热变化导致的温度变化

出,比热减小 10%,混凝土顶面、中部和底部开裂风险分别增大 2.0%、7.3% 和 5.3%。

将混凝土导热系数分别增大和减小 10%,混凝土温度、应力和开裂风险变化如图 6-55 ~ 图 6-57 所示。从图 6-55 可以看出,导热系数减小 10%,混凝土中部最高温度增加 2.9%。从图 6-56 可以看出,导热系数减小 10%,混凝土中部最大压应力和最大拉应力分别增大 2.7% 和 3.2%。从图 6-57 可以看出,导热系数减小 10%,混凝土顶面、中部、底部最大开裂风险分别为 29%、98.6% 和 59%。

混凝土热膨胀系数变化引起的应力和开裂风险变化如图 6-58 和图 6-59 所示。从两图中可以看出,混凝土热膨胀系数增大,混凝土应力和开裂风险都会增大,如混凝土热膨胀系数增大 10%,混凝土中部最大压应力、最大拉应力和最大开裂风险分别增大 10.2%、9.9% 和 9.3%。

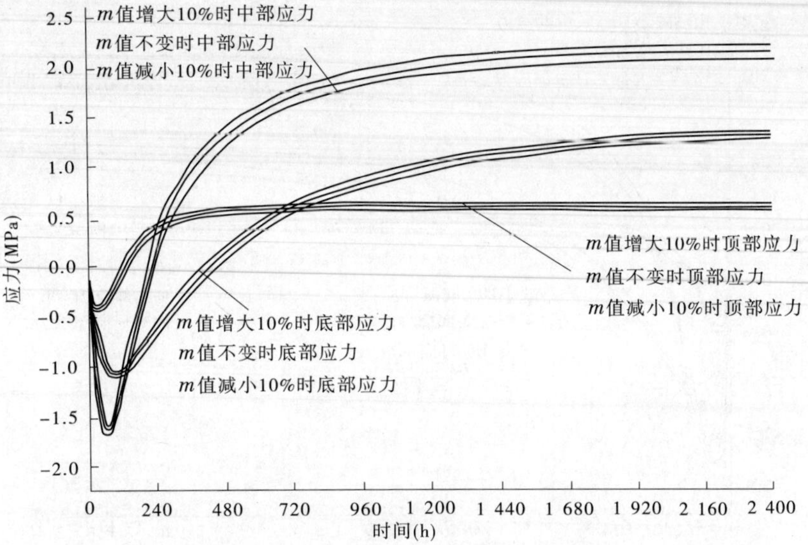

图 6-50　水化热变化导致的应力变化

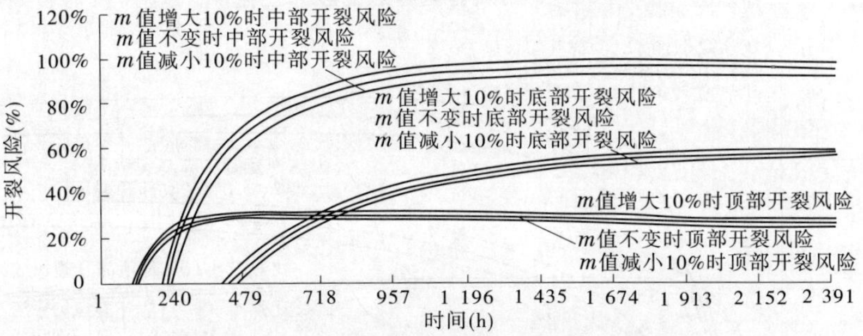

图 6-51　水化热变化导致的开裂风险变化

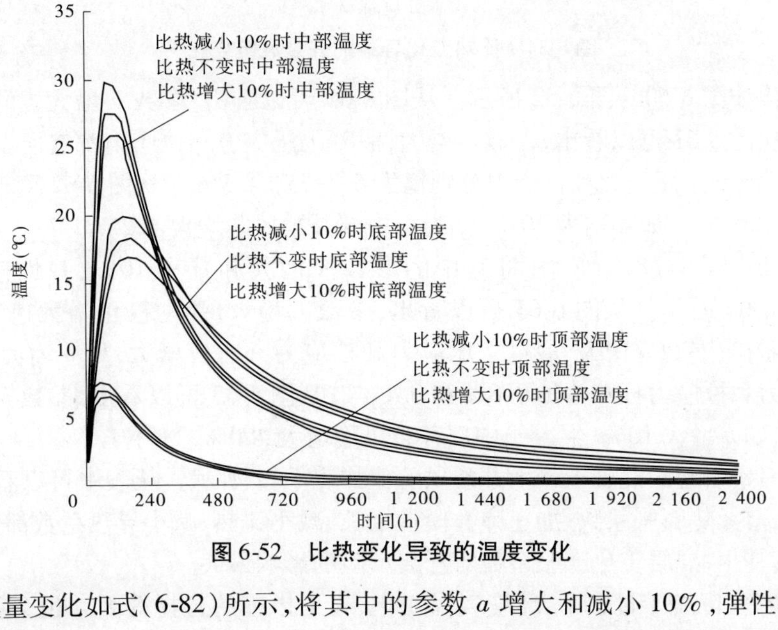

图 6-52　比热变化导致的温度变化

弹性模量变化如式(6-82)所示，将其中的参数 a 增大和减小 10%，弹性模量、应力、

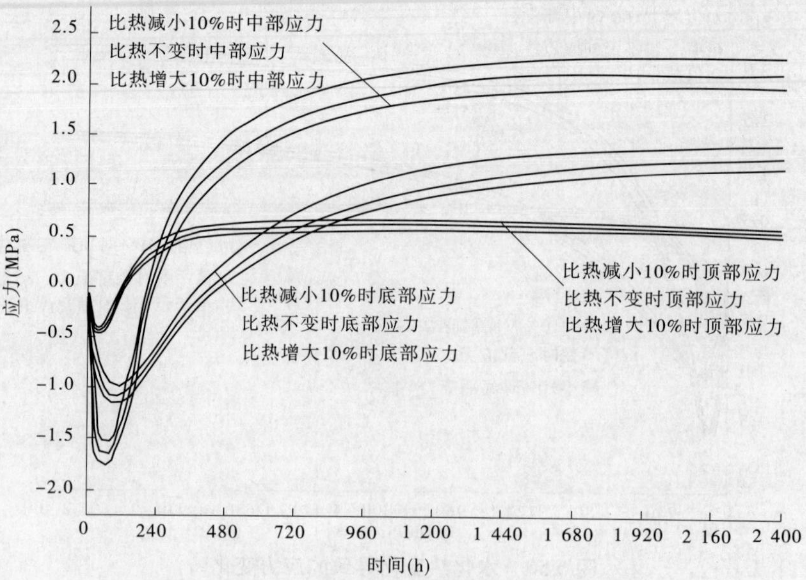

图 6-53 比热变化导致的应力变化

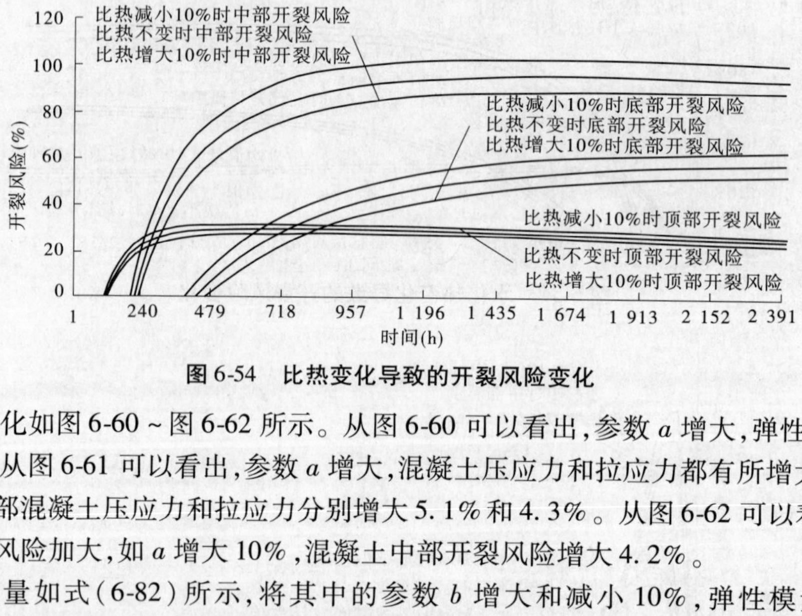

图 6-54 比热变化导致的开裂风险变化

开裂风险变化如图 6-60 ~ 图 6-62 所示。从图 6-60 可以看出，参数 a 增大，弹性模量增大速率加快。从图 6-61 可以看出，参数 a 增大，混凝土压应力和拉应力都有所增大，如 a 增大 10%，中部混凝土压应力和拉应力分别增大 5.1% 和 4.3%。从图 6-62 可以看出，参数 a 增加开裂风险加大，如 a 增大 10%，混凝土中部开裂风险增大 4.2%。

弹性模量如式(6-82)所示，将其中的参数 b 增大和减小 10%，弹性模量变化如图 6-63 ~ 图 6-65 所示。从图 6-63 可以看出，参数 b 增大，弹性模量增大速率加快。从图 6-64 可以看出，参数 b 增大，混凝土压应力和拉应力都有所增大，如 b 增大 10%，中部混凝土压应力和拉应力分别增加 3.8% 和 0.1%。从图 6-65 可以看出，参数 b 增大，则开裂风险加大，如 b 增大 10%，混凝土中部开裂风险增大 4.0%。

各影响因素引起的混凝土最大开裂风险值如表 6-12 所示。从表中可以看出，加大水化放热速率、增大热膨胀系数、加速弹性模量增长、减小比热、减小导热系数都会增大混凝土开裂风险，其中，混凝土热膨胀系数对开裂风险的影响最大。

算例 2：在实际施工过程中，环境气温变化、施工措施的选择等因素也会影响大体积

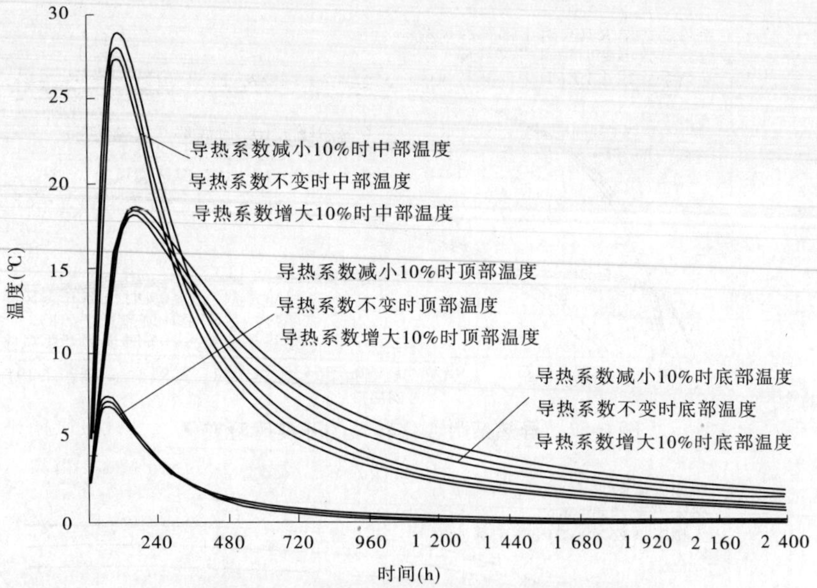

图 6-55　导热系数变化导致的温度变化

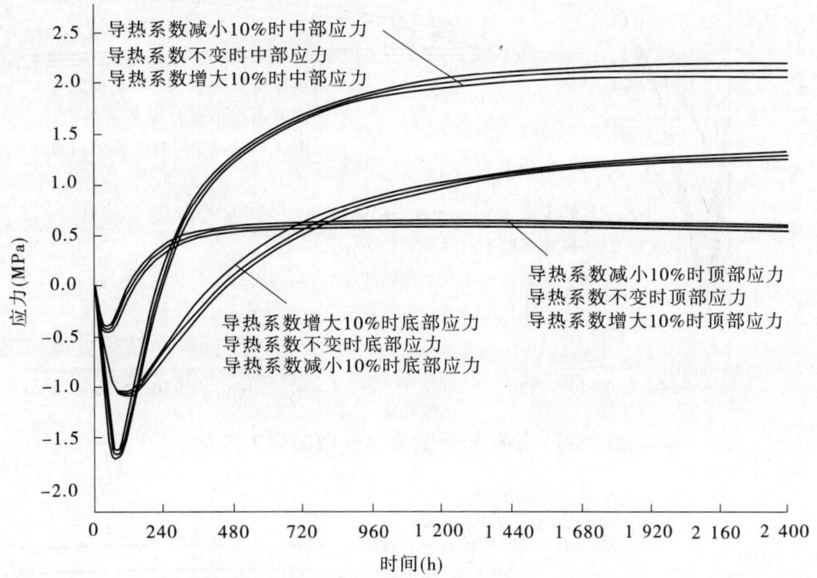

图 6-56　导热系数变化导致的应力变化

混凝土早期温度、应力的变化，以算例 1 为例，对温度变化、拆模时间、保温措施等因素进行研究。将算例 1 中的某些条件进行修改和补充，混凝土入模温度为 12 ℃，基础温度 4 ℃，日平均气温为 4 ℃，日温差 6 ℃，按余弦函数周期变化，混凝土表面采用 20 mm 厚木模板等效散热系数 27.73 kJ/(m^2 · h · ℃)，7 d 拆模。

计算结果如图 6-66 ~ 图 6-68 所示，由于考虑气温随时间的变化，混凝土表面温度和应力也因此作周期性变化，中心和底部的温度、应力影响较小，没有呈周期性变化，顶部开裂风险最高达 88%，与应力和温度一样呈周期性变化，中部开裂风险在 20 d 左右达到

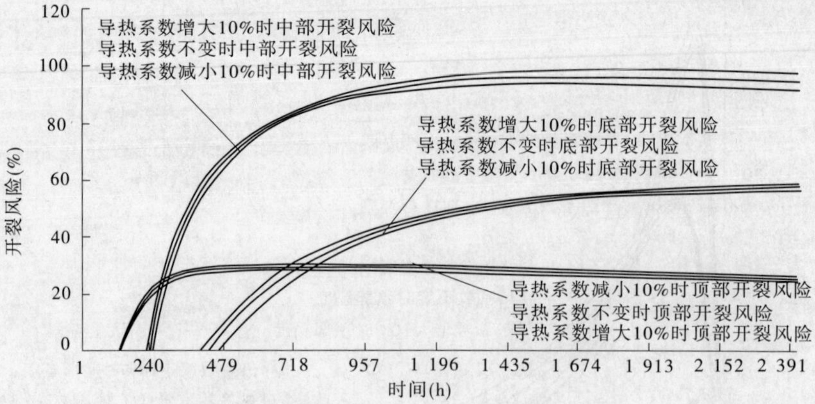

图 6-57 导热系数变化导致的开裂风险变化

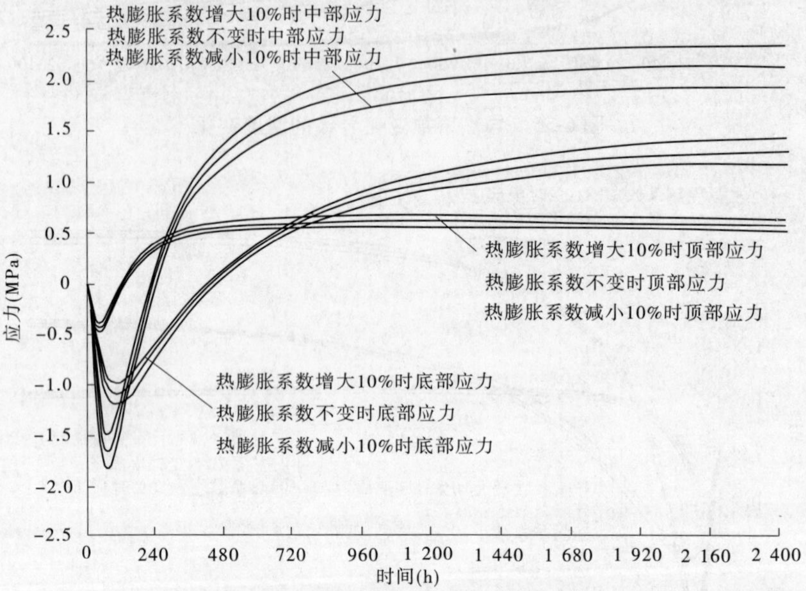

图 6-58 热膨胀系数变化导致的应力变化

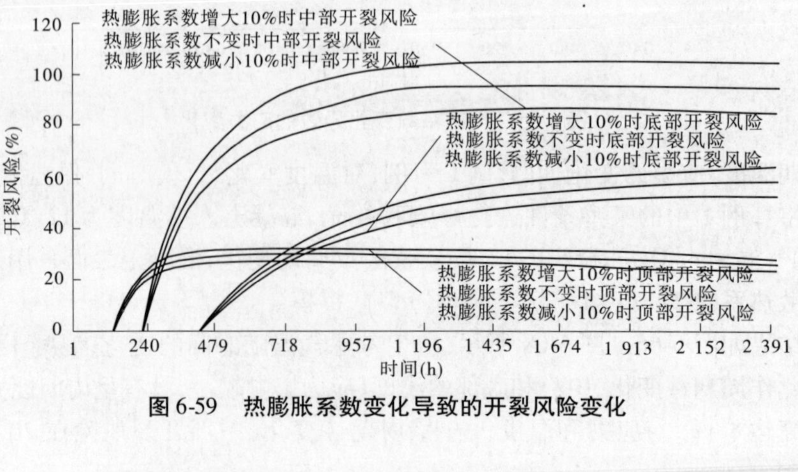

图 6-59 热膨胀系数变化导致的开裂风险变化

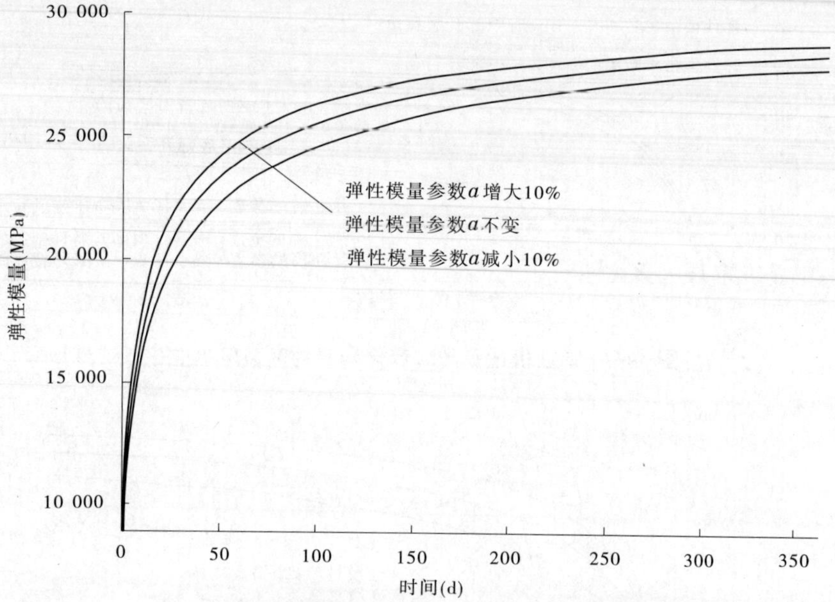

图 6-60　弹性模量参数 a 变化导致的弹性模量变化

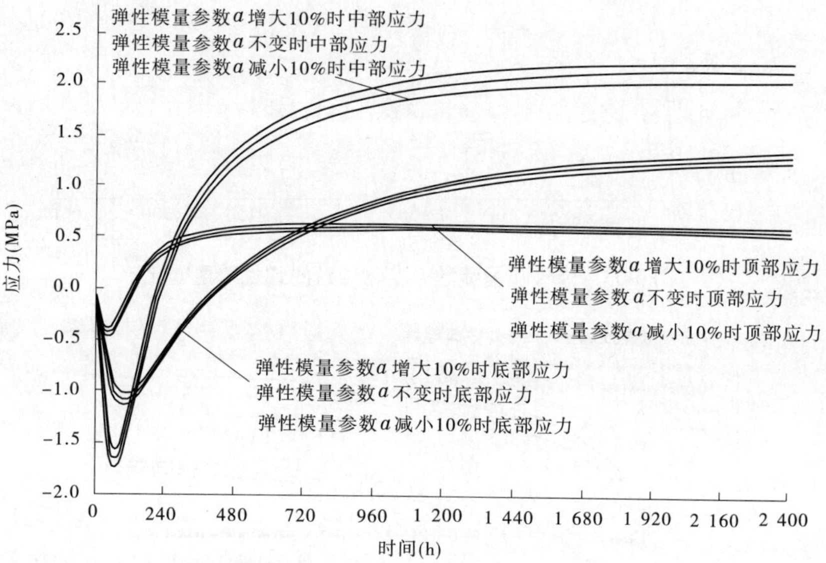

图 6-61　弹性模量参数 a 变化导致的应力变化

100%。

散热系数分别增大和减小 10%，温度、应力计算结果如图 6-69 和图 6-70 所示，由于应力变化不大，将顶部、中部和底部应力分别局部放大，如图 6-71 ~ 图 6-73 所示。从图中可以看出，散热系数增大，各部位温度减小，顶部较为明显，中部和底部不明显，各部位拉应力出现时间提前，因此在混凝土施工期应注意混凝土表面的保温。

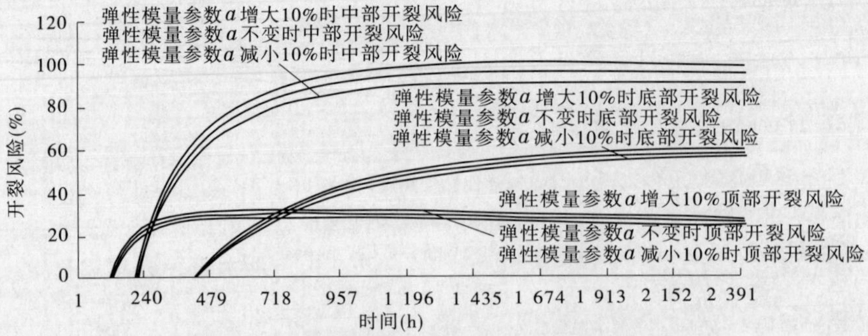

图 6-62　弹性模量参数 a 变化导致的开裂风险变化

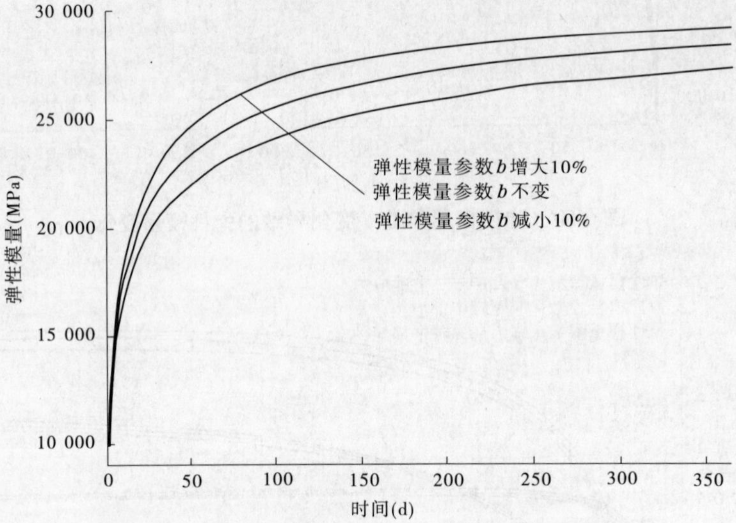

图 6-63　弹性模量参数 b 变化导致的弹性模量变化

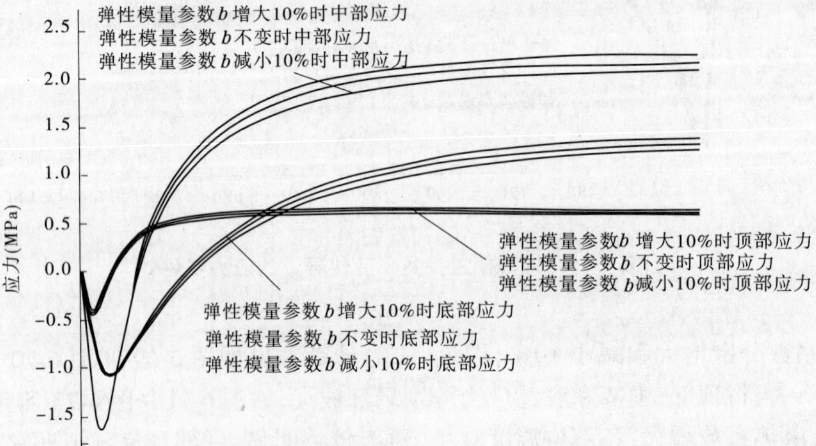

图 6-64　弹性模量参数 b 变化导致的应力变化

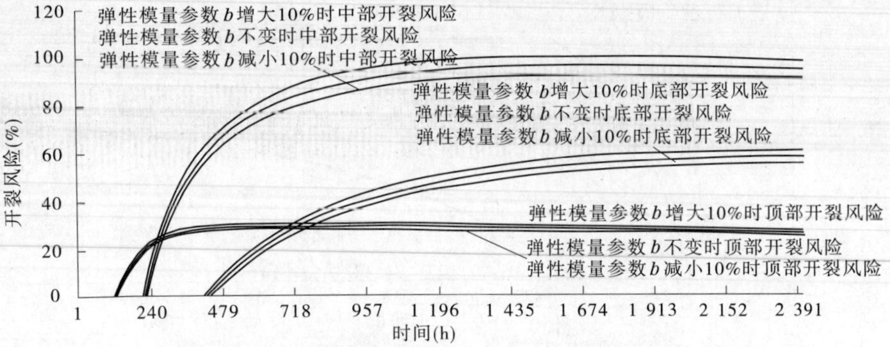

图 6-65　弹性模量参数 b 变化导致的开裂风险变化

表 6-12　参数变化引起的最大开裂风险的变化

参数	变化幅度	顶部开裂风险增量(%)	中部开裂风险增量(%)	底部开裂风险增量(%)
弹性模量	$a+10\%$	1.6	4.2	1.9
	$a-10\%$	-1.7	-4.7	-2.2
	$b+10\%$	0.8	4.0	2.6
	$b-10\%$	-0.8	-4.2	-2.9
膨胀系数	+10%	2.5	9.3	5.5
	-10%	-2.5	-9.3	-5.5
导热系数	+10%	-0.8	-2.3	-0.8
	-10%	0.9	2.6	0.7
比热	+10%	-1.7	-6.3	-4.6
	-10%	2.0	7.3	5.3
水化热	$m+10\%$	1.1	3.2	1.6
	$m-10\%$	-1.2	-3.5	-1.8

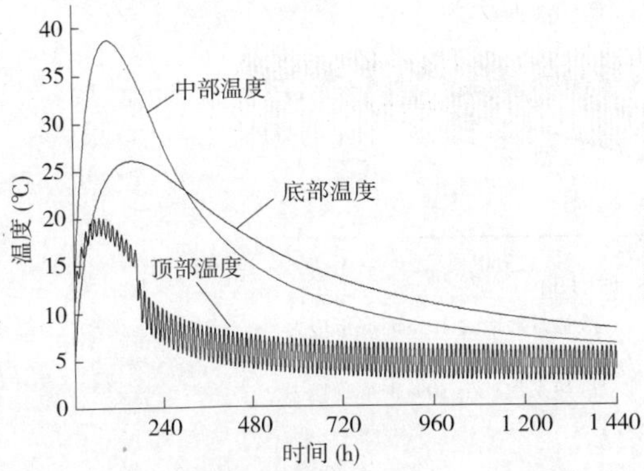

图 6-66　温度变化过程

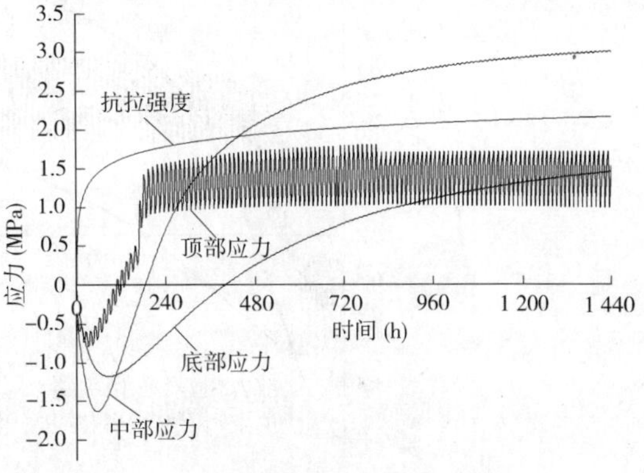

图 6-67　应力变化过程

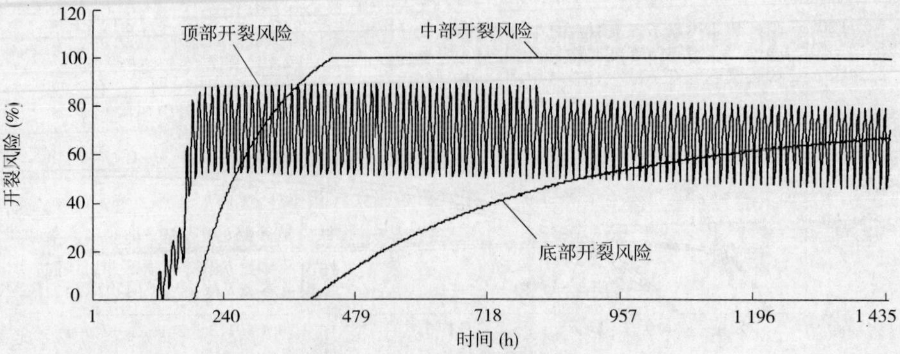

图 6-68　开裂风险变化过程

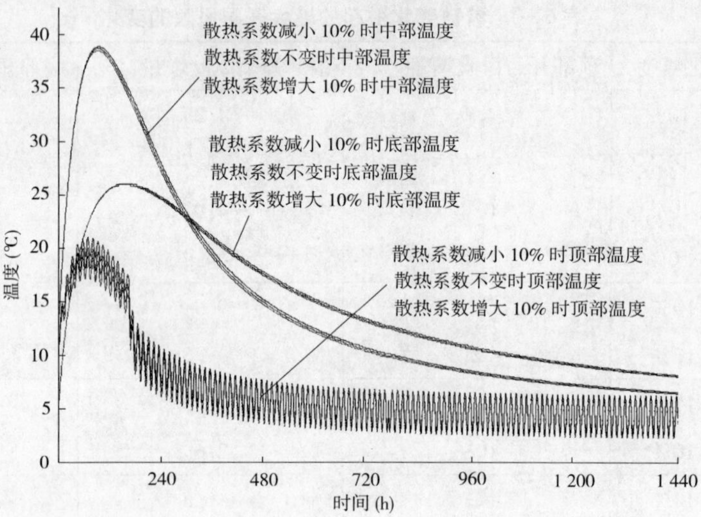

图 6-69　散热系数变化导致的温度变化

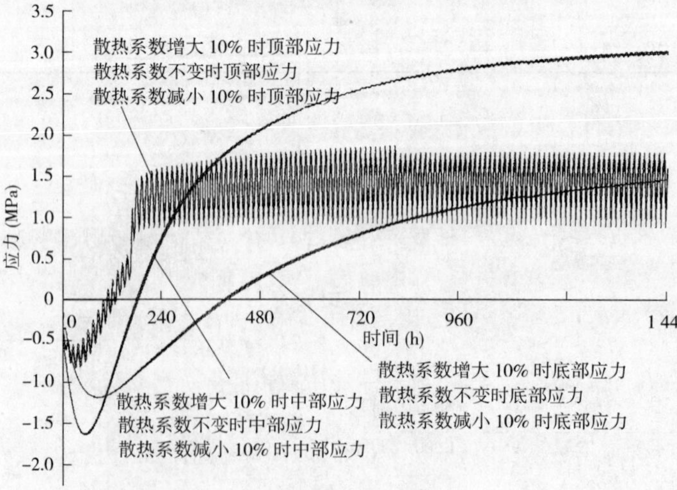

图 6-70　散热系数变化导致的应力变化

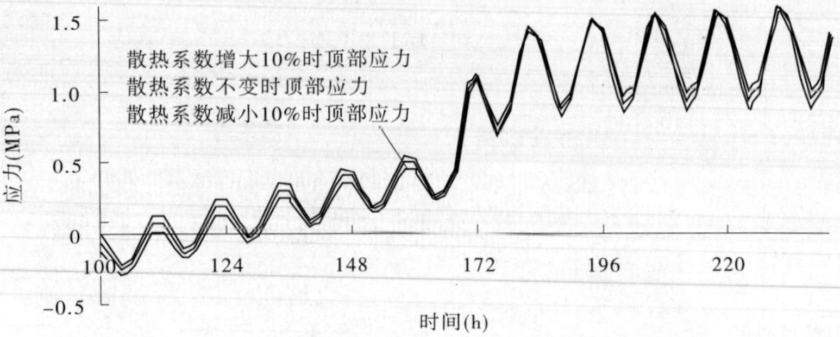

图 6-71　散热系数变化导致的顶部应力变化

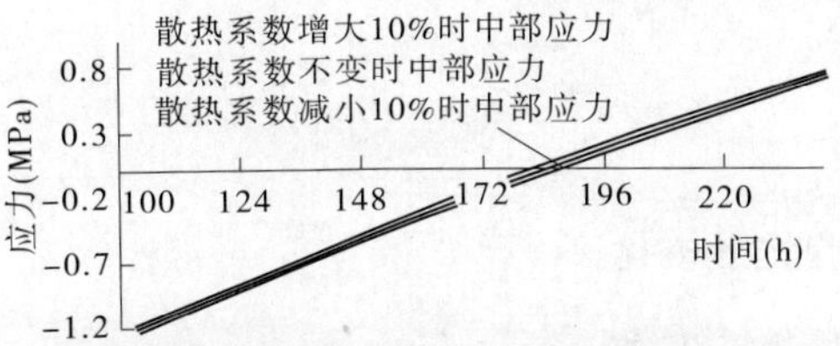

图 6-72　散热系数变化导致的中部应力变化

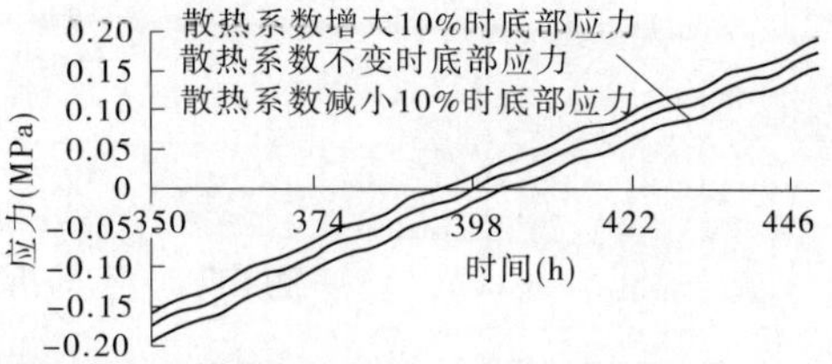

图 6-73　散热系数变化导致的底部应力变化

拆模时间分别为 7 d、14 d 和 28 d，温度、应力计算结果如图 6-74、图 6-75 所示，将顶部、中部和底部应力局部放大，如图 6-76～图 6-78 所示。从图中可以看出，拆模后混凝土顶部会发生拉应力陡增，且拆模越晚增幅越小。另外，拆模越晚，中部和底部拉应力出现时间推迟，但后期应力发展较快，最终应力大小与拆模时间关系不大，可能是拆模时间推迟，内部保温效果好，但一旦拆模，内外温差陡增，导致后期应力迅速增大，因此在注重混凝土表面保温的同时，应该加强混凝土内部的散热。

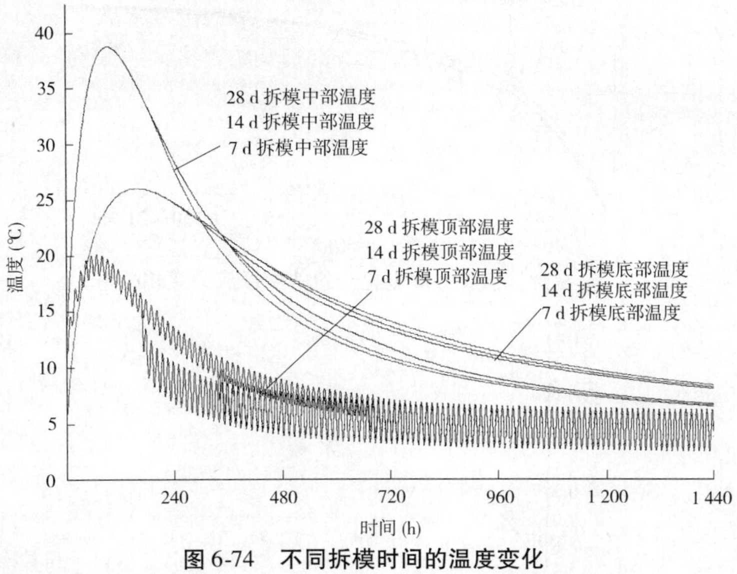

图 6-74　不同拆模时间的温度变化

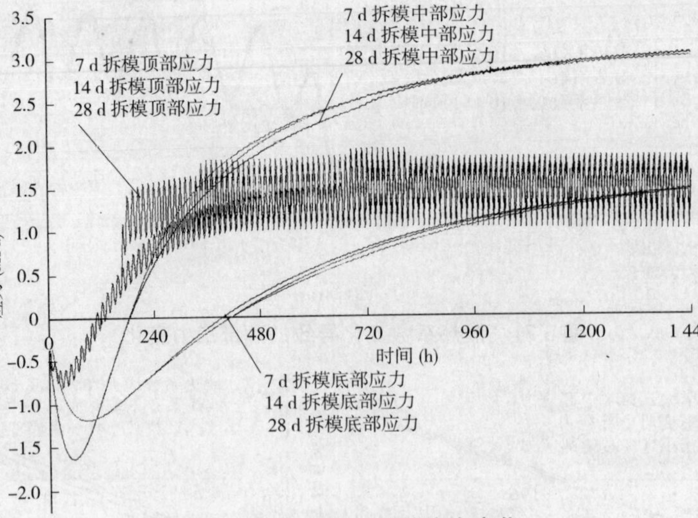

图 6-75　不同拆模时间的应力变化

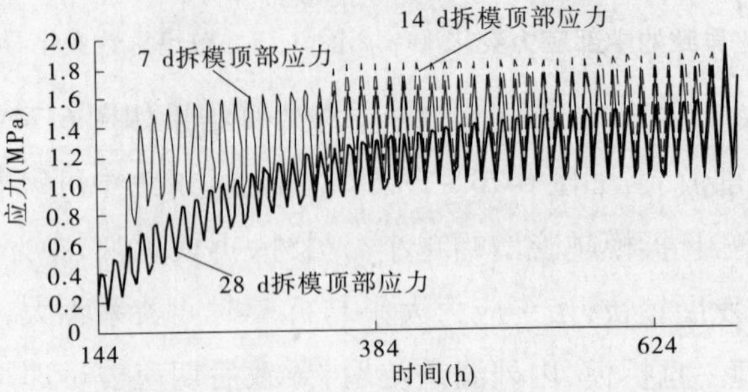

图 6-76　拆模时间变化导致的顶部应力变化

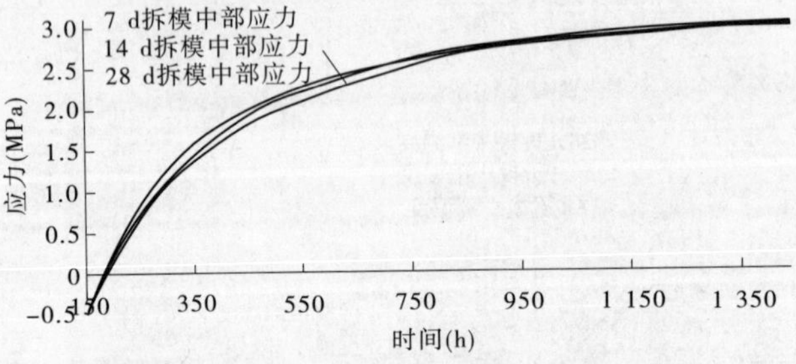

图 6-77　拆模时间变化导致的中部应力变化

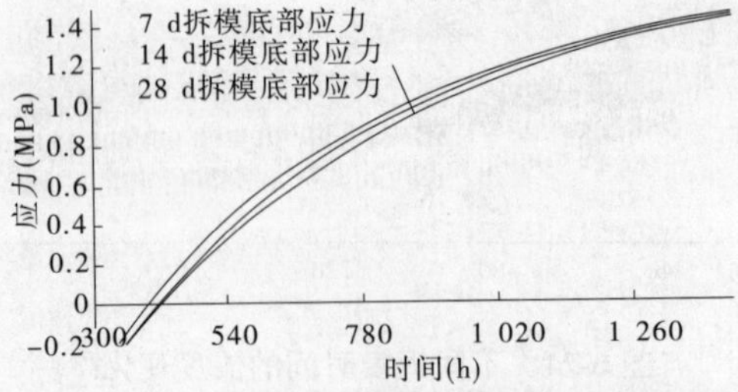

图 6-78　拆模时间变化导致的底部应力变化

6.8 小 结

(1)研制开发了 CTS－ANSYS 程序,全面系统地实现了非杆系混凝土结构施工期温度场和温度徐变应力的仿真计算,包括考虑施工过程(浇筑温度、浇筑层厚度、浇筑时间、间歇时间、拆模时间、水管冷却等)及自然条件(气温、日照、风速等)等复杂影响因素,成功解决了 ANSYS 不能直接计算施工期混凝土温度徐变应力的缺陷。

(2)通过经典算例计算结果和编制的 CTS－ANSYS 程序对混凝土施工期温度场及应力场计算模块仿真计算结果对比,二者基本一致,验证了二次开发模块的正确性,为 CTS－ANSYS 程序应用于水工混凝土建筑物温度及徐变温度应力场仿真分析奠定了基础。

(3)运用 CTS－ANSYS 程序研究了混凝土热学、力学参数对混凝土早期温度、应力和开裂风险的影响,加速水化放热速率、增大热膨胀系数、加速弹性模量增长、减小比热、减小导热系数都会增大混凝土开裂风险,在施工期应注意混凝土的表面保温和内部散热。

参考文献

[1] Abdol R Chini, Arash Parham. Abiabatic Temperature Rise of Mass Concrete in Florida [R]. Florida: Florida Department of Transportation, 2005.

[2] John Gajda, Martha Vangeem. Controlling Temperatures in Mass Concrete [J]. Concrete International, 2002(1):59-62.

[3] Portland Cement Association. Design and Control of Concrete Mixtures (13th Edition) [M]. Skokie: Ill., 1988.

[4] Cervera M, Faria R, Oliver J, Prato T. Numerical Modelling of Concrete Curing, Regarding Hydration and Temperature Phenomena [J]. Computers and Structures, 2002(80): 1511-1521.

[5] Browne, van Geem. Are Temperature Requirements in Mass Concrete Specification Reasonable[J]. Concrete Construction Magazine, 2001(10):68-70.

[6] USA Army Corps of Engineers. Thermal Studies of Mass Concrete Structures [R]. Washington D C: Department of the Army, 1997.

[7] Harold W B. Genernal Relation of Heat Flow Factors to the Unit Weight of Concrete [R]. English: Portland Cement Association, 1967:48-60.

[8] 朱伯芳.考虑温度影响的混凝土绝热温升表达式[J].水利发电学报, 2003, 81(2):69-73.

[9] 张子明, 冯树荣, 石青春, 等. 基于等效时间的混凝土绝热温升[J]. 河海大学学报自然科学版, 2004(5): 573-577.

[10] 张子明, 郑国芳, 宋智通.基于等效时间的早期混凝土温度裂缝分析[J].水利水运工程学报, 2004(3): 41-44.

[11] 张子明, 宋智通, 黄海燕.混凝土绝热温升和热传导方程的新理论[J].河海大学学报, 2002, 30(3): 1-5.

[12] 张子明, 郭兴文, 杜荣强.水化热引起的大体积混凝土墙应力与开裂分析[J]. 河海大学学报:自然科学版, 2002,30(5):12-16.

[13] 张子明, 张研, 宋智通.水化热引起的大体积混凝土墙温度分析[J]. 河海大学学报:自然科学版,

2002,30(4):22-26.

[14] Glasstone S, Laidler K J, Eyring H. The Theory of Rate Processes [M]. New York: McGraw-Hill Book Company, 1941.

[15] Byfors J. Plain Concrete at Early Ages Research 3:80[R]. Stockholm: Swedish Cement and Concrete Research Institute, 1980.

[16] Naik T R. "Maturity Functions Concrete Cured during Winter Conditions" in Temperature Effects on Concrete [M]. USA: ASTM Special Technical Publication, 1985.

[17] Malhorta V M, Carino N J. CRC Handbook on Nondestructive Testing of Concrete [M]. Florida: CRC Press, 1991.

[18] Freiesleben Hansen P, Pedersen E J. Maturity Computer for Controlling Curing and Hardening of Concrete [J]. Nordisk Betong, 1977, 1(19):21-25.

[19] 马跃峰. 基于水化度的混凝土温度与应力研究[D]. 南京. 河海大学,2006.

[20] Kjellsen K O, Detwiler R J. Later-Age Strength Prediction by a Modified Maturity Model [J]. ACI Materials Journal, 1993, 90(3):220-227.

[21] Nakamura H, Hamada S, Tanimoto T. Estimation of Thermal Cracking Resistance for Mass Concrete Structures With Uncertain Material Properties [J]. ACI Structural Journal, 1999, 96(4):509-518.

[22] Knudsen T. Modeling Hydration of Portland Cement—the Effect of Particle Size Distribution [C]. Young J F. Characterization and Performance Prediction of Cement and Concrete. New Hampshire: United Engineering Trustees, 1982:125-150.

[23] Scanlon J M, McDonald J E. Thermal Properties, Significance of Tests and Properties of Concrete and Concrete-Making Materials [C]. Klieger P, and Lamonds J F. ASTM Special Technical Publication No 169C, Philadelphia: ASTM, 1994:229-239.

[24] Khan A A, Cook W D, Mitchell D. Thermal Properties and Transient Analysis of Structural Members during Hydration [J]. ACI Materials Journal, 1998(3):293-302.

[25] ACI 207.4R-93. Cooling and Insulating Systems for Concrete[R]. UAS:ACI,1993.

[26] ACI 224R-01. Control of Cracking in Concrete Structures[R]. UAS:ACI,2001.

[27] 朱伯芳. 考虑水管冷却效果的混凝土等效热传导方程[J]. 水利学报,1991(3): 28-34.

[28] 朱伯芳. 考虑外界温度影响的水管冷却等效热传导方程[J]. 水利学报,2003(1): 49-54.

[29] Jin Keun Kim, Kook Han Kim, Joo Kyoung Yang. Thermal Analysis of Hydration Heat in Concrete Structures with Pipe-cooling System [J]. Computers and Structures, 2001(79): 163-171.

[30] Tanabe T, Mizobuchi T. Analysis of Cooling Effect of Pipe Cooling System in Massive Concrete and Determination of the Coefficient of Thermal Convection at the Surface of Cooling Pipe[J]. Trans JCI 1983 (5): 77-82.

[31] Hans Hedlund, Patrik Groth. Air Cooling of Concrete by Means of Embedded Cooling Pipes- Part I: Laboratory Tests of Heat Transfer Coefficients [J]. Materials and Structures, 1998(31): 329-334.

[32] Patrik Groth, Hans Hedlund. Air Cooling of Concrete by Means of Embedded Cooling Pipes- Part II: Application in Design [J]. Materials and Structures,1998(31): 387-392.

[33] 朱岳明, 贺金仁, 肖志乔, 等. 混凝土水管冷却试验与计算及应用研究[J]. 河海大学学报:自然科学版,2003,31(6):626-629.

[34] ANSYS. ANSYS Release 9.0 Documentation ANSYS Element Reference[M]. Shanghai:ANSYS,2007.

[35] 邓检强, 朱岳明. 基于超单元形函数坐标变换的有限元网格剖分和冷却水管网格二次剖分方法[J]. 三峡大学学报:自然科学版,2008,30(5):8-12.

[36] 朱伯芳,等. 水工钢筋混凝土结构的温度应力及其控制[J]. 水利水电技术, 2008, 39(9):31-35.
[37] CEB-FIP mode code 1990, Design code. Bulletin Information, 1993:213-314.
[38] Kachanov L M. Time of the Rupture Process under Cree Pconditions[J]. TVZ Akad, Nauk. S. S. K. otd, Tech Nauk, 1958(8):34-40.
[39] Yuan Y, Wan Z L. Prediction of Cracking within Early-age Concrete due to Thermal, Drying and Creep-behavior[J]. Cement and Concrete Research, 2002(32):1053-1059.
[40] Zhu W C, Tang C A. Numerical Simulation on Shear Fracture Process of Concrete Using Mesoscopic Mechanical Model. Construction and Building Materials[J]. 2002(16):453-463.
[41] 唐崇钊. 混凝土的徐变力学与试验技术[M]. 北京:水利电力出版社,1982.
[42] 朱伯芳. 大体积混凝土温度应力与温度控制[M]. 北京:水利电力出版社,2003.

第 7 章 人工气候环境条件下典型水工混凝土结构的综合抗裂性

混凝土热学、力学和变形等特征和施工措施及环境条件影响水工混凝土结构综合抗裂性能。为模拟分层浇筑、模板类型、养护措施及运行时的环境条件对混凝土抗裂性能的影响,在人工气候环境模拟试验室内,分层浇筑典型水工混凝土结构,分别在施工期、养护期和运用期测试其抗裂性能。一方面验证混凝土热学、力学和变形参数的分析结果,另一方面从构件和结构的层次研究水工混凝土结构的综合抗裂性能。并利用开发的仿真分析程序,对综合抗裂性结果进行了分析。

7.1 水工混凝土结构综合抗裂试验

7.1.1 试验概况

在人工气候模拟环境实验室内开展水工混凝土结构模型施工期及运行期的抗裂性能试验研究。

首先,在人工气候实验室内浇筑水工钢筋混凝土结构模型,并在水工混凝土结构模型的混凝土内部及表面布置温度传感器、混凝土应变片、混凝土应变计及湿度传感器。自浇筑后开始,施工期的混凝土内部温度及应变的监测,至养护 28 d 结束。

通过分析水工混凝土结构混凝土施工期的温湿度分布及应变、应力变化,探明水工混凝土结构模型存在开裂风险的区域及相应的抗裂措施,验证本文提出的混凝土综合抗裂性能评价方法。

7.1.2 模型设计

试验中采用的混凝土结构长 4 m,宽 1.8 m,高 1.5 m,第一次浇筑的混凝土厚度为 150 mm,第二次浇筑的混凝土厚度为 250 mm,高度为 1 000 mm。

7.1.3 传感器布置

本文使用的传感器有数字温度传感器、振弦式混凝土应变计、箔式电阻应变片、湿度传感器。

7.1.3.1 温度传感器

为掌控其内部温度变化趋势及准确模拟边界条件,设计在水工混凝土结构混凝土内部不同断面、不同部位、不同厚度或不同深度上布置温度传感器,同时在相应的内外表面布置表面温度传感器。根据这个原则,最终确定 5 个温度传感器断面,数字温度传感器共计 248 个。

水工混凝土结构试验模型内部预埋的温度传感器有 159 个,如图 7-1 所示。水工混凝土结构试验模型表面测温的温度传感器有 89 个。

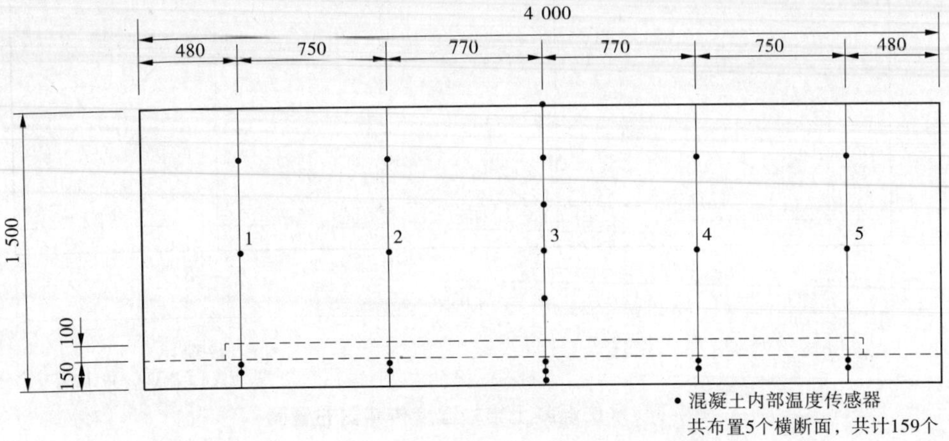

图 7-1 水工混凝土结构预埋温度传感器布置图

7.1.3.2 应变片

混凝土表面应变片布置 4 个断面,第二次浇筑部位应变片竖向布置,第一次浇筑后应变片沿横向宽度方向,均与应变计方向一致,如图 7-2 所示。

7.1.3.3 混凝土应变计

选取距离水工混凝土结构内侧端部 1 600 mm 处的一个断面预埋 10 只振弦式应变计。

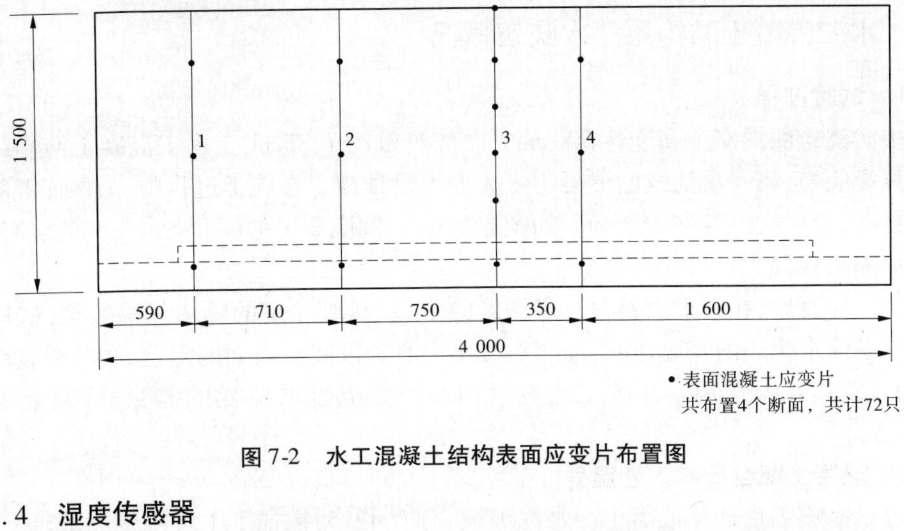

图 7-2 水工混凝土结构表面应变片布置图

7.1.3.4 湿度传感器

湿度传感器 22 只,布置图见图 7-3。湿度传感器布置在第二次浇筑不同断面、不同高度,中间断面每个位置预埋 3 只,其深度距离外表面依次为 50 mm、125 mm、200 mm。两侧断面处在每个位置预埋 1 只,其深度距离外表面为 125 mm。

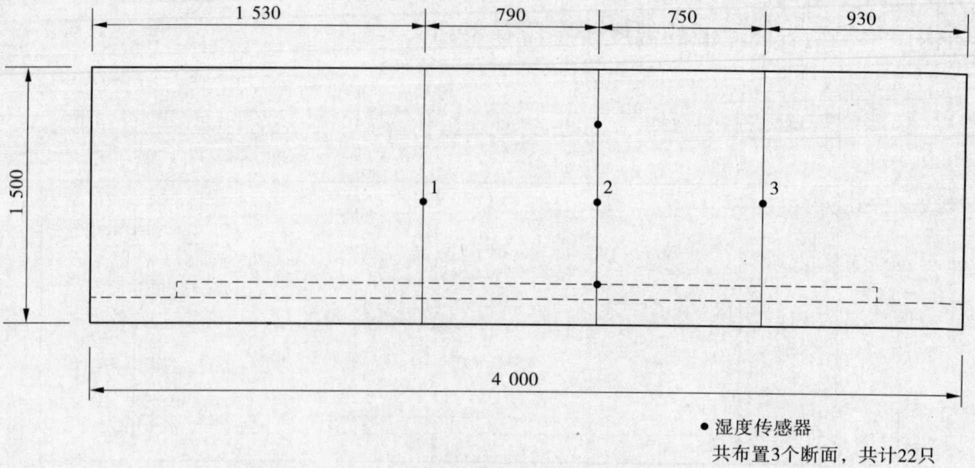

图 7-3　水工混凝土结构湿度传感器布置图

7.1.4　试验设备

人工气候模拟环境实验室有效净空为 10 m×3 m×3 m,温度范围 -20 ~70 ℃,相对湿度 20% ~95%,升降温速率为 0 ~5 ℃/h。人工气候模拟环境实验室主要由气候室本体和机房、控制室构成。

7.2　水工混凝土第一次浇筑施工期的抗裂性

7.2.1　水工混凝土结构第一次浇筑概况

7.2.1.1　试验过程

第一次浇筑的混凝土高度达 500 mm,总浇筑量约 1.85 m^3。水工混凝土结构第一次浇筑部位设底模,第一次浇筑的混凝土上表面不设顶模。在施工过程中,为保证混凝土良好的和易性,第一次浇筑完 150 mm 厚的混凝土后,间隔 2 h 左右再浇筑两侧的混凝土,以避免出现翻浆现象。

混凝土终凝后,在其表面蓄存一定深度的水,水具有一定的隔热保温效果,这样可延缓混凝土表面水化热的降温速率,缩小混凝土中心和混凝土表面的温差,同时在表面覆盖麻袋,加强蓄热保温作用。在施工浇筑后即刻开始温度及应变的监测,持续至第二次浇筑。

7.2.1.2　混凝土配合比和入仓温度

采用 C50 高强度商品混凝土。水泥等级 P·O 42.5,掺加了Ⅰ级粉煤灰和 S95 矿粉,有利于防止大体积混凝土早期开裂。外加剂有 JM-3 膨胀剂及 JM-8 高效减水剂,砂的细度模数为 2.6,石的粒径为 5 ~31.5 mm。混凝土的配合比见表 7-1。

表 7-1　第一次浇筑的混凝土配合比　（单位：kg/m^3）

浇筑次数	水	水泥	粉煤灰	矿粉	砂	石	膨胀剂	高效减水剂
第一次浇筑	170	425	60	60	597	1 053	35	8.7

第一次浇筑持续 4 h 左右。室外最高气温为 36 ℃，外界气温高于混凝土的出机口温度，混凝土出搅拌车后在运输过程中吸收热量，导致混凝土的入仓温度较高。浇筑初期的混凝土入仓温度最高达 37.8 ℃，后期随气温降低有减小趋势（见表 7-2）。

表 7-2　第一次浇筑的混凝土入仓温度

时间	14:30	14:31	14:33	14:46
入仓温度（℃）	37.8	37.3	36.8	36.8

7.2.2　第一次浇筑施工期混凝土的温度场

7.2.2.1　不同龄期下温度等值线分布

根据所测的结果，选取若干典型断面进行具体分析。如图 7-4 所示，定义模型宽度方向为 X 轴，模型高度方向为 Y 轴，模型长度方向为 Z 轴。其中，断面 3 是中间控制断面，A—A 剖面是第一次浇筑垂直于 Y 轴的剖面，B—B 剖面是垂直于 X 轴方向的第一次浇筑剖面。

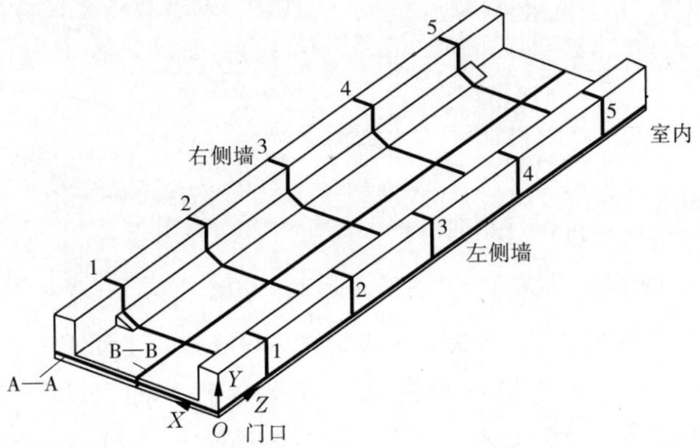

图 7-4　水工混凝土结构第一次浇筑的坐标及剖面定义

对于第一次浇筑，其内部温度场在浇筑后 1 d、3 d、5 d 及 14 d 的分布情况如图 7-5 ~ 图 7-8 所示。

由图 7-5 可知，浇筑后 1 d 混凝土内部温度范围分布不等，且存在明显规律。此时的环境气温在 34.5 ℃左右。

从断面 3 的温度等值线分布图可知，该断面左右结构温度接近对称分布，此时内部温度处于峰值附近，同时断面内温度分布呈现内高外低的趋势，在 38 ~ 58 ℃范围内。其中，等值线在第一次浇筑与第二次浇筑交接的拐角处分布密集，左右两侧各形成一个核形高

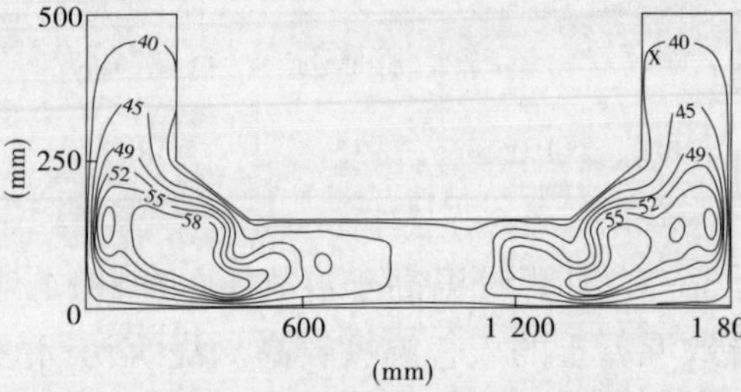

(a)断面3内部温度场等值线分布图

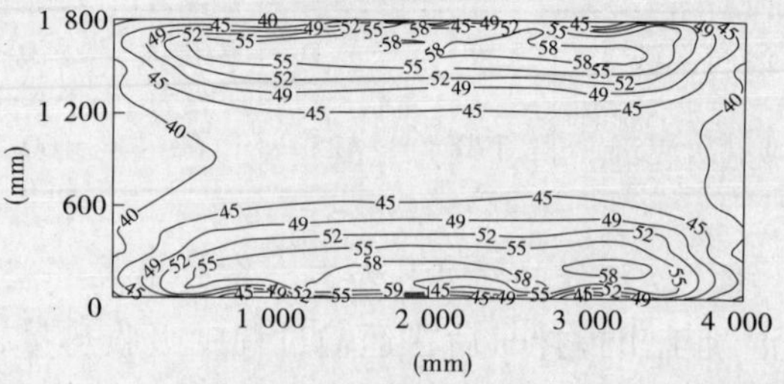

(b)A—A剖面内部温度场等值线分布图

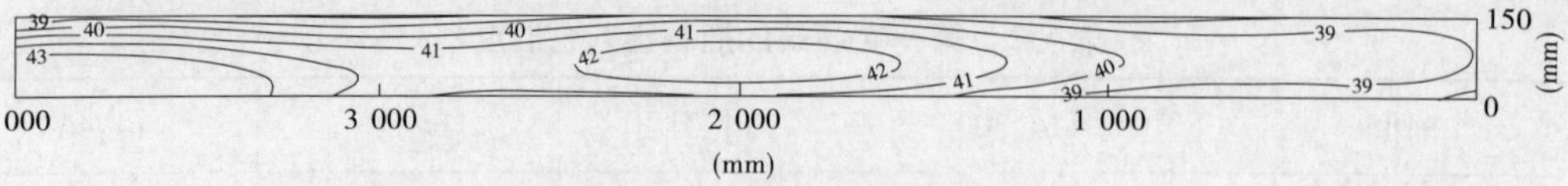

(c)B—B剖面内部温度场等值线分布图

图 7-5　浇筑后 1 d 各剖面温度分布图　(单位:℃)

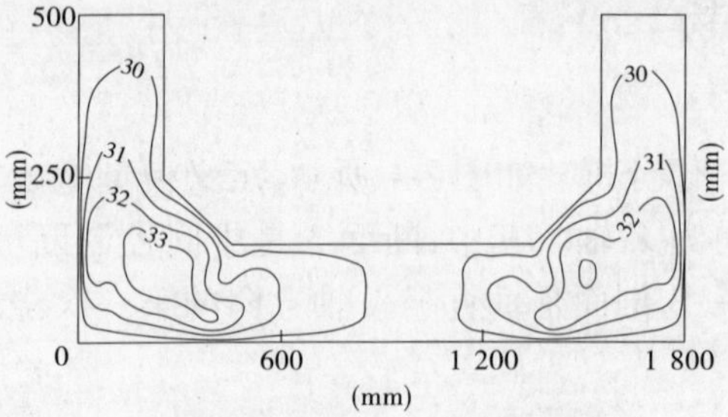

(a)断面3内部温度场等值线分布图

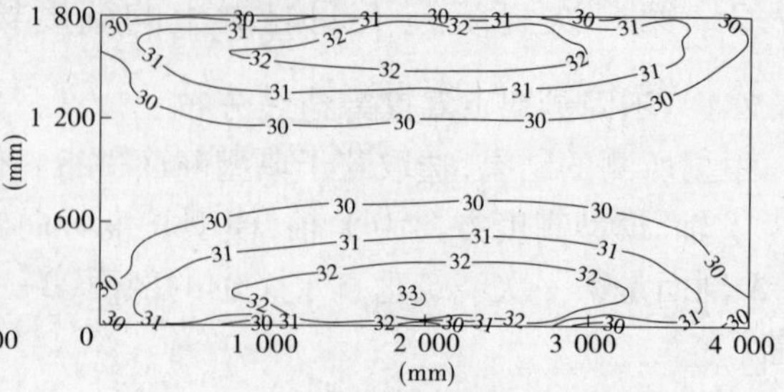

(b)A—A剖面内部温度场等值线分布图

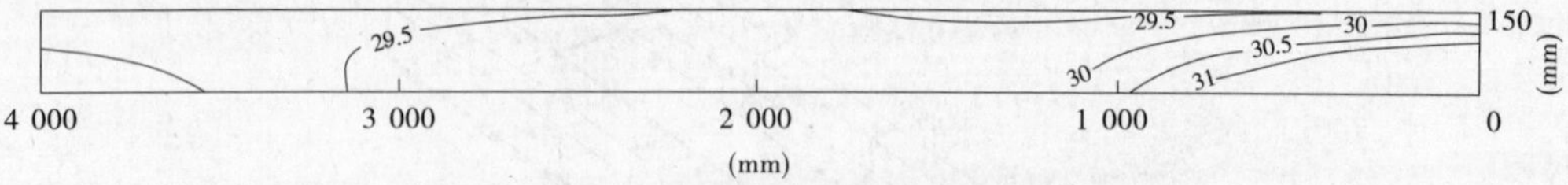

(c)B—B剖面内部温度场等值线分布图

图 7-6　浇筑后 3 d 各剖面温度分布图　(单位:℃)

温区域。第二次浇筑左侧高温区域集中于 X 轴 0 ~ 600 mm、Y 轴 0 ~ 250 mm 范围内,最大温度达到 58 ℃左右。第二次浇筑右侧高温区域集中于 X 轴 1 200 ~ 1 800 mm、Y 轴 0 ~ 250 mm 范围内,最大温度在 55 ℃左右。第二次浇筑 250 ~ 500 mm 高度处温度在 49 ~ 38 ℃范围内递减。而第一次浇筑在 X 轴 600 ~ 1 200 mm 区域内温度等值线分布较为稀疏,并且第一次浇筑斜角附近的两端温度约49 ℃,明显高于第一次浇筑中部的 42 ℃。表面温度在 38 ℃左右,第二次浇筑内外最大温差约20 ℃,第一次浇筑内外最大温差在 10 ℃左右。

图 7-5(b)为第一次浇筑 75 mm 高度处的 A—A 剖面温度等值线分布图,最低温度为 38 ℃,位于两端部,最高温度为 58 ℃,位于第二次浇筑与第一次浇筑的交界处,第一次浇筑中部区域的温度为 45 ~ 49 ℃。该剖面上温度分布等值线集中在第二次浇筑与第一次浇筑交界处,第一次浇筑中部温度等值线较为稀疏。Z 轴方向上,1 000 ~ 3 500 mm 长度

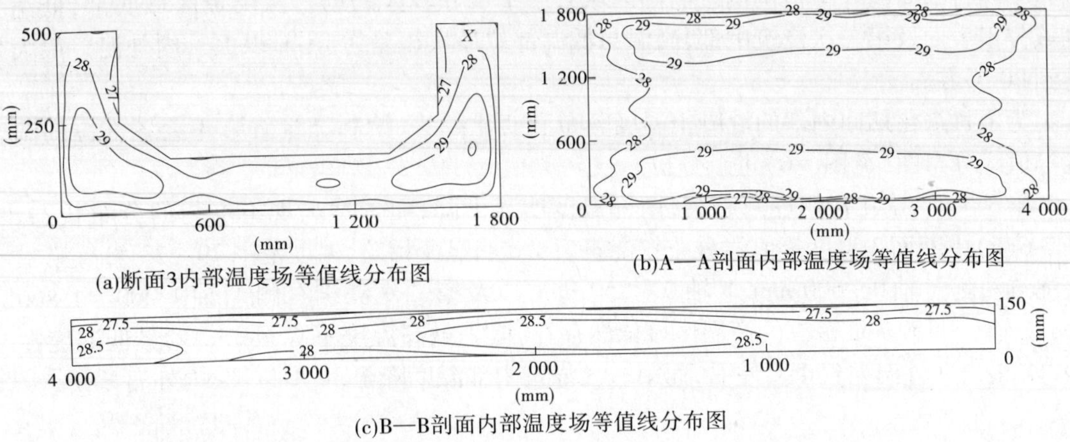

(a)断面3内部温度场等值线分布图

(b)A—A剖面内部温度场等值线分布图

(c)B—B剖面内部温度场等值线分布图

图 7-7　浇筑后 5 d 各剖面温度分布图　（单位：℃）

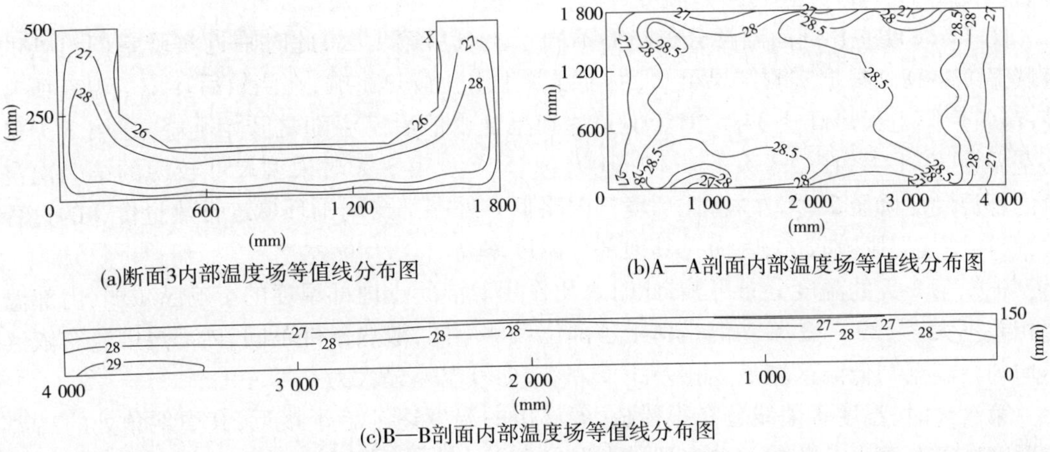

(a)断面3内部温度场等值线分布图

(b)A—A剖面内部温度场等值线分布图

(c)B—B剖面内部温度场等值线分布图

图 7-8　浇筑后 14 d 各剖面温度分布图　（单位：℃）

范围内的区域温度基本接近，呈带形分布，在两端部（Z 轴 0 ~ 500 mm、3 500 ~ 4 000 mm 内）温度较低。沿 X 轴横向宽度方向上，各部位温度分布规律大致与断面 3 相似。

从图 7-5（c）第一次浇筑中部 B—B 剖面中反映出第一次浇筑沿高度方向温度呈现内高外低的分布状态，但由于第一次浇筑厚度较薄，Y 轴方向内部温度相差不大，中心温度 40 ~ 43 ℃，比表面温度 38 ℃仅高出几摄氏度。沿纵向 Z 轴方向温度相差不大，但是分布不对称，人工气候室门口处端部温度低于室内区域的温度。推测为以下原因所致：一方面，门口处空气流动性较好，此时室内环境气温较混凝土内部温度更低，端部混凝土向周围环境散热的速率相对较快，因此该区域混凝土温度相对略低；另一方面，室内端部所在环境较为封闭，内部热量不易散失，导致处于室内的混凝土温度略高于门口处端部混凝土温度。此外，由于各部位材料密实性及浇筑时间不完全一致，Z 轴长度方向上各断面处温度略有差异，因此结构内部温度无法达到完全对称的分布状态。

因此，在浇筑后的第 1 天，水化作用对内部温度的影响十分显著，内部不同区域温度分布不等,在 38 ~ 58 ℃范围内。高温区域集中于尺寸较大的第二次浇筑区域底部,低温区域位于表面及第一次浇筑中部,高温与低温部位最大相差为 15 ℃以上。内外温差最大达到 20 ℃左右。

为了解水化期间内部的混凝土温度分布和变化趋势,绘制浇筑后第 3 天各部位的温度等值线分布图(见图 7-6)进行分析。

第 3 天时,水化作用逐渐趋缓,内部温度明显下降,但依然呈现不均匀的分布状态。图 7-6(a)中断面 3 温度等值线分布较浇筑后 1 d 明显变稀疏,温度范围 29 ~ 33 ℃。第二次浇筑左侧 *X* 轴 0 ~ 600 mm、*Y* 轴 0 ~ 250 mm,以及第二次浇筑右侧 *X* 轴 1 200 ~ 1 800 mm、*Y* 轴 0 ~ 250 mm 范围的高温区域依然存在,但是最高温度下降至 33 ℃,最低温度在 29 ℃,最大内外温差仅 4 ℃左右,而第一次浇筑中部温度降至 30 ℃以下,内外温差仅 1 ~ 2 ℃。

图 7-6(b) A—A 剖面显示,沿 *Z* 轴方向,温度分布基本一致,其中两端部的温度与 1 000 ~ 3 500 mm 长度范围内混凝土温度相比仅低 1 ℃左右。*X* 轴方向上的温度依然是左右两侧高于中部,并且各断面温度较为接近。

图 7-6(c) B—B 剖面温度分布趋势不同于浇筑后第 1 天,此时临近实验室门口处的区域温度略高。根据实测结果可知,由于混凝土水化放热影响,在浇筑后环境气温有所升高,浇筑后第 1 天最高达 34. 5 ℃。但是达到温度峰值后室温随之开始下降,在第 2 天最高室温为 33. 1 ℃,在第 3 天下午 14:30 为 31. 5 ℃。第 3 天时模型尺寸较薄的第一次浇筑内部温度已降至 29 ℃左右,比环境气温略低。外端部与周围环境进行热量传递的过程中,受环境气温影响较大,因而比其他部位温度略高。

根据第 3 天的温度分布可知,此时水化作用对混凝土内部温度的影响已减弱,内部温度相差不大,为 29 ~ 33 ℃。但是由于各部位尺寸不同,散热条件不同,内部温度分布依然不均匀。高温与低温区域最大相差 3 ℃左右,内外温差最大为 4 ℃左右。

第 5 天时,温度等值线分布很稀疏,各部位的温度逐渐趋于接近,其中斜角处的高温核形区域逐渐缩小。断面 3 中内外最大温差 3 ℃左右。图 7-7(b) A—A 剖面显示第一次浇筑大部分区域为 28 ~ 29 ℃,两侧斜角处温度已基本接近中间区域。第一次浇筑沿纵向的两端散热较快,因而温度较低。图 7-7(c) B—B 剖面表明沿着 *Z* 轴方向第一次浇筑内部温度为 27. 5 ~ 28. 5 ℃,基于处于均匀状态。

从浇筑后 14 d 的温度分布图 7-8 可以看出,斜角高温区完全消失,其表面层温度略低,中心区温度略高,并基本稳定在环境气温附近,内外最大温差 3 ℃左右。这表明了水化放热对混凝土内部温度分布的影响已经基本结束,并将逐渐形成一个受环境温度控制、相对平衡稳定的温度分布状态。

从断面 3、第一次浇筑剖面 A—A、剖面 B—B 在浇筑后 14 d 内的温度等值线分布图中得到以下结论:

(1)水化作用对混凝土内部温度影响主要体现在前 3 d,混凝土内部温度存在着一个迅速上升和下降的过程。急剧的温度变化导致混凝土结构产生相应的温度变形,因此早期是出现裂缝的危险时刻。

(2)在水化过程中,各部位截面尺寸以及散热条件等因素不同,使得各部位温度变化规律存在差异。因此，针对不同结构和环境还需要区别对待。

(3)由于不同区域的温度变化幅度不同，因而其温度变形不一致。因此，各部位相互之间存在内部约束。

上述水工混凝土结构模型的内部温度分析基于浇筑后的若干龄期，为探究各部位的混凝土温度随着时间的具体变化过程及其影响因素，还需要进一步分析。

7.2.2.2 温度时程分析

1)混凝土温度时程变化过程概况

第一次浇筑从试验结果来看，内部混凝土温度随时间的变化过程如图7-9所示，大致包括了5个阶段：

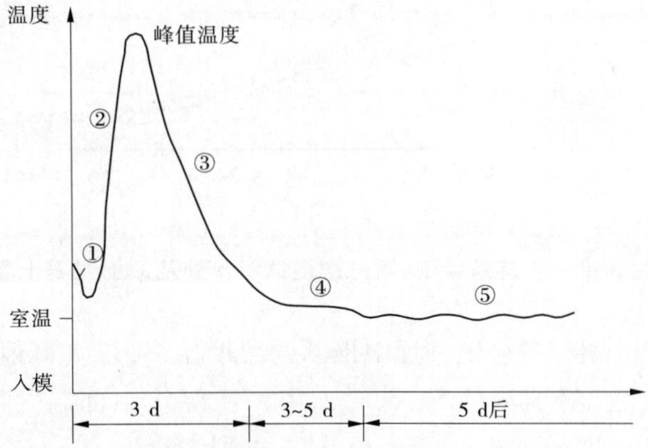

图7-9 第一次浇筑后混凝土的温度变化过程

(1)从混凝土入模到浇筑后8 h左右，温度呈下降趋势。浇筑时正处于夏季高温时刻，混凝土出搅拌车后在运输过程中大气热量会传递给混凝土，使得混凝土温度有所上升。入模后由于人工气候室的室温较外界气温低6 ℃左右，在入模后约4 h内混凝土尚未开始水化作用，因此在这一段时间里混凝土温度由入仓温度迅速降至人工气候室的环境室温。

(2)浇筑后8～10 h，由于水化作用开始，混凝土迅速升温，一般峰值普遍出现于入模后16～19 h。其中5个断面第一次浇筑斜角处温度峰值为51～55 ℃，第一次浇筑中部的温度峰值为44～48 ℃，顶部中心温度峰值为59～61 ℃。

(3)20 h左右，水化放热趋缓，内部混凝土温度迅速下降，3 d后温度降至30 ℃左右，但仍高于环境室温。

(4)3～5 d内温度缓慢下降，最终接近于室内温度，大致在26～28 ℃范围内。

(5)5 d后，内部温度稳定，此时主要随环境室温的变化出现不同程度的周期性波动，且各部位混凝土温度波动的幅度与周期大致相同。

第一次浇筑混凝土后，温度测点的试验结果与朱伯芳对水工混凝土早期内部温度的描述基本一致。由于水工混凝土结构本身特殊的结构特征等因素，导致各部位的温度变化存在一定的差异性，下面以第一次浇筑为主具体分析。

2)第一次浇筑混凝土同一断面三个典型部位温度时程变化对比

由于浇筑完的前 5 d 混凝土内部温度变化较为迅速,选取断面 3 第一次浇筑中部、第一次浇筑斜角处及顶部这三个不同部位的测点为代表,分析上述部位的混凝土在浇筑后 5 d 内各自的温度时程变化,如图 7-10 所示。

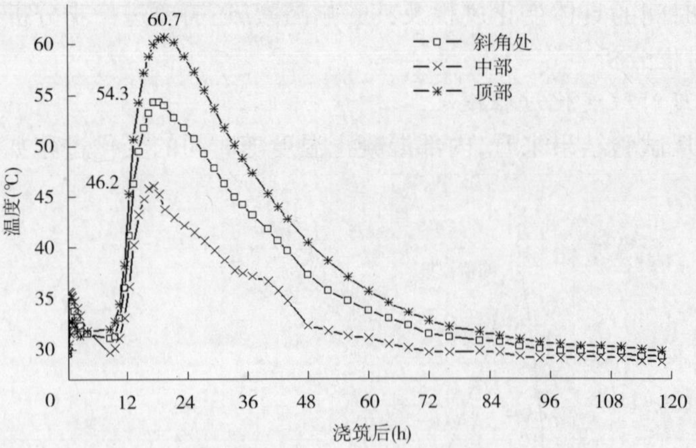

图 7-10　断面 3 第一次浇筑中部、第一次浇筑斜角处及顶部混凝土温度时程变化

从图 7-10 中可以看出,在水化过程中顶部的温度始终最高(峰值温度 60.7 ℃),第一次浇筑斜角处温度次之(峰值温度 54.3 ℃),第一次浇筑中部温度最低(峰值温度 46.2 ℃),在水化峰值时刻温度最大相差将近 15 ℃。直到浇筑后 5 d 左右,这三个部位的温度才逐渐接近。

由此可知,在水化过程中,水工混凝土结构的截面尺寸特征对水化放热的温度影响较大,截面尺寸大的部位(如第一次浇筑斜角处及顶部)的水化热明显比截面尺寸小的部位(第一次浇筑中部)高,即使在水化作用的高峰期之后,其内部热量散失相对较慢导致温度依然略高,到第 5 天时这三个部位的温度才基本接近。各部位的温度变化幅度和速度不一致,将导致内部存在相互约束。

3)第一次浇筑混凝土 5 个断面同一部位温度时程变化对比

本次试验中共布置 5 个对称的断面来监测温度。在试验过程中,发现温度试验结果并未完全按照对称分布。现选取水工混凝土结构 5 个断面的第一次浇筑斜角处相同位置的测点,测点距离第一次浇筑上表面高度为 100 mm,距离水工混凝土结构第二次浇筑外表面 400 mm,这 5 个部位的混凝土温度在浇筑后 5 d 的温度变化如图 7-11 所示。

由图 7-11 可知,水化过程中断面 1 温度最低(峰值温度 51.1 ℃),其余 4 个部位的温度比较接近(峰值温度在 54.3 ~ 55.3 ℃)。在水化过程中截面特征相同的情况下,空气流通条件较好的端部断面 1 的混凝土更易散热,因而该部位的混凝土温度比内部 2、3、4、5 断面的混凝土温度略低。在 36 ~ 90 h 之间,各断面温度具有离散性。因此,实验室内部的通风散热条件对温度存在影响。

上述分析说明了相同部位的混凝土温度也存在一定的离散性和随机性,这与周围环境的通风散热条件、养护措施的保温性、材料的密实度等均有关系。

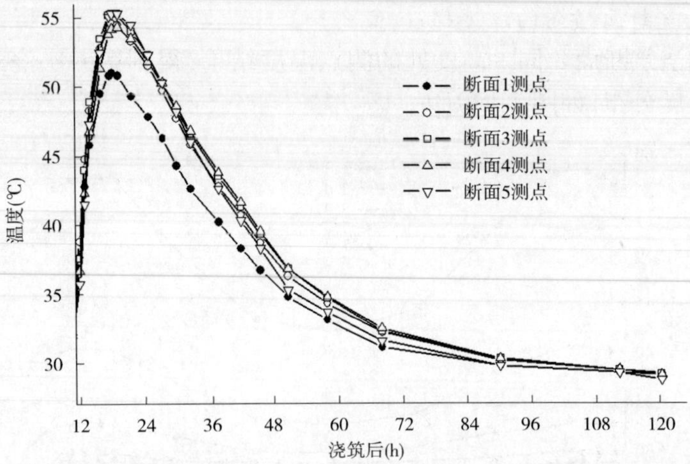

图 7-11　水工混凝土结构不同断面的第一次浇筑斜角处测点温度对比

7.2.2.3　基于温度梯度的开裂风险分析

目前,现有资料中对浇筑后水工混凝土结构混凝土结构温度分布的试验研究及相应标准较少。根据本次试验结果可以得到不同龄期下第一次浇筑沿着截面某些方向上的温度分布以及温度梯度 $GradT = \mathrm{d}T(y)/\mathrm{d}y$ 的规律。

1)*第一次浇筑厚度方向温度梯度*

为研究第一次浇筑厚度方向的温度分布,选取断面 3 尺寸较大的斜角处部位绘制高度方向的测点温度分布,如图 7-12 所示。

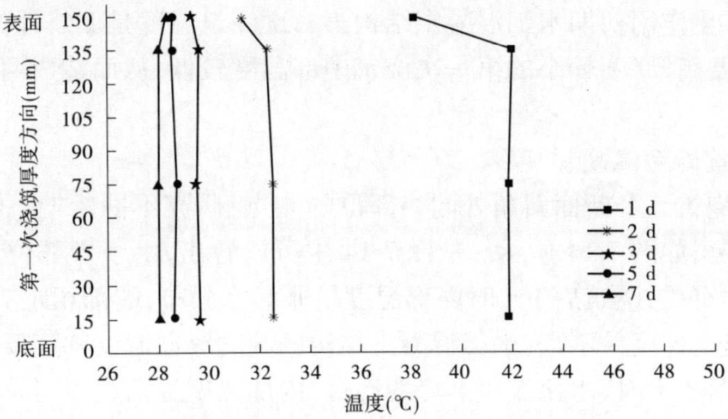

图 7-12　断面 3 斜角处沿着厚度方向的温度分布

从图 7-12 中可以看出,第一次浇筑内部上层、中层及下层温度在水化过程中较为接近,浇筑后 1 d 时仅相差 0.5 ℃左右。由于表面混凝土与空气接触,在水化作用过程中混凝土内部温度远远高于外界环境温度,从而使得表面混凝土不断向环境散热,并导致表面混凝土温度较内部混凝土低,例如第 1 天时上表面混凝土温度较 15 mm 厚的测点温度低 4 ℃,温度梯度较大。由于施工中水工混凝土结构第一次浇筑设置了底模,而上表面没有顶模,推断上表面的温度比下表面的温度略低,因此可以判断出浇筑后初期,同一高度处第一次浇筑上表面附近的温度梯度最大。

2）第一次浇筑断面横向的温度梯度

根据第一次浇筑断面3同一高度处的测点温度结果，得到第一次浇筑断面3沿着横向宽度方向的温度分布，如图7-13所示。

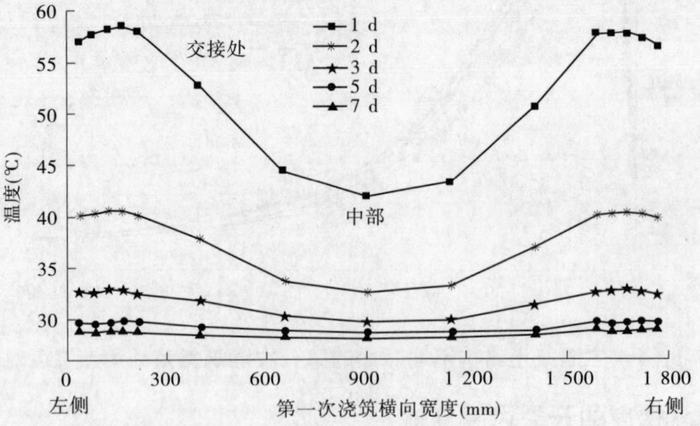

图7-13　断面3横向温度分布

浇筑后1 d温度相差最大，其中顶部的温度最高，两侧第一次浇筑与第二次浇筑交接处温度较高，第一次浇筑中间温度最低。在浇筑后第1天时，第一次浇筑与第二次浇筑的交接处以及与交接处相距400 mm的部位温度相差达到13.8 ℃，温度梯度较大；第一次浇筑中间温度梯度略小，相距250 mm的测点温差仅2.4 ℃。在1～3 d内横向温度分布呈接近对称的“凹形”。到5 d后其横向温度趋于直线，内部温度基本接近，温度梯度变小。由此可知，水化作用初期水工混凝土结构第一次浇筑温度是非线性的分布形式，尺寸较大的斜角处温度高，厚度较小的第一次浇筑中部温度较低，从而造成两侧斜角处的温度梯度较中间处大。

3）第一次浇筑纵向温度梯度

选取第一次浇筑5个断面斜角处同一部位的测点，研究不同龄期下第一次浇筑沿纵向的温度分布情况，如图7-14所示。从图7-14中可以看出，由于各部位水化作用进展不等，并与环境条件有关，浇筑后1 d时内部温度呈非对称分布，端部相距750 mm的部位温度仅差3.6 ℃，温度梯度并不大，水工混凝土结构两端的纵向温度梯度要稍大于中部部位的温度梯度。在第2天时，水化作用高峰期已过，内部温度逐渐趋于对称分布。在5 d后温度接近，基本呈直线形式，内部混凝土沿纵向的温度梯度基本接近。

7.2.2.4　基于温差的开裂风险分析

目前，在工程实际中一般通过控制混凝土内部温度及内外温差来防止早期开裂。ACI委员会认为，最大允许温差是混凝土截面尺寸、抗拉强度、弹性模量、热膨胀系数、构件约束程度等因素相关的函数，ACI规范给出了大体积混凝土的最大温度限定值为135 F（57 ℃），混凝土截面中心与表面的最大允许温差限定值为35 F（19 ℃）。英国文献《混凝土早期热裂缝控制》中给出了水化峰值温度和浇筑温差的建议值：①混凝土浇筑后的最大温度通常不超过70 ℃；②一次浇筑的最大温差通常不超过20 ℃；③同时浇筑的邻近混凝土的最大温差通常不超过20 ℃；④不同时浇筑的邻近混凝土的最大温差通常不超过

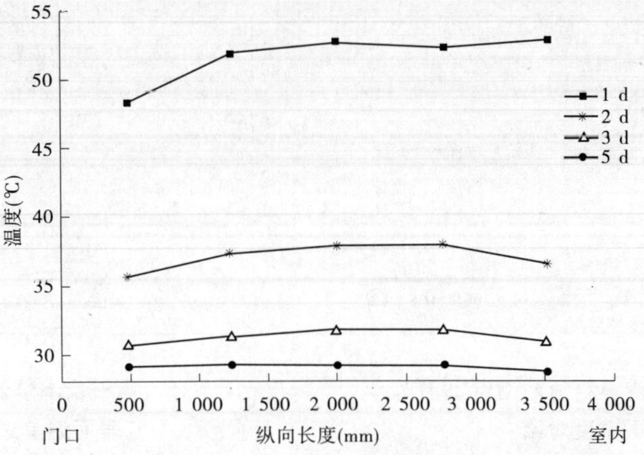

图 7-14　纵向温度分布

15 ℃。我国《混凝土质量控制标准》(GB 50164—2010)第 4.6.5 条给出了大体积混凝土浇筑后在无设计要求时混凝土的表面和内部温差不宜超过 25 ℃的规定要求。《混凝土结构耐久性设计与施工指南》(CCES 01—2004)中建议:混凝土入模后的内部最高温度一般不高于 70 ℃,构件任一截面在任一时间内的内部最高温度与表层温度之差一般不大于 20 ℃。虽然研究者们对仅仅控制温差来预防早期热裂缝生成的可靠性不断提出质疑,但在施工过程中温差是一项预防早期开裂的粗略标准。水工混凝土结构在浇筑过程中参考上述温差标准。

第一次浇筑完毕后,待混凝土成型后开始监测第一次浇筑表面温度,而此时内部混凝土正处于水化温升的峰值点附近。现在选取断面 3 第一次浇筑中部及第一次浇筑斜角处的典型测点,分析内外温差的变化。

1)第一次浇筑斜角处内部与表面的温差

浇筑后 5 d 内第一次浇筑斜角处测点与表面混凝土的温度变化及内外温差见图 7-15。第一次浇筑斜角内部测点距上表面 100 mm。

浇筑 17.7 h 后,第一次浇筑斜角处混凝土出现峰值温度 55.3 ℃,此时第一次浇筑表面峰值温度37 ~ 38 ℃,因此内外温差达到 17 ~ 18 ℃。随后内部温度与表面温度同时开始下降,由于混凝土内部温度下降的速度要远大于表面温度下降的速度,因此内外温差迅速减小。3 d 后基本稳定,混凝土内部与表面的温差减小至 1 ℃内。

2)第一次浇筑中部测点与表面的温差

浇筑后 5 d 内第一次浇筑中部测点与表面的温度变化及内外温差见图 7-16。第一次浇筑中部测点距下表面 15 mm。

第一次浇筑中部测点在浇筑后 17.47 h 内达峰值温度 46 ℃,上表面温度为 38 ℃,最大温差为 8 ℃左右。第一次浇筑中部水化温度峰值较两侧斜角处要小得多,因此与表面的温差也较小。由此可知,截面尺寸越小,导致水化放热期间内外温差越小。

此外,在温差变化曲线中均出现若干突变点,如图 7-17 中 46 h 附近温差突然变大,这是由于表面洒水养护,导致表面温度短时间内降低,使得内外温差急剧变大。

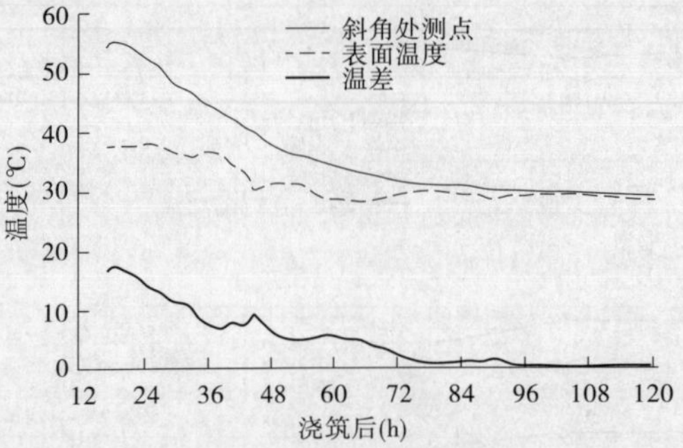

图 7-15　第一次浇筑斜角处测点 293121 及表面温度对比

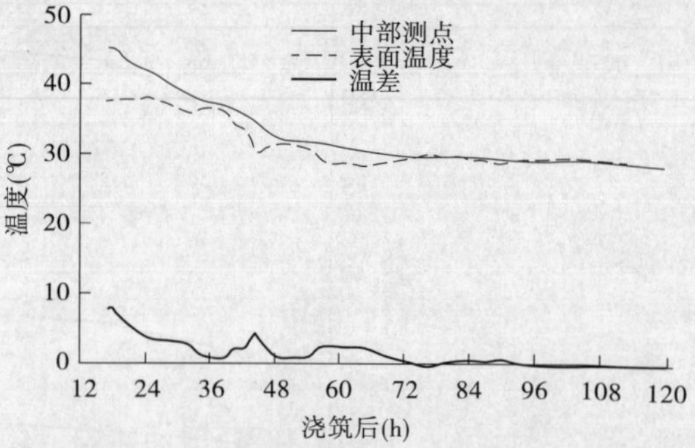

图 7-16　第一次浇筑测点 293133 及表面温度对比

3)第一次浇筑中部和斜角处温差

为研究本次浇筑中尺寸不同的相邻区域的温度差异,选取第一次浇筑断面 3 斜角处与中部混凝土的温度变化及内外温差进行分析,如图 7-17 所示。

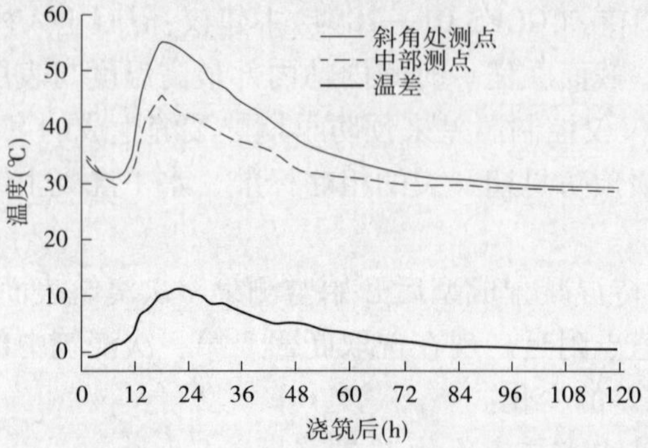

图 7-17　第一次浇筑斜角处与中部混凝土浇筑后的温差

第一次浇筑中部与斜角处为同时浇筑的临近混凝土,内部温度相差较大,斜角处温度峰值达 55.3 ℃,第一次浇筑中部的温度峰值为 46 ℃,水化过程中相邻区域最大温差 11.4 ℃左右,出现在水化作用的峰值温度附近,由此可知此时第一次浇筑两侧区域的温度不等,且温度相差较大。内部非均匀的温度分布将引起各单元体之间变形不一致,因此各部位之间存在内部约束,因此有可能产生温度应力,使得早期混凝土具有开裂风险。

7.2.2.5　**温度分析结果**

根据水工混凝土结构第一次浇筑的试验结果,通过混凝土温度等值线分布及时程变化了解了浇筑养护期水工混凝土结构第一次浇筑内部温度的大致分布情况,从而得到相应的规律:混凝土内部温度主要由水化作用控制,此外还受截面尺寸、浇筑养护条件及室内环境等因素的影响。

1)水化放热影响

水泥水化产生热,初始的时候产生热的速率比热向周围环境中散失的速率大很多,这就引起了混凝土内部温度的升高。随后产生热的速率逐步减小,热散失影响增大,因此混凝土降温冷缩。从本次浇筑的试验结果来看,浇筑后前 3 d 混凝土温度迅速上升和下降,各部位出现温度峰值，后期逐渐趋于稳定并最后接近于室内温度，且跟随室内温度出现一定程度的周期性波动。这一结果与朱伯芳在《大体积混凝土温度应力与温度控制》中对水工混凝土内部温度变化的描述基本一致。

2）截面尺寸影响

与不同部位的温度时程变化对比，可知在水化放热过程中，截面尺寸对第一次浇筑混凝土内部温度的影响较明显。第一次浇筑中间厚度薄，水化温升较低，而顶部及斜角处厚度较大，水化温升较高。因此，第一次浇筑同一断面处，两侧测点的温度峰值显著高于中间位置测点的温度峰值。在水化放热基本稳定后，内部温度趋于平衡，截面尺寸的影响不再明显。

3）养护措施影响

本试验的养护措施包括洒水及覆盖麻袋。洒水导致表面降温速率远比内部混凝土降温速率快，因此在表面区域混凝土温度变化存在幅度不等的突变，使得内外温差不断变化。

4）室内环境影响

本试验设计为对称结构，但试验结果中温度分布沿纵向并不完全对称，相同断面处混凝土温度具有一定的离散性。分析可知，这与气候室内通风散热条件有关，在水化作用过程中，靠近门口的端部混凝土内部温度比气候室室内混凝土温度略低。

在了解水工混凝土结构内部温度变化过程及影响因素的同时，开展了基于温度梯度及温差的开裂风险分析。

以断面3内部温度测点为主，初步得出水工混凝土结构在高度、宽度、长度方向上的温度分布及温度梯度的情况。结果表明：浇筑后的2 d内沿第一次浇筑厚度方向，上表面处温度梯度大；沿宽度方向，斜角处温度梯度大；沿模型长度方向，端部的温度梯度较大。因此，在浇筑后2 d内，这些区域存在着一定程度的开裂风险。此外，基于温差的开裂风险分析中得出了水工混凝土结构内外温度不等，局部区域存在着一定的开裂风险。其中，第一次浇筑斜角处温度与表面的最大温差为17～18 ℃，第一次浇筑中部与表面的最大温差为8 ℃左右。此外，同一断面第一次浇筑中间与斜角处的温差为11.4 ℃。由试验结果可知，内外温差较大的部位主要集中在截面尺寸相对较大的区域，因此在这些部位需要加强蓄热保温措施，并适当控制蓄水温度，从而避免表面热量散失过快。虽然没有超过最大温差的相应规定，但由于本水工混凝土结构的尺寸不大，内部混凝土的温度梯度依然较大，因此仍有早期开裂的风险。

7.2.3 第一次浇筑混凝土的热学特征

7.2.3.1 第一次浇筑混凝土早期热膨胀系数试验研究

根据水工混凝土结构浇筑工艺的要求进行了两次浇筑，所以本试验分别对两次浇筑的混凝土早期热膨胀系数随龄期变化进行了试验。第一次浇筑混凝土的初凝时间和终凝时间如表7-3所示。

表7-3 第一次浇筑混凝土凝结时间及相关参数

浇筑次数	a,b 值	线性相关系数	初凝时间	终凝时间
第一次	-166.01，25.03	0.998 73	12 h 50 min	14 h 30 min

按照如图7-18所示的变温方式，得到了随龄期变化的混凝土热膨胀系数。

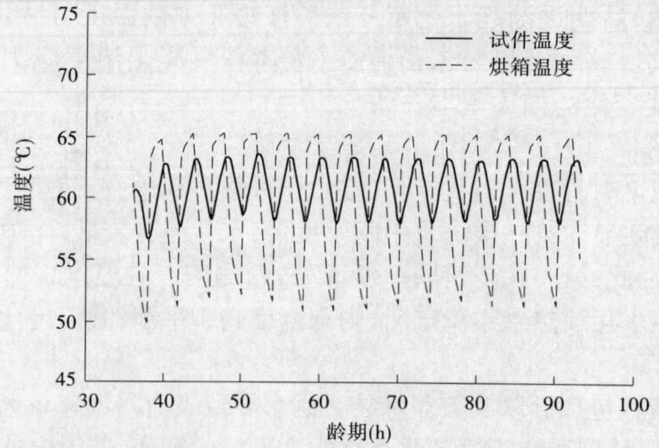

图 7-18　试件变温方式示意图

图 7-18 中显示的是从 36 h 龄期至 93 h 龄期的变温曲线，烘箱温度首先从室温升至 65 ℃，然后以 4 h 为周期作循环变化，如图中虚线所示；此时，试件 1 的温度也随之作周期性变化，如图中实线所示。在对第一次浇筑混凝土的温度变形进行了超过 7 d 龄期的全程监测后，经过数据整理、分析、计算等一系列处理步骤，所得到的具有代表性的第一次浇筑混凝土随龄期发展而变化的热膨胀系数如表 7-4 和图 7-19 所示。

表 7-4　第一次浇筑混凝土热膨胀系数试验结果

龄期(h)	热膨胀系数 α ($\times 10^{-6}$/℃)	龄期(h)	热膨胀系数 α ($\times 10^{-6}$/℃)	龄期(h)	热膨胀系数 α ($\times 10^{-6}$/℃)
10.45	19.14	68.22	10.00	140.73	9.43
11.05	20.00	70.05	10.69	143.50	10.00
11.67	16.76	72.33	11.00	144.60	10.00
12.80	6.30	76.25	12.58	147.17	9.85
18.40	7.25	76.52	11.33	148.97	10.87
26.43	9.20	80.35	11.20	151.40	10.37
31.80	9.40	83.30	10.83	152.88	10.67
38.28	9.80	87.30	11.09	189.43	10.37
42.08	10.00	91.30	10.40	191.70	10.95
45.60	11.17	118.98	10.00	195.70	10.00
49.93	8.70	120.32	9.23	197.58	10.00
52.00	10.00	120.67	10.00	199.68	10.00
55.00	11.25	121.38	10.00	201.72	9.58
58.03	9.35	131.70	10.00	203.70	10.61
59.85	9.29	132.68	10.00	205.43	10.29
60.00	12.00	135.00	9.73	207.77	10.29
64.05	12.33	136.97	9.43	209.58	10.00
65.13	12.00	139.13	9.68	213.05	10.00

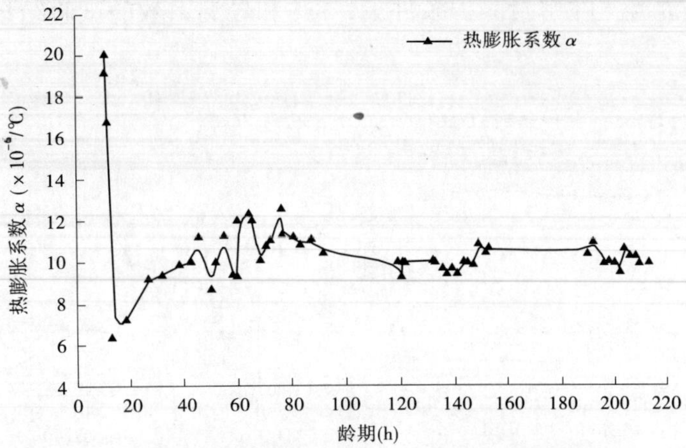

图 7-19　第一次浇筑混凝土热膨胀系数随龄期发展规律

由图 7-19 可知，第一次浇筑混凝土的热膨胀系数 α 在初凝前从最高值迅速下降，初凝前的最大值为 20.0×10^{-6}/℃，随后在混凝土达到初凝时，热膨胀系数迅速下降至最小值 6.3×10^{-6}/℃，这是因为混凝土在初凝前流动性急剧减小，试件中水的膨胀开始受到基体的初步约束；随着混凝土到达终凝后，混凝土的热膨胀系数迅速上升，当龄期在 40 h 至 75 h 时，热膨胀系数出现波动，此后逐渐平稳，在 7 d 龄期后基本稳定，7 d 龄期后的热膨胀系数为 10.19×10^{-6}/℃。

7.2.3.2　第一次浇筑混凝土早期导温和导热系数试验研究与分析

本次试验中采用 2 个试件对第一次浇筑混凝土早期的导热和导温系数进行了试验研究，试件尺寸为 150 mm × 150 mm × 300 mm。其中，一个试件在浇筑完毕后即用铝箔进行密封，另外一个试件则未进行任何密封处理。另外，试验从混凝土浇筑完 1.5 h 后即开始进行导热和导温系数的测量，并一直持续至龄期为 7 d。采用自主研制的试验装置进行试验研究。

第一次浇筑混凝土在自然养护条件下，导热和导温系数的试验结果分别如图 7-20、图 7-21所示。

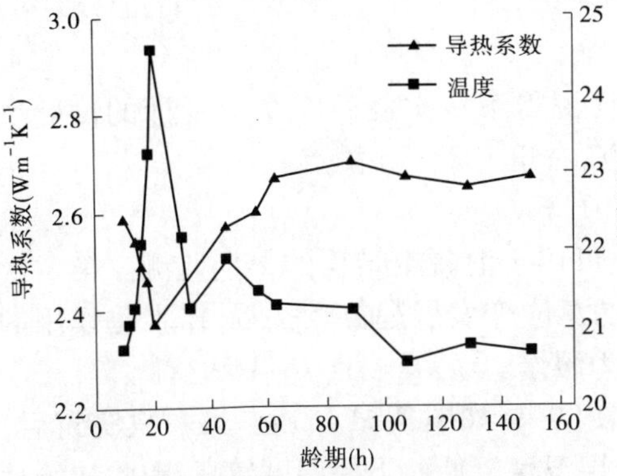

图 7-20　第一次浇筑混凝土在自然养护条件下导热系数随龄期变化

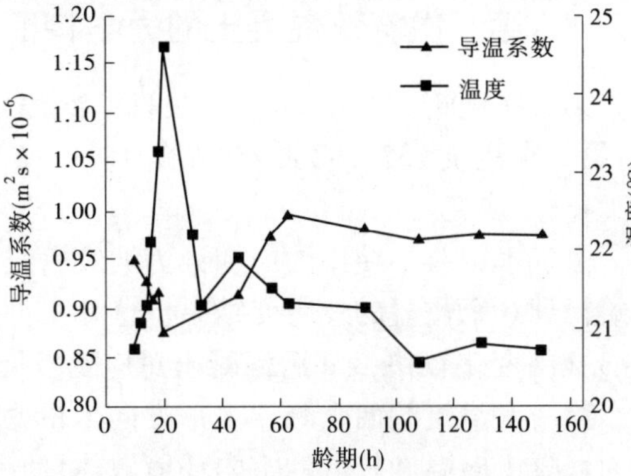

图 7-21　第一次浇筑混凝土在自然养护条件下导温系数随龄期变化

第一次浇筑混凝土在密封养护条件下，导热和导温系数的试验结果分别如图 7-22、图 7-23所示。

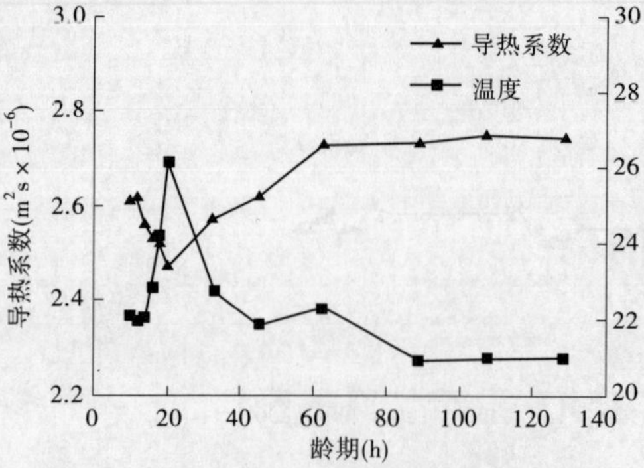

图 7-22　第一次浇筑混凝土在密封养护条件下导热系数随龄期变化

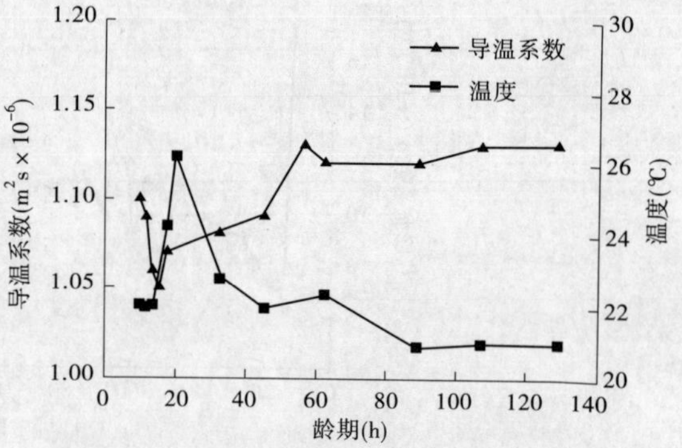

图 7-23　第一次浇筑混凝土在密封养护条件下导温系数随龄期变化

从试验测量结果图 7-20 ~ 图 7-23 中可以得到如下结论：①第一次浇筑混凝土在密封养护条件下的水化温升要比自然养护条件下的水化温升高；②对于两种不同养护方式的混凝土试件，其导热和导温系数随龄期增长的变化规律基本一致；③对两种养护状态下混凝土导热和导温系数稳定后的各值求得平均值，作为硬化后混凝土导热和导温系数值。通过计算得出，密封养护状态下混凝土硬化后的导热系数要比自然养护状态下的导热系数大 5%，而密封状态下混凝土硬化后的导温系数要比自然养护状态下的导温系数大 15%；④自然养护状态下混凝土硬化后导热和导温系数的平均值分别比其在水化过程中的最小值大 10.2% 和 10%，而密封养护状态下混凝土硬化后导热和导温系数的平均值分别比其在水化过程中的最小值大 10.5% 和 8%；⑤从以上各图可以看出，两种养护状态下混凝土的导热系数和导温系数随龄期增长的变化规律与混凝土水化热的规律几乎一致，其导热系数和导温系数发生的最小值一般都在混凝土水化温升最高时，这说明混凝土水化作用的程度对其导热系数和导温系数的发展具有重要的影响。

7.2.4　第一次浇筑混凝土的力学特征

第一次浇筑到 500 mm 高，在第一次浇筑时，测得第一次浇筑 6 个应变计的试验结果：第一次浇筑 137、192 测点；左角 187、116 测点；右角 122、175 测点。

7.2.4.1　应变

由于本试验中使用的应变计为波纹管结构，可用于混凝土结构的早期监测。第一次浇筑得到 6 个位置的总应变结果。这几个部位的总应变发展趋势较接近，在水化作用的 1 ~ 3 d 内变化较快，3 d 后混凝土总应变发展较为缓慢。

第一次浇筑的两个测点水平方向上的总应变结果，如图 7-24 所示。第一次浇筑后，表面混凝土向温度较低的室内环境散热，使得上层温度较低而下层温度较高，因此初始时上层测点 137 处产生一个微小的拉应变，随着水化放热的进行，内部混凝土受热膨胀，压应变持续增大，上、下层混凝土最大压应变分别为 74 με、95 με。20 h 左右达到峰值后温

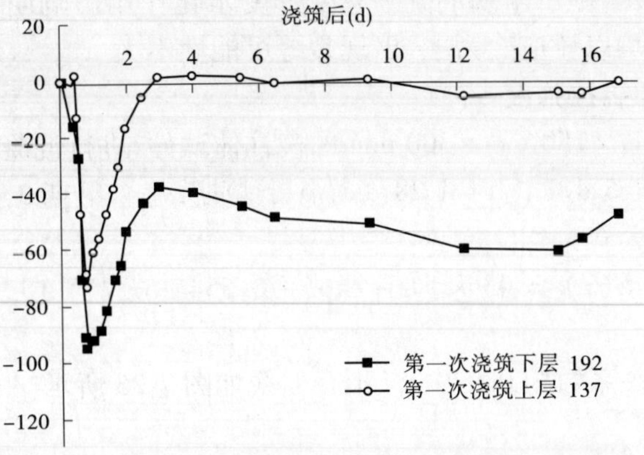

图 7-24　第一次浇筑测点水平方向总应变时程曲线

度开始下降,此时混凝土冷却收缩受拉而导致压应变随之开始减小,应变曲线具有上升的趋势,第一次浇筑上层在第 3 ~ 10 天出现拉应变,最大拉应变 2. 1 $\mu\varepsilon$,而下层压应变为 40 ~ 60 $\mu\varepsilon$。3 d 后由于混凝土内部温度相对稳定下来,应变发展也较为缓慢,第 10 ~ 15 天时,正值南京 35 ℃连续高温警报时期,这导致混凝土内部存在一个小范围的温升,使得内部压应变存在一个相对增大又减小的过程。

顶部的竖向总应变发展与第一次浇筑水平方向应变发展相类似,见图 7-25。浇筑后由于第二次浇筑外侧散热较快,温度略低,因此第二次浇筑右外表面 175 测点在浇筑后 8 ~ 10 h 内也存在短暂的拉应变,最大拉应变 15 $\mu\varepsilon$。顶部测点在后期基本为受压状态,第二次浇筑内部的最大压应变为 110 ~ 125 $\mu\varepsilon$,第二次浇筑外侧的最大压应变为 69 $\mu\varepsilon$。在试验过程中发现 187 测点结果离散较大,可能在施工过程中由于浇筑、振捣等外界因素使得应变计偏离原先绑扎的位置与方向。

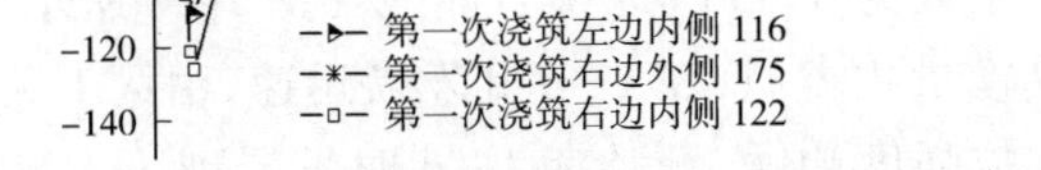

图7-25　第一次浇筑顶部测点竖向总应变时程曲线

根据第一次浇筑的总应变实测结果可知,在中部水平方向及顶部竖直方向上,混凝土总应变发展规律较为类似,主要经过 3 个阶段:①自浇筑后至温度峰值时刻左右(0 ~ 1 d),混凝土内部受热膨胀,各部位受压总应变迅速增大;②温度峰值之后的水化趋缓阶段(1 ~ 3 d),混凝土内部冷却收缩,各部位受压总应变迅速减小;③水化作用逐渐趋缓后(3 d),混凝土内部总应变发展极其缓慢,主要与环境气温及相互之间约束影响有关。

上述应变结果显示，施工早期混凝土总变形受水化作用影响明显。所测第一次浇筑水平方向及竖直方向均以压应变为主，出现裂缝可能性不大。

7.2.4.2　**弹性模量和抗拉强度**

浇筑 18 个 150 mm×150 mm×300 mm 的棱柱体试件，进行混凝土早期静弹性模量试验。试验包括 1 d、3 d、5 d、7 d、14 d、28 d 等 6 个龄期，每个龄期 3 个试件。将弹性模量随龄期的发展拟合为公式：

$$E(\tau) = 43 \times [1 - \exp(-0.554\,26\tau^{0.457\,64})] \tag{7-1}$$

式中：τ 为龄期，d。

该拟合公式的相关系数为 0.979 28，拟合曲线如图 7-26 所示。

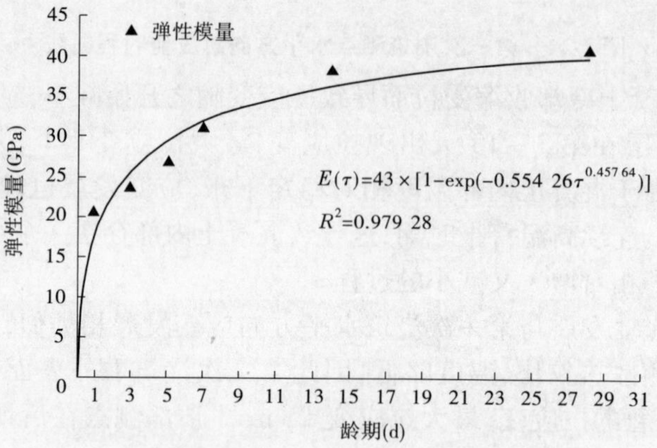

图 7-26　第一次浇筑混凝土弹性模量随龄期的变化曲线

从该拟合结果可知，混凝土浇筑后在前 7 d 的变化较快，从第 1 天的 19.1 GPa 发展至第 7 天的 31.9 GPa。龄期 7～28 d，混凝土弹性模量变化幅度略为缓慢，28 d 弹性模量达到 39.6 GPa。

同时浇筑 18 个 100 mm×100 mm×550 mm 的棱柱体试件，进行龄期 1 d、3 d、5 d、7 d、14 d、28 d 的早期抗拉强度试验。抗拉强度随龄期的发展拟合为公式：

$$R_t = 4.193\,02 \times [1 - \exp(-0.572\,89\tau^{0.352\,02})] \tag{7-2}$$

式中：τ 为龄期，d。

该拟合公式的相关系数为 0.986 03，拟合曲线如图 7-27 所示。混凝土早期抗拉强度在龄期发展趋势与弹性模量相类似，在 1～7 d 发展迅速，由第 1 天的 1.9 MPa 发展到第 7 天的 2.9 MPa，7 d 后抗拉强度趋缓，至龄期 14 d 时发展到 3.2 MPa，龄期 28 d 时发展至 3.5 MPa。

根据弹性模量与抗拉强度的发展曲线可知，抗拉强度与弹性模量在前 7 d 发展较快，7 d 后发展趋缓。由于混凝土结构早期裂缝生成的直接原因是早期变形受到约束而产生的拉应力超过了该龄期混凝土材料本身所能承受的抗拉极限。因此，有必要对各部位的应力发展展开进一步分析。

7.2.4.3　**应力**

根据公式 $\sigma = \varepsilon E$，得到第一次浇筑的应力随龄期变化的大致曲线分别如图 7-28、

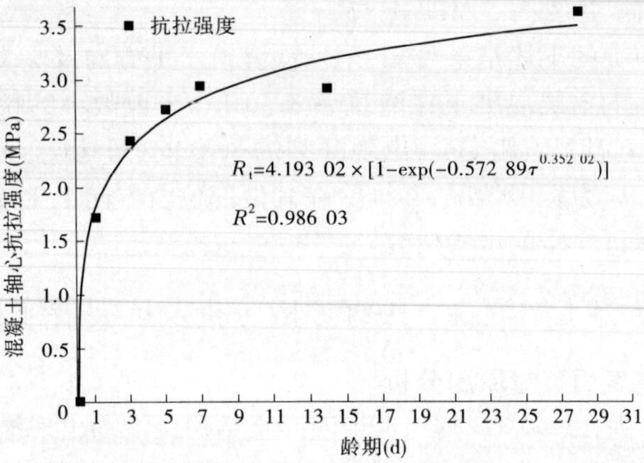

图 7-27　第一次浇筑混凝土抗拉强度随龄期的变化曲线

图 7-29所示。

由于这里的应力方向与应变一致,第一次浇筑处的测点为水平方向,第二次浇筑的测点为竖直方向,该方向上应变受收缩、温度应力、约束等多种因素影响,因此较为复杂。

从图 7-28 和图 7-29 可知,在浇筑后 1 ~ 14 d 第一次浇筑及顶部的应力发展趋势相近,大致经历了两个阶段。在浇筑后第 1 天,各部位处于温度峰值时刻附近。内部混凝土受热膨胀,在相互约束的情况下,各部位均产生较大的压应力。但龄期 1 ~3 d 内,第一次浇筑及顶部混凝土压应力迅速减小。这是由于此时水化放热趋缓,内部温度迅速下降使得各部位混凝土冷却收缩,在约束的作用下产生一定的拉应力,导致 1 ~ 3 d 内各部位的压应力快速减小。其中,第一次浇筑混凝土上部由于散热相对较快,混凝土冷却收缩更显著,因此上层测点 137 在第 3 天甚至出现了拉应力,约 0. 04 MPa。由于龄期 1 d 时,混凝土抗拉强度已达到了 1. 9 MPa,因此所测部位在该方向上开裂风险很小。

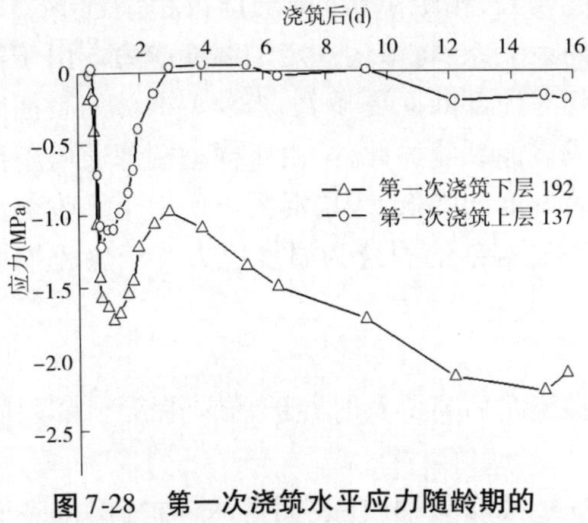

图 7-28　第一次浇筑水平应力随龄期的变化曲线

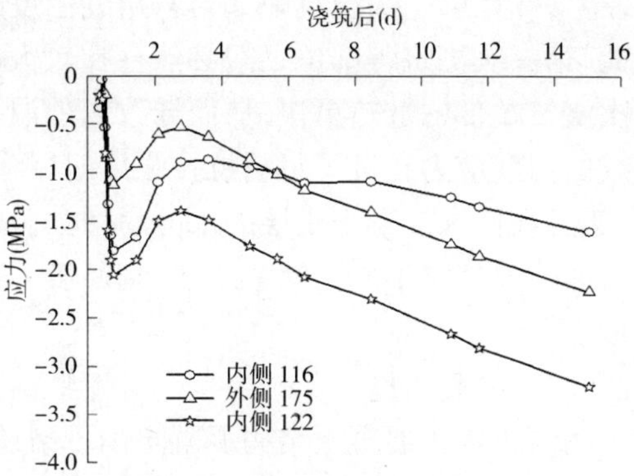

图 7-29　第一次浇筑顶部竖向应力随龄期的变化曲线

第 3 天后,应力发展进入另一个阶段。除第一次浇筑上层混凝土在第 3 ~ 10 天维持了一段时间的拉应力外,第一次浇筑下层及顶部压应力逐渐发展增大。虽然这一阶段混凝土应变发展缓慢,但弹性模量仍快速增大,导致内部应力持续增大,14 d 后最大的压应力位于第二次浇筑内侧，达到3.5 MPa左右。

根据实测应变、应力的上述结果可知，第一次浇筑水平方向及竖直方向上基本以压应力为主，仅第一次浇筑的上层混凝土在浇筑后3～10 d出现微小的拉应力。这说明了试验所测区域所测方向上混凝土偏安全，出现开裂的风险较小。由于本试验结果并不能说明其他方向上的应变、应力发展情况，不排除在其他部位及方向上生成较大拉应力的可能性。因此，还需要开展进一步的试验研究。

7.2.5 第一次浇筑施工期混凝土裂缝原因分析及抗裂措施

7.2.5.1 第一次浇筑表面裂缝原因分析

在浇筑后1～2 d内，试验中观测到水工混凝土结构两端均出现沿模型长度方向的表面裂缝(见图7-30)。这证实了上述第一次浇筑端部上表面存在开裂风险。

图7-30 水工混凝土结构端部的表面裂缝

浇筑后，第一次浇筑中部的内外温差达到8 ℃，第一次浇筑斜角处内外温差达到18 ℃左右，并且第一次浇筑中部与斜角处温度梯度较大，相距400 mm的部位相差近14 ℃。因此，第一次浇筑各部位之间必然存在较大的约束关系，将产生一定的温度应力。由于第一次浇筑端部的散热更快，从而导致内外温差相对内部断面更显著，当模型端部的表面所生成的温度应力超过了材料抗拉强度时，将形成表面裂缝。此外，由于模型端部通风条件好，第一次浇筑混凝土表层的水分易散失。随着湿度的降低，表层混凝土产生干燥收缩也有可能导致裂缝生成。综上所述，判断第一次浇筑端部的裂缝为温度应力及干燥收缩所造成。

7.2.5.2 抗裂措施

为防止水工混凝土结构混凝土出现裂缝，在浇筑后需要及时养护，做好保温、保湿、防风等工作。具体措施如下：

(1)初凝时刻应在混凝土表面覆盖薄膜、草垫或麻袋，并在表面蓄水养护，保持表面湿润。

(2)湿养护过程中要注意控制蓄水温度，防止混凝土表面温度下降过快而形成较大的温度梯度。对于散热相对较快的第一次浇筑表面及端部，应加强局部保温措施。

(3)在第一次浇筑与第二次浇筑的交接处及斜角处等尺寸较大的部位，应在内部埋设水管通水冷却，从而降低内部水化温升，减小内外温差。

(4)此外，风速较大将加剧混凝土表面温度的降低，因此注意天气变化，避免不利因素的影响。

7.2.6 试验结果分析

第一次施工完成了水工混凝土结构第一次浇筑。根据浇筑养护期间的试验结果，得到了以下结果：

(1)对水工混凝土结构第一次浇筑实时监控，得到其内部温度变化和分布的大致规律。浇筑后前3 d，混凝土内部温度主要由水化作用控制，经历一个温度上升及下降的过程。同时，在截面尺寸、环境条件以及浇筑养护条件的影响下，不同区域的温度分布相差较大。浇筑后第1天出现温度峰值及最大内外温差。

(2)浇筑后第一次浇筑水平方向及竖直方向的应变发展趋势受混凝土内部温度影响较大。第一次浇筑上层及第二次浇筑外侧混凝土在急剧温升前都出现了短暂的微小拉应变。当温度急剧升高时，内部压应变快速增大，温度下降时内部压应变快速减小。3 d后内部应变发展缓慢。根据应力结果可知，在温降过程中第一次浇筑中部的上层混凝土水平方向在浇筑后3 ~10 d出现微小拉应力。

(3)文中通过比较浇筑后不同龄期下第一次浇筑不同方向的温度梯度、不同部位的温差，对第一次浇筑开裂风险较大的区域进行了预测。分析得到浇筑后2 d内水工混凝土端部，第一次浇筑上表面，第一次浇筑斜角处区域温度梯度、温差较大，是施工期存在开裂风险的区域。第一次浇筑实测的端部表面裂缝分析确定主要由温度应力过大及干燥收缩所致。在新、老浇筑界面下方出现表面裂缝，分析确定为第一次浇筑后出现的塑性沉降收缩裂缝。

7.3 水工混凝土第二次浇筑施工期的抗裂性

7.3.1 水工混凝土第二次浇筑概况

7.3.1.1 试验过程

第二次浇筑上部的浇筑量约2 m³，先进行左侧浇筑，再完成右侧浇筑。浇筑后采用洒水及麻袋养护持续至28 d，并保持水工混凝土结构模型表面蓄积2 cm左右的水。本次监测持续至第二次浇筑的养护期结束。

7.3.1.2 混凝土配合比和入仓温度

混凝土的配合比具体见表7-5。第二次浇筑时，室外最高气温为33 ℃。表7-6为本次浇筑时混凝土入仓温度。

表7-5 第二次浇筑混凝土配合比 （单位：kg/m³）

浇筑次数	水	水泥	粉煤灰	矿粉	砂	石	膨胀剂	高效减水剂
第二次浇筑	160	425	60	60	597	1 053	35	8.7

表 7-6　第二次浇筑的混凝土入仓温度

时间	13:20	13:40	14:10	14:20	14:47	15:33
入仓温度(℃)	35.8	36.3	36.2	35.8	35.2	32.7

7.3.2　第二次浇筑施工期混凝土的温度场

7.3.2.1　不同龄期下温度等值线分布

第二次施工完成第二次浇筑，预埋温度测点共计 159 个。温度传感器共有 5 个断面，其中断面 3 为控制断面，C—C 剖面为第二次浇筑左侧中部壁厚 125 mm 处的剖面，D—D 剖面为第二次浇筑左侧上部 1 220 mm 高度处剖面(见图 7-31)。水工混凝土结构模型内部温度场在浇筑后 1 d、3 d、5 d 及 14 d、28 d 的分布如图 7-32 ~ 图 7-36 所示。

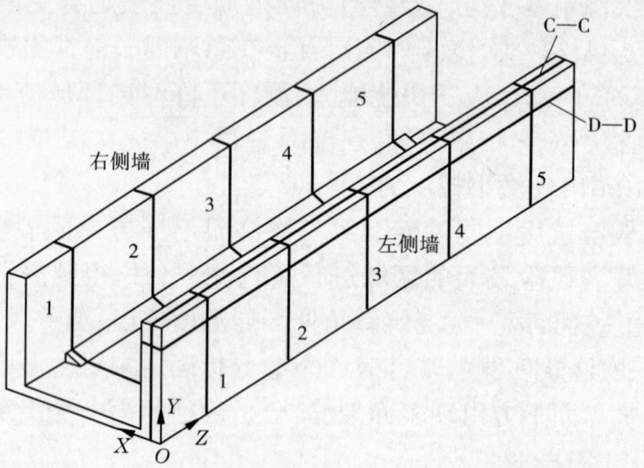

图 7-31　水工混凝土结构第二次浇筑的坐标及剖面定义

显然，浇筑 1 d 后，混凝土内部温度分布较第一次浇筑后的水化温升更复杂。断面 3 等值线分布区域差异较大，浇筑界面(500 mm 高度处)以上的第二次浇筑处等值线分布较密集，浇筑界面以下的第一次浇筑附近等值线分布较稀疏。新浇筑的第二次浇筑上部正处于水化放热的峰值时刻，核心区域(1 000 ~ 1 300 mm 高度处)温度高达 55 ℃左右，第二次浇筑高温区域与表面的最大温差为 18 ℃。同时，从断面 3 的温度分布可看出新浇筑混凝土对老混凝土温度存在影响。第二次浇筑下部混凝土距离第一次浇筑后 17 d，本身温度已经达到一个稳定状态，当与新混凝土接触时，受上部水化热影响，温度随之有所升高，500 mm 高度附近达到 40 ℃左右；第一次浇筑相距较远，因此影响略小，第一次浇筑中心温度此时仍低于 30 ℃，但不排除其存在一个温升的过程。

第二次浇筑沿 Y 轴方向的 C—C 剖面温度分布图 7-32(b)可看出，第二次浇筑沿高度 Y 轴方向存在着较大的温差，核心高温区域大致位于新浇筑混凝土的中间，高度为 1 000 ~ 1300 mm，与实际浇筑情况吻合。第二次浇筑顶部散热较快，温度略低。第二次浇筑底部为老混凝土，传热较慢，温度最低，底部仅 30 ℃左右。沿纵向 Z 轴，混凝土内部温度变化不大，仅在两端部温度稍低。

D—D 剖面图中可看出，剖面中温度呈大致对称的核形分布状态。第二次浇筑在 X

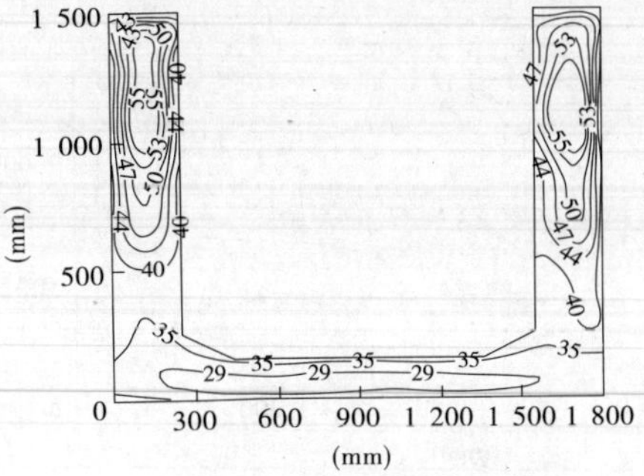

(a)断面3内部温度场等值线分布图

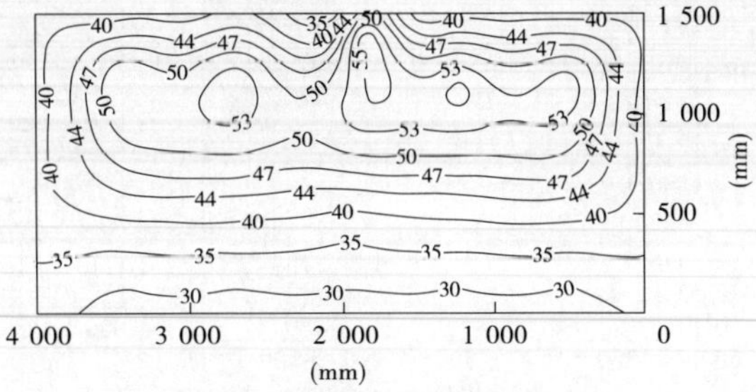

(b)C—C剖面内部温度场等值线分布图

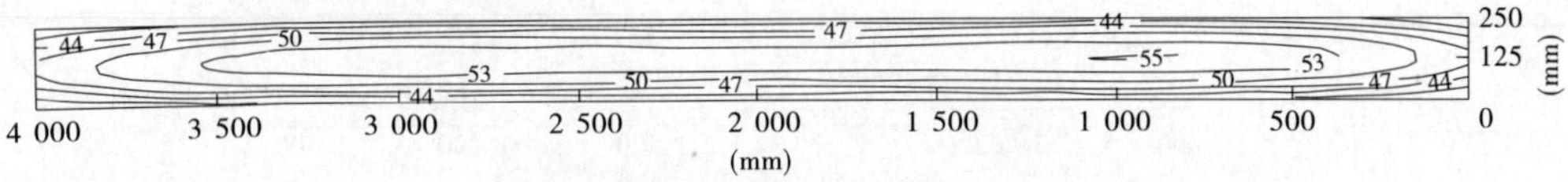

(c)D—D剖面内部温度场等值线分布图

图 7-32　第二次浇筑后 1 d 各剖面温度分布图　（单位：℃）

轴 35 ~ 215 mm 壁厚范围内温度为 50 ~ 55 ℃。两侧 X 轴 0 ~ 35 mm、215 ~ 250 mm 处温度为 40 ~ 50 ℃，呈现内高外低的分布状态。

从第二次浇筑上部结构的温度分布可知，二次浇筑后第 1 天，水工混凝土结构内部温度分布不均，其中上部新浇筑混凝土温度明显高于下部老混凝土温度，并且相互之间存在着影响。

第 3 天时，由图 7-33(a)可知第二次浇筑温度等值线变稀疏，温度明显下降，但是分布依然不均匀。第二次浇筑在 1 000 ~ 1200 mm 高度处存在高温区域，最高温度 34 ℃左右，第二次浇筑上部结构最低温度在 30 ℃左右，内外温差减小到 4 ℃左右；而第一次浇筑区域的温度为 29 ~ 30 ℃，是整个断面中的低温区域。初步推断老混凝土可能已经历了短暂的升温过程。

图 7-33(b)第二次浇筑高度方向 C—C 剖面中，原先在 1 000 mm 高度附近的高温区域依然存在，但是温度降至 33 ℃。该第二次浇筑剖面的温度最低在 29 ℃左右，位于第二次浇筑四周边缘区域。

图 7-33(c)D—D 剖面中，核形区域等温线变稀疏。第二次浇筑在 X 轴 35 ~ 215 mm 壁厚范围，混凝土温度为 32 ~ 34 ℃，X 轴 0 ~ 35 mm、215 ~ 250 mm 两侧处，温度为 30 ~ 32 ℃，呈现内高外低的分布状态。因此，在二次浇筑后第 3 天，水工混凝土结构混凝土内部温度下降明显，但高低温区域依然存在。

第 5 天时，由图 7-34(a)可知，第二次浇筑温度等值线分布更稀疏，各部位温度趋于接近。第二次浇筑混凝土 500 ~ 1 200 mm 高度处核心温度在 30 ℃左右，第二次浇筑上部结构最低温度在 29 ℃左右，内外温差减小到 1 ~ 2 ℃。第一次浇筑区域的温度为 28 ~ 29 ℃，较第二次浇筑温度低 1 ~ 2 ℃。图 7-34(b)第二次浇筑高度方向 C—C 剖面中，1 000 mm 高度附近的高温区域温度降至 30 ℃。该剖面的温度最低为 28 ~ 29 ℃，位于第二次浇筑四周边缘区域。图 7-34(c)D—D 剖面中等温线更稀疏。第二次浇筑沿 Z 轴在 500 ~ 3 500 mm

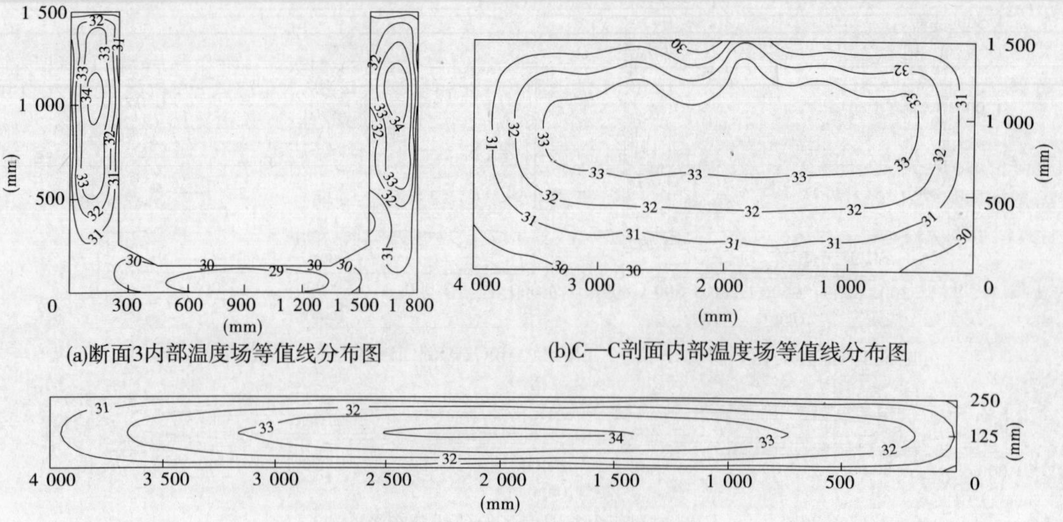

(a)断面3内部温度场等值线分布图

(b)C—C剖面内部温度场等值线分布图

(c)D—D剖面内部温度场等值线分布图

图 7-33　第二次浇筑后 3 d 各剖面温度分布图　（单位：℃）

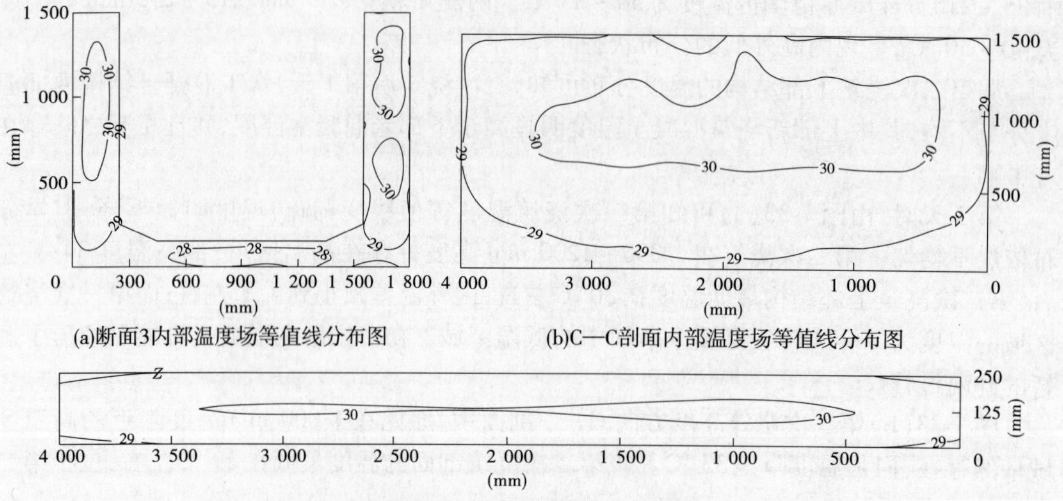

(a)断面3内部温度场等值线分布图

(b)C—C剖面内部温度场等值线分布图

(c)D—D剖面内部温度场等值线分布图

图 7-34　第二次浇筑后 5 d 各剖面温度分布图　（单位：℃）

范围的核心温度在 30 ℃左右，其余各部位温度为 28 ~29 ℃。内外温差为 1 ~2 ℃。

第 14 天时，由图 7-35(a)可知，第二次浇筑温度等值线稀疏，各部位温度较接近。第二次浇筑 600 ~1 400 mm 高度处的核心温度在 27 ℃左右，第二次浇筑上部结构最低温度为 26. 5 ~27 ℃，内外温差不到 1 ℃，墙体内部温度基本均匀。第一次浇筑区域的温度为 26. 5 ~27 ℃，较第二次浇筑温度低 0. 5 ~1 ℃。图 7-35(b)第二次浇筑高度方向 C—C 剖面中，在 1 000 mm 高度附近的高温区域温度降至 27 ℃，且该区域已有所缩小，而 500 mm 高度下方的老混凝土温度为 26. 9 ℃。图 7-35(c)D—D 剖面中等温线更稀疏。第二次浇筑沿 *Z* 轴在 1 200 ~3 800 mm 范围的核心温度在 27 ℃左右，第二次浇筑外侧温度在 26. 8 ℃

左右，内外温度基本接近。

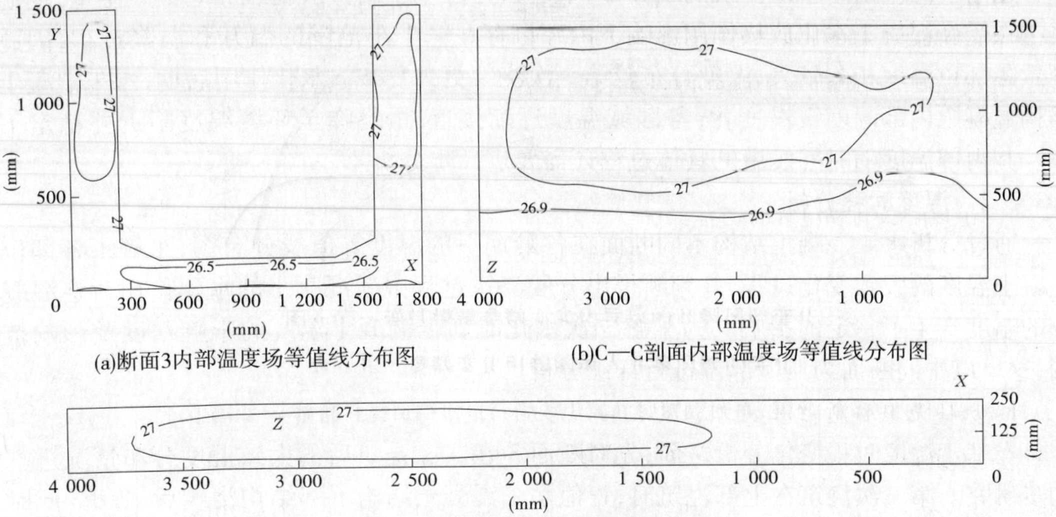

(a)断面3内部温度场等值线分布图　(b)C—C剖面内部温度场等值线分布图

(c)D—D剖面内部温度场等值线分布图

图 7-35　第二次浇筑后 14 d 各剖面温度分布图　(单位：℃)

第 28 天时，由图 7-36 可知，各部位温度基本均匀，并开始形成稳定的温度体系。在图 7-36(a)中，第二次浇筑混凝土 450 ~ 1 250 mm 高度处的核心温度在 26. 3 ℃左右，第二次浇筑上部结构最低温度在 26 ℃左右，内外温差很小，墙体内部温度较为均匀。第一次浇筑区域的温度为25. 5 ~ 26 ℃，较第二次浇筑温度低 1 ℃左右。图 7-36(b)第二次浇筑高度的 C—C 剖面中，在 500 ~ 1 200 mm 高度附近的区域温度降至 26. 3 ℃，第二次浇筑左右底角最低温度为 25. 8 ℃。图 7-36(c)D—D 剖面中，等温线更稀疏，内部温度为 26 ~ 26. 4 ℃。因此，在 28 d 时内部温度基本稳定在环境气温(26. 2 ℃)附近。

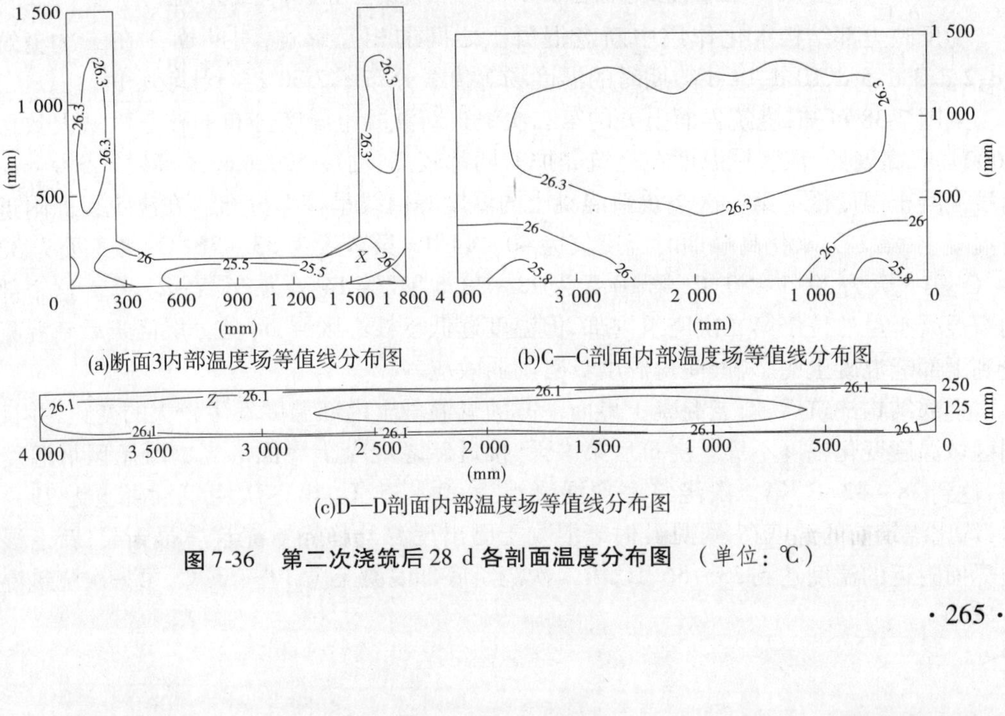

(a)断面3内部温度场等值线分布图　(b)C—C剖面内部温度场等值线分布图

(c)D—D剖面内部温度场等值线分布图

图 7-36　第二次浇筑后 28 d 各剖面温度分布图　(单位：℃)

综上所述，第二次浇筑后水化作用的影响同样也集中在前 3 d，新混凝土温度迅速上升并逐渐下降。由于本次浇筑的墙体体积较大，并且基于第一次浇筑的老混凝土上，老混凝土在受新混凝土水化放热作用影响下内部也存在一个小范围的温升和温降过程，因此导致各部位温度相差较大，温度分布较第一次浇筑更为复杂。水化作用后期，水工混凝土结构混凝土内部温度缓慢变化，各区域温度逐渐接近，最终降至环境温度附近并稳定下来。其内部温度随时间发展的具体过程还需要进一步分析。

7.3.2.2 温度时程分析

通过分析水工混凝土结构不同断面在各龄期下的温度等值线分布图，了解了各部位混凝土温度的大致变化过程，并判断得出分层浇筑过程中新混凝土的水化作用对老混凝土的温度产生了一定的影响。为了解二次水化时新老混凝土温度的影响程度及影响范围，这里以中间断面为典型部位进行详细分析。

1）分层浇筑后新老混凝土温度之间的影响

在基于温度时程变化分析之前，先对断面 3 在二次浇筑后的大致温度分布情况进行初步研究。第二次浇筑在上部浇筑时，正值水工混凝土结构下部结构浇筑后 17 d。此时混凝土内部温度基本稳定，主要随环境气温作幅度较小的周期性变化。如图 7-37 所示，断面 3 中第一次浇筑内部温度在 25～27 ℃范围内。该时刻室内温度为 28 ℃，略高于混凝土内部温度，因此水工混凝土结构下部混凝土温度呈现外高内低的分布状态。

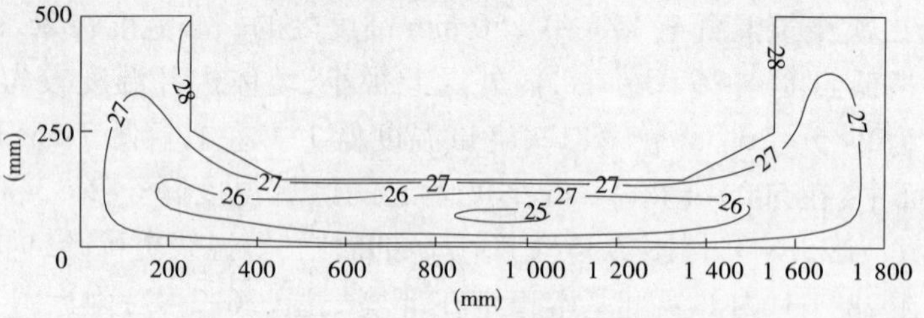

图 7-37　二次浇筑前断面 3 第一次浇筑混凝土温度等值线分布图

为反映上部结构水化作用中新老混凝土之间的相互影响，对断面 3 在二次浇筑后 1 d、2 d、3 d、5 d、10 d、14 d 龄期时的温度场等值线分布图 7-38 进行比较分析。

从图 7-38 可知，浇筑界面上方的第二次浇筑新混凝土温度分布的核心区域大致位于 1 000 mm 高度处，该区域温度在浇筑养护前期都较高；高度 500 mm 及高度 1 500 mm 的两端混凝土温度低。第二次浇筑新混凝土的温度等值线呈核形分布。在浇筑界面附近的新混凝土，第 1 天水化高峰期时温度仅为 40～44 ℃，第 2 天为 33～36 ℃，第 3 天为 32～33 ℃，第 5 天为 29.5～30 ℃，第 10 天为 28～28.5 ℃，第 14 天为 26.5～27 ℃。这个部位的新混凝土虽然位于第二次浇筑内部，但温度远低于核心区域，可见分层浇筑后新混凝土受到下部老混凝土的影响，使得温度具有削弱效应。

上部结构浇筑后，新老混凝土界面下方的老混凝土内部温度发生较大的变化，并且不同区域温度变化幅度不等。浇筑后第 1 天，接近新老混凝土界面的老混凝土区域温度较高，达到 38～42 ℃，第二次浇筑底部混凝土为 29～35 ℃，第一次浇筑混凝土为 29～32 ℃，均比浇筑前的温度高，可见此时老混凝土已出现温升趋势。浇筑后第 2 天，新老混凝土界面附近的温度达到 33～36 ℃，第二次浇筑底部混凝土为 30～33 ℃，第一次浇筑混凝

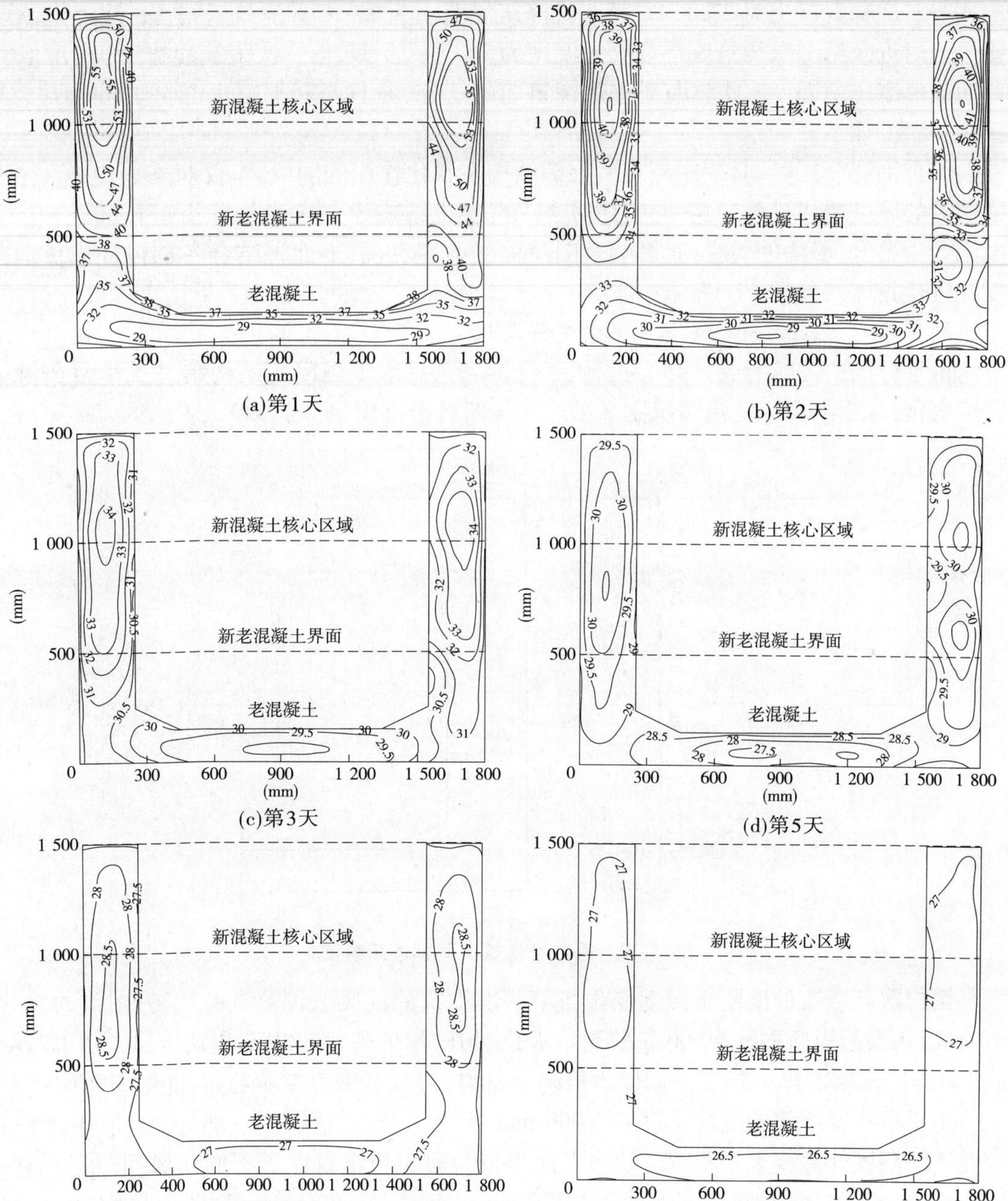

(a)第1天　(b)第2天　(c)第3天　(d)第5天　(e)第10天　(f)第14天

图 7-38　二次浇筑后断面 3 温度场等值线分布图

土为 29 ~ 32 ℃,与第 1 天的温度相近,但是局部区域已出现温降趋势。浇筑后第 3 天,新老混凝土界面附近的温度达到 32 ~ 33 ℃,第二次浇筑底部混凝土为 30 ~ 31 ℃,第一次浇筑混凝土为 29 ~ 30 ℃,这一阶段老混凝土温度在缓慢下降。浇筑后第 5 天,新老混凝土界面附近的温度为 29. 5 ~ 30 ℃,第二次浇筑底部混凝土为 28. 5 ~ 29. 5 ℃,第一次浇筑混凝土为 27. 5 ~ 28. 5 ℃。浇筑后第 10 天,新老混凝土界面附近的温度达到 27. 5 ~ 28. 5 ℃,第二次浇筑底部混凝土为 27.5 ℃，第一次浇筑混凝土为 27 ℃。浇筑后第 14 天，新老混凝土界面附近及第二次浇筑底部混凝土温度为 26.5 ~ 27 ℃，第一次浇筑混凝土为 26.5 ℃，此时老混凝土的温度基本恢复到二次浇筑前的状态，并且与新混凝土部分共同构成一个稳定的温度体系。

综合上述分析可知，二次浇筑后上部结构在水化作用的同时，不仅对新老混凝土交界面附近的温度造成显著影响，同时还对水工混凝土结构第一次浇筑等相距较远区域的混凝土产生温升、温降的效应，其影响范围及程度不容忽视，下面将结合各部位的温度时程变化进行具体的分析。

2）第二次浇筑新浇筑混凝土温度时程变化

由于分两次浇筑所成，因此为了便于分析浇筑后水工混凝土结构第二次浇筑内部的温度变化，现根据实际浇筑情况定义第二次浇筑各个部位，见图 7-39。

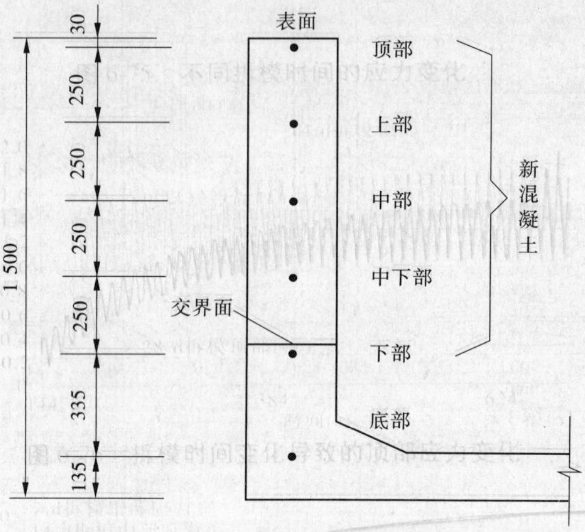

图 7-39　第二次浇筑不同部位示意图

第二次新浇筑的混凝土温度变化与第一次浇筑的混凝土温度变化大致相同，经历 5 个阶段：入模后短暂的降温→6 h 后开始水化温升，峰值普遍出现于浇筑后14 ~ 16 h→20 h 左右温度迅速下降→3 ~ 5 d 温度缓慢降至室温→5 d 后温度基本稳定，随室温变化。

由于本次新浇筑的混凝土高约 1 000 mm，上表面与空气接触，下部与老混凝土接触，因此不同高度处温度大小不等。取第二次浇筑断面 3 新浇筑混凝土的顶部、上部、中部、中下部四个部位（距底面高度依次为 1 470 mm、1 220 mm、970 mm、720 mm）来分析其内部温度变化，如图 7-40 所示。

在水化作用期间，新浇筑部分的 4 个测点温度大小不等。第二次浇筑上部及中部位于新浇筑混凝土的核心区域，水化放热最大，因而该部位在水化过程中温度比其他部位高，峰值时温度达到 58 ~ 59 ℃。第二次浇筑顶部及中下部的峰值温度为 50 ~ 51 ℃，明显比中部温度低。顶部混凝土主要是距离上表面仅为 30 mm，水化作用中产生的热量通过表面散失到空气中，而中下部混凝土虽然位于水工混凝土结构第二次浇筑中部，但是距离老混凝土为 220 mm，新老混凝土相互之间进行热量传递，从而造成新混凝土水化温升有所削弱。

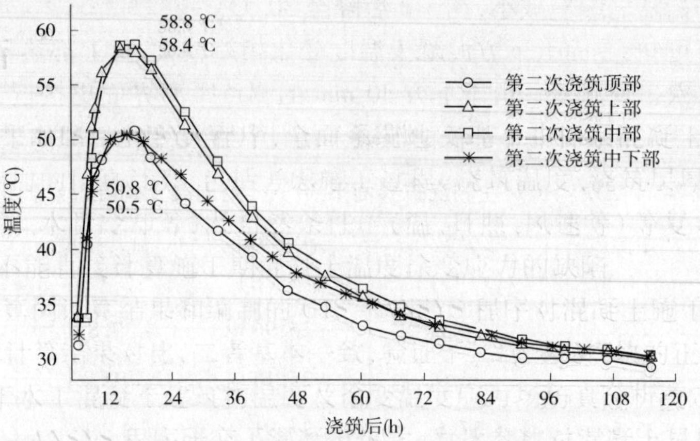

图 7-40　第二次新浇筑混凝土的温度时程对比

由此可知,第二次新浇筑的部位温度变化趋势大致相同,但是由于周围环境及相邻老混凝土之间的相互影响,使得在水化作用中新浇筑混凝土的中部温度最高,顶部和交界面以上的部位温度较低。

3)老混凝土温度时程变化

(1)新老混凝土浇筑界面处温度时程变化。

由于为两次浇筑所成,根据温度等值线图了解到浇筑界面附近的温度分布不等。为研究上部混凝土浇筑时交界面处的温度变化过程,取断面 3 交界面上、下方混凝土温度时程变化曲线来对比。其中,中下部测点位于新老混凝土浇筑界面上 220 mm 处,下部测点位于新老混凝土浇筑界面下 30 mm 处(见图 7-41)。

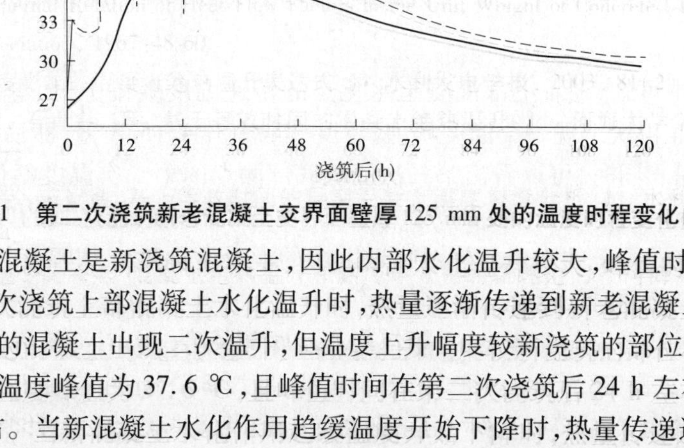

图 7-41　第二次浇筑新老混凝土交界面壁厚 125 mm 处的温度时程变化曲线

由于中下部混凝土是新浇筑混凝土,因此内部水化温升较大,峰值时刻的温度达到 50.8 ℃;当第二次浇筑上部混凝土水化温升时,热量逐渐传递到新老混凝土交界面处,使得交界面处下方的混凝土出现二次温升,但温度上升幅度较新浇筑的部位小,断面 3 第二次浇筑下部测点温度峰值为 37.6 ℃,且峰值时间在第二次浇筑后 24 h 左右,比新浇筑部位要晚 10 h 左右。当新混凝土水化作用趋缓温度开始下降时,热量传递逐渐减弱,而交界面处温度也开始随之缓慢减小，在 5 d 后降至 30 ℃。

由以上分析可知，界面上下方混凝土温度变化相差较大，且上部热量的传递导致老混凝土温度随之再次出现温峰。由于下方 30 mm 的测点距离界面更接近，因此选择第二次浇筑左侧壁厚 35～125 mm 三个部位的混凝土统计其温度变化情况如表 7-7 所示。

表 7-7　二次浇筑对左侧浇筑界面下 30 mm 处混凝土的温度影响情况

部位	初始温度（℃）	二次温峰（℃）	二次温峰的时刻（h）	温升幅度（℃）	降至初始温度的时刻（h）
壁厚 35 mm	26.8	36.6	26.96	9.8	297.48
壁厚 80 mm	26.6	36.9	25.18	10.3	298.16
壁厚 125 mm	26.5	37.6	24.91	11.1	301.08

从表 7-7 可知，浇筑前距离第二次浇筑外表面 35 mm 处的混凝土温度在 26.8 ℃左右，在二次浇筑后 26.96 h 内温度上升至 36.6 ℃，温度上升幅度为 9.8 ℃，297.48 h 后温度降至 26.8 ℃。浇筑前距离第二次浇筑外表面 80 mm 处的混凝土温度在 26.6 ℃左右，在二次浇筑后 25.18 h 内温度上升至 36.9 ℃，温度上升幅度为 10.3 ℃，298.16 h 后温度降至 26.6 ℃。浇筑前距离第二次浇筑外表面 125 mm 处的混凝土温度在 26.5 ℃左右，在二次浇筑后 24.91 h 内温度上升至 37.6 ℃，温度上升幅度为 11.1 ℃，301.08 h 后温度降至 26.5 ℃。从二次浇筑过程中浇筑界面附近处老混凝土壁厚方向的温度变化情况可知，壁厚越大（距新混凝土核心区域越近），老混凝土温度上升幅度越大，达到二次温峰的时间也越短，但温度下降至初始温度所需的时间也越长。

因此，在分层浇筑过程中，新浇筑混凝土对浇筑界面处老混凝土的温度存在影响。老混凝土上层覆盖新混凝土后，受到新混凝土中水化放热的影响，下层老混凝土中的温度有所回升，过了第二个温度高峰以后，温度继续下降。

（2）新浇混凝土对第一次浇筑老混凝土的温度影响。

现在针对距新浇筑界面较远的第一次浇筑及第二次浇筑底部的测点来具体分析，该部位混凝土在二次浇筑前温度在 26 ℃左右，每天随气温波动幅度在 1 ℃左右。图 7-42 是水工混凝土结构中间断面的第一次浇筑与第二次浇筑底部测点在二次浇筑时刻的温度时程曲线。

从图 7-42 中可知，随着上部混凝土水化热的传递温度缓慢上升，老混凝土在第二次浇筑后 30～40 h 再次出现一个温度峰值，温度一般上升 4～5.5 ℃，滞后于新浇筑部位混凝土的峰值时间。同时，可以看出第二次浇筑底部测点的第二次温度峰值（37.53 h，31.8 ℃）高于第一次浇筑测点的二次温度峰值（24.4 h，29.8 ℃），且达到的时间要晚 13.1 h，由此推断出新浇混凝土的水化放热对临近区域的混凝土温度影响幅度较大，同时温升幅度越高其到达峰值的时间越晚。

为反映各区域受影响的程度，对第二次浇筑底部及第一次浇筑斜角处、中部等部位的温度进行统计，如表 7-8 所示。第二次浇筑底部，壁厚 35 mm 处混凝土初始温度为 26.7 ℃，在第二次浇筑上部浇筑 33.41 h 后温度上升至 31.8 ℃，温度上升幅度为 5.1 ℃，在

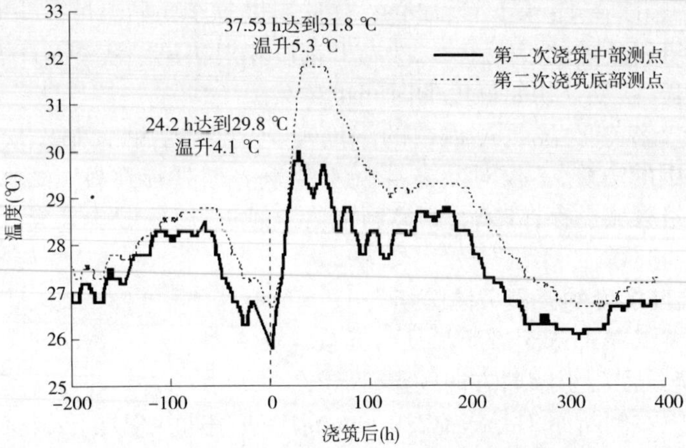

图 7-42　二次浇筑后第一次浇筑中心测点及第二次浇筑底部测点的温度时程曲线

272. 76 h 后温度降至初始状态。壁厚 80 mm 处混凝土初始温度为 26. 5 ℃，在第二次浇筑上部浇筑 35. 30 h 后温度上升至 31. 8 ℃，温度上升幅度为 5. 3 ℃，在 265. 88 h 后温度降至初始状态。壁厚 125 mm 处混凝土初始温度为 26. 7 ℃，在第二次浇筑上部浇筑 37. 53 h 后温度上升至 32 ℃，温度上升幅度 5. 3 ℃，在 283. 76 h 后温度降至初始状态。由此可知，第二次浇筑壁厚方向温度上升幅度较为接近，为5. 1 ~5. 3 ℃，壁厚越大，二次温升幅度相对略大，且达到峰值的时间越久，在后期温降过程中达到初始状态的时间也越长。

表 7-8　二次浇筑对第二次浇筑底部及第一次浇筑混凝土的温度影响情况

部位		初始温度(℃)	二次温峰(℃)	二次温峰出现时刻(h)	温升幅度(℃)	降至初始温度的时刻(h)
第二次浇筑底部	壁厚 35 mm	26. 7	31. 8	33. 41	5. 1	272. 76
	壁厚 80 mm	26. 5	31. 8	35. 30	5. 3	265. 88
	壁厚 125 mm	26. 7	32	37. 53	5. 3	283. 76
第一次浇筑上层	斜角处	26. 1	30. 5	52. 01	4. 4	252. 45
	中部	25. 7	29. 8	24. 4	4. 1	228. 76
第一次浇筑中层	斜角处	26. 1	30. 6	52. 82	4. 5	254. 17
	中部	25. 8	29. 8	24. 69	4	230. 82
第一次浇筑下层	斜角处	26. 2	30. 6	52. 51	4. 4	255. 2
	中部	25. 7	29. 8	24. 86	4. 1	230. 82

第一次浇筑上、中、下三层边缘的斜角处附近混凝土温度变化较为类似，初始温度在 26. 1 ~26. 2 ℃，在第二次浇筑后 52 ~53 h 内达到二次温度峰值，并且温度上升幅度在 4. 4 ~4. 5 ℃，252 ~256 h 后恢复到初始温度。第一次浇筑上、中、下三层中部的混凝土温度变化相近，初始温度在 25. 7 ~25. 8 ℃，在第二次浇筑后 24 ~25 h 内达到二次温度峰

值，并且温度上升幅度在4~4.1 ℃，228~231 h后恢复至初始温度。可见，距离新混凝土较近的第一次浇筑斜角处的混凝土，二次温升幅度相对于第一次浇筑中部混凝土较高，达到温峰的时间较长，恢复至初始温度的时间也越久。

结合老混凝土在二次浇筑过程中的温度变化情况，了解到第二次浇筑上部500~1 500 mm高度范围的浇筑，不仅对新老混凝土浇筑界面处存在较大影响，对第二次浇筑底部及第一次浇筑区域也存在影响，距离新混凝土越近，温度影响越大。各区域影响时间均在10 d以上。

7.3.2.3 基于温度梯度的开裂风险分析

1）第二次浇筑混凝土基于温度梯度的开裂风险分析

（1）第二次浇筑混凝土壁厚方向的温度梯度。

取第二次浇筑左侧断面3上部1 220 mm高度处、不同壁厚的5个测点，比较其浇筑后5 d内的温度分布，如图7-43所示。

根据试验结果可知，在水化作用的1~5 d，第二次浇筑混凝土在距两侧表面35 mm范围内温度相差并不大。温度分布曲线趋向于一条直线，第二次浇筑混凝土温度梯度小。

（2）第二次浇筑混凝土高度方向的温度梯度。

第二次浇筑混凝土中间断面壁厚80 mm处测点沿高度方向温度分布如图7-44所示。第二次浇筑混凝土在浇筑后1~2 d内温度分布呈现抛物线形状，其中在浇筑后第1天时第二次浇筑上表面与高1 470 mm处顶部混凝土温度相差近8 ℃，顶部与上部的温度相差约为6.7 ℃，上部与中部的温度相差0.4 ℃，中部与中下部的温度相差6.8 ℃。此后各部位温度逐渐接近。

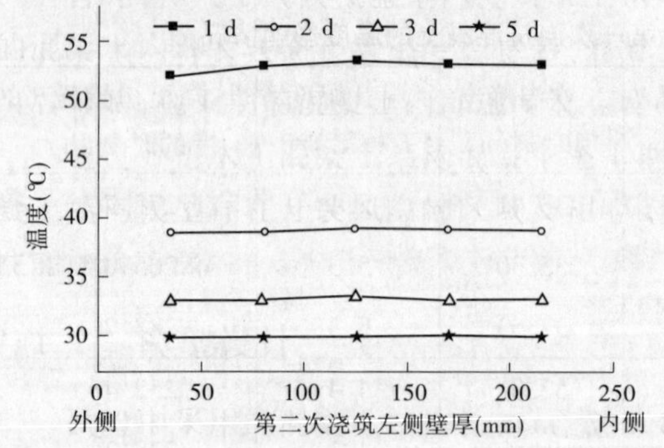

图7-43　第二次浇筑左侧断面3上部沿壁厚方向上的温度分布

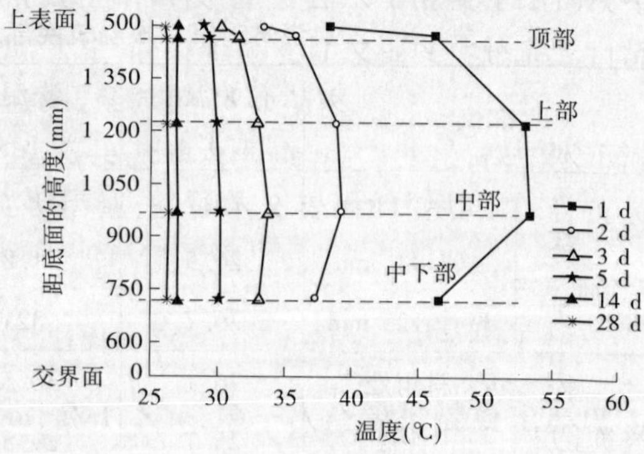

图7-44　第二次新浇混凝土高度方向上的温度分布

由此可知，在浇筑后3 d内第二次浇筑新浇混凝土沿高度方向上，上表面处混凝土温度梯度最大，而顶部与上部、中部与中下部之间的区域温度梯度也较大。

（3）第二次新浇筑混凝土纵向温度梯度。

再取不同龄期5个断面中下部720 mm高、壁厚125 mm处的几个测点温度进行比较，如图7-45所示。

浇筑后1~5 d时第二次浇筑纵向长度上温度分布比较接近，仅在浇筑后第1天时水工混凝土结构两端的断面温度梯度相对略大，随后纵向温度分布曲线接近于直线。

综合上述温度梯度的分析可知，在浇筑后2 d内新浇筑混凝土沿高度方向温度分布

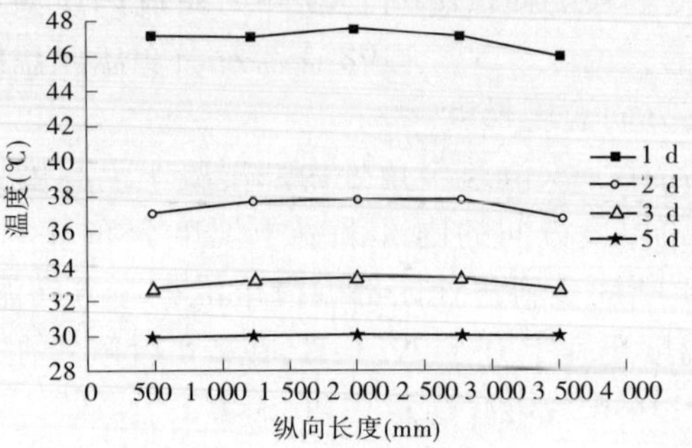

图 7-45　第二次浇筑混凝土 720 mm 高度处纵向长度上的温度分布

不等，尤其是第二次浇筑表面及浇筑界面区域温度梯度大，有可能会造成第二次浇筑的顶面及交界面上方混凝土开裂。

2）新老混凝土浇筑界面处基于温度梯度的开裂风险分析

（1）壁厚方向的温度梯度。

第二次浇筑左侧界面下方 30 mm 处沿壁厚方向的温度梯度如图 7-46 所示。

第二次浇筑后的混凝土壁厚方向的温度分布相差不大，仅在二次水化后第 1 d 后内部混凝土温度略高，两侧混凝土温度略低，最大相差 1.2 ℃左右。浇筑后第 5 d 时，各部位温度基本接近。

（2）高度方向的温度梯度。

第二次浇筑时，浇筑界面附近沿高度方向温度相差较大，如图 7-47 所示。

在新混凝土浇筑后第 1 天，界面上方 220 mm 处部位比下方 30 mm 处温度高 10 ℃左右，而第二次浇筑最底层的测点距离浇筑界面下测点 335 mm，温度低 6 ℃左右。在上层新浇混凝土温度上升过程中，浇筑界面附近的老混凝土温度也会随之有所上升，并且距离浇筑界面越近，上升的速度与幅度也越明显。在浇筑后第 2 天，新混凝土的温度开始下降，而交界面附近的老混凝土温度也开始下降，但距离较远的底层老混凝土依然在缓慢上升过程中，温度变化较为滞后。

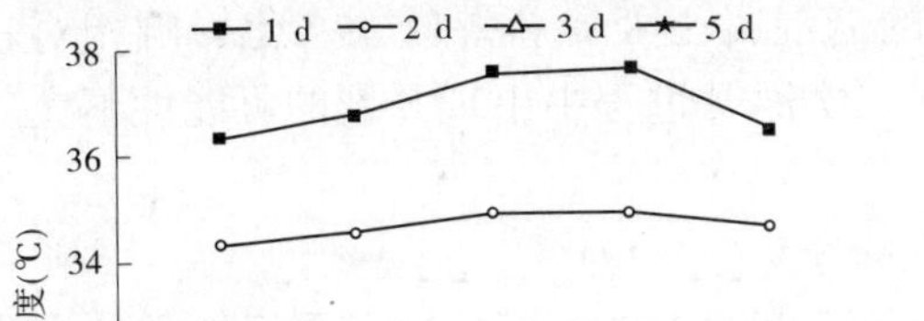

图 7-46　第二次浇筑左侧断面 3 下部沿壁厚方向上的温度分布

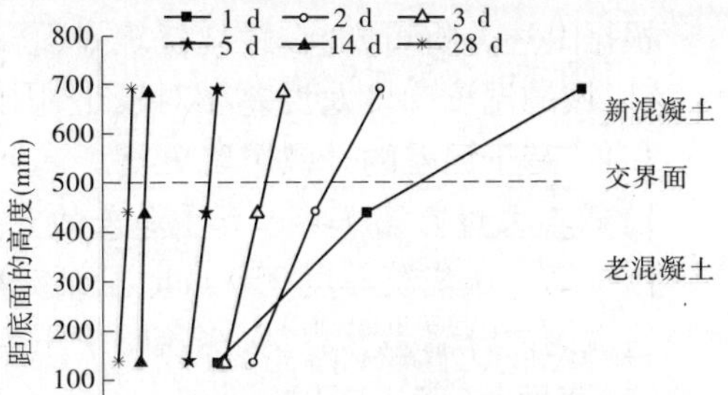

图 7-47　第二次浇筑左侧高度方向上的温度分布

3）老混凝土基于温度梯度的开裂风险分析

新混凝土浇筑后导致老混凝土温度上升，从而造成内部温度分布再次不均匀。为研究老混凝土内部温度梯度情况，这里分析了第一次浇筑高度及横向宽度方向上的温度分布。

(1)第一次浇筑高度方向温度梯度。

图 7-48 为二次浇筑后第一次浇筑斜角处内部混凝土沿高度方向的温度分布情况。

图 7-48 中第一次浇筑厚度方向的内部混凝土温度分布基本接近，高度方向呈竖线。在二次浇筑前第一次浇筑断面 3 斜角处内部混凝土沿板厚方向温度稳定在 26.2 ℃左右，在新混凝土浇筑 1 d 后温度迅速上升至 29.1 ℃，在 2 d 后依然在上升，温度达到 30.3 ℃，2 d 后内部温度开始下降，14 d 后再次稳定在 26.3 ℃。

(2)第一次浇筑横向宽度方向温度梯度。

在二次水化热影响期间，第一次浇筑断面 3 横向温度分布较为对称。第二次浇筑上部的第 1 天，第一次浇筑内部温度受上部混凝土水化温升影响还不明显，但第 2 天后存在小幅度的温升趋势，沿第一次浇筑横向宽度上两侧温升较大而中间温升较小，呈“凹形”曲线，斜角处的温度梯度始终略大，如图 7-49 所示。总体而言，斜角处的温度上升幅度明显大于第一次浇筑中部的温升。

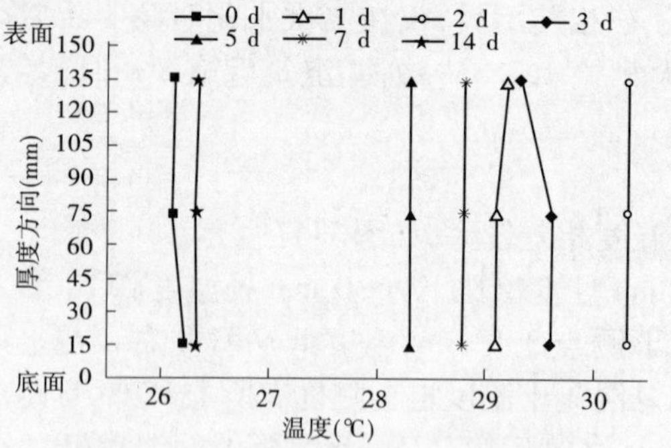

图 7-48　二次浇筑后第一次浇筑斜角处内部混凝土沿高度方向温度分布

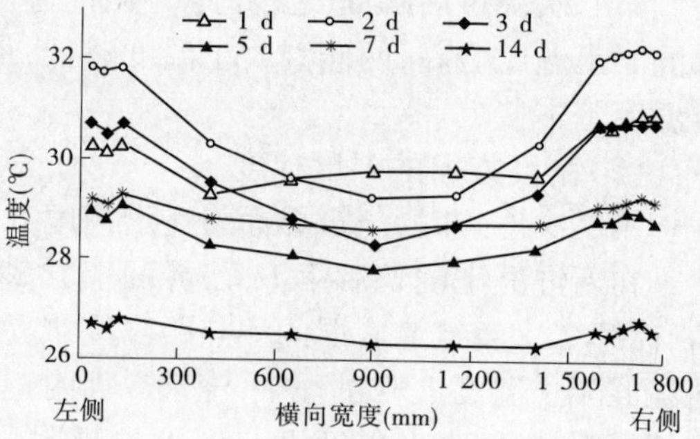

图 7-49　二次浇筑后第一次浇筑断面 3 横向宽度上的温度分布

根据上述分析可知，在距离浇筑界面较远的老混凝土处受新混凝土水化影响相对较小，该区域的温度梯度及温差相对较小，因此在二次温升过程中出现开裂的可能性不大。

7.3.2.4　基于温差的开裂风险分析

1)第二次新浇筑混凝土基于温差的开裂风险分析

由于第二次浇筑厚度 250 mm，且第二次浇筑高度为 1 000 mm，为了更好地掌控水化放热造成的内外温差，第二次浇筑时采用全程监测。

(1)表面与室温的温差。

首先分析第二次浇筑时上表面与室温之间的温差变化，如图 7-50 所示。

根据实测数据来看，正常条件下人工气候实验室的室温为 25 ~ 30 ℃，昼夜温度大致呈余弦变化，随外界气温波动的范围在 5 ℃以内。在二次浇筑后，由于水化放热影响，室内温度有明显上升，最大温度 35 ℃，出现在浇筑后 20 h 附近，此时混凝土表面温度也处于峰值 41.8 ℃附近。表面温度同时还跟随室温作略微滞后的周期变化。因此，水化温升阶段，第二次浇筑表面与气温的温差急剧增高，达到峰值温度后温差又开始下降，其最大温差为 8.8 ℃,出现在浇筑后 18 h 左右。

(2)内部与表面的温差。

图 7-51 为第二次浇筑断面 3 中 1 220 mm 高度处、距侧壁 125 mm 的上部测点与第二次浇筑上表面温度的时程对比曲线。

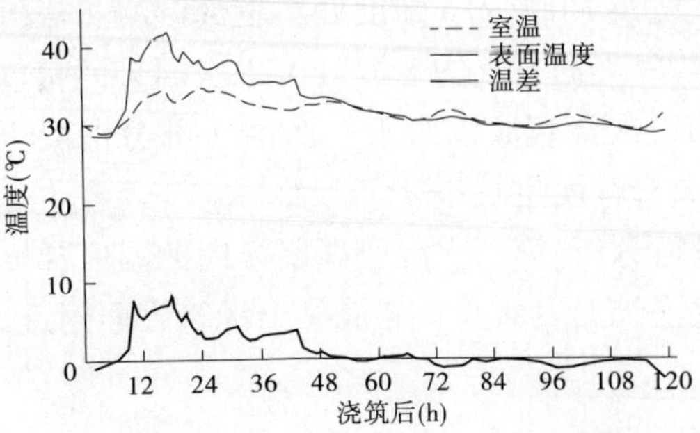

图 7-50　第二次浇筑表面温度与室温对比

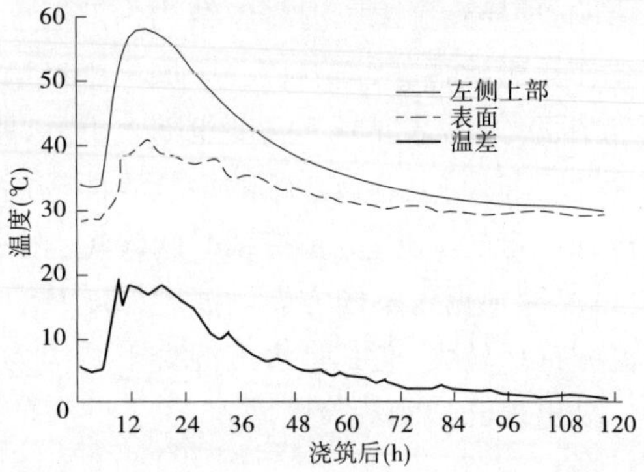

图 7-51　第二次浇筑左侧上部与表面温度对比

内部混凝土与表面混凝土的温度也在时刻变化中。内部测点最高温度为 56.9 ℃,其温度时程曲线与表面混凝土不同,在水化过程中较为平滑,与表面的最大温差为 19.6 ℃。

由上述温差分析可知,本次浇筑的室温与表面温度的最大温差仅 8.8 ℃,这主要是由于气候室内较为封闭。此外,第二次浇筑内部测点与表面的最大温差接近 20 ℃,工程实践与相关文献中对于该温差的建议值为 25 ℃,可以看出本次浇筑水工混凝土结构时温差较大。

2)新老混凝土浇筑界面处基于温差的开裂风险分析

第二次浇筑断面 3 中下部位于新浇筑混凝土的下方,下部测点位于第一次浇筑的顶部,图 7-52 是两处混凝土第二次浇筑时的温度时程对比。

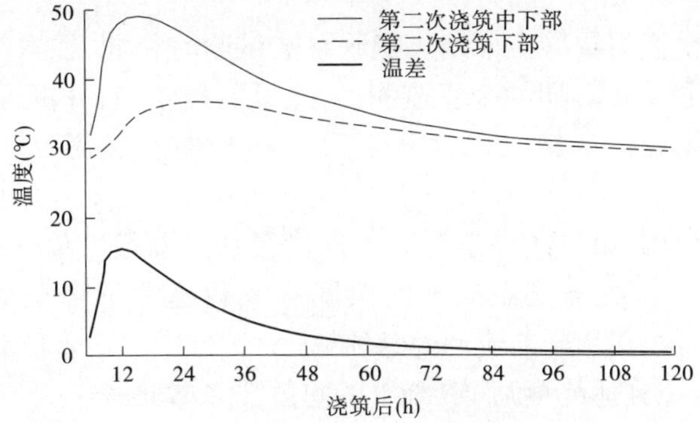

图 7-52　两次浇筑的测点温度变化

从图 7-52 中可以看出,第二次浇筑导致了老混凝土温度也显著上升至 36.9 ℃。这两个测点的最大温差达到 16 ℃,出现在温度峰值时刻附近。相关文献对两次浇筑的相邻混凝土温度建议最大不超过 15 ℃,因此浇筑后存在着开裂风险。

7.3.2.5 温度分析结果

第二次浇筑时,水工混凝土结构内部的温度分布不均匀,第二次浇筑后内部温度变化与第一次浇筑部分相类似,除受到水化作用、截面特征、环境条件、养护措施等因素影响外,新老混凝土之间还存在一定的热量传递。在二次浇筑 10 d 左右老混凝土内部温度均受影响,这导致了水工混凝土结构内部温度分布较第一次浇筑后更复杂。新浇筑的上部,水化作用影响显著,高温核心区域集中在第二次浇筑 1 000 mm 高度处。上部混凝土温升过程中,下方的老混凝土温度也随之上升,距离浇筑界面越近的老混凝土二次温升的幅度越大,持续时间也越长。距离浇筑界面较远的第二次浇筑底部及第一次浇筑部分混凝土也出现一定的温升,但是持续时间较短,相应的温升幅度也较小。

此外,根据对不同方向的温度梯度及温差进行分析,第二次浇筑高度方向的温度梯度及温差都比较大,尤其是水工混凝土结构第二次浇筑上表面及新老混凝土浇筑界面附近,是容易出现开裂的危险区域。

7.3.3 第二次浇筑混凝土的热学特征

7.3.3.1 第二次浇筑混凝土早期热膨胀系数试验研究

根据水工混凝土结构浇筑工艺的要求进行了两次浇筑,所以本试验分别对两次浇筑的混凝土早期热膨胀系数随龄期变化进行了试验。第二次浇筑混凝土的初凝时间和终凝时间表 7-9 所示。

表 7-9 第二次浇筑混凝土凝结时间及相关参数

浇筑次数	a,b 值	线性相关系数	初凝时间	终凝时间
第二次	-103.81,17.01	0.996 57	8 h 0 min	9 h 10 min

变温方式和第一次浇筑混凝土早期热膨胀系数试验时相同,在对第二次浇筑混凝土的温度变形进行了超过 7 d 龄期的全程监测后,经过数据整理、分析、计算等一系列处理步骤,所得到的具有代表性的第二次浇筑混凝土随龄期发展而变化的热膨胀系数如表 7-10和图 7-53 所示。

由于测量时间的原因,第二次浇筑混凝土未测得初凝前最大值。由图 7-53 可知,在混凝土达到初凝时,第二次浇筑混凝土的热膨胀系数迅速下降至最小值,为 $5.89\times10^{-6}/℃$,这是因为混凝土在初凝前流动性急剧减小,试件中自由水的膨胀开始受到基体的初步约束;随着混凝土到达终凝后,混凝土的热膨胀系数迅速上升,当龄期在 40 h 后,热膨胀系数基本趋于稳定,并在较小范围内波动,此后逐渐平稳,在 7 d 龄期后基本稳定,第二次浇筑混凝土 7 d 龄期后的热膨胀系数为 $10.29\times10^{-6}/℃$,而第一次浇筑混凝土的热膨胀系数稳定值为 $10.19\times10^{-6}/℃$,考虑到试验误差影响,认为其数值趋于一致。

表 7-10　第二次浇筑混凝土热膨胀系数试验结果

龄期(h)	热膨胀系数 α ($\times 10^{-6}$/℃)	龄期(h)	热膨胀系数 α ($\times 10^{-6}$/℃)	龄期(h)	热膨胀系数 α ($\times 10^{-6}$/℃)
9.17	8.21	64.13	10.31	124.12	11.14
9.60	5.89	70.33	10.00	128.00	11.18
10.17	6.39	73.83	10.38	134.25	10.43
10.62	6.59	79.78	10.13	140.25	10.69
11.06	5.92	82.07	10.18	146.72	11.09
12.60	10.38	86.03	9.93	148.59	10.84
13.97	11.17	88.40	9.83	154.32	10.35
19.88	8.92	92.08	9.79	160.21	9.79
25.60	9.42	94.25	9.38	163.63	10.46
31.57	10.48	100.33	10.83	166.75	10.79
37.77	9.95	112.40	10.41	170.35	9.94
49.73	10.47	116.40	10.84	173.67	10.25
55.70	10.41	118.17	11.15	180.95	10.68
57.97	10.77	122.10	10.68		

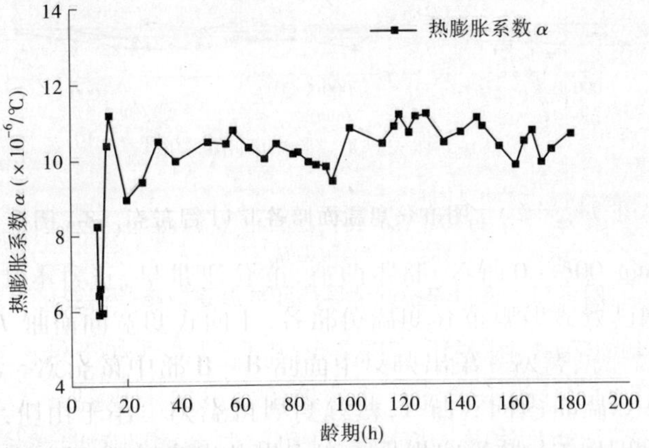

图 7-53　第二次浇筑混凝土热膨胀系数随龄期发展规律

7.3.3.2　第二次浇筑混凝土早期导温和导热系数试验研究与分析

本次试验中采用 2 个试件对第一次浇筑混凝土早期的导热和导温系数进行了试验研究，试件尺寸为 150 mm × 150 mm × 300 mm。其中一个试件在浇筑完毕后即用铝箔进行密封，另外一个试件则未进行任何密封处理。另外，试验从混凝土浇筑完 1.5 h 后即开始进行导热和导温系数的测量，并一直持续至龄期为 7 d。采用自主研制的试验装置进行试验研究。

第二次浇筑混凝土在密封养护条件和自然养护条件下，其在测量过程中内部的水化温升曲线如图 7-54 所示。

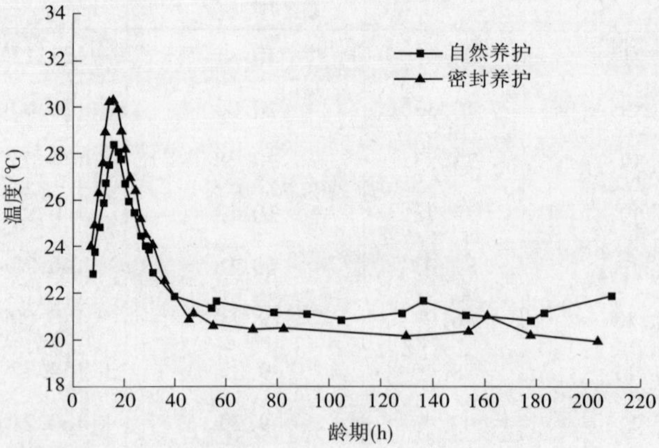

图 7-54 密封养护和自然养护试件内部的水化温升

密封养护条件下，导热和导温系数的试验结果如图 7-55 所示。图中 λ_H 和 ∂_H 表示混凝土导热和导温系数稳定后的平均值。第二次浇筑混凝土在自然养护条件下，导热和导温系数的试验结果如图 7-56 所示。

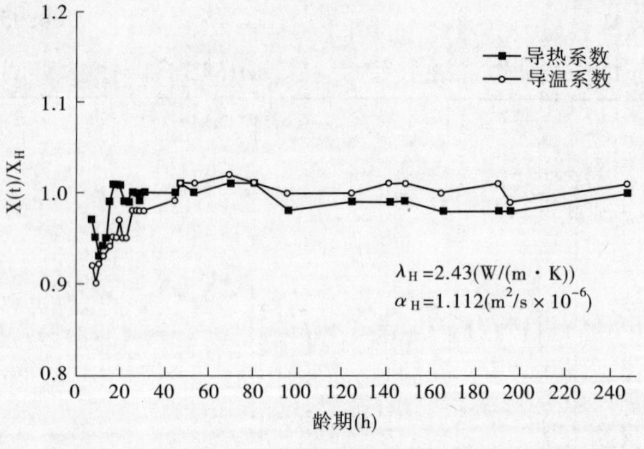

图 7-55 密封养护试件导热和导温系数随龄期变化

从试验测量结果图 7-54、图 7-55 和图 7-56 中可以得到如下结论：①第二次浇筑混凝土在密封养护条件下的水化温升要比自然养护条件下的水化温升高，这与第一次浇筑混凝土的试验结果一致；②两次浇筑混凝土导热和导温系数随龄期增长的变化规律基本一致。两个试件的导热和导温系数在龄期前 20 h 左右都有一个减小的过程，但密封试件的减小幅度比自然养护试件小。随后，导热和导温系数又有一个缓慢增长的过程直至龄期 60 h 左右基本稳定。此后所测得的导热和导温系数幅度变化很小；③密封养护试件稳定后的导热系数平均值与自然养护试件基本相同，但导温系数平均值比自然养护试件大 7% 左右；④自然养护状态下混凝土硬化后导热和导温系数的平均值分别比其在水化过程中的最小值大 8% 和 8.2%，而密封养护状态下混凝土硬化后导热和导温系数的平均值分别比其在水化过程中的最小值大 7% 和 10%。

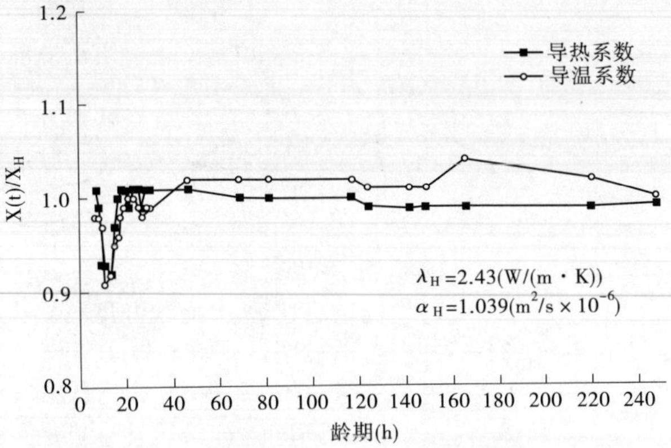

图 7-56　自然养护试件导热和导温系数随龄期变化

7.3.4　第二次浇筑混凝土的力学特征

7.3.4.1　应变

第二次浇筑后，应变计测点共 10 个，其中第二次浇筑新混凝土的竖向测点共 4 个。第二次浇筑中部测点沿竖向的总应变时程曲线如图 7-57 所示。

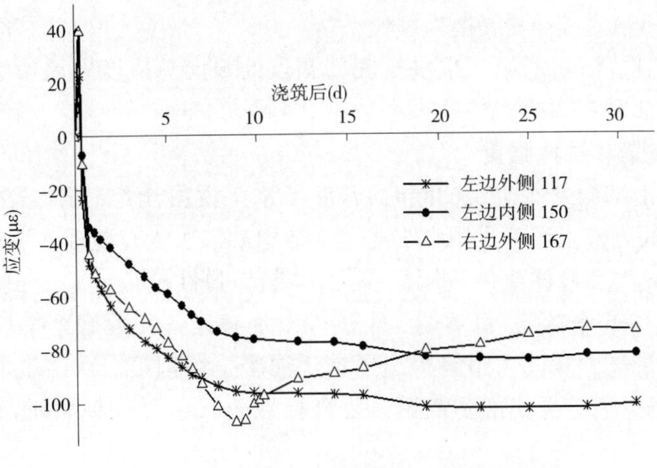

图 7-57　第二次浇筑中部竖向总应变时程曲线

在浇筑初期，混凝土水化作用还未开始。由于入模温度较高，因此浇筑后不断向温度较低的外界环境释放热量，导致内部温度分布不均匀，出现了短暂的拉应变。在水化放热阶段内部压应变迅速增大，但浇筑后 1 d 温度达峰值以后，第二次浇筑左侧混凝土应变发展趋势变缓慢，直到 7 d 后应变逐渐稳定。第二次浇筑右侧混凝土中部外侧混凝土压应变在 7 d 后存在最大值，随后压应变缓慢减小。第二次浇筑中部混凝土位于新老混凝土交界处上方 300 mm 处，水化作用期间上部温度高，下部温度低，因此受到来自第二次浇筑上部混凝土的压力及下部混凝土的拉力，约束情况较为复杂，使得应变发展不同于第二次浇筑底部，在温度峰值之后的 2 ~ 10 d，内部温度逐渐形成一个平衡的稳定体系，应变发展达到稳定状态。第一次浇筑及第二次浇筑底部的老混凝土总应变发展曲线如图 7-58

和图 7-59 所示。

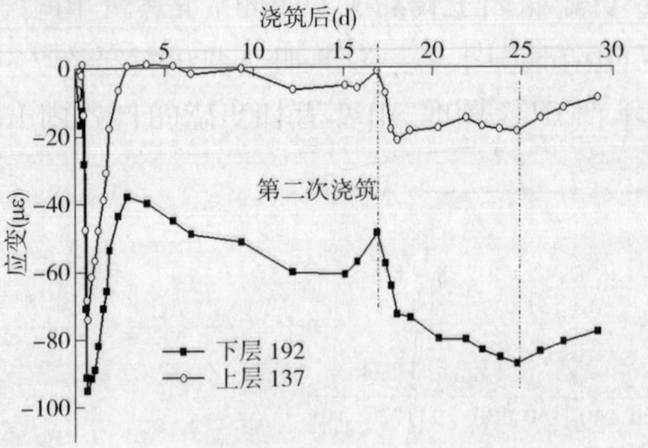

图 7-58　第一次浇筑测点水平方向总应变时程曲线

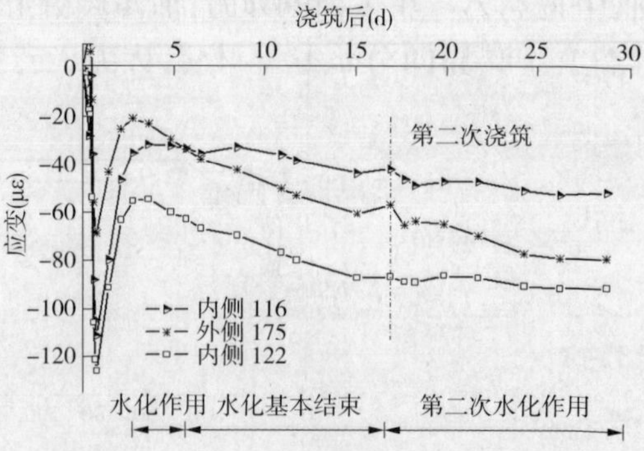

图 7-59　第二次浇筑底部测点竖向总应变时程曲线

在第 17 天第二次浇筑时，第一次浇筑处总应变存在突变。这是由于老混凝土受到新混凝土水化放热影响，温度上升再次出现一个峰值温度，此时混凝土内部受热膨胀压应变增大，应变曲线下降。由于该部位混凝土受到二次水化影响较小，因此其内部应变发展趋势不及在自身混凝土水化作用中明显，在龄期 25 d 左右时，第一次浇筑混凝土的应变才出现极其缓慢的受拉趋势，发展极为缓慢。

第 17 天第二次浇筑，对第二次浇筑底部测点的竖向总应变发展影响较小。初步推测为第二次浇筑中部竖直方向上的约束系数小，因此该方向上的总应变较小。

7.3.4.2　弹性模量和抗拉强度

在水工混凝土结构二次浇筑的同时，开展了水工混凝土结构第二次浇筑混凝土弹性模量及抗拉强度的测量工作。采用水工混凝土结构第二次浇筑混凝土浇筑 18 个 150 mm × 150 mm × 300 mm 的棱柱体试件，进行混凝土早期静弹性模量试验。试验包括 1 d、3 d、5 d、7 d、14 d、28 d 等 6 个龄期，每龄期 3 个试件。加载设备和数据采集仪器与第一次浇筑混凝土静弹性模量试验相同。最终得出了水工混凝土结构第二次浇筑混凝土各龄期的静弹性模量，并根据朱伯芳提出的弹性模量复合指数公式将弹性模量随龄期的发展拟合为公式：

$$E(\tau) = 37.379\,44 \times [1 - \exp(-0.789\,1\tau^{0.306\,06})] \tag{7-3}$$

式中：τ 为龄期，d。

该拟合公式的相关系数为 0.999 21，拟合曲线如图 7-60 所示。

从试验结果可知，混凝土自浇筑后，弹性模量从第 1 天的 20.9 GPa 快速发展至第 7 天的 28.5 GPa。龄期 7 d 后弹性模量发展略为缓慢，到 28 d 达到 33.2 GPa。

同时，采用水工混凝土结构第二次浇筑混凝土浇筑 18 个 100 mm × 100 mm × 550 mm 的棱柱体试件，进行龄期 1 d、3 d、5 d、7 d、14 d、28 d 的早期抗拉强度试验。加载设备和数据采集仪器与第一次浇筑混凝土早期抗拉强度试验相同。最终得出了水工混凝土结构第二次浇筑混凝土各龄期的抗拉强度，将抗拉强度随龄期的发展拟合为以下公式：

$$R_t = 4.582\,96 \times [1 - \exp(-0.459\,78\tau^{0.316\,93})] \tag{7-4}$$

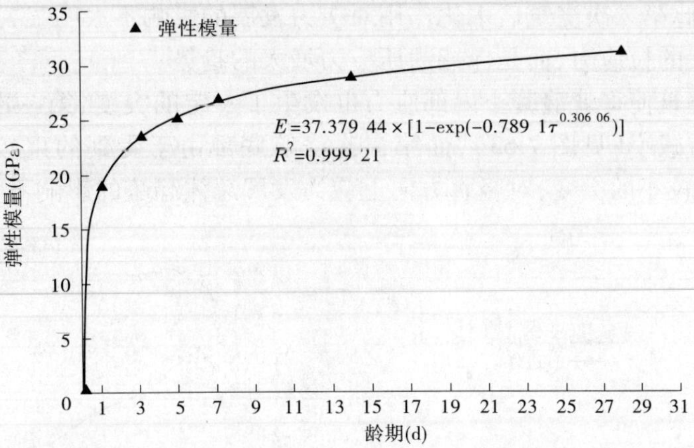

图 7-60　第二次浇筑混凝土弹性模量随龄期的变化曲线

式中：τ 为龄期，d。

该拟合公式的相关系数为 0.989 87，拟合曲线如图 7-61 所示。

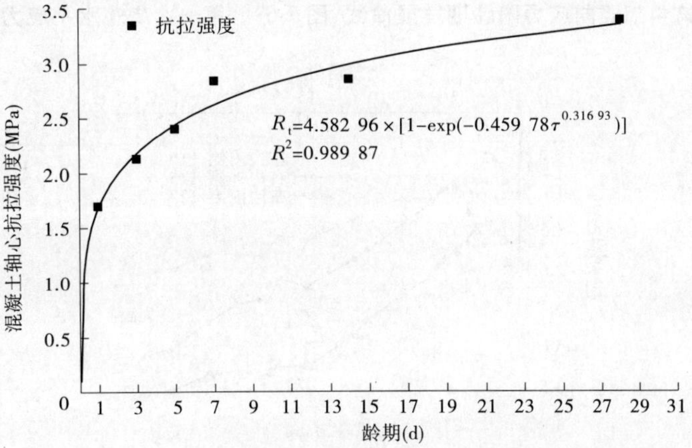

图 7-61　第二次浇筑混凝土抗拉强度随龄期的变化曲线

第二次浇筑混凝土早期抗拉强度在浇筑后 1～7 d 发展迅速，由第 1 天的 1.7 MPa 发展到第 7 天的 2.6 MPa，龄期 14 d 抗拉强度达到 3 MPa，在龄期 28 d 时发展至 3.4 MPa。

根据第二次浇筑混凝土弹性模量与抗拉强度的发展曲线可知，抗拉强度与弹性模量的发展规律基本一致，前 7 d 发展较快，7 d 后发展趋缓。对于各部位的应力发展情况还需要进一步分析。

7.3.4.3　应力

根据公式 $\sigma=\varepsilon E$，得到各部位的应力随龄期变化过程。第二次浇筑中部为第二次浇筑部分，其竖向应力变化趋势与第二次浇筑底部不同，如图 7-62 所示。

第二次浇筑左侧压应力在 7 d 后逐渐稳定，而第二次浇筑右侧 167 测点的压应力在 7 d 后有所减小。由前面对总应变的分析可知，该部位处于新老混凝土交界处附近，其变形不仅仅由自身混凝土水化热所引起混凝土的变形决定，同时还受其周围邻近区域的混凝土变形影响，因此第二次浇筑后水化作用对应力发展的影响不太明显，浇筑 1 d 后的温降并没有产生较大的拉应力，而是保持为压应力增大的趋势。

而第二次浇筑使得老混凝土内部应力也发生了一定的突变，第一次浇筑部分表现为压应力先增大后减小(见图 7-63)，而第二次浇筑底部由于受到约束较小，因此应力(见图 7-64)仅出现较小的突变，对竖直方向上应力发展总体趋势的影响不大。

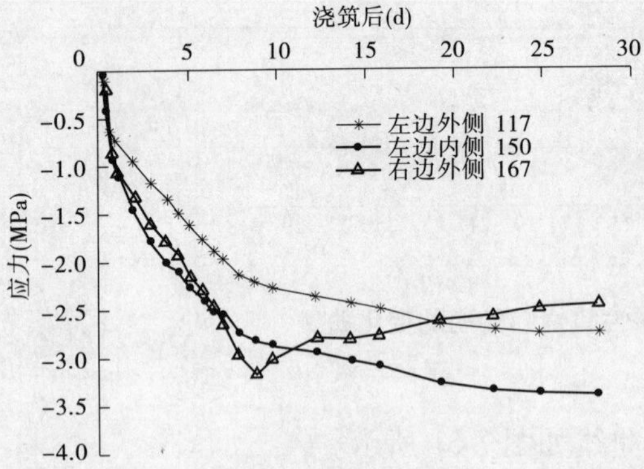

图 7-62　第二次浇筑中部竖向应力随龄期发展曲线

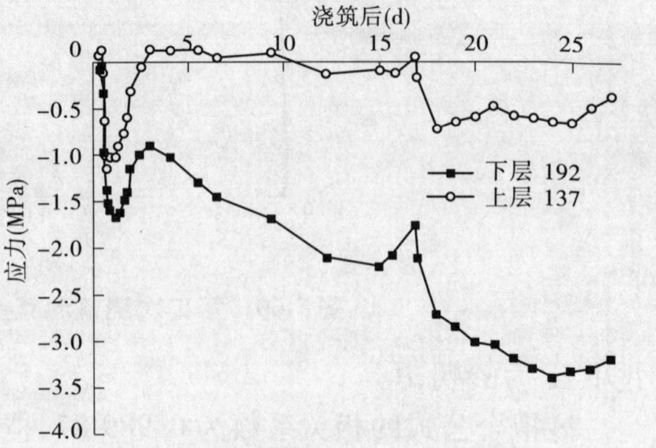

图 7-63　第一次浇筑水平应力随龄期的变化曲线

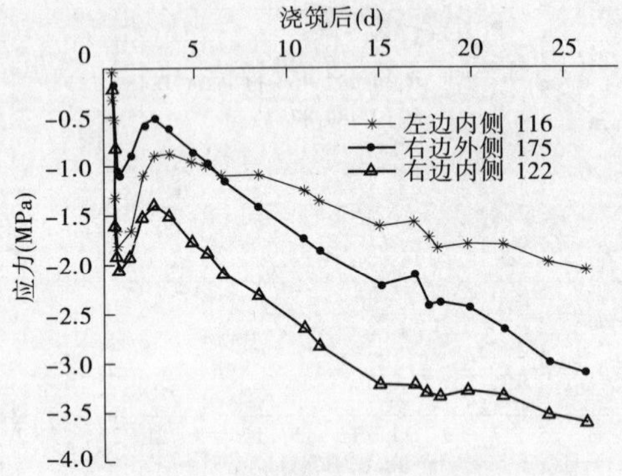

图 7-64　第二次浇筑底部竖向应力随龄期的变化曲线

综合试验结果可知，由于水化热到达高峰时，混凝土处于塑性或弹塑性状态，约束应力很低，并不会引起太大的温度应力，但随着降温，混凝土的弹性模量会迅速增加。由于不同部位的温度变化不同，其变形也不相同，受结构外界和自身变形的相互约束，在混凝土结构内会产生应力效应，不同的部位产生的应力也不相同。本次浇筑过程中，所测的方向为第一次浇筑水平方向及第二次浇筑竖直方向，根据试验结果可知基本以压应力为主，这些部位的开裂风险较小。但是在混凝土水化温降过程中局部区域混凝土仍可能产生一定的拉应力。因此，同样需要加强温控措施，控制温差，避免温度裂缝的产生。

7.3.5　第二次浇筑混凝土湿度场

混凝土内部孔隙中的水分含量变化会导致混凝土体积及质量的改变，当内部水分散失到空气中时，混凝土本身会发生收缩变形。同时，水化作用产生的自收缩也会导致混凝土体积的变化。当混凝土在收缩过程中受到约束而产生应力时，可能引起结构开裂。因此，混凝土结构内部的水分含量变化是影响混凝土早期开裂性能的重要因素。

本次水工混凝土结构浇筑时在两侧共布置20个湿度传感器，采用传统的插入探头测湿法，测量养护期间第二次浇筑沿高度方向及壁厚方向新老混凝土的湿度变化。养护期间室内环境湿度在65%~90%。

混凝土内部相对湿度变化缓慢，大部分测点相对湿度依然在90%以上，均远高于环境湿度。这一方面是由于水工混凝土结构浇筑结束后进行了长时间的湿养护，第二次浇筑及第一次浇筑的表面保持1~2 cm的蓄水，另一方面由于模型尺寸较大，使得水化反应较为复杂，且内部新老混凝土之间的影响维持时间较长。这就造成了胶凝材料水化反应引起的相对湿度降低以及混凝土表面向空气中扩散的水分不断由外界水补给，所以可以认为混凝土一直处于水饱和状态。因此，在养护期中，混凝土处于水汽饱和期，内部湿度接近100%。下面，以第二次浇筑高度和壁厚方向为例，具体分析在第二次浇筑养护期混凝土内部湿度的变化。

图7-65是第二次浇筑左侧断面3上部、中部、下部混凝土的湿度变化曲线。在第二次浇筑上部浇筑后的30 d内，第二次浇筑上部及中部新混凝土的湿度基本在95%~100%，略大于下部老混凝土的湿度。在上部新混凝土及养护蓄水等影响下，老混凝土的湿度在二次水化过程略有上升，逐渐逼近饱和状态。因此，养护期在沿第二次浇筑高度方向形成一定的湿度梯度。第二次浇筑中部壁厚50 mm、125 mm、200 mm处混凝土的湿度变化（见图7-65），在养护期间各点湿度存在波动。由于第二次浇筑壁厚250 mm，因而内部混凝土的湿度变化相差不大。因此，第二次浇筑内部沿壁厚方向湿度相差不大，但在沿高度方向的湿度分布不等，新老混凝土之间浇筑界面处具有一定的湿度梯度。

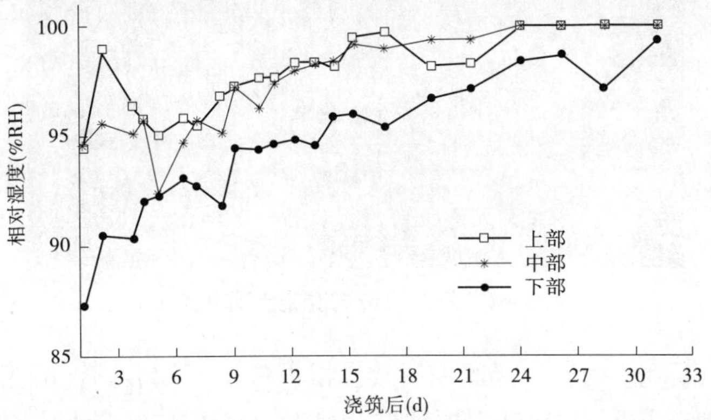

图7-65　第二次浇筑左侧断面3不同高度处混凝土的湿度过程曲线

根据本次试验的结果，第二次浇筑混凝土在养护期间相对湿度基本为90%~100%。因此，判断浇筑后水工混凝土结构内部收缩不大。试验可知，湿度是混凝土内部极为敏感的参数，在测量过程中每个测点都需要长时间的稳定才可得到较为准确的读数，湿度越高，达到稳定状态的时间就越久，这给多测点湿度测量带来较大的不便，导致试验结果存在一定范围的波动。同时，传统的插入探头测湿法在一定程度上存在测量精度低、测量速度慢、重复性差等缺点，因此湿度测量方法有待改进。

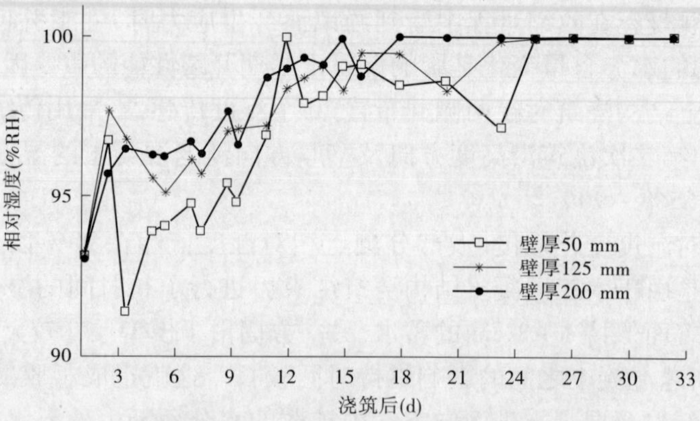

图 7-66　第二次浇筑左侧断面 3 不同壁厚处混凝土的湿度时程曲线

7.3.6　第二次浇筑施工期混凝土裂缝成因及抗裂措施

7.3.6.1　第二次浇筑顶面裂缝原因分析

本次浇筑后第 1 天,第二次浇筑的两顶面出现表面裂缝。随后跟踪测量最大裂缝宽度的发展过程,截至浇筑后第 23 天,第二次浇筑顶面的裂缝宽度在 0.25 ~ 2.25 mm 范围内,大致沿第二次浇筑壁厚方向延伸,如图 7-67 所示。根据分析可知,顶面裂缝的成因包括以下几个方面:

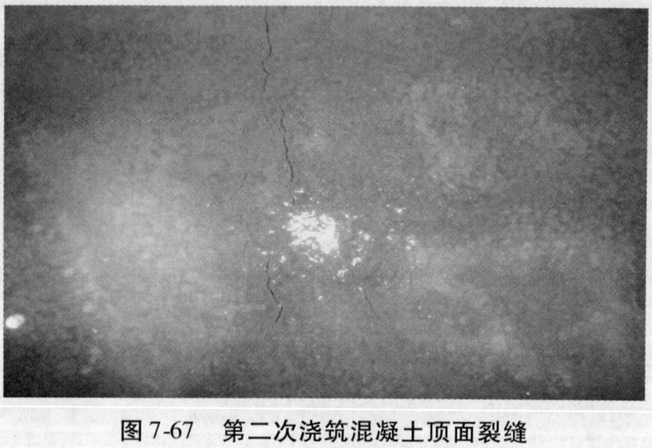

图 7-67　第二次浇筑混凝土顶面裂缝

(1)因混凝土温度应力及干燥收缩所致。根据分析可知表面混凝土温度远远低于第二次浇筑内部混凝土温度,表面的温度梯度及温差均比较大,内部热胀的混凝土约束了表面不断冷却的混凝土的自由收缩变形,同时此阶段混凝土的徐变性能来不及充分发挥作用,约束程度较高,导致拉应力超过其极限抗拉强度而产生了大量的表面裂缝。同时,由于第二次浇筑表面混凝土的水分不断向周围环境中散失,在干燥收缩情况下可能导致第二次浇筑表面裂缝生成。

(2)表面裂缝与施工及养护措施有关。一方面,混凝土施工后表面找平及保温养护措施不够,造成了表面裂缝的生成;另一方面,本水工混凝土结构内部埋置了大量的传感器,在传感器及导线周围区域混凝土难以振捣均匀,这大大影响了混凝土的浇筑质量,使得水化过程中内部混凝土温度变形不一致。而第二次浇筑表面是内部导线的出口区域，因此加剧了第二次浇筑上表面的裂缝发展。

7.3.6.2 抗裂措施

综合试验结果可知，水工混凝土结构在二次浇筑过程中，第二次浇筑顶面出现裂缝。因此，在施工养护期间应注意以下两点：

(1)施工期应尽量避开高温季节，分层浇筑过程中，应合理安排好施工进度和程序，将各层浇筑间歇时间控制在初凝时间内。浇筑后在混凝土表面覆盖保温材料，加强气象预报，防止气温骤降的冲击。

(2)实际大型水工混凝土结构在施工后要及时养护，尺寸较大的局部区域需要加强保湿、控温及防风的养护措施。为减小内外温差及水化温升，混凝土浇筑后应采取外升内降的温控措施，一方面在混凝土浇筑后开始蓄水养护，利用保水性材料进行覆盖，避免内部热量散失过快，控制表面的蓄水温度，降低表面温差及温度梯度；另一方面在第二次浇筑底部斜角处及中部等尺寸较大的部位预埋冷却水管，在早期及中后期都需要不断通水，早期通水可以降低水化温升，中后期通水的目的是削减混凝土内外温差，防止产生表面或深层裂缝。养护期一般不少于 28 d。

7.3.7 试验结果分析

第二次施工完成了水工混凝土第二次浇筑上部的浇筑。根据浇筑养护期间的试验结果，得到了以下结果：

(1)对水工混凝土内部温度测点进行实时监控，其中第二次浇筑新混凝土内部温度变化和分布的大致规律与第一次浇筑相类似。第二次浇筑上部新混凝土水化放热对第二次浇筑底部及第一次浇筑区域都存在温升影响，并且距离越近，二次温升越高，影响时间越长。

(2)根据第一次浇筑水平方向及第二次浇筑竖直方向的总应变进行监测，水化温降对第二次浇筑上部竖直方向总应变的影响不及第一次浇筑部分明显，压应变缓慢稳定，最大压应力不超过4.0 MPa。

(3)第二次浇筑养护期间所测的混凝土内部湿度大部分在90% RH 以上，变化幅度很小，可认为是湿养护所致。其中老混凝土的湿度相对于新混凝土略低，施工期壁厚对湿度的影响不大。

(4)通过对新老混凝土的温湿度分布及温度梯度、温差的分析，可知第二次浇筑易开裂的区域是第二次浇筑新老混凝土浇筑界面区域，在施工期应加强养护措施。

(5)水工混凝土第二次浇筑顶面出现表面裂缝，判断为温度应力及干燥收缩所致。

7.4 水工混凝土施工期综合抗裂仿真分析

基于试验成果，采用研制的反分析模块反演辨识的第一次浇筑混凝土绝热温升公式为 $\theta(\tau)=55.0\times(1-e^{-3.0\tau^{0.9}})$，第二次浇筑混凝土绝热温升公式为 $\theta(\tau)=55.0\times(1-e^{-3.0\tau^{0.7}})$，木模板表面散热系数 15.04 kJ/(m^2 · h · ℃)，湿麻袋覆盖表面散热系数 51.37

kJ/(m^2·h·℃)。采用研制的水工混凝土结构施工期温度场二次开发模块对试验进行仿真计算,并得到各测点反演热学参数所计算的温度值与实测值温度时程曲线,由图7-68～图7-69可以看出:

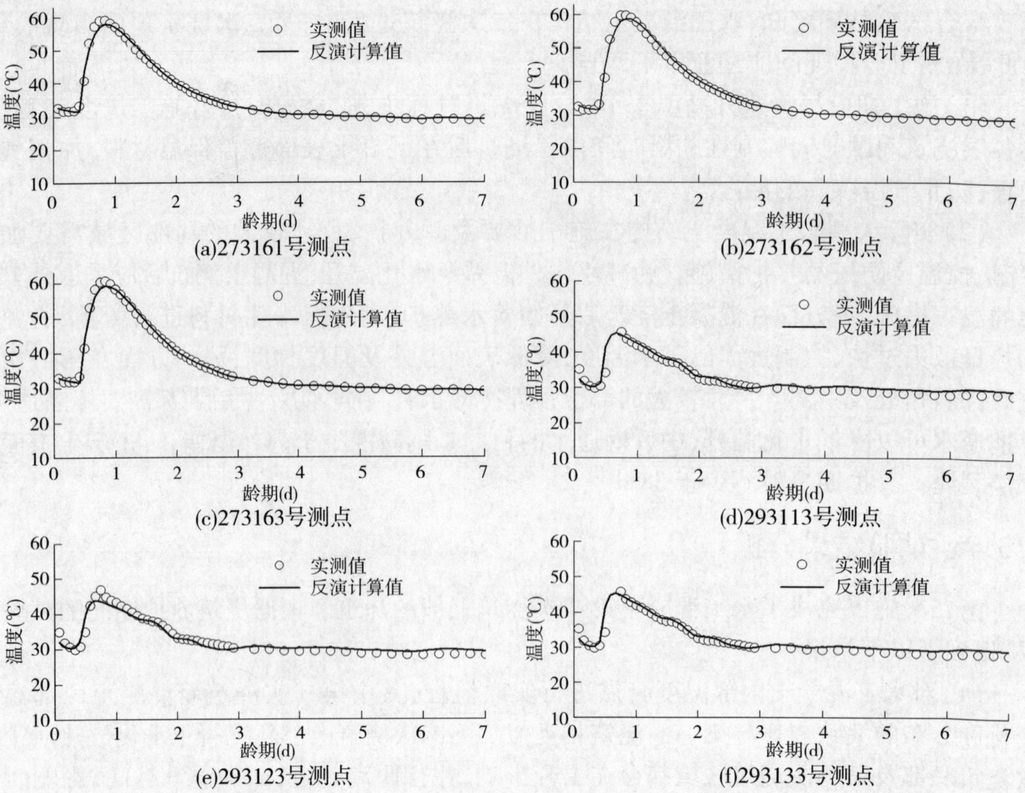

图7-68　水工混凝土结构一期浇筑典型点模块二次开发温度计算值与实测值比较

(1)各测点实测值和所埋设的位置相吻合,测点273163位于水工混凝土结构第二次浇筑底部体积较大处,温升值最高,为61.0 ℃;测点273161靠近侧面木模板,温度次之,为59.0 ℃;而测点293113位于水工混凝土结构第一次浇筑上表面,同时受蓄水养护影响,温度最低,为45.7 ℃。表明特征点温度变化规律合理,不同位置、不同散热条件温度变化曲线体现了测点温度之间的差别。

(2)综观所有测点温度时程曲线,计算值和实测值温度曲线吻合较好,温差在2.0 ℃范围内,说明反演算法具有较高计算精度及混凝土施工期温度场二次开发的正确性。

7.5　小　结

第一次施工完成了水工混凝土结构第一次浇筑及第二次浇筑底部的浇筑。根据浇筑养护期间的试验结果,得到了以下结论:

(1)对水工混凝土结构第一次浇筑及第二次浇筑底部实时监控,得到其内部温度变化和分布的大致规律。浇筑后前3 d,混凝土内部温度主要由水化作用控制,经历一个温

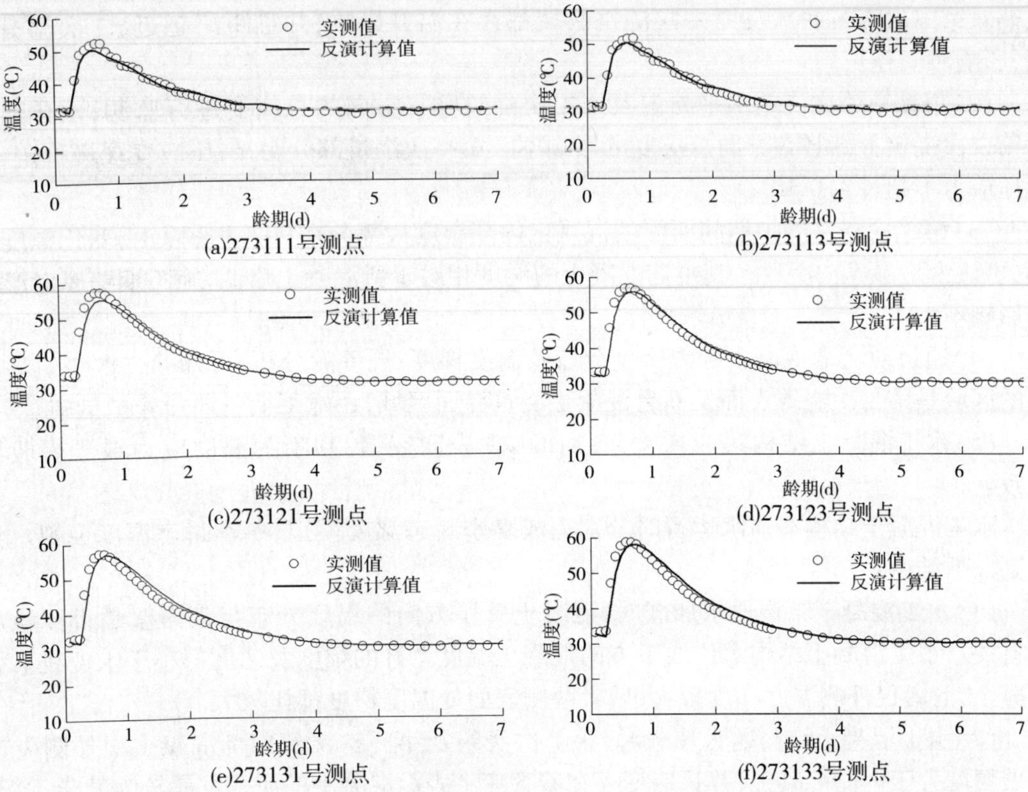

图 7-69　水工混凝土结构模型二期浇筑典型点模块二次开发温度计算值与实测值比较

度上升及下降的过程。同时,在截面尺寸、环境条件及浇筑养护条件的影响下,不同区域的温度分布相差较大。浇筑后第 1 天出现温度峰值及最大内外温差。

(2)浇筑后第一次浇筑水平方向及第二次浇筑底部竖直方向的应变发展趋势受混凝土内部温度影响较大。第一次浇筑上层及第二次浇筑外侧混凝土在急剧温升前都出现了短暂的微小拉应变。当温度急剧升高时,内部压应变快速增大,温度下降时内部压应变快速减小。3 d 后内部应变发展缓慢。根据应力结果可知,在温降过程中第一次浇筑中部的上层混凝土水平方向在浇筑后3 ~ 10 d出现微小拉应力。

(3)文中通过比较浇筑后不同龄期下第一次浇筑不同方向的温度梯度、不同部位的温差,对第一次浇筑开裂风险较大的区域进行了预测。分析得到浇筑后 2 d 内水工混凝土结构端部、第一次浇筑上表面、第一次浇筑斜角处区域温度梯度较大、温差较大,是施工期存在开裂风险的区域。第一次浇筑实测的端部表面裂缝分析确定主要由温度应力过大及干燥收缩所致。在新老浇筑界面下方出现表面裂缝,分析确定为第一次浇筑后出现的塑性沉降收缩裂缝。

水工混凝土结构第二次施工完成了水工混凝土结构第二次浇筑上部的浇筑。根据浇筑养护期间的试验结果,得到了以下结论:

(1)对水工混凝土结构混凝土内部温度测点进行实时监控,其中第二次浇筑新混凝土内部温度变化和分布的大致规律与第一次浇筑相类似。第二次浇筑上部新混凝土水化放热对第二次浇筑底部及第一次浇筑区域都存在温升影响,并且距离越近,二次温升越高,影响时间越长。

(2)根据第一次浇筑水平方向及第二次浇筑竖直方向的总应变进行监测,水化温降对第二次浇筑上部竖直方向总应变的影响不及第一次浇筑部分明显,压应变缓慢稳定,最大压应力不超过4.0 MPa。

(3)第二次浇筑养护期间所测的混凝土内部湿度大部分在90%RH以上,变化幅度很小,可认为是湿养护所致。其中老混凝土的湿度相对于新混凝土略低,施工期壁厚对湿度的影响不大。

(4)通过对新老混凝土的温湿度分布及温度梯度、温差的分析,可知第二次浇筑易开裂的区域是第二次浇筑表面及新老混凝土浇筑界面区域,在施工期应加强养护措施。

(5)水工混凝土结构第二次浇筑顶面出现表面裂缝,判断为温度应力或干燥收缩所致。

水工混凝土结构在通水运行时分别完成夏季瞬态温度模拟、冬季瞬态温度模拟。并得到以下结论:

(1)水工混凝土结构通水加载时,混凝土壁厚方向的温度分布与其内壁是否接触水体有关。水工混凝土结构水位线下方的混凝土温度上升的幅度及速度都小于水位线上方混凝土,前者仅外侧温度梯度较大,后者两侧表面处温度梯度都比较大。

(2)水工混凝土结构通水加载时,第二次浇筑及第一次浇筑内部混凝土中外侧应变发展幅度大于内侧混凝土,并且应变存在着突变。表面混凝土的应变发展较为复杂,随温度变化的同时,相互之间还存在约束。

(3)在通水加载工况中,混凝土内部湿度基本维持在90%RH~100%RH,变化很小,并且受室内温度、湿度影响较小。

(4)水工混凝土结构通水加载时,外界环境短期降温对水工混凝土结构外表面及水位线上方的内外侧壁混凝土产生不利影响。因此,通水时需要在这些部位加强保温措施。

室外暴露试验表明,水工混凝土结构第二次浇筑内部的温度沿第二次浇筑厚度方向呈明显的非线性分布。

水工混凝土结构温度试验实测温度数据与测点反演计算值比较,二者温度发展规律和数值大小基本一致,误差在3.0 ℃以内,说明试验结果可靠,同时说明本课题反演算法、温度场及其边界条件计算方法具有较高的计算精度及混凝土施工期、运用期温度场二次开发的正确性。

参考文献

[1] 程国旗. 橡胶止水带在禹门口提水工程U型渡槽上的应用[J]. 山西水利科技,2003(2):67-68.

[2] 胡志远,赵顺波,赵平. 大型钢筋混凝土多纵梁渡槽模型试验加载方法的研究[J]. 华北水利水电学院学报,1997,18(3):54-58.

[3] 朱步祥,朱步刚,王慧,等. 改进型闸门止水技术在小型水闸中的应用[J]. 水利水电科技进展,2001,21(6):59-63.

[4] 李云峰,吴胜兴. 现代混凝土结构环境模拟试验室技术[J]. 中国工程科学,2005,7(2):81-96.
[5] Control of Cracking in Concrete Structures[S]. ACI Committee224. 2001.
[6] 朱伯芳. 大体积混凝土温度应力与温度控制[M]. 北京:中国电力出版社,1999.
[7] Bamforth P B. Early-age thermal crack control in concrete[R]. CIRIA,London,2007.
[8] 中华人民共和国建设部,国家技术监督局. GB 50164—92 混凝土质量控制标准[S]. 北京:中国建筑工业出版社,1993.
[9] 中国土木工程学会标准. CCES 01—2004 混凝土结构耐久性设计与施工指南[S]. 北京:中国建筑工业出版社,2004.
[10] Mangold M,Springenschmid R. Why are temperature-related criteria so unreliable for predicting thermal cracking at early ages? [C]. R. Springenschmid. Thermal Cracking in Concrete at Early Ages. RILEM,1994:361-368.
[11] Van Greem,Browne. Are Temperature Requirements in Mass Concrete Specifications Reasonable? [J]. Concrete Construction Magazine,2002:68-70.
[12] 刘勇军. 水工混凝土温度与防裂技术研究[D]. 南京:河海大学,2002.
[13] 刘爱军,牛桂林,王志刚. 南水北调中线漕河渡槽槽身裂缝研究[J]. 水科学与工程技术,2007(S),42-45.
[14] 黄瑜,祁锟,张君. 早龄期混凝土内部湿度发展特征[J]. 清华大学学报:自然科学版,2007,47(3):309-312.
[15] 刘兴法. 混凝土结构的温度应力分析[M]. 北京:人民交通出版社,1991.
[16] 侯景鹏,熊杰,袁勇. 大体积混凝土温度控制与现场监测[J]. 混凝土,2004(5):56-58.
[17] 冯晓波,夏富洲,王长德,等. 南水北调中线大型渡槽运行期温度场的计算[J]. 武汉大学学报:工学版,2007,40(2):25-28.

第 8 章　混凝土早龄期性能测试方法

8.1　混凝土早期绝热温升测试方法

我国水利、电力行业标准对混凝土绝热温升的测试方法有专门的规定，该方法可以测定混凝土材料在水化过程中的温度变化及最高温升。现以我国水利行业标准《水工混凝土试验规程》(SL 352—2006)中规定的试验方法来进行阐述。

8.1.1　仪器设备

(1)绝热温升测定仪：仪器的绝热室要求达到绝热试验条件，即胶凝材料水化所产生的热量与外界不发生热交换。仪器由绝热养护箱和控制记录仪两部分组成，工作原理见图 8-1。绝热室温度跟踪试样中心温度，相差不大于 ±0.1 ℃。试验温度 5～80 ℃，温度读数精度 0.1 ℃。凡满足上述技术条件的绝热温升测定仪皆可用于混凝土的绝热温升试验。

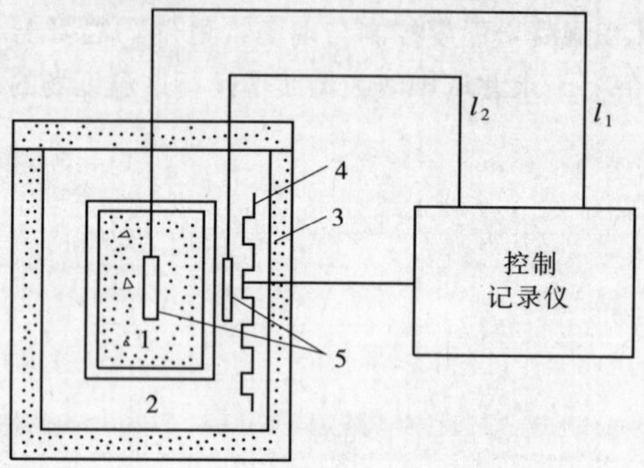

1—混凝土试件；2—控温层；3—保温隔热层；4—加热器；5—测温元件

图 8-1　绝热温升测定仪工作原理

(2)容器：容器用钢板制成，顶盖具有橡胶密封圈。容器尺寸应大于最大骨料粒径的 3 倍。

(3)恒温室：(20 ±2) ℃。

(4)磅秤、捣棒及放测温探头的紫铜测温管或玻璃管等：管的尺寸要求内径稍大于测温探头直径，长度为试件高的二分之一。

8.1.2　试验步骤

(1)试验前，应根据仪器使用说明书检查仪器工作是否正常，温度跟踪精度是否满足 ±0.1 ℃要求。在容器内盛入比室温高 25～30 ℃的水，至离上口 2 cm 处。按正常试验规定将容器放入绝热室内，然后开始试验。如仪器工作正常，48 h 或更长时间水温应保持恒定(在跟踪精度 ±0.1 ℃以内),如果水温不能保持恒定(超出跟踪精度 ±0.1 ℃),则应按仪器使用说明书规定,对仪器进行调整。重复上述试验,直至满足要求。

(2)试验前 24 h 应将混凝土拌和用料放在(20 ±5) ℃的室内,使其温度与室温一致。如对拌和物浇筑温度有专门要求,则按要求控制拌和物的初始温度。

(3)量测拌和物温度,然后分两层装入容器中,在容器中心埋入一根紫铜测温管或玻璃管,然后盖上容器上盖,全部密封。测温管中盛入少许变压器油。

(4)试样容器送入绝热室内,按仪器使用说明书规定,将测温元件(温度传感器或温度计)装入测温管中。

(5)开始试验,控制绝热室温度与试样中心温度相差不超过 ±0.1 ℃。每 0.5 h 记录一次试样中心温度,历时 24 h 后每 1 h 记录一次,7 d 后可 3 ~6 h 记录一次。试验历时 28 d(或根据需要确定天数)结束试验。

(6)试件从拌和、成型到开始测读温度,一般应在 30 min 内完成。

8.1.3 试验结果处理

(1)绝热温升值按下式计算:

$$\theta_n = \frac{C_k + C_m}{C_k}(\theta'_n - \theta_0) \tag{8-1}$$

式中:θ_n 为 n 天龄期混凝土绝热温升值,℃;θ'_n 为 n 天龄期仪器记录的温升值,℃;θ_0 为混凝土拌和物的初始温度,℃;C_k 为混凝土试件的质量与混凝土平均比热的乘积,kJ/℃;C_m 为绝热量热器的总热容量,由厂家提供,如自制仪器可按 $C_m = \sum G_i C_i$ 进行计算,G_i 为各附件(容器、测温管、测温元件和变压器油)质量,kg,C_i 为各附件材料的比热,kJ/℃。

(2)以时间为横坐标、温升为纵坐标绘制混凝土温升过程线,根据曲线即可查得各不同龄期的混凝土绝热温升值。

(3)水泥水化热按下式计算:

$$Q_n = \frac{\theta_n C_k}{W} \tag{8-2}$$

式中:Q_n 为 n 天龄期水泥水化热,kJ/kg;W 为混凝土试件的水泥用量,kg。

8.2 混凝土早期热膨胀系数测试(改进接触式法)

水泥基材料早期热膨胀系数试验的主要工作是在测量时间内不断改变试件的温度,测量试件在温度变化后的变形,因此试件浇筑模具、温度控制仪器、温度测量仪器、变形测量仪器等是改进的接触式早期热膨胀系数测试方法最基本的试验设备。

8.2.1 试件与浇筑模具

试件的形状与大小会直接影响到整个测量方案。在以往研究者的试验中,试件的形状与大小都各不相同,但大体可把以往试验使用的试件按形状分为圆形与长条形,按尺寸分为大试件与小试件,横截面面积在 4 cm^2 左右的都属于小试件,横截面面积在 25 cm^2

以上的都属于大试件。

对于圆形试件一般是通过测量试件的体积变化，然后把体积变形转化为线变形求热膨胀系数，但在转换方法的合理性方面存在争议。从相关文献中可以发现，小试件的"滞后变形"都非常明显，这可能与小试件变温速率快、内部湿度较易发生大的变化有关系。在现实环境中，构件的变温速率都较小，且由于水泥基材料的渗透性很小，实际构件中的湿度一般也不易发生较大变化，因此虽然小试件比较容易实现试件温度的变化与变形的测量，但大试件在温度变化时表现出来的性状更接近于实际构件的真实情况，且基本没有"滞后变形"。因此，试验采用长度分别为 30 cm 和 50 cm、截面为 10 cm × 10 cm 的长方体试件进行。

浇筑试件的模具为钢质，整套模具由 1 块底板、2 块边板、2 块端板、2 块 L 形模板、4 根安装螺栓以及 6 颗钢珠组成(见图 8-2)。为了保证试验中试件的自由变形，浇筑试件前在 L 形模板的底板上均匀地涂上厚约 1 mm 的凡士林。

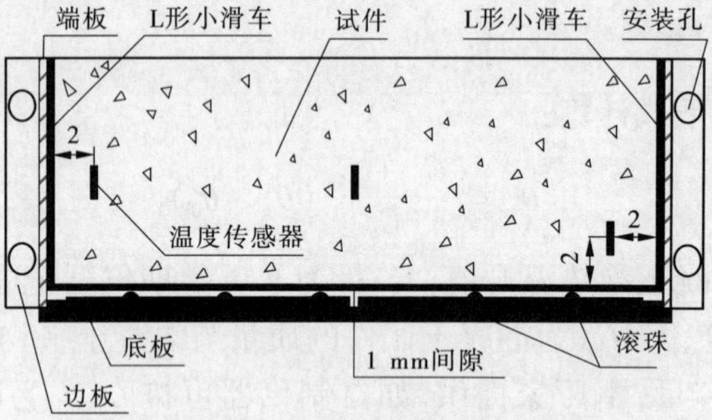

图 8-2　早期热膨胀系数测定浇筑试模示意图

设计的浇筑模具体现了以下特点：

(1) 小车与滚珠滑道的设计以及凡士林的使用可以最大程度地减少摩擦对试件变形的约束作用，较好地解决了在早期试件强度极低的情况下试件能自由温度变形的问题。

(2) 可拆式侧板的设计有助于均匀、迅速地给试件加热，使试件在较短的时间内实现规定的温度变化，同时拆除侧板与端板后试件四周也可自由膨胀，从而可较真实地测量出试件在长度方向上的热变形。

(3) 小车与试件一起发生相同的位移，可使用光滑的小车外壁作为测量位移的部位，避免复杂的测量触头的设计。

8.2.2　温度控制设备

温度控制设备的主要功能是引导试件进行变温。温度控制设备的性能对试验测量结果有着重要影响，一方面，温度控制设备的制冷与制热速度决定了试件温度变化的快慢，而到目前为止快速实现试件温度变化是剔除试件其他收缩变形对测量影响最常用的试验手段；另一方面，如果温度控制设备快速、准确地调节制冷或制热的速度，那么试验就可以尽可能地模拟出试件所经历的各种真实环境中的变温情况，测得的热膨胀系数也就越贴近实际情况。以往类似试验的温度控制设备主要是固定水温的水箱，或是能调节水温的水箱，或是充有可变温度水的金属板，这些温度控制设备要么不具有调节加热或制冷速度的能力，要么就是调节变温的精度与速度不理想,不能很好地使试件温度按设计好的方式变化。

在改进的接触式早期热膨胀系数测试方法中使用两套 DGG 烘箱作为温度控制设备,烘箱工作温度范围为室温加 10~200 ℃,温度波动幅度为 1 ℃。箱内变温系统主要由德国原装离心式叶轮风机、电加热器、合适风道结构和控温仪组成。当接通电源后,电加热器与风机同时工作,置于箱内背部的电加热器产生热量,热量通过风机由风道向前排出,经过工作室加热试件后再吸入风机,如此不断循环使温度达到均匀。烘箱具有高精度的微机控温仪,在室温加 10~200 ℃的温度范围内,可按表 8-1 中的速率范围实现烘箱内温度的均匀变化。

表 8-1 DGG 烘箱温降变化速率范围

类别	最小值	最大值
升温速率(℃/h)	1	200
降温速率(℃/h)	1	80

烘箱有基本控制模式、固定控制模式、可编程控制模式三种温度控制方式。为了协调变形测量设备与烘箱一起共同工作,实现同步自动记录试件的温度与位移,在每只烘箱两侧打孔,用于测温导杆穿过,测温导杆一端连接变形测量设备,一端连接被测试件。温度导杆由热膨胀系数极小的纯石英玻璃制成。

8.2.3 温度测量设备

测温设备的主要功能是测量试件温度的改变量,测温设备采用测温元件及 X 智能温度巡检仪,测温原件的精度为 0.1 ℃,温度巡检仪与微机连接可按设定的时间间隔采集所有温度传感器的温度。温度巡检仪及温度传感器如图 8-3 所示。

8.2.4 变形测量设备

采用机电千分表与静态电阻应变仪组成位移测量设备。机电千分表的测量精度为 1 μm,工作温度为 -5~45 ℃。静态电阻应变仪与计算机连接可按设定的时间间隔记录试件的位移。整个测量系统的示意图如图 8-4 所示。采用该研制的试验装置可对混凝土自浇筑起的热膨胀系数进行测试。

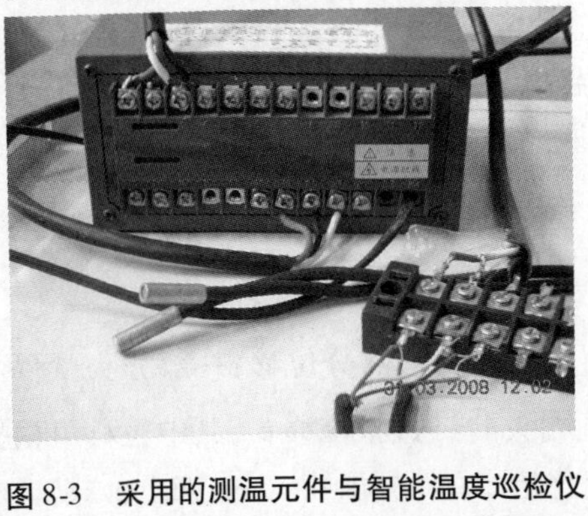

图 8-3 采用的测温元件与智能温度巡检仪

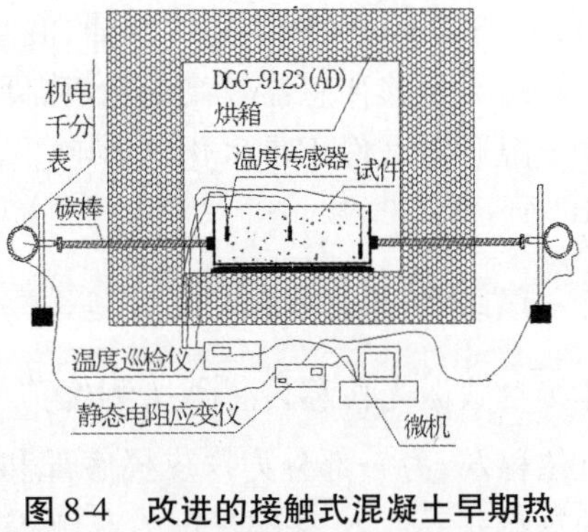

图 8-4 改进的接触式混凝土早期热膨胀系数测定仪示意图

8.3 混凝土早期热膨胀系数测试(非接触式高精度激光法)

随着高精度激光位移传感器技术的发展,原位非接触测试位移成为可能,同时试验无需大幅温升即可采集到精确的位移变化。采用激光位移传感器设计非接触原位位移测试装置,测试了混凝土硬化初期的热膨胀系数,并将测试结果与采用标准试验方法的结果进行了比较。

8.3.1 仪器设备

采用图 8-5 所示非接触式激光位移传感器以及循环式恒温水浴组合成图 8-6 所示原位非接触式混凝土早期热膨胀系数测试系统,该测试系统的温度控制精度为 0.2 ℃,位移传感器测试精度小于 1 μm。

图 8-5 非接触式激光位移传感器

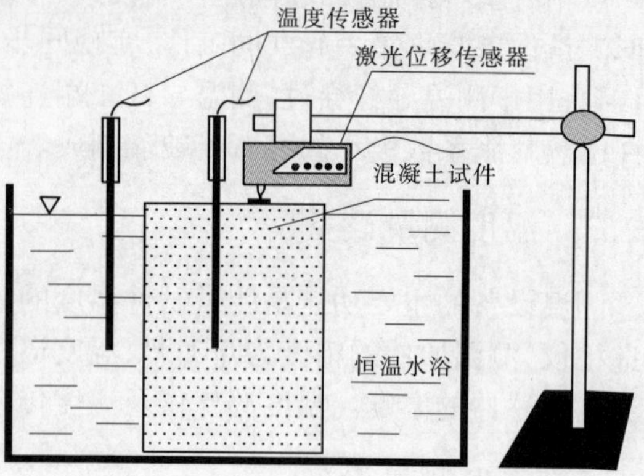

图 8-6 非接触式混凝土早期热膨胀系数测试系统示意图

传感器采用钢支架独立固定于地面,恒温水浴直接固定于混凝土基座上;温度控制精度 0.2 ℃,位移传感器显示读数 1 μm。混凝土经搅拌后直接装入底部垫聚四氟乙烯板的 ϕ150 mm×300 mm圆柱体马口铁桶,混凝土顶部置入金属测试端头,立即放入恒温水浴中养护。由于位移传感器较高的精度,即使小幅温升仍可采集到试件的位移变化,最大程度减少了温升对试件正常水化的影响。非接触式混凝土早期热膨胀系数测试系统的实体如图 8-7 所示。

8.3.2 试验结果处理

非接触式激光位移传感器所测位移变化 δ_{all} 值可简化为两部分位移:一部分为试件的热膨胀位移 δ_s,另一部分为铁皮桶底部和顶部测试端头的热膨胀位移 δ_o,其中位移可根据材料的热膨胀系数 α、基准长度 L 和测得的温度变化值 ΔT 计算所得,参见如下公式:

$$\delta_{all} = \delta_s + \delta_o, \quad \delta = L\alpha\Delta T \tag{8-3}$$

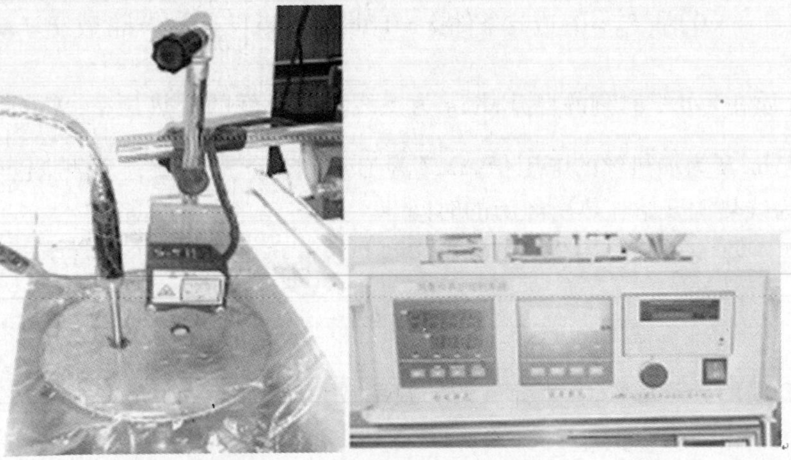

图 8-7　非接触式混凝土早期热膨胀系数测试系统实体图

最终混凝土试件热膨胀系数 α_s 可由下式计算：

$$\alpha_s = (\delta_{all} - L_o\alpha_o\Delta T)/(L_s\Delta T) \tag{8-4}$$

式中：α_s 为混凝土的热膨胀系数；L_o 为马口铁桶、测试端头（铁质）总高度；L_s 为混凝土试件基准长度 300 mm；α_o 为铁的热膨胀系数。

8.4　混凝土早期导温系数、导热系数测试方法

8.4.1　概述

本装置是根据平行线法的原理研制而成的。由于混凝土拌和后在 24 h 内，从半液体状至固体状是一个缓慢变化的过程，因此寻找合适的方法以测定混凝土早期的导热系数、导温系数以及比热是非常重要的。这就要求该方法既能适应材料在流体状态下的测定，又能适应在固体状态下的测定。通过研究和比较大多数国际上通用的测定材料导热系数、导温系数和比热的方法发现，线热源法比较适用于测定混凝土在早期水化过程中不断发生变化的热物理性能。因为该方法同时能在半液体和固体状态的材料中测定其导热系数、导温系数和比热。

8.4.2　平行线法原理

8.4.2.1　温度场

该方法就是根据导热逆（反）问题原理，利用所测得的温度值 T 反算出试平行线法的基本原理为，在均温、各向同性的无限大介质中，将一根直径很小的金属导线放置于试件物体中间，然后通电加热，那么产生的热流 $q = I^2R$，其中 I 为流经金属线的电流，R 为金属线电阻值。因此，在被测试件中形成了以加热导线为轴心的长圆柱体瞬态件的导热系数。当导温系数 α 为常数且忽略热流沿加热导线的轴向传播时，该定解问题的数学表达式为：

$$\frac{\partial T}{\partial \tau} = \alpha\left(\frac{\partial^2 T}{\partial r^2} + \frac{1}{r}\frac{\partial T}{\partial r}\right),\quad \tau > 0,\quad 0 < r < \infty \tag{8-5}$$

初始条件：$\tau=0$ 时，$T_{r0}=0$；边界条件：$r=0$ 处，$q=-\lambda\left(\frac{\partial T}{\partial r}\right)_{r=0}$ = 常数；$r=\infty$ 处，$T_{\infty\tau}=0$。

$T_{r\tau}$ 为介质在 r 处 τ 时刻的温升，K；q 为热线单位长度的发热功率，W/m，$q=\frac{I^2R}{L}$；L 为加热丝长度，m；R 为加热丝的电阻值，Ω；I 为通过加热丝的电流；r 为测温点至线热源的距离，m；τ 为线热源开始加热所经历的时间，s。

若设 $T_{r\tau}-T_{r0}=\theta$，则上述公式可以确定线热源放热 τ 时刻时介质在 r 处的温升为：

$$\theta_{r\tau}=-\frac{q}{4\pi\lambda}E_i\left(-\frac{r^2}{4\alpha\tau}\right) \tag{8-6}$$

式中：λ 为介质的导热系数；α 为介质的导温系数，并且 $E_i\left(\frac{r^2}{4\alpha\tau}\right)$ 是一个指数积分，对于较小的 $\frac{r^2}{4\alpha\tau}$ 值，可以近似地用如下形式的级数确定。

令 $x=\frac{r^2}{4\alpha\tau}$，则有：

$$-E_i(-x)=-\gamma-\ln x-\sum^{\infty}\frac{(-1)^n x^n}{nn!} \tag{8-7}$$

即

$$E_i(-x)=\ln x-x+\frac{x^2}{4}+\cdots+\gamma \tag{8-8}$$

式中：γ 为欧拉常数，$\gamma=0.577\ 215\ 664\ 9$。

8.4.2.2 平行线法测量原理

在满足试件尺寸足够大的条件下，若已知热线的稳定放热功率为 q(W/m)，那么利用热电偶测量距热线 r 处的温升即可确定被测材料的导热系数、导温系数。另外，材料的比热可根据其导热系数和导温系数来确定，具体公式如下：

$$c=\frac{\alpha}{\rho\lambda} \tag{8-9}$$

式中：c 为被测材料的比热；ρ 为被测材料的密度。

具体的测试方法如下：

假设在 $\tau_1=\tau$ 时刻，距热线 r 处所测得的温升为 θ_{r1}；在 $\tau_2=2\tau$ 时刻，距热线 r 处所测得的温升为 θ_{r2}，则：

$$\theta_{r1}=\frac{q}{4\pi\lambda}E_i\left(\frac{r^2}{4\alpha\tau}\right) \tag{8-10}$$

$$\theta_{r2}=\frac{q}{4\pi\lambda}E_i\left[\frac{r^2}{2\times(4\alpha\tau)}\right] \tag{8-11}$$

由上述两式可得：

$$\frac{\theta_{r2}}{\theta_{r1}}=\frac{\frac{q}{4\pi\lambda}E_i\left[\frac{r^2}{2\times(4\alpha\tau)}\right]}{\frac{q}{4\pi\lambda}E_i\left(\frac{r^2}{4\alpha\tau}\right)}=M \tag{8-12}$$

令 $x = \dfrac{r^2}{4\alpha\tau}$，则上式可简化为：

$$\frac{\theta_{r2}}{\theta_{r1}} = \frac{E_1(x/2)}{E_2(x)} = M \tag{8-13}$$

根据式(8-13)可知，若根据比值 $M = \dfrac{\theta_{r2}}{\theta_{r1}}$，就可以确定 $x = \dfrac{r^2}{4\alpha\tau}$ 的值。由于式(8-13)是一个隐函数，无法直接求解出 x 值，因此必须结合相应的级数展开式，通过具体的数值计算求出。因此，只要计算出 x 的值，便可得出 $E_i(x)$ 的值，由此确定介质的导热系数和导温系数。具体的计算公式如下：

$$\lambda = \frac{q}{4\pi\theta_{r1}}E_i(x) \tag{8-14}$$

$$\alpha = \frac{r^2}{4x\tau_2} \tag{8-15}$$

$$c = \frac{\pi r^2\theta_{r1}}{\rho q\tau_2 E_i(x)x} \tag{8-16}$$

式中：α 为混凝土的导温系数，m^2/h；λ 为混凝土的导热系数，kJ/(m·h·℃)；c 为混凝土的比热，kJ/(kg·℃)。

8.4.3 试验装置与试验步骤

8.4.3.1 试验装置图

根据上述平行线原理设计的混凝土早期导温系数、导热系数的测试示意图如图8-8所示。

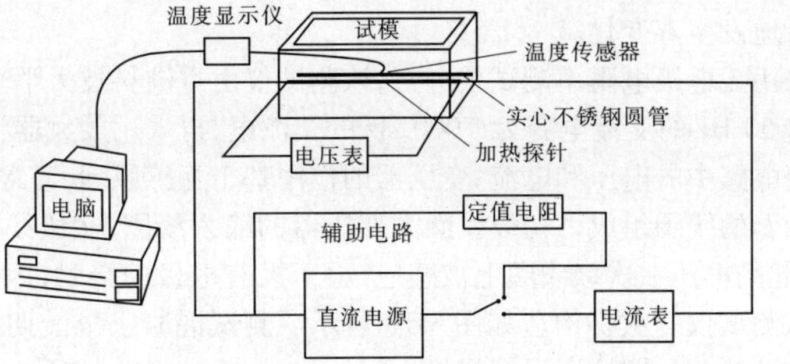

图8-8 混凝土早期导温系数、导热系数试验装置示意图

8.4.3.2 试验步骤

试件尺寸为150 mm×150 mm×300 mm，其中试件在浇筑完毕后即用铝箔进行密封处理，以避免环境湿度对混凝土导热、导温系数的影响。整个试验过程中环境温度保持在20 ℃左右，相对湿度控制在90%左右。该试验方法可研究混凝土在浇筑完毕1 h至7 d内导热系数和导温系数随龄期增长的变化规律。

8.5 混凝土早期抗压强度测试(电阻率法)

对于混凝土而言,早期抗压强度测试最大的困难在于脱模困难,以及脱模过程中的机械力对早龄期混凝土的损伤。另外,不同类型的混凝土,其早期抗压强度的界定也不是很清晰。就低水胶比的高强混凝土而言,3 d 龄期基本可以实现脱模,并采用现行相关标准规定的混凝土抗压强度测试方法,即可对 3 d 的早期抗压强度进行测试,24 h 以内的抗压强度测试是该类混凝土的技术难点;而对于掺有大量粉煤灰的碾压混凝土而言,3 d 龄期实施拆模并按现行标准进行抗压强度测试却比较难实现。

因此,对于可顺利实现拆模并按现行相关标准规定方法实现早期抗压强度测试的混凝土,不是本节讨论的重点内容。本节主要就混凝土终凝以前甚至是水化胶体结构刚形成以后的混凝土早期抗压强度的测试或者预测方法进行阐述。

8.5.1 试验原理

用电学的方法测试水泥基材料的抗压强度,已有大量研究。Backe 研究了不同养护条件下的油井水泥浆体的电导率与抗压强度的关系,并将试验结果与 Powers 公式、Balshin 公式、Schiler 公式得到的结果进行了对比;Principallo 研究了骨料对混凝土电导率和抗压强度的影响,表明在不同骨料含量情况下,混凝土的电导率和抗压强度呈对数关系。早龄期混凝土可以看成是由固相和液相两相组成的复合材料,如图 8-9 所示。液相为不同类型的离子组成的导电相,相对液相而言,固相则可以看成是非导电相,随着水化反应的进行,混凝土内的液相逐渐减少,而固相逐渐增多,混凝土内部结构逐渐致密,孔隙率越来越小,充满液相的导电空间越来越少。但是,随着内部结构的致密,混凝土的早龄期强度也在不断地发生着变化。

电阻率法采用无电极电阻率测试仪进行,该测试仪由香港科技大学李宗津等发明,通过信号发生器将 50 Hz 的交流电变为 1 000 Hz 的交流电,再采用放大器将电流信号放大,通过变压器改变电路中的电压和电流,变压器的作用基于互感原理,通常是由一个磁芯和两个盘绕在磁芯上的线圈组成。初级线圈为变压器的输入线圈,次级线圈为变压器的输出线圈,互感引起的电压在次级线圈上被感应,由于没有电极的接触,因此也不存在电极干扰等问题。该测试仪的主要构造如图 8-10 所示。测试混凝土早龄期抗压强度利用了混凝土早期导电性能与早期抗压强度变化之间的关系,通过测试混凝土早期的电阻率,从而测定其早期抗压强度。魏小胜等通过大量试验得到了如图 8-11 所示的混凝土电阻率与抗压强度的拟合关系式,根据该关系式,只需测定混凝土早期的电阻率,即可换算出其对应的抗压强度。

8.5.2 试验方法

采用电极电阻率测定仪测定混凝土的早期电阻率,混凝土配合比设计方法按常规方法进行;按《水工混凝土试验规程》(SL 352—2006)中规定的拌和方法拌制混凝土;将新拌的混凝土拌和物迅速倒入电导率测定仪专用试模,带模在振动台上振捣密实,振动台频

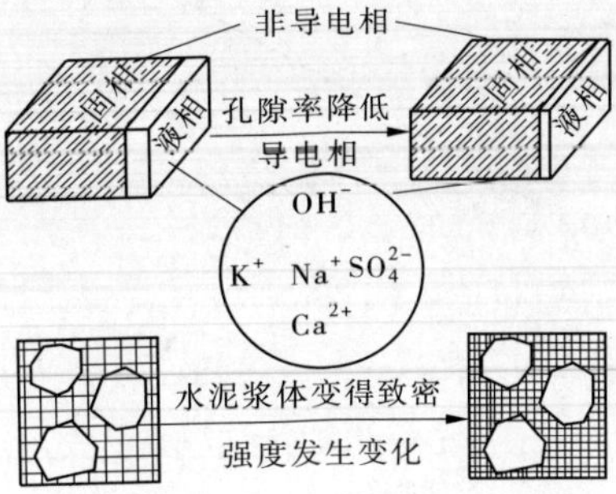

图 8-9 混凝土早期水化导电模型

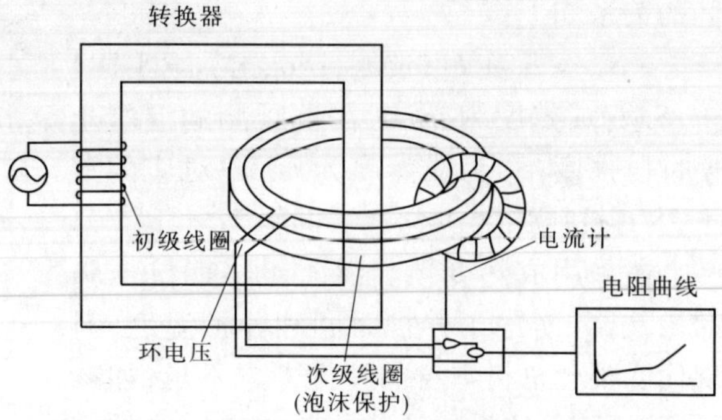

图 8-10 无电极电阻率测试仪

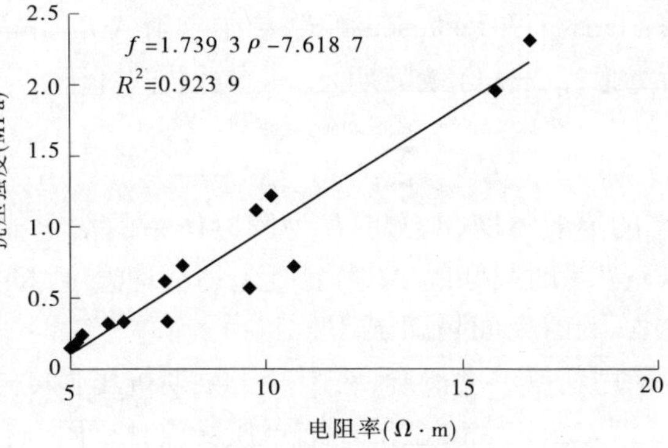

图 8-11 浇筑后 24 h 内混凝土电阻率与抗压强度的关系

率(50±3) Hz,空载时台面中心振幅(0.5±0.1) mm;然后启动测定仪的数据记录系统,开始记录混凝土的电阻值,记录系统的读数间隔可设为 1 min 或按需要自行设定。整个试验的测试环境温度应控制在(20±2) ℃。

8.6 混凝土早期抗压强度测试(新成熟度法)

早在 1951 年,McIntosh、Nurse 以及 Saul 等提出了成熟度的概念,认为混凝土的强度可以表示为养护时间和养护温度的乘积(度时积),即混凝土的成熟度,Saul 甚至提出,配合比相同的混凝土,只要混凝土成熟度相同,混凝土的强度就大致相等。混凝土成熟度的计算公式如下:

$$M(t) = \sum (T - T_0)\Delta t \qquad (8\text{-}17)$$

式中:$M(t)$ 为混凝土开始硬化后 t 时刻的成熟度,℃·d 或℃·h;T 为该时刻混凝土的温度,℃;T_0 为基准温度,℃;Δt 为 T 持续的时间,d 或 h。

图 8-12 给出了混凝土抗压强度与成熟度对数值之间的关系,通常可以将任一成熟度下的强度表示为另一成熟度下强度的百分率。

这样运用成熟度就可以进行混凝土早期强度的预测,混凝土早期的抗压强度 S_2 与混凝土在 20 ℃条件下养护 28 d 的抗压强度 S_1 之间的关系如下：

$$S_2 = S_1 + b(\log m_2 - \log m_1) \quad (8\text{-}18)$$

式中：S_2 为成熟度为 m_2 时需要预测的混凝土早期抗压强度；S_1 为成熟度为 m_1 时对应的混凝土 28 d 抗压强度；b 为直线的斜率。

上述采用成熟度预测混凝土早期抗压强度的方法，只考虑了养护时间和养护温度，对于现代混凝土材料本身的特性考虑不足，如掺合料情况、胶凝体系的活化能随水胶比等的变化情况等。

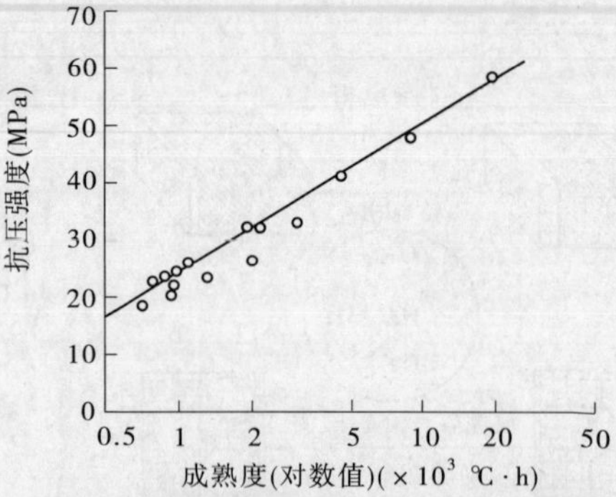

图 8-12　混凝土抗压强度与成熟度对数值的关系

1977 年 Freiesleben、Hansen 与 Pedersen 等学者在应用 Arrhenius 方程的基础上提出了新的成熟度概念和衡量指标——等效龄期 t_e，其计算公式如下：

$$t_e = \sum e^{\frac{E\left(\frac{1}{T}-\frac{1}{T_r}\right)}{R}} \cdot \Delta t \quad (8\text{-}19)$$

式中：t_e 为特定温度 T 下的等效龄期，d 或 h；E 为胶凝体系的活化能，kJ/mol；R 为气体常量，R = 8.31 J/(mol · K)；T 为时间间隔 Δt 内混凝土的平均温度，K；T_r 为参考温度，K，通常取为 293 K，即 20 ℃；Δt 为时间间隔，d 或 h。

清华大学覃维祖等采用新成熟度概念，对混凝土早期抗压强度进行了预测，并经过一系列的验证试验，证明了该方法在混凝土早期抗压强度预测方面具有较高的精度，具体试验方法如下。

8.6.1　成熟度—强度关系的确定

对于某配合比的混凝土试件，在标准养护条件下检测其 1 d、3 d、7 d、14 d、28 d 的抗压强度，按照 Plowman 于 1956 年提出的下式：

$$S = a + b\log[M(t)] \quad (8\text{-}20)$$

以等效龄期 t_e 取代成熟度 $M(t)$，通过拟合的方法计算出参数 a、b 的值，进而得到该胶凝体系在标准养护条件下等效龄期 t_e 与强度 S 之间的关系式。

8.6.2　活化能 E 的确定

活化能 E 的确定采用规范 ASTMC 1074 提出的方法进行。

首先，砂浆试件养护于 3 个不同温度的水浴中。其中，2 个水浴的温度应为预估混凝土强度期间混凝土的最高温度和最低温度，第 3 个水浴的温度为中间值。砂浆试件的制备应保证其细骨料与水泥质量比，与相应混凝土试件的粗骨料和水泥质量比相同。

其次，采用 70.7 mm 的三联试模，制备 6 组，测定其在 1 d、2 d、4 d、8 d、16 d、32 d 等 6 个龄期下的强度，并按照如下公式通过数学拟合的方法计算出其中的相关参数 S_u、K、t_0：

$$S = S_u \frac{K(t - t_0)}{1 + K(t - t_0)} \quad (8\text{-}21)$$

式中：S 为龄期 t 时立方体试件平均抗压强度；t 为测试龄期；S_u 为极限强度；t_0 为混凝土强度开始发展时的龄期；K 为初始反应速率常数。

最后，计算 K 值的自然对数，确定水浴的绝对温度。画出 K 值自然对数与上述绝对温度值倒数之间的函数关系曲线，拟合出与3组数据吻合程度最好的直线，此直线斜率的负值再乘以气体常量 R 即得活化能 E。

8.6.3 计算等效龄期

测定实际浇筑的混凝土的温度发展变化历程，代入式(8-19)计算等效龄期：

时间间隔可按如下方法确定：龄期48 h以内取0.5 h，48 h以后取1 h。

再采用拟合出的活化能 E 值，结合取定的时间间隔内的该部位的混凝土平均温度值，再代入式(8-22)计算，即得等效龄期值。

$$t_e = \sum e^{-\frac{E\left(\frac{1}{T}-\frac{1}{T_r}\right)}{R}} \cdot \Delta t \tag{8-22}$$

8.6.4 反推混凝土早期抗压强度

将计算得到的等效龄期 t_e 与下式结合，即可反推出混凝土早期抗压强度值 S。

$$S = a + b\log(t_e) \tag{8-23}$$

8.7 混凝土早期抗拉强度测试（垂直拉伸法）

由于混凝土早期抗拉强度较低，常规的万能试验机已无法完成早龄期混凝土的抗拉强度测试。本文自行设计了一套专门用于测混凝土的早期抗拉强度、极限拉伸值等直接拉伸性能测试装置，这套装置主要由四大部分组成：小吨位拉力试验机(10 kN)、用于垂直直接拉伸试验的计算机控制系统、应变采集测试装置、连接试件与拉力试验机的专用接头。

8.7.1 仪器设备

采用日本岛津AGS－J系列拉力试验机，试验机构造如图8-13所示。

该拉力试验机的主要技术参数如下：荷载额定量程10 kN，最大荷载12 kN；载荷自动校准方式分拉伸和压缩两种；测量分辨率1/50 000，荷载传感器容量的1/5 000；横梁的速度范围0.5～500 mm/min；有效工作宽度420 mm；手动和自动控制互换；专用的RS232－C接口；电源采用单相220 V 600 VA；适用环境条件为温度5～40 ℃、相对湿度20% RH～80% RH(不结露)；电源电压变动±10%以内。

连接受拉试件与拉力试验机的专用接头，专用接头构造如图8-14所示。

专用接头的构造和尺寸根据受拉试件两端预埋件的直径和AGS－J拉力试验机的夹头确定，接头的主要目的就是使受拉试件与拉力机夹头之间保持良好的连接，尽量避免受拉偏心等影响试验结果的不利因素，连接试件与拉力机夹头的专用接头实物如图8-15所示。

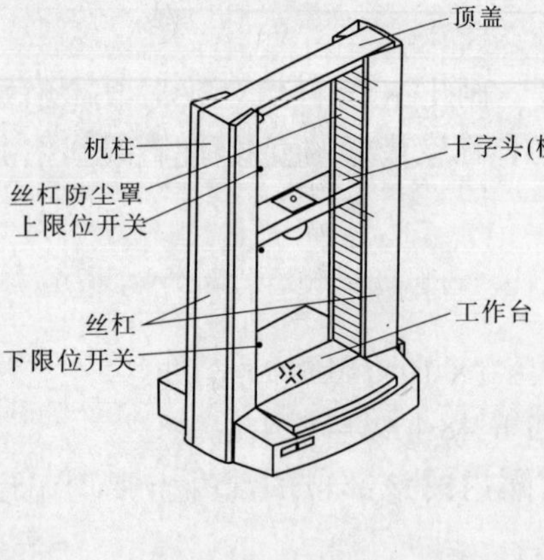

图 8-13　岛津 AGS－J 系列拉力试验机构造

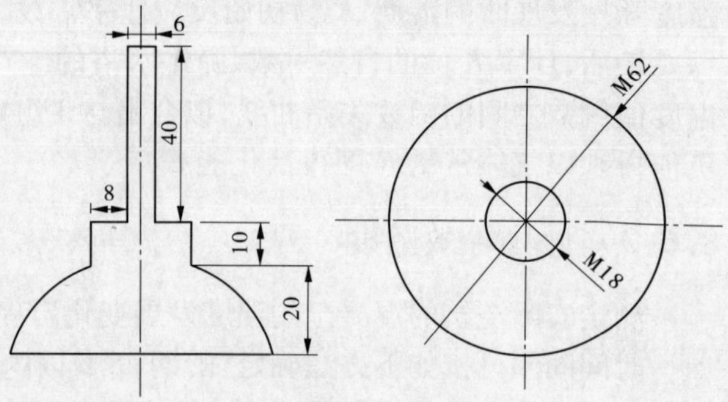

图 8-14　专用接头构造　(单位:mm)

8.7.2　试验步骤

混凝土早期抗拉强度的试件尺寸 150 mm×150 mm×550 mm,两端预埋 M16 钢筋拉杆,试件有效受拉长度 300 mm,如图 8-16 所示。

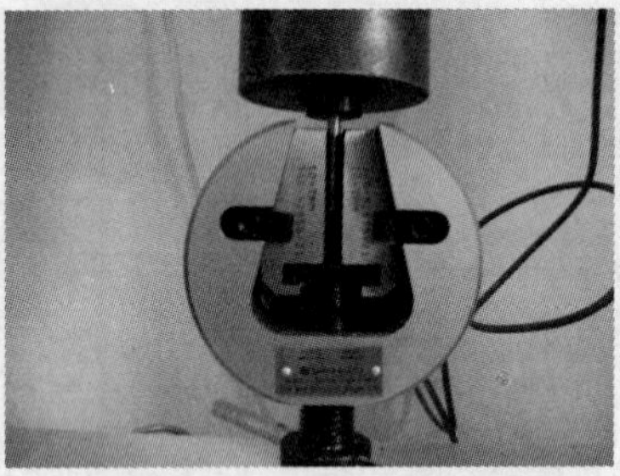

图 8-15　专用接头实物

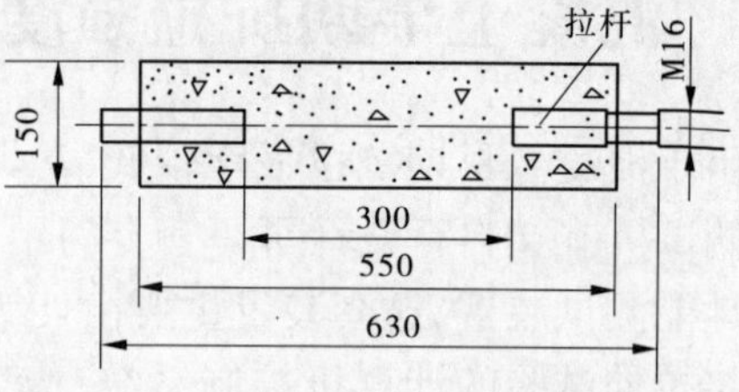

图 8-16　混凝土早期抗拉强度试件尺寸

混凝土试件的拌和、成型与养护方法可按照《水工混凝土试验规程》(SL 352—2006)的有关规定进行,拌和物最大骨料粒径不得超过 40 mm,三个试件为一组。成型试件时,上、下拉杆的埋设靠端板定位,端板与试模内尺寸采用动配合精度,以保证埋杆与试件同轴心。

到达试验龄期时,将试件从养护室取出,应尽快在试件的两侧中间部位用电吹风吹干表面,然后用 502 胶粘贴电阻片。电阻片的长度应不小于骨料最大粒径的 3 倍。从试件取出至试验完毕,不宜超过 4 h 并注意试件保湿。应提前做好变形测量的准备工作。量测试件断面尺寸,尺寸精确至 1 mm。试件安装在 AGS－J 拉力试验机上。试件的拉杆与专用接头连接。

开动试验机,进行两次预拉,预拉荷载相当于破坏荷载的 5%～10%。预拉时,应测读应变值,需要时调整荷载传递装置,使偏心率不大于 10%。偏心率可按下式计算:

$$e(\%) = \left|\frac{\varepsilon_1 - \varepsilon_2}{\varepsilon_1 + \varepsilon_2}\right| \times 100\% \tag{8-24}$$

式中：ε_1、ε_2 分别为试件两侧的应变值。

预拉完毕后，重新调整测量仪器，进行正式测试，拉伸时的荷载速度控制在 0.1 MPa/min，每加荷 50 N 测读并记录变形值，直至试件破坏。记录破坏荷载和断裂位置。

8.7.3　试验结果处理

混凝土早期轴心抗拉强度按下式计算（精确至 0.01 MPa）：

$$f_t = \frac{P}{A} \tag{8-25}$$

式中：f_t 为轴心抗拉强度，MPa；P 为破坏荷载，N；A 为试件断面面积，mm^2。

8.8　混凝土早期抗拉强度测试（水平拉伸法）

8.8.1　设计原理

混凝土早期抗拉强度测试的水平拉伸法采用杠杆式拉力试验装置，该装置主要是依据力学相关知识进行设计，其设计原理如图 8-17 所示，通过 AC 杆将 C 端的作用力 P 放大 10 倍，进而二力杆 AD 受力为 10 P，再通过 DEF 杆将二力杆 AD 的作用力放大 3 倍，进而二力杆 FG 杆受力为 30 P。

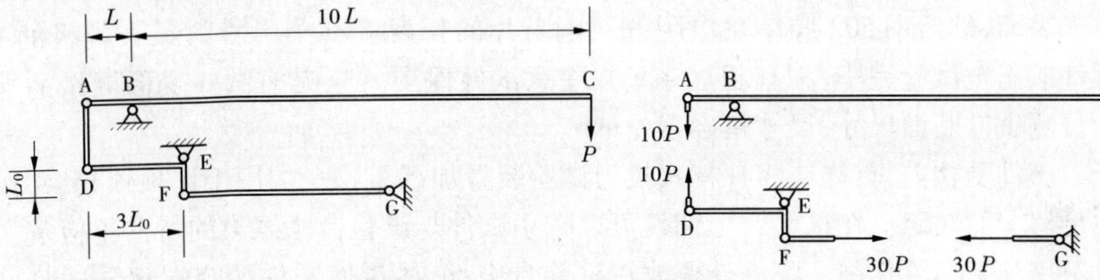

图 8-17　杠杠式拉力试验装置原理

8.8.2　仪器设备

杠杆式拉力试验装置的加载量测体系包括杠杆、拉杆、扩力板、荷载传感器、左右立柱、横梁、底梁、球铰及加载配重砝码等，详见图 8-18。该装置可以进行三种尺寸规格混凝土试件的拉力试验，包括 100 mm×100 mm×550 mm、150 mm×150 mm×550 mm、300 mm×300 mm×900 mm，最大加载吨位为 70 kN。另外，还有用于数据采集的静态数据采集仪、泊式电阻应变片。

8.8.3　试验步骤

混凝土早期抗拉强度的试件尺寸可采用 100 mm×100 mm×550 mm、150 mm×150 mm×550 mm、300 mm×300 mm×900 mm，两端预埋 M16 钢筋拉杆，试件有效受拉长度 300 mm、300 mm 和 500 mm。

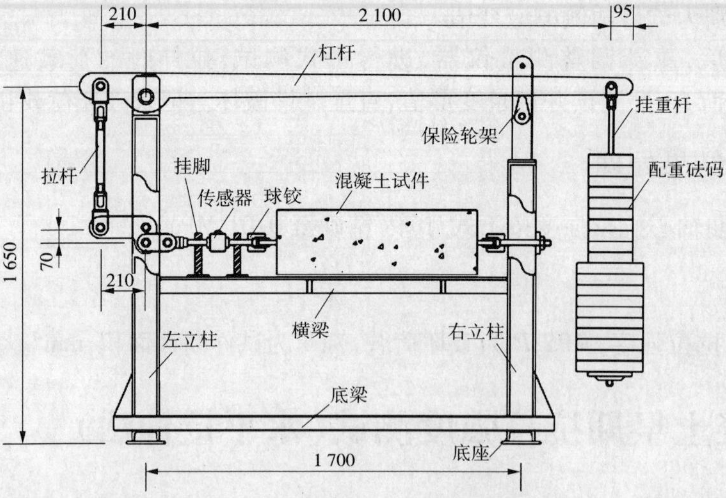

图 8-18　杠杠式拉力试验装置示意图

混凝土试件的拌和、成型与养护方法可按照《水工混凝土试验规程》(SL 352—2006)的有关规定进行,拌和物最大骨料粒径不得超过 40 mm,以三个试件为一组。成型试件时,左、右拉杆的埋设靠端板定位,端板与试模内尺寸采用动配合精度,以保证埋杆与试件在同一水平线。

到达 3 d 或 7 d 试验龄期时,将试件从养护室取出,应尽快在试件的两侧中间部位用电吹风吹干表面,然后用 502 胶粘贴电阻片。电阻片的长度应不小于骨料最大粒径的 3 倍。从试件取出至试验完毕,不宜超过 4 h 并注意试件保湿。应提前做好变形测量的准备工作。量测试件断面尺寸,尺寸精确至 1 mm。

混凝土试件受拉前,首先应将杠杠式拉力试验装置加载重物一端用千斤顶顶起,并在此端加载足够多的砝码。在试验台上铺设可以减小试件与试验台摩擦力的特富纶板及在板下涂抹医用凡士林乳化剂。将试件摆放在试验台中部,尽量使试件两个端部与试验机上的加载杆件处于同一个水平位置,试件摆置好后将试件与加载杆件相连。将数据采集装置在试验前先调零。试验开始时缓缓将螺旋千斤顶下放,以通过杠杆传力对试件施加拉力。

8.8.4　试验结果处理

水平拉伸过程中所有的数据都采集到静态电阻应变仪中,混凝土早期轴心抗拉强度按式(8-25)计算(精确至 0.01 MPa)。

8.9　混凝土流变参数测试(旋转粘度计法)

为了正确地掌握混凝土的流变学特性,首先要能够合理地测量混凝土的流变学参数,从而对混凝土的工作性能进行科学的管理以及对混凝土的后期强度、耐久等性能进行有效的控制。但是,混凝土的流变学参数的测定存在着很多技术上的难点,目前有关混凝土的流变学试验方法还处于不完善的状态。

通过改变剪切应力 τ,测定速度梯度 D,进而确定流动特性方程的装置称为粘度计。由于砂浆或混凝土的颗粒较大,一般认为旋转粘度计较为适合。外筒旋转式粘度计由装试料的旋转外筒及悬浮于试料中的内壁组成,内筒与外筒共轴,并配置有扭力计。当外筒旋转时,由于试料的黏性,在内筒壁上产生旋转力矩。由试验可测得外筒的角速度 Ω 及加到内筒上的旋转力矩 T,以 $\Omega \sim T$ 曲线表示它们之间的关系。目前,我国相应行业标准中对混凝土材料适用的旋转粘度计的规格、型号等没有统一的规定,市售的旋转粘度计一般均采用上述原理进行混凝土拌和物的流变参数测定。

在牛顿液体的情况下,由旋转粘度计法得到的 Ω—T 曲线可由下式表示:

$$\Omega = \frac{T}{4\pi\eta L}\left(\frac{1}{R_1^2} - \frac{1}{R_2^2}\right) \tag{8-26}$$

式中:Ω 为粘度计外筒角速度;T 为粘度计内筒上的旋转力矩;η 为黏性系数;L 为粘度计装料高度;R_1 为粘度计内筒半径;R_2 为粘度计外筒半径。

由式(8-26)可知,在牛顿液体条件下 Ω—T 曲线是一通过坐标原点的直线,则被测试料的黏性系数 η 可由 Ω—T 直线的斜率 a 求得,表达式如下:

$$\eta = \frac{1}{4\pi a L}\left(\frac{1}{R_1^2} - \frac{1}{R_2^2}\right) \tag{8-27}$$

在宾汉姆体的情况下,由旋转粘度计法得到的 Ω—T 曲线可由下式表示:

$$\Omega = \begin{cases} 0 & T \leqslant 2\pi L R_1^2 \tau_y \\ \dfrac{T}{4\pi\eta L R_1^2} - \dfrac{\tau_y}{2\eta}\left(1 + \ln\dfrac{T}{2\pi L R_1^2 \tau_y}\right) & 2\pi L R_2^2 \tau_y > T > 2\pi L R_1^2 \tau_y \\ \dfrac{T}{4\pi\eta L}\left(\dfrac{1}{R_1^2} - \dfrac{1}{R_2^2}\right) - \dfrac{\tau_y}{\eta}\ln\dfrac{R_2}{R_1} & T \geqslant 2\pi L R_2^2 \tau_y \end{cases} \tag{8-28}$$

式中:Ω 为粘度计外筒角速度;T 为粘度计内筒上的旋转力矩;η 为黏性系数;τ_y 为屈服剪切应力;L 为粘度计装料高度;R_1 为粘度计内筒半径;R_2 为粘度计外筒半径。

旋转粘度计测试混凝土拌和物流变参数的原理和相应的参数计算方法基本包括以上主要内容。目前,市售的旋转式粘度计一般具有数显功能,或带有配套的计算机软件,能直接给出或通过计算机采集混凝土拌和物的流变参数。具体使用方法和操作步骤等可见相应产品的说明书。

8.10　混凝土流变参数测试(改进式坍落度筒法)

对标准坍落度筒进行改良,进而测试混凝土的流变学参数,是近些年才发展起来的一种方法。日本的谷川小组根据坍落度与屈服应力相关性较好的事实,将坍落度筒进行改造,测定坍落度与时间的关系曲线,用拌和物的平均坍落速率来表征混凝土的塑性黏度。法国的 Chiara. F. Ferris 对谷川的装置进行了再改良,在坍落度筒中轴位置的棒上装一个可滑动的圆盘,用秒表记录圆盘随拌和物下降到 100 mm 位置的时间。据此确定的拌和物坍落度值和坍落速率,结合旋转粘度计测试结果对比,推算出混凝土的屈服应力和塑性黏度，此法适用于坍落度值为 120～260 mm 的混凝土流变性能测试。

下面介绍一种由国内学者在 Chiara. F. Ferris 基础上改进的坍落度筒法，该方法不仅改进了试验装置，而且增加了测量圆盘下降 50 mm 的时间参数的测定，使该装置的适用范围进一步扩大，不仅适用于高性能混凝土，还适用于普通混凝土。

8.10.1 试验目的

大量试验结果及现场施工经验表明，标准坍落度筒只能表征混凝土的屈服应力，而无法对塑性黏度进行表征，同样大小的坍落度，其塑性黏度可能相差较大。在标准坍落度法表征屈服应力的基础上，改进测试装置，增加参数以表征混凝土的塑性黏度，提高混凝土拌和物的工作性能，指导现场施工建设。

8.10.2 试验仪器

在一直径为 400 mm 的圆形底板中心处焊接一根长度为 40 mm 的光滑细杆，制作一不锈钢滑块，且其上端连有一根较细的钢丝。进行试验时将坍落度筒套入细杆，装入混凝土拌和物，捣实。采用秒表记录坍落度筒从拌和物拿出时，自滑块开始坍落到标杆上端与滑杆上端齐平时的时间和坍落高度，标杆上端与滑杆上端距离取 50 mm 和 100 mm 两种。装置沿中心轴线处为中空，内有一圈铜套，在铜套与滑块之间有微小空隙，以便滴加润滑油，使滑块刚好通过光滑细杆。改进式坍落度筒如图 8-19 所示，图中 1 为标准坍落度筒、2 为底座、3 为滑杆、4 为滑块、5 为标杆。

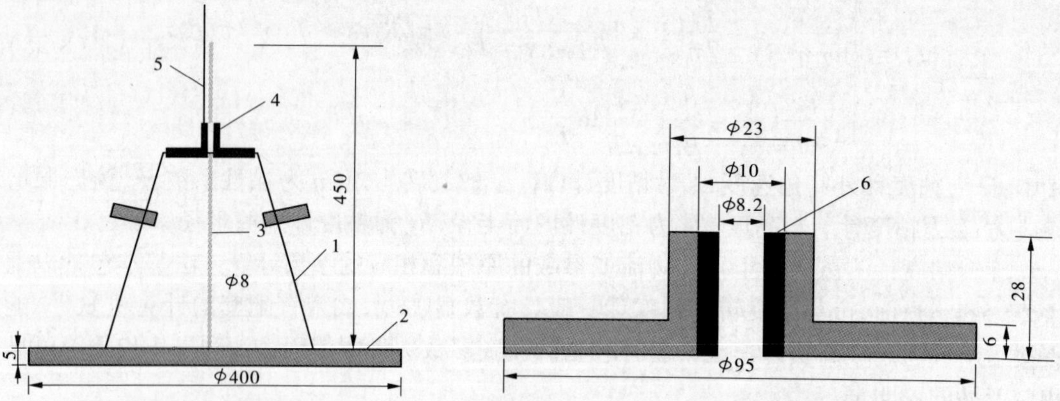

(a)改进式坍落度筒　　(b)放大的滑块剖面图

图 8-19 改进式坍落度筒 （单位：mm）

8.10.3 试验步骤

将坍落度筒放置在改进式坍落度筒装置的底座上相应位置处，坍落度筒内壁、底板应无明显水；按要求将拌好的混凝土拌和物用小铲分三层装入筒内，使捣实后每层高度为筒高的 1/3 左右，每层用捣棒沿螺旋方向由外向中心插捣 25 次；插捣筒边拌和物时，捣棒可稍倾斜，插捣底层时，捣棒应贯穿整个层厚，插捣第二层和顶层时，捣棒应穿透该层至下层表面，顶层插捣完毕后，刮去多余的混凝土并用抹刀抹平。

清除筒边底板周围的混凝土，将滑块放在坍落度筒的顶端，垂直平稳地提起坍落度筒，整个提升过程5 s内完成；从开始装料到提起坍落度筒的整个过程应不间断进行，并在150 s内完成；在提起坍落度筒的瞬间按下秒表，观察当滑块下落到50 mm和100 mm处按下秒表，并计时为t_{50}和t_{100}，量测筒口与坍落后混凝土试体最高点之间的高度差，即为混凝土的坍落度值SL。

8.10.4 试验结果处理

该方法通过大量试验，对改进式坍落度筒测得的拌和物参数与市售NXS－11A型旋转粘度计测得的流变参数进行了分析，经过拟合采用混凝土拌和物的密度和最终坍落度来表征混凝土的屈服应力；采用混凝土拌和物的坍落时间来表征混凝土的塑性黏度。提出的表征公式如下：

$$\tau = \frac{\rho(300 - SL)}{384} + 338 \tag{8-29}$$

式中：τ为屈服应力，Pa；ρ为拌和物密度，kg/m^3；SL为拌和物坍落度，mm。

$$\begin{cases} \mu = 4.93 \times 10^{-3}\rho g t_{50} & SL < 100\ \text{mm} \\ \mu = 4.93 \times 10^{-3}\rho g t_{100} & 100\ \text{mm} \leqslant SL < 200\ \text{mm} \\ \mu = 10^{-3}\rho g t_{100}(0.117SL - 20.86) & SL \geqslant 200\ \text{mm} \end{cases} \tag{8-30}$$

式中：μ为塑性黏度，Pa·s；ρ为拌和物密度，kg/m^3；SL为拌和物坍落度，mm；g为常数，取9.8 N/kg；t_{50}为滑块下落50 mm对应的时间，s；t_{100}为滑块下落100 mm对应的时间，s。

采用改进式坍落度筒，测定上述相关参数，再根据上述关系式，即可测定混凝土拌和物的流变性能。

8.11 混凝土早期自收缩测试（电容传感器法）

高性能混凝土通常采取降低水胶比、选用优质原料、掺用矿物细掺料、超塑化剂等技术措施来获得良好的工作性能及密实的内部结构。但低水胶比与高活性细掺料的大量掺入，使高性能混凝土的硬化特点及内部结构同传统的普通混凝土相比有了很大差异。工程实践表明，由于高性能混凝土更多的收缩发生在早期，从而其收缩与开裂问题成为工程实践中普遍和严重的问题。

混凝土的早期自收缩的测试方法，在国外最早开始于水泥净浆自收缩的研究，如图8-20所示的利用排水原理测试水泥净浆自收缩的方法，由于混凝土中的骨料对用于包裹混凝土试件的薄膜会产生破坏，因此这种用排水原理的以体积变化表征自收缩的方法具有局限性；随后出现以线性测长为代表的各种混凝土自收缩的改进方法，如图8-21～图8-23所示。

上述改进的线性测长测试方法均以接触式为主，存在一定的弊端，例如埋入式电阻应变计必须等到混凝土与应变计之间具有黏结强度时，才能保证其与混凝土协同变形；解决浇筑试模或试验模具与混凝土试件之间的约束问题也是混凝土自收缩测试的难点之一。

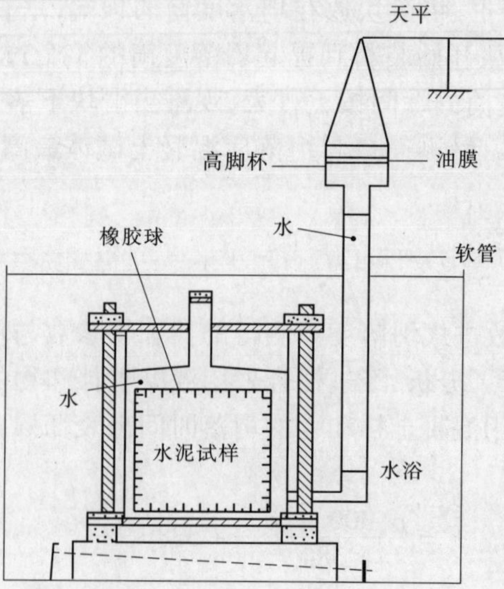

图 8-20　采用排水原理测试水泥净浆自收缩(Setter D Roy,1978)

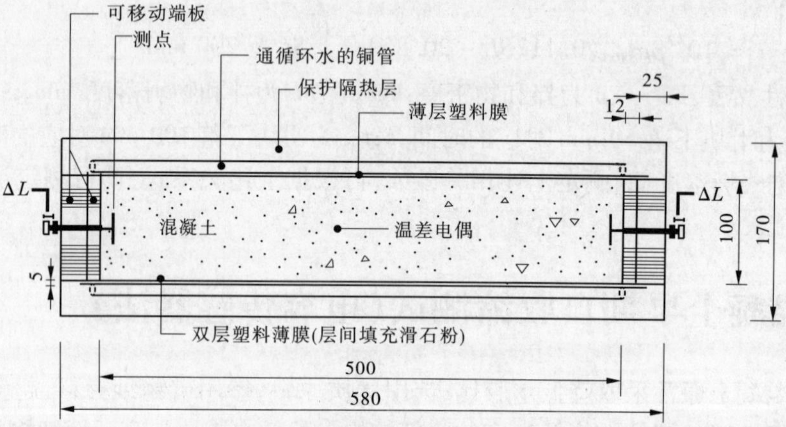

图 8-21　端部预埋件测试混凝土自收缩(Bjontegaard,1999)

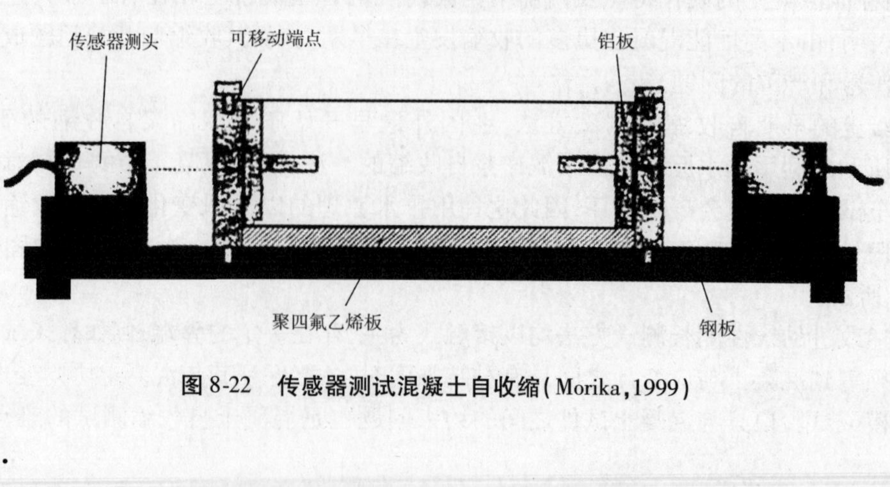

图 8-22　传感器测试混凝土自收缩(Morika,1999)

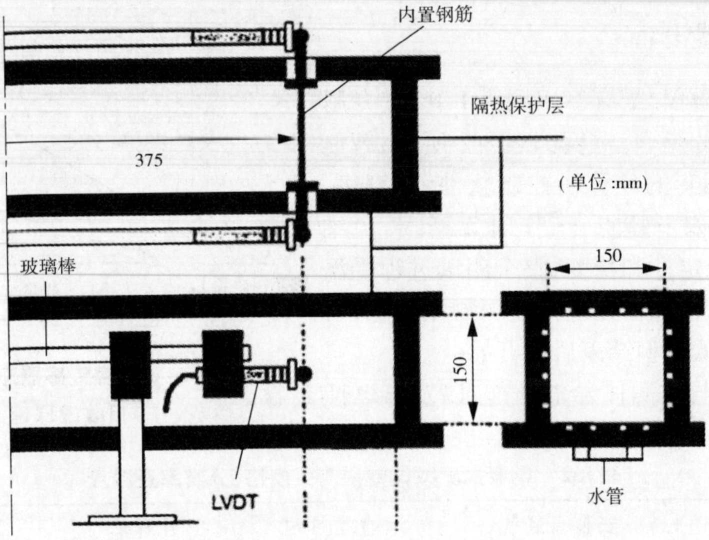

图 8-23　LVDT 测试混凝土自收缩(Lokborst,1998)

另外,混凝土自收缩测试过程中温度的影响较大,测试过程中应尽量避免被测试件与环境之间的温度、热量交换。

目前,国内外无约束条件下混凝土收缩测试方法主要包括《普通混凝土长期性能和耐久性能试验方法》(GBJ 82—85)、《水运工程混凝土试验规程》(JTJ 270—98)、《水工混凝土试验规程》(DL/T 5150—2001)、《水工混凝土试验规程》(SL 352—2006)中采用的卧式混凝土收缩测定仪测试方法和 ASTM C157/C157M—2003、ASTM C490a—2000、BS1881:Part5、JIS A 1129:2001 中采用的比长仪测试方法等。笔者就近些年已出现的一些比较成熟的混凝土自收缩非接触式测试方法进行阐述,这些方法一般都是基于先进的传感器技术。

8.11.1　试验原理

当电容器两极间的距离发生变化时,电容器的电容和输出电压都要发生变化。因此,两极间距的变化可以通过电容或输出电压的变化来反映,电容与电容器两极间距的关系如下:

$$C = \delta S/h \tag{8-31}$$

式中:C 为电容器的电容;h 为电容器两极间的距离;S 为电容器两极的有效面积;δ 为空气的介电常数。

但是,通常情况下电容 C 与间距 h 是非线性的。因此,可以考查电容器的输出电压来确定两极间的距离。电容器的输出电压与间距的关系如下式所示:

$$V = Kh \tag{8-32}$$

式中:V 为电容器的输出电压;K 为比例系数,与电容传感器的端部面积和介电常数有关。

输出电压和电容器电容传感器两极的间距的线性关系构成了利用电容传感器测试混凝土自收缩的物理学基础。采用电容传感器测试混凝土自收缩原理如图 8-24 所示。

8.11.2 仪器设备

电容式测微仪,配有专用测头1套,其专用测头规格及其分辨率、精度如表8-2所示;智能数据采集卡,配套的计算机控制软件、计算机。该套设备具有如下特点:工作时无磨损,免维修;高的零点稳定性和精度;整个测试过程受温度的影响很小;传感器无须与被测物体接触;自收缩的测试可从成型结束后即开始。

测试过程与被测体导电性能,以及导电性能变化无关。

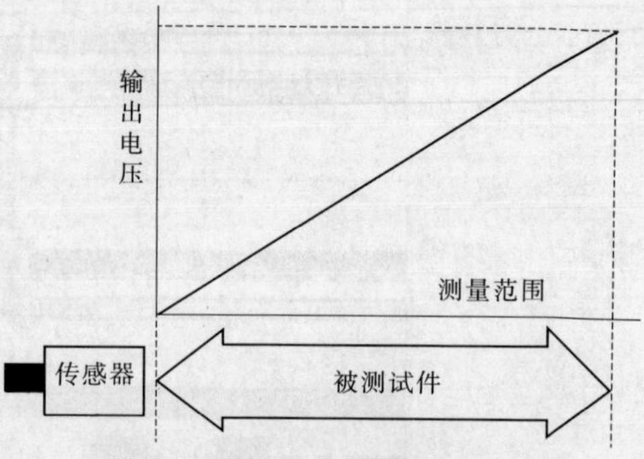

图8-24　电容传感器测试混凝土自收缩原理

表8-2　电容式测微仪专用测头规格、分辨率及精度

测头直径(mm)	安装直径(mm)	示值范围(μm)	分辨率(μm)	精度(μm)
2	8	±30	0.003	0.01
3	8	±50	0.01	0.02
4	8	±200	0.01	0.05
6	12	±600	0.1	0.5
10	20	±1 000	0.12	0.8
25	28	±2 000	1.0	5.0
40	28	±4 000	5.0	10.0

8.11.3 试验步骤

试验采用的试件尺寸为40 mm×40 mm×1 000 mm,左侧端模与侧模、底模间留有2 mm缝隙供试件自由收缩,如图8-25所示。为保证试件温度、热量等与环境之间的交换,试模内侧衬以铝箔并待试件成型后覆盖表面。

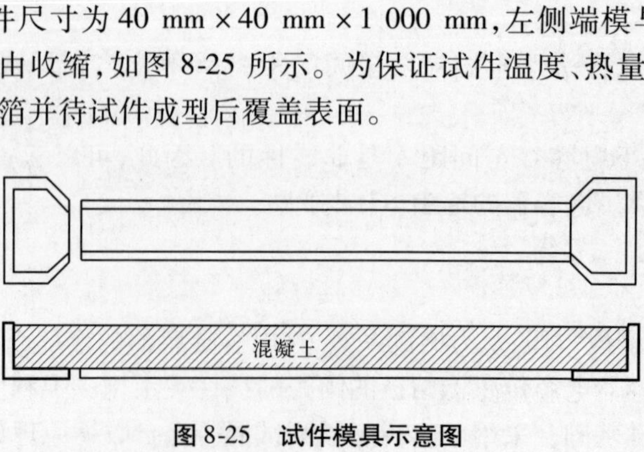

图8-25　试件模具示意图

测试开始前，在被测混凝土的一端贴一金属片，使金属片与传感器测头形成电容器。在实验室条件下，保持空气温度和湿度不变，则其可以认为只与两极的间距有关。电容传感器输出电压的变化与电容器两极（测头和被测混凝土试件）位移变化成正比。测量传感器的输出电压可以方便地得到测头与被测混凝土之间的距离。

在测量混凝土变形时，试模右端固定，左端为自由端。贴有金属片的被测混凝土端部放在试模的左端，测微仪的测头置于左端模的外侧，测头与左端模形成电容器。混凝土试件的变形直接表现为电容器两极间距的变化，此变化又通过电容器的输出电压来反映。由于整个试验过程都在试模中进行，所以该方法对混凝土自收缩的测试从试件成型结束后即可开始，克服了传统测量方法的变形测量只能在混凝土拆模后才能测试的弊端。

8.12 混凝土早期自收缩测试（激光位移传感器法）

8.12.1 试验原理

激光位移传感器可精确非接触被测物体的位置、位移等变化，主要应用于检测物的位移、厚度、振动、距离、直径等几何量的测量。按照测量原理，激光位移传感器法分为激光三角测量法和激光回波分析法。激光三角测量法一般适用于高精度、短距离的测量，而激光回波分析法则用于远距离测量。用于混凝土早期自收缩测量的激光位移传感器运用的是激光三角测量原理，下面介绍激光三角测量原理。

激光发射器通过镜头将可见红色激光射向被测物体表面，经物体反射的激光通过接收器镜头，被内部的 CCD 线性相机接收，根据不同的距离，CCD 线性相机可以在不同的角度下观测到这个光点。根据这个角度及已知的激光和相机之间的距离，数字信号处理器就能计算出传感器和被测物体之间的距离，如图 8-26 所示。

同时，光束在接收元件的位置通过模拟和数字电路处理，并通过微处理器分析，计算出相应的输出值，并在用户设定的模拟量窗口内，按比例输出标准数据信号。如果使用开关量输出，则在设定的窗口内导通，窗口之外截止。另外，模拟量与开关量输出可独立设置检测窗口。

采用激光位移传感器测量混凝土的早期变形，其特点在于：完全的非接触式测量，传感器对被测体无作用力；较高的稳定性和精度，适应恶劣环境条件下的测量，环境波动影响小；可实现在线实时测量，数据信息通过专门的数据传输线即可与数显表连接，也可与计算机的 RS－232 接口连接，配以相应的计算软件（设备制造商提供）就能实现对测量数据的自动采集。整个测量装置如图 8-27 所示。

8.12.2 试验步骤

用于测量收缩变形的混凝土钢模具尺寸为 100 mm × 100 mm × 515 mm，在模具长度方向侧面的中心处开一直径为 5 mm 的圆孔，用于放置引伸杆；混凝土早期自收缩的测量为每三个试件一组。

引伸杆与混凝土试件端部的轻质预埋件连接，为加强该轻质预埋件在混凝土中的稳

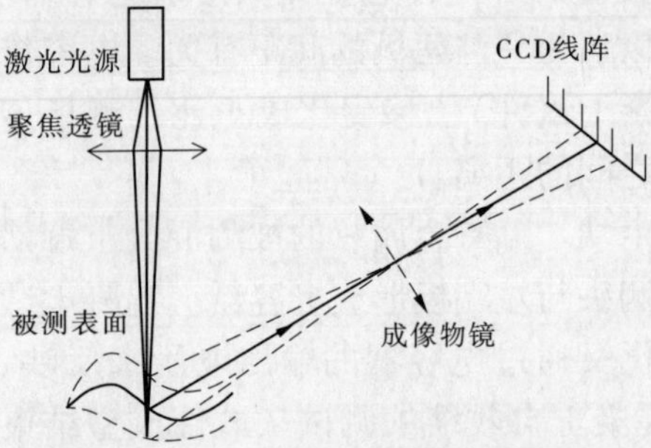

图 8-26 激光三角测量法基本结构

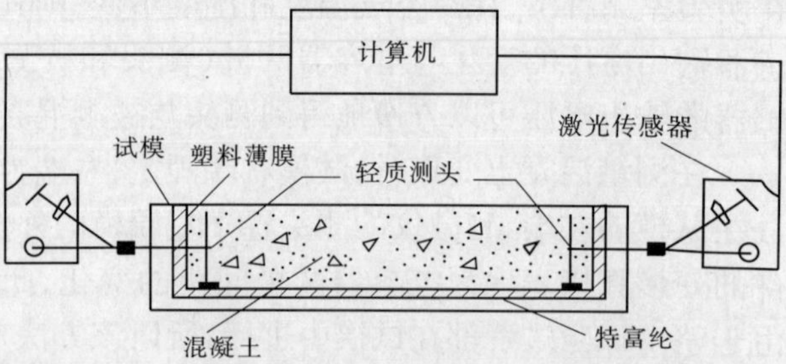

图 8-27 激光位移传感器法测量混凝土早期自收缩装置示意图

定性和锚固性，将其做成倒“T”字形；引伸杆伸出试模的部分，其端部的截面尺寸略大于杆体本身的截面尺寸，由于该端部是作为传感器的反射靶，其尺寸规格及表面的平整度需满足所选激光传感器的技术要求（不宜选择过于光滑的镜面材料，使影响到漫反射效果）。

为减小底面和侧面与混凝土试件之间的约束，在侧面和底面铺上塑料薄膜。混凝土分二层浇筑入模，振动密实，混凝土入模振捣完毕后，立即采用塑料薄膜作密封处理。

调整试模位置使传感器的激光束垂直打在两端反射靶上，并留有足够的测量范围。反射靶的轴向位移将由当前间距和初始间距之差反映出来。

混凝土早期收缩定量测定应在空气温度和相对湿度分别为（20 ± 2）℃和 60% ± 4% 的室内环境条件下进行。试验进行时间自混凝土浇筑入模开始，自收缩的测试时间间隔为 1 h，计算机自动采集数据，或自行设置数据采集时间。

8.13 混凝土早期自收缩测试（电涡流位移传感器法）

中国建筑科学研究院、同济大学等在国内较早开展了电涡流原理测试混凝土早期收缩的试验研究工作，并研制开发了专门用于混凝土早期收缩测试的电涡流测试仪，在最新修订的《普通混凝土长期性能和耐久性性能试验方法标准》（GB/T 50082—2009）中已将运用电涡流传感器原理研制的混凝土收缩测试装置列为非接触式试验方法，下面结合该标准中的一些内容对电涡流传感器法测试混凝土早期自收缩进行介绍。

8.13.1 试验原理

当电涡流传感器电源接通时，在其前置器内会产生一个高频电流信号。该信号通过电缆送到探头头部，并在探头头部周围产生交变磁场 H1，如图 8-28 所示。

如果在交变磁场 H1 的范围内没有金属导体材料接近，则发射出去的交变磁场能量会全部释放；如果在交变磁场 H1 的范围内有金属导体材料接近，则交变磁场 H1 将在金属导体的表面上产生电涡流场，同时该电涡流场也会产生一个方向与 H1 相反的交变磁场 H2。由于 H2 的反作用，就会改变密封在探头头部内线圈的高频电流幅度和相位，即

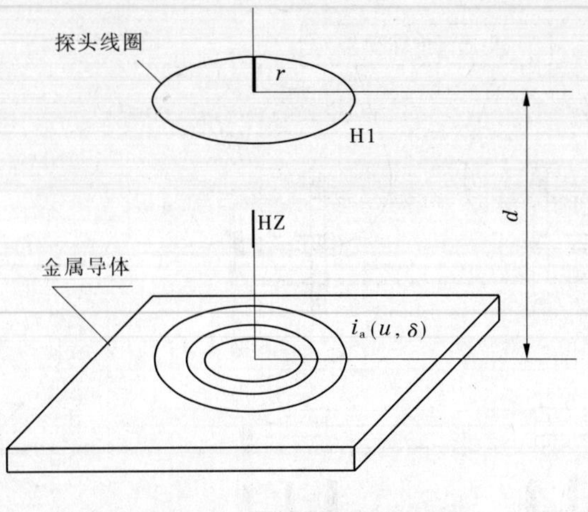

图 8-28　电涡流作用原理

改变线圈的阻抗 Z。线圈阻抗的变化通过封装在传感器前置器中的电子线路处理转换成电压输出，该电子线路并不直接测量线圈的阻抗，而是通过采用并联高频谐振振荡器测量与线圈阻抗成正比的振荡器的振幅值，振幅值经检波、滤波、放大、线性修正后输出电压，如图 8-29 所示。

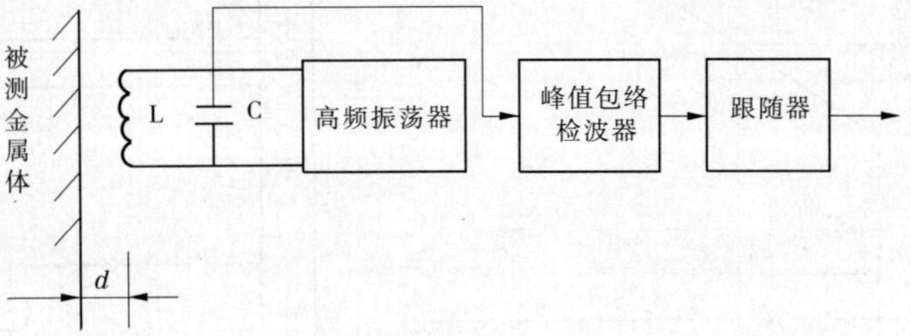

图 8-29　电涡流传感器作用原理

采用电涡流传感器法测试混凝土早龄期收缩的装置参见图 8-30。电涡流测试仪测头间的距离变化利用线性修正后的 $U—\delta$ 关系式进行标定，如图 8-31 所示；而模拟数字信号则通过单端输入方式直接被非接触式位移传感器采集，如图 8-32 所示，然后传送到计算机或者巡检仪进行即时分析统计，或者利用专业软件由计算机自动记录分析数据变化情况。电涡流传感器法可以检测从浇筑起到规定时间内混凝土收缩的变化情况，尤其能精确反映出混凝土早龄期收缩情况。

8.13.2　试验步骤

试验应在温度为(20 ±2) ℃、相对湿度为 60% ±5% 的恒温恒湿条件下进行。非接触法收缩试验应带模进行测试。

采用尺寸为 100 mm×100 mm×515 mm 的棱柱体试件。每组应为 3 个试件。

试模准备后，应在试模内涂刷润滑油，然后应在试模内铺设两层塑料薄膜或者放置一片聚四氟乙烯片，且应在薄膜或者聚四氟乙烯片与试模接触的面上均匀涂抹一层润滑油。

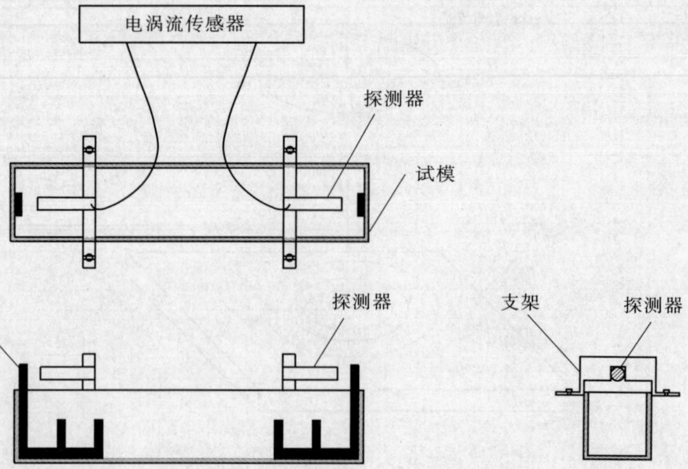

图 8-30　电涡流传感器法测试混凝土早期收缩试验装置

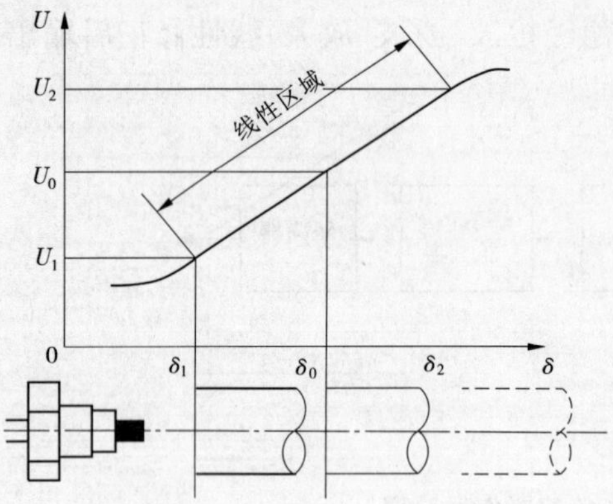

图 8-31　关系曲线图

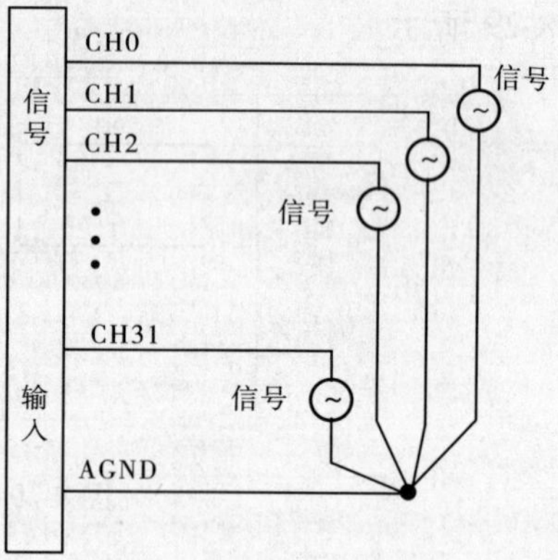

图 8-32　模拟数字信号的输出模式

应将反射靶固定在试模两端。

将混凝土拌和物浇筑入试模后，应振动成型并抹平，立即采用塑料薄膜作密封处理。自浇筑后 1 h 开始，采用固定于试模两端的非接触式电涡流位移传感器测定试件左右两侧长度的初始读数，然后按规定的时间间隔测试试件左右两侧长度的变化或采用计算机自动定时监测。

在整个测试过程中，试件在变形测定仪上放置的位置、方向均应始终保持固定不变。

8.13.3　试验结果处理

混凝土早期自收缩可按下式进行计算：

$$\varepsilon_{st} = \frac{(L_{10} - L_{1t} + (L_{20} - L_{2t})}{L_0} \tag{8-33}$$

式中：ε_{st}为测试期为 t(h)的混凝土收缩率，t 从初始读数时算起；L_{10}为左侧非接触法位移传感器初始读数，mm；L_{1t}为左侧非接触法位移传感器测试期为 t(h)的读数，mm；L_{20}为右侧非接触法位移传感器初始读数，mm；L_{2t}为右侧非接触法位移传感器测试期为 t(h)的读数，mm；L_0 为试件测量标距，mm，等于试件长度减去试件中两个反射靶沿试件长度方向埋入试件中的长度之和。

每组应取 3 个试件测试结果的算术平均值作为该组混凝土试件的早龄期收缩测定值，计算应精确到 1.0×10^{-6}。

8.13.4　实例介绍

同济大学王培铭等采用电涡流测试仪对比了添加不同外加剂的混凝土Ⅰ型与Ⅱ型 3 d 内收缩值的变化，以及钢纤维和聚丙烯纤维混掺混凝土与空白混凝土 3 d 内收缩值的变化，如图 8-33 所示。

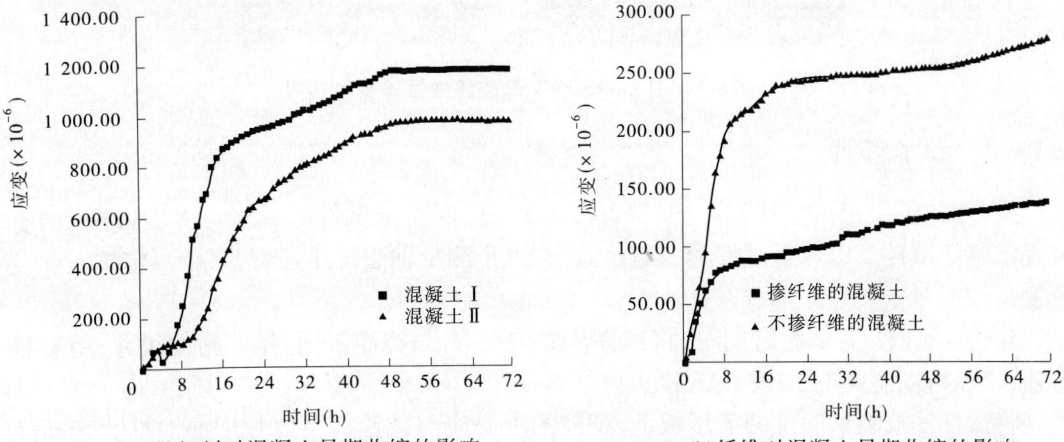

(a)外加剂对混凝土早期收缩的影响　　(b)纤维对混凝土早期收缩的影响

图 8-33　电涡流传感器法测试混凝土早期收缩应用实例

8.14　混凝土早期压弹模测试(静态压弯系统法)

8.14.1　仪器设备

压力试验机：采用带力传感器跟位移传感器的 Toni Technik 静态压弯试验系统进行，如图 8-34 所示。借助系统自带的数据采集软件实现大坝混凝土早期压弹模的测试。

试模：规格为 150 mm×150 mm×300 mm 或 ϕ 150 mm×300 mm。

应变量测装置：Toni Technik 静态压弯试验系统自带的应变测试系统测量精度大于 1×10^{-6}。

图 8-34　Toni Technik 静态压弯试验系统

8.14.2　试验步骤

按《水工混凝土试验规程》(SL 352—2006)中“混凝土试件的成型与养护方法”的有关规定制作试件。以六个试件为一组。其中,三个测定轴心抗压强度,三个测定抗压弹性模量。

到达 3 d 或 7 d 试验龄期时,将试件从养护室取出,擦净表面,量测断面尺寸,用湿布覆盖,以保持潮湿状态,并尽快试验。

将试件安放在试验机的下压板上,试件的中心应与试验机下压板中心对准。开动试验机,当上压板与试件快接触时,调正试件位置,使试件中心与压板中心对准。

在 Toni Technik 静态压弯试验系统中将加载速率设置为 0.2～0.3 MPa/s,并以试件最大破坏荷载 40% 的荷载对试件进行三次预压,预压过程中对系统自带的应变测试系统左、右两个位移传感器归零,或尽量靠近零点。

试件经预压后,进行正式试验,加荷速度与预压相同,Toni Technik 静态压弯试验系统自动记录下试件的受压过程及对应的应变值,如图 8-35 所示。

8.14.3　试验结果处理

采用常规压力试验机及贴应变片的方式进行试验时,混凝土早期静力抗压弹性模量的计算方法如下(准确至 100 MPa):

$$E_c = \frac{P_2 - P_1}{A} \times \frac{L}{\Delta L} \tag{8-34}$$

式中:E_c 为混凝土早期静力抗压弹性模量,MPa;P_2 为 40% 的极限破坏荷载,N;P_1 为应力

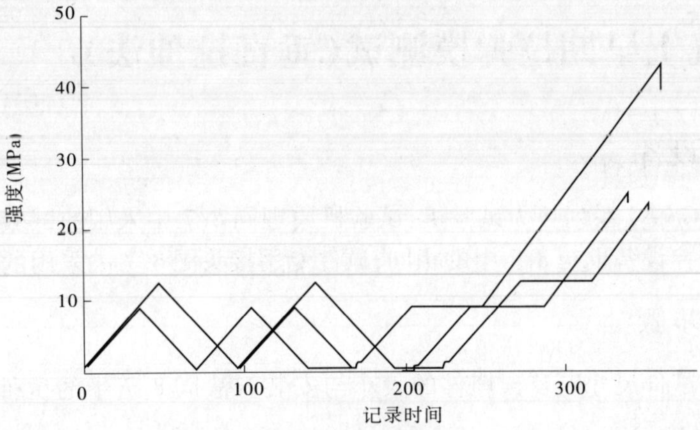

图 8-35　系统自动记录的应变过程

为 0.5 MPa 时的荷载，N；ΔL 为应力从 0.5 MPa 增加到 40% 破坏应力时的试件变形值，mm；L 为测量变形的标距，mm；A 为试件承压面积，mm^2。

混凝土早期静力抗压弹性模量以三个试件测值的平均值作为试验结果。如果其中一个试件在测定弹性模量后，其抗压强度值与轴心抗压强度值相差超过后者 20%，则将该测值剔除，取余下两个试件测值的平均值作为试验结果，如一组中可用的测值少于两个，该组试验应重做。

当采用 Toni Technik 静态压弯试验系统进行混凝土早期静力抗压弹性模量试验时，系统自动以表 8-3 所示的格式给出试验结果。

表 8-3　Toni Technik 静态压弯试验系统试验结果

序号	ID	a (mm)	b (mm)	σ_u (kN)	ε_u (mm/m)	σ_o (kN)	ε_o (mm/m)	E_m (GPa)	F_m (kN)	σ_m (N/mm^2)
1										
2										
3										

表 8-3 中 E_m 的数据即为混凝土早期静力抗压弹性模量。该试验体系除自动给出试验结果外，还会对试验结果的准确性进行分析，如表 8-4 所示。可以根据系统自动给出的 x、s 和 v 的值对试验结果的平均值、偏差等进行分析，判断混凝土早期静力抗压弹性模量试验结果是否有效。

表 8-4　Toni Technik 静态压弯试验系统试验结果分析

系列	a (mm)	b (mm)	σ_u (kN)	ε_u (mm/m)	σ_o (kN)	ε_o (mm/m)	E_m (GPa)	F_m (kN)	σ_m (N/mm^2)
$n=3$									
x									
s									

8.15 混凝土早期拉弹模测试(垂直拉伸法)

8.15.1 仪器设备

日本岛津 AGS - J 系列拉力试验机,试验机原理同 8.7 中采用的试验机;采用的电阻应变片及应变监控设备也与 8.7 中的相同;试件专用接头同 8.7 中采用的接头。

8.15.2 试验步骤

试验采用的试件尺寸以及预埋件的大小与安装方法同 8.7 中的试件大小和预埋件规格。

混凝土试件的拌和、成型与养护方法可按照《水工混凝土试验规程》(SL 352—2006)的有关规定进行,拌和物最大骨料粒径不得超过 40 mm,以四个试件为一组。成型试件时,上、下拉杆的埋设靠端板定位,端板与试模内尺寸采用动配合精度,以保证埋杆与试件同轴心。

到达 3 d 或 7 d 试验龄期时,将试件从养护室取出,应尽快在试件的两侧中间部位用电吹风吹干表面,然后用 502 胶粘贴电阻片。电阻片的长度应不小于骨料最大粒径的 3 倍。从试件取出至试验完毕,不宜超过 4 h 并注意试件保湿。应提前做好变形测量的准备工作。量测试件断面尺寸,尺寸精确至 1 mm。试件安装在 AGS - J 拉力试验机上。试件的拉杆与专用接头连接。

开动试验机,进行两次预拉,预拉荷载相当于破坏荷载的 5% ~10%。预拉时,应测读应变值,需要时调整荷载传递装置使偏心率不大于 10%。偏心率可按下式计算:

$$e(\%) = \left|\frac{\varepsilon_1 - \varepsilon_2}{\varepsilon_1 + \varepsilon_2}\right| \times 100\% \quad (8\text{-}35)$$

式中:ε_1 和 ε_2 分别为试件两侧的应变值。

预拉完毕后,重新调整测量仪器,进行正式测试,拉伸时的荷载速度控制在 0.1 MPa/min,每加荷 50 N 测读并记录变形值,直至试件破坏。记录破坏荷载和断裂位置。

8.15.3 试验结果处理

以应变为横坐标、应力为纵坐标,给出每个试件的早期受拉应力—应变曲线。过破坏应力坐标点,做与横坐标平行的线,并将应力—应变曲线外延,两线交点对应的应变值即为该试件的极限拉伸值,见图 8-36。

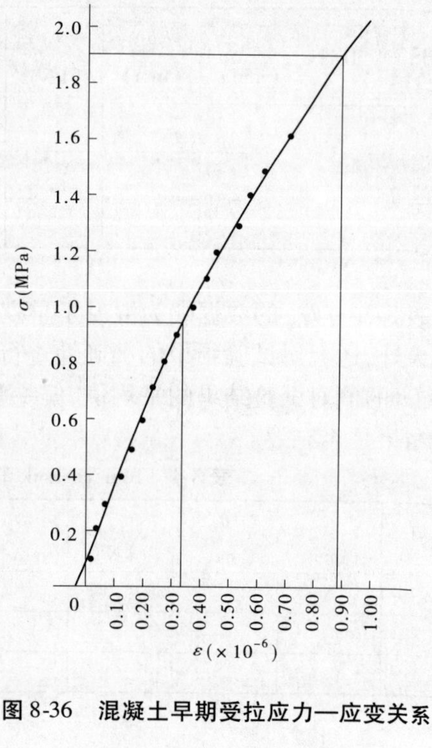

图 8-36 混凝土早期受拉应力—应变关系

如曲线不通过坐标原点，延长曲线起始段使与横坐标相交，并以此交点作为极限拉伸值的起始点。

混凝土早期抗拉弹性模量按下式计算（准确至 100 MPa）：

$$E_t = \frac{\sigma_{0.5}}{\varepsilon_{0.5}} \tag{8-36}$$

式中：E_t 为轴心抗拉弹性模量，MPa；$\sigma_{0.5}$为 $\delta=0$ 时的破坏应力，MPa；$\varepsilon_{0.5}$为 $\sigma_{0.5}$所对应的应变值，$\times 10^{-6}$。

抗拉弹性模量取应力从 0 至 0.5 ft 的割线弹性模量。

混凝土早期抗拉弹性模量以四个试件测值的平均值作为试验结果。当试件的断裂位置与变截面转折点或埋件端点的距离在 2 cm 以内时，该测值应剔除，取余下测值的平均值作为试验结果。如可用的测值少于两个，应重做试验。

8.16 混凝土早期拉弹模测试(水平拉伸法)

8.16.1 仪器设备

采用自行研制的杠杆式拉力试验装置，具体原理和构造见 8.8；采用的电阻应变片及采集装置见 8.8。

8.16.2 试验步骤

试件的尺寸，预埋件的规格，试件的拌和、成型与养护方法均与 8.8 相同。

到达 3 d 或 7 d 试验龄期时，将试件从养护室取出，应尽快在试件的两侧中间部位用电吹风吹干表面，然后用 502 胶粘贴电阻片。电阻片的长度应不小于骨料最大粒径的 3 倍。从试件取出至试验完毕，不宜超过 4 h 并注意试件保湿。应提前做好变形测量的准备工作。量测试件断面尺寸，尺寸精确至 1 mm。

混凝土试件受拉前，首先应将杠杠式拉力试验装置加载重物一端用千斤顶顶起，并在此端加载足够多的砝码。在试验台上铺设可以减小试件与试验台摩擦力的特富纶板及在板下涂抹医用凡士林乳化剂。将试件摆放在试验台中部，尽量使试件两个端部与试验机上的加载杆件处于同一个水平位置，试件摆置好后将试件与加载杆件相连。将数据采集装置在试验前先调零。试验开始时缓缓将螺旋千斤顶下放，以通过杠杆传力对试件施加拉力。

8.16.3 试验结果处理

试验结果的处理方法同 8.15 中采用的方法。

8.17 混凝土早期拉伸徐变测试方法

8.17.1 试验原理

混凝土早期拉伸徐变试验的试验装置主要依据结构力学的原理设计，其结构图与水平拉伸法采用杠杆式拉力试验装置相同，其设计思路是将 C 端的作用力 P 放大 10 倍，进而二力杆 AD 受力为 $10P$，再通过 DEF 杆将二力杆 AD 的作用力放大 3 倍，进而二力杆 FG 杆受力为 $30P$，详见图 8-17。杠杆式拉伸徐变试验装置的加载量测体系包括杠杆、拉杆、扩力板、荷载传感器、左右立柱、横梁、底梁、球铰及加载配重砝码等。

8.17.2　仪器设备

杠杆式拉力试验装置：自行设计，最大加载力为 70 kN。

差动变压器式位移传感器(LVDT)：混凝土早期拉伸徐变的加载量测体系采用 LVDT(差动变压器式位移传感器)作为徐变变形的量测仪器，LVDT 具有良好的环境适应性、使用寿命长、灵敏度和分辨率高。

试模：混凝土受拉徐变试件采用自行设计的 100 mm×100 mm×550 mm 的试件为试验构件，试件采用预埋拉杆式，试件两端各设 1 根长 140 mm、直径为 12 mm 的 HRB335 钢筋作为拉杆，使拉力通过预埋件传递到混凝土试件中，以保证预埋试件与混凝土试件轴心同心。为了解决钢筋与早期混凝土间黏结力小及消除钢筋端部的应力集中等问题，在预埋拉杆上焊接 2 根横向钢筋，以确保预埋拉杆与混凝土间的黏结力能满足试验要求。同时，为了固定位移传感器，在混凝土中预埋了位移传感器变形测量架。

8.17.3　试验步骤

每次浇筑 4 个 100 mm×100 mm×550 mm 试件，其中两个测量混凝土的拉伸徐变，两个测量混凝土的补偿收缩。浇筑振捣抹平后，立即放入温度为(20±1)℃的养护室中养护，并用塑料薄膜加湿布覆盖严密，以防止水分散失。养护 1 d 后拆模，并立即用铝箔密封测量补偿收缩试件和拉伸徐变试件使之处于密封状态，至预设龄期时。

待混凝土养护到规定龄期，先进行混凝土的劈裂抗拉强度试验测试出抗拉强度，然后根据预设的应力强度比得出实际加载应力。徐变试验开始前将 LVDT 的壳体夹固在参照物上，其测杆顶(或夹固)在被测点上，就可以直接测量物体间的相对变位。最后在(20±2)℃的恒温室进行拉伸徐变试验测量。每一个徐变试件加载龄期可分为 1 d、3 d、7 d，持荷时间均为 7 d，补偿收缩试验同时进行。

8.18　混凝土早期压缩徐变测试方法

通常，徐变由两部分构成：基本徐变和干燥徐变。基本徐变是指混凝土与外界没有湿度交换时的受力徐变部分。干燥徐变是指当混凝土在干燥条件下受力徐变超过基本徐变的徐变部分。

很多混凝土结构还没有承受外部荷载，混凝土就发生了开裂，混凝土的变形受到约束产生的内应力超过混凝土抗拉强度是导致早龄期混凝土开裂的根本原因。在约束条件下，早龄期混凝土的应力发展取决于自生变形和温度变形的发展、结构中的约束形式以及混凝土早期弹性模量、抗拉强度等力学性能的发展和导致应力松弛的黏弹性质——徐变的发展历程。通常外荷载作用下的混凝土徐变会引起变形增大或预应力损失，对混凝土结构产生不利影响。而非荷载条件下，对于构件中受约束的混凝土，尤其是对早龄期混凝土，徐变能够松弛其60%以上的拉应力，对降低混凝土早期开裂危险性起到极其重要的作用。混凝土在硬化初期的徐变能力变化很大，受加载龄期、加载应力水平、温度、湿度等很多因素的影响，而且不同混凝土之间徐变能力也存在较大差异。约束条件下混凝土自生收缩与温度变形引起的约束应力下的徐变综合反映了温度变化、加载龄期（内应力产生时期）以及不同荷载水平（应力发展变化）下的徐变行为，能够真实地反映结构中混凝土的徐变性质。本节介绍一种早龄期混凝土在约束条件下由于自生内应力引起的基本徐变行为。

8.18.1 试验原理

温度应力试验机（简称 TSTM）法是一种单轴约束试验方法，主要用于混凝土浇筑后，在没有与外界发生水分交换的条件下，测量早期性能参数，包括温度、变形、弹性模量、徐变松弛的连续变化历程，在约束的条件下形成弹性拉应力直至断裂的过程，以评价开裂的敏感性。该试验方法可根据不同的需要，设置不同的温度条件，包括半绝热温升、等差温升、环境恒温、人工降温进行试验，以模拟在不同混凝土体积、不同环境条件下，混凝土固化过程中的参数变化，还可用于检测评价混凝土的抗拉强度。该方法可选择以下试验条件进行试验：半绝热温升条件下，用于检测混凝土在半绝热温升条件下的应力、应变和开裂的敏感性；恒温条件下，用于检测混凝土在环境恒温条件下的应力、应变和开裂敏感性；约束条件下，用于检测混凝土试件在不同约束条件下的应力、应变和开裂敏感性。

选用约束条件时，通过约束混凝土条形试件的轴向变形，测定混凝土早期应力发展和力学性能参数等综合评价混凝土的抗裂性能。TSTM 提供了 0～100% 可调约束条件，可以控制混凝土试件绝热或者半绝热的试验条件，同时能够连续测量应力与变形的发展，能够很好地描述约束条件下混凝土的应力发展和与黏弹性相应的行为。在进行早龄期混凝土在约束条件下自生内应力引起压缩徐变行为时，即选用了温度应力试验机方法的约束条件进行。

8.18.2 试验方案设计

试件尺寸采用 150 mm × 150 mm × 1 500 mm，混凝土拌和物的制作等可按照《水工混凝土试验规程》（SL 352—2006）中的相关方法进行，试件一共成型 2 个，一个称做主试件，即约束试件，另一个称做副试件，即自由收缩试件。

为了避免试件与外界发生水分交换，先在温度应力试验机用于浇筑主试件和副试件的内容器四周预铺聚四氟乙烯薄膜，混凝土拌和物按有关规定制作完毕后，直接放入温度应力试验机内，用小型振捣棒振捣密实，振捣完毕后由聚四氟乙烯薄膜包裹密封。按照温度应力试验机的相关操作手册，进行开机操作，试验过程中的温度、变形、应力等情况均由与温度应力试验机配套的计算机自动采集。在进行早龄期混凝土自由应力压缩徐变时需采用温度应力试验机的全约束以及半绝热的试验条件，实验室的室温宜控制在（20 ± 1）℃。

8.18.3 试验结果处理

采用温度应力试验机进行压缩徐变试验时，混凝土在全约束条件下的应变发展规律如下式所示：

$$\Delta\varepsilon_{s} + \Delta\varepsilon_{cr} + \Delta\varepsilon_{frss} = 0 \tag{8-37}$$

式中：$\Delta\varepsilon_{s}$ 为混凝土试件的弹性应变；$\Delta\varepsilon_{cr}$ 为混凝土试件的松弛应变；$\Delta\varepsilon_{frss}$ 为混凝土试件的自由变形，包括温度应变和自生体积变形。

混凝土试件的自由变形发展 $\Delta\varepsilon_{frss}$ 可由温度应力试验的副试件直接测得，而弹性应变 $\Delta\varepsilon_{s}$ 由主试件经温度应力试验测得，因此采用式(8-37)计算即可得到早龄期混凝土在自由应力作用下产生的压缩徐变发展 $\Delta\varepsilon_{cr}$。

8.19 混凝土早期抗裂性测试(圆环法)

混凝土的早期热学、力学、变形等性能都直接影响混凝土的早期抗裂性能，而单一的关于混凝土早期热学、力学、变形等性能的测试方法及测试结果无法全面地评价混凝土的早期抗裂性能。

目前，用于混凝土抗裂性综合评价的试验方法有很多，相应的抗裂性评价指标也较多，这些评价方法和评价指标对于不同类型、不同使用部位的混凝土具有各自的适用性。对于混凝土早期抗裂而言，混凝土所受的约束条件至关重要，用于评价混凝土的综合抗裂性的约束收缩试验大致可以分为三大类：平板法、圆环法、单轴约束法。这三类试验方法均已明确列入相应的试验标准(或规程)中。

8.19.1 概述

圆环法最早由美国麻省理工学院的 Roy Carlson 于 1942 年提出。该装置有一个钢制圆环和聚乙烯外环组成，具体如图 8-37 所示。两环安置在木质底板上，所以混凝土试件是环形的。按规定时间拆模后，顶部用硅胶密封，只允许外表面收缩开裂。作为测试指标的裂缝宽度由专门的显微镜来读出。

1999 年，美国道路工程师协会(AASHTO)推荐采用标准圆环法。浇筑后，由贴在钢环上的应变片来时时监控应变的发展。把应变开始降低的时间作为混凝土的开裂时，然后用 100 倍显微镜测量裂缝的宽度。

8.19.2 ASTM 圆环法

美国关于圆环法评价混凝土抗裂性的试验方法可参见 ASTM C 1581—04 中的相关规定，ASTM C 1581—04 中规定的圆环尺寸如图 8-38 所示。

该标准中的试验方法涵盖了实验室条件下(测试环境(23.0 ± 2.0) ℃，湿度 50% ± 4%)在约束收缩状态下砂浆或混凝土的开裂时间和拉应力的特征。圆形钢环厚度(13 ± 1) mm，试件尺寸：内径(330 ± 3) mm，外径(405 ± 3) mm，高(150 ± 6) mm。以开裂时间及拉应力发展速率作为约束收缩状态下材料抗裂性能的指标。该试验能被用来确定砂浆或

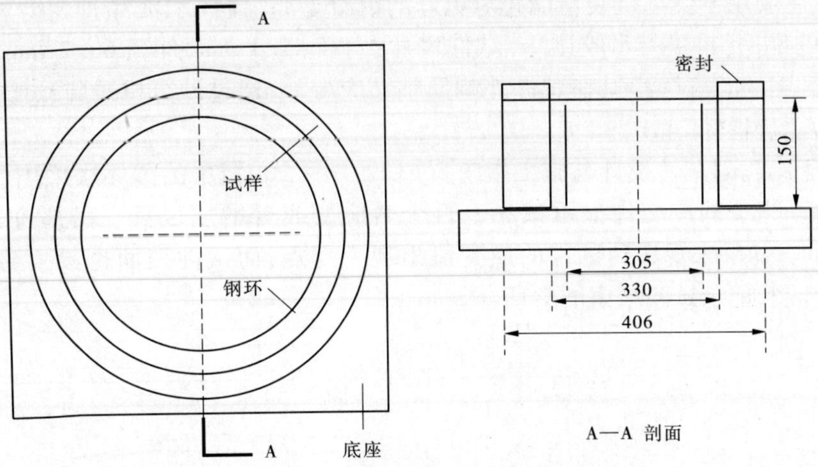

图 8-37　圆环法试验装置示意图

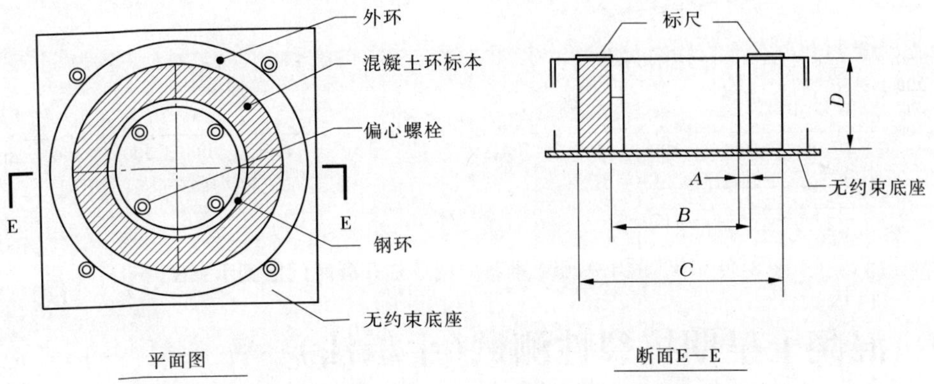

A:(12.5 ±0.13) mm;B:(330 ±3) mm;C:(406 ±3) mm;D:(150 ±6) mm

图 8-38　ASTM C 1581—04 中规定的圆环尺寸

混凝土的配合比及材料性能的变化对由于干燥收缩而产生的开裂的影响;该方法对确定早龄期不同胶凝材料拌和物的相对开裂可能性、帮助选择在约束收缩状态下开裂可能性较小的水泥基材料是有用的;该方法能被用于确定材料变化对拉应力的相对影响。这些变化因素包括(但不限于)骨料品种、骨料级配、水泥类型、水泥用量、用水量、矿物掺合料、化学外加剂等。该方法对膨胀性材料不适用;试件净厚 75 mm 左右,只适用于名义最大骨料粒径为 13 mm 的拌和物;自生体积变形及水化热产生的变形的影响在该试验中体现不明显;试件的约束度不可调。

8.19.3 《混凝土结构耐久性设计与施工指南》(CCES 01—2004)中的圆环法

中国工程院土木水利与建筑学部主编的《混凝土结构耐久性设计与施工指南》(CECS 01—2004)中参考 S. P. Shah 提出的圆环法,对水泥及水泥基胶凝材料抗裂性试验也做了相应规定:采用净浆或水泥胶砂制成的圆环约束试件,测定约束收缩过程中出现开裂的时间。主要用于优选抗裂性能相对更好的混凝土原材料(水泥品种、掺合料、外加剂等)和浆体的配比(掺量与水胶比)。试件尺寸:内径 41.3 mm,外径 66.7 mm,净厚 25.4 mm,高度 25.4 mm。试验时,在试件外侧面粘贴应变片,通过计算机采集应变数据,以开裂时间作为评价指标。

《混凝土结构耐久性设计与施工指南》(CCES 01—2004)中的圆环法采用的开裂时间为计算机自动记录的应变计显示减小上百个微应变或者增加数百个微应变的时刻,如图 8-39 所示。如果未观察到试件的应变值出现突变点,而试件表面也没有发现可见裂纹,则为未开裂,记录试验结束的龄期。

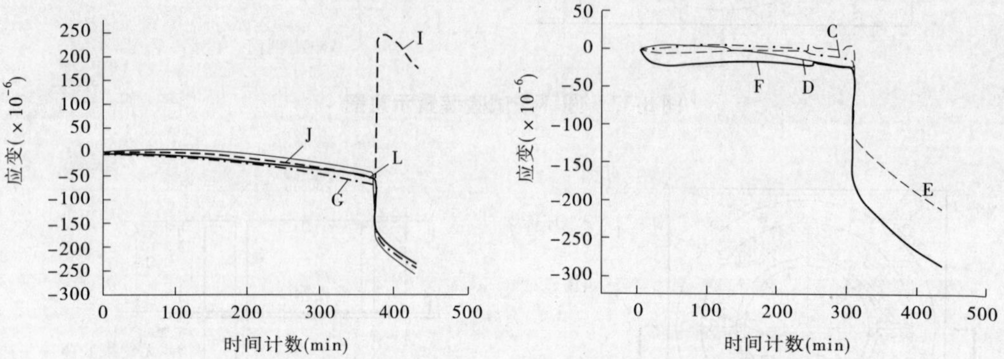

图 8-39　CCES 01—2004 推荐的圆环法开裂时间监测示意图

8.20　混凝土早期抗裂性测试(平板法)

8.20.1　概述

平板法由美国圣约瑟(San Jose)大学的 Kraai 发明,试验装置的尺寸为 610mm×914 mm×19 mm。试模四周由 L 形钢网提供约束。试模底部铺上一层塑料薄膜来降低底部的约束。在试件浇筑以后,用风扇吹加速水分蒸发来促使裂缝快速出现,24 h 后测量裂缝的长度和宽度。

此后,美国密歇根州立大学又在前者的基础之上作了改进,发明了弯起钢板约束的平板试验装置,装置如图 8-40 所示。由于单槽诱导的作用,试验效果更加明显。

中国建筑科学研究院建材所研制了新型的开裂测定仪,其原理是在试模当中置入了相互平行的裂缝发生器,装置如图 8-41 所示,由于裂缝发生器的诱导作用,在同等条件下裂缝能提前出现。

平板法一般采用收缩裂缝指数作为开裂评价指标。由于裂缝宽度的不同,可将裂缝分为大(大于 3 mm)、中(2~3 mm)、小(1~2 mm)、细(小于 1 mm)4 种类型,定义其度量指数分别为 3、2、1、0.5,每一度量指数乘以其相应的裂缝长度,相加后即为该试件的收缩裂缝指数。

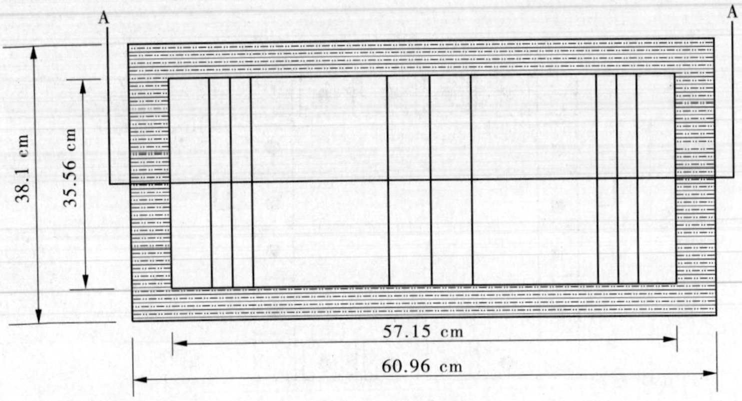

图 8-40 改进的平板法

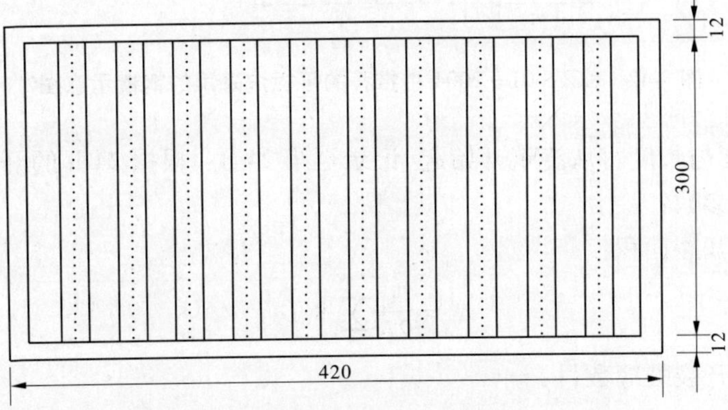

图 8-41 新型平板式混凝土开裂测定仪示意图

为了表征某种材料或施工方法对混凝土开裂的改善作用，常引入裂缝控制率来量化其对抗裂性的增强程度，裂缝控制率如下式所示：

$$K=\left(1-\frac{m}{m_0}\right)\times 100\% \tag{8-38}$$

式中：m 为改性砂浆的裂缝指数；m_0 为基准砂浆的裂缝指数。

8.20.2 《混凝土结构耐久性设计与施工指南》(CCES 01—2004)中的平板法

参考日本笠井芳夫教授提出的平板法，试件尺寸为 600 mm×600 mm×63 mm，用于浇筑混凝土试件的钢模如图 8-42 所示。模具的四边用 10/6.3 不等边角钢制成，每个边的外侧均焊有四条加劲肋，钢模四边与底板通过螺栓固定在一起，以提高钢模自身刚度；在钢模每个边上同时焊接两排共 14 个ϕ 10 mm×100 mm 螺栓伸向模具内侧。当浇筑后的混凝土试件发生收缩时，试件四周将受到这些螺栓的约束。在钢模底板的表面一般还应铺有聚四氟乙烯片材，钢模作为混凝土抗裂试验装置的一部分，试验时与试件连在一起。

试件浇筑后立即用塑料薄膜覆盖，保持环境温度 30 ℃，相对湿度 60%，经过 2 h 后将塑料薄膜取下，用电风扇以 8 m/s 的风速吹混凝土表面。记录混凝土试件的开裂试件、裂

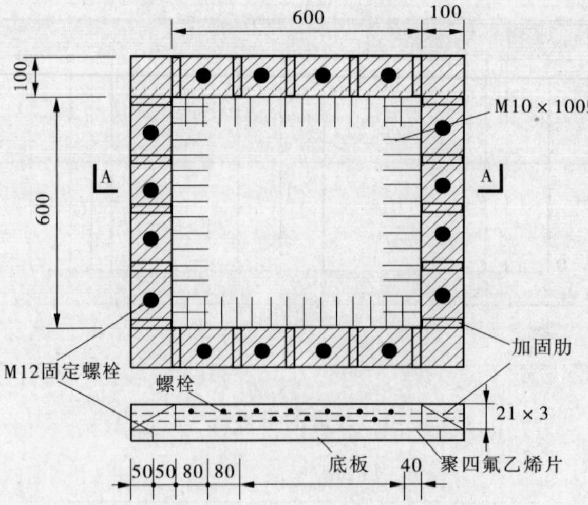

图 8-42　CCES 01—2004 中推荐的平板法采用的钢模示意图

缝数量、裂缝宽度与长度。从浇筑开始起，记录至第 24 h。根据 24 h 的开裂试验情况，分别计算以下 3 个参数：

裂缝的平均开裂面积：

$$a = \frac{1}{2N}\sum_{i}^{N} W_i L_i \tag{8-39}$$

单位面积的开裂裂缝数目：

$$b = \frac{N}{A} \tag{8-40}$$

单位面积上的总裂开面积：

$$C = ab \tag{8-41}$$

式中：W_i 为第 i 根裂缝的最大宽度，mm；L_i 为第 i 根裂缝的长度，mm；N 为总裂缝数目，根；A 为平板的面积，0.36 m^2。

该方法中关于试件的早期抗裂性评价准则有以下四条：

(1)仅有非常细的裂缝。

(2)平均裂开面积 $<10\ mm^2$。

(3)单位面积开裂裂缝数目 <10 根。

(4)单位面积上的总裂开面积 $<100\ mm^2$。

根据上述准则，将抗裂性划分为 5 个等级：

Ⅰ级：全部满足上述 4 个条件。

Ⅱ级：满足上述 4 个条件中的 3 个。

Ⅲ级：满足上述 4 个条件中的 2 个。

Ⅳ级：满足上述 4 个条件中的任意一个。

Ⅴ级：全都不满足。

8.20.3 《普通混凝土长期性能和耐久性能试验方法标准》(GB/T 50082—2009)中的平板法

本方法应采用尺寸为 800 mm×600 mm×100 mm 的平面薄板型试件，每组应至少有2个试件。混凝土骨料最大公称粒径不应超过 31.5 mm。

混凝土早期抗裂试验装置采用钢制模具，模具的四边(包括长侧板和短侧板)应采用槽钢或者角钢焊接而成，侧板厚度不应小于 5 mm，模具四边与底板应通过螺栓固定在一起。模具内应设有7根裂缝诱导器，裂缝诱导器应分别用 50 mm×50 mm、40 mm×40 mm 角钢与 5 mm×50 mm 钢板焊接组成，并应平行于模具短边且应与底板固定，底板应采用不小于 5 mm 厚的钢板，并应在底板表面铺设聚乙烯薄膜或者聚四氟乙烯片作隔离层，模具应作为测试装置的一个部分，测试时应与试件连在一起。如图 8-43 所示。

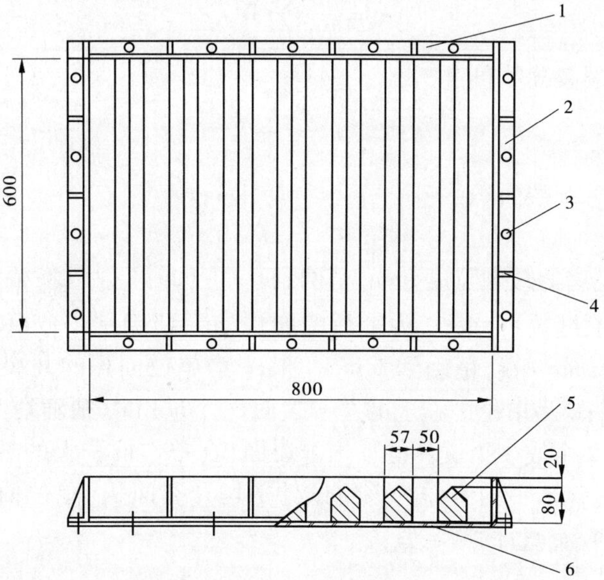

1—长侧板；2—短侧板；3—螺栓；4—加强肋；5—裂缝诱导器；6—底板

图 8-43　GB/T 50082—2009 中推荐的平板法采用的钢模示意图

风扇的风速应可调，并且应能够保证试件表面中心处的风速不小于 5 m/s。

温度计精度不应低于 ±0.5 ℃；相对湿度计精度不应低于 ±1%；风速计精度不应低于 0.5 m/s。

刻度放大镜的放大倍数不应小于 40 倍，分度值不应大于 0.01 mm。

照明装置可采用手电筒或者其他简易照明装置。

钢直尺的最小刻度应为 1 mm。

抗裂性试验宜在温度为(20±2)℃，相对湿度为 60%±5% 的恒温恒湿室中进行；将混凝土浇筑至模具内后，应将混凝土摊平，且表面应比模具边框略高。可使用平板表面式振捣器或者采用捣棒插捣，应控制好振捣时间，并应防止过振和欠振。在振捣后，应用抹子整平表面，并应使骨料不外露，且应使表面平实。

在试件成型 30 min 后，立即调节风扇位置和风速，应使试件表面中心正上方 100 mm 处风速为(5 ±0.5) m/s。应使风向平行于试件表面和裂缝诱导器。试验时间应从混凝土搅拌加水开始计算，应在(24 ±0.5) h 测读裂缝。

裂缝长度应用钢直尺测量，并应取裂缝两端直线距离为裂缝长度。当一个刀口上有两条裂缝时，可将两条裂缝的长度相加，折算成一条裂缝。裂缝宽度应采用放大倍数至少 40 倍的读数显微镜进行测量，应测量每条裂缝的最大宽度。平均开裂面积、单位面积的裂缝数目和单位面积上的总开裂面积应根据混凝土浇筑 24 h 测量得到的裂缝数据来计算。

混凝土抗裂性试验结果主要以如下 3 个参数进行评价，3 个评价参数的计算方法如下：

裂缝的平均开裂面积：

$$a = \frac{1}{2N}\sum_{i}^{N} W_i L_i$$

单位面积的开裂裂缝数目：

$$b = \frac{N}{A}$$

单位面积上的总开裂面积：

$$C = ab$$

式中：W_i 为第 i 根裂缝的最大宽度，mm，精确到 0.01 mm；L_i 为第 i 根裂缝的长度，mm，精确到 1 mm；N 为总裂缝数目，根；A 为平板的面积，m^2，精确到小数点后两位；a 为每根裂缝的平均开裂面积，mm^2/根，精确到 1 mm^2/根；b 为单位面积的开裂裂缝数目，根/mm^2，精确到 0.1 根/mm^2；C 为单位面积上的总开裂面积，mm^2/m^2，精确到 1 mm^2/m^2。

每组应分别以 2 个或多个试件的平均开裂面积(单位面积上的裂缝数目或单位面积上的总开裂面积)的算术平均值作为该组试件平均开裂面积(单位面积上的裂缝数目或单位面积上的总开裂面积)的测定值。

8.21　混凝土早期抗裂性测试(温度—应力试验机法)

8.21.1　试验原理

在模拟混凝土实际温度场和约束条件下，混凝土的早期抗裂性评价可采用温度应力试验机法。在混凝土的硬化过程中伴随着水泥水化放热的过程，由于结构物的体型不同，水化放热过程引起的混凝土温度变化过程也不尽相同。而传统的混凝土试验方法为了方便比较，都是采用标准养护条件即 20 ℃潮湿养护，在此条件下的混凝土性能试验结果可以方便性能比较和结构设计计算，却不能反映混凝土结构物的实际情况。特别是高掺掺合料的高性能混凝土，其性能发展过程受内部温度过程的影响更明显。温度应力试验就是在引入温度条件的情况下研究混凝土的应力应变过程，由此来判断混凝土更接近实际工况的性能表现。

8.21.2 仪器设备

温度应力试验采用 HYPY 型温度应力试验系统进行。该系统由 HYPY－Ⅰ温度应力试验机和 HYPY－Ⅱ平行试件(选件)两部分组成,如图 8-44 所示。HYPY 型温度应力试验机系统主要用于混凝土浇筑后,在没有与外界发生水分交换的条件下,测量早期性能参数包括温度、变形、弹性模量、徐变松弛的连续变化历程,在约束的条件下形成弹性拉应力直至断裂的过程,以评价开裂的敏感性。

图 8-44 HYPY 型温度应力试验机

该系统可根据不同的需要,设置不同的温度条件,包括半绝热温升、等差温升、环境恒温、人工降温进行试验,以模拟在不同混凝土体积、不同环境条件下,混凝土固化过程中的参数变化,还可用于检测评价混凝土的抗拉强度。可选择以下试验条件进行试验:半绝热温升条件下,用于检测混凝土在半绝热温升条件下的应力、应变和开裂的敏感性;恒温条件下,用于检测混凝土在环境恒温条件下的应力、应变和开裂敏感性;约束条件下,用于检测混凝土试件在不同约束条件下的应力、应变和开裂敏感性。

HYPY 温度应力试验系统由一台 HYPY－Ⅰ温度应力试验机(主机)和一台 HYPY－Ⅱ平行试件(选件)组成。HYPY－Ⅰ温度应力试验机由主机、信号调节控制系统、加热制冷系统和计算机及其软件组成。

8.21.2.1 主机

主机中央设置跟踪混凝土温度变化的上、下、前、后四个控温板,由介质管路与加热制冷系统相通,内部是跟踪混凝土温度变化的介质,同时它们也是浇筑混凝土时的型板。两头是燕尾槽型夹头,左夹头以球头与左横梁固定,右边活动夹头通过测力计推力球轴承,右横梁与步进电机相连。

右横梁装有丝杠与螺母,把步进电机的扭矩变成约束混凝土变形的轴向力。活动夹头和固定夹头之间装有前后两条铟钢棒,作为两台位移计测量混凝土变形的基准。左右横梁之间由两只圆棒支撑构成框架式结构,以确保机身的刚度。

8.21.2.2 信号调节与控制箱

温度应力试验系统中,被测信号有温度、位移和载荷(力),经传感器测得,并放大后送入 A/D 中,经计算机进行处理后作为显示信号与控制信号,控制加热制冷系统,使介质温度跟踪混凝土中心温度;把位移信号转化为混凝土的约束力。

8.21.2.3 加热制冷系统

介质加热、蒸发箱、制冷机、循环泵以及介质走向控制阀门集成在一个不锈钢柜中,用电缆与控制箱相连。循环介质经三通分别通至主机和平行试件,再由另一个三通回到介质加热、蒸发箱中。

8.21.2.4 计算机及其软件

通过一条 68 芯的电缆使计算机通过 A/D 板插座和信号调节控制箱连在一起。计算机是数据采集和温度应力试验机的控制中心。程序简洁明了,操作方便。

本产品软件部分独特地采取了多线程控制,与简单的单线程控制不同,将温度、应力、数据记录相关过程分为几个不同的线程之后,可让其各自独立运作,互不干扰。一方面可以令查看数据方便而加大数据采集间隔,同时不必担心控制系统受到影响,更重要的是,将控制系统大量的运算与控制从数据记录系统提取出来,可以让数据记录更精确而不用担心受到干扰,从而更好地完成工作。

8.21.2.5 HYPY - Ⅱ平行试件

HYPY - Ⅱ与 HYPY - Ⅰ的区别就在于它对混凝土试件不进行任何约束,不会产生任何约束力,不进行力的测量。由于平行试件与温度应力试验机是同时、同地、同材料进行试验,认为它们的温度变化和介质跟踪温度是完全相同的。由于没有力的产生,所以支撑机架刚度的两根平行棒也不存在,其他结构与主机相同,而信号调节控制箱就为同一个。它同样对温度和位移进行测量。

8.21.3 基于温度应力试验机的抗裂性指标

清华大学、武汉理工大学等在国内较早地使用温度应力试验机用于混凝土科研工作,为了通过温度应力试验得到混凝土早期抗裂性的关键参数,从多方面研究其开裂的特性,需要对混凝土早期开裂的综合性评价方法的试验指标进一步细分,以形成评价体系,经过系统的试验对于使用温度应力试验机进行混凝土抗裂性评价已提出了较完整的评价体系。该评价体系分为三部分:开裂综合指标、开裂核心指标和开裂细化指标。

(1)开裂综合指标:开裂温度。

混凝土开裂时对应的温度定义为开裂温度,以此作为综合指标来评价混凝土的总体开裂敏感性。由于试验中大坝混凝土的入模温度不可避免地存在波动,从而对开裂温度造成一定的影响,但总体来看,开裂温度基本上能反映混凝土的开裂敏感性。

(2)开裂核心指标:室温应力、开裂应力及应力储备。

开裂核心指标用于评价混凝土未来在实际工程运行中的表现。室温应力和应力储备可以确定混凝土以后抵抗应力的能力,如果抵抗应力的能力较好且温度及变形敏感性都小,则混凝土的抗裂好。应力储备的计算方法如下:

$$\text{应力储备} = \frac{(\text{开裂应力} - \text{室温应力})}{\text{开裂应力}} \times 100\%$$

混凝土的应力储备越大,则后期的抗裂能力越好。

(3)开裂细化指标:包括入模温度、升温时间、出现应力时间、第一零应力时间、第一零应力温度、最大压应力、温峰出现时间、第二零应力温度等。

开裂细化指标与核心指标有很紧密的关系,如升温时间和温升、第二零应力温度等都会影响室温应力、开裂应力等开裂核心指标。确定细化指标是为了分析它对开裂核心指标的影响。开裂细化指标本身与混凝土材料有直接的相关性,因此可以通过调整混凝土的原材料情况来影响开裂细化指标,进而改善开裂核心指标。通过以上分析,在进行混凝土温度应力试验时,将抗裂综合性试验方法的评价体系整理为表 8-5 的形式。

表 8-5　混凝土抗裂综合性试验方法评价体系参数

参数	单位	参数	单位
新拌混凝土温度	℃	第二零应力温度	℃
第一零应力温度	℃	室温应力	MPa
最大压应力	MPa	试验历时	h
最大压应力时的温度	℃	开裂应力	MPa
最高温度	℃	开裂温度	℃
温升	℃	应力储备	%

在建立了混凝土抗裂性综合试验方法评价体系的具体参数后,如图 8-45 所示,还需要建立具体评价流程,混凝土抗裂性综合试验方法评价流程如图 8-46 所示。

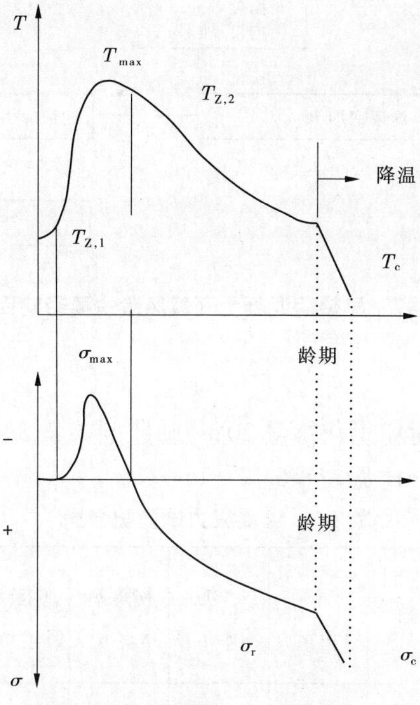

图 8-45　温度应力试验参数图

混凝土的开裂风险不仅取决于水化温升,而且还受到混凝土的弹性模量、徐变性能、

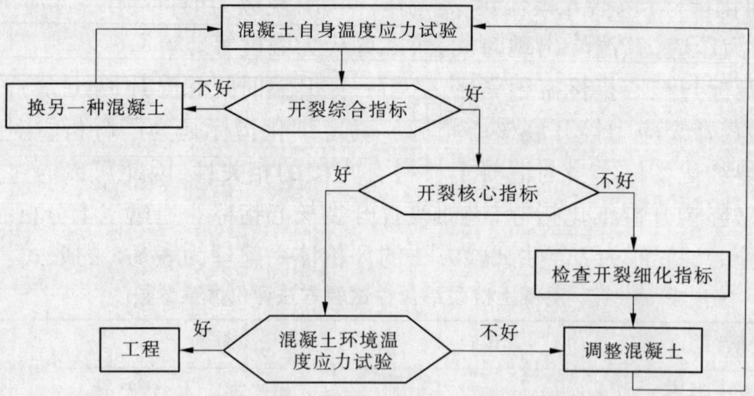

图 8-46　混凝土抗裂性综合试验方法评价流程

容许拉伸应变、热膨胀系数、自生体积变形的影响。早龄期混凝土开裂风险主要影响因素如图 8-47 所示。约束状态下混凝土的变形(自生体积变形与温度变形)导致的应力与混凝土自身力学性能的发展,是决定混凝土开裂风险的主要因素。因此,在温度应力试验中,影响混凝土抗裂性能的主要参数是试件温度(最高温度、开裂温度)、试件变形(约束试件变形、自由试件变形)、试件应力(膨胀阶段的压应力、降温阶段的拉应力)。

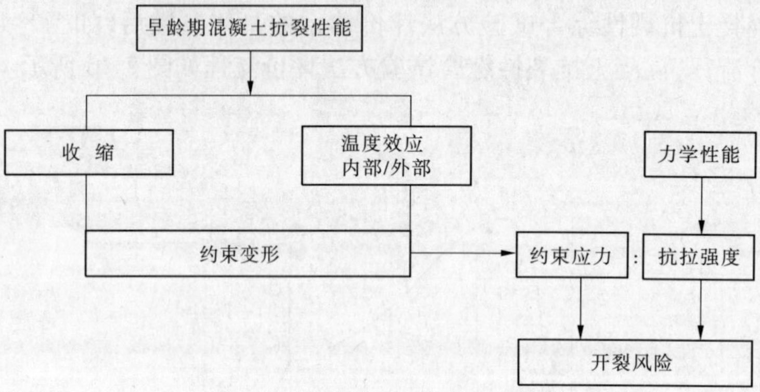

图 8-47　早龄期混凝土开裂风险主要影响因素

8.21.4　实例介绍

采用温度应力试验机,对粉煤灰掺量 20%、膨胀剂掺量 8% 的混凝土的抗裂性进行了评价,试验采用的混凝土配合比见表 8-6。

表 8-6　温度应力试验配合比

编号	水胶比	粉煤灰掺量(%)	膨胀剂掺量(%)	水(kg/m^3)	水泥(kg/m^3)	粉煤灰(kg/m^3)	膨胀剂(kg/m^3)	砂率(%)	减水剂(%)	引气剂(%)
W1	0.41	20	8	140	251	63	27	35	1.30	0.010

当温度应力试验过程中降温至 -5.4 ℃时断裂，试验过程中混凝土的温度过程曲线见图 8-48，试验温度过程曲线及试件变化见图 8-49 ~ 图 8-52。

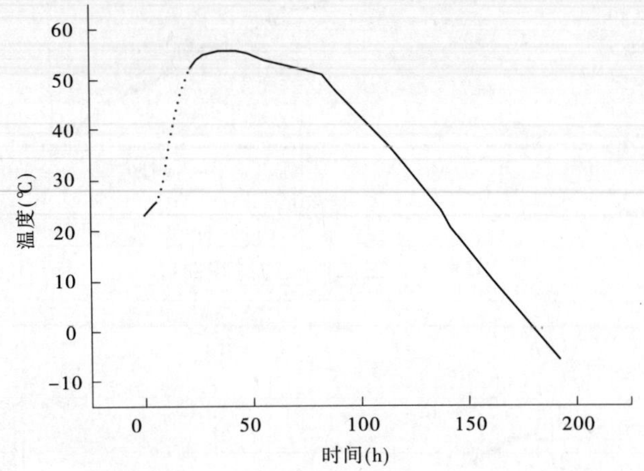

图 8-48　混凝土外部温度过程曲线

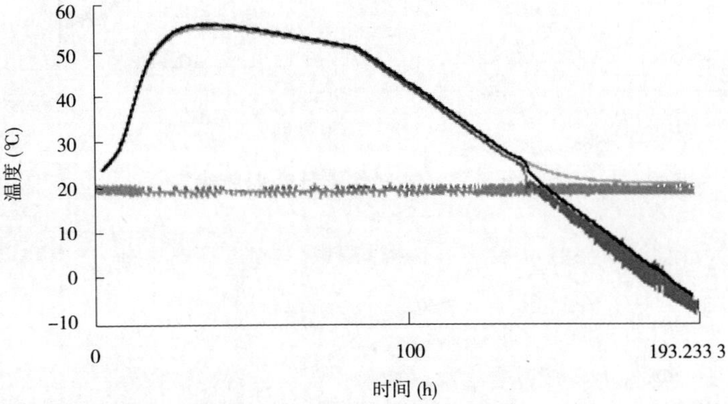

图 8-49　试验温度过程曲线

混凝土断裂时的极限拉应力为 2.2 MPa，大于前述标准试验条件下该组混凝土的 7 d 轴拉强度 1.98 MPa，小于 28 d 轴拉强度 2.90 MPa。这是由于在温度应力试验过程中，混凝土处于半绝热状态，混凝土内部温度持续上升，相当于对混凝土进行加热养护，而标准养护条件是恒温 20 ℃，众所周知养护温度对混凝土的强度影响较大。

主试件在断裂时的累计变形约为 120×10^{-6}，该值也明显高于标准养护条件下的极限拉伸值。

温度应力试验结束后，取出混凝土进行切割加工，获得 150 mm × 150 mm × 150 mm 试件和 150 mm × 150 mm × 300 mm 试件各 4 块，分别进行立方体抗压强度试验和轴心抗压试验，将试验结果与温度应力试验同时成型的标准养护试件进行对比，见表 8-7。

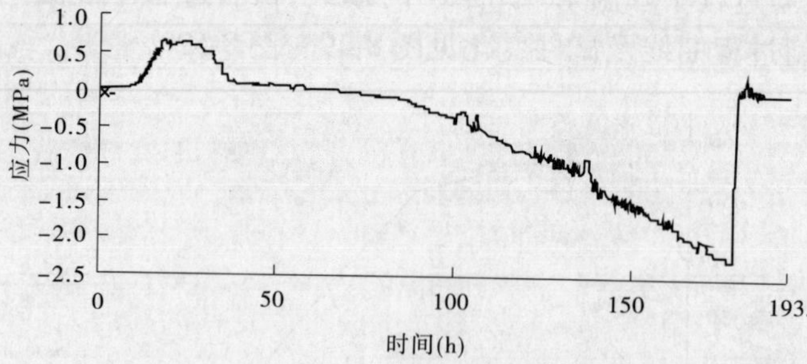

图 8-50　主试件应力过程曲线

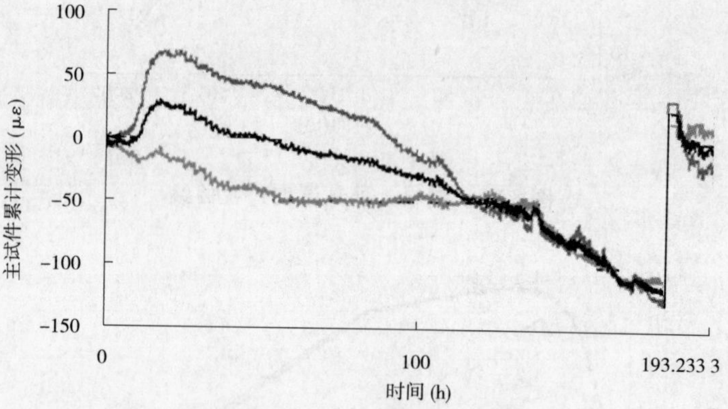

图 8-51　主试件累计变形曲线

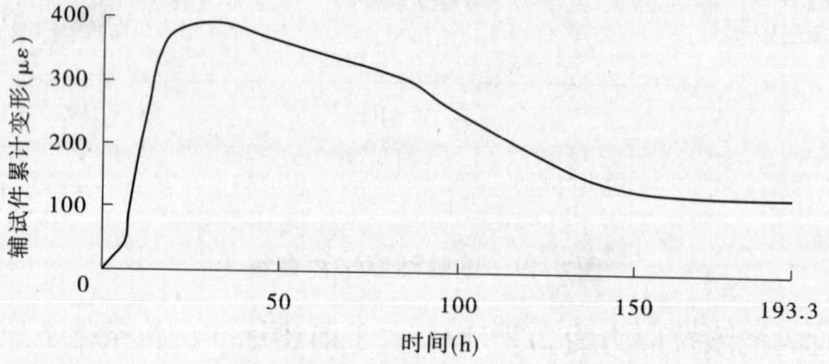

图 8-52　辅试件累计变形曲线

表 8-7　温度应力试件和标准养护试件对比结果

试件类型	抗压强度(MPa)	轴压强度(MPa)	轴压弹性模量(GPa)
温度应力试件	34.6	26.2	37.5
标准养护试件	38.9	36.2	37.7

从试验结果对比可以看出,采用标准养护条件养护的试件抗压强度和轴压强度均高于温度应力试件,其中轴压强度高约30%,轴压弹性模量基本一致。造成这种差别的原因主要在于两个方面:首先,混凝土的强度发展需要持续的水分养护,在强度发展过程中缺水就会造成混凝土中胶凝材料水化不充分,导致强度降低;其次,在温度应力试验结束后的试件切割加工对试件也会造成一定损伤而导致强度下降。

参考文献

[1] Aitcin P C. Autogenous shrinkage measurement[C]. Tazawa E ed. Autoshrink '98, Proceedings of the International Workshop on Autogenous Shrinkage of Concrete, Hirosima, Japan,1998.

[2] Bentur A. Terminology and definitions[C]. Kovler K, Bentur A eds. International RILEM TC 181-EAS Conference on Early Age Cracking in Cementitious Systems-EAC '01, Haifa,2002.

[3] 中华人民共和国水利部. SL 352—2006 水工混凝土试验规程[S]. 北京:中国水利水电出版社,2006.

[4] Cusson D, Hoogeveen T. Measuring early-age coefficient of thermal expansion in high-performance concrete[C]. RILEM Proceedings PRO 52,France: Bagneux, 2006.

[5] Mitsuo O,Hiroaki M. Estimation method for thermal expansion coefficient of concrete at early ages[C]. RILEM Proceedings PRO 52,France: Bagneux,2006.

[6] Backe K R, Lile O B, Lyomov S K. Characterizing Curing Cement Slurries by Electrical Conductivity[J]. SPE Drill Completion, 2001(4):201-207.

[7] A Princigallo, K V Breugel, G Levita. Influence of the Aggregate on the Electrical Conductivity of Portland Cement Concrete[J]. Cement and Concrete Reasearch, 2003(11):362-366.

[8] 魏小胜,肖莲珍,崔登国,等. 早龄期混凝土的力学与电性能研究[J]. 武汉理工大学学报,2008(6):51-55.

[9]Li Zongjin, Wei Xiaosheng. The Electrical Resistivity of Cement Paste Incorporated with Retarder[J]. Journal of Wuhan University of Technology-Mater. Sci. Ed., 2003(9):76-78.

[10] Turcrya P,Loukilia A,Barcelo L.,et al. Can the maturity concept be used to separate the autogenous shrinkage and thermal deformation of a cement paste at early age [J]. Cement and concrete research, 2002(9):1443-1450.

[11] Carino N J ,Lew H S. The Mature Method: From Theory to Applocation, Proceedings of the 2001 Structures Congress and Exposition[C]. Washington,D. C., American, 2001:5.

[12] 刘建立,覃维祖,李飞. 用新成熟度概念预测混凝土早期强度应用研究[J]. 施工技术,2006,35(8):68.

[13] Setter N, Roy D M. Mechanical Features of Chemical Shrinkage of Cement Pastes[J]. Cement and Concrete Research,1978(5):623-634.

[14] LURA P. Autogenous Deformation and Internal Curing of Concrete[D]. Delft: Univ of Delft, 2003.

[15] Shin-ichi Igarashil, Amom Bentur, Konstantin Kovler. Autogenous Shrinkage and Indeced Restraining Stresses in High Strength Concrete[J]. Cement and Concrete Research, 2000,30(11):1701-1707.

[16] Arnon Bentura, Shin-ichi Igarashib, Konstanin Kovlera. Prevention of Autogenous Shrinkage in High Strength Concrete by Inter Curing Susing Wet Lightweight Aggregates[J]. Cement and Concrete Research,2001,31(11):1587-1591.

[17] 马新伟,钮长仁,伊彦科.早龄期高强混凝土自收缩的测量[J]. 低温建筑技术,2002(4):4-5.
[18] 张守治,刘加平.碱矿渣胶凝材料的塑性收缩研究[C]//第十届全国水泥和混凝土化学及应用技术会议论文集.南京:中国硅酸盐学会,2007.
[19] 王培铭,刘岩,郭延辉,等. 混凝土早龄期收缩测试电涡流法的研究[J].建筑材料学报,2006,9(6):711-715.
[20] 中国建筑科学研究院,全国混凝土标准化技术委员会. GB/T 50082—2009 普通混凝土长期性能和耐久性试验方法[S]. 北京:中国建筑工业出版社,2009.
[21] Carlson, R W Reading, T J. Model study of shrinkage cracking in concrete building walls [J]. ACI Structural Journal, 1988(4):395-404.
[22] American Society of Testing and Materials. ASTM C 1581-04 Standard Test Method for Determining Age at Cracking and Induced Tensile Stress Characteristics of Mortar and Concrete under Restrained Shrinkage [S]. 2004.
[23] 中国工程院土木水利与建筑学部. CCES 01—2004 混凝土结构耐久性设计与施工指南[S]. 北京:中国建筑工业出版社,2004.
[24] KRAAI P. A proposed test to determine the cracking potential due to drying shrinkage of concrete[J]. Concrete Const ruction, 1985(9):468-473.
[25] Parviz Soroushian, Siavosh Ravanbakhah. Control of Plastic Shrinkage Cracking with Specialty Cellulose Fiber [J]. ACI Marerials Journal, 1998(4):429-435.
[26] 刘岩,王培铭. 混凝土开裂性能测试多道应力诱导平板式方法[J]. 建筑材料学报,2006,9(6):666-670.
[27] International Union of Testing and Research Laboratories for Matericals and Sevactulles. RILEM TC119-TCE: Avoidance of thermal cracking in concrete at early ages[S]. 1997.
[28] 胡曙光,陈静.混凝土温度-应力检测原理与装备[M]. 北京:国防工业出版社,2008.
[29] Springenchmid R, Gierlinger E, Kiernozycki W. Thermal stress in mass concrete: a new testing method and the influence of different cement. [C]. 15th Congress on large dams, Lausanne 1985.
[30] Shoppel K, Breitenbucher R, Springenschmid R. Investigation of mass concrete in the temperature-stress testing machine[J]. Concrete Precasting Plant and Technology, 1990:136-139.
[31] Ola Kjellman, Jan Olofsson. 3D Structural Analysis of Crack Risk in Hardening Concrete[R]. IPACS, Report BE96-3843,2001:53-2. Sweden: Lulea University of Technology,2001:14-15.
[32] 张国志,屠柳青,夏卫华,等. 混凝土早期开裂评价指标研究[J]. 混凝土,2005(5):13-17,37.
[33] Breitenbucher R. Investigation of thermal cracking with the cracking-frame [J]. Materials and Structures, 1990(23):172-177.

第9章 关键技术在水利水电交通等领域的应用

“大坝混凝土早期热、力学特征及开裂机理研究”项目的部分研究成果应用于水利行业大型水电站大坝主体工程、跨流域调水工程等,并拓展应用于跨海隧道、港口码头等涉海工程中,取得了成功。部分工程现场应用表明,在本项目相关研究成果的指导下,大坝混凝土掺合料方案、骨料料源方案选择合理,配制的大坝混凝土抗裂性能好,质量优良,各项指标符合设计要求;项目部分研究成果在优选混凝土原材料与配合比、提高混凝土抗裂性、节约工程造价等方面发挥了重要作用。本章着重介绍研究成果在水利、水电、交通等领域中应用的情况。

9.1 水电站工程

9.1.1 雅砻江某水电站工程

9.1.1.1 工程概况

雅砻江某水电站位于四川省境内,是雅砻江干流下游河段的控制性水库梯级电站。该水电站坝址以上流域面积约10万km^2,占雅砻江流域面积的75%。坝址处多年平均流量约1 220 m^3/s,多年平均年径流量385亿m^3。该水电站的主要任务是发电,电站总装机容量360万kW(6台×60万kW),枯水年枯期平均出力约108万kW,多年平均年发电量约166亿kWh。水库正常蓄水位1 880 m,死水位1 800 m,总库容约77亿m^3,调节库容约49亿m^3,属年调节水库。枢纽建筑由挡水、泄水及消能、引水发电等永久建筑物组成。

该水电站为一等工程,枢纽主要建筑物由混凝土双曲拱坝、坝后水垫塘及二道坝、右岸泄洪洞、右岸塔式进水口、引水系统、地下厂房及开关站等组成。坝体上设置4个表孔、5个深水孔;采用地下厂房布置方案,安装6台60万kW水轮机组。工程已于2008年2月开始大坝混凝土浇筑(见图9-1、图9-2)。

图9-1 雅砻江某水电站高拱坝坝址

图9-2 雅砻江某水电站高拱坝效果图

9.1.1.2　**成果应用**

针对雅砻江流域该水电站优选骨料的工程需求，研究了不同骨料组合对大坝混凝土性能的影响，采用"大坝混凝土早期热、力学特征及开裂机理研究"中关于实际温度场历程下的混凝土变形发展规律、大坝混凝土温度应力试验、基于温度应力试验机的早期抗裂性评价的研究成果，对该水电站可能采用骨料类型，如砂岩、大理岩、正长岩、玄武岩，以及不同骨料组合进行混凝土抗裂性影响研究。通过对不同种类骨料组合的混凝土性能进行试验研究，以确定该水电站大坝混凝土的骨料组合。

在项目相关研究成果的指导下，并结合所开展试验研究的有关结果，提出了以下主要结论供决策部门参考：骨料对混凝土的约束变形、约束应力的影响主要与骨料的弹性模量、热膨胀系数有关；骨料对混凝土温升值影响不明显。温度应力试验综合考虑了在实际的温湿度历程下混凝土的变形发展规律，温度应力试验测得的不同阶段的热膨胀系数更能反映实际的大坝内部混凝土变形情况。利用温度应力试验实现了综合评价骨料品种对混凝土早龄期抗裂性的影响。

9.1.2　金沙江某水电站工程

9.1.2.1　**工程概况**

金沙江某水电站工程位于云南省境内的金沙江中游河段上。该水电站工程是以发电为主的一等大型工程。枢纽主要建筑物由拦河坝和右岸地下引水发电系统两大部分组成，电站总装机容量 2 160 MW。主坝采用碾压混凝土重力坝，最大坝高 140 m，主体工程混凝土量约 283 万 m^3，其中碾压混凝土量约 153 万 m^3（见图 9-3、图 9-4）。

图 9-3　施工中的金沙江某水电站工程

图 9-4　金沙江某水电站工程混凝土生产系统

9.1.2.2　**成果应用**

该水电站地处我国西南粉煤灰资源紧缺地区，在项目可行性研究阶段试验工作的基础上，各取四种细度的火山灰、矿渣粉和石粉等掺合料方案进行比选研究，以及开展不同掺合料方案混凝土配合比性能对比试验，为工程掺合料料源选择、工程招标设计提供依据，同时也为工程下一步的施工配合比试验提供基础资料。

结合"大坝混凝土早期热、力学特征及开裂机理研究"项目关于矿物掺合料级配对混凝土的力学、热学、变形及抗裂性影响的相关成果，选择四种火山灰、四种矿渣粉以及四种石粉作为备选大坝混凝土掺合料，进行试验研究。通过 30 组砂率试验、31 组水胶比试验，确定了混凝土的用水量、胶材用量、砂率和外加剂用量等参数；通过48组掺合料方案对比试验，明确了不同掺合料方案对于混凝土强度及用水量、外加剂用量的影响。根据配合比试验结果，初选了6个部位的不同掺合料方案共29组配合比。针对以上29组配合比进行了拌和物性能、力学性能、变形性能、热学性能和耐久性能试验。根据研究试验结果，向工程业主提供了上述各种掺合料方案混凝土的详细性能试验结果，以及各种掺合料方案的经济效益比较分析结果，为工程业主进行掺合料方案选择提供了依据。

9.1.3 西南支流某水电站工程

9.1.3.1 工程概况

西南支流某水电站位于云南省境内，该电站以发电为主，为Ⅲ等中型工程，采用混合式开发方式。厂房布置在距坝址2.5 km的右岸，电站安装2台90 MW水轮发电机组，总装机容量180 MW。为不完全季调节水库，年发电量约8亿kWh，正常蓄水位1 071 m，正常蓄水位以下库容6 570万m^3，总库容7 871万m^3。

枢纽工程的主要建筑物由碾压混凝土拱坝、右岸引水发电隧洞和地面式厂房等组成，大坝采用碾压混凝土双曲拱坝，最大坝高113 m。首部枢纽泄洪建筑物包括3个表孔、2个中孔和1个排沙底孔。建成后将并入云南电网运行，服从电网统一调度运行管理。按照调度的安排承担调峰、调压、调频等系统任务，如图9-5所示。

图9-5 西南支流某水电站效果图

9.1.3.2 成果应用

结合“大坝混凝土早期热、力学特征及开裂机理研究”相关研究成果，通过试验研究白云岩石粉细度、粒度分布和掺量对混凝土性能的影响，提出推荐的白云岩石粉细度、粒度分布和最佳石粉掺量及相应的混凝土配合比，并对推荐配合比的混凝土进行混凝土力学和热学性能指标试验，为设计提供依据，并为混凝土现场配合比试验和确定施工配合比提供基础资料。

采用P·O 42.5普通硅酸盐水泥、白云岩石粉、白云岩人工砂、白云岩碎石、FDN－04缓凝高效减水剂、松香热聚物引气剂，对坝体上游面防渗二级配碾压混凝土、坝体下游侧三级配碾压混凝土、基础垫层常态混凝土、坝体常态混凝土等进行了配合比和系列性能试验。经过16组砂率优化试验、20组外加剂掺量试验、16组水胶比与强度试验，提出了单掺白云岩石粉方案的混凝土推荐配合比，如表9-1所示。

表9-1　白云岩石粉方案混凝土推荐配合比

编号	混凝土类型	掺合料	水胶比	砂率(%)	水(kg/m^3)	水泥(kg/m^3)	石粉(kg/m^3)	减水剂(%)	引气剂(‰)
3RD	C20(三)碾压	白云岩石粉	0.40	32	84	95	116	0.30	0.18
2RD	C20(二)碾压	白云岩石粉	0.39	36	93	119	119	0.30	0.15
3ND-1	C20(三)常态	白云岩石粉	0.49	34	105	150	64	0.60	0.05
3ND-2	C25(三)常态	白云岩石粉	0.39	33	104	213	53	0.70	0.05

对推荐配合比进行了力学、变形、抗冻、抗渗、热学等系列性能试验，试验结果表明，单掺白云岩石粉混凝土的强度能满足设计要求，轴压弹性模量较低，混凝土的绝热温升总体不大，能满足大坝对混凝土性能的要求。通过施工方现场复核、调整，于2010年5月至6月间，在该水电站上部进行了单掺白云岩石粉碾压混凝土的现场施工，浇筑量近万立方米，为国内首次采用纯白云岩石粉掺合料方案浇筑碾压混凝土并成功应用于大坝主体工程。从浇筑过程来看，白云岩石粉碾压混凝土的现场和易性良好，可碾性好，温升较低，其各项性能指标满足了要求，得到了业主、施工、监理等多方的认可。

9.1.4　西南某水电站工程

9.1.4.1　工程概况

西南某水电站位于云南省境内。该水电站是以发电为主的枢纽工程，工程等别为大(2)型二等工程。电站装机容量900 MW，水库正常蓄水位为1 477 m，总库容2.93亿m^3，调节库容0.427亿m^3。枢纽主要建筑物由碾压混凝土重力坝、左岸地下厂房和水道系统组成。碾压混凝土重力坝，坝顶高程1 482 m，最大坝高107 m，坝顶宽度11 m，坝顶轴线长度235.6 m。

工程主体工程主要工程量包括：土石方明挖约331万m^3，石方洞挖约64万m^3，碾压混凝土54万m^3，常态混凝土58万m^3，喷混凝土3.0万m^3。

9.1.4.2　成果应用

该水电站地处我国西南粉煤灰资源紧缺地区，且大坝主体工程料源选择不确定因素较多，结合“大坝混凝土早期热、力学特征及开裂机理研究”项目有关骨料、矿物掺合料对大坝混凝土早期热、力学特征及抗裂性等研究成果，开展了玄武岩人工砂、玄武岩碎石、灰岩人工砂、灰岩碎石等骨料方案，粉煤灰、矿渣粉、石粉等掺合料方案的比选研究工作，并开展了不同掺和料方案、不同骨料方案混凝土配合比性能对比试验，为工程骨料、掺合料料源选择、工程招标设计提供依据，同时也为工程下一步的施工配合比试验提供基础资料。

针对坝体内部，大坝上、下游迎水面，闸墩，表、底孔，溢流面，电站厂房，进水及尾水结构等7个大坝主要部位对混凝土性能的要求，通32组砂率试验、40组水胶比－强度试验，确定了不同掺合料方案、骨料方案混凝土的用水量、胶材用量、砂率及外加剂用量等参数；根据配合比试验结果初选了7个部位的不同拌和料方案、不同骨料方案共13组配合比，针对以上13组配合比进行了拌和物性能、力学性能、变形性能、热学性能和耐久性能试验。根据试验结果，向工程业主提供了不同拌和料方案、不同骨料方案大坝混凝土的相关性能试验结果，并结合工程实际情况，推荐了以灰岩人工砂、灰岩碎石为骨料方案，以矿渣粉与石粉等比例混合而成的复合掺合料为大坝混凝土掺合料方案，为该水电站掺合料料源选择、骨料料源选择提供了技术支撑。

9.1.5 新疆某水利枢纽工程

9.1.5.1 工程概况

新疆某水利枢纽工程位于新疆北部地区。该水利枢纽工程是新疆某供水工程的水源工程之一，为新疆境内某主要河流上的梯级工程，也是该流域规划中推荐的控制性工程，具有不完全多年调节功能。工程在维持当地流域生态环境和满足当地经济发展用水前提下，具有供水、发电和防洪等综合效益，是一项以供水为主的大型水利枢纽工程，如图9-6和图9-7所示。

图9-6 新疆某水利枢纽工程引水渠

图9-7 施工中的新疆某水利枢纽工程

该工程水库总库容约24亿 m^3，调节库容约19亿 m^3，主坝为碾压混凝土坝，最大坝高约121 m，水库正常蓄水位739 m，死水位680 m；装机容量140 MW，保证出力12.5 MW；该水利枢纽工程等别为Ⅰ等，工程规模为大(1)型。大坝、副坝、泄水建筑物为1级建筑物；发电引水系统、厂房为3级建筑物，发电洞进水口按1级建筑物设计。

9.1.5.2 成果应用

工程地处新疆北部严寒地区，极端气温低至－50 ℃，昼夜温差大，白天太阳辐射强烈，风速高，蒸发量大，对混凝土的性能和施工质量提出了更高的要求，混凝土必须具有低水化热温升，高抗裂性、抗冻性及耐久性能。对碾压混凝土坝而言，层面结合质量的好坏是保证工程质量的关键。

工程所在地区昼夜温差和年温差大，对混凝土的抗裂性提出了更高的要求。在现有技术措施的基础上，进一步降低混凝土的绝热温升是提高抗裂性直接有效的措施。采用比表面积较小的粗磨水泥来降低大坝碾压混凝土的绝热温升，从而提高大坝混凝土的抗裂性。研究结果表明，采用粗磨水泥有效地降低了水泥的水化热和混凝土绝热温升，完全能够配制满足力学、变形、耐久性要求的碾压混凝土。粗水泥对矿物成分组成比例没有像中热水泥那样严格的要求，节约了水泥磨制的能耗，不用增加任何施工工序，提高了碾压混凝土的施工性能。

9.2 抽水蓄能电站工程

9.2.1 北方某抽水蓄能电站工程

9.2.1.1 工程概况

北方某抽水蓄能电站位于我国北方严寒地区,上水库海拔 1 980 m,下水库置在该峡谷中,高程 1 400 m,电站厂房等地下洞室群在上、下库之间的左岸山体中,主要承担当地电网的调峰、填谷、事故备用任务,同时兼有调频、调相的作用。电站主要建筑物由上水库、水道系统、地下厂房系统、下水库等组成,电站总装机 1 200 MW。本工程为Ⅰ等大(1)型工程,永久性主要建筑物按 1 级建筑物设计。

上水库大坝采用当地材料坝,坝型为混凝土面板堆石坝。上水库半挖半填成库,采用全库盆钢筋混凝土面板防渗,防渗总面积为 24.64 万 m^2,其中库底防渗面积 9.02 万 m^2,库坡防渗面积 15.62 万 m^2。上水库正常蓄水位 1 940.00 m,死水位 1 903.00 m,工作水深 37.0 m。总库容为 677.47 万 m^3,其中调节库容为 637.22 万 m^3,死库容为 40.25 万 m^3。上水库库(坝)顶高程 1 943.00 m,顶宽 10.0 m,库底高程 1 900.00 m。库盆约三面填筑坝体,坝轴线长1 248.538 m,北边为开挖边坡,库岸长 547 m。库盆内坡均为 1∶1.6,坝的最大坝高为 43.0 m,下游坝坡均为 1∶1.6,每 20.0 m 高设一条宽 2.0 m 的马道。上水库坝体由 0.3 m 厚的钢筋混凝土面板、3.0 m 水平宽的垫层、3.0 m 水平宽的过渡层、堆石区和下游 0.8 m 厚的浆砌石(干砌石)护坡组成。库岸开挖边坡由外至里、库底由上至下为 0.3 m 厚的钢筋混凝土面板、0.6 m 厚的碎石垫层组成。库底设置集/排水廊道,廊道四周设置树枝形塑料花管。

下水库主要建筑物由拦河坝、拦沙坝和泄洪排沙洞组成。拦河坝与拦沙坝坝型均为碾压混凝土重力坝,坝顶高程均为 1 401 m,拦河坝最大坝高 64 m,坝顶长度 237 m,拦沙坝最大坝高 51.5 m,坝顶长度 200 m。拦河坝与拦沙坝除左右岸部分高度较小段为常规混凝土重力坝外,其余坝段为碾压混凝土重力坝,采用金包银方式。根据坝体不同部位的工作条件和对混凝土强度、抗渗、抗冻、抗侵蚀和低热性等方面的要求,并考虑方便施工,以拦河坝为例,将坝体不同部位、不同工作条件下的混凝土分为Ⅰ区、Ⅱ区、Ⅲ区。

Ⅰ区:上游下水库死水位 1 355.00 m 以下防渗混凝土、坝体基础混凝土及下游高程 1 385.00 m以下防渗混凝土,采用常态混凝土或变态混凝土;下水库死水位 1 355.00 m 以下防渗混凝土厚度为 4.0 ~ 6.3 m,坝体基础混凝土厚度为 1.5 m,下游高程 1 385.00 m 以下防渗混凝土厚度为 3.0 ~ 4.0 m。

Ⅱ区:上游下水库死水位 1 355.00 m 以上和下游高程 1 385.00 m 以上防渗混凝土,采用常态混凝土或变态混凝土,厚度为 3.0 ~ 4.0 m。

Ⅲ区:坝体内部混凝土,采用碾压混凝土。

水道引水系统采用一管二机布置方案,尾水系统采用一管一机布置方案。引水系统设置调压井。地下厂房采用尾部开发方式。

水道系统由上水库进/出水口、引水隧洞、引水调压井、压力管道、尾水隧洞和下水库进/出水口组成。其中高压管道和部分尾水隧洞采用钢板衬砌，高压管道由高压主管、岔管和高压支管组成，洞径为5.4 m→4.6 m→3.2 m，外围回填微膨胀混凝土，厚60 cm，混凝土强度等级为C15。厂房后接4条尾水隧洞，由下平段、斜井段和上平段组成，斜井角度50°，洞径5.0 m。尾水下平段、斜井下弯段及部分斜井段采用钢板衬砌，外围回填微膨胀混凝土，厚60 cm，混凝土强度等级为C15。其余部分均采用钢筋混凝土衬砌。

工程地处温带季风半干燥气候区，具有冬长夏短、寒暑变化急剧的特征。冬季可长达5个月，漫长而严寒，冻土期也长达5个月。上水库最冷月平均气温为-15.7 ℃，极端最低气温为-41.8 ℃；夏季短暂，上水库最热月平均气温为16.9 ℃，极端最高气温为35.1 ℃。下水库多年平均气温6.3 ℃，月平均气温以7月份22.4 ℃最高，以1月份-12.2 ℃最低，极端最高气温38.5 ℃，极端最低气温-32.8 ℃。当地多年平均水温5.5 ℃，月平均水温以7月份15.6 ℃最高，以12月份至次年2月份0.2 ℃最低。无论气温的年较差还是日较差都比较大，冷热变化剧烈，由此增加了早晚霜冻的机会。

该工程主体混凝土工程量约76.1万m^3，其中碾压混凝土约36.9万m^3，常态混凝土约39.2万m^3。

9.2.1.2 成果应用

采用该抽水蓄能电站工程当地的大理岩骨料、水泥、粉煤灰、硅粉、外加剂、纤维等多种试验原材料，通过原材料检测、混凝土配合比试验、混凝土性能试验等几个环节，针对下水库大坝混凝土多个部位的混凝土进行了多种方案的试验研究；针对面板混凝土对比了不同外加剂组合、掺加硅粉、掺加纤维、掺加防水材料等方案对混凝土的物理力学、抗渗、抗冻、干缩和自生体积变形等性能的影响，以及对抗裂性的影响；针对压力钢管回填混凝土，对比了不同泵送剂、膨胀剂和引气剂的组合方案，结果表明，采用不同的泵送剂和膨胀剂组合均能配制出满足设计膨胀应力要求的混凝土。根据性能试验结果，推荐以下混凝土配合比用于该抽水蓄能电站（见表9-2）。

表9-2 北方某抽水蓄能电站推荐配合比

部位	级配	水胶比	水(kg/m^3)	水泥(kg/m^3)	粉煤灰(kg/m^3)	PP纤维(kg/m^3)	膨胀剂(kg/m^3)	砂(kg/m^3)	石(kg/m^3)	减水剂(%)	引气剂(%)
下水库大坝	二	0.41	127	248	62	—	—	724	1 287	0.90	0.06
	三	0.44	104	142	94	—	—	715	1 452	1.00	0.15
下水库大坝内部碾压	三	0.48	85	71	106	—	—	772	1 499	1.00	0.16
库岸面板	二	0.38	134	300	53	0.9	—	723	1 231	0.90	0.08
库底面板	二	0.38	132	278	69	0.9	—	725	1 234	0.90	0.10
压力钢管回填	二	0.50	150	160	120	—	20	741	1 262	1.20	0.01
	二	0.50	150	156	120	—	24	741	1 262	1.20	0.01
	二	0.50	150	150	120	—	30	741	1 262	1.20	0.01

9.2.2 华东某抽水蓄能电站工程

9.2.2.1 工程概况

华东某抽水蓄能电站装机容量 1 000 MW,为日调节抽水蓄能电站,如图 9-8 所示。电站枢纽主要由上水库、输水系统、地下厂房、下水库和开关站建筑物等组成。上水库大坝为混凝土面板堆石坝,最大坝高 88 m,正常蓄水位 222 m,死水位 190 m,水库总库容 1 748万 m^3,有效库容 1 282 万 m^3;下水库利用河谷洼地开挖围建而成,水库总库容 1 435 万 m^3,有效库容 1 282 万 m^3。电站年发电量 17.6 亿 kWh,年抽水耗电量 22.5 亿 kWh,安装 4 台可逆式水泵水轮发电机组,电站属大(2)型Ⅱ等工程,主要建筑物按 2 级建筑物设计。

图 9-8 华东某抽水蓄能电站面板坝效果图

上水库位于浮山东部山坳,主要建筑物包括主坝,南、北两座副坝及坝下放空泄水管。主坝和南、北两座副坝均为钢筋混凝土面板堆石坝,坝顶高程 225.00 m;主坝和南、北两座副坝上游面全部采用钢筋混凝土面板防渗,防渗面板厚 $0.3+0.0035H$(m)。

该蓄能电站是电网调峰电源之一,为系统承担调峰、填谷和提供事故备用,同时担任系统调频、调相等任务,以缓解系统严重的调峰矛盾,改善系统火电、核电机组运行状况,提高系统供电质量,为电网安全运行提供保证。

9.2.2.2 成果应用

为满足工程对混凝土材料的设计要求,对工程拟采用的原材料开展混凝土配合比试验。同时,为改善防渗面板混凝土抗裂性能,提高混凝土面板的防渗效果,开展混凝土掺合料、外加剂以及聚丙烯腈纤维材料的性能优化试验,结合混凝土物理力学性能、热学性能以及耐久性能试验优化混凝土配合比。

针对不同掺合料掺量对面板混凝土力学及热学性能的影响,根据“大坝混凝土早期热、力学特征及开裂机理研究”中关于不同掺合料掺量对大坝混凝土抗拉强度、极限拉伸值、导温系数、导热系数、绝热温升以及热膨胀系数的影响规律研究成果,提出了经济可行的优化方案,为最终推荐的面板混凝土配合比提供了技术支撑。

2010 年 3 月,在现场进行了面板混凝土施工配合比的调整。2010 年 4 ~ 5 月完成南副面板坝的混凝土浇筑。北副面板坝的工作也已于 2010 年 10 月启动。综合各项性能,推荐面板混凝土配合比如表 9-3 所示。

表 9-3　华东某抽水蓄能电站面板混凝土推荐配合比　(单位:kg/m³)

水泥	粉煤灰	砂	小石	中石	水	高效减水剂	聚丙烯腈纤维
254	63	634	496	744	130	4.76	0.5

9.3　大型调水工程

9.3.1　工程概况

某大型调水工程的穿黄工程主要由出湖闸、南干渠、埋管进口检修闸、南岸滩地埋管、穿黄隧洞、穿引黄渠埋涵、出口闸及连接明渠等建筑物组成,全长 7.87 km。工程为Ⅰ等工程,其主要建筑物为 1 级建筑物,地震设计烈度为 7 级。该穿黄工程的主要任务是将调引的长江水从黄河南岸输送至北岸,向黄河以北地区供水,满足第一期工程供水目标,工程设计年输水量为 4.42 亿 m³。为避免工程分期施工对黄河防洪的影响,穿黄工程按该大型调水工程第一、二期结合的 100 m³/s 输水流量设计。其中穿黄隧洞单洞布设,直径 7.5 m,长 585 m。

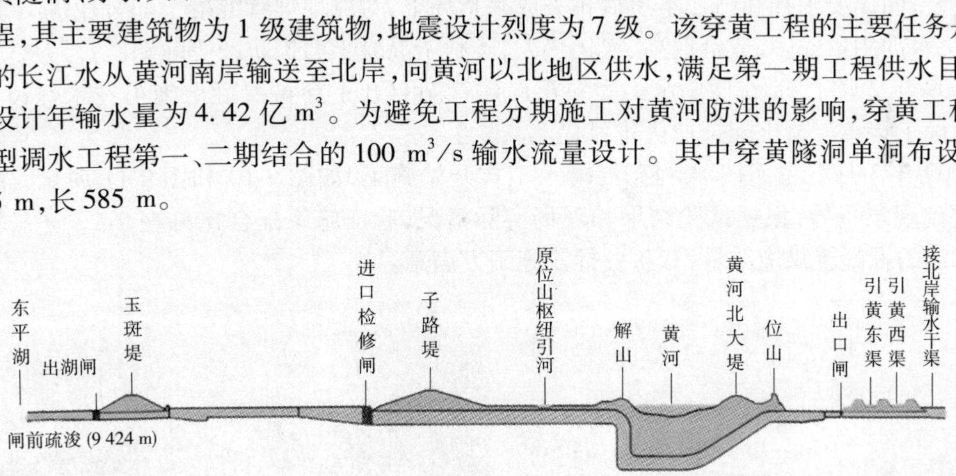

图 9-9　某大型调水工程的穿黄工程总体布置图

9.3.2　成果应用

根据该工程建设管理单位的总体协调安排,结合"大坝混凝土早期热、力学特征及开裂机理研究"的相关成果,进行该穿黄工程南干渠衬砌高性能、抗裂混凝土的配合比优化研究,并现场指导南区混凝土拌和站南干渠衬砌高性能、抗裂混凝土的拌制和质量控制。

经过大量的前期准备工作,如拌和楼的调试和试验条件准备等,南区混凝土拌和站已基本具备生产能力,混凝土原材料准备充分,当日试验环境气温较低。经过几天的拌和楼调试,2008 年 12 月 14 日正式供应混凝土。现场试拌采用目前拌和站正在使用的 42.5 普通硅酸盐水泥、粉煤灰、人工砂和 5 ~ 31.5 mm 人工碎石、HPC－GYJ 外加剂。

采用水胶比为 0.41 粉煤灰掺量为 28% 的 NN1 组,水胶比为 0.41、粉煤灰掺量为 20% 的 NN2 组,以及水胶比为 0.39、粉煤灰掺量为 20% 的 NN3 组进行现场试拌。由于粗细骨料级配不同,现场试拌调高了砂率。现场试拌结果见表 9-4,分别测试了拌和物的坍落度、含气量，由试拌结果可以看出，三组混凝土的坍落度和含气量基本符合设计要求。

表 9-4　现场试拌南干渠衬砌高性能、抗裂混凝土的配合比

编号	水胶比	粉煤灰掺量(%)	水(kg/m³)	水泥(kg/m³)	粉煤灰(kg/m³)	砂(kg/m³)	石(kg/m³)	减水剂(kg/m³)	坍落度(mm)	含气量(%)
NN1	0.41	28	140	246	95	735	1 103	4.09	58	4.5
NN2	0.41	20	140	273	68	739	1 109	4.09	62	5.0
NN3	0.39	20	133	273	68	746	1 119	5.12	65	5.5

2009 年 1 月中旬，工程建设管理单位召开了穿黄工程集中拌制混凝土配合比优化问题研讨会，明确要求拌和站在本项目相关成果指导下，对滩地埋管混凝土配合比进一步优化，解决水泥用量偏多、造价偏高、水化热大、不利于混凝土温控防裂等问题。

2009 年 2 月下旬，在该调水工程穿黄局建管站召开了穿黄混凝土施工技术会议，进一步明确了穿黄混凝土配合比优化目标。

2009 年 3 月下旬，南干渠衬砌混凝土正式开始施工，如图 9-10 和图 9-11 所示，研究组再次到现场指导，根据试验结果和现场实际情况，验证施工配合比见表 9-5。此后，南区拌和站的混凝土供应质量稳定，各标段施工方满意。

图 9-10　衬砌混凝土施工前的南干渠

图 9-11　正在进行衬砌混凝土浇筑的南干渠

表 9-5　南干渠衬砌混凝土施工配合比

编号	水胶比	粉煤灰掺量(%)	水(kg/m³)	水泥(kg/m³)	粉煤灰(kg/m³)	砂(kg/m³)	石(kg/m³)	减水剂(kg/m³)	坍落度(mm)	含气量(%)
NN4	0.40	30	140	245	105	731	1 097	5.25	58	4.5

9.4 跨海桥隧工程

9.4.1 工程概况

某海底隧道全长约 8.7 km,其中隧道长约 6 km,跨越海域宽约 4.2 km(见图 9-12)。设计采用三孔隧道方案,设双向六车道,隧道最深处位于海面下约 70 m,海水最大深度约 30 m,兼具公路和城市道路双重功能,设计采用三孔隧道方案,两侧为行车主洞各设置 3 车道,中孔为服务隧道。隧道最深处位于海平面下约 70 m。左、右线隧道各设通风竖井 1 座,隧道全线共设 12 处行人横通道和 5 处行车横通道。隧道示意图如图 9-12 所示,断面图如图 9-13 所示。

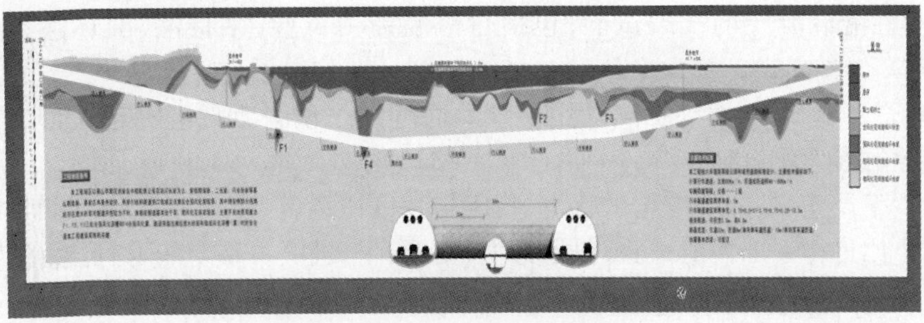

图 9-12　某海底隧道示意图

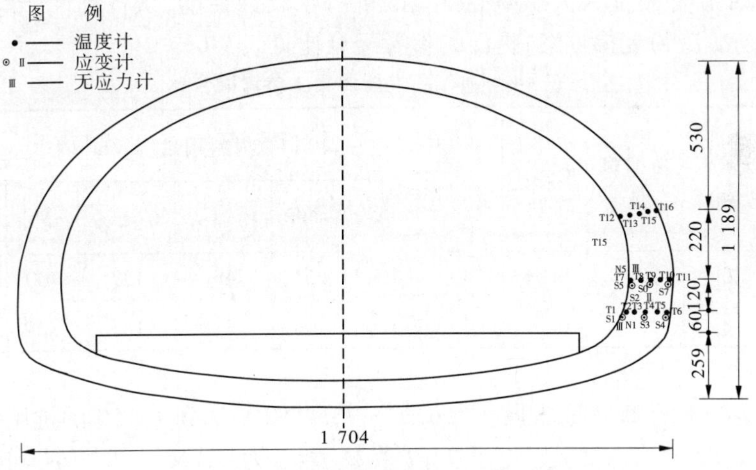

图 9-13　某海底隧道断面图之一

工程场区以花岗岩及中粗粒黑云母花岗闪长岩为主,穿插辉绿岩、二长岩、闪长玢岩等,基岩总体条件较好。两岸引线和隧道洞口陆域及浅滩段全强风化层较厚,其中某侧部分浅滩段存在透水砂层,隧道开挖较为困难。海域段隧道基本处于弱、微风化花岗岩岩层,主要不良地质现象为 F1、F2、F3 三处全强风化深槽和 F4 全强风化囊。隧道穿越浅滩段透水砂层和海域风化深槽(囊)时的安全施工是本工程建设成败的关键。

9.4.2 成果应用

针对该海底隧道工程二次衬砌高性能混凝土的技术要求，通过试验研究，提出具有防海蚀和抗裂特点的二次衬砌高性能混凝土配制技术，为该海底隧道二次衬砌高性能混凝土的设计和施工提供依据。试验主要包括：

(1)二次衬砌混凝土配合比优化试验，应满足100年耐久性要求。

(2)二次衬砌高性能混凝土的性能试验，主要包括坍落度、含气量、初终凝时间、泌水率等拌和物性能试验，立方体抗压强度、轴心抗压强度、轴心抗压弹性模量、轴心抗拉强度、轴心抗拉弹性模量、极限拉伸率等物理力学性能试验，干缩变形、自生体积变形等变形性能试验，海水淡水抗渗、抗碳化、三种不同方法的抗氯离子渗透、抗冻融疲劳等耐久性试验，热膨胀系数、导温系数、导热系数、比热和绝热温升等热学性能试验。

(3)高性能混凝土的抗裂试验，包括自修复能力试验，平板法、圆环法抗裂性能试验等。

(4)通过试验研究，最终提出适用于该海底隧道二次衬砌抗裂高耐久混凝土的配制技术及推荐的参考配合比。

通过砂率调整、外加剂掺量试验、水胶比与强度试验等，提出了5个不同掺合料组合方案的配合比进行系列性能试验，包括力学、变形、耐久性、自修复能力、抗裂能力、热学特性等。经过上述不同掺合料方案的混凝土性能对比试验，结果表明，该海底隧道二次衬砌高性能混凝土必须选择合适的掺合料方案，粉煤灰能改善混凝土的抗裂性，提高混凝土的后期性能，磨细矿渣粉能大大提高混凝土的抗海水腐蚀性能，从各种性能综合考虑，推荐采用粉煤灰与矿渣粉复掺方案，提出的参考配合比见表9-6。

表9-6 衬砌高性能混凝土参考配合比

水泥品种	粉煤灰(%)	矿渣粉(%)	水胶比	砂率(%)	原材料用量(kg/m^3)						减水剂(%)
					水	水泥	粉煤灰	矿渣粉	砂	石	
P·O 42.5	15	30	0.36	40	164	251	68	137	700	1 049	0.9
P·Ⅱ42.5	18	37	0.36	41	160	200	81	163	724	1 041	0.9

该方案混凝土的28 d抗压强度为63.7～73.7 MPa，达到了C50的抗压配制强度要求(59.0 MPa)。28 d龄期的氯离子扩散系数D_{RCM}为$(2.66\sim2.72)\times10^{-12}\ m^2/s$，满足$<4\times10^{-12}\ m^2/s$的要求，90 d龄期的氯离子扩散系数$D_{RCM}$为$(1.53\sim1.54)\times10^{-12}\ m^2/s$，满足$<2\times10^{-12}\ m^2/s$的要求。56 d龄期的通电量为670～690 C，满足<800 C的要求。因此，采用粉煤灰与矿渣粉复掺方案配制该海底隧道二次衬砌高性能混凝土完全能满足百年耐久性的设计要求。

工地现场施工配合比应根据工地原材料的实际情况进行适当的调整，调整时必须保证混凝土的水胶比不大于0.36，粉煤灰与磨细矿渣粉之比为1:2，掺合料掺量为45%(P·O 42.5水泥)或55%(P·Ⅱ42.5水泥)，用水量宜在160 kg/m^3左右，外加剂掺量按坍落度要求确定，根据工地现场试拌情况确定最佳砂率等。

该海底隧道二次衬砌混凝土由某路桥公司提供商品混凝土，该混凝土采用了“大坝混凝土早期热、力学特征及开裂机理”项目的抗裂关键技术成果，施工二次衬砌高性能混凝土约 30 万 m^3，现场应用表明，该混凝土质量优良，抗裂性好，各项指标符合设计要求，解决了海底隧道混凝土防裂和抗海水腐蚀的耐久性难题，为确保 100 年耐久性要求提供了技术支撑，其研究成果的先进性和实用性已在工程上得到验证，技术经济效益显著（见图 9-14、图 9-15）。

图 9-14　某海底隧道施工现场（一）

图 9-15　某海底隧道施工现场（二）

9.5　港口工程

9.5.1　工程概况

华东某原油中转码头工程泊位总长 490 m，前沿设计水深 26.3 m，概算投资 1.9 亿元，为 45 万 t 级超大型码头。

码头采用蝶形布置，由 1 个工作平台、4 个靠船墩、6 个系缆墩组成。设计年通过能力 1 700 万 t，其中接卸 1 450 万 t/a，装运 250 万 t/a。

该工程是国家石化产业振兴规划的配套项目，已被列入所在省政府“三个千亿工程”实施计划。码头建成后将进一步提升该省原油接卸能力，满足区域炼化企业和原油储备需求。码头项目的建成，有利于弥补中国油品存储缺口，有利于中国调整产业结构，合理利用石油资源，不仅可以缓解石油资源对国民经济发展的制约，还对加强华东地区国家石油物资储备，发挥储备参与宏观调控、应对突发事件，维护国家经济安全等具有十分重要的意义。

图 9-16 为目前国内已建成的最大吨位油码头——华东某中油 30 万 t 级码头。

(a)

(b)

图 9-16 华东某中油 30 万 t 级码头

9.5.2 成果应用

根据“大坝混凝土早期热、力学特征及开裂机理研究”中关于大体积混凝土早龄期抗裂性能评价方法的研究成果，采用的胶凝材料以多组分材料（包括水泥熟料、粉煤灰、矿渣粉等）为基础，以钢筋混凝土耐久性为设计目标，结合混凝土抗裂性能和力学性能，进行择优复配。同时，根据现场混凝土施工条件进行混凝土配合比的优化调整，最终完成了海工高耐久混合料的产品开发以及海工高耐久混凝土的配制技术研究，目前配制的 C40、C45 海工混凝土已成功应用于该 45 万 t 原油中转码头工程施工中，现场应用效果良好，混凝土具有较高的抗海蚀性能。